PLASTIC COLORANTS
VARIETIES · PERFORMANCE · APPLICATIONS

塑料着色剂
品种·性能·应用

第二版

陈信华　徐一敏　云大陆　编著

化学工业出版社
·北京·

内容简介

本书在对塑料、塑料着色剂的性能要求进行初步介绍的基础上，首先对无机颜料、效果颜料、有机颜料、溶剂染料的品种、色彩表征、主要性能进行了重点论述，然后介绍了塑料着色剂的检验方法和标准、颜料在塑料中的分散、塑料配色实用技术、塑料成型工艺、塑料着色剂安全性国际法规标准以及“双碳”目标下塑料着色剂行业的绿色可持续发展路径等。希望本书能够成为沟通着色剂使用者和生产者的桥梁，成为塑料着色入门者以及着色剂研发、生产、销售和应用人员的工具书。

图书在版编目（CIP）数据

塑料着色剂：品种·性能·应用 / 陈信华，徐一敏，云大陆编著. -- 2版. -- 北京：化学工业出版社，2025. 6. -- ISBN 978-7-122-47951-8

Ⅰ. TQ320. 67

中国国家版本馆 CIP 数据核字第 2025LG9385 号

责任编辑：赵卫娟　　　　装帧设计：王晓宇

责任校对：杜杏然

出版发行：化学工业出版社

(北京市东城区青年湖南街 13 号　邮政编码 100011)

印　　装：中煤（北京）印务有限公司

787mm×1092mm　1/16　印张 29½　彩插 2　字数 696 千字

2025 年 10 月北京第 2 版第 1 次印刷

购书咨询：010-64518888　　售后服务：010-64518899

网　　址：http://www.cip.com.cn

凡购买本书，如有缺损质量问题，本社销售中心负责调换。

定　　价：168.00 元

序

FOREWORD

本书第一版问世后的十年，正是中国色母粒行业实现跨越性发展的十年。规模扩大、品质提升、技术创新，成为新一代色母粒人的追求；色母粒的应用场景也从传统塑料化纤，拓展至高性能工程塑料及高品质化纤领域，深刻改变了相关行业的格局与面貌。值得庆幸的是，过去十年间，本书第一版为这一变革起到了坚实的助推作用。

为顺应行业发展需求，第二版在第一版原有内容的基础上进行了补充与完善，力求与时俱进，为读者提供更贴合实际需求的专业知识。

本人投身色母粒行业四十余载，亲历了中国色母粒行业从无到有、从小到大、从弱到强的完整发展历程。尤其是最近十年，更能深切感受到行业发生的全方位、系统性变革。

感谢本书作者与时俱进，及时推出第二版。期待第二版能延续第一版的辉煌，成为每一位色母粒从业者手边实用的百科全书。

乔辉

2025 年 9 月

前 言

PREFACE

塑料着色是指通过添加着色剂（如颜料和染料）来改变塑料的颜色和外观的过程。塑料着色不仅可以赋予塑料多种颜色，还可以赋予塑料多种功能，如提高耐光性、耐候性，同时使材料具备导电性、抗静电性、抗菌性能等。

塑料着色产业链由三大核心构成：颜（染）料制造业、色母粒与改性料制造业以及塑料加工业。其中，色母粒及改性料制造业作为连接上下游的关键环节，对产业链发展具有至关重要的桥梁作用。从行业发展历程来看，产业链各环节间长期存在信息不对称问题：一方面，色母粒及塑料制品加工商往往缺乏对着色剂特性的深入了解；另一方面，颜（染）料生产商对塑料材料特性及加工工艺的认知也较为有限。这种知识壁垒在一定程度上制约了整个产业的技术进步和产品升级。实践表明，加强产业链各环节间的技术交流与信息共享具有显著价值。通过建立有效的沟通机制，不仅能增进上下游企业间的相互理解，更能促进技术创新和工艺优化，最终推动全产业链产品质量的全面提升。这种协同发展模式，对于实现塑料着色产业的高质量发展具有重要意义。

在塑料着色产业链中，着色剂的使用价值取决于它的颜色性能、牢度性能和加工性能。即使具备优异着色性能的着色剂，若加工稳定性不足，在实际生产中难以发挥其色彩价值；同样，颜色与加工性能俱佳的着色剂，若耐候性或耐迁移性不达标，在特定应用场景中也会大幅贬值。因此本书用很大的篇幅对有机颜料、无机颜料、溶剂染料和效果颜料等进行了介绍，旨在为从业者提供科学的选型依据。

鉴于着色剂生产者和使用者都希望所选择着色剂性能稳定，所以本书又用一些篇章介绍着色剂的技术指标和检验方法。但仅仅质量检验还远远不够，如希望着色剂在各类塑料中取得良好的着色效果，还需模拟塑料加工条件进行应用测试。

对着色剂的生产者而言，需要掌握颜料应用相关的学科和行业技能，否则要制造高质量着色剂产品是非常困难的。因为着色剂产品质量不仅需要工厂的生产质量控制，还需要产品应用测试的确证，以及制造工艺和应用性能的关联，即不知道客户如何使用着色剂产品，就无法生产出高质量的产品，为此本书也用一定篇幅介绍了各种塑料及其配色和成型工艺。

总而言之，塑料着色是一项系统工程，涉及着色剂、塑料、加工设备、加工工艺及最终产品的质量保证等。本书从多角度对塑料着色相关知识进行全面梳理，从专业性、知识性、全面性着手，力求为行业从业者提供全面的指导与参考。

本书第一版自 2014 年出版以来，塑料行业经历了快速的技术革新与市场变化，特别是高性能材料的应用取得了显著进展。基于这些新发展，本书在原有内容的基础上进行了补充与完善，力求与时俱进，为读者提供更贴合实际需求的知识。

本书由陈信华、徐一敏、云大陆合作完成。在编写过程中还得到了王琼、谢新辉、姚志卿、刘晓梅、陈悦、吉久贵、朱亚明、宋奇忆、季青、王文强、赵瑞良、王明华等同志热心帮助，借此机会一并对他们表示衷心的感谢。

限于作者的学识水平有限，时间仓促，书中不妥之处，敬请读者不吝指正。

陈信华

2025 年 8 月

目　录

CONTENTS

第1章
塑料概述

从1869年美国人John Wesley Hyatt发明了世界上第一种塑料——赛璐珞，历经了百余年的发展，今天塑料制品已经随处可见，而且以不可思议的速度继续发展壮大。塑料的发现和利用已经被作为20世纪影响人类的重要发明事件而载入史册。塑料是指以树脂类高分子聚合物为主要成分，经过加工可制成特定形状成品的材料。纯粹的树脂或无色透明或呈现自然的白色，要把它制成引人注意、惹人喜爱的产品，就需要塑料加工从业者赋予塑料制品缤纷的色彩。

1.1 塑料的特性

（1）塑料具有可塑性

塑料的可塑性是指通过加热的方式使塑料变软，然后把变软塑料放进模具中，冷却后又重新凝固成一定形状固体的性能。这一过程称为塑料的成型。塑料的可塑性使其可制成具有相当复杂几何形状的制品，而其加工效率远胜过金属加工。塑料发展的100多年中涌现出了不少成型工艺的创新与发明，特别是注塑成型工艺，一道工序即可制造出复杂的制品。

（2）塑料的密度相对较低而且具有较高的强度

许多聚烯烃塑料如聚乙烯、聚丙烯的密度都小于$1g/cm^3$，能浮于水上。如果将它们做成泡沫塑料，其密度仅为$0.1g/cm^3$左右。少数聚合物的密度较大，如聚氯乙烯（PVC）为$1.4g/cm^3$，聚四氟乙烯为$2.2g/cm^3$，但还是比金属和陶瓷小。

塑料虽密度低，但是比强度高。与金属、陶瓷制品相比，塑料制品质量轻、力学性能好，还具有比较高的机械强度及耐磨性，故塑料可用于制作轻质高强度制品。目前塑料部件大量用于汽车零部件，占车用材料体积的50%左右，使轿车的重量减轻了1/3，节油降耗。

（3）塑料具有耐腐蚀性

耐腐蚀是材料学要解决的一个重要课题，我国每年因腐蚀造成的直接经济损失至少有200亿元。大部分塑料的抗腐蚀能力强，不与酸、碱反应，常常被用于制造化工厂的输液管道。塑料容器可用来存放和运输高腐蚀性液体。塑料既不像金属那样在潮湿的空气中会生锈，也不像木材那样在潮湿的环境中会腐烂或被微生物腐蚀，所以塑料可用于制造建筑物的门窗等。

（4）塑料具有良好的绝缘性和绝热性

塑料的分子链是原子以共价键结合起来的，分子既不能电离，也不能在结构中传递电子，其电阻率可达 $10^{14} \sim 10^{16} \Omega \cdot m$。所以塑料具有优良的绝缘性，可用于制造电器开关、家用电器的绝缘外壳、电线电缆绝缘护套，还大量应用在电子、电气、雷达、电视、广播、通信、计算机等电子行业和仪器仪表行业中。

塑料比热容大，热导率小，不易传热，故其保温及隔热效果好，因而广泛地应用于保温隔热领域。采用由塑料材料制得的农用薄膜建造温室大棚，使我国东北地区冬天也能吃到新鲜蔬菜。导弹、火箭、航天飞机等飞行器表面的温度达到 1300℃，其表面的保护涂层就是选用热导率小的塑料材料制成的。

（5）塑料的缺点

耐热性差，温度高就会变形，易于燃烧；在光、氧、热、水及大气环境作用下会老化；表面硬度都比较低，易受损伤。由于塑料是绝缘体，故带有静电，容易沾染灰尘。

塑料的一个显著特点，也是它最大的缺点：不易腐烂降解，埋在土里几百年也不会发生变化，这对环境极为有害。伴随人们生活节奏的加快，社会生活正向便利化、卫生化发展。为顺应这种需求，一次性泡沫塑料饭盒、塑料袋等开始频繁地进入人们的日常生活。一方面，这些使用方便、价格低廉的包装材料的出现给人们的生活带来了诸多便利。但另一方面，这些包装材料在使用后往往被随手丢弃，造成“白色污染”，还会对生态环境造成潜在危害。

1.2 塑料的用途

由于塑料具有许多优异特性，所以塑料制品可制得或像丝绸一样柔顺，或像钢铁一样坚固，或像海绵一样轻盈，或像玻璃一样透明。今天塑料产品琳琅满目，充斥在我们生活的每一个角落。毫不夸张地说：我们的生活离不开塑料。塑料的主要用途如表 1-1 所列。

表 1-1 塑料的主要用途

塑料名称	英文缩写	主要用途
聚氯乙烯	PVC	玩具、棒材、管材、板材、输油管、电缆绝缘层、密封件等
低密度聚乙烯	LDPE	包装袋、电缆等
高密度聚乙烯	HDPE	包装、建材、水桶、玩具等
乙烯-乙酸乙烯酯共聚物	EVA	鞋底、薄膜、板片、日用品等
氯化聚乙烯	CPE	建材、管材、电缆绝缘层、包装材料等
聚丙烯	PP	无纺布、包装袋、日用品、玩具等
聚碳酸亚丙酯	PPC	食品包装、餐具、农用薄膜、注射器、输液袋等
聚苯乙烯	PS	灯罩、仪器壳罩、玩具等
高抗冲聚苯乙烯	HIPS	日用品、电器零件、玩具等

续表

塑料名称	英文缩写	主要用途
丙烯腈-丁二烯-苯乙烯共聚物	ABS	电器外壳、日用品、高级玩具、运动用品等
苯乙烯-丙烯腈共聚物	SAN	日用透明器皿，透明家用电器等
丙烯腈-苯乙烯-丙烯酸橡胶共聚物	ASA	户外家具、汽车外视镜壳体等
聚甲醛	POM	机械的齿轮、轴承等
聚碳酸酯	PC	高强度且耐冲击的零部件等
聚四氟乙烯	PTFE	高频电子仪器、雷达绝缘部件等
聚对苯二甲酸乙二醇酯	PET	轴承、链条、齿轮、录音带、衣着纤维等
聚酰胺	PA	轴承、齿轮、油管、容器、日用品、汽车、化工、电器装置等
聚甲基丙烯酸甲酯	PMMA	透明装饰材料、灯罩、挡风玻璃、仪器表壳等
酚醛树脂	PF	无声齿轮、轴承、钢盔、电机、通信器材配件等
三聚氰胺-甲醛树脂	MF	日用品、开关零件等
聚氨酯树脂	PU	鞋底、椅垫、床垫、人造皮革等

1.3 塑料的分类

塑料种类很多，到目前为止世界上投入生产的塑料有三百多种。塑料的分类方法较多，分类体系比较复杂，各种分类方法也有所交叉，常规的分类方法主要有以下几种。

(1) 按塑料的理化特性分类

按塑料的理化特性可分成两大类：热塑性塑料和热固性塑料。

① 热塑性塑料　热塑性塑料中树脂的分子结构是线型或支链型结构。它在加热时可塑制成一定形状的塑件，冷却后保持已定型的形状。如再次加热，又可软化熔融，可再次制成一定形状的塑件，如此可反复多次。在上述过程中一般只有物理变化而无化学变化。由于这一过程是可逆的，在塑料加工中产生的边角料及废品可以回收粉碎成颗粒后重新利用。如：聚乙烯、聚丙烯、聚氯乙烯、聚苯乙烯、丙烯腈-丁二烯-苯乙烯共聚物、聚酰胺、聚甲醛、聚碳酸酯、聚甲基丙烯酸甲酯等都属于热塑性塑料。

② 热固性塑料　热固性塑料在受热之初为线型结构，具有可塑性，可制成一定形状的塑件。当继续加热时，线型高聚物分子主链间形成化学键结合（即交联），分子呈网状结构，变得既不熔融，也不溶解，塑件形状固定下来不再变化。在成型过程中，既有物理变化又有化学变化。如酚醛树脂、氨基树脂、环氧树脂、有机硅树脂等属于热固性塑料。热塑性和热固性塑料结构见图 1-1。

(2) 按塑料用途分类

① 通用塑料　一般指产量大、用途广、成型性好、价格低的塑料。其产量约占世界塑料总产量的 75% 以上。构成了塑料工业的主体。通用塑料包括聚乙烯（PE）、聚丙烯

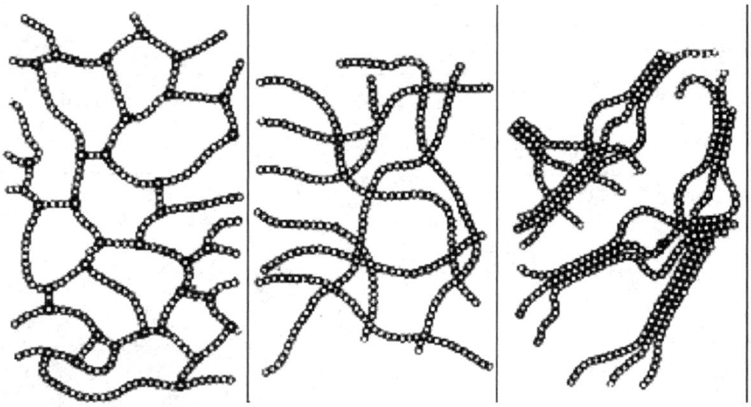

图 1-1　热塑性和热固性塑料结构

(PP)、聚苯乙烯（PS)、丙烯腈-丁二烯-苯乙烯共聚物（ABS)、聚氯乙烯（PVC）等。

② 工程塑料　一般指能承受一定的外力作用，并有良好的力学性能和尺寸稳定性，在高、低温下仍能保持其优良性能，可以作为工程结构件的塑料。工程塑料包括聚酰胺(PA)、聚对苯二甲酸丁二醇酯（PBT）和聚对苯二甲酸乙二醇酯（PET)、聚碳酸酯(PC)、聚甲醛（POM）等。工程塑料的产量相对较少，价格较贵。

③ 特种工程塑料　相对于普通工程塑料具有更高性能指标的塑料材料，如聚芳酯(PAR)、聚邻苯二甲酰胺（PPA)、聚苯硫醚（PPS)、聚砜（PSU)、聚醚酰亚胺（PEI)、聚醚砜（PES 或 PESU)、聚四氟乙烯（PTFE)、聚芳醚酮（PAEK)、液晶聚合物(LCP）等。

工程塑料和特种工程塑料的耐磨性、耐腐蚀性、耐热性、自润滑性及尺寸稳定性等均比通用塑料优良，它们具有某些金属特性，因而在机械制造、轻工、电子、日用、宇航、导弹、原子能等工程技术部门得到广泛应用，越来越多地代替金属用于制作某些机械零件。

(3) 按塑料加工成型方法分类

按照加工成型方法不同可分为挤出塑料、注塑塑料、中空塑料、模压塑料、压延塑料等。

1.4　塑料的主要品种

1.4.1　热塑性塑料

热塑性塑料中树脂的分子结构一般都是由一种或两种及以上的“基本单元”按照一定的排列方式，通过化学键重复连接而成，犹如珍珠串链一样，呈线型或支链型结构，常称为线型聚合物。例如聚乙烯分子里的基本单元为$—CH_2—CH_2—$，每个聚乙烯分子里含有 n 个连接起来的基本单元：

$$\left[CH_2—CH_2 \right]_n$$

（1）聚乙烯（PE）

PE是由乙烯单体经聚合反应制得的一种热塑性树脂，在工业上，也包括乙烯与少量α-烯烃的共聚物，是分子中仅有C—C和C—H键的非极性高聚物。聚乙烯为无臭、无味和无毒的蜡状结晶型树脂，具有优良的耐低温性（－140～－70℃），化学性能稳定，耐大多数酸、碱和盐的侵蚀（不耐具有氧化性的酸）。在常温下它不溶于一般溶剂，吸水性弱，电绝缘性能优良，力学性能中等。但是其耐热性、耐老化性和耐环境应力开裂性能较差。

PE分为高密度聚乙烯（HDPE）、中密度聚乙烯（MDPE）、低密度聚乙烯（LDPE）、线型低密度聚乙烯（LLDPE）、茂金属聚乙烯（mPE）等类型。HDPE和LDPE的分子结构示意见图1-2。低密度聚乙烯的长支链长度甚至超过主链，分子呈树枝状，规整性差，结晶度小而密度低。高密度聚乙烯无长支链，分子呈直线状，结晶度大而密度高。线型低密度聚乙烯的分子状态介于两者之间，因而密度也介于两者之间。

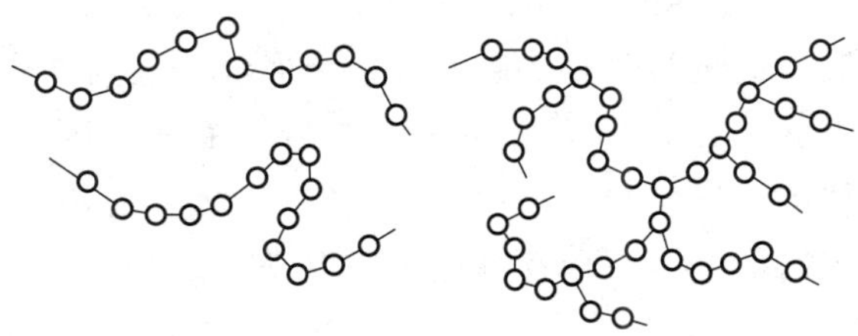

(a) HDPE(不带支链)　　(b) LDPE(带支链)

图1-2　HDPE和LDPE的分子结构示意

① 低密度聚乙烯（LDPE）是乙烯的均聚物，又因其于高压（100～300MPa）、高温下（190～210℃）聚合，故又称高压聚乙烯，是常用塑料中略重于聚丙烯（0.903～0.904g/cm^3）的塑料。LDPE除具有一般PE的性能外，其熔点低、热封性优良，并且透明度、柔软性、黏结性和电性能（高频绝缘性）优于HDPE，尤其是LDPE的加工性佳，这就是其广为应用和不可替代的原因。但其力学性能、耐热和耐老化性稍差。

LDPE的主要用途：因其密度较低，材质最软，可用于透明度、光泽度高，柔软且性能要求高的包装膜，如纺织品、服装和食品的包装；因其透明性优良，可用于提高农作物产量的各类农用膜；因LDPE熔点低，黏结性、热封性和成膜性优良，可作为挤出涂层或复合膜的黏层，大量用于包装领域；因LDPE聚合不残存催化剂以及金属组分，绝缘性高，经交联后又耐高温，可作电压高达340kV的电力电缆绝缘材料；因LDPE流动性佳，可用于注塑形状复杂的各类日用品（瓶盖、塑料花、密封容器、厨房用品）、玩具和文具等。

② 高密度聚乙烯（HDPE）是分子量为40000～300000的乙烯均聚物。因其于常压与低压下（15～30大气压）聚合，故又称低压聚乙烯。HDPE为无味、无臭和无毒的白色粉末或乳白色蜡状颗粒。与LDPE及LLDPE相比，有较高的耐热性、耐油性、耐蒸汽渗透性及抗环境应力开裂性，此外电绝缘性和抗冲击性及耐寒性能很好，但是其透明度、加工性、热封性及黏结强度不如LDPE。与一般通用塑料相比，HDPE的韧性、耐低温性和耐老化性优于聚丙烯，加工性和使用温度较聚氯乙烯佳。

HDPE的主要用途：中空吹塑容器，化妆品、油品包装容器；燃气管，压力输水管，油、矿用液体输送的管材；注塑的周转箱、托盘等；用作防渗、防污染的土工膜。

③ 线型低密度聚乙烯（LLDPE）是乙烯与少量 α-烯烃的共聚物，人们称其为继 LDPE、HDPE 后的“第三代聚乙烯”。视结构与密度，LLDPE 的性能在 LDPE 和 HDPE 之间，但因其分子量分布窄，中、高分子量比例大，且分子折叠及缠绕程度大，分子间作用力大，剪切敏感小，在物理力学性能及加工性能上有其独特之处。因此成型加工时熔体黏度大（较 LDPE 高 100%～150%）、挤出功率和能耗大（较 LDPE 高 20%～120%）、背压也大，因此产量小。而且 LLDPE 临界剪切速率远比 LDPE 小，因此易出现鲨鱼皮等熔体破裂现象，可加入氟弹性体等外润滑剂，很多情况下与 LDPE 以 7∶3 或 6∶4 共混，可以提高其力学性能及产量。

在注塑中，LLDPE 熔体应力松弛时间短，制品内部残余应力小，形变较小，收缩小，翘曲变形也相应减少。

LLDPE 是聚乙烯树脂中发展最为迅速的。LLDPE 的主要用途：因力学性能优异，可生产超薄薄膜，主要用于无需透明的薄膜，如冰袋、冷冻食品包装膜和垃圾袋等；选用分子量分布窄、熔体流动速率大的 LLDPE，可制得冲击强度大的薄壁制品以及低温性能优良、耐环境应力和收缩性能均佳的滚塑成型制品；LLDPE 韧性佳、使用温度范围广以及耐环境应力开裂性能优异，占领了通信电缆护套及绝缘料的市场。

④ 茂金属聚乙烯（mPE）是以茂金属为催化剂聚合而成的聚乙烯产品。mPE 在性能上与传统的齐格勒-纳塔催化剂聚合而成的 PE 有显著的不同。与传统 PE 材料相比，茂金属聚乙烯分子量高且分布较窄，支链少而短，分子链结构规整。反映到产品性能上，茂金属聚乙烯力学性能高、光学性能好、热封温度低且范围广、耐穿刺等。

mPE 作为最新一代的聚乙烯产品，按照密度可分为弹性体、塑性体、茂金属极低密度聚乙烯（mVLDPE）、茂金属线型低密度聚乙烯（mLLDPE）、茂金属中密度聚乙烯（mMDPE）和茂金属高密度聚乙烯（mHDPE）。

mPE 的主要用途：薄膜品级树脂具有较低的熔点和明显的熔区，并且在韧性、透明度、热黏性、热封温度、低气味方面等明显优于传统聚乙烯，可用于生产重包装袋、金属垃圾箱内衬、食品包装、拉伸薄膜、农用薄膜等，也有部分茂金属聚乙烯用于瓶盖、滚塑油箱和电线电缆等其他领域。

（2）聚丙烯（PP）

PP 是丙烯单体在一定的温度、压力下制得的一种半结晶的热塑性塑料。密度仅 0.9～0.91g/cm^3。

按 PP 分子中甲基（—CH_3）的空间位置不同分为等规、间规和无规三类，目前应用最多的主要为等规聚丙烯，用量可占 90%以上。

PP 通常为半透明无色固体，无臭、无毒，密度小，是最轻的通用塑料。聚丙烯由于结晶度高，晶体结构规整，与聚乙烯相比，在强度、刚度和硬度等力学性能方面都比较高，光泽性也好。

PP 具有优良的力学性能。抗冲击强度、抗挠曲性好，PP 最突出的性能就是抗弯曲疲劳性，在外力作用下，150℃不变形，变形后恢复性能好，其制品在常温下可弯折 106 次而不损坏，俗称“百折胶”。PP 还具有优异的电绝缘性和良好的耐化学腐蚀性能。

PP是一种非极性、结晶型烷烃类聚合物，故熔点可高达167℃。具有良好的耐热性，连续使用温度可达110～120℃，聚丙烯制品可用蒸汽消毒是其突出优点。

PP的主要用途：a.编织制品，塑编袋、篷布和绳索等，是我国最大的聚丙烯消费市场，主要用于粮食、化肥及水泥等的包装；b.注塑成型制品，主要应用在小家电、日用品、玩具、周转箱等；c.改性聚丙烯在汽车、家电、工业零部件等方面应用广泛，如汽车保险杠、轮壳罩、仪表盘、门板、洗衣机滚筒等；d.薄膜制品，主要包括双向拉伸薄膜（BOPP）、流延膜（CPP）、普通包装薄膜和微孔膜等，广泛应用于包装、电工、电子电气、胶带、标签膜等众多领域；e.纤维制品，聚丙烯纤维（即丙纶）是以聚丙烯为原料通过熔融纺丝制成的一种纤维制品，广泛用于装饰、产业、服装等领域，如无纺布、地毯、人造草坪、防护服、口罩、卫生制品等；f.管材，PPR（无规共聚聚丙烯）管材具有耐高温、管道连接方便（热熔接、电熔接、管件连接）、可回收使用等特点，主要应用于建筑物给水系统、采暖系统、农田输水系统以及化工管道系统等。

但聚丙烯的耐候性差，叔碳原子上的氢易被氧化，对紫外线很敏感，在氧化和紫外线作用下易降解；抗冲击，特别是抗低温冲击性能差，耐蠕变和尺寸稳定性差。如果要用于高强度的场合，需要对PP进行改性。

(3) 聚苯乙烯（PS）

PS又称通用型聚苯乙烯（GPPS），是由苯乙烯单体聚合而成的线型聚合物，由于其高度透明性常被称为晶状聚苯乙烯，又因分子中苯环的空间位阻，故为无规聚合物。PS的相对密度1.04～1.09，尺寸稳定性优良，收缩率低，吸湿性低，为此在潮湿环境下可保持稳定的尺寸和强度，且不滋生菌类。PS的透明度达88%～92%，折射率为1.59～1.60，热变形温度约为70～98℃，热导率不随温度而变化，是良好的冷冻绝缘材料。当温度高于300℃时PS将分解。PS具有良好的介电性能和绝缘性。由于其表面电阻和体积电阻大，且不吸水，因此易产生静电。

PS被广泛应用于光学工业中，这是因为它有良好的透光性，可制造光学玻璃和光学仪器，也可制作透明或颜色鲜艳的灯罩、照明器具等。PS还可制作诸多在高频环境中工作的电气元件和仪表等。

为了改善PS的脆性，人们把聚苯乙烯接枝于橡胶（顺丁橡胶或丁苯橡胶）使它兼有刚性和韧性，称为高抗冲聚苯乙烯（HIPS）。HIPS冲击强度比ABS高3～4倍。近年来其发展迅速，已占PS产量的60%，不少国家的HIPS产量已超过PS和ABS。

HIPS很容易进行挤出和注塑，也可进行二次加工。HIPS可生产包装容器如薄杯、乳品容器等。它也可用于制作家庭用品、文教用品，以及家用电器中收音机、电视机等的外壳，洗衣机部件，冷冻机、冷藏车中的相关用品。

(4) 丙烯腈-丁二烯-苯乙烯共聚物（ABS）

ABS树脂是丙烯腈、丁二烯和苯乙烯三种单体的共聚物，具有良好的协同性。丙烯腈赋予其耐化学腐蚀性、表面硬度和热稳定性；丁二烯赋予其韧性；苯乙烯赋予其刚性和可加工性。由此，不同比例的三种组分可制得性能不同的ABS。目前生产的ABS树脂中单体含量：丙烯腈20%～30%，丁二烯6%～30%，苯乙烯45%～75%。

ABS是无定形高分子材料，外观呈浅象牙色，不透明、无毒、无味，相对密度约为

1.05。它具有良好的综合性能，是坚韧、质硬、刚性好的工程塑料。ABS的熔融温度为217～237℃，热分解温度大于250℃。而且其冲击强度随温度下降变化很小，可长期于－40～100℃下使用。由于其内含有丁二烯的双键，耐候性较差，易老化、变色甚至龟裂，从而降低其力学性能。ABS吸湿量大，在一般情况下，经干燥处理后，其表面才呈现亮丽的光泽。ABS熔融黏度适中，与HDPE相仿，具有优良的可加工性。

ABS主要用途：家电和汽车工业，如电视机、电话及仪器仪表的外壳、冰箱的内胆、汽车零部件、泵的叶轮等。ABS经表面金属化处理过以后，可制作金属代用品和装饰件等。

（5）聚甲基丙烯酸甲酯（PMMA）

PMMA是无定形塑性材料，俗称亚克力或有机玻璃。PMMA质轻、坚韧而透明，光泽好，可见光、紫外光的透光率分别高达92%，75%。而玻璃仅为85%和10%。PMMA具有较好的介电性能，耐候性优、尺寸稳定性好、化学性能稳定，机械强度为普通硅玻璃的10倍以上。

PMMA主要用途：仪器零件、飞机和汽车的窗玻璃、光学镜片、透明模型、车灯灯罩、信号灯设备、仪表盘、储血容器、影碟、灯光散射器、饮料杯、文具等。

（6）聚氯乙烯（PVC）

PVC是氯乙烯单体经聚合而成的热塑性树脂，是主要通用塑料品种之一，在世界五大通用塑料中的生产能力仅次于聚乙烯，居第二位。

PVC树脂为白色或浅黄色粉末，由于PVC分子链上带有负电性很强的氯原子，使分子之间产生很大的引力，阻碍了分子之间的相对滑动，因此PVC相当刚硬，并且具有良好的耐化学腐蚀性，但质脆而硬，缺少弹性。由于PVC的含氯量大于55%，因而具有阻燃性和自熄性。PVC分子链的极性使树脂的加工温度较高，通常根据制品要求加入不同量的增塑剂以减小分子间的引力和增加制品柔韧性。PVC在热、氧和光的作用下会脱HCl而变色，材料性能也随之降低，因此，在其加工过程中需加入热稳定剂和光稳定剂。PVC的缺点是单体有毒性，增塑剂有毒性，燃烧分解时放出令人窒息的HCl，难降解，污染环境。

PVC硬质塑料可制作容器（不耐压）、管材、板材、电线电缆等。加入大量$CaCO_3$做成钙塑料，可提高塑料的硬度，替代钢铁或木材用于制作塑料门窗、地板、天花板和电线套管等。

PVC软质塑料（增塑聚氯乙烯）可制作饮料、药品和化妆品的外包装、薄膜产品，常用来制造玩具、凉鞋和人造革等。

（7）聚酰胺（PA）

PA俗称尼龙，品种很多，包括脂肪族PA、脂肪-芳香族PA和芳香族PA。其中脂肪族PA品种多，产量大，应用广泛，其命名由合成单体具体的碳原子数而定，有PA6、PA66、PA11、PA12等。近几年开发的还有半芳香族尼龙PA4T、PA6T、PA9T、PA10T和芳香族尼龙等很多新品种，是长期使用温度在150℃以上的一类工程塑料。

PA具有良好的综合性能，机械强度高，韧性好，抗拉、抗压强度高，耐疲劳；耐热性、耐候性好；光泽度好，耐磨，有自润滑性；耐腐蚀，耐化学药品性好；有一定的阻燃性，无毒、无臭，抗菌、抗霉；有优良的电气性能，易染色、易于加工。由于其综合性能优良，也成为五大工程塑料之首，是新材料主力军。PA适于用玻璃纤维和其他填料填充增强改性，提高性能和扩大应用范围。但PA易吸水，耐光性较差，遇醇而溶胀，不耐强酸及氧化剂。PA可用多种方法加工，如注塑、挤出、浇注和旋转成型等。

PA主要用途如下。

a. 纤维制品：主要用于合成纤维纺丝（工业丝、民用丝），其最突出的优点是耐磨性高于其他所有纤维，比棉花耐磨性高10倍，比羊毛高20倍。聚酰胺纤维、具有质轻、防皱性优良，透气性好以及耐久性、染色性良好和热定型等特点。

b. 工程塑料：主要应用领域包括汽车、电子电气设备、消费品和工业品等。PA是以塑代钢、铁、铜等金属的好材料，是重要的工程塑料；铸型尼龙广泛代替机械设备的耐磨部件，代替铜和合金作设备的耐磨损件。适用于制作耐磨零件、传动结构件、家用电器零件、汽车制造零件、化工机械零件、化工设备，如涡轮、齿轮、轴承、叶轮、曲柄、仪表板、驱动轴，阀门、叶片、丝杆、高压垫圈、螺丝、螺母、密封圈、梭子、套筒、轴套连接器等。

c. 薄膜：双向拉伸尼龙薄膜（BOPA）。

耐高温尼龙是长期使用温度在150℃以上的聚酰亚胺材料。传统的尼龙一般使用温度都不会超过200℃，是尼龙本身的一大缺点。如果将合成尼龙的二元胺或二元酸分别以芳香族二胺或芳香族二酸代替，则得到的尼龙为半芳香尼龙，如果以芳香族二酸和芳香族二胺合成，则得到的尼龙为全芳香尼龙。全芳香尼龙的熔点很高，不利于加工；半芳香尼龙可以兼顾良好的耐热性和加工性能。常见耐高温尼龙的结构与性能见表1-2。

表1-2 常见耐高温尼龙的结构与性能

型号	结构	熔点/℃	性能
PA4T	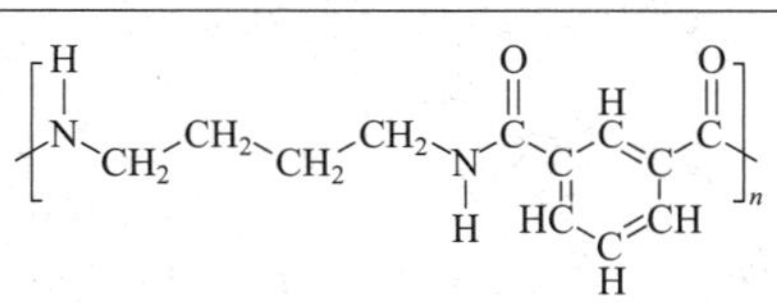	430	熔点高于分解温度,需要共聚后使用
PA6T	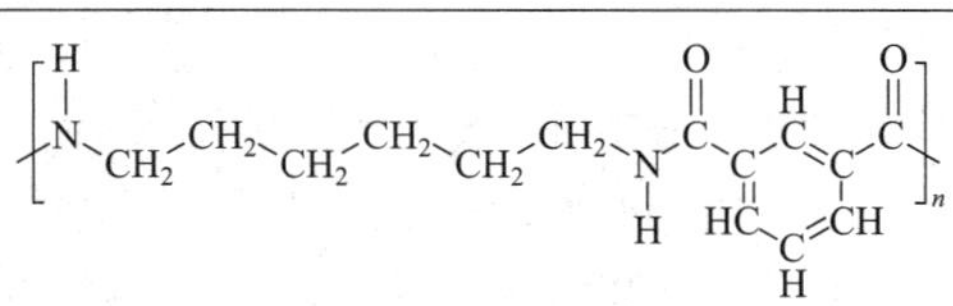	370	可焊接 吸水率低 流动性和成型性好
PA9T	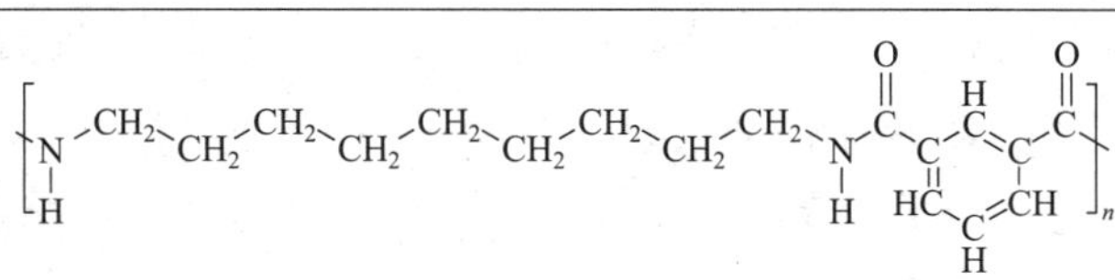	306	吸水率低 高温下韧性好
PA10T	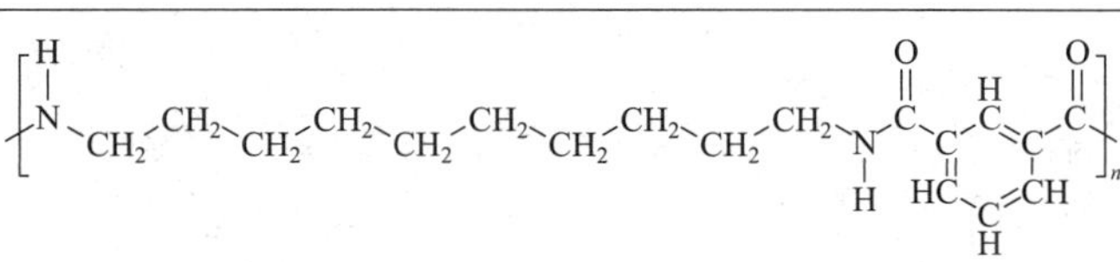	316	耐热性好 吸水率低 耐化学腐蚀

耐高温尼龙不仅具有良好的力学、抗蠕变、阻燃以及耐高温性能，且与金属相比也更加轻便，因此被应用在汽车领域，作为发动机区域的零部件、管子等。耐高温尼龙优异的可塑

性以及高强度和低翘曲度也使其可以被应用在电子领域，作为连接器等。

(8) 聚对苯二甲酸乙二醇酯 (polyethylene terephthalate，PET)

PET 生产初期几乎都用于合成纤维（我国俗称涤纶）。20 世纪 80 年代以来，PET 作为工程塑料有突破性的进展，相继研制出相关成核剂和结晶促进剂。目前 PET 与 PBT 一起作为热塑性聚酯，成为五大工程塑料之一。

PET 工程塑料是乳白色或浅黄色、高度结晶的聚合物，表面平滑有光泽。在较宽的温度范围内具有优良的物理力学性能，长期使用温度可达 120℃，电绝缘性优良，甚至在高温高频下，其电性能仍较好，抗蠕变性、耐疲劳性、耐摩擦性、尺寸稳定性都很好；耐有机溶剂、耐候性好。但 PET 有酯键，在强酸、强碱和水蒸气作用下会发生分解。

PET 工程塑料的缺点是结晶速率慢，成型加工困难，模塑温度高，生产周期长，冲击性能差，一般通过增强、填充、共混等方法可改进其加工性和物性。以玻璃纤维增强效果明显，可提高树脂刚性、耐热性、耐药品性、电气性能和耐候性。添加成核剂和结晶促进剂可改进结晶速度慢的弊病。添加阻燃剂和防燃滴落剂可改进 PET 的阻燃性和自熄性；因此改性后的 PET 广泛用于工程塑料。PET 工程塑料的成型工艺主要有注塑、吹塑、吸塑等。

PET 主要用途如下。

a. 纤维制品：涤纶是合成纤维的一个重要品种，是 PET 经纺丝和后处理制成的纤维。涤纶的用途很广，大量用于制造衣着纤维和工业制品。涤纶具有极优良的定型性能，涤纶纱线或织物经过定型后具有平挺、蓬松的形态，在使用中经多次洗涤，仍能经久不变形。

b. 工程塑料：大量用于制作碳酸饮料瓶和食用油瓶，还应用于电子电气方面，如电气插座、电子连接器、电器零部件、轴承、齿轮、断电器外壳、开关、马达风扇外壳、仪表机械零件、电熨斗、电磁灶烤炉的配件等；汽车工业方面，如流量控制阀、化油器盖、车窗控制器、脚踏变速器、配电盘罩等；机械工业方面，如齿轮、叶片、皮带轮、灯罩外壳、照明器外壳、排水管接头、拉链、钟表零件、喷雾器部件等。

c. 薄膜：PET 分子结构高度对称，具有一定的结晶取向能力，故而具有较高的成膜性。非晶态的 PET 具有良好的光学透明性。

(9) 聚对苯二甲酸丁二醇酯 (polybutylene terephthalate，PBT)

PBT 与 PET 分子链结构相似，大部分性质也是一样的，只是分子主链由两个亚甲基变成了四个亚甲基，所以分子更加柔顺，加工性能更加优良。PBT 是最坚韧的工程塑料之一，它是半结晶材料，有非常好的化学稳定性、机械强度、电绝缘特性。PBT 典型应用范围：家用器具（食品加工刀片、真空吸尘器元件、电风扇、头发干燥机壳体、咖啡器皿等），电气元件（开关、电机壳、保险丝盒、计算机键盘按键等），汽车工业（散热器格窗、车身嵌板、车轮盖、门窗部件等）。

(10) 聚碳酸酯 (polycarbonate，PC)

PC 冲击强度高，尺寸稳定性好，无色透明，着色性好，电绝缘性、耐腐蚀性、耐磨性好，但自润滑性差，有应力开裂倾向，高温易水解，与其他树脂相容性差。聚碳酸酯为无定形材料，热稳定性好，成型温度范围宽，流动性差、吸湿量小，但对水敏感，必须经干燥处理。成型收缩率小，易发生熔融开裂和应力集中。

PC 的主要应用：婴儿奶瓶、饮水杯（又称太空杯）和纯净水的水桶，可反复消毒，透光性比 PMMA 好，还适于制作仪表小零件、绝缘透明件和耐冲击零件。

（11）聚甲醛（paraformaldehyde，POM）

POM 综合性能较好，具有很低的摩擦系数和很好的几何稳定性，强度、刚度高，吸湿小，但热稳定性差，易燃烧，在大气中曝晒易老化。适于制作减摩、耐磨、传动零件以及化工仪表零件。由于它还具有耐高温特性，因此可用于管道器件（阀门、泵壳体）。

（12）聚芳醚酮（polyaryletherketone，PAEK）

聚芳醚酮是一种由亚苯基环通过氧桥和羰基（酮）连接而生成的结晶聚合物。根据分子链中醚键/酮键与苯环连接顺序及比例不同，聚芳醚酮可分为聚醚醚酮（PEEK）、聚醚酮酮（PEKK）、聚醚酮（PEK）、聚醚醚酮酮（PEEKK）以及聚醚酮醚酮酮（PEKEKK）等产品，其中以 PEEK 起步最早、发展最快，占 PAEK 的 80%以上。

聚醚醚酮熔点 334℃，玻璃化转变温度 143℃，其玻璃纤维或碳纤维增强产品可在 250℃下长期使用。结构式：

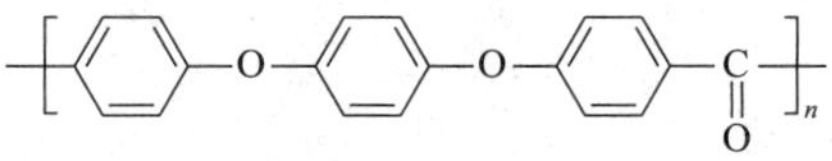

PEEK 树脂是一种线型芳香族半结晶型热塑性塑料，属于高温热塑性塑料，负载热变形温度高达 316℃（30%玻璃纤维或碳纤维增强），可在 250℃下持久使用，与其他耐高温塑料相比，使用温度上限超出约 50℃。作为高性能特种工程塑料，自诞生以来就一直被作为一种重要的战略国防军工材料。

优点：蠕变量低，弹性模量高，优异的摩擦性能，可抵抗各种介质的侵蚀，具有非常优异的耐化学性。

缺点：不溶于工业溶剂，玻璃化转变温度低等。

应用领域：电子电气、机械、汽车工业、石油勘探、医疗、保护涂层等。

（13）聚苯硫醚（polyphenylene sulfide，PPS）

聚苯硫醚又叫聚苯撑硫、聚次苯基硫醚。熔点 280～290℃，分解温度 430～460℃（在空气中），结晶度最高达 65%。

结构式：

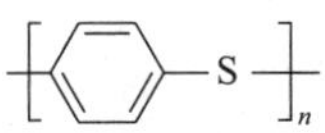

PPS 作为主链由亚苯基与硫原子交替连接所形成的聚合物，分子内化学键结构高度稳定，形成具备热稳定性的晶体点阵结构，因而对热降解与化学反应不敏感，分子链内苯环刚性与硫醚键柔性兼备，易于结晶。

PPS 具备优异的耐热性、耐化学腐蚀性、阻燃性，突出的电性能、高刚性、尺寸稳定性。根据分子量的高低，PPS 树脂可分为高分子量、中分子量、低分子量树脂；按照结构组成可分为线型、支链型以及改性树脂（共聚、嵌段、交联、接枝等）。

优点：优良的热稳定性，长期使用温度在热塑性材料中最高，达 220～240℃；优良的抗蠕变性能。

缺点：型材抗冲击性较弱，断裂伸长应变非常低。

应用领域：主要用于注塑制品，涵盖环保、汽车、电子电气、机械、阻燃配件等领域。

(14) 聚砜 (polysulfone，PSF 或 PSU)

是分子结构中含有砜基的一类聚合物的总称，分为普通双酚 A 型聚砜（即通常所说的聚砜）、聚芳砜和聚醚砜三种。

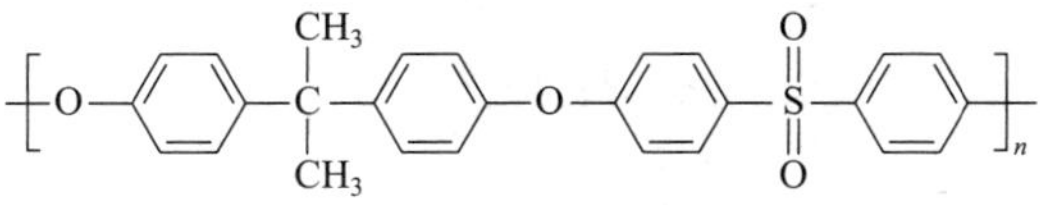

双酚A型聚砜

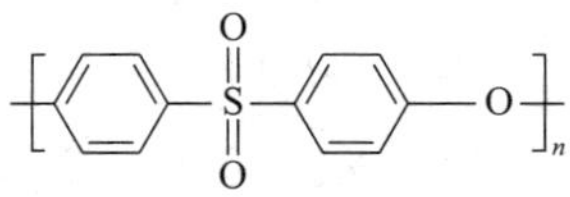

聚芳砜

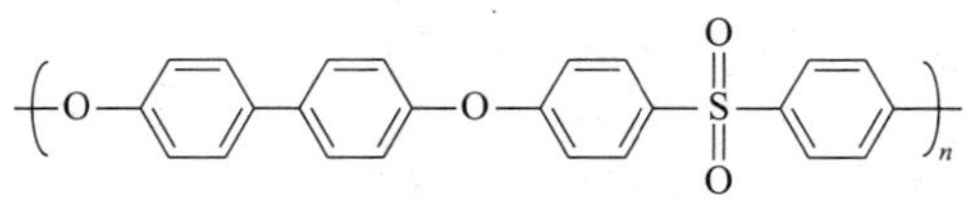

聚醚砜

耐热性：聚芳砜＞聚醚砜＞聚砜。加工性、聚芳砜、聚砜优于聚醚砜。

PSF 是略带琥珀色的非晶型透明或半透明聚合物，力学性能优异，刚性大，耐磨、高强度，即使在高温下也保持优良的力学性能是其突出的优点。长期使用温度为 160℃，短期使用温度为 190℃，熔点为 185℃，分解温度为 360℃，玻璃化转变温度为 150℃。优点：优异的力学性能，高强度，高模量，高硬度，低蠕变性，耐热，耐寒，耐老化，热变形温度高，化学稳定性好，耐无机酸、碱、盐液的侵蚀，电绝缘性优良，耐辐射，并具有自熄性。缺点：不耐极性有机溶剂，如对酮、酯、氯仿等有机溶剂的耐疲劳强度差。

应用领域：主要应用于机械工业、电子电气、交通运输、医疗器械等领域。

(15) 聚醚酰亚胺 (polyetherimide，PEI)

熔点 340～415℃，可在 160～180℃ 的工作温度下长期使用；玻璃化转变温度 215℃；起始热分解温度 518.7℃；密度 1.27g/cm^3；干燥温度 150℃。结构式：

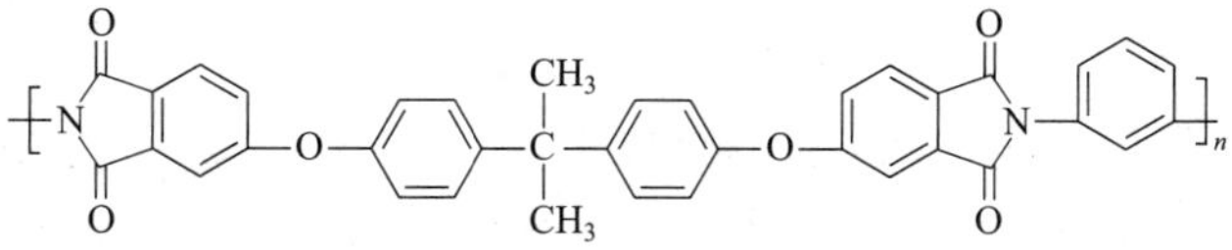

PEI 是一种琥珀色透明固体，相对于其他芳香族聚酰亚胺而言是一种成本较低，产量较大的热塑性塑料。

优点：耐高温，高强度，高模量及广泛的耐化学试剂性，耐燃，且烟气排放低，高介电常数和损耗因数。

缺点：线膨胀系数高，纯树脂在摩擦初期易发生脆性碎片剥落。

应用领域：聚醚酰亚胺具有优良的综合平衡性能，主要应用于电子、电器、汽车和航空等工业部门，并用作传统产品和文化生活用品的金属代用材料。

（16）聚酰亚胺（polyimide，PI）

是综合性能最佳的有机高分子材料之一，结构式：

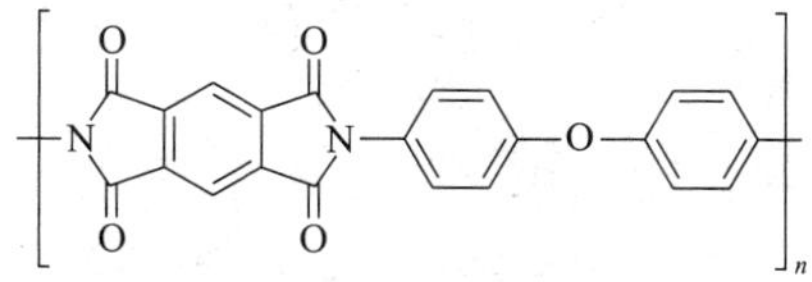

聚酰亚胺耐高温达400℃以上，长期使用温度范围200～300℃，部分品种无明显熔点，高绝缘性能，分解温度500℃左右。

聚酰亚胺树脂分为热固性和热塑性两种，热塑性聚酰亚胺成型温度高，且有小分子挥发物放出，因而应用并不广泛。热固性聚酰亚胺则不同，它以带可交联端基的低分子量、低黏度单体和其预聚物为初始材料，通过加热完成固化，从根本上改善了工艺。

优点：耐高温和低温，耐化学腐蚀，良好的尺寸稳定性，自熄性，低毒，良好生物相容性等。

缺点：加工困难，耐水性差，价格高。

应用领域：聚酰亚胺作为一种特种工程塑料，已广泛应用在航空、航天、微电子、液晶、分离膜、激光等领域。

（17）液晶高分子（liquid crystal polymer，LCP）

液晶高分子是一种由刚性分子链构成的，在一定物理条件下既能表现出液体的流动性又有晶体的各向异性状态（此状态称为液晶态）的高分子物质。液晶高分子一般为米黄色，也有呈白色的不透明的固体粉末，具有高强度、高模量等特点。

优点：优良的热稳定性、耐热性及耐化学药品性，优异的阻燃性，突出的耐腐蚀性能。

缺点：应用前务必干燥，水分含量降至0.03%方可使用。

应用领域：液晶聚合物具有优异的力学性能、低吸湿性、低介电常数和介电损耗、尺寸稳定性好等优点，可应用于电子电气、国防军工、航空航天、汽车、医疗等领域。

（18）氟塑料

氟塑料是部分或全部氢被氟取代的链烷烃聚合物，主要有聚四氟乙烯（PTFE）、全氟乙烯丙烯（FEP）共聚物、聚全氟烷氧基（PFA）树脂、聚三氟氯乙烯（PCTFF）、乙烯-三氟氯乙烯共聚物（ECTFE）、乙烯-四氟乙烯（ETFE）共聚物、聚偏氟乙烯（PVDF）和聚氟乙烯（PVF）。聚四氟乙烯是氟塑料最主要的品种，由于氟塑料分子结构中含有氟原子，所以具有许多优异的性能，如优良的电绝缘性能、高的耐热性、突出的耐油性、耐溶剂和耐磨性能、良好的耐湿性和耐低温性。因此，氟塑料在国防、机电、冶金、石油化工等工业部门占有重要的地位。

聚四氟乙烯（polytetrafluoroethylene，PTFE）熔点大约为327℃，密度为2.13～2.19g/cm^3。PTFE是由四氟乙烯自由基聚合而制得的一种全氟聚合物，是结晶型聚合物，具有优异的耐化学品性，其相对介电常数为2.1，损耗因数低，在很宽的温度和频率范围内是稳定的。聚四氟乙烯抗冲强度高，但拉伸强度、耐磨性、抗蠕变性比其他工程塑料差。加入玻璃纤维、青铜、碳和石墨可改善其力学性能。它的摩擦系数几乎比其他材料都低，具有很高的氧指数。

1.4.2 热固性塑料

（1）酚醛树脂（PF）

俗称电木粉，是世界上最早实现工业化的合成塑料。机械强度高，坚韧耐磨，尺寸稳定，耐腐蚀，电绝缘性能优异，适于制作电器、仪表的绝缘结构件。

（2）氨基树脂（MF，UF）

氨基树脂是指含有氨基或酰氨基的化合物与甲醛反应而生成的热固性树脂。目前，工业上应用较多的氨基树脂有：脲醛树脂（尿素-甲醛树脂）、蜜胺树脂（三聚氰胺-甲醛树脂）。氨基树脂无毒、无臭、坚硬、耐刮伤、无色、半透明，可制成各种色彩鲜艳的塑料制品，还广泛应用于航空、电器等领域。

（3）聚氨酯（PU）

聚氨酯是聚氨基甲酸酯的简称，是主链上含有重复氨基甲酸酯基团的大分子化合物的统称。它是由有机二异氰酸酯或多异氰酸酯与二羟基或多羟基化合物加聚而成的。

由于聚氨酯含有强极性氨基甲酸酯基团，调节配方中 NCO/OH 的比例，可以制得热固性聚氨酯和热塑性聚氨酯的不同产物。按其分子结构可分为线型和体型两种。体型结构中由于交联密度不同，可呈现硬质、软质或介于两者之间的性能，具有高强度、高耐磨和耐溶剂等特点。

根据所用原料的不同，可制作不同性质的产品，一般为聚酯型和聚醚型两类。可用于制造塑料、橡胶、纤维、硬质和软质泡沫塑料、胶黏剂和涂料等。聚氨酯材料可用在国民生活的各个领域，应用范围非常广。

硬质聚氨酯泡沫主要用于建筑隔热材料、保温材料（管道设施等的保温隔热）、生活用品（床、沙发等的垫材，冰箱、空调等的隔热层和冲浪板等的芯材），以及运输工具（汽车、飞机、铁路车辆的坐垫、顶篷等材料）。

聚氨酯弹性体具有很好的拉伸强度、撕裂强度、耐冲击性、耐磨性、耐候性、耐水解性、耐油性等。主要用于涂覆材料（如软管、垫圈、轮带、辊筒、齿轮、管道等的保护）、绝缘体、鞋底以及实心轮胎等。

1.4.3 热塑性弹性体

热塑性弹性体（thermoplastic elastomer，TPE）是常温下具有橡胶的弹性，高温下可塑化成型的一类弹性体。TPE 材料在现代工程和科技中发挥着不可或缺的作用，其独特的性能和广泛的应用领域使其备受瞩目。

（1）苯乙烯嵌段共聚物（SBC）类

SBC 中具有代表性的为苯乙烯-丁二烯-苯乙烯嵌段共聚物（SBS），结构见图 1-3，是世界上生产量最大、与橡胶性能最相近的一种热塑性弹性体。

与 SBS 用途相似的还有苯乙烯-异戊二烯-苯乙烯嵌段共聚物（SIS）、苯乙烯-乙烯-丁烯-苯乙烯嵌段共聚物（SEBS）、苯乙烯-乙烯-丙烯-苯乙烯嵌段共聚物（SEPS）、苯乙烯-乙烯-

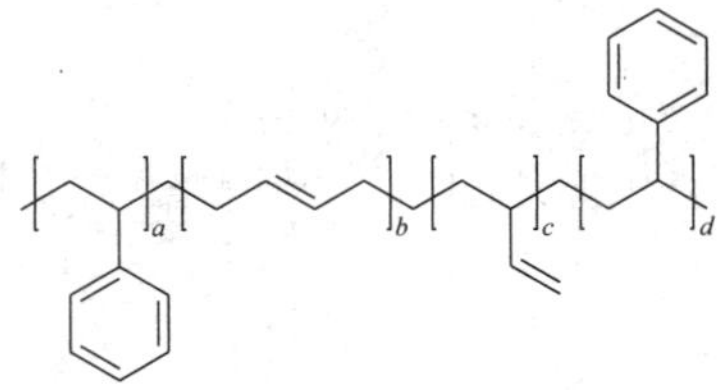

图 1-3　苯乙烯-丁二烯-苯乙烯嵌段共聚物结构

乙烯-丙烯-苯乙烯型嵌段共聚物（SEEPS），但是产量不如 SBS 高，用途也不如 SBS 广。

SEBS 将苯乙烯聚合物（S 段）硬段的热塑性特征和乙烯-丁烯共聚物的（EB 段）弹性体特征结合在一起，其分子构型为 A-B-A 型的三嵌段共聚物，见图 1-4。

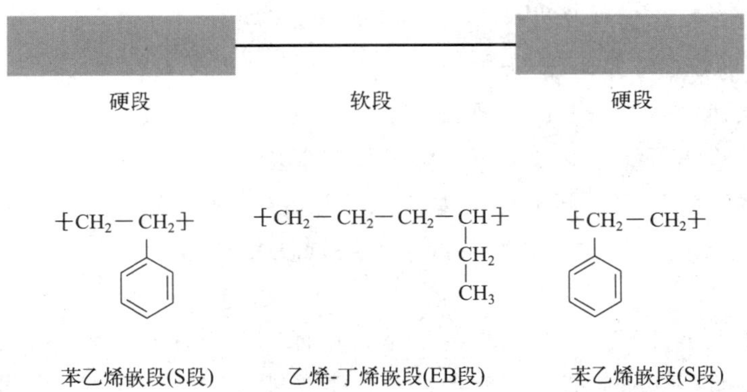

图 1-4　SEBS 三嵌段构型图

具有这种三嵌段构型的 SEBS 的基本性能：在常温下聚苯乙烯嵌段（S 段）含有苯环，刚性较大，运动能力较差，硬而强，与中间乙烯-丁烯软段（EB 段）弹性体嵌段不相容，呈相分离状态，聚苯乙烯嵌段形成的相区分散于弹性体基体相中，并将弹性体段锁接成物理交联的网络（见图 1-5）。这种以弹性体为连续相、聚苯乙烯为分散相的网络结构赋予了 SEBS 与传统硫化橡胶相似的弹性体性能。

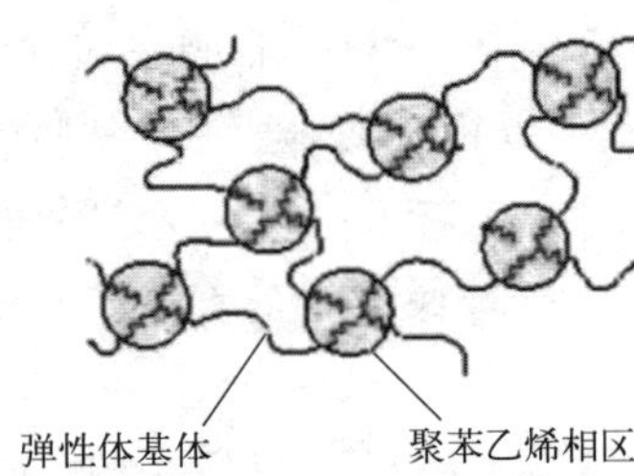

图 1-5　SEBS 三嵌段构型示意图

（2）热塑性聚氨酯类（TPU）

热塑性聚氨酯是由二苯甲烷二异氰酸酯（MDI）或甲苯二异氰酸酯（TDI）和扩链剂反应得到的刚性嵌段，以及二苯甲烷二异氰酸酯或甲苯二异氰酸酯等二异氰酸酯分子和大分子多元醇反应得到的柔性链段交替构成的。TPU 具有优异的耐磨性及强度，一般用于制造脚轮、薄膜、纤维、线缆及医用产品。

（3）聚烯烃弹性体（POE）类

聚烯烃弹性体（polyolefin elastomer，POE），是指采用茂金属催化剂的乙烯与 α-烯烃（1-丁烯、1-己烯、1-辛烯等）原位聚合得到的无规共聚物。

典型的两种 POE 基本结构见图 1-6。

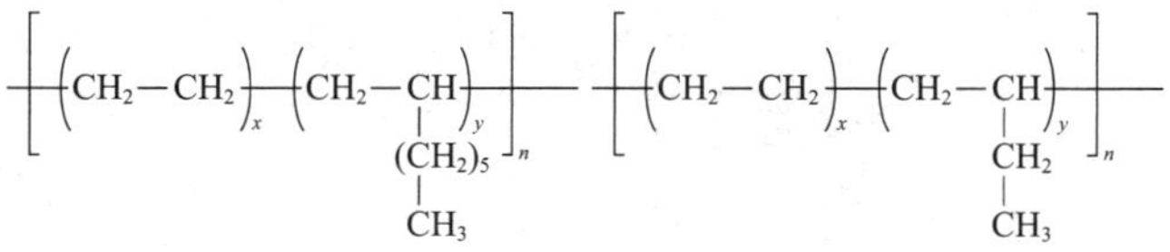

(a) α-烯烃为辛烯　　(b) α-烯烃为丁烯

图 1-6　典型的两种 POE 基本结构图

(4) 热塑性聚酯弹性体（TPEE）类

热塑性聚酯弹性体，也称聚酯橡胶，是一类含有对苯二甲酸丁二醇酯硬段和脂肪族聚酯或聚醚软段的线型嵌段共聚物。TPEE 兼具橡胶优良的弹性和热塑性塑料的易加工性，软硬度可调，设计自由，是热塑性弹性体中备受关注的新品种。

(5) 热塑性聚酰胺弹性体（TPAE）

热塑性聚酰胺弹性体是以 ε-己内酰胺、脂肪族或芳香族二酸、端羟基聚醚或端氨基聚醚为聚合单体，以钛酸四丁酯、亚磷酸三苯酯等作为催化剂，制成的高性能热塑性弹性体。一般按构成硬段的聚酰胺类型不同分为尼龙 6 系、尼龙 66 系、尼龙 12 系等。在已商品化的 TPAE 中，尼龙 12 最为常见，它具有优异的耐腐蚀性和良好的加工性，常被用来代替硅橡胶和氟橡胶。

热塑性弹性体由于具有橡胶与塑料的双重特性而被广泛应用于汽车、建筑、家用设备、电线电缆、电子产品、食品包装、医疗器械等众多领域。在当今石油资源日益匮乏、环境污染日益严重的背景下，TPE 具有极其重要的商业价值和环保意义。

① 在汽车行业，主要用于制造汽车零部件，如密封圈、内饰、挡泥板和车门密封。在汽车内饰中，TPE 材料提供了柔软的触感、吸声和防噪功能，提高了驾驶体验的舒适性。

② 在电子行业，用于制造电线电缆护套、电子注塑件、智能穿戴设备和电器密封件。常用于制造手机、电视和计算机的外壳和连接器。智能穿戴设备也借助 TPE 的柔软性和舒适性，确保佩戴者的舒适感。电气密封件则可防止湿气和灰尘进入电子设备，提高设备的可靠性。

③ 在医疗设备和器械制造中应用以确保医疗过程的安全性和患者的舒适感。此外，耐药性手套能够提供有效的防护，防止传播感染。

④ 在建筑行业中常用于制造地震减震装置，用于降低建筑物和机械设备的振动，减少噪声污染。

⑤ 在鞋类和服装制造中，为鞋底提供了卓越的缓冲和耐磨性，增加了穿着舒适度和耐用性。此外，TPE 还用于服装材料，增加了服装的柔软性、舒适性和弹性，常见于伸缩性运动服装和泳装等领域。

⑥ 用于工程塑料改性剂，则是为了增强工程塑料的弹性、耐磨性和化学稳定性，以满足特定工业应用的要求。

1.5 改性塑料

塑料改性是指通过物理的、化学的或二者兼具的方法使塑料的性能向人们所预期的方向发生变化，或者使成本显著降低，或者使一方面或多方面性能得以改善，或者赋予塑料材料全新的功能，从而达到拓展其适用范围的目的，见表1-3。经过改性的塑料材料统称“改性塑料”。塑料改性的过程可以在合成树脂聚合的过程中发生，即化学改性，如共聚、接枝、交联等，也可以在合成树脂加工的过程中进行，即物理改性，如填充、共混、增强等。

表1-3 塑料改性

目的	指标
改善材料性能	韧性、耐热性、尺寸稳定性、耐磨性、耐溶剂性、气密性、阻尼性、黏结性
提高加工性能	熔体流动性、脱模性、润滑性
赋予特殊性能	阻燃性、导电性、耐候性、抗静电性、生物相容性
降低产品成本	填充

改性塑料已被国家列为重点发展的科技领域之一。我国已陆续出台各项政策推进改性塑料行业发展。汽车和家电行业则是改性塑料发展的热点，两者占比超过50%。通过改性塑料来替代钢材料、木制品，符合“以塑代钢、以塑代木”政策，达到节能减排的目的。此外，国内改性塑料的需求增速仍将保持在10%～20%。

塑料是由石油炼制的产品制成的，而石油资源是有限的，因此回收利用再生塑料可以节约石油资源，响应国家“双碳”目标、节约资源的倡导。回收的塑料往往丢失了原始塑料性能，要想利用再生料生产新的塑料，就必须对其进行适当改性，这也为塑料改性打开了新的市场空间。

1.6 生物塑料

生物塑料已经存在至少100年了。玉米油和大豆油曾经用于制造福特T型车的汽车零部件。近年来，生物塑料已用于各种消费品，例如食品容器、食品袋、可生物降解的餐具和食品包装。生物塑料还可以用于工程级应用，例如电气和电子产品外壳。

国内对于生物塑料的研究虽然已经进行了多年，但是业内尚未有明确的定义，我们经常会看到一些报道和文章里讲到“生物降解塑料”，让人误解生物塑料必须可以降解，实际并非如此。

目前世界范围内比较认可的定义是欧洲生物塑料协会给出的四象限定义，即生物塑料是生物基塑料和生物降解塑料的统称：满足“生物基”或者“可生物降解”特性中至少一个即可认为是生物塑料，见图1-7。

特性1：生物基塑料是指产品全部或部分来自生物质资源。

特性2：可生物降解塑料是指一类其制品的各项性能可满足使用要求，而使用后在自然环境条件下能完全降解成对环境无害的物质的塑料。其来源可以是石化基资源。

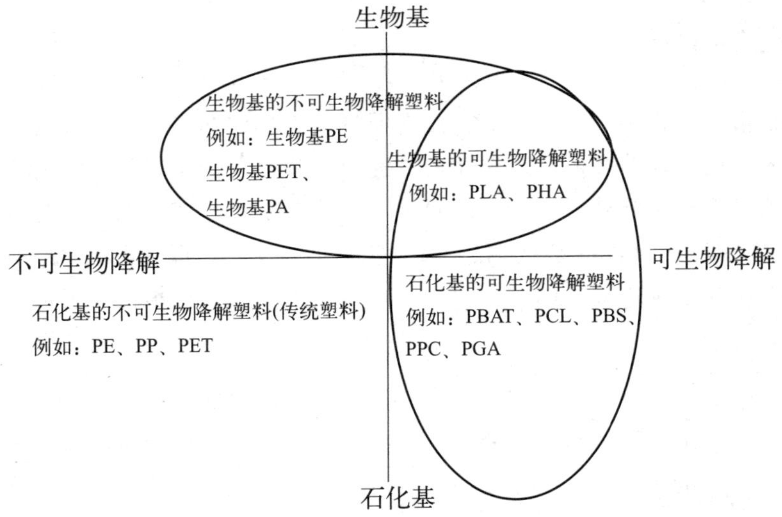

图 1-7　生物塑料

一般而言，生物塑料的最大优势是对生态系统污染小，以及碳排放较少。常见的生物塑料包括聚乳酸（PLA）、己二酸丁二醇酯-对苯二甲酸丁二醇酯无规共聚物（PBAT）、聚丁二酸丁二醇酯（PBS）、聚羟基脂肪酸酯（PHA）、聚己内酯（PCL）、聚碳酸亚丙酯（PPC）、聚羟基乙酸（PGA）等。其中，PLA 是最常见的，也是产量最大的生物塑料之一。

1.7　再生塑料

消费后回收材料（post-consumer recycled material，PCR）是指塑料制品在流通、消费、使用后产生的废塑料，经过物理回收或者化学回收，能够变成有价值的塑料工业生产原料，实现资源再生循环利用。工业后回收材料（post-industrial recycled material，PIR），是将工业塑料回收后得到的塑料，它的来源一般是工业生产过程中产生的边角料，可破碎后再次利用。再生塑料即是对这两种材料的再利用。从回收量来看，PCR 塑料在数量上有绝对优势；就再加工品质而言，PIR 具有绝对优势。

再生塑料是减少塑料环境污染，助力化工行业迈向“碳中和”的重要方向之一。再生塑料与原始树脂混合，能够制造出各种新型塑料产品。不仅降低了二氧化碳的排放，也减少了能源的消耗。

再生塑料从回收到终端应用，一般大概需要经过以下几个过程：废弃塑料的收集——对废弃塑料进行预处理——对塑料破碎片进行改性/造粒——应用到终端市场。低碳再生塑料的循环利用路径见图 1-8。

再生塑料可以满足不同的使用需求，可以应用在包装、消费电子、汽车、运动与休闲等行业中。

在过去的 50 年中，全球塑料的生产和消费量增长了 20 倍以上，石油化工生产的塑料废物污染是世界环境难题。再生塑料发展是大势所趋，发展的空间极为广阔。

低碳再生塑料的循环路径

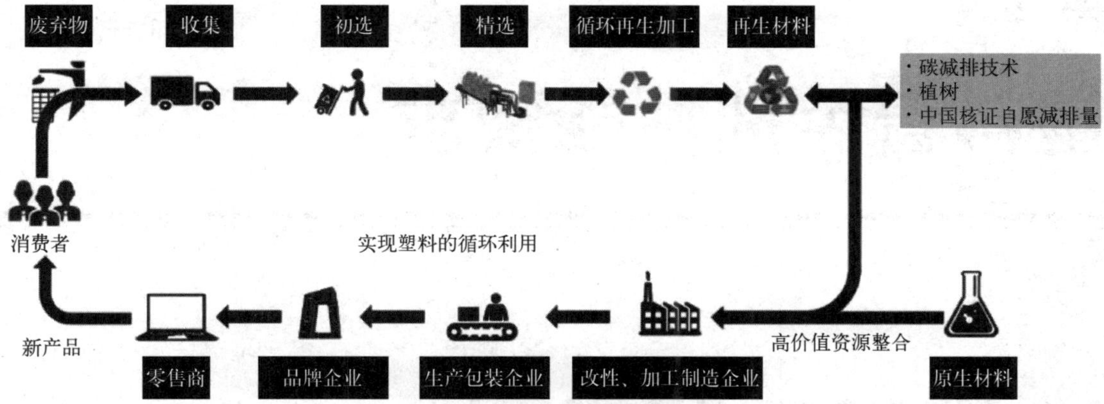

图 1-8　低碳再生塑料循环利用路径

第2章

塑料着色剂性能要求

2.1 塑料着色剂及其基本性能要求

2.1.1 塑料着色剂概述

所有的颜色都是通过人类眼睛而被感知的。能通过分散、吸附或化学反应等方式改变物体颜色的物质，称为着色剂。

并非所有的颜色改变都来自着色剂。一般把物质自身所固有的颜色和各种着色剂（颜料、染料等）所赋予的颜色称为“色素色”。而在“色素色”之外，人眼还能够感知的另一类颜色为“结构色”，又称为“干涉色”。所谓结构色，又称为物理色，是通过改变不同折射率物质间的微观界面结构，让光在界面间发生反射/折射/干涉等现象，使人眼从不同的角度观察物体时可以看到变化的光泽及色彩效果。自然界中，典型的结构色例子包括彩虹的颜色、肥皂泡的炫彩、昆虫甲壳或翅膀上变化的流彩等。高亮度彩虹膜一般由多层塑料复合膜实现结构色。

在生产过程中使用着色剂使塑料呈现出所需颜色的工序，称为着色，是塑料工业中不可缺少的一个组成部分。着色剂可以选择性地吸收或反射某波段的光，而使物体显现出颜色。

着色剂可分为染料和颜料两大类。染料一般能够溶解于特定溶剂或介质（如水、有机溶剂等）中，可以渗透到材料的内部结构中，与材料发生物理吸附或化学反应，从而实现均匀着色。染料一般是有机物，可溶于水或有机溶剂。可溶于有机溶剂的染料又称溶剂染料，可分为油溶染料和醇溶染料两类。塑料中应用较多的是油溶染料。

颜料是微小的固体颗粒，通常不溶于所使用的介质（如水、油、树脂等），一般以分散状态存在于塑料中。为获得理想的着色性能，常需要用机械的方法使颜料均匀分散。颜料可能是有机物，也可能是无机物。无机颜料一般是金属氧化物和金属盐，不溶于普通溶剂，耐热性比有机颜料好。有机颜料的着色力一般比无机颜料高。

着色剂的分类不总是完全清晰的。有少数有机颜料可以溶于某些聚合物。如颜料红254（DPP红）在大部分聚合物中不溶，并且能提供明亮的红色；然而在聚碳酸酯中，当温度高于330℃时它发生溶解并且呈现荧光黄色，此时颜料红254的表现就像染料。

无机颜料、有机颜料和溶剂染料，在塑料着色中的特性比较见表2-1。有机颜料色泽鲜艳，有其他颜料不能替代的优越性；无机颜料色谱窄、着色力比较低，而且因重金属受到环保限制。溶剂染料受迁移影响不能应用于聚烯烃塑料中，只能应用于非晶态聚合物中。

表 2-1　各类着色剂特性比较

特性指标	有机颜料	无机颜料	溶剂染料
色谱范围	广	窄	广
色彩	鲜艳	不鲜艳	鲜艳
着色力	高	低	极高
耐光、耐候	中—高	高	差
耐迁移	中—好	好	差
分散性能	中—差	中—好	无需分散
耐热性	中—高	高	中—高

塑料着色的第一功能就是美化产品。塑料制品多样化发展和加工技术的进步，又要求着色剂在应用性能、使用性能及安全性等方面发挥更多的功效：显示识别与标记作用，如电线以不同颜色的塑料包皮区分不同用途；对商品的隐蔽防护作用，如药品包装被制成深色以减少光致变质；改善塑料耐光性和耐候性，如添加炭黑延长制品的户外使用寿命；改变材料性质，如添加炭黑可以增加制品的导电性等。

2.1.2　塑料对着色剂的基本性能要求

不同类型塑料的加工成型温度不同。热固性树脂的加工温度比较低（但时间较长）；硬质和软质聚氯乙烯与EVA需中等加工温度，一般为170～200℃；低密度和高密度聚乙烯、聚苯乙烯，都是在200～260℃范围内加工的；聚丙烯、聚酰胺、ABS树脂、聚碳酸酯等所要求的加工温度为260℃以上。有些塑料要求的加工温度特别高，如氟碳化合物、聚硅氧烷和新研制的高性能工程塑料。着色剂必须在树脂的加工温度下不变质，且能成功着色。

不同类型塑料有不同的成型工艺，对着色剂的分散性要求也不一样。纺丝、流延等加工工艺对颜料的分散性要求比较高，特别是超细纤维的成型，如果颜料分散性差就会堵过滤网，断丝而影响正常生产。模压成型工艺、板材成型工艺对颜料分散性的要求相对要低一些。

根据塑料制品的不同用途，对着色剂也有不同的要求。在室外长期使用的塑料制品如人造草坪、广告箱、周转箱、卷帘式百叶窗、异型材和塑料汽车零件等，需要着色剂有良好的耐候性和耐光性，着色剂赋予制品的颜色应能在至少十年内保持稳定。卫生洗涤用品的塑料包装中的着色剂，需符合耐酸、耐碱和耐溶剂性要求。用于制造家用电器的塑料原料，要求着色后不降低产品机械强度。用于制造瓶盖和周转箱等制品的塑料原料，要求着色剂对产品翘曲变形影响小，否则会影响密封性。所有的塑料制品都要求在使用过程中着色剂不会发生迁移。

为了满足产品安全、环保和健康的要求，塑料制品（特别是玩具、化纤纺织材料、电子电器产品、食品容器和食品接触性材料、包装、船用及车辆材料）必须满足世界各国、各地区相关的法规要求，这对着色剂提出了更高的安全、环保方面的要求。

另外，着色剂的各项性能除了与其化学结构密切相关外，还与其晶型、粒径大小、粒子分布有关，也与使用浓度和条件有关。

综上所述，塑料着色剂应具有的基本性能包括：优秀的色彩性能，良好的耐热性，良好的分散性，良好的耐迁移性，良好的耐光（候）性，对塑料制品的收缩、翘曲影响不大，良好的化学稳定性，符合安全性要求。

2.2 色彩性能

着色剂的色彩性能包括着色力、饱和度、亮度、遮盖力（或透明性）以及二色性光学现象，塑料配色师对着色剂光学性能十分重视。正是这些光学性能决定了塑料配色的成败。

2.2.1 着色力

着色力（也称着色强度）是赋予被着色物质颜色深度的一种度量。在塑料领域，着色力是指使每千克含1%或5% TiO_2 的聚氯乙烯（PVC）或含1% TiO_2 的聚烯烃（PO）塑料中，达到颜色的标准深度（SD）时所需要的着色剂质量（g）。

着色剂的最大吸收波长决定了它的颜色，而在最大吸收波长处的吸收能力决定了它的着色力。

影响着色力的主要因素是化学结构和晶体结构。无机颜料如群青、铬系、镉系、氧化铁等的着色力低，大多数有机颜料和染料的着色力很高。

除了结构外，饱和度增加，着色强度增高；亮度增加，着色强度下降。此外，着色强度还与被着色物质组分、材质及应用条件有关。

着色力是着色剂的重要性能，与着色成本密切相关。着色剂标准深度值越小，说明着色力越高，反之着色力越低。一般常用着色剂1/3标准深度（1/3 SD）值来判断着色力高低。

着色力对配色有着极其重要的意义。例如需要配成深色调应选择着色力高的品种（有机颜料或溶剂染料）以期降低着色成本，当需要配成浅色调时应选择着色力低的品种（无机颜料）以期降低剂量引起的系统误差。在配色时某一颜料缺少时，或价格较贵时，可选用同色其他颜料代替，但两种颜料着色力不同在代替时配成同样色调所需用量也不同。

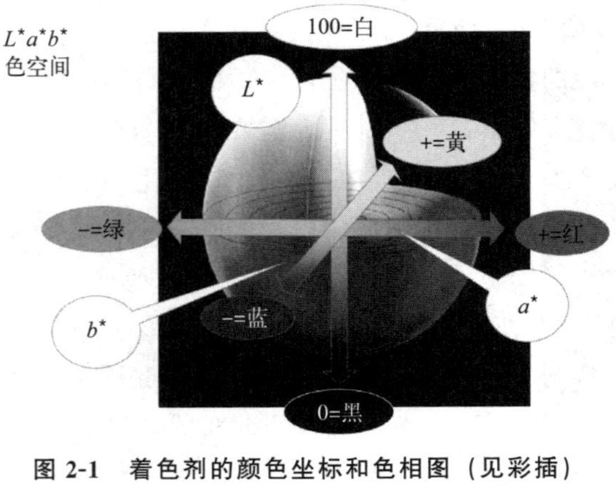

图 2-1 着色剂的颜色坐标和色相图（见彩插）

2.2.2 饱和度、亮度、遮盖力

颜色三坐标参数（色相、饱和度、亮度）是定位着色剂颜色价值的基准，见图2-1。色相按波长逆时针从红到橙，黄，绿，蓝再到紫，明度从低到高，饱和度由小到大。

在饱和度坐标里，位于坐标原点越远的着色剂，因其具备更高的饱和度，总是可以与其他着色剂调色混合或冲黑来覆盖位于离坐标原点近的低饱和度的着色剂，所以一个着色剂饱和度越高，颜色价值越大，应用越广。

一般来说对同一化学结构的着色剂，随着色力增加，饱和度增加、亮度降低，而色相变化则因不同着色剂而不同。但是对于某些个别品种，着色力达到某点后，着色力增加饱和度反而下降，这一点特别提醒注意。

着色剂的遮盖力或透明度与着色力密切相关，一般无机颜料相对密度大，具有良好的遮盖力，染料因溶解于树脂所以是透明的。大部分塑料着色产品对遮盖力是有要求的，着色制品的遮盖力不仅取决于化学结构，还取决于着色剂的应用浓度、所选材料和制品厚度。塑料着色产品往往通过加钛白粉来提高遮盖力，但加入钛白粉对色相影响太大，还有可能造成性能下降，因此一个高遮盖力的着色剂通常其应用价值也高。

一个着色剂如果有高饱和度、高遮盖力和高着色力，将会具有极高的商业价值。

2.2.3 二色性

二色性是透明着色剂用于塑料着色时，本色色调随着色剂浓度或制品厚度而变化的一种性质。二色性是着色剂依其透射曲线形状而变化的固有特性。黄、橙、红和紫着色剂的二色性，一个比一个严重，因为它们的分光透射曲线都是不对称的。与此相反，蓝色和绿色着色剂的分光透射曲线趋向于对称，故其二色性很小或者不存在二色性，见图 2-2。

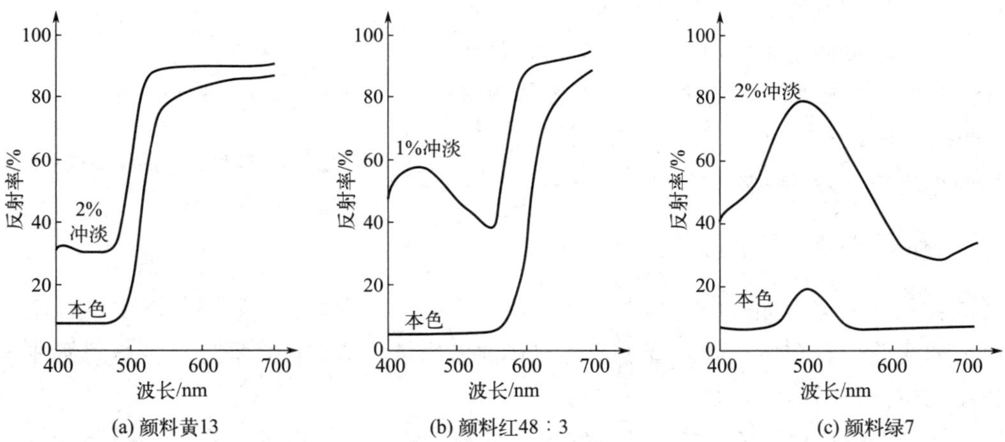

图 2-2 本色、冲淡色光谱反射曲线

二色性会给配色造成困难。在透明塑料配色中，经常发生二色性现象，当着色剂的浓度和着色制品厚度变化时，物体的颜色也会发生不同程度的变化，并且会引起色调的改变。在半透明甚至有的不透明塑料配色中，也会出现这种情况。

溶剂染料常用于硬胶透明着色。因溶剂染料可溶于某些溶剂，所以溶剂染料二色性试验可用一个简便方法，先制备一些浓度不等的溶液，然后观察它们的色调变化情况，即可知道染料在塑料中呈现的颜色变化。

2.3 耐热性

着色剂的耐热性是指在一定加工温度下和一定时间内，不发生明显的色光、着色力和性能的变化。

塑料着色与油墨和涂料着色的最大区别在于绝大多数塑料着色成型中都有一个加热的过程，着色剂在塑料成型中常常受热发生分解，色泽变化，还会影响它的耐光性和迁移性。所以耐热性在塑料着色中是一项非常重要的指标。

在塑料工业发展的初期，200℃以上的加工温度是罕见的。但现在300℃甚至更高的加工温度，也是很平常的。各种塑料的加工温度范围互不相同。实际上要求所有着色剂的耐热性达到300℃是没有意义的。一般无机颜料的耐热性非常好，但有机颜料和染料的耐热性高低不一，能在高温下保持性能稳定的有机颜料中，应用最多的是酞菁绿、酞菁蓝、咔唑紫、喹吖啶红、异吲哚啉酮黄和苝红，而经典偶氮颜料耐热性要低得多。因此通过耐热性指标去选择合适的着色剂就显得格外重要。

2.3.1 耐热性指标的定义

目前许多着色剂供应商按欧盟标准EN BS 12877-2的方法检测颜料在不同品种塑料中的耐热性，以提供客户参考使用。该方法规定：以200℃为基准，采用注射机注射着色剂某个浓度的标准色板，以后每次间隔升温20℃，停留时间5min。经注射后留取色板，以两色板的色差$\Delta E=3$时的温度表征该着色剂在该浓度下的耐热性。某个着色剂的耐热性测试曲线见图2-3，它在260℃时注射色板与200℃为基准标准色板色差为3，所以它的耐热性是260℃。

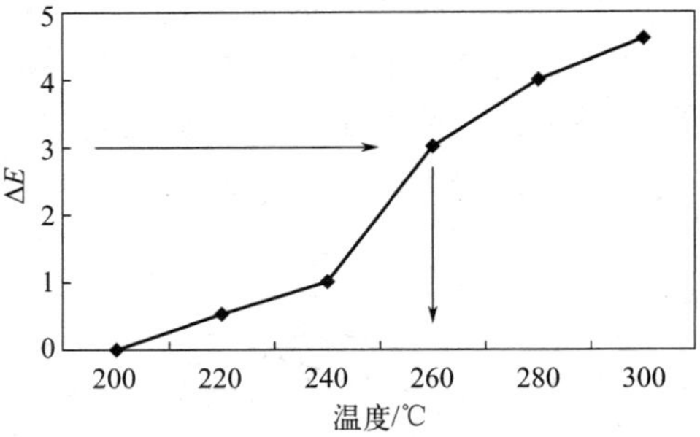

图2-3 颜料的耐热性测试曲线

2.3.2 耐热性与使用浓度

目前着色剂供应商提供的耐热性指标往往是指1/3标准深度，其不等同于该着色剂在所有浓度下的耐热性。众所周知，着色剂的耐热性随用量的减少而降低，但是达到何种程度并没有通用规律。

图2-4是不同品种黄色颜料在不同浓度下的耐热性，从图中可以看出一些颜料品种（如黄色金属色淀）的耐热性不随着色浓度下降而降低。表2-2是不同品种黄色颜料的化学结构。

表2-2 不同品种黄色颜料的化学结构

颜料索引号	化学结构
颜料黄191	偶氮金属色淀
颜料黄183	偶氮金属色淀
颜料黄110	异吲哚啉酮
颜料黄181	苯并咪唑酮
颜料黄62	偶氮金属色淀

掌握着色剂在不同浓度下的耐热性对于塑料配色师的日常工作是非常重要的。不仅在浅色调色时要求着色剂的浓度非常低，而且在色光调色时，允许加入着色剂的浓度更低。当着色剂耐热性不随浓度的降低而下降或仅有微小的降低时，才可以投入使用。塑料配色师应在工艺条件范围内找出合适的着色剂，并通过试验来确认，同时也对生产工艺的调节提供一定

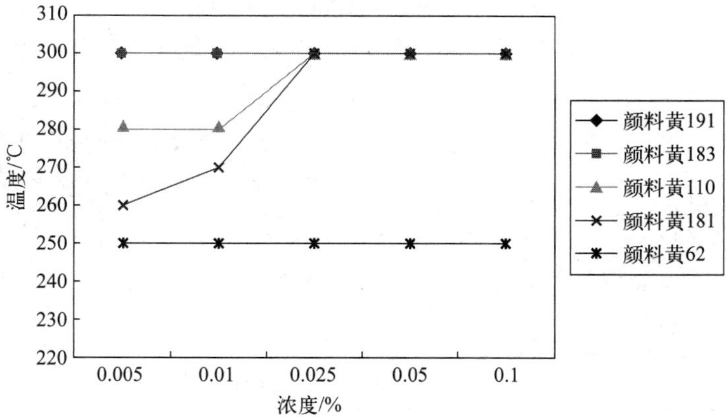

图 2-4 不同品种黄色颜料在不同浓度下的耐热性

的依据。选择价格相对低廉且又能够满足生产要求的着色剂，可降低成本，使企业在激烈市场竞争中占得先机。

目前对耐热性进行定量化的研究采用的浓度有两个系列，一个是 1%、0.1%、0.01% 和 0.001%；另一个是 1%、0.1%、0.05%、0.025% 和 0.001%，试验结果均以图表形式提供给用户。

2.3.3 耐热性与结构、晶型、粒径大小

(1) 耐热性与着色剂化学结构

一般而言，无机颜料是金属氧化物和金属盐，是高温煅烧的反应产物，煅烧温度最高可达 700℃，所以无机颜料的耐热性远远高于塑料成型温度。有机颜料和溶剂染料的耐热性与化学结构有很大关系，正如颜料分子结构直接决定其色泽及应用性能一样，颜料分子骨架取代基的结合因其原子的不同而异，直接影响其在一定温度下的稳定性及分解反应发生的难易。以有机颜料为例，其化学结构分为单偶氮类、偶氮色淀类、缩合偶氮类、酞菁类、喹吖啶酮、二噁嗪、异吲哚啉酮、异吲哚啉、吡咯并吡咯二酮 (DPP)、蒽醌等杂环类，不同化学结构的颜料具有不同的耐热性。表 2-3 为不同结构颜料品种在 HDPE 中的耐热性。

表 2-3 不同结构颜料品种在 HDPE 中的耐热性

颜料索引号	化学结构	耐热性/℃	
		本色 0.1%	冲淡 1∶10
颜料黄 13	双偶氮	200①	200
颜料黄 62	单偶氮金属色淀	250	260
颜料橙 61	异吲哚啉酮	300	300
颜料红 144	缩合偶氮	300	300
颜料红 254	吡咯并吡咯二酮(DPP)	300	300
颜料红 122	喹吖啶酮	300	300
颜料紫 37	二噁嗪	270	260
颜料蓝 15∶3	酞菁	300	300

① 颜料黄 13 是双氯联苯胺系列颜料，加工温度高于 200℃会分解，产生有害人体健康物质，限制在低于 200℃使用。

改进有机颜料耐热性最主要的方法是改变颜料的化学结构，通常采用如下办法：增加颜料的分子量；分子中引入卤素原子；稠环结构分子中引入极性取代基；分子中引入金属原子。

（2）耐热性与着色剂晶型

一些颜料具有多晶性，同一化学组成的物质可能呈现不同的晶格排列方式，这种晶型差异导致颜料色相不同。比如颜料紫 19，其 β 晶型是紫色，γ 晶型是蓝光红色。晶型不同也会影响颜料耐热性，颜料蓝 15 晶型是不稳定的，不耐溶剂和高温，其耐热性只有 200℃，如将其晶型转为稳定的 β 晶型（颜料蓝 15：3），其耐热性可达 300℃。表 2-4 为不同晶型酞菁蓝品种在塑料中的耐热性。

表 2-4　不同晶型酞菁蓝品种在塑料中的耐热性

颜料索引号	晶体类型	耐热性(1/3 标准深度)/℃
酞菁蓝 15	不稳定 α 晶型	200
酞菁蓝 15：1	稳定 α 晶型	300
酞菁蓝 15：3	稳定 β 晶型	300

（3）耐热性与着色剂粒径大小

有机颜料的原生粒径大小对耐热性有很大影响，一般来说同一结构颜料原生粒径小，比表面积大，着色力高，则耐热性和分散性差。反之原生粒径大，比表面积小，着色力低，则耐热性和分散性好。颜料红 254（固美透红 BOC、固美透红 2030、固美透红 BTR）粒径大小对耐热性的影响见表 2-5。

表 2-5　颜料红 254 粒径大小对耐热性的影响

项目	固美透红 BOC	固美透红 2030	固美透红 BTR
比表面积/(m^2/g)	19.9	26.7	93.8
粒径大小	大	中	小
耐热性			
颜料含量 0.01%	280℃	300℃	280℃
颜料含量 0.05%	300℃	300℃	280℃
颜料含量 1%	300℃	300℃	280℃
颜料含量 0.01%、TiO_2 1%	280℃	300℃	280℃
颜料含量 0.05%、TiO_2 1%	300℃	300℃	290℃
颜料含量 1%、TiO_2 1%	300℃	300℃	300℃

2.3.4　耐热性与树脂及添加剂

（1）耐热性与树脂品种和等级关系

苝系结构的颜料红 149 在不同的树脂中耐热性不同，在聚碳酸酯中耐热性达 310℃，但在 ABS 中只有 250℃，具体见表 2-6。

许多塑料受热时由于热降解作用而发生变色、泛黄等，也会影响塑料制品色泽变化，当确定了着色剂耐热温度后，必须考虑到这种褪色。需要在树脂中加入抗氧剂以求得颜色稳定性。

表 2-6　颜料红 149 在不同树脂中的耐热性

树脂	耐热性/℃
聚碳酸酯（PC）	310
聚烯烃（PO）	300
聚苯乙烯（PS）、聚甲基丙烯酸甲酯（PMMA）、聚对苯二甲酸乙二醇酯（PET）	280
丙烯腈-丁二烯-苯乙烯共聚物（ABS）	250

（2）耐热性与添加剂关系

着色的塑料不同于试验中所使用的标准塑料，实际上着色塑料的组分除了塑料和着色剂外，还可能含有填料、增塑剂、分散剂、抗氧剂、稳定剂以及阻燃剂等，所有这些组分并非都是化学惰性的，它们中的任何一种都会或多或少地影响着色剂和塑料的耐热性。如钛白粉常常用来调整色相或增加产品的遮盖力，有些颜料加了钛白粉后除了色相变化外，耐热性也会有变化。图 2-5 表明颜料紫 37 加了钛白粉后耐热性大幅下降。

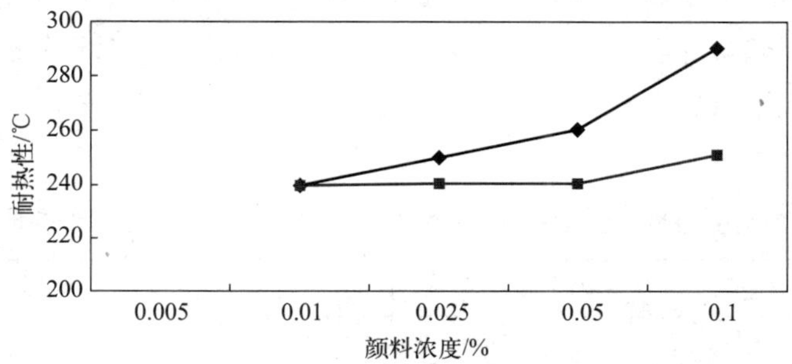

图 2-5　颜料紫 37 耐热性

■—加 1%钛白粉；◆—本色

2.3.5　耐热性指标的应用

（1）耐热性与受热时间关系

变色过程实际上与温度和停留时间有关。在标准试验方法（EN BS 12877-2）中，将停留时间定为 5min，比正常的塑料的加工时间长，经验表明，只要停留时间很短，着色剂就可在稍高于样本提供的耐热性的温度下进行加工。但在注射成型时，每台注射机，其结构都需要一个最小尺寸和螺杆体积，但在加工一些质量极小的产品中，不可避免地会使用比制品尺寸大得多的注射机。技术上和经济上的原因使塑料加工设备不能任意地减小，因此塑料熔体在注塑机中的停留时间可能会超过 5min，着色剂在低于样本给出的温度下的褪色就发生了。在注射成型中通常有注塑料头回料反复使用的习惯，因此需特别加以注意，因为每次加热都会引起着色剂热损伤的增加。

另一个褪色的原因是注射成型时热流道的使用。在热流道中的停留时间应该加到在注塑机中的停留时间中。通常总的停留时间要短到足以避免任何褪色的发生。因此应该对这个参数进行详细考虑。热流道结构的不良设计也是引起褪色的主要原因，例如热流道的喷嘴或其他部分的尺寸很小，由此引起的摩擦热较难以计算和控制，过高的温度会导致着色剂和塑料的热损伤等。

（2）色母粒加工过程着色剂的受热情况

着色剂受热变化在色母粒生产中也有可能发生。采用双螺杆挤出机生产色母粒时，为了提高分散性，往往会增加长径比和混炼段，所以会延长颜料在螺杆中的停留时间，增加颜料受热分解的风险，因此应对某些热敏感颜料采取预防措施，避免热损伤的发生。

另外在双螺杆高速挤出加工过程中，高剪切力会使物料的温度大幅度上升，使颜料达到局部或完全溶解的温度，造成颜色变化，甚至会完全褪色，还会发生颜料从塑料中迁移、渗出并起霜的严重后果。

2.4 分散性

分散性是指颜料在塑料着色过程中均匀分散于塑料中的能力，这里的分散是指将颜料润湿后减少其聚集体和附聚体尺寸到理想尺寸大小的能力。在塑料加工温度下可以完全溶解于塑料中的着色剂被定义为染料。与染料相反，颜料在塑料中着色呈现高度分散微粒状态，所以始终以原来的晶体状态存在。正因为如此，颜料的晶体粒子状态与分散性有很大的关系。

颜料分散性好坏不仅影响着色力和色光（见表 2-7 和表 2-8），还对塑料制品的光学性能有直接影响。

表 2-7　群青颜料分散性（粒径分布）与着色力关系（原始未处理群青着色力为 100%）

各种粒径分布/%					着色力/%
20～10μm	10～5μm	5～2.5μm	2.5～1.5μm	<1.5μm	
26	62	12	0	0	35
0	8	77	12	3	110
0	3	32	52	13	145
0	3	1	3	93	190

表 2-8　颜料分散性对色光的影响

色泽	颜料分散性优良	颜料分散性差
白色	蓝光	黄光
黄色	绿光	红光
红色	黄光	蓝光
蓝色	绿光	红光
绿色	黄光	蓝光
黑色	蓝光	黄光

颜料分散不好着色不均，就会产生条痕或色点，不仅影响着色产品外观，更严重影响着色成品的力学性能。更重要的是：颜料分散性好坏影响它在塑料加工中的应用价值，特别在化纤纺丝和超薄薄膜中的应用。颜料在熔融挤出工艺中所受到的剪切力相对于颜料在油墨、涂料加工工艺中要小得多。而且颜料在超薄薄膜、纤维纺丝中分散的要求远远比油墨和涂料高得多。因此颜料在塑料中的分散性是颜料在塑料中应用的一个特别重要的指标。

2.4.1 分散性与表面性能

颜料分散性与颜料表面性能有关，有机颜料颗粒的表面特性与颜料分子堆积、排列方式有关，不同粒子晶体结构显示不同表面性能（见第 7 章图 7-9）。

按照相似相容的原理，如果颜料表面是非极性的，那么应用于非极性的塑料中就非常容易分散；反之，如果颜料表面呈极性，那么应用在水性涂料和高极性喷墨墨水中就非常容易分散。

2.4.2 分散性与粒径大小、粒径分布

同样结构的有机颜料其分散性与原生粒径大小也有很大关系，当颜料原始粒径降低，其透明度会提高，分散性会降低。颜料原始粒径大小对分散性影响主要由于小颗粒颜料会填充到较大颗粒空隙中并使聚集体排列更加紧密，使得润湿剂（聚合物）难以渗透，颜料颗粒无法得到充分润湿包覆，分散过程中的剪切应力也无法作用到颜料表面，使聚集体在最终产品中依然大量存在。

颜料分散性与颜料粒径分布有关，颜料粒径分布较窄，在纺丝着色时颜料容易分散。

由于颜料分散性在塑料着色中的重要性，所以本书特列第 7 章来全面分析该内容。

2.5 迁移性

迁移性是指着色剂从塑料内部迁移到表面上或从一个塑料制品透过界面迁移到其他塑料制品。它在塑料着色中有四种表现形式。

① 迁移　已着色的塑料制品与白色或浅色泽塑料制品贴合时，颜料由该着色制品迁移至另一制品。

② 析出　塑料成型时污染模具和辊筒。

③ 起霜　已着色的塑料制品随时间推移在制品表面发花和起白，而且迁移的着色剂可以被擦去。

④ 铜光　在塑料制品的表面呈现出较明显的着色剂的金属光泽。

塑料中着色剂的迁移会大大影响塑料制品的应用性能，更为严重的是还会沾污其他产品，如果迁移严重的话，产品不得不大量召回，将会造成非常大的经济损失。

2.5.1 发生迁移的主要原因

(1) 在塑料着色系统中存在颜料过饱和现象

塑料在加热成型时，塑料、添加剂的混合物成为真溶液，着色剂在体系中溶解度增加形成过饱和状态，成型冷却后会发生迁移。

(2) 在塑料着色系统中存在颜料分子运动

热塑性塑料可分为结晶型塑料和无定形塑料两种，见图 2-6。无定形塑料在凝固时，没有晶核与晶粒的生长过程，只是自由的大分子链的“冻结”。

无定形塑料由于分子链的刚性和分子间的紧密性，在室温下网状结构阻止着色剂运动，所以即使采用溶剂染料也不会发生迁移。结晶型塑料分子结构松散，往往容易发生迁移。

此外，在塑料着色系统中颜料不能充分结晶。

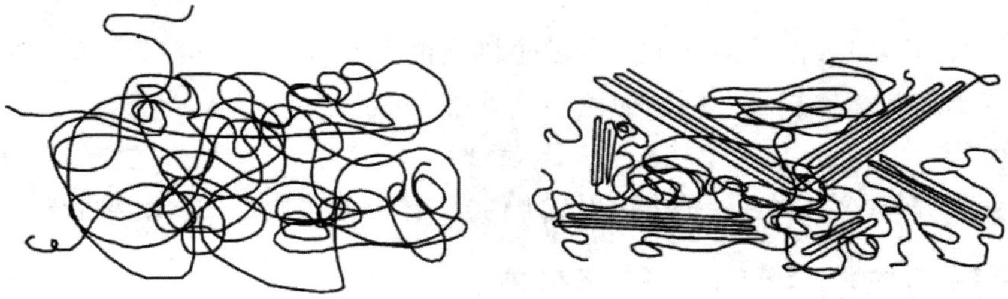

(a) 无定形　　(b) 结晶型

图 2-6　热塑性塑料不同形态

2.5.2　迁移性与分子量、分子极性以及应用浓度

（1）迁移性与分子量

迁移性与分子量有关，如果增加颜料的分子量，可使颜料耐迁移性提高。如缩合偶氮大分子颜料分子量要比色淀单偶氮颜料分子量大，耐迁移性有明显提高。

（2）迁移性与分子极性

颜料分子结构中避免引入亲水性取代基，应引入不溶性碳酰氨基来降低迁移性。如颜料红 187 比颜料红 170 耐迁移性明显提高。颜料红 48：4 磺酸基与碱土金属发生色淀反应后形成不溶性极性盐，迁移性明显提高。

（3）迁移性与应用浓度

聚烯烃塑料着色时，发生渗色和起霜的严重程度与着色剂的浓度成正比，这是因为颜料在加热过程中着色剂浓度高，会在塑料中部分溶解，冷却过程中形成过饱和状态严重，因而容易在塑料表面发生结晶，并很容易扩散到其他与之接触的介质中。

2.5.3　迁移性指标的应用

（1）迁移性与添加助剂

颜料分子与树脂之间结合程度，随着添加剂（如增塑剂及其他助剂）加入而变化，PVC（硬）属无定形塑料而且玻璃化转变温度高达 80℃，可加入染料着色而不发生迁移，但加入极性助剂增塑剂后，分子间距离增加，结构更为松散，因而减少了聚合物链的相互作用，从而使颜料迁移速率增大，而且随增塑剂用量增加，颜料迁移更加严重，所以增塑聚氯乙烯着色时颜料选用应特别注意。

（2）迁移性与聚烯烃密度和分子量

荧光增白剂 OB-1 用在 LDPE 中比用在 HDPE 中迁移程度更严重，用于分子量更高的聚丙烯就轻得多。

（3）迁移性与润湿性

着色剂污染加工设备（辊筒和模具），称之为沾色，这也是迁移的一种，与起霜不同，沾污物被擦去后不会再出现。在聚氯乙烯加工中出现沾色，直接与其润湿性能有关，完全被聚氯乙烯润湿的颜料不会与渗出物一起向表面迁移。

(4) 迁移性与加工温度

在加工中随着操作温度的提高，颜料迁移的概率也随之增加。因此当操作工艺的温度接近颜料的耐热温度或者当颜料浓度达到饱和的时候，需要特别注意迁移的发生。

(5) 迁移性与树脂玻璃化转变温度

着色剂的迁移性与树脂玻璃化转变温度密切相关，对于玻璃化转变温度（T_g）低于常温的树脂，如聚乙烯、聚丙烯，着色剂常温下容易发生迁移。而对于玻璃化转变温度高于常温的树脂，如聚苯乙烯、聚酯，着色剂仅在温度高于树脂玻璃化转变温度时才会发生迁移，各种塑料玻璃化转变温度参见第 5 章的表 5-1。

2.5.4 迁移性在消费品法规上的应用要求

近年来迁移性这一指标不仅仅用在塑料制品颜色迁移上，也常常在消费品法规上出现。事实证明，任何从塑料制品中迁移出来的物质都可能危害人体健康。为了防止对消费者造成任何伤害，针对所有在加工、运输中会与食品接触的塑料材料、包装容器，国外颁布了许多法规，如美国联邦法规 21CFR 中“与食品接触的聚合物中着色剂要求”明确规定着色剂不能迁移到食品中去。德国联邦风险评估研究所在德国食品接触相关法规中公布了迁移性试验方法，还定义了模拟不同食物的测试液体，这些测试液体包括蒸馏水、2%（质量分数）的乙酸、10%（体积分数）的乙醇、椰子油、椰子脂或花生油。对儿童用玩具，儿童在玩耍时可能会把玩具放在嘴里，并容易出汗，因此耐唾液是儿童玩具耐迁移性试验的主要指标，在德国 DIN 53160 中也定义了这一测试方法以及模拟的测试液体。

2.6 耐光（候）性

耐候性是指着色剂与聚合物体系在自然界的光照、温度、湿度、气候变化、大气成分等条件下保持其颜色的能力。

耐光性是指着色剂与聚合物体系暴露于日光中保持其颜色的能力。着色剂于日光中变化的主要原因是阳光中紫外与红外光对着色产品产生的破坏。

着色剂的耐候性能包含了耐光性。但是耐光性能并不涵盖耐候性。有些着色剂品种具有很好的耐光性，但耐候性却不够好，这是气候因素中除光照外其他因素影响的结果。

耐光性指标评判为 8 级制，8 级最好，1 级最差。

耐候性指标评判为 5 级制，5 级最好，1 级最差。

耐光（候）性的重要性视其用途而异，有时显得极其重要。如户外用的建筑用板、广告牌和汽车尾灯，希望这些产品能在至少十年的全日光暴露条件下保持颜色稳定。

2.6.1 耐光性与化学结构、粒径大小

(1) 耐光性与着色剂化学结构

塑料制品在光的照射下，颜色会有不同程度的变化，大多数无机颜料的耐光性是非常优异的。仅少数品种在光照射下因其晶型或化学组成发生变化而变暗。

与无机颜料相比，有机颜料和溶剂染料，耐光性都对其化学结构有强烈的依赖性。这是

因为根据发色原理，即在有机着色剂中呈现不同的颜色是该物质吸收不同波长的电磁波而使其内部的电子发生跃迁所致，是着色剂分子中的电子发生 $\pi\text{-}\pi^*$ 和 $n\text{-}\pi^*$ 跃迁吸收可见光的结果。有机颜料受光照射后，会因颜料分子构型变化等原因而导致饱和度下降，甚至会褪色变成灰色或白色。颜料在光照之下的褪色过程属于气固非均相反应，反应速率主要与化学结构有关。

不同颜料的化学结构见表 2-9，其在 PE 中的耐光色牢度如图 2-7 所示。

表 2-9　不同颜料的化学结构列表

颜料索引号	颜料结构	颜料索引号	颜料结构
颜料蓝 15∶1	酞菁	颜料红 48∶3	偶氮色淀(锶盐)
颜料绿 7	酞菁	颜料红 179	苝系
颜料红 53∶1	偶氮色淀(钙盐)	颜料黄 138	喹酞酮

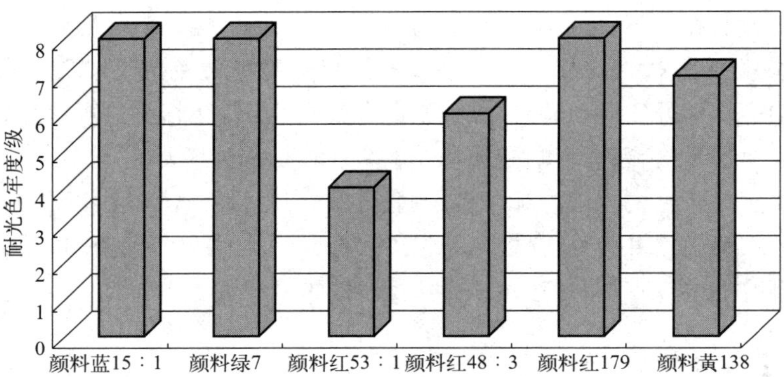

图 2-7　耐光色牢度与化学结构关系（本色，PE 0.05%）

（2）耐光性与着色剂原生粒径大小

有机颜料在光照下的褪色过程被认为是基态着色剂分子受激发态氧攻击，从而发生光氧化-降解的过程。

这是一个非均相反应，反应速度与比表面积有关。当着色剂与氧接触的面积增加时，会加快其褪色过程。原生粒径小的颜料粒子，有较大的比表面积，因此耐光性就比较差。

经光照后，粒径较大的颜料其褪色速度与粒子直径的平方成反比，而粒径较小时其褪色速度与粒子直径的一次方成反比。图 2-8 是不同粒径颜料黄 139 经曝晒后的颜色变化。

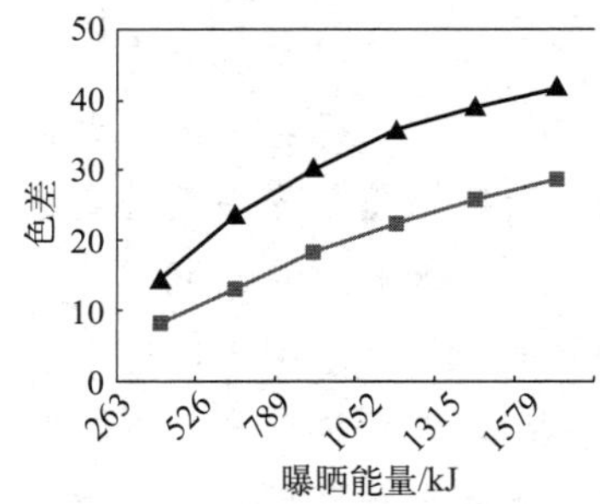

图 2-8　不同粒径颜料黄 139 经曝晒后的颜色变化

■比表面积 $23m^2/g$（大粒径）；

▲比表面积 $51m^2/g$（小粒径）

2.6.2　耐光性指标的应用

（1）与着色剂的用量和光照时间有关

耐光性随着着色剂用量增加而提高，着色剂用量增加会使表面层的颜料数量增加，在受到同样程度光照射下，其耐光性要比着色剂用量小的好，当颜料体积浓度增加到临界颜料体积浓度时，其耐光性达到极限。

耐光性对光照时间依赖性极强。图 2-9 是颜料红 48：2 在聚乙烯中（着色浓度为 0.05% 和 0.20%）的不同光照时间下的耐光性。

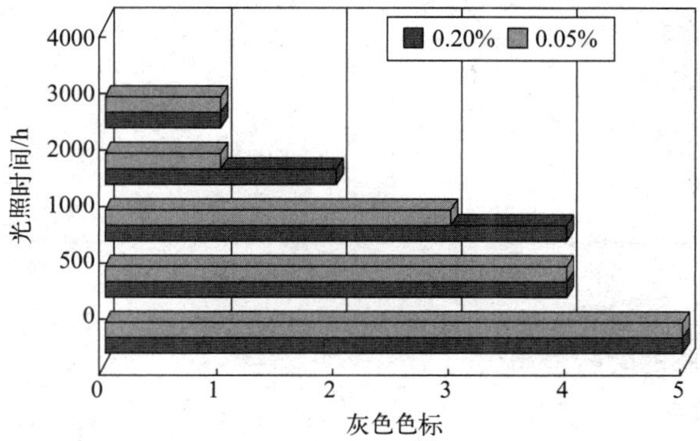

图 2-9　耐光性与着色剂浓度和光照时间关系

（2）与添加剂有关

在塑料配色中常常需要添加各类助剂来提高它的性能，如添加钛白粉来提高产品的遮盖力。一般而言着色剂加了钛白粉后，耐光性会有不同程度下降，钛白粉加得越多，耐光性下降越多。其下降的原因：一方面钛白粉对光的反射作用使颜料的实际光照强度增加，另一方面钛白粉的金属氧化物会加速光的氧化降解过程。如 0.05%和 0.2%颜料红 48：2 本色耐光性变化不大，而加入不同量的钛白粉后耐光性的变化见图 2-10。

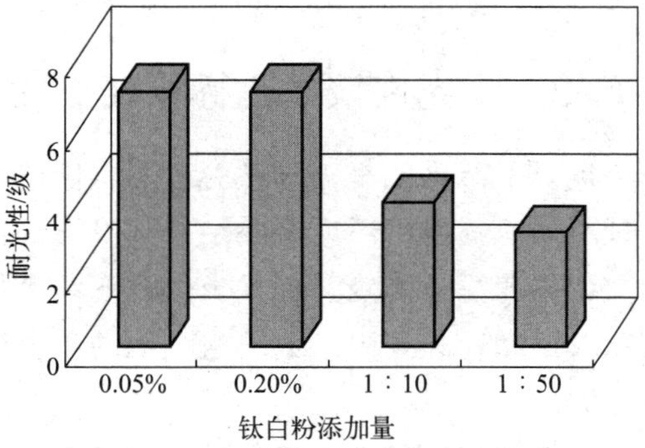

图 2-10　颜料红 48：2 耐光性与添加剂钛白粉浓度关系

1：10—颜料红 48：2 为 0.05%，钛白粉为 0.5%；
1：50—颜料红 48：2 为 0.05%，钛白粉为 2.5%

（3）与塑料类型有关

塑料在阳光照射下会发生老化，光对塑料的最有害波长见表 2-10。

表 2-10　光对塑料的最有害波长

塑料名称	最有害波长/nm	塑料名称	最有害波长/nm
聚乙烯	254	聚酰胺	254
聚丙烯	375	聚碳酸酯	254
聚苯乙烯	254	聚酯	280～360
聚氯乙烯	245	乙酸纤维素	254
聚甲基丙烯酸甲酯	254		

聚合物在光照射下的老化反应与热氧化反应一样，也伴有聚合物的裂解和交联，致使其力学性能变差，同时加剧了聚合物的颜色变化。苯并咪唑酮颜料黄 180 在不同聚合物中的耐光性见表 2-11。为了防止聚合物在紫外光照射下裂解，添加紫外光吸收剂是一个可行的方法。

表 2-11　颜料黄 180 在不同聚合物中的耐光性

聚合物类型	耐光色牢度（本色/冲淡色）/级	聚合物类型	耐光色牢度（本色/冲淡色）/级
PA6	7～8/6	PO	6～7/6～7
PC	5～6/5～6	PS/ABS	6～7/6～7
PET	6～7/7～8	PVC	6～7/6～7
PMMA	5～6/3～4		

注：本色—颜料黄 180 0.1%；冲淡色—颜料黄 180 0.1%、钛白粉 1%。

（4）与同一品种树脂的牌号有关

聚合物单体的化学性质、聚合方法以及所用的抗氧剂及光稳定剂各不相同，使不同品级的塑料在其耐光性能上存在差异。

同一种聚合物，各个制造商间合成方法差别很大。不同生产商提供的同类聚合物，各个牌号颜料的耐光性也会有差别，需要提醒配色者注意。

2.6.3　耐光性技术指标和实际使用差异

世界上著名的全天候试验场有美国的佛罗里达州、亚利桑那州和法国南部的邦多尔。每个试验场所提供的系列试验结果并没有严格的可比性，这是因为每个试验场气候条件都有差别。如佛罗里达州既潮湿又炎热；亚利桑那州则是既干燥又炎热；而在邦多尔，湿度和温度都比较温和，只是附近大气组分中的工业废气起着主要的作用。但是各地牢度的变化趋势基本相同。

全天候耐光试验需要很长的周期。然而客户不愿意等待这么长的时间。因此在实验室中采用人工光源和加速条件下测定耐光性的方法。任何加速试验的基础都是采用实验装置充分模拟不同的气候条件，并且还要考虑两个试验原理之间的相关性。

塑料耐光性技术指标，常常成为供应商和客户之间就实验结果的解读问题进行讨论时的焦点。一方面是由于客户的需求不是总能够得到完全满足；另一方面耐光（候）性技术指标在理论与实际之间会存在大的偏差。颜色的改变与曝晒的时间并非都呈直线关系：有时候颜色的改变只发生在曝晒开始的时候，经过一段时间以后颜色的改变就停止了；有时候却恰恰相反，一开始曝晒不见任何颜色的改变，但是经过一些时间后才发生颜色的改变。所以颜料供应商应该提供着色剂耐光方面的详细信息。对于塑料配色师来说，将着色剂制造商提供的数据与客户提供的样品要求进行比较，并使用光稳定剂来改进耐光性使之达到客户的要求，将试验条件与试验体系相结合，最终的耐光性数据才是有效的。这恰好涉及着色剂制造商提供数据的真实性，因为这些数据对配色者来说是非常重要的配色依据。

2.7　收缩和翘曲

着色剂应用于塑料着色时，虽然能使产品外观漂亮，但一个不能忽略的问题是它还会成为结晶型塑料（如高密度聚乙烯 HDPE）的成核剂，引起产品不同程度的收缩和翘曲，在生产精密度高的塑料制品时不能保证所有产品尺寸一样，所以当需要对塑料制品（如带螺纹的瓶盖、日用品等）进行组装时，这些小的收缩可能引发较大的问题。

塑料在着色时发生成型收缩是因为绝大多数塑料着色成型过程都是一个加热的过程，塑料会随温度上升而膨胀，并且在冷却过程中再次收缩。通常注塑件在成型过程中，沿熔体流动方向上的分子取向大于垂直流动方向上的分子取向，圆形对称的塑料制品因翘曲变成了椭圆，非圆形对称的制品也会出现非常明显的收缩。任何添加剂包括着色剂都会对在塑料形变产生影响，在改性增强塑料中这种影响尤为明显。通常情况下，无论使用什么着色剂，都必须保证不降低部件的尺寸稳定性。但是考虑到着色剂的多样性，不可能所有着色剂都能满足以上要求。特别是有机颜料中的一些品种对收缩性的影响起着很大的作用。

影响塑料成型收缩的因素很多，有塑料制品特性（形状、厚度、嵌件）、熔体温度、成型压力、成型时间、模具温度、模具进浇口形式和大小、模内冷却时间等，着色剂的加入仅是其中一个因素。

2.7.1 收缩和翘曲与塑料结晶度的关系

热塑性塑料有结晶型和无定形（非结晶型）两种。结晶型塑料分子链排列整齐、稳定且紧密，在凝固时会经历从晶核到晶粒的生成过程，形成特定的体态，常用的聚乙烯、聚丙烯和聚酰胺（尼龙）等属于结晶型塑料；而无定形塑料分子链排序杂乱无章，在凝固时，没有晶核与晶粒的生长过程，只是自由的大分子链的“冻结”，常用的聚苯乙烯、聚氯乙烯和ABS等属于无定形塑料。非结晶型塑料在各个方向上表现的力学性能是相同的。聚合物结晶现象见图 2-11。

(a) 非晶相　　(b) 结晶相　　(c) 半结晶相

图 2-11　聚合物结晶现象

从表观特征来看，一般结晶型塑料是不透明或半透明的，无定形塑料是透明的。但也有例外，如聚 4-甲基戊烯-1 为结晶型塑料，却有高透明性；而 ABS 为无定形塑料，不透明。两大类塑料特性比较见表 2-12，各类塑料成型收缩率见表 2-13。

表 2-12　结晶型与无定形塑料的特性对比

物性	结晶型	无定形（非结晶型）	物性	结晶型	无定形（非结晶型）
密度	较高	较低	耐磨耗性	较佳	较低
拉伸强度	较高	较低	抗蠕变性	较佳	较低
拉伸模量	较高	较低	硬度	较硬	较低
延展性或伸长率	较低	较高	透明性	较低	较高

续表

物性	结晶型	无定形（非结晶型）	物性	结晶型	无定形（非结晶型）
耐冲击性	较低	较高	加玻纤补强性	较高	较低
最高使用温度	较高	较低	尺寸稳定性	较差	较佳
脆性	较脆	—	翘曲性	较易	—
收缩率	较高	较低	着色性	较难	较易
流动性	较佳	较低	耐热性	较高	较低
耐化学药品性	较高	较低			

表 2-13　各种塑料成型收缩率

塑料			成型收缩率/%
树脂		增强材料	
名称	结晶度/%		
聚乙烯（低密度）	40～65		1.5～5.0
聚乙烯（高密度）	80～95		2.0～5.0
聚丙烯	30～70		1.5～2.5
聚丙烯	30～70	玻璃纤维	0.4～0.8
尼龙 6	35～60		0.6～1.4
尼龙 6	35～60	玻璃纤维	0.3～1.4
聚苯乙烯	非晶态		0.2～0.6
聚碳酸酯	20～30		0.2～0.6
聚碳酸酯	20～30	玻璃纤维	0.2～0.6
聚氯乙烯	5～10		0.1～0.5

塑料的结晶度是指聚合物中结晶部分所占的质量分数（质量结晶度）或体积分数（体积结晶度）。

当树脂结晶时，分子链会规则排列形成紧密的晶格结构。对于结晶度大且呈球晶的树脂，球晶内部的分子链排列较为规整有序。在结晶过程中，树脂从熔融态到固态，球晶的生长比较规整。由于球晶结构相对稳定，在冷却过程中，树脂分子链之间的距离变化相对较小。而且球晶的存在可以在一定程度上限制树脂的整体收缩，使得成型收缩率降低。结晶程度高且呈球晶形态的树脂在成型后的收缩程度较小；而倘若结晶度较大，但结晶颗粒细小且并非球晶形态，那么其成型收缩率则会偏大。所以，通常情况下，结晶型塑料在注射成型后，其收缩率相较于非结晶型塑料要更高。由着色剂所引发的塑料收缩以及翘曲现象，仅仅会在结晶型聚烯烃塑料中出现，见图 2-12，尤以 HDPE 大型注塑件为甚。

- 塑料
  - 热塑性塑料
    - 结晶型
      - PP、LDPE、HDPE 翘曲
      - 其他品种 PA、POM、PBT、PET 无翘曲
    - 非结晶型(无定形)——ABS、PS、PC、PMMA、PES 无翘曲
  - 热固性塑料——酚醛，不饱和聚酯树脂 无翘曲

图 2-12　塑料结晶对翘曲的影响

2.7.2　收缩与颜料化学结构、晶型、粒径大小、添加量的关系

(1) 收缩与颜料化学结构

有机颜料在塑料成型中可能充当成核剂而促进结晶化进程，不同结构颜料在塑料中的收缩率见表 2-14。颜料成型收缩优劣，不仅以横向（TD）、纵向（MD）收缩率表示，还要以形变（D）表征其收缩变形的大小。一般越接近 1，则变形越小。

表 2-14　颜料结构对塑料收缩的影响

颜料大类	颜料商品名称	颜料类别	颜料索引号	HDPE(2208J) 收缩率/% MD①	HDPE(2208J) 收缩率/% TD②	HDPE(2208J) 形变 D③/%	PP(MH-4) 收缩率/% MD	PP(MH-4) 收缩率/% TD	PP(MH-4) 形变 D/%
	无颜料			2.15	1.99		1.58	1.58	
无机	钛白 CR-50	钛白	C. I. PB6	2.18	2.22	−1.8	1.66	1.7	−2.4
	镉黄 2240	镉黄	C. I. PY37	2.22	2.24	−0.9	1.69	1.72	−1.8
	氧化铁红 120ED	氧化铁红	C. I. PR101	2.2	2.1	4.5	1.58	1.67	−5.7
	炭黑 4S	炭黑	C. I. PBL7	2.16	2.15	0.5	1.6	1.65	−3.1
有机	固美透黄 GR	缩合偶氮	C. I. PY95	2.21	2.15	2.7	1.67	1.78	−6.6
	艳佳鲜黄 2GLT	异吲哚啉酮类	C. I. PY109	2.62	1.39	46.9	1.64	1.88	−14.6
	艳佳鲜黄 3RLT	异吲哚啉酮类	C. I. PY110	2.28	1.64	58.1	1.65	1.9	−15.2
	Palioto 黄 0961	喹酞酮	C. I. PY138	1.9	2.02	−6.3	1.6	1.62	−1.3
	鲜贵色红 Y	喹吖啶酮	C. I. PV19	2.36	2.04	13.6	1.99	2	−0.5
	固美透大红 R	缩合偶氮	C. I. PR166	2.85	1.23	53.3	1.6	2	−25
	Heliogen 蓝 6911	酞菁	C. I. PB15:1	2.66	1.46	45.1	1.59	1.98	−24.5
	Lionol 绿 2YS	酞菁	C. I. PG7	2.48	1.68	32.2	1.67	1.97	−18

① MD 代表横向，即成型方向的收缩率。

② TD 代表纵向，即垂直成型方向的收缩率。

③ $D=\frac{MD-TD}{MD}\times 100\%$。

有机颜料普遍对塑料的形变影响较大，无机颜料对塑料的形变影响较小。

(2) 收缩与晶体形状和粒径大小关系

颜料的晶体形状、结晶大小等对塑料成型收缩的影响可通过电子显微镜观察，其结果见表 2-15。

表 2-15　晶体形状、大小、结晶和 PE 成型收缩的关系

颜料名称	成型收缩变形	颜料晶体		PE 制品	
		形状	大小	结晶	有无球晶
本色料	小			大	有
镉系	小	球状	小	大	有
异吲哚啉酮系	大	棒	大中	小	无
酞菁系	大	棒	极小	小	无

一般来说，颜料结晶呈各向异性，当其晶体呈针、棒状时，塑料成型时，长度方向容易沿树脂流动方向排列，因而产生较大的收缩；颜料晶体呈球状时不存在方向排列，因而收缩小。无机颜料通常具有球状结晶，图 2-13、图 2-14 分别是无机颜料黄 53 和有机颜料酞菁蓝 15：3 的透射电子显微镜（TEM）图片。从图中可以看出：颜料黄 53 晶体接近球状，几乎不存在方向排列；而酞菁颜料晶体呈棒状，易形成方向性排列。

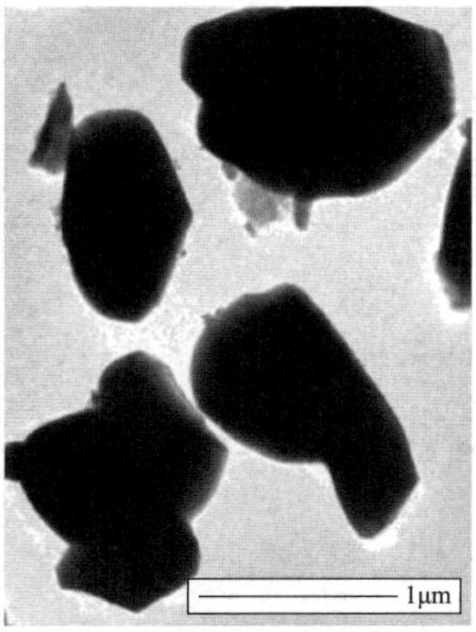

图 2-13　颜料黄 53 TEM 图片

图 2-14　酞菁蓝 15：3 TEM 图片

除颜料结晶形状外，其粒径大小也会影响成型收缩率。如图 2-15 所示，同一种异吲哚啉酮颜料，当颗粒大至一定程度或小至一定程度时，其成型收缩率和收缩比最小。

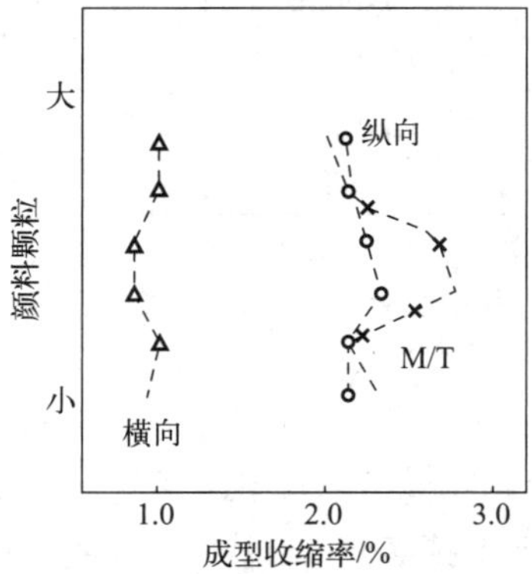

图 2-15　异吲哚啉酮颜料不同粒径与成型收缩的关系

△—横向收缩；○—纵向收缩；×—纵横向收缩比

(3) 收缩与颜料添加量关系

颜料添加量多少也会影响收缩性，添加量越多，成型收缩越大，见表 2-16。

表 2-16 酞菁蓝颜料添加量对 HDPE 成型收缩的影响

添加量/%	纵向收缩率/%	横向收缩率/%	纵/横比
0	2.26	1.6	1.41
0.01	2.62	1.32	1.98
0.025	2.67	1.18	2.26
0.05	2.71	1.13	2.40
0.10	2.80	1.12	2.50
0.20	2.85	1.10	2.59
0.50	2.92	1.07	2.74

2.7.3 收缩与加工温度的关系

加工温度会影响收缩性，颜料棕 23、颜料红 149 在加工温度 220℃时会明显影响 HDPE 塑料制品的收缩性，但温度升高，这种影响反而会减弱。而颜料黄 13 用于 HDPE 时，如加工温度太低，其对塑料制品的收缩性影响增强。

酞菁蓝对聚烯烃会产生翘曲作用，如果能在颜料表面包覆一层蜡，且保持这层蜡在加工过程中不被剪切作用所破坏，那么就不会发生翘曲了。对部分结晶聚合物进行着色的市售商品中就有蜡包覆级颜料蓝以及其他包覆级颜料。

2.8 耐化学稳定性

着色剂与塑料体系对酸、碱、溶剂和化学药品的稳定性统称耐化学稳定性，由于塑料的种类很多，而可供选择的着色剂也非常多，当塑料制品在工业上和日常应用中要满足各种各样的要求时，就会体现着色剂耐化学稳定性的重要性。

由于要求太多，颜料供应商不可能对颜料的所有性能都进行检测。与国际标准一致，颜料的供应商重点检测颜料的耐酸（HCl、H_2SO_4、HNO_3）性、耐碱（NaOH、Na_2CO_3）性等，这几项试验覆盖了较广泛的应用领域。所以在实际应用中，特别是在包装领域，不可避免地要进行试验，对每一种可能的组合都测定着色剂耐化学稳定性。

2.8.1 耐酸、碱性

许多需要用彩色塑料包装的商品（如药品、食物、香水、家用洗涤剂、化学药品等）具有酸性或碱性，既需要防止包装材料（塑料/着色剂/添加剂）与被包装商品之间发生化学反应，又需要防止颜料迁移至商品中。因此必须进行储存稳定性检测。

铅酸蓄电池的包装可以有不同的颜色，主要是黑色、灰色和黄色，要求颜料有良好耐酸性。

用于储存和运输化工原料的塑料容器主要是蓝色，要求颜料有良好耐酸、碱性。

生产电线电缆护套时，为了增强其阻燃性，常常添加氢氧化镁和氢氧化铝。在高温成型过程中，颜料须具有耐强碱性。除了少量无机颜料，只有极少有机颜料可选用。

2.8.2 耐溶剂性

为了减轻汽车重量和节能，汽车工业中塑料材料的使用是逐年增加的。许多汽车部件是用塑料制造的，这些部件在较高的温度下必须能够耐燃油、润滑油、汽油和制冷剂。由于这些苛刻的要求，大多数部件是用炭黑着色的。

EVA 塑料鞋材在黏合前需要用溶剂清洗，如 EVA 塑料中的颜料耐溶剂性不好，则会从溶剂中析出而沾染其他颜色。

2.9 安全性

为了满足产品安全、环保和健康的要求，塑料材料及其制品必须满足世界各国、各地区的法规要求，其中最为重要且受关注的是化学物质控制的要求，特别是塑料材料中重要的添加剂——着色剂的化学要求，涉及消费产品非常广泛，主要有玩具、纺织品辅料（如拉链和纽扣等)、电子电气产品、食品容器和食品接触性材料或产品、船用及车用材料等。本书特列第 10 章详细介绍这些规则，本节仅对着色剂安全性整体考量作简单介绍。

2.9.1 化学品的急性毒性

最常用衡量急性毒性的数值是半数致死量（LD_{50})，较为简单的定义是指引起一群实验动物如大鼠 50%个体死亡所需的剂量。LD_{50} 的单位为 mg/kg（实验动物体重)，LD_{50} 的数值越小，表示毒物的毒性越强；反之，LD_{50} 数值越大，则表示毒物的毒性越低。欧盟对于物质的三个急性毒性类别（大鼠经口）有如下定义。

$LD_{50} \leqslant 25mg/kg$：极毒

$LD_{50} = 25 \sim 200mg/kg$：有毒

$LD_{50} = 200 \sim 2000mg/kg$：有害

关于着色剂的急性毒性，有专题论文综述了 194 种颜料的大鼠经口 LD_{50} 值，其中大多数大于 5000mg/kg，没有 LD_{50} 值低于 2000mg/kg 的报告。考虑到食盐（NaCl）的大鼠经口 LD_{50} 值为 3000mg/kg，所以可得结论是：着色剂一般来说是急性毒性较低的。

2.9.2 有机颜料中的杂质

有机颜料已广泛用作玩具、食品包装材料等的着色剂。因此除了颜料本身的毒物毒理学和生态学性质外，必须考虑有机颜料是否会在生产中产生某些痕量有害杂质以致影响在上述消费品领域的使用。可能出现的痕量杂质如下。

(1) 某些重金属化合物

有些以重金属盐（钡）色淀化的有机颜料（C. I. 颜料红 48：1)，不推荐用于食品包装材料和玩具。

(2) 芳烃胺类

在有机颜料中芳烃胺类作为颜料合成的成分只允许出现极低微的量。应用于食品接触包装材料，已明确规定其上限：芳烃伯胺类＜500mg/kg（总量)；4-氨基联苯、联苯胺、2-萘胺、2-甲基-4 氯苯胺<10mg/kg（总量）。

(3) 多氯联苯类

在欧盟，化学品如含有 50mg/kg 或大于 50mg/kg 的 PCBs（多氯联苯）或 PCTs（多氯三苯）则不准出售。

在以二氯、四氯联苯胺作为重氮组分合成两类红黄系列有机颜料时，在某些副反应中可能形成微量的多氯联苯。在酞菁蓝绿颜料合成中使用二氯化苯或三氯化苯作为溶剂时可能形成多氯联苯类。

(4) 二噁英

颜料紫 23 采用四氯苯醌与 *N*-乙基咔唑缩合而成，四氯苯醌在合成过程中会不可避免地形成少量二噁英。

2.9.3 双氯联苯胺颜料的安全性

用 3,3′-二氯联苯胺（DCB）合成的有机颜料色泽鲜艳、着色力高、价格便宜，因此也成为塑料着色剂的重要品种，包括颜料黄 13、14、17、81、83，颜料橙 13、34 等。

关于 DCB 系列颜料品种用于化纤无纺布纺织材料、服装拉链和纽扣等辅料以及食品包装材料是否符合国内外生态环保法规的安全要求的疑惑，一直在困扰着人们。

(1) 双氯联苯胺属于可能致癌类物质

国际癌症研究机构（IARC）将化合物按其致癌毒性分为四类：1 类—对人类致癌；2A 类—对人类大概会致癌；2B 类—对人类有可能致癌；3 类—对人类致癌性可疑；4 类—对人类很可能致癌。

双氯联苯胺属于 2B 类致癌物质，其致癌性主要是通过与脱氧核糖核酸（DNA）形成加成物导致 DNA 诱变而产生的。多氯联苯胺具有高生物蓄积性，难于生物降解，对人体的内分泌系统有很大的破坏作用。为此，国际上对其有严格规定，欧盟禁止使用含量超过 10mg/kg 的多氯联苯产品；美国禁止生产、加工、销售和使用多氯联苯含量超过 25mg/kg 的产品。国际纺织品生态学研究和检测协会（Oeko-Tex）制定的 *Oeko-Tex Standard100* 规定了 24 种芳香胺不得超过 20mg/kg，DCB 列于其中，见表 2-17。

表 2-17 *Oeko-Tex Standard100* 列出的 24 种芳香胺

序号	名称	CAS 登记号	序号	名称	CAS 登记号
1	4-氨基苯胺	92-67-1	9	4,4′-二氨基二苯甲烷	101-77-9
2	联苯胺	92-87-5	10	3,3′-二氯联苯胺	91-94-1
3	2-甲基-4-氯苯胺	95-69-2	11	3,3′-二甲氧基联苯胺	119-90-4
4	2-萘胺	91-59-8	12	3,3′-二甲基联苯胺	119-93-7
5	邻氨基偶氮甲苯	97-56-3	13	3,3′-二甲基-4,4′-二氨基二苯甲烷	838-88-0
6	2-氨基-4-硝基甲苯胺	99-55-8	14	2-甲氧基-5-甲基苯胺	120-71-8
7	对氯苯胺	106-47-8	15	4,4′-亚甲基双(邻氯苯胺)	101-14-4
8	2,4′-二氨基苯甲醚	615-05-4	16	4,4′-二氨基二苯醚	101-80-4

续表

序号	名称	CAS登记号	序号	名称	CAS登记号
17	4,4′-二氨基二苯硫醚	139-65-1	21	邻氨基苯甲醚	90-04-0
18	邻苯甲胺	95-53-4	22	2,4-二甲基苯胺	95-68-1
19	2,4-二氨基甲苯	95-80-7	23	2,6-二甲基苯胺	87-62-7
20	2,4,5-三甲基苯胺	137-17-7	24	对氨基偶氮苯	60-9-3

注：第一类为对人体有致癌性的芳香胺（4 种，序号 1～4）；第二类为对动物有致癌性、对人体可能有致癌性的芳香胺（20 种，序号 5～24）。

（2）双氯联苯合成的有机颜料的安全性

由双氯联苯合成的有机颜料不溶于水、汗液、血液、胃酸或所在的介质，但是对于由DCB合成的有机颜料是否对人体有害仍有疑问。为此，各国的化学家对有机颜料进行了广泛的毒理研究，结果如下。

① 给实验动物长期喂食 C. I. 颜料黄 12 和 C. I. 颜料黄 83，没有发现任何致癌症状。

② 将 C. I. 颜料黄 13、C. I. 颜料黄 17 置于实验动物的血液和尿液中，用极敏感的分析方法检测不出 DCB 的存在。说明这些颜料未被血液和尿液中的酶生物催化分解。

③ 实验动物每天在含有 $230mg/m^3$ 的 C. I. 颜料黄 17 的空气中生存 4h，经 14d 后检测，在尿样和血样中未检出 DCB。

④ 对 C. I. 颜料黄 12、C. I. 颜料黄 17、C. I. 颜料黄 83、C. I. 颜料黄 114 和 C. I. 颜料橙 13 等进一步研究，结果表明没有任何潜在的危险。

这些研究结果表明，以 DCB 为中间体合成的颜料在生物体内不会分解出 DCB。DCB 作为合成有机颜料的原料进行完全反应，经后处理充分去除 DCB，并通过检测使颜料中痕量芳胺控制在一定范围内，那么它们的使用就还是安全的。

（3）DCB 系列有机颜料如成型温度大于 200℃会分解生成 DCB

DCB 系列有机颜料在高温下会分解生成 DCB，如 C. I. 颜料黄 83 是塑料着色剂的重要品种，尽管它在温度高达 260℃ 才变色，但化学结构决定了其在 200℃ 以上时就会分解出 DCB。如把 C. I. 颜料黄 83 用于聚丙烯树脂中，在 200℃、30min，或 240℃、10min，或 260℃、3min 条件下都会产生大致相同量的 DCB。不同颜料品种用于聚丙烯纺丝后分解的 DCB 检出量见表 2-18。

表 2-18 不同颜料品种用于聚丙烯纺丝后分解的 DCB 检出量

C. I. 名称	纺丝温度/℃	受热时间/min	检出量/($\times10^{-6}$)		
			DCB	单偶氮氧化物	芳香伯胺
C. I. PY13	260	10	8.37	250	
C. I. PY14	260	10	12.3	420	
C. I. PY17	260	10	30.2	319	
	200	10	未检出	0.46	
	220	10	未检出	0.82	
C. I. PY83	240	10	0.11	2.56	58.5

续表

C. I. 名称	纺丝温度/℃	受热时间/min	检出量/($\times10^{-6}$)		
			DCB	单偶氮氧化物	芳香伯胺
C. I. PY83	260	7	0.34	36.3	171
	280	10	182		

注：1. 在 180℃制造母粒，在 200～270℃，10min 下聚丙烯纺丝。

2. 取 50g 纤维，用 700mL 甲苯萃取 20h，浓缩后用液相色谱和核磁共振测试。

所以国外颜料供应商在样本明示：双氯联苯胺类颜料用于聚合物中，当加工温度超过200℃会发生分解。即使这些商品的色光在温度上升的过程中没有变化，但由于其潜在的热降解，不可以在加工温度大于 200℃的情况下使用。

DCB 系列有机颜料在加工温度低于 200℃下使用相对是安全的，如 C. I. 颜料红 38 是 DCB 红色颜料的一种，用于橡胶着色时符合美国 FDA 要求，因此曾把 C. I. 颜料红 38 用在火腿肠外包装上，因为火腿肠包装材料（PVDC）成型温度是 180℃。

2.9.4 无机颜料中的重金属

除了二氧化钛、炭黑和群青外，所有无机颜料都含有重金属成分。如同其他物质一样。当重金属超过特定浓度时，会被认为对人类和环境有危害。其范围依重金属的种类和出现的形式而定。

(1) 铬

铬化合物含有三价或六价铬，它们的毒性影响有很大的不同。六价铬化合物（铬酸盐类）具有强烈转变为三价铬化合物的趋势而放出氧，这种强氧化性也导致了其对生物体细胞产生毒性。

① 铬酸铅颜料　铬酸铅颜料含有铅和六价铬，两种金属都有慢性毒性危害。铬酸铅是低溶解度的铅化合物，可溶于盐酸以及胃酸中，会导致有机体内的铅累积。摄食高含量铅会扰乱血红蛋白的合成。作为一项预防措施，欧盟已把铬酸铅列为 3 类致癌物（怀疑有潜在致癌性）。

② 氧化铬颜料绿　氧化铬颜料绿（俗称铬绿）只含有三价铬，在自然条件下不会从氧化铬颜料绿中游离出铬离子。甚至在强酸性条件下（pH＝1～2）也只有少量（10^{-6} 级）的铬（Ⅲ）释出。氧化铬（Ⅲ）只有在加热的情况下特别是碱性条件下才有可能转化为铬（Ⅵ）。

(2) 镉

镉颜料虽是低溶解度化合物，但少量镉仍能溶于相当于胃酸浓度的稀酸。这意味着当镉颜料通过口部进入人体后，在胃酸的作用下，有部分镉会溶解并被人体吸收。由于镉在人体内代谢缓慢，长期摄食就会导致镉在人体内逐渐累积。

欧洲议会将硫化镉列为 3 类致癌物质，而镉颜料未被列入。这可能是因为虽然镉颜料中含有镉元素，且能在体内释放出镉，但与硫化镉相比，其化学形态、释放镉的速率和程度等因素有所不同。3 类致癌物质意味着对人类致癌性可疑，尚无充分的人体或动物数据。对于镉颜料，可能是现有的研究数据还不足以将其归类为致癌物质，但它的潜在健康风险（如镉累积导致的肾脏、骨骼等损害）依然是值得关注的。

第3章

无机颜料及效果颜料主要品种和性能

3.1 无机颜料发展历史

无机颜料有着悠久的历史，自史前时代起天然无机颜料就已为人所知。大约在公元前 2000 年人们煅烧天然赭石，有时还混杂锰矿，来制取红色、紫色以及黑色颜料，以供陶瓷产品使用。无机颜料工业化生产从 18 世纪开始，1704 年德国迪斯巴赫发明了铁蓝（又名普鲁士蓝）的制造法，1707 年投入了生产。1777 年又生产出了钴蓝。进入 19 世纪，群青、翠铬绿、氧化铁颜料及镉系颜料陆续涌现。1809 年法国沃克兰成功开发的铬黄于 1818 年在德国开始了工业化生产。1831 年法国吉梅在里昂完成了群青工业化生产，使群青能大量并廉价地供应市场。1847 年法国人杜浩特发明了锌钡白（立德粉）并于 1874 年实现工业化生产，成为首个重要的白色颜料。1872 年美国开始以天然气为原料工业化生产炭黑。1916 年世界上第一个钛白粉工厂成立，从此钛白粉以其优异性能代替了大多数白色颜料，产量迅速增长，一跃成为所有颜料产量之首。

自 20 世纪以来，镉红、钼铬红、钒酸铋黄颜料以及金属混合氧化物都进入了市场。效果无机颜料（金属、珠光以及干涉色颜料）的发展变得越来越重要。目前无机颜料的色谱基本上已配套齐全。世界合成类无机颜料产量中钛白粉和氧化铁系颜料占据着极高的比例，防锈颜料也随着市场需求呈起伏式增长，多金属复合颜料依托新应用、新材料的发展快速上升，反之，受安全性、环保性制约的颜料产品（如铅铬黄等）不断地被挤压出市场。

无机颜料生产工艺比较成熟，大多数产品的价格低廉。在应用性能方面，无机颜料产品遮盖力都较高，具有较高的耐热性、耐光性和耐候性。无机颜料中不少品种经受住了时间的考验，除了铅白，碱式碳酸铜等被毒性小、性能好的品种所替代外，大多数产品如铁蓝、群青、氧化锌、氧化铁等，至今仍在应用。随着国际环保要求日益严厉，非环保型无机颜料如铅铬黄等将逐步淡出历史舞台。今后无机颜料发展趋势如下。

① 氯化法工艺生产金红石型钛白粉品质高，投资大，“三废”［废气、废水（液）和废渣］排放相对较少，将逐步取代硫酸法工艺生产钛白粉。

② 发展复合无机颜料，这类颜料与大部分树脂都具有良好的相容性，呈化学惰性，不渗色、不迁移，其耐光（候）性、耐热性、耐酸性、耐碱性均达到最高级，即使在用白色颜料高比例冲淡时也同样具有优良性能，产品环保无毒。这类颜料有黄、绿、蓝、棕等品种，大量用于建筑材料、工程塑料的着色。

③ 继续完善无机颜料表面处理技术。以无机化合物、有机化合物或二者协同在颜料颗粒表面形成膜，可改变颜料颗粒表面性能，提高耐光（候）性、耐热性、耐酸性等，扩大应用范围，提高使用价值。

④ 制造易加工颜料，改无机颜料产品通用型为专用型（如铝条等），使用户可直接应用，节省大量能耗并减少环境污染。

3.2 无机颜料分类与组成

3.2.1 无机颜料的分类

无机颜料分类的方法有很多，本章从颜色、化学组成和色彩构成等方面进行分类。无机颜料大致可分为消色、彩色、效果三大类，见表 3-1。消色颜料包括白色、黑色颜料，它们仅表现出反射光量的不同（全部反散射或全部吸收），即亮度的不同。彩色颜料则能对一定波长的光有选择地加以吸收，把其余波长的光反射出来而呈现各种不同的色彩。效果无机颜料是颜料表面具有不同反射光学效应从而产生不同效果。

表 3-1　无机颜料分类

分类	项目	定义
消色	白色颜料	无选择完全光反射（散射）造成的光学效应（如二氧化钛和硫化锌颜料、立德粉、锌白）
	黑色颜料	无选择光吸收的光学效应（如炭黑颜料、氧化铁黑等）
彩色	彩色颜料	选择性光吸收/反射所造成的光学效应（如氧化铁红和黄、镉系颜料、群青颜料、铬黄、钼铬红、钛黄、钛棕、钴蓝、钴绿、铋黄、稀土）
效果	金属颜料	光在平行分布的具有平面结构的金属颜料粒子上发生的镜面反射的光学效应（如片状铝粉、铜粉）
	珠光颜料	发生在高度折射的、平行的颜料小片状体上的镜面反射，折射和透射的综合性光学效应（如云母颜料）
	干涉色颜料	因光的折射＋透射＋反射所形成的干涉现象而产生有色光闪现的光学效应（如 TiO_2 涂覆云母颜料等）
	变色颜料	光线在具有不同折射率的介质层间经折射、透射和反射并由此产生不同色光谱能量的叠加或抵消作用，而形成的光色变化的光学现象。视觉颜色取决于观察视角

3.2.2 无机颜料的组成

与有机颜料及染料相比，适用于塑料着色的无机颜料的范围相对小一些。基本的化学分子式只有几种，但它们有许多变化形式，因此这类颜料显得种类很多。例如复合无机颜料就是一个具有许多变化形式的基本颜料类型。通过添加其他金属氧化物或主要金属氧化物的配比发生变化，原来的色调也在某一范围内随之改变。总之无机颜料组成通常是金属的氧化物、硫化物和金属盐类以及炭黑。其中白色和黑色无机颜料组成见表 3-2，彩色无机颜料组成见表 3-3，效果无机颜料组成见表 3-4。

表 3-2 主要白色和黑色无机颜料组成

化学类别	白色颜料	黑色颜料
氧化物	二氧化钛（TiO_2） 锌白（ZnO）	氧化铁黑 Fe_3O_4，铁锰黑［$(Fe,Mn)_2O_4$］，尖晶石黑［$(Fe,Co)Fe_2O_4$］
硫化物	硫化锌（ZnS） 立德粉（$ZnS \cdot BaSO_4$）	
碳及碳酸盐	铅白［$Pb(OH)_2 \cdot 2PbCO_3$］	炭黑

表 3-3 主要彩色无机颜料组成

化学类别	黄	橙	红	紫	蓝	绿	棕
铅盐颜料	铬黄 $PbCrO_4$,$PbSO_4$ $PbCrO_4 \cdot PbO$		钼铬红 $PbCrO_4$ $PbMoO_4$ $PbSO_4$				
金属氧化物颜料	铁黄 α,λ-FeO(OH) ［$(Zn,Fe)Fe_2O_4$］		铁红 Fe_2O_3			铬绿 Cr_2O_3	铁棕 $(Fe \cdot Mn)_2O_3$
多金属氧化物颜料	钛黄 ［$(Ti,Ni,Sb)O_2$］ ［$(Ti,Cr,Sb)O_2$］	钛橙 ［$(Sn,Zn,Ti)O_2$］	钛红 ［$(Sn,Zn,Ti)O_2$］		钴蓝 Co,Al_2O_4 $Co(Cr,Al)_2O_4$	钴绿 $Co_2Cr_2O_4$ $(Co,Ni,Zn)_2TiO_4$	钛棕 $(Ti,Mn,Sb)O_2$
镉系颜料	镉黄 CdS、ZnS	镉橙 CdS、ZnS	镉红 CdS、CdSe				
稀土类金属硫化物		硫化铈/硫化镧 Ce_2S_3/La_2S_3	硫化铈 Ce_2S_3				
群青颜料				群青紫 $Na_5Al_4Si_6O_{23}S_4$	群青蓝 $Na_6Al_6Si_6O_{24}S_4$		
钒酸铋	铋黄 $4BiVO_4 \cdot 3Bi_2MoO_6$						
金属盐				锰紫 $MnNH_4P_2O_7$			

表 3-4 主要效果无机颜料组成

类别	组成	色泽
金属颜料	铝 Al	闪光银色
	铜锌合金 Cu-Zn	闪光金色
珠光颜料	涂覆 TiO_2 的云母	珠光银白和干涉色
	涂覆 TiO_2 和金属氧化物的云母	金色和古铜色
变色颜料	涂覆氧化铁和 SiO_2 的铝粉	颜色取决于视角

3.3 无机颜料的塑料着色性能

无机颜料相对密度较大，一般为 3.5～5.0，其着色力较低，但耐热性和耐光性优良。无机颜料是微细的粒状物，其原级粒子的颗粒直径大多在几百纳米到几微米之间，最大不超过 100μm。在这些细小的粒子内部，分子有一定的排布方式，绝大多数颜料粒子都是以晶体的形态存在，无机颜料以分散后均匀分布于介质体系的方式对塑料着色，它们所具有的不同晶型结构、晶体形状、晶体大小及其分布，势必影响它们的性能发挥和使用效果。

3.3.1 无机颜料的性能要求

无机颜料应用于塑料着色具有分散性、耐候性、耐热性优异的优点，特别适合用于成型温度高、使用条件苛刻的工程塑料和户外制品上。

① 良好的分散性：无机颜料相对密度较大，一般为 3.5～5.0，比表面积小，所以无机颜料在塑料中比较容易分散。因无机颜料着色力相对较低，常规添加量使用时色彩鲜艳度较低，适当增加无机颜料的添加浓度则能够有效提升制品的色彩鲜艳度。

② 良好的遮盖力：所谓遮盖力就是将颜料应用在着色物中，使之不透明的能力，把能完全盖住基片的黑白格所需的最少颜料量称为遮盖力。颜料遮盖力随粒径大小而变。无机颜料相对密度较大、粒径大，所以大部分无机颜料具有良好遮盖力。

③ 优良的耐候性：颜料在塑料上的耐光性能，直接影响它的使用价值，一般来说，在较长时间阳光和大气的作用下会导致无机颜料颜色变暗、变深，而不易褪色；同样作用下，其他的颜料可能引发化学组成变化，进而破坏原有结构而导致褪色。总的来讲，无机颜料的耐光性远比一般有机颜料强。

④ 优异的耐热性：除了铬酸类、氧化铁黄颜料外，绝大部分无机颜料的耐热性是非常好的，特别是那些经高温下煅烧而成的无机颜料，其煅烧温度一般在 700℃至 1000℃，因而其耐热性是非常优异的。

为了改善铬酸/钼酸类无机颜料的耐热性和耐光性，通常对此类颜料进行包膜表面处理，视所用表面处理工艺的不同，能使相应的产品性能获得不同程度的提高。然而，此类产品因其固有的安全毒理特性正越来越多地面临全球范围的限制乃至禁用。

⑤ 优良的耐化学稳定性：大部分无机颜料都属于惰性化合物，它们具有优良的耐酸、耐碱、耐溶剂、耐盐类物质、耐腐蚀性气体等特性。部分无机颜料产品因其各自化学组成和

结构的因素，存在着不同的应用性能短板，譬如：群青类颜料和铬酸/钼酸类颜料不耐酸等。

3.3.2 无机颜料颗粒性质对着色性能的影响

无机颜料的颗粒度、晶型结构、表面电荷和极性等理化性能会影响其颜色、遮盖力、着色力等色彩性能的展示，也直接影响了它们在塑料着色应用上的表现。

(1) 晶型的影响

无机颜料是微细的粒状物，即使是化学成分相同的颜料，由于晶体生长的条件不同，也会出现不同的晶体结构。颜料粒子微观结构的不同会直接影响它的宏观应用表现。最典型的例子是钛白粉，虽然金红石型与锐钛型都同属四方晶系，但因晶型不同，故表现出不同晶体属性。金红石型是细长成对的孪生晶体，每个金红石晶胞有两个二氧化钛分子，以两个棱边相连，而锐钛型则以八面体的形式出现，氧位于八面体的顶角，每个锐钛晶胞有四个二氧化钛分子，以八个棱边相连。不同钛白粉晶型的晶胞图见图 3-1，金红石型与锐钛型钛白粉之间的理化特性比较见表 3-5。

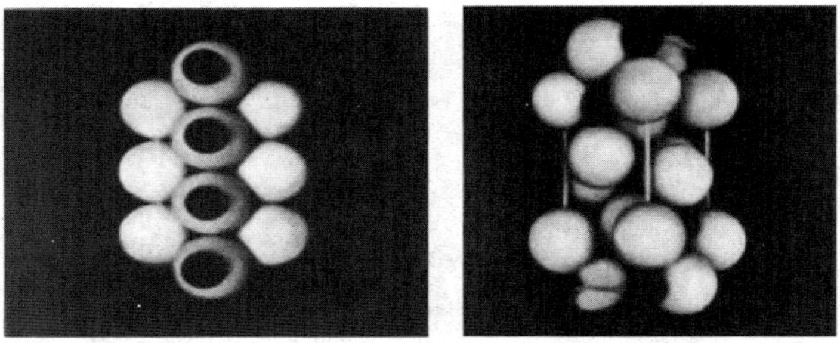

(a) 金红石型　　(b) 锐钛型

图 3-1　不同钛白粉晶型的晶胞图

表 3-5　金红石型与锐钛型钛白粉性能比较

晶型	金红石(R)型	锐钛(A)型
原子结构	较紧密	
折射率	2.73	2.55
遮盖力	更高	
调色能力	更强(10%～30%)	
耐候能力	更好	
稳定性	更好	
相对密度	3.75～4.15	3.7～3.8
色相		较蓝
耐磨耗能力		较低

类似的例子还有许多，如：在氧化锌的生产中，采用直接法工艺和间接法工艺所形成的晶型不同，致使产品自身的性能和应用效果都产生明显的差异；成分相同的铅铬黄颜料，单斜晶系的铅-铬黄比斜方晶系的铅-铬黄耐光性要好。在晶体结构上发生变化不仅影响颜料的光学性能、表面性能、分散性能、稳定性能，甚至电性能、磁性能等也都有可能发生变化。

(2) 颗粒大小的影响

无机颜料的最重要物理数据不仅包括光学数据，还包括平均粒度（粒径）、粒度分布和粒子形状。同一种颜料不同的颗粒大小、形状及分布会使颜料色泽发生变化，遮盖力和着色力的高低也随之变化。例如湿法氧化铁红的生产中，控制不同的氧化周期，则得到的颜料粒子大小也不同。晶体粒子较小时外观为黄红色，晶体粒子较大时为红紫色，它们在着色力、遮盖力、比表面积和吸油量等性能表现方面差距比较明显，具体的变化规律见表 3-6。

表 3-6 氧化铁红颗粒大小和色相变化

铁红类型	1	2	3	4	5	6	7	8
颗粒大小/μm	0.09	0.11	0.12	0.17	0.22	0.3	0.4	0.7
色调变化	黄红相—向蓝相变化—红紫相							
着色力	高————低							
遮盖力	低————高————低							
比表面积	大————小							
吸油量	大————小							

钼铬红的颜料粒度变化，能引起颜料光学性能的变化，见图 3-2，粒度增大，色相由浅到深，从橙黄向橙红方向发展，亮度和着色力由高到低。总之粒度较小时，着色力高，颜色明亮，但颗粒过于粗大，颜色变暗变深，着色力也随之变低。

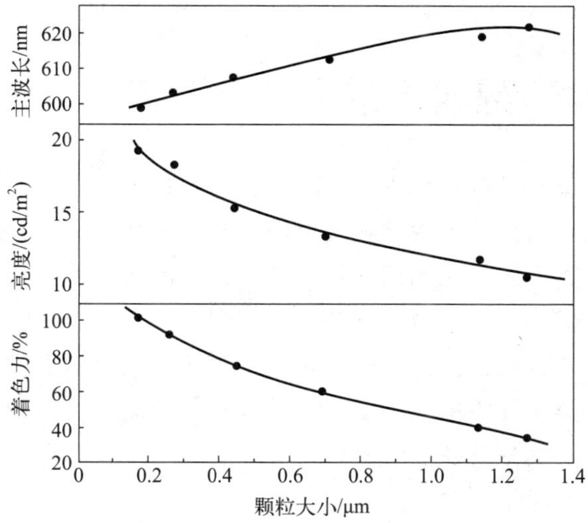

图 3-2 各种粒度钼铬红的着色力和颜色性能

(3) 颗粒形状的影响

颜料颗粒表面状态与吸油量有关。表面吸油量的大小除了和粒子的比表面积大小有关，还与颜料颗粒与颗粒之间的孔隙率有关。对无机颜料来说，吸油量与颗粒的形状也有很大关系，一般来说针状粒子较球状粒子具有更大的吸油量，因为针状粒子比表面积比球状大，而

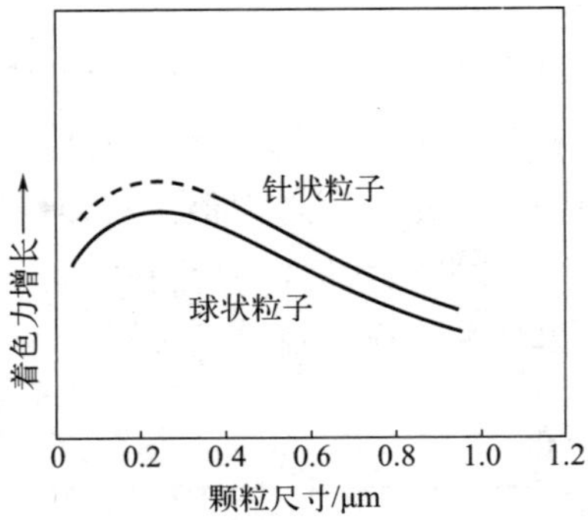

图 3-3　颗粒形态对着色力的影响

且颜料颗粒间的孔隙也更大。颜料的颗粒形态还与着色力有关，图 3-3 可以明显看出针状粒子比球状粒子具有更大表面积，具备更强的吸收能力和散射能力，因而表现出更高的着色力。

3.3.3　无机颜料在塑料着色中的安全性能

在过去的近二十年中，关于环境中的重金属讨论成为一个世界性的问题而被高度关注，因而几乎所有客户均明确要求：着色塑料制品不可含重金属。通常把密度大于 4.5g/cm^3 的金属称为重金属（包括各种金属和贵金属），按此定义，除了二氧化钛、铝粉、炭黑、群青蓝、群青紫之外的无机颜料均含有重金属。

实际上重金属是整个人类生存环境的一个自然组成部分，大量存在于岩石和土壤中，植物在土壤中的吸收也会使其在食物中出现。我们的生命是在含有天然重金属的环境中发展形成的，并且它们已经存在我们身体的组织中。许多重金属（铁、锌、锰、钼、铬和钴）是维持生命所必需的微量元素，没有了它们人类和动物就不能生存。动物试验已经表明缺少铬会导致糖尿病、动脉硬化和生长失调。因而在全部生活领域内极端要求无重金属存在是没有科学依据的。

当重金属超过特定浓度时，会被认为对人类和环境有危害。关于无机颜料在塑料着色的安全性，全球许多机构对重要的无机颜料进行了仔细的检测，总体来看除了有害的铬系和镉系无机颜料外，其他的无机颜料在毒理学和生态学上是无害的。这是因为许多无机颜料具有不溶性，它们不会在胃里（意外吞食）或环境中产生生理反应。

3.4　无机颜料在塑料中的用途

伴随着塑料工业的蓬勃发展，有机颜料在塑料的着色中应用面不断拓宽，使用量也与日俱增。然而，长期以来，因传统无机颜料自身的某些不足和含有重金属等因素的限制，尤其是对含铅、铬等对健康和环境有害元素的无机颜料应用的限制性法规的实施，客观上造成人们对所有的无机颜料产生了一些片面的认知，在实际应用层面表现为游移不定，不敢选择。随着行业的发展和产品性能与安全性的提升，加之市场认知更加理性，近年来无机颜料用于塑料着色无论从产品种类还是使用量方面都取得了长足的进步。的确，相比于其他种类的着色剂而言，无机颜料，尤其是高性能的复合无机颜料的某些特性在部分特殊应用中有着其他类别着色剂所不可替代的优势。

(1) 用于工程塑料着色

工程塑料是指一类可以作为结构材料，在较宽的温度范围内承受机械应力，并有良好的力学性能和尺寸稳定性，在较为苛刻的化学物理环境中使用的高性能的高分子材料。工程塑料着色时成型温度非常高，见表 3-7，尤其是部分工程塑料具有较强的高温化学活性，例如，聚酰胺（PA）的强还原性，它能在高温下与许多化学物质产生反应而造成“两败俱伤”的结果，因此能适用于 PA 着色的颜料品种不多。而大多数的无机颜料以其突出的化学惰性和其他优异的综合性能，大量用于工程塑料着色。

表 3-7　部分工程塑料加工温度

树脂	加工温度/℃	树脂	加工温度/℃
PP	180～250	POM	200～260
ABS	220～250	氟塑料	350
PC	270～300	PET	260～280
PA	250～300	PPS	320～360

在注塑制件中，收缩率的变化可能引起超差（正差或负差）翘曲或开裂。在这方面，着色剂的影响不可忽视。许多有机颜料的晶型结构呈针状或棒状，塑料制品成型时长度方向容易沿树脂流动方向排列，因此会引起成核作用，冷却后会产生较大的收缩。大多数无机颜料晶型结构呈球状，球形结晶不存在方向排列，所以无机颜料对塑料成型收缩率影响小，这也成为无机颜料用于塑料着色的另一特色。

钛白粉是目前用量最大的塑料用无机颜料，炭黑的用量仅次于它，这两种品种是用于工程塑料着色的重点品种。

在众多彩色无机颜料中，近年来发展最为迅猛、市场使用量突飞猛进的当属高性能无机颜料系列产品，它们品种多，性能高，色谱全，并且在提供色彩性能的同时，一些特殊品种还能带来除色彩以外的特殊性能，满足市场多功能开发的需求，因而获得越来越多塑料应用领域的青睐。

氧化铁颜料主色有红、黄、黑三种，通过调配还可以得到橙、棕、绿等系列色谱的复合颜色。氧化铁颜料有较好的耐光、耐候、耐碱及耐溶剂性能，还具有无毒等特点。其价格低廉，可广泛应用于工程塑料的着色。

含镉颜料色谱宽广，从浅黄至橘红、红，直到紫酱色，色泽鲜艳，具有耐光、耐候性优良、耐热、遮盖力及着色力强、不迁移、不渗色等特点，它几乎可用于所有工程塑料着色。但含镉颜料属于非环保型无机颜料。目前，全球许多的国家和地区已经明确将其列入限制使用名录。考虑到其性能优异，尤其是耐热性，一些特别的材料如聚酰胺、聚甲醛和聚四氟乙烯等加工温度高的工程塑料中仍然可见其被使用的踪迹。

(2) 大量用于户外制品着色

塑料制品在室外长期使用，如人造草坪、休闲体育健身器材、建筑用材、广告箱、周转箱、各种形式的百叶窗/遮阳帘、异型材和塑料汽车部件等应用领域都需要具有极好的耐候性的着色剂，无机颜料中的钛白粉、炭黑、高性能无机颜料等均是耐候性能非常好的品种。

(3) 用于配制浅色，尤其是户外浅色制品，或是微量调色等

鉴于无机颜料，尤其是高性能的无机颜料所具有的耐超高温、耐光以及耐气候变化等性能，即使在极高的冲淡比例之下也能确保着色制品持久的色彩稳定，也能够极大程度上避免在高加工温度下微量添加着色剂所引发的变异问题等。总之，这些特性非常适宜低于常规添加的浅色制品或微量添加的配色需求；加之无机颜料的着色力相较其他种类着色剂而言比较低，这在一定程度上也能降低着色剂微量称量时的相对误差，确保批次间的色彩稳定性。

3.5 无机颜料及效果颜料主要品种和性能

3.5.1 消色颜料

3.5.1.1 白色无机颜料

白色颜料主要用于纯白着色、色彩增亮和遮盖。通常把折射率高于1.7的物质定义为白色颜料，折射率低于1.7的归于填充料，见表3-8。严格地说1.7是作为界定值而不是一个恒定值，它取决于载体，因为每一种载体都有它特定的折射率，塑料也不例外。白色颜料的折射率随着塑料品种的不同而变化。所以同一白色颜料用于不同的材料，如聚乙烯、聚丙烯、聚苯乙烯、PET纤维等的折射率都不同。

表3-8 一些白色颜料和填充料的折射率

颜料	染料索引号	折射率
三氧化二锑(Sb_2O_3)	颜料白11	2.19
硫酸钡($BaSO_4$)	颜料白21	1.64
白炭黑(SiO_2)	颜料白27	1.55
白垩($CaCO_3$)	颜料白18	1.58
锐钛型钛白粉(TiO_2)	颜料白6	2.55
金红石型钛白粉(TiO_2)	颜料白6	2.70
氧化锌(ZnO)	颜料白4	2.00
硫化锌(ZnS)	颜料白7	2.37
氧化锆(ZrO_2)	颜料白12	2.40

对于白色颜料而言，要求其具备良好的光学性能，如：散射力强、遮盖力高、光泽度好、亮度高，并且白度值高。散射力是最重要的性能，它取决于折射率、粒径、粒径分布和分散的程度。由于这些因素的影响，散射力是一个相对值而不是一个绝对值。其他的指标，如遮盖力、亮度、底色和白度等都与白色颜料的散射力有关。

(1) 钛白粉(TiO_2)(C. I. 颜料白6)

C. I. 结构号77891；CAS登记号13463-67-7。

钛白粉即二氧化钛（TiO_2），是目前塑料工业中最重要的白色颜料品种。二氧化钛加入塑胶制品时，可以有效地散射可见光而赋予制品白度、亮度和遮盖力。即使在最严苛的工艺条件下，它都具有化学惰性和优异的耐热性。

自然界中的钛白粉有金红石型（rutile，R型，正方晶系）、锐钛型（anatase，A型，正方晶系）和板钛型（brookite，斜方晶系）三种晶型。金红石型和锐钛型已经大量工业化生产。板钛型稳定性较差，因此，不作为颜料应用于着色。

在塑料着色应用中，金红石型和锐钛型钛白粉所能体现的各种性能还是有着明显的不同的，具体表现为：金红石型钛白粉在着色力和遮盖力上都远高于锐钛型，尤其着色力约高出30%左右；锐钛型钛白粉的白度要优于金红石型；金红石型钛白粉的耐候性大大优于锐钛型，同等条件下，金红石型的制品历经十年以上仍能基本保持原有特性，而锐钛型则在短短一年后就表现出明显的退变现象，甚至产生龟裂、粉化等。

有鉴于此，一般在塑料加工中，尤其是那些对牢度性能或加工条件要求严苛的应用场合，金红石型钛白粉是无可争议的首选。

钛白粉有很多牌号，性能各异，钛白粉用于着色主要是因为其良好的着色力、色泽和遮盖力。着色力表现为白色颜料对塑料着色的白度和亮度，遮盖力则表现为白色颜料使着色塑料制件不透明乃至不透光的能力。

钛白粉的粒径大小和粒径分布与着色性能有很大的关系。钛白粉的遮盖力与其散射能有关，又与吸收能与散射能的比值有关。光学经典理论指出，当颜料颗粒大小（粒径）接近于可见光半波长时，其散射能最大。因此提高钛白粉散射能的主要手段是控制钛白粉的粒径大小和粒径分布。由表 3-9 可以看出，钛白粉的色调与着色塑料的白度有很大关系，对白色而言，带蓝色调的白色会给人一种新鲜和悦目的感觉，而带黄色调的白色就会有一种陈旧的感觉，因此用带蓝色调的钛白粉配制白色要比黄色调的钛白粉更令人赏心悦目，且使用量也少。

表 3-9　钛白粉色调与钛白粉粒径的关系

类型	蓝光	绿光	黄光
金红石型/μm	0.14	0.19	0.21
锐钛型/μm	0.16	0.22	0.23

钛白粉的粒径分布与着色制品的光泽有关，钛白粉的粒径分布越窄，其着色制品光泽越好。图 3-4 为美国杜邦公司的部分塑料用钛白粉的粒径分布。

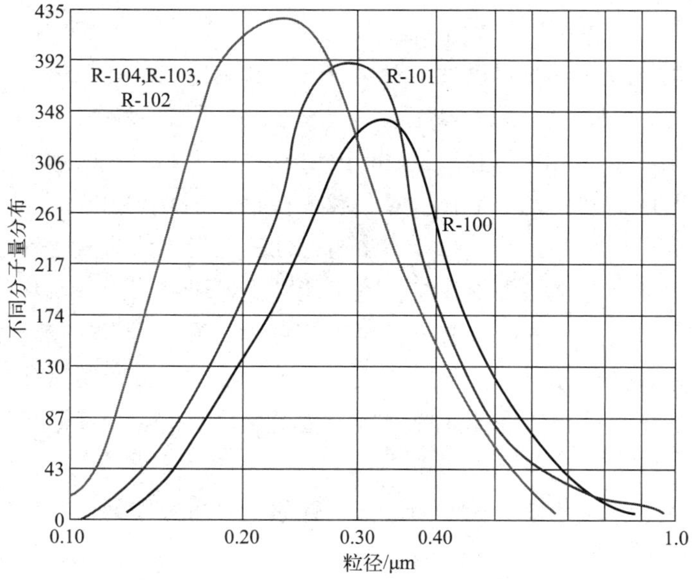

图 3-4　典型钛白粉粒径分布

金红石型是综合性能最好的钛白粉类型，绝大多数有一定品质要求的塑料制品和纯白色或高彩度高遮盖的彩色制品都会选择金红石型钛白粉。但是，金红石质地坚硬，对于玻璃纤维增强塑料是一个致命的缺陷，因为，高硬度的金红石晶体在加工过程中会导致玻璃纤维的断裂，造成最终制品达不到设计的机械强度标准。因此，玻璃纤维增强塑料制品的着色中，往往会选择光学性能稍差而质地相对柔软的锌钡白或硫化锌等白色颜料。

钛白粉对环境影响：钛白粉呈惰性，不溶于溶剂（浓硫酸和氢氟酸除外），非常稳定。人们认为它完全无毒，可以用于牙膏、化妆品和药片的糖衣。

急性毒性：此类颜料被认为无毒，大鼠经口 LD_{50} 值>5000mg/kg，接触皮肤无刺激性，对眼睛和呼吸道可能因机械摩擦而引起轻微刺激。

慢性毒性：对长期饲喂二氧化钛的动物进行观察，没有摄入钛的征兆。多年处于制造和使用二氧化钛的环境中没有慢性毒性影响的报告。

由于钛白粉卓越的生物相容性，美国和欧洲联盟（欧盟）核准具有特定纯度的二氧化钛作为着色剂用于食品、化妆品和医药产品。

国外主要供应商：科慕 Chemours（即原杜邦 Dupont），亨斯迈（Huntsman），科美基颜料有限公司等。

国内主要供应商：龙佰集团，山东东佳集团股份有限公司，中核华原钛白粉股份有限公司等。

（2）氧化锌（ZnO）（C. I. 颜料白 4）

C. I. 结构号 77947；CAS 登记号 1314-13-2。

主要性能：氧化锌是非常细的白色粉末。熔点为 1720℃，折射率为 1.92～3.00，密度约为 5.67g/cm^3，莫氏硬度为 4～4.5，光学性能低于钛白粉。氧化锌化学稳定性较差，呈两性，遇酸会反应，可溶于碱溶液，在包装材料应用领域这是一个不可忽视的缺点。

氧化锌有两种制造工艺，一种是直接法，工艺简单、成本低。另一种是间接法，从金属锌开始，然后沸腾，将产生的气体氧化得到氧化锌。

主要用途：氧化锌最重要的用途是用于橡胶工业和模压制品，一般不用于热塑性塑料的着色。

安全数据：氧化锌急性 LD_{50} 值>15000mg/kg，锌是人类、动物和植物所必需的微量元素。锌元素的缺乏会影响到头发的生长。氧化锌对皮肤没有刺激作用，没有潜在的过敏性，不刺激眼睛，并且对人体没有致癌、致畸，生殖毒性。人们不认为氧化锌有毒或有危险，尽管少数早期研究表明它有一定的毒性效应，这可能是早期研究所用的氧化锌中含的杂质，特别是铅元素造成的。氧化锌经常掺杂有其他金属氧化物，主要是镉、铅、铁和铝的氧化物。因此在氧化反应前用不同的分离技术提纯锌蒸气是很必要的。商业用氧化锌有不同的纯度等级；有些型号仍含有少量的铅。在使用前，应该检查氧化锌的质量以满足消费者关于重金属杂质的要求。

氧化锌不溶于水，易于从废水中分离。水中锌离子对鱼类和其他水生生物有毒，因而废水中锌离子的浓度受到限制。

（3）硫化锌（ZnS）（C. I. 颜料白 7）

C. I. 结构号 77975；CAS 登记号 1314-98-3。

主要性能：硫化锌是仅次于钛白粉的重要的白色颜料，折射率为 2.37。它质地柔软，莫氏硬度为 3。硫化锌的耐光性好，但耐候性不足。在一些塑料中受紫外线和水分影响，硫化锌氧化生成无色的硫酸锌。

硫化锌是锌钡白（颜料白 5）的主要组分，也是某些发光材料的主要成分。有一种发光颜料是由掺杂有银或铜的硫化锌组成。

主要用途：硫化锌的光学性能明显逊于钛白粉，因而它的应用受到一定的限制。在含铅系统中，硫化锌与铅反应可生成黑色的硫化铅。该颜料晶体较为柔软，不易磨蚀，可避免着色过程中对纤维型增强填充料的机械损伤，因此，特别适用于玻璃纤维类增强塑料的着色。与钛白粉相比，这是硫化锌的主要优势，因为在挤出过程中质地坚硬的钛白粉颗粒会损伤增强塑料中的玻璃纤维。

安全数据：由于硫化锌的溶解度低，所以对人类无毒，研究表明在该颜料制造过程中，甚至是在操作过程中暴露在研磨得非常细的颜料飞尘中，也未见中毒或慢性伤害健康的报告。美国食品卫生组织和大部分欧洲国家允许硫化锌接触食品。虽然大量溶解的锌是有毒的，但人体的新陈代谢需要少量的锌，锌属于必需的微量元素。

（4）硫酸钡（$BaSO_4$）（C. I. 颜料白 21）

C. I. 结构号 77120；CAS 登记号 7727-43-7。

主要性能：密度 4.3～4.6g/cm^3，折射率低为 1.64，莫氏硬度为 3.5。硫酸钡对于酸、碱和有机溶剂基本是惰性的，另外具有很好的耐光和耐候性，耐热性好（高于 300℃），易于分散。

在市场上有两种规格硫酸钡，一种是天然的；另一种是沉淀的，即合成硫酸钡。

主要用途：硫酸钡一般不直接用作白色颜料。它主要被用作填料或作为塑料制品中的功能性添加助剂。例如：利用硫酸钡晶体具有的高透明性和高折射性，在透明性树脂中能够同时体现出极高的透光性和散射性，因而能把强烈的点光源转化成柔和均匀的漫射光，同时又能确保应有的光照强度。正是由于这一显著的特性，硫酸钡被越来越多地应用于灯罩材料中。

合成的硫酸钡有不同的粒径，适宜用于着色塑料制品。特别是在有机颜料浓度高的情况下，填充少量硫酸钡后可以提高颜料的流动性能，有助于颜料在塑料中的分散。硫酸钡由于莫氏硬度低，不会产生严重的磨蚀，这有利于避免对塑料加工设备的磨蚀。硫酸钡的另一种很特殊的应用，即用于玩具。因为硫酸钡是典型的 X 射线造影剂，有助于确定幼儿误吞食的玩具所在的位置。另外，硫酸钡是锌钡白（颜料白 5）的组分之一。

安全数据：纯的硫酸钡从毒性学来说是无害的，因而许多国家，包括美国和大部分欧洲国家允许它用于接触食品的塑料制品中。

（5）锌钡白（$ZnS \cdot BaSO_4$）（C. I. 颜料白 5）

C. I. 结构号 77115；CAS 登记号 1345-05-7。

主要性能：锌钡白又称立德粉，是硫化锌与硫酸钡的混合物。硫化锌含量有 15%、30%、40%、50%等几种。

主要用途：锌钡白应用于多种塑料中，特别适用于玻璃纤维增强塑料中，这是由于锌钡白柔软的晶体颗粒，极少会对纤维型塑料增强剂造成损伤，这也成为锌钡白能够作为塑料着色剂的选项之一的主要原因。

锌钡白可配制出良好白色，其遮盖力也比较强，介于氧化锌和二氧化钛之间。但是，除了自身颗粒硬度外，钛白粉优异的综合性能及宽泛的使用性能，使得其他各类白色无机颜料无论在应用量和性能上都难以望其项背。

安全数据：美国食品和药品监督管理局（FDA）和大部分欧洲国家允许硫化锌和硫酸钡接触食品。大量溶解的锌是有毒的，但是人体的新陈代谢需要少量的锌。由于它溶解性差，因此对人体无害。研究表明，在该颜料的制造过程中，甚至是在操作过程中暴露在研磨得非常细的颜料飞尘中，还没有发生过中毒或慢性伤害健康的情况。

3.5.1.2 炭黑

与钛白粉在白色领域的地位相似，炭黑占据了黑色颜料的大部分市场。黑色颜料用于纯黑的着色或彩色的调色。黑色颜料主要可分为两大类：无论从使用量和应用广度来评判，炭黑当之无愧地成为黑色颜料的市场霸主，它单独成为黑色颜料的一个大类；另一类则为无机金属氧化物黑色颜料，它包含单金属氧化物和复合金属氧化物。表 3-10 列出了这两大类黑色颜料的品种。

表 3-10 塑料着色用黑色无机颜料品种

C. I. 索引号	结构式	产品	C. I. 索引号	结构式	产品
颜料黑 7	C	炭黑	颜料黑 27	$(CO,Fe)(Fe,Cr)_2O_4$	铁钴铬黑
颜料黑 11	Fe_3O_4	氧化铁黑	颜料黑 28	$Cu(Cr,Fe)_2O_4$	铜铬黑
颜料黑 12	Fe_2TiO_4	铁钛黑	颜料黑 29	$(Fe,Co)Fe_2O_4$	铁钴黑
颜料黑 22	$Cu(Cr,Fe)_2O_4$	铜铬铁黑	颜料黑 30	$(Ni,Fe)(Cr,Fe)_2O_4$	铬铁镍黑
颜料黑 26	$(Fe,Mn)_2O_4$	锰铁黑			

从颜料应用性能进行评述的话，炭黑与上述所列出的其他无机黑颜料有着极大的区别：首先，炭黑为单一碳元素组成的黑色颜料，它所具备的色彩性能，尤其是着色力远高于其他无机黑色颜料，黑度也是最高的，它的存在对其他彩色颜料起着明显的消色作用。此外，炭黑的成本也是远远低于其他无机黑色颜料的，撇开其他特性因素，单就着色成本来看，其他无机黑色颜料是无法与之匹敌的；反观其他无机黑色颜料，相对比较低的着色力和高昂的售价使得它们在着色成本上处于劣势，也构不成强烈的消色作用，但也恰恰因为这点，其他无机黑色颜料在配色方面，尤其在色调微调上又成为无与伦比的存在，加上它们中的部分产品还具有颜色之外的一些特殊性能和功用。因此，这里我们仅就炭黑做一些详细的介绍，其他无机黑色颜料我们将分别按照它们各自的化学组成和结构特点，归于同类别的无机彩色颜料之中，在后续章节中逐一介绍。

炭黑是一种非常细且着色力非常高的颜料。炭黑是几乎纯净的碳单质，呈现近于球形胶体颗粒的形态。

炭黑是由气态或液态烃的不完全燃烧或热分解产生的，其物理外观是一种黑色的、很细的颗粒或粉末。按生产工艺的不同，可得到炉黑、气黑、灯黑、乙炔黑等品种；通过调控生产工艺条件，既可以得到粒径范围极广的各种不同炭黑品种（表面积通常为 $10\sim1000m^2/g$），也会影响原生颗粒聚集状态，得到高结构和低结构炭黑，其性质也极为不同，见图 3-5。炭黑粒径大小与炭黑的性质有很大的关系，其粒径与性能关系见表 3-11。

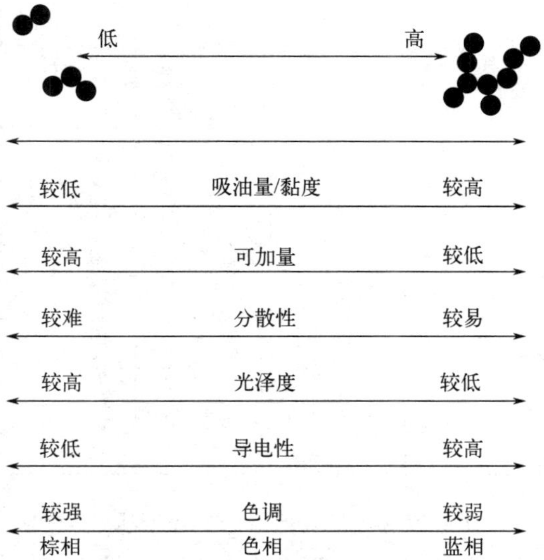

图 3-5　炭黑结构与性能的关系

表 3-11　炭黑粒径与性能的关系

炭黑的粒径	大	小
炭黑的比表面积	小	大
抗光老化能力	低	高
着色强度	弱	强
分散性	好	差
填充量	高	低
吸湿性	低	高
色相	蓝	红

主要用途：炭黑主要用于塑料、合成纤维着色。炭黑大量用于聚乙烯、聚丙烯、聚氯乙烯、聚苯乙烯、ABS 和聚氨酯的黑色和灰色着色。尤其在聚烯烃塑料中用量最大。

一般塑料着色需要的炭黑量为 0.5%～2%。对于透明的塑料，加入 1%的炭黑就足够了。对于不透明的塑料（例如 ABS）需用 1%～2%，并需用具有较高着色力的炭黑着色。透明浅色塑料制品着色炭黑用量一般为 0.02%～0.2%。美国卡博特公司的炭黑牌号和性能见表 3-12。

表 3-12　美国卡博特公司的炭黑牌号和性能

牌号	比表面积 /(m^2/g)	粒径 /nm	着色力 /%	挥发分 /%	用途
BLACK 120	30	60	50	1.0	薄膜、片材
BLACK PEARL254					饮用水管、电缆
BLACK PEARL430/460	80	27	109	1.0	长丝、薄膜、片材、吹塑
BLACK PEARL4560					长丝、短纤维
BLACK PEARL800	201	17	150	1.5	片材、吹塑
BLACK PEARL900	230	15	151	2.0	吹塑

续表

牌号	比表面积/(m^2/g)	粒径/nm	着色力/%	挥发分/%	用途
BLACK PEARL4840					吹塑
BLACK PEARL1300	560	13	114	1.5	吹塑
BLACK PEARL6100					电缆
ELFTEX TP	130	20	1.5	1.5	饮用水管、片材
ELFTEX 570	115	22	114	1.5	长丝、薄膜、片材、注塑
VCLCAN 9A32	140	19	114	1.5	长丝、电缆
VCLCAN P	172	20	94	1.5	饮用水管
VCLCAN XC72	254	30	87	1.5	导电薄膜、片材

产品对环境影响（安全性）：炭黑 LD_{50} 值＞5000mg/kg。用炭黑对兔完整的皮肤和眼睛进行试验，未产生任何刺激。长期调研表明工业炭黑没有任何有害作用，这已被数十年的经验所证实。依据“国际癌症研究机构”“美国国家毒物与毒理规划（NTP/USA）”以及欧洲和美国相关法规，橡胶黑和颜料黑没有任何致突变、致畸和致癌潜力。

商品炭黑中会有痕量杂质多环芳香烃（PAHs）。多环芳香烃只能在非常严格的实验室分析手段下才能抽取出来，多环芳香烃显示致畸和致癌的活性。但炭黑在实验室短时间内萃取量仅仅为极小量。目前没有科学依据证实，正常接触炭黑，会对人体产生潜在有害作用，即致畸和致癌。

产品市场：由于橡胶在炭黑等填料粒子表面形成结构吸附层和橡胶大分子吸附在炭黑等填料离子表面，产生有滑动作用的补强效果。所以炭黑主要消费市场是橡胶。用在塑料着色应以特种色素炭黑为主。

国外主要供应商：印度博拉集团，美国卡博特（Cabot），德国欧励隆（Orion），日本三菱（Mitsubishi）等。

国内主要供应商：安徽黑猫新材料有限公司，曲靖众一精细化工股份有限公司，上海焦化化工发展商社。

3.5.2 彩色无机颜料

在许多彩色无机颜料中，过渡金属是色彩呈现的关键角色。由于许多金属氧化物不仅价廉而且易得，因此作为着色颜料的重要性就尤为突出。以氧化物为基础的着色颜料，既可以是单一的组分，也可以是混合相；其他类别还包含金属盐类，金属硫化物等。以主体成分来划分的话，彩色无机颜料也可以分为：铅铬类（铅盐类）、镉类、氧化铁类、钛复合类、多金属氧化混相（晶）类、群青类、氧化铬，钒酸铋黄，以及稀土类等。

3.5.2.1 单一金属氧化物彩色颜料

(1) 氧化铁类无机颜料

在无机颜料序列中，就单一化学组成的颜料种类而言，纵观全球市场，无论从生产量、使用量还是使用范围上，氧化铁颜料是仅次于钛白粉，位居第二的产品。

这里需要说明的是，所谓氧化铁颜料包含了两种不同意义的颜料类型，一类是专门特指纯粹的氧化铁颜料，它包括氧化铁黄（P. Y. 42）、氧化铁红（P. R. 101）和氧化铁黑（P. Bk. 11）；另一类则是含有氧化铁成分的多金属氧化混相（混晶）无机颜料。对于归属混相类别的颜料品种，我们将在所属章节一起探讨，此处仅讨论纯氧化铁颜料。

氧化铁颜料色谱广，产品多样化，着色力强，从高透明至高遮盖剂型齐全，主色有红、黄、黑三种色调。氧化铁颜料具有极好的耐候、耐酸、耐碱及耐溶剂性能，当属高性能无机颜料之列。选择不同纯度的原料和生产工艺，可获得不同特性等级和纯净度的氧化铁颜料产品，因而，其价格也参差不齐，高低悬殊可差数十倍。基于其无毒性，和灵活多样的性价比选择性，氧化铁颜料正逐渐受到关注并被应用于着色中，尤其是被广泛应用于塑料行业中。

关于氧化铁颜料产品的使用安全性以及对环境的影响，经过全球各知名研究检验机构和学术界长期大量的毒物与毒理学研究，至今未发现其对人体组织有危害的证据，对于环境也是极其友好的。采用纯净原料和合理的生产工艺所获得的氧化铁颜料，可用于食品和医药产品的着色。合成的氧化铁不含结晶的二氧化硅，因此，放眼全球，即便是最为严苛的法规也不会因为发现它存在毒性而限制它的使用。

国外主要生产商：德国朗盛公司（LANXESS），傲色莱（OXERRA），美国洛克伍德（ROCKWOOD）。

国内主要生产商：上海一品颜料有限公司、上海色彩颜料研究所、德伊福颜料有限公司、铜陵瑞莱科技有限公司、浙江华源颜料股份有限公司、江苏宇星科技有限公司。

① 黄色氧化铁颜料（C. I. 颜料黄 42） 化学组成［$FeO(OH) \cdot nH_2O$］；C. I. 结构号 77492；CAS 登记号 20344-49-4。

黄色氧化铁颜料俗称水合氧化铁、铁黄，或称羟基铁。遇高温后分子中的结晶水会脱离，进而产生结构和性能差异。

主要性能：颜料黄 42 具有鲜明赭黄色色泽，其色彩性能依据产品型号和生产工艺的不同有着明显的变化，色相由正黄色至非常红相的赭黄色，既有高遮盖的剂型，也有极为透明的剂型或是居于二者之间的半透明剂型；氧化铁黄颜料耐光很稳定，一般耐光性可达 6～8 级；它也有良好的耐候性。透明氧化铁黄具有很强的紫外吸收功能，一定程度上能同时兼具着色剂和紫外吸收剂双重功能。由于结构中存在结晶水，当加热到 150～200℃时开始脱水，故耐热稳定性较差，所以主要的应用领域为涂料和印刷油墨行业，在需要高温加工的塑料领域应用非常有限，仅可用于较低加工温度的高分子，如橡胶、EVA 等的着色。不同型号氧化铁黄产品的价格差异较大，应用性能也各有侧重，可选择空间较大。德国朗盛公司拜耳乐（BAYFERROX）黄牌号与性能见表 3-13。

表 3-13　德国朗盛公司拜耳乐黄牌号和性能

牌号	色泽	相对密度	粒子大小/mm	粒子形状	吸油量/(g/100g)	耐热性/℃
黄 4905	淡黄	4.0	0.1×0.8	针状	32	140
黄 4910	淡黄	4.0	0.1×0.8	针状	32	140
黄 4920	淡黄	4.0	0.1×0.8	针状	32	140
黄 4960	绛黄	4.3	0.1×0.8	针状	28	140

鉴于氧化铁黄耐温有限这一短板，为了改善其不足，业内采用氧化硅与氧化铝的混合剂对氧化铁黄进行表面处理：在充分分散的铁黄悬浮液中加入硅酸钠溶液，然后用酸调节pH值至中性，硅酸钠形成硅酸并水解成二氧化硅沉积在氧化铁黄微颗粒表面。经表面处理后的氧化铁黄颜料耐温可达220℃以上。德国朗盛公司拜耳乐（BAYFERROX）黄10、20性能见表3-14。应用范围见表3-15。

表3-14　德国朗盛公司拜耳乐（BAYFERROX）黄10、20性能

牌号	颜料索引号	Fe_2O_3含量/%	耐热性/℃	吸油量/(g/100g)	密度/(g/cm^3)	粒子大小/mm	粒子形状
黄10	P.Y.42	69～71	260	65	3.8	0.1×0.7	针状
黄20	P.Y.42	69～71	260	45	3.8	0.1×0.7	针状

表3-15　德国朗盛公司拜耳乐（BAYFERROX）黄10、20应用范围

对象	程度	对象	程度	对象	程度
LLDPE/LDPE	●	PS	○	橡胶	●
HDPE	○	PS-HI③	○	PA	○
PP	○	ABS	○	PC	○
PVC-P①	●	PMMA	○	UP④	●
PVC-U②	○	PET	○		

注：●表示推荐使用；○表示有条件地使用。

①软质PVC。

②硬质PVC。

③即HIPS，高抗冲聚苯乙烯。

④不饱和聚酯树脂。

经无机表面处理后的氧化铁黄在改善耐温性的同时，也一定程度上提升了耐光性、耐候性。所以，也可以用于户外制品的配色和浅色调的调色。

② 红色氧化铁颜料（C.I.颜料红101）　化学组成Fe_2O_3；C.I.结构号77491；CAS登记号1309-37-1。

氧化铁红化学名称为三氧化二铁（Fe_2O_3），是铁的氧化物中化学稳定性最强的化合物，氧化铁红颜色所涵盖的色谱范围从黄相红直至枣红色，产品色泽取决于原材料的纯度、制作工艺和产品最终的颗粒细度。

主要性能：氧化铁红颜料色域宽，着色力高；包含高遮盖、半透明、高透明等不同梯度透明/遮盖特性的产品；优异的色彩牢度性能：耐温不低于300℃，极佳的耐候性、耐水/耐酸碱性和耐其他化学品性能优异。透明氧化铁红具有很强的紫外吸收功能，一定程度上能同时兼具着色剂和紫外吸收剂双重功能。德国朗盛公司COLORTHERM氧化铁红颜料牌号与性能见表3-16，应用范围见表3-17。

表3-16　德国朗盛公司COLORTHERM的氧化铁红牌号和性能

牌号	Fe_2O_3含量/%	耐热性/℃	吸油量/(g/100g)	密度/(g/cm^3)	粒子大小(最大)/mm	粒子形状
红110M	94～96	>300	28	5.0	0.09	球状
红120NM	95～96	>300	28	5.0	0.11	球状

续表

牌号	Fe_2O_3 含量/%	耐热性/℃	吸油量/(g/100g)	密度/(g/cm^3)	粒子大小(最大)/mm	粒子形状
红 120M	95～96	>300	28	5.0	0.12	球状
红 130M	95～96	>300	26	5.0	0.17	球状
红 140M	96	>300	24	5.0	0.30	球状
红 160M	96	>300	22	5.1	0.40	球状
红 180M	96	>300	18	5.1	0.70	球状
红 520M	95	>300	26	5.0	0.20	球状

表 3-17　德国朗盛公司 COLORTHERM 的氧化铁红应用范围

对象	程度	对象	程度	对象	程度
LLDPE/LDPE	●	PS	●	橡胶	●
HDPE	●	PS-HI	●	PA	●
PP	●	ABS	●	PC	●
PVC-P	●	PMMA	●	UP	●
PVC-U	○	PET	●		

注：●表示推荐使用；○表示有条件地使用。

③ 棕色氧化铁颜料（C. I. 颜料棕 43）　主体化学成分 [$(Fe, Mn)_2O_3$]；C. I. 结构号 77536；CAS 登记号 12062-81-6。

氧化铁棕颜料可看作是氧化铁红（颜料红 101）的变体形式。氧化铁红主体中的铁被锰部分取代，颜色由棕红色转为棕色。

颜料棕 43 是一个组成相对复杂的无机颜料品种，它可以被看成是以三氧化二铁为主体的，多种其他元素氧化物的混合体。相关文献显示，颜料棕 43 是由不少于 86%的三氧化二铁（Fe_2O_3）、4%的氧化锰（MnO_3）、4%的二氧化硅（SiO_2）以及剩余部分的氧化铝（Al_2O_3）组合而成。

主要性能：氧化铁棕颜料是惰性的，着色力高，遮盖力强。具有优良的耐热性，耐热可达 300℃，耐光性、耐候性很好。德国朗盛公司 COLORTHERM 氧化铁棕 43 牌号与性能见表 3-18，应用范围见表 3-19。

表 3-18　德国朗盛公司 COLORTHERM 氧化铁棕 43 牌号与性能

牌号	Fe_2O_3 含量/%	耐热性/℃	吸油量/(g/100g)	密度/(g/cm^3)	粒子大小(最大)/mm	粒子形状
棕 645 T	80～88	>300	28	4.7	0.3	球状

表 3-19　德国朗盛公司 COLORTHERM 氧化铁棕 43 应用范围

对象	程度	对象	程度	对象	程度
LLDPE/LDPE	●	PS	●	橡胶	●
HDPE	●	PS-HI	●	PA	●
PP	●	ABS	○	PC	●
PVC-P	●	PMMA	●	UP	●
PVC-U	○	CAB①	●		

注：●表示推荐使用；○表示有条件地使用。

①乙酸丁酸纤维素。

④ 黑色氧化铁颜料 C.I. 颜料黑 11　氧化铁黑，化学名称为四氧化三铁（Fe_3O_4），属尖晶石晶型，呈饱和蓝色相，着色力和遮盖力都较高。氧化铁黑具有很强的磁性，被广泛用作磁性记录材料，日常使用的纸币和有价证券中的磁性防伪标记就是利用四氧化三铁的特性而制成的特种防伪油墨来实现的。

氧化铁黑结构中含有亚铁离子，在高温等条件下能够被进一步氧化而生成三氧化二铁，其特性和颜色也随之而变：由黑色向棕红色过渡。因此，氧化铁黑一般不用于需高温加工的塑料应用领域。

(2) 氧化铬绿颜料（C.I. 颜料绿 17）

化学组成 Cr_2O_3；C.I. 结构号 77288；CAS 登记号 68909-79-5。晶型：六方晶型。

氧化铬绿历史悠久，早为人们所知，然而，因其自身一些难以克服的缺陷，在作为绿色着色剂的使用方面长期未得发展。究其原因主要如下。

首先，作为备受关注的铬的氧化物，其产品的使用在毒理性、安全性、环保等诸多方面，受到许多人固有思维模式，片面观点乃至严控策略的限制。这里，我们有必要再次为其正名：氧化铬绿的主要成分是三氧化二铬（Cr_2O_3），这是三价铬的化合物，三价铬氧化物被认为是无害的。用含有 5%三价铬氧化物的食物饲养老鼠，结果表明该颜料无毒且无致癌作用。三价铬氧化物的 LD_{50} 值超过 5000mg/kg 体重，它不刺激皮肤与黏膜。况且，三价铬还是人类和动物必需的微量元素。使用者的关注点不应是三氧化二铬（Cr_2O_3）本身是否有害，而更应该重视产品的纯度，也就是制品中可能携带的或是未清除的六价铬（Cr^{6+}）含量。

其次，氧化铬绿颜料质地致密，硬度极高，虽经特殊方法研磨成粉，但其颗粒硬度仍高达莫氏硬度 9 级，与刚玉同级，硬度远高于其他金属材质，所以在应用中极难被进一步细化分散，且在加工过程中对金属加工设备有严重的磨损性；另外，有限的着色力远不及酞菁绿等其他颜料，高昂的着色成本也是制约其发展的重要因素之一。

通常氧化铬绿有两种色相，尽管色调不够鲜亮，但遮盖力尚佳，折射率 2.5。着色力虽比不上酞菁绿，但在无机颜料中它的着色力还是可圈可点的。它们是由高温煅烧而成，虽然可以粉碎至一定细度，但颗粒硬度仍然极高。

主要性能：色泽由浅橄榄绿色至深橄榄绿色，色彩鲜艳度和着色力都不高，具有一定的遮盖力；氧化铬绿在塑料中着色力不高；氧化铬绿的耐受性能极高：热稳定性大于 800℃，耐光 8 级，耐候 5 级，不迁移，无翘曲。德国朗盛公司 COLORTHERM 氧化铬绿牌号和性能见表 3-20，应用范围见表 3-21。

表 3-20　德国朗盛公司 COLORTHERM 氧化铬绿牌号和性能

牌号	Cr_2O_3 含量 /%	耐热性 /℃	热失重(1000℃，0.5h)/%	pH 值	吸油量 /(g/100g)	筛余物(45mm，最大)/%	密度 /(g/cm³)	粒子形状
绿 GN-M	98.5～99.5	>260	MAX0.4	5.7	11	0.005	5.2	球状
绿 GN	98.5～99.5	>260	MAX0.4	5.7	11	0.02	5.2	球状
绿 GX	98.5～99.5	>260	MAX0.4	5.7	11	0.02	5.2	球状

表 3-21 德国朗盛公司 COLORTHERM 氧化铬绿应用范围

对象	程度	对象	程度	对象	程度
LLDPE/LDPE	●	PVC(硬)	●	PMMA	●
HDPE	●	PS	●	PA	●
PP	●	ABS	●	PC	●
PVC(软)	●	PBT	●		

注：●表示推荐使用。

3.5.2.2 CICP/MMO 高性能无机颜料

对于高性能颜料的定义，业界尚未统一，但可以肯定的是，所谓高性能是特指颜料的加工性能和应用性能都符合行业最高的指标要求，如最高的色彩牢度性能，最为稳定的化学品耐受性能，可靠的安全性能，以及对于塑料加工而言不可回避的耐温（耐热）稳定性能等。近年来塑料新材料不断涌现和更新迭代，对着色剂提出了越来越高的技术和性能要求，许多优秀的有机颜料受制于严苛的加工条件的限制而止步于前，因此，高性能无机颜料就显得愈发不可或缺。

所谓高性能无机颜料，国际上有两个不同的称谓：CICP（complex inorganic color pigments）和 MMO（mix metal oxide pigments）。粗看之下，都是多金属元素的氧化物，这两种表述似乎区别不大；从生产工艺上来看，二者都是以煅烧作为主要的生产工艺的。然而，细细探究还是能够发现它们之间的区别。

就现有市场产品而言，CICP 是特指具有金红石结晶体特征的一类高性能无机颜料，它们包含：P. Br. 24、P. Y. 53 和 P. Y. 164 等产品。总体比例中二氧化钛占 80%左右，其他只是作为晶格掺杂介入。其中铬或镍发色，锑起到平衡化学价的作用。以镍钛黄（P. Y. 53）和铬钛黄（P. Br. 24）为例，我们来解析一下这类产品的结构特征。

这类颜料之所以被称为“掺杂的金红石”或金红石颜料，是因为它们的结构源于以二氧化钛为主体的金红石晶格。它们属于复合型有色无机颜料。在金红石颜料中，氧化镍（Ⅱ）或氧化铬（Ⅲ）被复合成为金红石型二氧化钛晶格中的变色成分。氧化锑（Ⅴ）的加入是作为低化学价的离子用以补偿/平衡整体化合物，这样就保持了四价的平均价。其中钛以外的其他金属氧化物与基体晶格结合后，它们就失去了原有的化学、物理和生物学特性而成为金红石晶格的一部分，不再作为一个单独的化学物质存在。也就是说此时的颜料是完全不同于单一金属氧化物的一种不可分割的化合物，其性质主要由主体金红石二氧化钛晶格所决定。由此看来，CICP 名称中的 complex（复合体，综合体）一词对这类颜料的诠释是恰如其分的。图 3-6 所示就是镍钛黄（P. Y. 53）的晶体结构图解。

镍钛黄颜料（P. Y. 53）呈柠檬黄色，其金红石晶格中平均含有 81%的二氧化钛、2%～5%的二价镍（Ni）离子和 9%～12%的锑（Sb）离子；铬钛黄（P. Br. 24）的颜色为浅到中色调的赭色，成品颜色取决于颜料制造过程中煅烧温度的控制和最终颜料颗粒的大小，除平均 81%的二氧化钛外，其金红石晶格中还含有 2%～6%的三价铬（Cr）离子以及 5%～15%的锑（Sb）离子。

另一类高性能无机颜料与“掺杂金红石”颜料的明显区别是：不同的金属氧化物按照特定的比例在高温煅烧过程中凝结成为具有共性特征的统一晶型，这种晶型很大程度上有别于各自单一金属氧化物原有的晶型特征。因而，这类颜料又被称作：“多金属氧化物混晶颜料”或“多金属氧化物混相颜料”。此类颜料成品的晶型多见于“尖晶石”晶型和“赤铁矿”晶型。

以尖晶石晶型为例，让我们一起来认识一下混晶颜料的结构特点。

尖晶石晶体，属于等轴晶系，为面心立方。四面体与八面体层相间，四面体与八面体数之比为 2∶1（见图 3-7）。由氧离子，二价阳离子（以 X 表示）和三价阳离子（以 Y 表示）组成其基本的晶体结构。尖晶石晶体又可分成正尖晶石晶体和反尖晶石晶体。

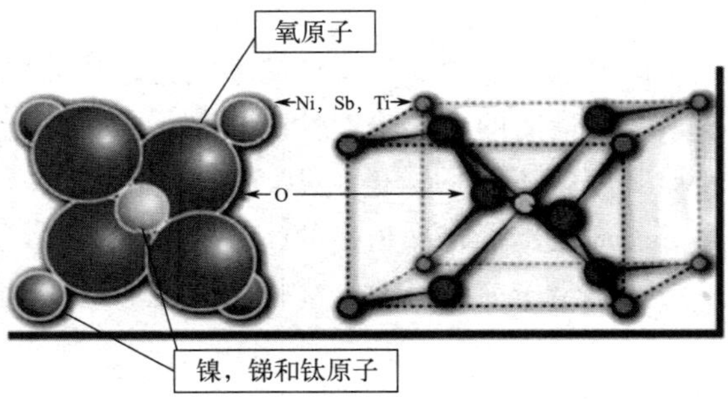

图 3-6　基本分子单元 P. Y. 53 的晶体结构图解

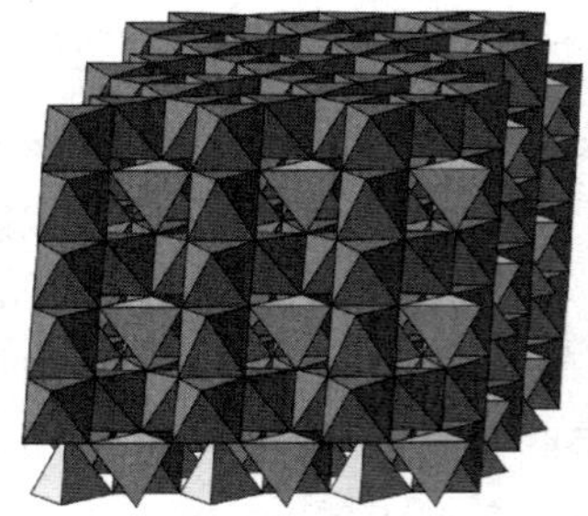

图 3-7　尖晶石晶体模型图

正尖晶石单位晶胞的结构为：O^{2-} 形成立方最紧密堆积，Y^{3+} 占据六次配位的 32 个八面体间隙的 1/2，X^{2+} 占据四次配位的 64 个四面体间隙的 1/8（见图 3-8）。其比例为 X∶Y∶O＝8∶16∶32，因而，正尖晶石晶体结构可以用结构通式 XY_2O_4 表示。

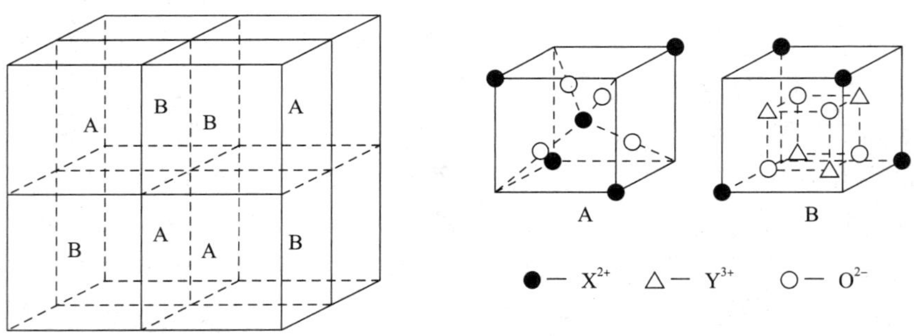

图 3-8　正尖晶石单位晶胞结构示意

反尖晶石型结构：二价阳离子（X^{2+}）和半数三价阳离子（Y^{3+}）占据八面体间隙，另外半数的三价阳离子（Y^{3+}）占据四面体间隙。反尖晶石结构通式也可表示为 Y[XY]O_4。反尖晶石又称为倒置尖晶石。

氧化钴（CoO）：立方体或六方晶体结晶；氧化铬（Cr_2O_3）：属三方晶系或六方晶系，常见呈六方晶型；而颜料绿 26（钴绿，$CoCr_2O_4$）则是尖晶石晶型。由此可知，它们的混合并非两者简单地叠加，而是混合成有别于各自原有晶型的一种新的结晶形态和超越单体且性能优异的全新物质。

无论是被称作“复合无机颜料（CICP）”还是“混晶无机颜料（MMO）”，有鉴于高性能无机颜料具有的超高性能和宽泛的色域范围，已然成为诸多特殊塑料应用领域不可或缺的热门选项。

必须说明的是，单就性能而言，前面所提及的氧化铁红（Fe_2O_3）以及后续章节将要介绍的其他一些无机颜料品种都可以列为高性能无机颜料序列，未被列在此节只是为了方便依据组成或结构归类进行介绍而已。

产品对环境影响（安全性）：金红石晶型的 CICP 高性能无机颜料中，镍、铬、锰等元素的加入，替代了极少部分的钛元素而赋予整体化合物不同的色彩，同时这些元素对原有二氧化钛金红石晶型也起到了所谓“掺杂增强”的显著作用；MMO 混晶型高性能无机颜料则以其无比稳定的共融结晶形态和化学组成确保颜料产品优异的特性。这些颜料绝大部分的制程都经过高温烧结和湿法研磨等工序，颜料分子组成合理，性能稳定，不会分解，所含的各元素都以化合物整体的特性呈现，不再显现各自原有化学、物理和生理性质。所以这类颜料不能认为是各金属元素的氧化物。CIPC 或 MMO 颜料的惰性很高，其热水渗出量在 2×10^{-8} 以下，人体的胃酸根本无法使其溶解，因此即使进入胃肠内，也对人体无害；人身接触它，也是安全的，正因如此，人们不把它们列入危害类物质。按制造商就相容性、纯度和安全处理的说明，大部分此类颜料被视为无毒，并且符合接触食品的要求以及玩具的安全规则。

主要性能：CICP 或 MMO 颜料通常遮盖力较高，耐热性可达 300℃或以上，耐光性和耐候性优良，化学稳定性好。

主要用途：适用于聚乙烯、聚丙烯、聚苯乙烯、ABS、聚酯，聚碳酸酯、PA6、PA66、酚醛树脂、环氧树脂等多种塑料着色。

国外主要生产商：德国巴斯夫（BASF），美国薛特颜料（Shepherd Color），美国福禄（FERRO），傲色莱（OXERRA），美国洛克伍德（ROCKWOOD），德国 HEUBACH TICO，日本多玛得（TOMATC）。

国内主要生产商：九江临辉新材料有限公司，南京培蒙特科技有限公司，湖南巨发科技有限公司，江西定锐新材料有限公司等。

（1）黄色高性能（CICP/MMO）无机颜料

① C.I.颜料黄 53　化学组成［(Ti，Ni，Sb）O_2］；C.I.结构号 77788；CAS 登记号 8007-18-9。晶型：金红石型。

主要性能：颜料黄 53 由二氧化钛、氧化镍、氧化锑经高温煅烧而成，制品呈绿相黄色，具体产品因组成元素比例的差异而微有颜色和着色力的差别，颜料黄 53 总体来说着色力相对较低，遮盖力高。颜料黄 53 晶型非常稳定，因而其各项耐受性能也十分杰出：耐温性＞800℃，耐光性和耐候性都达到最高等级。对绝大部分树脂具有很好的相容性。钛阳公司的 Sicotan 品牌（原巴斯夫公司产品）的颜料黄 53 系列产品在塑料中的性能见表 3-22。

表 3-22　Sicotan 颜料黄 53 系列产品在塑料中的性能

牌号		颜料	钛白粉	耐热性/℃	耐光性/级	耐候性(3000)/级	耐迁移性/级	翘曲变形
Sicotan 黄 K1010	本色	1%		300	8	5	5	无
	冲淡	1∶4		300	8	5		无

续表

牌号		颜料	钛白粉	耐热性/℃	耐光性/级	耐候性(3000)/级	耐迁移性/级	翘曲变形
Sicotan黄 K1010FG	本色	1%		300	8	5	5	无
	冲淡	1∶4		300	8	5		无
Sicotan黄 K1011	本色	1%		300	8	5	5	无
	冲淡	1∶4		300	8	5		无
Sicotan黄 K1011FG	本色	1%		300	8	5	5	无
	冲淡	1∶4		300	8	5		无

② C. I. 颜料棕 24　化学组成（Ti，Cr，Sb）O_2；C. I. 结构号 77310；CAS 登记号 68186-90-3。

主要性能：颜料棕 24（黄色粉末状）由二氧化钛、氧化铬、氧化锑经高温煅烧生产，具体产品因组成元素比例的差异而微有颜色和着色力的差别，颜料棕 24 总体来说着色力相对较低，遮盖力高。颜料棕 24 晶型非常稳定，其各项耐受性能也十分杰出：耐温性＞800℃，耐光性和耐候性都达到最高等级。对绝大部分树脂具有很好的相容性。钛阳公司的 Sicotan 品牌（原巴斯夫公司产品）的颜料棕 24 系列（即 Sicotan 黄 K20、K21 系列）产品在塑料中的性能见表 3-23。

表 3-23　Sicotan 颜料棕 24 系列产品在塑料中的性能

牌号		颜料	钛白粉	耐热性/℃	耐光性/级	耐候性(3000h)/级	耐迁移性/级	翘曲变形
Sicotan黄 K2001	本色	1%		300	8	5	5	无
	冲淡	1∶4		300	8	5		无
Sicotan黄 K2001FG	本色	1%		300	8	5		无
	冲淡	1∶4		300	8	5	5	无
Sicotan黄 K2011	本色	1%		300	8	5		无
	冲淡	1∶4		300	8	5		无
Sicotan黄 K2011FG	本色	1%		300	8	5	5	无
	冲淡	1∶4		300	8	5		无
Sicotan黄 K2111	本色	1%		300	8	5	5	无
	冲淡	1∶4		300	8	5		无
Sicotan黄 K2111FG	本色	1%		300	8	5	5	无
	冲淡	1∶4		300	8	5		无
Sicotan黄 K2112	本色	1%		300	8	5	5	无
	冲淡	1∶4		300	8	5		无
Sicotan黄 K2112FG	本色	1%		300	8	5	5	无
	冲淡	1∶4		300	8	5		无

③ C.I.颜料黄119　化学组成 [$(Ti, Fe, Zn)O_2$]；C.I.结构号77496；CAS登记号68187-51-9。

主要性能：颜料黄119也称为锌铁黄，色泽呈红光黄至黄棕色，具体产品色相可通过添加铝、镁、钛作调整改变。在塑料中着色力因具体产品而异，其遮盖力表现均较高。颜料黄119与大部分树脂都有很好的相容性，故易于作为塑料着色剂而被选用。因其组成结构中不含有铬等受限性重金属元素，因而被称为新一代环保型颜料。表3-24为原巴斯夫公司的颜料黄119（牌号Sicopal棕K2595）在塑料中的性能。

表3-24　颜料黄119（Sicopal棕K2595）在塑料中的性能

牌号		颜料	钛白粉	耐热性/℃	耐光性/级	耐候性级	耐迁移性/级	翘曲变形
Sicopal棕K2595	本色	1%		300	8	5	5	无
	冲淡	1∶4		300	8	5		无

④ C.I.颜料黄227　化学组成 [$(Sn,Zn)_2Nb_2(O,S)_7$]；C.I.结构号777895；CAS登记号1374645-21-2。

主要性能：颜料黄227是一种全新的复合MMO黄色颜料。该颜料是含铅铬颜料的替代品，是符合环保要求和提供高性价比的高性能颜料。产品的颜色和性能是常规有机和无机颜料无可匹敌的，填补了高性能无机颜料色相空白。颜料黄227遮盖力强、易分散；具有优良的耐候、耐光、耐热性；优良的耐化学品性；无迁移和无翘曲现象。美国薛特（Shepherd）颜料公司黄10P150（属于C.I.颜料黄227）在塑料中的性能见表3-25。

表3-25　美国薛特（Shepherd）颜料公司黄10P150在塑料中的性能

牌号		颜料	钛白粉	耐热性/℃	耐光性/级	耐候性(3000h)/级	耐迁移性/级	翘曲变形
黄10P150	本色	1%		320	8	5	5	无
	冲淡	1∶4		320	8	5	5	无

(2) 橙色高性能（CICP/MMO）无机颜料

① C.I.颜料黄216　化学组成 [$(Sn, Zn)TiO_3$]；CAS登记号85536-73-8。晶型：金红石型。

颜料黄216是一种复合金属氧化物颜料，颜色呈鲜艳橙色，填补了高性能无机颜料色相空白；其产品性能是同色域常规有机颜料无可匹敌的，颜料黄216遮盖力强，易分散，具有优良的耐候、耐光、耐热性、优良的耐化学品性、无迁移和无翘曲现象。该颜料组成中不含铅、铬等受限制元素，是铅铬类颜料极佳的替代品，完全符合环保要求，是具备良好性价比的高性能颜料。美国薛特（Shepherd）颜料公司橙10P320、橙10P340（属C.I.颜料黄216）在塑料中的性能见表3-26。

表 3-26 美国薛特（Shepherd）颜料公司橙 10P320、橙 10P340 在塑料中的性能

牌号		颜料	钛白粉	耐热性/℃	耐光性/级	耐候性(3000h)/级	耐迁移性/级	翘曲变形
橙 10P320	本色	1%		320	8	5	5	无
	冲淡	1∶4		320	8	5	5	无
橙 10P340	本色	1%		320	8	5	5	无
	冲淡	1∶4		320	8	5	5	无

② C. I. 颜料橙 82　化学组成 [$(Sn, Zn, Ti)O_2$]。

主要性能：颜料橙 82 属复合无机颜料类别，颜色呈现为略带黄相的橙色，其应用特性：高耐温，极佳的耐光/耐候特性，无扭变，结构不含受限性元素，安全环保。原巴斯夫公司（现属钛阳公司）的颜料橙 82（牌号 Sicopal 橙 K2430）在塑料中的性能见表 3-27。

表 3-27 颜料橙 82 在塑料中的性能

牌号		颜料	钛白粉	耐热性/℃	耐光性/级	耐候性(3000h)/级	耐迁移性/级	翘曲变形
Sicopal 橙 K2430	本色	1%		300	8	5	5	无
	冲淡	1∶4		300	8	5		无

(3) 红色高性能（CICP/MMO）无机颜料（C. I. 颜料红 290）

化学组成：[$(Sn, Zn, Ti)O_2$]。

主要性能：颜料红 290 属高性能复合无机颜料系列，其色泽呈鲜艳黄相红色，填补了在此色域内高性能无机颜料的不足。颜料红 290 耐温性能优异，在部分高温树脂中耐温甚至能达到 380℃；耐光/耐候性能卓越；无翘曲。不含受限制元素，安全环保。原巴斯夫公司（现属钛阳公司）的颜料红 290（牌号 Sicopal 红 K3050FK）在塑料中的性能见表 3-28。

表 3-28 颜料红 290 在塑料中的性能

牌号		颜料	钛白粉	耐热性/℃	耐光性/级	耐候性(3000h)/级	耐迁移性/级	翘曲变形
Sicopal 红 K3050FK	本色	1%		300	8	5	5	无
	冲淡	1∶4		300	8	5	5	无

(4) 棕色/紫色高性能（CICP/MMO）无机颜料

① C. I. 颜料黄 164　化学组成 [$(Ti, Mn, Sb)O_2$]；C. I. 结构号 77899；CAS 登记号 68412-38-4。晶型：金红石型。

颜料黄 164 的化学组成和结构与颜料黄 53 相似，只是其中的镍（Ni）被锰（Mn）所替代。颜料黄 164 因所含元素比例和生产工艺的略微差异，其色泽呈现由较鲜亮的黄相棕色至深棕色的变化；通常，颜料黄 164 的着色力较低，遮盖力很强。因其化学结构和晶型都非常稳定，所以其呈现的应用特性也十分稳定：耐热性≥800℃；耐光/耐候性能极高，不迁移，不翘曲。原巴斯夫公司（现属钛阳公司）的 Sicotan 颜料黄 164（牌号 Sicotan 棕 K2611、

2711）在塑料中的性能见表 3-29。

表 3-29 Sicotan 颜料黄 164 在塑料中的性能

牌号		颜料	钛白粉	耐热性/℃	耐光性/级	耐候性(3000h)/级	耐迁移性/级	翘曲变形
Sicotan 棕 K2611	本色	1%		300	8	5	5	无
	冲淡	1∶4		300	8	5	5	无
Sicotan 棕 K2711	本色	1%		300	8	5	5	无
	冲淡	1∶4		300	8	5	5	无

② C. I. 颜料棕 29 化学组成（Fe，Cr)$_2$O$_3$；C. I. 结构号 77500；CAS 登记号 109414-04-2。晶型：尖晶石型。

主要性能：颜料棕 29 由一定比例的氧化铬、氧化铁经高温煅烧而成，化学结构和结晶体系稳定，具有优异的色彩和应用性能。色泽呈红棕色至深棕色（古铜色），着色力依据具体产品规格而参差不齐，其中深棕色品种（如：原 BASF 的 Sicopal Brown K2795）的高着色力、高遮盖性能的表现在无机颜料系列产品中也是不多见的；其热稳定性＞800℃，耐光性/耐候性异常优良，均达到最高等级；无翘曲，不迁移。特定工艺条件下，能获得高近红外反射型棕色颜料制品。在严格把控生产工艺，确保产品中无游离铬的前提下，该系列产品当属安全环保性颜料产品。Sicopal 颜料棕 29（牌号 Sicopal 棕 K2795）在塑料中的性能见表 3-30。

表 3-30 Sicopal 颜料棕 29 在塑料中的性能

牌号		颜料	钛白粉	耐热性/℃	耐光性/级	耐候性(3000h)/级	耐迁移性/级	翘曲变形
Sicopal 棕 K2795	本色	1%		300	8	5	5	无
	冲淡	1∶4		300	8	5	5	无

③ C. I. 颜料棕 33 化学组成（Zn，Fe）（Fe，Cr)$_2$O$_4$；C. I. 结构号 77503；CAS 登记号 68186-88-9。晶型：尖晶石型。

主要性能：颜料棕 33 属 MMO 高性能多金属混晶型彩色无机颜料。由多种金属氧化物混合煅烧而成，其色泽呈红棕色至棕色。颜料棕 33 着色力相对较低；其热稳定性≥800℃，耐光/耐候性能优异，无翘曲，耐化学品（酸，碱，溶剂等）稳定性极高。薛特（Shepherd）颜料公司颜料棕 33（牌号棕 10P8857）在塑料中性能见表 3-31。

表 3-31 薛特（Shepherd）颜料公司颜料棕 33 在塑料中的性能

牌号		颜料	钛白粉	耐热性/℃	耐光性/级	耐候性(3000h)/级	耐迁移性/级	翘曲变形
棕 10P8857	本色	1%		300	8	5	5	无
	冲淡	1∶4		300	8	5	5	无

④ C. I. 颜料黑 12 化学组成（Fe，Ti)O；C. I. 结构号 77543；CAS 登记号 68187-02-0。晶型：尖晶石型。

主要性能：颜料黑 12 色泽自略带黄相棕色至棕黑色。作为棕色颜料的品种，其具有较为鲜艳的色泽，但着色力总体较低。颜料黑 12（棕色品种）的结构和晶型十分稳定，因而具有良好的综合稳定性：其热稳定性达 800℃，耐光/耐候性均为最高等级。因产品结构中不含有铅，铬等受限制重金属元素而被视为环保型颜料。薛特（Shepherd）颜料公司颜料黑 12（牌号棕 20C819）在塑料中的性能见表 3-32。

表 3-32　薛特（Shepherd）颜料公司颜料黑 12 在塑料中的性能

牌号		颜料	钛白粉	耐热性/℃	耐光性/级	耐候性(3000h)/级	耐迁移性/级	翘曲变形
棕 20C819	本色	1%		>300	8	5	5	无
	冲淡	1∶4		>300	8	5	5	无

（5）蓝/绿色高性能（CICP/MMO）无机颜料

① C. I. 颜料蓝 28　化学组成 $CoAl_2O_4$；C. I. 结构号 77346；CAS 登记号 1345-16-0。晶型：（反）尖晶石型。

主要性能：颜料蓝 28 俗称钴蓝，所含金属元素为钴和铝，结构中不含受限的铅、铬等元素。色泽呈微带红相的宝蓝色色调，色彩透明性较高，着色力一般（低于群青颜料）。颜料蓝 28 的化学组成和晶型结构非常稳定，因而其表现出的耐受性能也十分优异：热稳定性>1000℃；即使在高冲淡比例条件下，也都表现出耐光性 8 级，耐候性 5 级，不迁移，无翘曲，与绝大部分树脂有极佳的相容性。有鉴于其拥有的这些特性，故常被用于：户外，浅色，高/超高温加工。原巴斯夫公司（现属钛阳公司）的 Sicopal 颜料蓝 28（牌号 Sicopal 蓝 K6210、6310）在塑料中的性能见表 3-33。

表 3-33　Sicopal 颜料蓝 28 在塑料中的性能

牌号		颜料	钛白粉	耐热性/℃	耐光性/级	耐候性(3000h)/级	耐迁移性/级	翘曲变形
Sicopal 蓝 K6210	本色	1%		300	8	5	5	无
	冲淡	1∶4		300	8	5	5	无
Sicopal 蓝 K6310	本色	1%		300	8	5	5	无
	冲淡	1∶4		300	8	5	5	无

② C. I. 颜料蓝 36　化学组成 $Co(Cr,Al)_2O_4$；C. I. 结构号 77343；CAS 登记号 68187-11-1。晶型：尖晶石型。

主要性能：颜料蓝 36 业内也称钴铬蓝，所含金属元素为钴/铬/铝。与颜料蓝 28 相比，颜料蓝 36 色相略偏绿，呈半透明，着色力相近；同样具有超高的热稳定性（1000℃），最高的耐光/耐候等级和不迁移、不翘曲特性，被列为户外，浅色，高/超高温加工等应用的首选颜料产品之一。原巴斯夫公司（现属钛阳公司）的 Sicopal 颜料蓝 36（牌号 Sicopal 蓝 K 6710、7210）在塑料中的性能见表 3-34。

表 3-34 Sicopal 颜料蓝 36 在塑料中的性能

牌号		颜料	钛白粉	耐热性/℃	耐光性/级	耐候性(3000h)/级	耐迁移性/级	翘曲变形
Sicopal 蓝 K6710	本色	1%		300	8	5	5	无
	冲淡	1∶4		300	8	5	5	无
Sicopal 蓝 K7210	本色	1%		300	8	5	5	无
	冲淡	1∶4		300	8	5	5	无

③ C. I. 颜料绿 50　化学组成（Co，Ti）O 或（Co，Ni，Zn，Al）O；C. I. 结构号 77377；CAS 登记号 68186-85-6。晶型：尖晶石型。

颜料绿 50 也称钴钛绿，结构不含铅、铬。其产品因组成比例和生产工艺之差异，所能展现的色域范围极大。色泽变化范围为由黄相绿色直至极其蓝相的绿色（绿松石蓝色），通常，颜料绿 50 呈半透明特性；着色力一般，纯色使用色泽鲜艳，尤其是绿松石蓝品种，介于蓝色与绿色之单一中间色，色彩纯度远高于其他拼色效果；颜料绿 50 的结构和晶型稳定性极高，因而其各类应用性能极其优异：耐光、耐候均为最高等级，其热稳定性＞800℃，无迁移，无翘曲，耐各类化学品稳定性高。同样成为浅色制品、户外制品和超高温工艺的首选绿色颜料品种之一。原巴斯夫公司 Sicopal 颜料绿 50（牌号 Sicopal 绿松石蓝 K8215FK，Sicopal 绿 K9610、9710）在塑料中的性能见表 3-35。

表 3-35 Sicopal 颜料绿 50 在塑料中的性能

牌号		颜料	钛白粉	耐热性/℃	耐光性/级	耐候性(3000h)/级	耐迁移性/级	翘曲变形
Sicopal 绿松石蓝 K8215FK	本色	1%		300	8	5	5	无
	冲淡	1∶4		300	8	5	5	无
Sicopal 绿 K9610	本色	1%		300	8	5	5	无
	冲淡	1∶4		300	8	5		无
Sicopal 绿 K9710	本色	1%		300	8	5	5	无
	冲淡	1∶4		300	8	5		无

④ C. I. 颜料绿 26　化学组成（Co，Cr）O；C. I. 结构号 77344；CAS 登记号 68187-49-5。晶型：尖晶石型。

颜料绿 26 也称钴铬绿，略显蓝色相的鲜艳绿色，半透明，着色力一般。热稳定性＞1000℃，不迁移，无翘曲，耐光 8 级，耐候 5 级，宜浅色，宜户外应用，抗高温加工。南京培蒙特颜料绿 26（牌号 GT700、GT701）在塑料中的性能见表 3-36。

表 3-36 南京培蒙特颜料绿 26 在塑料中的性能

牌号		耐热性/℃	耐光性/级	耐候性(3000h)/级	耐迁移性/级
GT700	本色	300	8	5	5
	冲淡	300	8	5	

续表

牌号		耐热性/℃	耐光性/级	耐候性(3000h)/级	耐迁移性/级
GT701	本色	300	8	5	5
	冲淡	300	8	5	

（6）黑色高性能（CICP/MMO）无机颜料

① 颜料黑 30　化学组成（Ni,Fe)(Cr,Fe)$_2$O$_4$；C. I. 结构号 77504；CAS 登记号 71631-15-7。晶型：尖晶石型。

颜料黑 30 俗称镍铁铬黑。色泽为稍带蓝相的黑色。热稳定性＞800℃，耐光、耐候性高，不迁移，无翘曲。薛特颜料公司颜料黑 30（牌号黑 376A）在塑料中的性能见表 3-37。

表 3-37　薛特颜料公司的颜料黑 30 在塑料中的性能

牌号		颜料	钛白粉	耐热性/℃	耐光性/级	耐候性(3000h)/级	耐迁移性/级	翘曲变形
黑 376A	本色	1%		300	8	5	5	无
	冲淡	1∶4		300			5	无

② C. I. 颜料棕 29　化学组成（Fe,Cr)$_2$O$_3$；C. I. 结构号 77500；CAS 登记号 109414-04-2。晶型：尖晶石型。

颜料棕 29 系列产品中的黑色制品，俗称铁铬黑。该类产品呈半透明黑色。源于其稳定的化学组成和晶体结构，它的应用特性也十分优异：热稳定性＞800℃，具有最高等级的耐光、耐候性能，不迁移，无翘曲；此外，由定制工艺生产的铁铬黑产品能够调节其表面对近红外的反射强弱，作为具有较强近红外反射特征的代表性黑色颜料品种（如：原巴斯夫的 Sicopal 黑 K0095），在降温节能，抗红外侦测等特殊应用领域广受青睐。原巴斯夫的颜料棕 29（牌号 Sicopal 黑 K0095）黑色制品在塑料中的性能见表 3-38。

表 3-38　Sicopal 黑 K0095 在塑料中的性能

牌号		颜料	钛白粉	耐热性/℃	耐光性/级	耐候性(3000h)/级	耐迁移性/级	翘曲变形
Sicopal 黑 K0095	本色	1%		300	8	5	5	无
	冲淡	1∶4		300	8	5	5	无

注：颜料棕 29（Sicopal 黑 K0095）与前面提及的 Sicopal 棕 K2795 是同一结构号，不同色泽，不同用途。

在铁铬黑系列中，部分生产商在提供的正式公开的技术资料中将其部分铁铬黑产品标注为颜料绿 17，例如：薛特（Shepherd）颜料公司的铁铬黑产品黑 10P922 和黑 40P925 即循此例，其所拥有的性能也与颜料棕黑色制品相似。

③ 颜料黑 26　化学组成（FeMn),(FeMn)$_2$O$_4$；C. I. 结构号 77494；CAS 登记号 68186-94-7。晶型：尖晶石型。

颜料黑 26 业内也称锰铁黑，是具有较高黑度的黑色颜料，也可获得微带红相之产品，在同类别高性能黑色无机颜料中，其着色强度较高。化学结构和晶型稳定，各种牢度性能优良：热稳定性<800℃，耐光、耐候性能高，不迁移，不翘曲，适用性广。表 3-39 为江西定锐新材料有限公司的颜料黑 26（牌号 Colorfer Black B-260）在塑料中的性能。

表 3-39　江西定锐新材料有限公司的颜料黑 26 在塑料中的性能

牌号		颜料	钛白粉	耐热性/℃	耐光性/级	耐候性(3000h)/级	耐迁移性/级	翘曲变形
Colorfer Black B-260	本色	1%		300	8	5	5	无
	冲淡	1∶4		300	8	5	5	无

④ 颜料黑 27　化学组成 $(Co,Fe)(Fe,Cr)_2O_4$；C. I. 结构号 77502；CAS 登记号 68186-97-0。晶型：尖晶石型。

颜料黑 27，钴铁铬黑，也被称为钴黑，色相略偏蓝的黑色颜料，着色力不甚高；用于透明基材着色时，对近红外光谱（NIR）有一定透射性；热稳定性>800℃，耐光 8 级，耐候 5 级，不迁移，不翘曲。原巴斯夫的颜料黑 27 在塑料中的性能见表 3-40。

表 3-40　颜料黑 27 在塑料中的性能

牌号		颜料	钛白粉	耐热性/℃	耐光性/级	耐候性(3000h)/级	耐迁移性/级	翘曲变形
Sicopal 黑 K0090	本色	1%		300	8	5	5	无
	冲淡	1∶4		300	8	5	5	无

⑤ 颜料黑 28　化学组成 $CuCr_2O_4$；C. I. 结构号 77428；CAS 登记号 68186-91-4。晶型：尖晶石型。

颜料黑 28 俗称铜铬黑。具有较强遮盖性能的黑色，黑度较高；着色力不强。该类颜料化学结构和晶型稳定，所表现的应用性能也可圈可点：耐光、耐候性能优异，热稳定性>800℃，不迁移，无翘曲，耐化学品性能稳定。表 3-41 为江西定锐新材料有限公司的颜料黑 28（牌号 Colordur Black 9028A）在塑料中的性能。

表 3-41　江西定锐新材料有限公司的颜料黑 28 在塑料中的性能

牌号		颜料	钛白粉	耐热性/℃	耐光性/级	耐候性(3000h)/级	耐迁移性/级	翘曲变形
Colordur Black 9028A	本色	1%		300	8	5	5	无
	冲淡	1∶4		300	8	5	5	无

⑥ 颜料黑 29　化学组成 $(Fe,Co)Fe_2O_4$；C. I. 结构号 77498；CAS 登记号 68187-50-8。晶型：尖晶石型。

颜料黑 29 俗称铁钴黑，性能良好。目前该品种生产商不多。

⑦ 颜料棕 35　化学组成 $Fe(Fe,Cr)_2O_4$；C. I. 结构号 77501；CAS 登记号 68187-09-7。晶型：尖晶石型。

颜料棕 35 业内也称其为铁铬黑，其色泽为棕黑色至黑色。耐光、耐候性能优异，热稳定性<800℃，不迁移，不翘曲。

⑧ 颜料黑 22　化学组成 $CuO \cdot Cr_2O_3 \cdot Fe_2O_3$；C. I. 结构号 77429；CAS 登记号 55353-02-1。晶型：尖晶石型。

颜料黑 22 俗称铜铁铬黑，具有明显偏红相黑的色彩特征，应用性能良好。作为颜料黑 28 的低成本版产品，其黑度明显低于前者。

3.5.2.3　群青类无机颜料

天然群青由青金石粉碎研磨成粉状而得，英文名为“Ultramarine”。商业上，化学合成群青颜料有三种不同颜色的制品，即红相蓝色、紫色和桃红色。

最为常见和大宗应用的是群青蓝色，其结构与沸石相似，属硫代硅铝酸钠的复合产物，具有开放式 SiO_4 四面体的骨架结构，四面体共用顶角，顶角上的硅原子可任意地被铝原子取代，铝的配位数为 4，阳离子数目也随之变化，以保持整个晶格的电荷呈中性，并由此而产生颜色的变化。

基于群青类产品属于含硫的硅酸铝复合物，由于硫元素的活泼性，群青极易与酸发生分解反应而释放出硫化氢，故群青类颜料耐酸性较低。除此以外的其他化学稳定性，群青的表现还是可圈可点的。

群青类产品对环境的影响（安全性）：群青系无机颜料不被认为是有毒的。大鼠经口 LD_{50} 值>5000mg/kg。

物理危险：群青不可混合储存或放置在有酸污染风险的地方，因为它们会发生作用产生硫化氢。群青不能燃烧，但如果卷入火灾则会产生刺激性气体二氧化硫。

产品市场：国外主要生产商是英国好立得（Hollday），西班牙纽碧莱（NUBIOLA）；国内主要生产商是天蓝颜料（山东）有限公司。

（1）群青蓝（C. I. 颜料蓝 29）

化学组成 $Na_6Al_6Si_6O_{24}S_4$；C. I. 结构号 77007；CAS 登记号 57455-37-5。

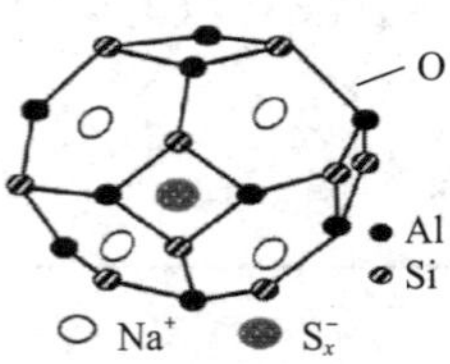

图 3-9　群青蓝结构示意图

群青蓝的独特蓝色来自在钠铝晶格中捕获并稳定多硫化物的自由基而形成的钠盐，群青蓝结构实际上是一个具有截留钠离子和离子化硫基团的三维空间铝硅酸盐晶格（见图 3-9）。其制作工艺是在 800℃左右煅烧而成，因而它具有很高的热稳定性，最高可耐约 400℃的高温。单用群青蓝着色时色彩艳丽，无论是色彩亮度和饱和度都十分高，这是其他任何蓝色颜料都不能企及的鲜艳度，然而，当与其他任何颜色相拼，最终的色彩鲜艳度就会有所折损。

色彩特性：具有非常足红相色光的鲜亮蓝色；依据组分细微的变化，其红相程度也随之有所变化。群青蓝的透明度较高，着色力在无机颜料中相对较高。

应用特性：群青蓝的热稳定性约 400℃，耐光性 7～8 级，迁移性可达 5 级；化学稳定性较高，能耐碱，耐其他多种化学品，不耐酸。纽碧莱（NUBIOLA）公司颜料蓝 29 牌号与性能（通用级群青蓝）见表 3-42；耐酸群青蓝牌号与性能见表 3-43，应用范围见表 3-44。

表 3-42 西班牙纽碧莱（NUBIOLA）公司的通用级群青蓝牌号和性能

牌号	密度 /(g/cm³)	吸油量 /(g/100g)	耐光性 /级	耐热性 (5min)/℃	游离硫含量/%	筛余物 /%	耐酸碱性	
							耐酸/级	耐碱/级
EP-19	2.35	38	8	350	<0.02	<0.05	1	2～3
EP-25	2.35	28	8	350	<0.02	<0.05	1	2～3
GP-58	2.35	39	8	350	<0.02	<0.05	1	2～3
CP-84	2.35	39	8	350	<0.02	<0.05	1	2～3

表 3-43 西班牙纽碧莱（NUBIOLA）公司的耐酸群青蓝牌号和性能

牌号	密度 /(g/cm³)	吸油量 /(g/100g)	耐光性 /级	耐热性 (5min)/℃	游离硫含量/%	筛余物 /%	耐酸碱性	
							耐酸/级	耐碱/级
RA-40	2.35	46	8	350	<0.03	<0.04	$\Delta L<0.5$	4
Nubiperf	2.35	33	8	350	<0.01	<0.02	$\Delta L<0.5$	4

表 3-44 西班牙纽碧莱（NUBIOLA）公司的耐酸群青蓝应用范围

对象	程度	对象	程度	对象	程度
PVC	●	PC	○	PA6	×
PP	●	PMMA	○	PET	○
PE	●	ABS	○	PP 纺丝	●
PS	○	POM	×	PET 纺丝	●

注：●表示推荐使用；○表示有条件地使用；×表示不推荐使用。

(2) 群青紫(C. I. 颜料紫 15)

化学组成 $Na_5Al_4Si_6O_{23}S_4$；C. I. 结构号 77007；CAS 登记号 12769-96-9。

群青紫衍生于群青蓝，通过改变各组分的比例而获得红紫色和桃红色等不同色调的产品，它们都具有与群青蓝相似的结构和晶体，虽然其组成略有差异，但是，它们的索引号都归于颜料紫 15。因组成和结构的微小差异，相比于群青蓝，群青紫在部分应用性能上逊色于前者。紫色和桃红色的衍生物具有较弱、不太饱和的颜色。随化学组成变化发生红到蓝色调的变化。

主要性能：色泽为红紫色至桃红色（粉色），普遍着色力较弱；群青紫的热稳定性能均远低于群青蓝，紫色产品一般耐温在 280℃左右，而粉色制剂则仅为 220℃上下；耐光性均为 7～8 级，耐碱性及耐其他化学品性能较高，但不耐酸。西班牙纽碧莱（NUBIOLA）公司颜料紫 15 性能见表 3-45，应用范围见表 3-46。

表 3-45 西班牙纽碧莱（NUBIOLA）公司的颜料紫 15 牌号和性能

牌号	密度 /(g/cm³)	吸油量 /(g/100g)	耐光性 /级	耐热性(5min) /℃	游离硫含量/%	筛余物 /%	耐酸碱性	
							耐酸/级	耐碱/级
V-5	2.35	34	8	300	<0.06	<0.06	1	3～4
V-8	2.35	34	8	300	<0.06	<0.06	1	3～4
V-10	2.35	34	8	300	<0.06	<0.06	1	3～4

表 3-46　西班牙纽碧莱（NUBIOLA）公司的颜料紫 15 应用范围

对象	程度	对象	程度	对象	程度
PVC	●	PS	●	PA6	●
PUR	●	SB	●	PET/PBT	●
PE	●	ABS/ASA	●	SAN/PMMA	●
PP	●	PC	●		

注：●表示推荐使用。

3.5.2.4　金属盐类无机颜料

所谓盐类物质，是指金属离子或铵根离子与酸根离子结合而形成的化合物。就颜料产品中的一种类别而言，它们与我们日常所认知的盐类有较大的差别，具体表现为结构稳定，不溶于水，不水解，不电离，总之，它们是色彩鲜艳、性能良好、应用广泛的彩色无机颜料家族中的成员之一。

(1) 铬酸盐/钼酸盐（铅盐）类无机颜料

铬酸铅/钼酸铅颜料在无机颜料发展的历史中是一个不可忽视的存在，它所曾经达到的辉煌是除氧化铁颜料之外的另一个高峰。它们主要涵盖的色谱范围为黄色与红色，自面世就以鲜艳纯正的色泽、良好的着色能力和遮盖力以及普遍可接受的价格为使用者所推崇。其中，黄色颜料主要成分为铬酸铅或铬酸铅与硫酸铅的混合体，化学通式为 $Pb(Cr,S)O_4$，俗称铬黄；而红色颜料则是铬酸铅、硫酸铅和钼酸铅的混合物，其通式为 $Pb(Cr,S,Mo)O_4$，业内统称为铬红或钼铬红。

铬酸铅/钼酸铅颜料面世后备受青睐的主要原因在于它们极其良好的色彩性能，然而，很快其不足之处也随之显现，耐受性能不足，尤其是不耐高温，日光曝晒后易变黑等；储存稳定性差，稍长时间储存后色泽明显变化。为此，业界进行了一系列的研究，1931 年德国人首先阐明了铅铬黄特别是柠檬铬黄在储存过程中色泽变深是由于铬黄从不稳定的斜方晶型转变为稳定的单斜晶型所致；另外，各国的科技工作者对铬黄的耐光性问题作了长时间深入的研究，涉及晶型、颗粒度等诸多内容。

针对铬酸铅/钼酸铅颜料的耐热性和耐光性差等缺点，国外自 1994 年开始以氢氧化铝、钛的氧化物对铬黄进行表面处理，就是在这类颜料颗粒表面包覆一层特殊的保护层，它的特征是厚薄均匀，结构连续而致密。因此可以认为这样的表面处理不只是简单的物理包覆，也有一种化学结合的意味，从而使铬酸铅/钼酸铅颜料产品的耐热性、耐候性和耐硫化性能等得以提高，特别是硅包覆层致密程度不同，可得到性能各异的差异化颜料制品。

铬酸铅/钼酸铅黄红颜料中含有铅和六价铬。这两种元素都有慢性致病、致畸变的危害。其中铬酸铅是低溶解度的铅化合物。在盐酸以及胃酸液中可发现被溶解的铅，这会导致有机体内铅的累积，摄入高含量铅之后会扰乱血红蛋白的合成；同时，体内摄入过量的铅也会对生殖系统产生毒害（胚胎致畸）。因此欧盟已把所有铅化合物的危害等级分类为 1 级，铅化合物或配制品中含有 0.5% 铅必须标示骷髅头和交叉股骨图案并标明“对胎儿有害”等警示语。

铬酸铅/钼酸铅颜料被严禁用于儿童玩具、各种穿戴用品，不能用于与食品接触的物品。欧盟《化学品注册、评估和许可制度》已明确将此类颜料定为致癌、致诱变、致生殖毒性物质。

近二十年来，涉及铬酸铅/钼酸铅颜料的国内或国外的法规法令数不胜数，如美国联邦法规（CFR）涉及食品接触性材料的标准、美国消费品安全改进法案、欧盟《电子电气设备中限制使用某些有害物质指令》（RoHS）、欧盟 EN71-3 玩具标准限制元素限量指令、欧盟新玩具安全指令化学要求更新（EN 2009-48）、欧盟生态纺织品法规及技术标准，还有针对食品接触的物品有欧盟标准 AP（89）-1 和中国 GB 9685 等。单就铬含量的限定，明确表明每 kg 塑料包装材料中不得超过 1000mg，对于铅元素的控制标准则更为严苛。

铬酸铅/钼酸铅颜料中的铬酸盐虽然不可燃，但由于它们的氧化性质，能使可燃物质的燃点降低。当运用此类颜料和有机物混合时，特别是与铁蓝及单偶氮颜料相混合，则会有着火的可能性，必须严加关注，以防着火而对环境造成影响。

近年来，“铅替代”浪潮未曾停息过，在颜料应用领域所针对的主要目标就是铬酸铅/钼酸铅类颜料，随着时间的推移，这一运动所波及的广度和深度都逐日加剧，能够替代的颜料种类和配方构成日益完善，原有的铬酸铅/钼酸铅颜料的用途和用量都不断被蚕食殆尽。综上所述，由于铬酸铅/钼酸铅颜料产品本身的毒理性因素和众多法令法规的限制，此类颜料的发展受到极大的制约，无论是产量还是使用量，都呈现难以抑制的萎缩趋势。一个具有代表性的例证就是：原先在这类产品市场居领先地位的供应商纷纷于 2010—2020 年间宣布终止铬酸铅/钼酸铅颜料的生产并永久停止市场销售。

国内现存的铬酸铅/钼酸铅颜料主要生产商有：双乐颜料股份有限公司，河南新乡海伦颜料有限公司，重庆江南化工有限责任公司。

① 铬酸铅黄色颜料（C. I. 颜料黄 34，俗称铅铬黄或铬黄） 化学组成 $3.2PbCrO_4 \cdot PbSO_4$；C. I. 结构号 77600；CAS 登记号 1344-37-2。

铅铬黄的合成研究始于对西伯利亚所发现的铬酸铅矿石的分析和研究。1809 年法国化学家首先合成了铬酸铅，1818 年德国开始了铅铬黄的工业化生产。

铬酸铅黄颜料的化学成分是 $PbCrO_4$、$PbSO_4$ 及 $PbCrO_4 \cdot PbO$。这类颜料所涵盖的色谱起自柠檬黄色（绿相黄）终于橘黄色（红相黄），自成一段完整的连续色谱，如果仅以色泽来区分品种，就有可能产生上万个品种。为了规范生产和应用，通常生产厂商会按五个标准色定位产品，即柠檬铬黄、浅铬黄、中铬黄、深铬黄、橘铬黄。

铬酸铅黄颜料是铅的化合物，通常含铅量为 53%～64%，含铬量为 10%～16%。

主要性能：俗称铅铬黄或铬黄，色彩饱和度高，遮盖力强；产品的应用性能表现（耐温、耐光、耐硫/或其他酸性气体稳定性等）与产品经表面处理与否、以及表面处理程度和工艺高度关联。

② 铬酸铅/钼酸铅红色颜料（颜料红 104，俗称钼铬红） 化学组成 $xPbCrO_4 \cdot yPbMoO_4 \cdot zPbSO_4$；C. I. 结构号 77605；CAS 登记号 12656-85-8。

1863 年舒尔茨首次发现铬酸铅与钼酸铅的共生矿石呈现出一种色调特别鲜艳的橘红色，随后即以铬酸铅和钼酸铅按不同比例混合进行高温熔融实验，并由此发明了一种很有价值的无机红色颜料，于 1933 年获得专利。1934～1935 年，这种红色颜料开始在美国市场出现，并很快在涂料、塑料、油墨上获得应用，它就是我们俗称的钼铬红颜料。该颜料是由钼酸铅、铬酸铅、硫酸铅混合而成的无机颜料，改变三者间的比例，可获得由橘红色至红色间不同色相的颜料制品。

主要性能：呈鲜艳明亮的黄光红至大红色调，色彩饱和度高，遮盖力强。综合应用性能（耐温，耐光，耐硫/或其他酸性气体稳定性等）依据产品表面处理工艺和处理程度表现各异。

（2）钒酸铋黄无机颜料（C. I. 颜料黄 184）

化学组成 $BiVO_4$ 或 $4BiVO_4 \cdot 3Bi_2MoO_6$；C. I. 结构号 771740；CAS 登记号 14059-33-7 或 14059-33-7/13565-96-3。

在钒酸铋黄面世之前的相当长时期，一直是铬酸铅黄占据绝对的市场地位，然而，铬酸铅自身在毒理性和环保方面有无法逾越的缺陷，加之全球范围内各种法令法规的不断完善和严格实施，使得铬酸铅颜料在越来越多的应用领域被拒之门外。但是，包括氧化铁黄在内的其他无机黄色颜料无论在颜色色相还是色彩饱和度等方面，与铬酸铅黄相距甚远，根本无法替代。因此，市场急需一种色泽鲜艳、性能良好、不含铅、无毒的黄色无机颜料新品种来满足需求。钒酸铋黄也正是在此背景下被研制开发出来的。

钒酸铋有四种晶型，其中的两种晶型具有作为颜料的使用价值，即白钨矿型的四方晶体和单斜晶体，所以说，钒酸铋黄是一种两相晶型的颜料，呈鲜亮的柠檬黄色泽；此外，作为不同的产品剂型，也有以钒酸铋和钼酸铋的混合体形式的黄色颜料制品，其中的钼酸铋为正方体针状结晶，色泽为非常绿相的黄色，含钼元素越多色相越偏绿。无论是单一钒酸铋还是钒酸铋/钼酸铋混合体都注册为颜料黄 184。

颜料黄 184 必须经过严密的表面处理后才能运用于塑料着色，因为，未经处理的颜料在一些性能上不能达到基本的工艺要求，尤其是耐热性。通常采用硅元素或其他无机金属化合物（硼，铝，锌的氧化物等）进行表面处理。通常，这些表面处理层质地较脆，经不起高强度的冲击和剪切，所以在使用颜料黄 184 时应避免过度冲撞和剪切工序，如高速搅拌混合和使用玻纤体系等。

产品对环境的影响（安全性）：钒酸铋颜料对动物经口或吸入试验结果表明没有急性毒性，$LD_{50}>5000mg/kg$，对皮肤和眼睛刺激性研究证明此类颜料属阴性。对动物试验结果有吸入毒性，可能是含有钒酸盐的缘故；对大鼠吸入三个月的研究观察到肺增重和肺组织发生变化，只有当极高浓度时才转变为不可恢复性；毒性作用只有当肺中钒酸盐浓度超量时才能观察到，如果达到工业卫生标准就不会这样。为了进一步降低风险，钒铋颜料应以某些高流动性细颗粒、无粉尘型产品出现，颗粒的大小不在可吸入细尘范围之内为佳。

国外主要生产商：巴斯夫（BASF），辉柏赫（Heubach）等。

国内主要生产商：双乐颜料股份有限公司。

主要性能：颜料黄 184 色泽为非常绿相黄色至明黄色。色彩鲜艳，饱和度高，具有较高的着色力和遮盖力。

应用性能：耐迁移性 5 级，耐候性能优良，耐热性能依据表面处理工艺和程度可达 270～300℃不等；能耐许多不同的溶剂，耐酸性能达 4～5 级（10% H_2SO_4 或 2% HCl 溶液），耐碱性可达 5 级（10% NaOH 溶液）。德国巴斯夫公司 Sicopal 颜料黄 184（牌号 Sicopal 黄 K1120FG、1160FG）在塑料中的性能见表 3-47，应用范围见表 3-48。

表 3-47　巴斯夫公司 Sicopal 颜料黄 184 在塑料中的性能

牌号		颜料	钛白粉	耐热性/℃	耐光性/级	耐候性(3000h)/级	耐迁移性/级	翘曲变形
Sicopal 黄 K1120FG	本色	1%		270	8	5	5	无
	冲淡	1∶4		270	8	5		无
Sicopal 黄 K1160FG	本色	1%		300	8	5	5	无
	冲淡	1∶4		300	8	5		无

表 3-48　巴斯夫公司 Sicopal 颜料黄 184 应用范围

对象	程度	对象	程度	对象	程度
PVC	●	ABS/ASA	○		
PUR	○	PC	●	PP 纤维	●
PE	●	PA6	●	PA 纤维	○
PP	●	PET/PBT	●	PET 纤维	●
PS	●	SAN/PMMA	●	PAN 纤维	●
SB	●				

注：●表示推荐使用；○表示有条件地使用。

(3)其他盐类无机颜料

① 磷酸钴紫（颜料紫 14）　C. I 结构号 77360；CAS 登记号 10101-56-1/13455-36-2。

磷酸钴以三种不同形式的形态存在，八水磷酸钴 [$Co_3(PO_4)_2 \cdot 8H_2O$]，为粉色晶体；四水磷酸钴 [$Co_3(PO_4)_2 \cdot 4H_2O$]，呈深紫色晶体；磷酸钴 [$Co_3(PO_4)_2$]，为紫色晶体粉末。作为颜料，此三种皆注册为颜料紫 14。作为塑料着色应用，应以无结晶水磷酸钴为宜。

主要性能：俗称钴紫，较高色饱和度，中度色深紫色颜料，半透明；热稳定性约 450℃，不迁移，耐光、耐候性高，耐溶剂和其他化学品性能良好。

② 焦磷酸氨锰（C. I. 颜料紫 16）　化学组成 $MnNH_4P_2O_7$；C. I. 结构号 77742；CAS 登记号 10101-66-3。

主要性能：俗称锰紫，安全无害；因结构中含有铵根，故耐碱性较弱，耐酸性/耐溶剂性能均好。锰紫呈现独特的红色调紫色，色彩鲜明，半透明，着色力不高。锰紫耐热性良好，耐光性约为 7 级，不迁移。美国薛特（Shepherd）颜料公司颜料紫 16（牌号 Violet 11T）在塑料中的性能见表 3-49，应用范围见表 3-50。

表 3-49　美国薛特颜料公司颜料紫 16 在塑料中的性能

牌号		颜料	钛白粉	耐热性(5min)/℃	耐光性/级	耐候性(3000h)/级	耐迁移性/级	翘曲变形
Violet 11T	本色	1%		275	7	5	5	无
	冲淡	1∶1		275	7	5	5	无

表 3-50　美国薛特颜料公司颜料紫 16 应用范围

对象	程度	对象	程度	对象	程度
PVC	●	PS	●	PA6	●
PUR	●	SB	●	PET/PBT	●
PE	●	ABS/ASA	●	SAN/PMMA	●
PP	●	PC	●		

注：●表示推荐使用；○表示有条件地使用。

3.5.2.5　金属硫化物类无机颜料

金属硫化物是指以金属元素和硫元素结合而成的二元化合物，一般而言，金属硫化物与生俱来的特点是它们几乎都带有各自特有的色彩。但是，它们未必都能作为颜料，一个明显的特征就是溶解性能，不溶是能作为颜料应用极其重要的一个条件。大多数金属硫化物都可看作氢硫酸的盐，由于氢硫酸是二元弱酸，水解的结果呈一定的碱性。因此，金属硫化物的另一个特点是：不同的金属元素硫化物在不同浓度或不同种类酸条件下都会体现出各自的溶解特性（见表 3-51），这也就是为什么作为颜料应用的硫化物在使用之前有必要先判断其适用性。

表 3-51　不同金属硫化物在酸中的溶解特性

硫化物	K_{spa}①	HAc	稀 HCl	浓 HCl	HNO_3	王水
硫化锰（MnS）	较大	溶				
硫化锌（ZnS），硫化亚铁（FeS）	$>10^{-2}$	不溶	溶			
硫化镉（CdS），硫化铅（PbS）	$\sim10^{-7}$	不溶	不溶	溶		
硫化铜（CuS），硫化银（Ag_2S）	较小	不溶	不溶	不溶	溶	
硫化汞（HgS）	非常小	不溶	不溶	不溶	不溶	溶

① 酸中的溶度积。

在硫化物大家族中，作为颜料被运用的，除硫化锌（白色）外，还有镉系列硫化物和稀土类金属硫化物。

（1）硫化镉系列无机颜料

硫化镉系列颜料的色谱范围较宽，从绿相的亮黄色直到绛红色。单纯硫化镉主要呈现黄色，其微小的色相变化源于生产工艺和结晶形态；更大的变色是由于另外加入的其他元素硫化物成分或硒化镉等，表 3-52 给出了硫化镉颜料的品种、组成及颜色范围。

表 3-52　硫化镉颜料的品种、组成及颜色范围

索引号	结构号	组成	颜色范围
颜料黄 37	C. I. 77199	CdS	亮黄色—红相黄色
颜料黄 37:1	C. I. 77199:1	$CdS\cdot xBaSO_4$	亮黄色
颜料黄 35	C. I. 77205	$CdS\cdot xZnS$	绿相黄色—橙黄色

续表

索引号	结构号	组成	颜色范围
颜料橙 20	C. I. 77202	CdS · xCdSe	黄相橙色—红相橙色
颜料红 108	C. I. 77202+C. I. 77196	CdS · xCdSe/CdSe	黄相红色—绛红色

硫化镉系列颜料色泽鲜艳、着色力强、不迁移、耐高温，适用于绝大多数工程塑料的着色。但因其含有重金属镉的缘故，越来越多的国家已经明确限制其在众多领域中的使用。目前，仅一些非常特殊要求的领域因其异于常规的特性（如耐温等）还有少量应用。

因存在水解的可能性，硫化镉系列颜料应注意避免应用在吸水性能较高的树脂体系中，因为介质吸水渗透至颜料并与之直接接触后会降低颜料的耐候性。此外，以钛白粉冲淡也会明显降低颜料的耐光性能。

产品对环境影响（安全性）：镉颜料是一种具有低溶解度的化合物，会导致少量镉溶于稀酸（其浓度相当于人体内的胃酸浓度）。长期经口摄食镉颜料将导致镉元素在人体内累积，特别是在肾脏内。虽然硫化镉颜料的毒性要比其他镉化合物低得多（数量级的差别）。但是，欧洲议会仍然把硫化镉列为 3 类致癌物质。

近年来国内外颁布一系列法规法令明确规定每 kg 塑料包装材料中镉含量不得超过 100mg/kg。因此，硫化镉系列颜料的使用在中国同样受到极大的限制，使用量已大大减少。

国外主要生产商：傲色莱（OXERRA），洛克伍德（ROCKWOOD）。

国内主要生产商：湖南巨发科技有限公司等。

① 镉黄（C. I. 颜料黄 35） 化学组成 CdS · xZnS；C. I. 结构号 77205；CAS 登记号 8048-07-05。

黄色硫化镉颜料颜色鲜艳而饱和，在化学组成上基本为硫化镉与硫化锌的固溶体（颜料黄 35），也包括一些其他元素的组合体。应用市场中比较具有代表性的品种是颜料黄 35（俗称镉黄），它的色相变化取决于其中硫化锌的含量（见表 3-53）。

表 3-53 颜料黄 35 的色相变化 单位：%

项目		CdS 含量	ZnS 含量
颜料黄 35	樱草黄	79.5	20.5
	柠檬黄	90.9	9.1
	正黄	93.4	6.6
	深金黄	98.1	1.9
	橙黄	45	($CdCO_3$ 55%)

纯粹硫化镉的常温稳定形态有两种：一种是 β-CdS，属立方晶型；另一种是 α-CdS，属六方晶型。前者称为低温稳定型，热稳定性≤500℃；后者称为高温稳定型，其熔点 1405℃，热稳定性≥600℃。在常温至 500℃范围内，两种晶型的硫化镉可以稳定共存。立方晶的单个晶粒粒径小于或等于 100nm，而六方晶的单晶粒径为 100～280nm。

硫化镉相对密度为 4.5～5.9，浅黄的密度较深黄小，β-CdS 型比 α-CdS 型亲油性强。

主要性能：其色谱范围可从淡黄，正黄直至红光黄。镉黄的着色力较强，色泽鲜艳，色饱和度高，半透明。镉黄的耐光性优良，户外耐候性能不如镉红。傲色莱和美国 ROCKWOOD 公司镉黄牌号和性能见表 3-54，应用范围见表 3-55。

表 3-54　傲色莱和美国 ROCKWOOD 公司的镉黄牌号和性能

牌号	色泽	耐光性/级	耐热性(5min)/℃	耐酸性	耐碱性
黄 P7201	绿光黄	7	400	好	优异
黄 P3682	黄	7	400	好	优异
黄 P3680	红光黄	7	400	好	优异
黄 P1101	红光黄	7	400	好	优异

表 3-55　傲色莱和美国 ROCKWOOD 公司的镉黄应用范围

对象	程度	对象	程度	对象	程度
LLDPE/LDPE①	●	PS	●	橡胶	●
HDPE	●	PS-HI	●	PA	●
PP	●	ABS	●	PC	●
PVC(软)	○	PMMA	●	UP	●
PVC(硬)	○	CAB			

注：●表示推荐使用；○表示有条件地使用。

①含 CdS 的浅色镉黄用于聚乙烯中，应尽量缩短成型加工时间，以促进聚乙烯塑料分解而呈黑色。

② 镉红（C. I. 颜料橙 20、颜料红 108）　化学组成 CdS · xCdSe；C. I. 结构号 77202；CAS 登记号 12656-57-4。

橙-红色硫化镉颜料，俗称镉红，色彩鲜艳，饱和度高，色谱范围宽泛：自黄光红直至绛红色。镉红的光反射波长随 CdSe 含量的增加而增强，也就是 CdSe 含量越高，红光越强，颜色越深。镉红颜料产品色相演变与其化学组成的关系，见表 3-56。

表 3-56　镉红产品色相演变与其化学组成的关系　　单位：%

项目		CdS 含量	CdSe 含量
镉橙：颜料橙 20	橙红	82	18
镉红：颜料红 108	浅红	69	31
	大红	58	42
	紫红	50	50

镉红颜料的颗粒形态基本为球形，其晶体结构主要为六方晶型，也有立方晶型。

颜料橙 20、颜料红 108 俗称镉橙/镉红/镉朱红。硫化镉红色颜料的着色力较强，色饱和度高，色彩鲜明，遮盖力强，热稳定性均在 600℃左右，全色的耐光性和耐候性优良，加入钛白粉后耐光性会有所下降。硫化镉红颜料不溶于水、有机溶剂、油类和碱性溶剂，但它的一个明显缺点是耐酸性差，微溶于弱酸，溶解于强酸并放出有毒气体硒化氢（H_2Se）和硫化氢（H_2S）。与含铅助剂配用可能反应并产生黑色硫化铅。傲色莱和美国 ROCKWOOD 公司镉橙、镉红的品种和性能见表 3-57，应用范围见表 3-58。

表 3-57 傲色莱和美国 ROCKWOOD 公司镉橙、镉红的品种和性能

品种	色泽	耐光性/级	耐热性(5min)/℃	耐酸性	耐碱性
P5150	黄光橙	7	400	好	优异
P5155	橙	7	400	好	优异
P4701	红光橙	7	400	好	优异
P4702	红光橙	7	400	好	优异
P4703	黄光红	7	400	好	优异
P4704	正红	7	400	好	优异
P4705	大红	7	400	好	优异
P4706	枣红	7	400	好	优异
P4707	绛红	7	400	好	优异
P4708	紫红	7	400	好	优异

表 3-58 傲色莱和美国 ROCKWOOD 公司镉橙、镉红应用范围

对象	程度	对象	程度	对象	程度
LLDPE/LDPE	●	PS	●	橡胶	●
HDPE	●	PS-HI	●	PA	●
PP	●	ABS	●	PC	●
PVC(软)	○	PMMA	●	UP	●
PVC(硬)	○	CAB	●		

注：●表示推荐使用；○表示有条件地使用。

(2)稀土类金属硫化物系列无机颜料

稀土元素是指位于化学元素周期表中的镧系元素，包括镧（La)、铈（Ce)、镨（Pr)、钕（Nd)、钷（Pm)、钐（Sm)、铕（Eu)、钆（Gd)、铽（Tb)、镝（Dy)、钬（Ho)、铒(Er)、铥（Tm)、镱（Yb)、镥（Lu)，以及钪（Sc）和钇（Y)，共 17 种元素。之所以被称为稀土元素是源于这些物质在发现之初既难溶又难熔，不易分离，极难获得，且原矿物料外观视之若土，故而得名。

在 X 射线辐射、电子辐射以及紫外辐射作用下，镧系元素原子中的电子可以从基态跃迁至激发态，而后再从激发态返回较低能态的同时发射出不同波长的可见光——荧光。部分稀土元素不仅能将短于 400nm 波长的 X 射线和紫外辐射转换成 400～700nm 波长的可见光，也能将近红外光转换成可见光，这种把波长变短而增强光能的转换被称作“上转换”。基于上述机理，含有稀土元素的颜料制品不仅能给物质着色，而且能呈现荧光效果。

此外，另有一种被俗称为“夜光”的现象，它的表现形式与荧光的不同之处在于：一旦离开激发光源，荧光现象就会消失；而能够产生“夜光”的被照射物，在离开激发光源后仍能发出具有特定波长且能保持一定时长的可见光。夜光材料能够持续发光的机理是：经激发后的电子跃迁到不稳定的高能级状态后，它们会在此状态下继续保持一段时间，然后才逐渐跃迁回到低能态的基态轨道，并以发光的形式释放出储存的能量。因此，夜光是一种储能发光现象，又因其是在黑暗中的自发发光，故也被称为“磷光”。夜光材料的发光颜色和亮度取决于所含的材料成分和掺入的稀土元素种类，例如掺入镧元素可以发出绿色或蓝绿色的光。

1996年由法国罗地亚（Rdhodia）公司成功开发出的硫化铈橙色-红色系列颜料，成为含镉/铅等不安全无机颜料的替代选项，并广泛应用于许多着色领域。

硫化铈作为稀土硫化物无机颜料的代表性产品已经面世良久，其色谱范围主要涵盖自黄相橙色至绛红色（波尔多酒红色），色相变化的来源既有生产工艺的差别，也有不同处理工艺包括其他稀土元素硫化物（如硫化镧，CAS登记号：12031-49-1）的共同作用。表3-59列出了部分硫化铈颜料的索引号、CAS登记号，组成及颜色等信息。

表3-59　部分硫化铈颜料

颜料索引号		CAS登记号	主要成分	颜色范围
Ⅰ	Ⅱ			
C.I.P.O.75	C.I.77283:1	1204-93-6	Ce_2S_3	橙
C.I.P.O.78	C.I.772850	1204-93-6/12031-49-1	Ce_2S_3/La_2S_3	亮橙
C.I.P.R.265	C.I.77283:2	1204-93-6	Ce_2S_3(改良)	红
C.I.P.R.275	C.I.772830	1204-93-6	Ce_2S_3(改良)	栗红(波尔多红)

硫化铈（Ce_2S_3），属斜方晶系，不溶于水及强碱溶液，遇酸尤其是强酸易溶并释放出硫化氢；其化学稳定性较高，在惰性气体和还原性气氛中的化学稳定性表现优异，热稳定性可达1500℃，在氧化气氛中则为350℃上下。

作为新型绿色环保型红色无机颜料的硫化铈被广泛应用于塑料、涂料、色料等领域，颜料色泽鲜艳、有一定荧光效果、无毒性、遮盖力强、热稳定性好、耐光性高、不迁移、不翘曲，是硫化镉或其他重金属有毒无机颜料的极佳替代品。

纯粹硫化铈的莫氏硬度约为4.5，远低于金红石型钛白粉的硬度（6.0～6.5），也低于玻璃纤维的硬度值。因而，它比较适用于加纤体系的着色应用。当然，部分经特殊表面处理的产品型号，如果其表面处理层的硬度不能抵御玻纤高剪切作用而致性能变异的，则应另当别论。

产品安全性能：硫化铈颜料不含重金属，是替代镉红、钼铬红颜料的新型环保颜料；它也符合欧盟及相关国家卫生标准，并通过RoSH、美国FDA、德国柏林卫生与社会事务部（LFGB）的检测标准要求。

原法国罗地亚（Rdhodia）公司的硫化铈（橙色，红色）颜料牌号（NEOLOR）和性能见表3-60。

表3-60　原法国Rdhodia公司的硫化铈颜料牌号（NEOLOR）和性能

牌号	色泽	耐光性/级	耐热性(5min)/℃	迁移性	翘曲性
Light Orange S	亮橙色	8	320	不迁移	无翘曲
Orange S	橙色	8	320	不迁移	无翘曲
Red S	红色	8	320	不迁移	无翘曲
Burgundy S	绛红色	8	320	不迁移	无翘曲

国内主要生产商：包头市宏博特科技有限责任公司。

3.5.3 效果颜料

一些具有光反射面的鳞片状微颗粒结构的颜料，通过对光线的反射、折射等作用，可实现特殊的效果。通常其片状颗粒的厚度约为1微米，粒径在十几至三百微米范围之间。反射效果颜料一般由基质体和表面处理层构成，其基质体材料又分为金属基、云母基等；表面处理层为无机包覆层，它主要起到对基质体保护和提升应用性能的作用，也常常借以提升和拓展色彩表现力。

基于反射效果颜料特有的颗粒形态以及具体产品规格的多样性，其各自所能体现的色彩与视觉效果也千差万别。但是，其中还是遵循着一定的规律性：一般来说，粒径越小，着色物表面的反射光越柔和，呈现有如丝绸般的视觉效果，遮盖力也越强；粒径越大，则表面反射越强烈，粒径大于200μm，明显可见星点状闪烁的反光点。同样地，粒径大，其遮蔽底色的能力减弱。如果在反射效果颜料上叠加干涉层结构，那么就能在固有的色彩基础上体现复合的颜色效果或“随角异色”的特性。

同样源于反射效果颜料的特殊结构，也会给着色过程和产品品质带来一定的麻烦。因为，要想获得令人满意的色彩效果，必须力求所使用的片状颜料颗粒的反射面排列方向一致。唯有如此才能发挥最佳效果的反射作用，这一点对于涂料和油墨应用来说其难度不那么明显，因为无论涂料还是油墨，在它们涂装或印刷时，选择适宜的涂布工艺，加之有限的膜层厚度，片状颜料的排列很容易地都能平行于被涂装/印刷物的表面。而对于塑料，能够较好体现反射效果的成型工艺和条件少之又少，很重要的一点是，片状颗粒在熔体中的运动受制于熔体流动轨迹并遵循自身运动受阻最小的规律，且大多数成型件都具有相当的厚度，这都造成片状颜料定向性很弱；尤其对于注塑工艺而言，注塑流痕（又称流水线）和熔接痕（也称夹水纹）一直困扰着相关从业者（图3-10～图3-12）。

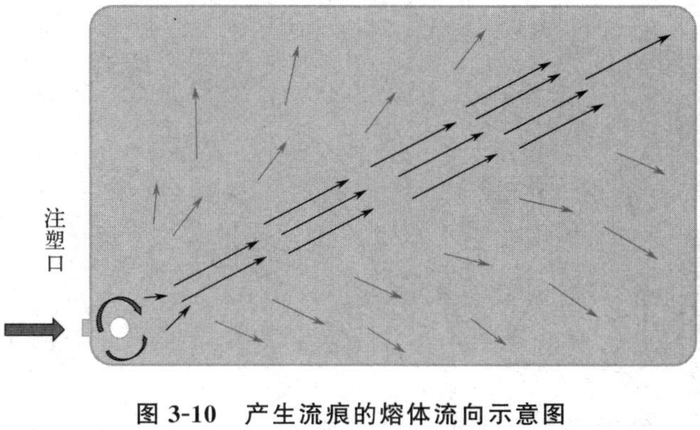

图3-10 产生流痕的熔体流向示意图

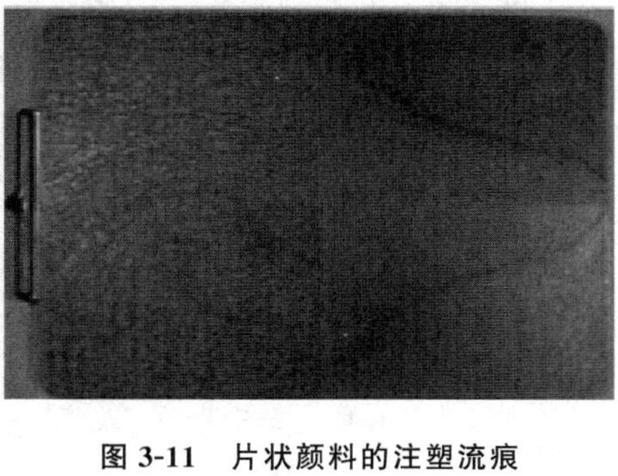

图3-11 片状颜料的注塑流痕

要解决或弱化注塑流痕和熔接痕的问题，首先要选择合理的成型工艺，优化模具设计；其次，对于略显流痕的现象，可以采取提高注射速度和压力，减少颜料用量，选择大颗粒金属颜料及透明性颜料着色等措施以降低流痕印迹。

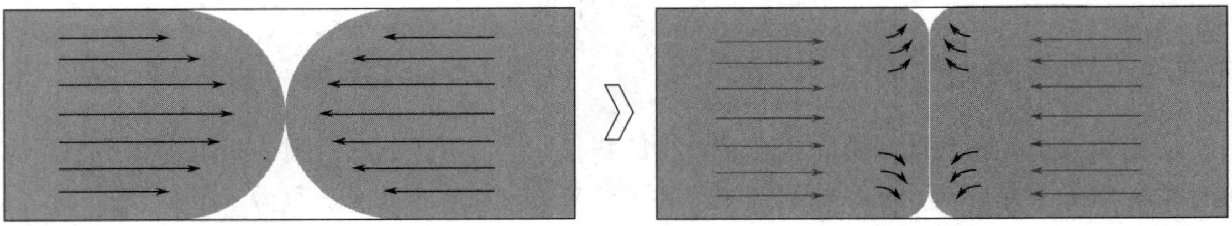

(a) 产生熔接痕的熔体流向示意图

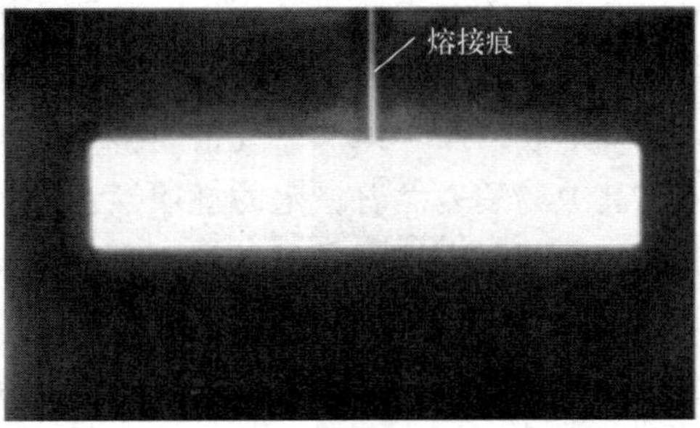

(b) 注塑熔接痕

图 3-12　产生熔接痕的熔体流向示意图与注塑熔接痕

3.5.3.1　金属颜料

伴随着材料科学的不断进步，越来越多的塑料取代金属充当结构性材料，如汽车零部件、家用电器、娱乐设备等。塑料可用于制备各类设计精良、结构复杂的制件。与金属材料相比，塑料达到相同的物性条件时，其自身重量远轻于金属，能有效减轻制件重量，达成减重、降低能耗等目标。为了使塑料制件在视觉上具有金属质感，选择金属颜料着色成为非常直接有效的方法。

金属颜料主要是片状的金属粒子，以粉状、浆状、颗粒状供应，经典的金属颜料是铜金粉和铝粉。

（1）铜金粉（金粉）

铜金粉是包裹着表面处理剂的铜合金鳞片粉末，其主要成分为铜元素和锌元素，控制铜元素的比例可获得不同色光的金色效果：

含铜量在 75%～80%：青光铜金粉，又称为绿金粉。

含铜量在 84%～86%：青红光铜金粉，又称为浅金粉，色泽呈现纯净度较高的金色。

含铜量在 88%左右：红光铜金粉，又称赤金粉，呈红金色。

此外，颗粒细度对色光的细微变化也有着一定的影响，总体来说，颗粒细度较大则色光偏青，细度越细则色光偏红。

铜金粉的一个特点是粒子为鳞片结构，铜锌合金具有良好的延展性，在多次的研压之后形成平展、光洁的微细薄片。这种粒子结构决定了它在应用时必须要有良好的排列定向性，保持铜金粉鳞片间的径向互相连接，形成连续的金属膜，唯有如此，才能确保反射的光线呈现金属（金色）质感的反射特性和良好的遮盖性能。

通常，铜金粉颜料粒子表面均包裹一层表面处理层，可以是致密的二氧化硅层（保护层），也可以采用有机包覆层，或是有机无机复合处理层。致密保护层能有效阻隔氧化作用，也在一定程度上增加颗粒表面张力，增强颗粒与载体树脂的相容性。

铜金粉是由铜锌合金组成的鳞片状色粉，采用铜金粉着色可得到黄金般金属光泽。金粉的着色效果因颗粒细度的不同而有所变化，极细粒径的金属颜料（10～20μm）具有非常高的遮盖力，具有如同绸缎的光泽；粗粒径的金属颜料（50～100μm）得到的是有清晰闪光的亮金色。要使金粉着色产生良好金属效果，其所着色塑料透明性要好，因此尽量避免与钛白粉等配伍使用，其中还包括用二氧化钛涂覆的珠光粉。另外加工时增加压力，优化铜金粉定向排列可提高金属效果。此外，由于聚丙烯碳链上有活泼叔碳原子，金属铜元素对这样的活泼性碳原子具有攻击性会引发断链等效应，从而加速聚丙烯树脂的降解，故铜金粉不宜用于聚丙烯的着色。

铜金粉的安全、贮运性能：铜金粉是危险品，容器须密封。应放置在干燥、通风、有遮盖的场所，与酸、碱及氧化剂隔绝，切实落实避潮，防火措施。铜金粉不溶于水，而溶于无机酸中，是一种强还原剂。与湿空气接触会发热并燃烧，遇火可能会引起爆炸。

德国爱卡公司 Resist 系列的铜金粉和金条（Mastersafe Gold）都经过二氧化硅包覆处理，其在塑料中的性能见表 3-61。铜金粉具有极优异的耐热、耐化学稳定性和户外耐候性。

表 3-61 德国爱卡公司 Resist 系列的铜金粉在塑料中的性能

牌号	金条	粒径/μm			效果
		D10	D50	D90	
Resist 金粉		3	8	15	高遮盖性着色
Rotoflex	Mastersafe Gold 10103		10		高遮盖性着色
Resist 金粉 AT	Mastersafe Gold 17103	6	14	30	金色质感
			17		略有闪烁的黄金感
Resist 金粉 CT	Mastersafe Gold 35103	12	28	50	细闪烁
			35		细闪烁
Resist 金粉 LT	Mastersafe Gold 75103	17	40	73	中度闪烁
			75		中度闪烁

（2）铝粉（铝银粉，银粉）

铝粉由于用途广、需求量大、品种多，已经成为金属颜料中首屈一指的系列品种。与金粉相似，作为颜料的铝粉也是呈鳞片状的粉末，也正是由于这样的粒子状态，铝粉同样具备强烈的金属色泽和遮盖特性。铝粉因具有银白色金属光泽，在业内也被称为铝银粉或银粉。

鳞片状的铝粉粒子具有不规则边角，且各鳞片面上有多个相对独立的面（见图 3-13）。由于铝表面能强烈地反射包括蓝色光在内的整个可见光谱。当光线照射时，每个微观的面都像微小的镜子，光被散射到四面八方，显现“星星点点”的闪光效果。

图 3-13 鳞片状铝粉粒子

铝颜料可产生很亮的蓝-白镜面反射。欲获得令人满意的反射效果，应控制铝粉制品的径厚比

（片径与厚度之比），一般以（40∶1）～（100∶1）为宜。同样地，作为片状反射型颜料的铝粉被均匀分散到载体后的定向性也直接影响其反射效果和遮盖性能的体现。因为铝粉的径厚比对遮盖力有极大的影响，且铝材质的质地相对柔软，延展性高，当铝粉在研磨分散操作时有可能因研磨力被延展而增大径厚比，造成遮盖力也随之升高；抑或因分散剪切力的作用而导致片状铝粉产生径向断裂，缩小了径厚比从而降低了遮盖力。因此，合理选择应用加工工艺尤为重要。

铝粉制品规格众多，性能各异。片径越小，则颗粒比表面积越大，颗粒边缘（棱）占比越大，由此产生的边缘散射强度越大，视觉遮盖力强，反射光柔和，有丝绸般光泽；反之，则边缘散射较弱，平面反射增强，体现金属质感。通常，颗粒平均直径为 5μm，其着色力和遮盖力较好；颗粒平均直径为 20～30μm，可与彩色颜料共同使用；颗粒平均直径达 330μm 时具有强烈闪烁效果。不同粒径铝粉的光散射现象以及铝粉粒径与色光性能的关系分别见图 3-14 和表 3-62。

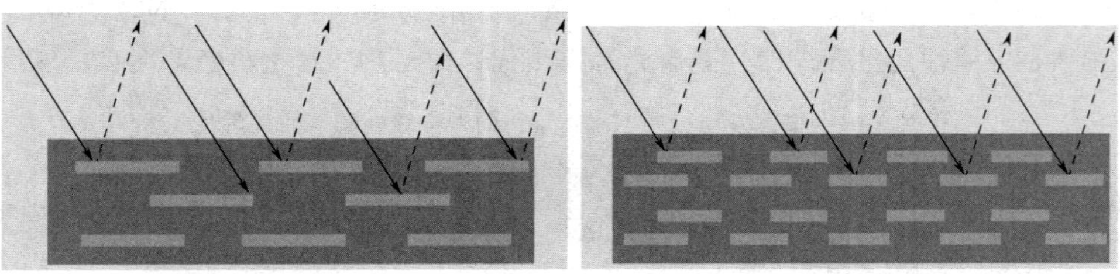

(a) 较粗粒径的铝粉　　(b) 较细粒径的铝粉

图 3-14　不同粒径铝粉的光散射现象

表 3-62　铝粉粒径与色光性能的关系

粒径	细——→粗
亮度	低——→高
光泽	丝绸般光泽——→金属质感光泽
色彩饱和度	小——→大
遮盖力	大——→小

铝粉的熔点为 660℃，但在高温下很细的铝粉对氧气很敏感，会在表面氧化形成一层氧化铝薄膜，这样铝就失去了亮丽光泽，变得粗糙无光，呈灰白色。因此对铝粉表面构建一薄层由高性能 SiO_2 和丙烯酸树脂组成的双层包覆保护膜，可使铝粉具有良好的耐热、耐候、耐酸性。

产品对环境的影响（安全性）：铝粉为白色延性金属。溶于碱、盐酸、硫酸，不溶于水、浓硝酸、热乙酸。是热、电的良导体。具有比原铝更好的导电性、延展性、反射性和抗腐蚀性，粉体与空气可形成爆炸性混合物，当达到一定的浓度时，遇火星会发生爆炸。与氧化剂混合能形成有爆炸性的混合物。与氟、氯等能发生剧烈的化学反应。铝粉无急性毒性。

将铝粉制成不同的深加工制剂既能有效改变金属粉体颜料的储运安全特性，也能提升其应用性能。常见的制剂形式有与溶剂混合的银粉浆制剂、与熔融树脂混合挤出的铝银条制剂等。在安全应用方面，铝银浆制剂应关注溶剂的可燃性和毒性；铝银条制剂应关注相容性等方面问题。

国外主要生产商：德国爱卡（ECKART），美国星铂联（Silberline），德国舒伦克。

国内主要生产商：合肥旭阳铝颜料有限公司。

德国爱卡公司 Resist 系列铝粉都经过二氧化硅包覆处理，在塑料中的性能见表 3-63。

表 3-63 德国爱卡公司 Resist 系列铝粉在塑料中的性能

牌号	铝条	粒径/μm			效果
		D10	D50	D90	
Chromal 铝粉 XV	Mastersafe 05203		5	11	高遮盖性着色
Chromal 铝粉 X	Mastersafe 10203	3	9	22	高遮盖性着色
Chromal 铝粉 IV		3	14	30	金属质感
Chromal 铝粉 I	Mastersafe 20203	5	20	48	略有闪烁的金属感
Reflexal 铝粉 214	Mastersafe 31203	17	31	54	细闪烁
Reflexal 铝粉 212	Mastersafe 49203	27	49	74	细闪烁
Reflexal 铝粉 211	Mastersafe 60203	30	60	95	中度闪烁
Reflexal 铝粉 210	Mastersafe 75203	40	75	110	中度闪烁
	Mastersafe 95203	56	95	130	中高度闪烁
Reflexal 铝粉 145	Mastersafe 145203		145		中高度闪烁
Reflexal 铝粉 245	Mastersafe 245203		245		高度闪烁
Reflexal 铝粉 345	Mastersafe 345203		345		

3.5.3.2 云母基颜料

传统的珠光颜料是以天然云母为基材而制成的具有片状体结构的反射效果颜料。源于矿藏的云母带有天然物质属性，其各处的密度值在一定范围内有所变化，由此带来折射率的微小变化，因而，采用天然云母制成的珠光颜料装饰的涂层或薄膜具有非常明显的珍珠光泽。与金属颜料不同，珠光颜料制品因云母产地、质地、密度、厚度等因素的影响，其制品自身可呈现出比较透明、半透明、不透明等不同的透明性。另外，自身色泽也有不同程度的色相（黄相）差异。

天然云母材质含有微细空隙，易受潮或吸附微生物，是颜料化应用的大敌。通常采用致密性透明金属氧化物作为表面包覆层，对天然云母基材进行保护，可有效提升制品的耐受性能和牢度性能。最为常见的表面包覆层物质为二氧化钛。所以，它也被赋予了一个特有的名称为云母-钛珠光颜料。

被致密二氧化钛包覆的珠光颜料具有极佳的耐光性能、耐高温（800℃）、耐酸碱、不导电、易分散、不褪色、不迁移等特性，无毒无害，能被广泛应用于塑料制品装饰中。珠光颜料以片状形式存在，平均颗粒片径从 5μm 到 500μm 不等。

经过分级的云母片在反应釜中进行反应，根据产品要求分别加入 $TiCl_4$、$FeCl_3$、$SnCl_4$ 等，反应后的成膜物沉积于云母颗粒表面，然后进行高温煅烧，温度一般在 700～900℃。经过煅烧，云母片表面的沉积物熔融并形成致密的二氧化钛或三氧化二铁的纳米级包覆层。

这些氧化物层的化学稳定性极高，有效阻隔了外界各种有害因素对包覆层中云母基材的侵害。

在片基上涂覆二氧化钛透明包覆层，即可获得符合应用性能要求的白色珠光颜料，见图3-15和图3-16。

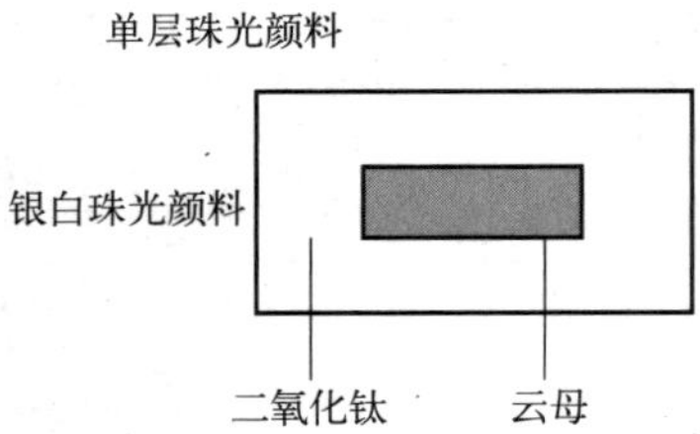

图 3-15　银白珠光在片基上涂覆二氧化钛

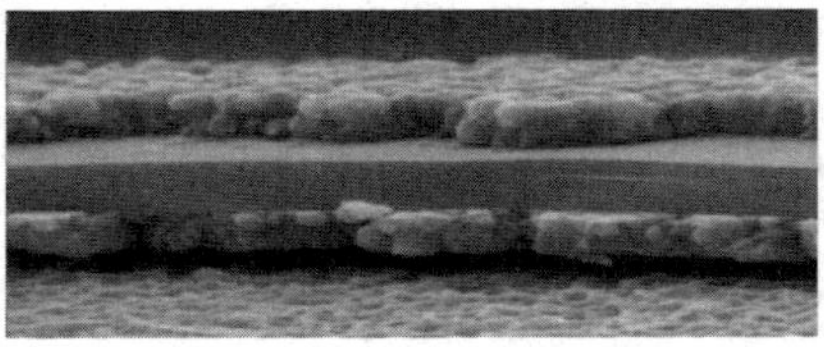

图 3-16　银白珠光颜料电镜图

如果在片基上进行双层涂覆，即先涂覆一层二氧化钛，再涂覆一层氧化铁，这项工艺可以生产出金色的珠光颜料，随着氧化铁涂层的厚度增加，颜色从浅金色向红金色变化，见图3-17。如果在云母片基上直接涂覆氧化铁，则颜色从青铜色、红色向红紫色、褐绿色变化，见图3-18。所以根据色光不同，珠光颜料可分为银白系列、金属系列等。

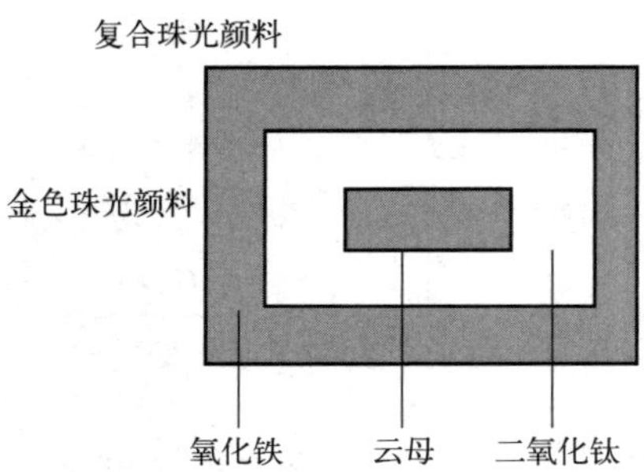

图 3-17　双层涂覆产生金色珠光

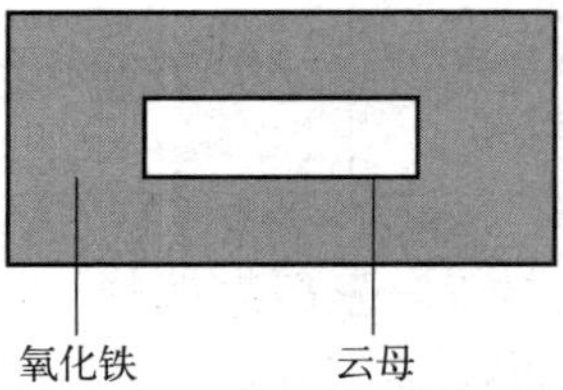

图 3-18　氧化铁直接涂覆成古铜色

市场上大部分珠光颜料是以天然云母为基材的，由于天然矿藏资源有限，各产地天然云母质量参差不齐，且经过长期开采后还能满足高品质要求的云母矿藏已经越来越少。近年来不断开发并陆续投放市场的人工合成的云母基材被用于生产珠光颜料。与天然云母相比，合成云母质地均匀，密度相同，所以折射率一致；另外，品质方面尤其是色彩纯净度上，合成云母更胜一筹。在颜料反射效果方面，合成云母则体现出反射强烈，色纯度高等优势。

产品对环境的影响（安全性）：云母基珠光颜料是混合物。通过云母片与一种或多种金属氧化物组成，最重要的应用领域是塑料化妆品容器，装饰性制件等。

急性毒性：急性毒性试验表明大鼠经口 $LD_{50}>5000mg/kg$。珠光颜料对皮肤或黏膜不显示任何刺激或敏感作用。在正常职业接触珠光颜料的情况下评价对人类健康的影响，显示无有害作用。

慢性毒性：尚未确认接触珠光颜料对健康的慢性毒性作用。

国外主要生产商：默克集团 Merck，原巴斯夫颜料（收购于安格公司）。

国内主要生产商：福建坤彩材料科技股份有限公司。

① 银白系列　根据片晶的大小不同，珠光颜料在塑料中表现出的效果也不同。珠光颜

料的珠光闪烁效果、遮盖力与粒径有关，粒径越小，遮盖力越高，反射和闪烁效果越弱，见图 3-19。不同粒径的珠光颜料的粒径与性能的关系见表 3-64。德国默克公司的 100 银白系列珠光粉的牌号、性能和用途见表 3-65。

图 3-19　不同粒径珠光颜料对性能的影响

表 3-64　珠光颜料的粒径与性能的关系

粒径级别标识	粒径/μm	光泽	遮盖力
M(微尘级)	＜15	细腻光泽	很好
F(细粉级)	5～25	锦缎光泽	好
N(普通级)	10～60	珍珠光泽	较好
S(闪亮级)	10～125	闪烁光泽	较弱
L(超闪级)	20～180	耀眼光泽	弱

表 3-65　德国默克公司的 100 银白系列珠光粉的牌号、性能和用途

牌号	TiO_2 包覆率/%	粒径/μm	品质	用途
Iriodin 100	29（锐钛型）	10～60	较好的遮盖力和天然珍珠般的光泽	常用
Iriodin 111	43	15	极好的遮盖力和细腻的光泽感	薄膜或软管挤出成型
Iriodin 120	38	5～25	锦缎般的光泽感	食品包装，软管制瓶
Iriodin 119-KU26	40～44（金红石型）	5～25	锦缎般的光泽感	PE 软管中，不会发生黄变现象
Iriodin 153	16	20～100	强闪烁效果，但遮盖力较弱	与炭黑（0.01%）配合使用能达到铝片的效果
Iriodin 163	14	20～180	超强闪烁效果，但遮盖力弱	与炭黑（0.01%）配合使用能达到铝片的效果

② 金属系列珠光粉　金属系列珠光粉通过在云母晶片上控制 TiO_2 的涂层，增加三氧化二铁涂层，同干涉层相混合获得金属色。相对于金属颜料，金属系列珠光粉具有较高的耐热性，耐温 800℃而不变色。由于遮盖力弱于金属颜料，因此可以与透明的有机颜料、炭黑、群青混合使用，达到不同效果。常用牌号有德国默克公司 Iriodin 300 系列等，相关牌号和性能见表 3-66。

表 3-66 德国默克公司 Iriodin 300 的金色系列珠光粉的牌号和性能

牌号	TiO_2 包覆率/%	Fe_2O_3 包覆率/%	粒径/μm	品质
Iriodin 300	38	3	10～60	艳金色
Iriodin 302	48	10	10	绸缎光泽金色
Iriodin 303	23	22	23	淡红艳金

金属系列珠光粉通过在云母晶片上直接涂上一层三氧化二铁，颜色从青铜色、红色向红紫色、褐绿色变化。常用德国默克公司 Iriodin 500 的金属系列珠光粉的牌号和性能见表 3-67。

表 3-67 德国默克公司 Iriodin 500 的金属系列珠光粉的牌号和性能

牌号	Fe_2O_3 包覆率/%	粒径/μm	品质
Iriodin 500	38	10～60	艳青铜珍珠光泽
Iriodin 502	42	10～60	艳棕红色珍珠光泽
Iriodin 504	46	10～60	艳葡萄酒红珍珠光泽

珠光颜料应用注意事项：首先，珠光颜料是以云母作为基体材质的，云母物性较脆，在应用过程中如遇强烈冲撞或剪切，会造成整体结构的破碎，进而引起色彩和效果的变异以及牢度性能的降低；其次，如果结构中含有氧化铁包覆层，应注意避免应用体系中氯离子和硫离子的存在，否则，有可能反应生成氯化铁或硫化铁，致使制品颜色发黑。

3.5.3.3 幻彩颜料

所谓幻彩颜料是指具有“随角异色”特征的特殊颜料类别，而随角异色是指人眼通过改变视角感受被视物体表面不同颜色变化的现象。也正因为这类颜料有着出人意料的颜色变幻的能力，它们也被称为“变色龙”颜料。

改变云母基颜料表面二氧化钛涂层的厚度，使之对应不同色光的波长范围，就能实现在原有白色基调上叠加相应的干涉色（幻彩色），见图 3-20。二氧化钛涂层称为干涉层。一般随着涂层厚度的增加，颜色由金黄色逐步过渡为红色、紫色、蓝色、绿色。在银白色和干涉色系列中，为了提高其耐光和耐候性，部分产品要添加氧化锡成分，其作用是在煅烧后确保形成金红石型二氧化钛的包覆层。

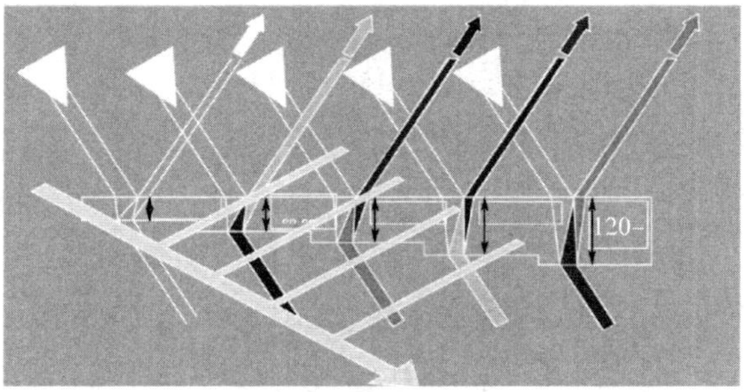

图 3-20 干涉色（幻彩色）产生机理（见彩插）

幻彩系列珠光粉在微小的云母晶片上控制 TiO_2 的涂层厚度以获得干涉色，且随观察角度的不同色彩也发生变化。幻彩系列珠光粉均可以与透明有机颜料或银白系列珠光颜料混合配色。德国默克公司的 Iriodin 200 幻彩系列珠光粉的牌号和性能见表 3-68。

表 3-68　德国默克公司的 Iriodin 200 幻彩系列珠光粉的牌号和性能

产品名称		粒径/μm	品质	
			光泽	遮盖力
干涉金黄	Iriodin 201	1000～1200	锦缎光泽	好
	Iriodin 205	600～800	珍珠光泽	较好
	Iriodin 249	400～600	闪烁光泽	较弱
干涉蓝	Iriodin 221	1000～1200	锦缎光泽	好
	Iriodin 225	600～800	珍珠光泽	较好
	Iriodin 289	400～600	闪烁光泽	较弱
干涉红	Iriodin 211	1000～1200	锦缎光泽	好
	Iriodin 215	600～800	珍珠光泽	较好
	Iriodin 259	400～600	闪烁光泽	较弱
干涉绿	Iriodin 231	1000～1200	锦缎光泽	好
	Iriodin 235	600～800	珍珠光泽	较好
	Iriodin 299	400～600	闪烁光泽	较弱
干涉紫	Iriodin 219	600～800	珍珠光泽	较好

若在颜料颗粒干涉层外面再涂覆一层表面层，形成基质层、干涉层、表面层的夹层结构（图 3-21），则可以获得更加丰富的颜色变化。

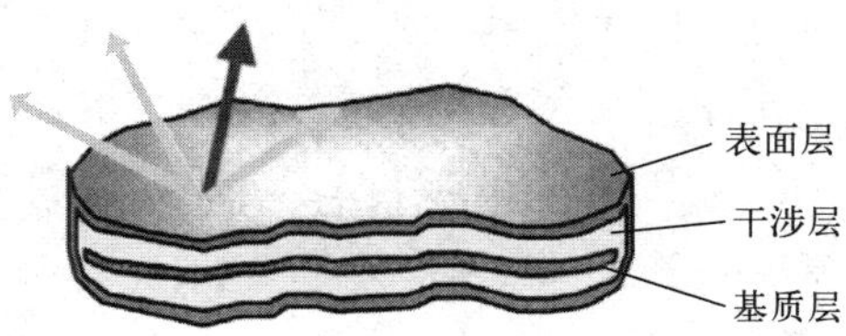

图 3-21　夹层结构颜料颗粒示意（见彩插）

基质层作为颜料颗粒的基础定位了颗粒片径的大小和基本的反射特性，可被选择的基质层不仅有云母，还有铝片、玻璃片等。干涉层可以选择 TiO_2 或者 SiO_2 等，以 SiO_2 效果最佳。表面层赋予颜料颗粒基础色彩且具有高透明性能，通常采用三氧化二铁包覆层，控制层厚能获得不同的基础色彩体现。从幻彩颜料的结构来看，既有其自身固有的色素色，也就是三氧化二铁涂层的色泽，又具有微结构所赋予的可以变幻的干涉色（结构色），再加上基质层的光学特性，所以说，它的色彩效果是这三种因素相互叠加的综合体现（图 3-22）。

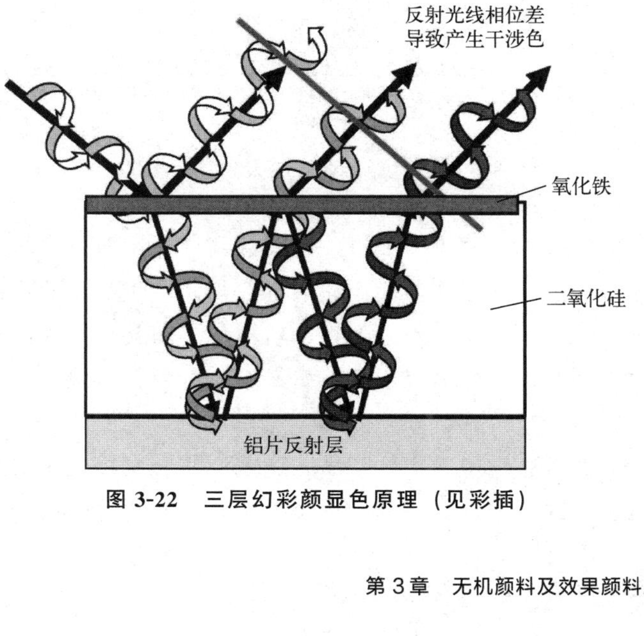

图 3-22　三层幻彩颜显色原理（见彩插）

幻彩颜料应用注意事项：与珠光颜料相似，在塑料着色应用时，应避免机械性冲撞和强剪切，确保颜料片状颗粒的完整性；为获得最佳的幻彩效果，应注意保证颜料颗粒定向性的一致。就塑料加工而言，薄膜、薄层共挤、压延等成型工艺相对比较理想；此外，对于透明性幻彩颜料（以透明云母片、玻璃片为基质层）来说，采用深色作为底色将更利于幻彩效果的展现。

3.6 功能化无机颜料主要品种和应用

我们前面介绍的无机颜料品种均用于塑料着色。有些无机颜料的结构除了对可见光存在吸收之外，还可能对可见光附近的紫外光和红外光也有吸收和反射。无机颜料的这些特性使其应用于塑料时可承载其他多种功能。纳米无机颜料更是开拓了许多新的应用领域。

3.6.1 钛白粉

二氧化钛（TiO_2）可用于可见光的反射，是世界上性能最好的一种白色颜料，二氧化钛对光的反射作用，赋予了其除着色外的新功能。

地球接收太阳光中近红外区域的能量占太阳辐射能量的53%，见图3-23，具有强烈的热效应，会导致物体升温，从而使材料加速老化并发生褪色现象。物体对太阳光谱中不可见的近红外（NIR）光的反射变得至关重要。

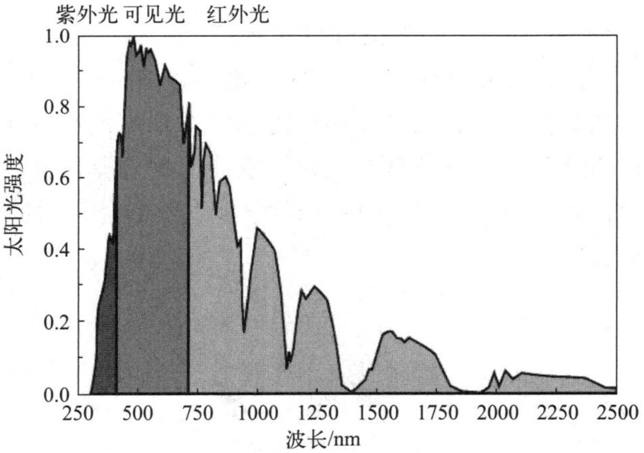

图3-23 地球接收到的太阳辐射能量

通过改变金红石型二氧化钛的晶体大小，来控制高红外反射率，将二氧化钛的主要反射范围转变成太阳光谱中的近红外范围，使产品对近红外光产生强烈的反射同时具有很强的热发射性能。通过对金红石型二氧化钛表面处理和包覆，将使其具有极高的耐候性，同时近红外反射二氧化钛品种也减少产品的传统白度，更易于与着色颜料混合，并可赋予任何颜色的产品高反射太阳光的能力。

近红外反射二氧化钛可广泛用于室外产品，这些产品在太阳光照射下能够降低表面温度和减少热能传导至房屋和物体内部。诸如：用于光伏膜、塑料百叶窗、室外遮阳伞、塑料顶棚、大棚膜 、人造塑料草皮、塑胶散步道材料、户外塑料椅等产品时，可成功实现降温12℃以上的效果。

近红外反射二氧化钛还可广泛应用于促进物体内部热能快速散发的各种表面材料，达到明显的降温效果，如应用于手机外壳涂层中，使手机降温明显。

3.6.2 铁蓝

铁蓝即亚铁氰化铁，化学式为 $Fe_4[Fe(CN)_6]_3$，又名普鲁士蓝（Prussian blue），是一种配位化合物。因为铁蓝具有良好的电化学性能和化学稳定性等，所以在新能源电池中通常作为电极材料。此外，铁蓝也已被用于开发高性能的钠离子电池，以满足新能源存储领域的需求。

3.6.3 复合无机颜料

万物生长靠太阳。太阳把自己的能量传递给地球上的动物和生物，使它们能不断成长。在给予人类恩惠的同时，太阳光也给人类的生活带来许多负面的，甚至是破坏性的影响。太阳光中的紫外线，会使许多有机物质降解、破坏，对人体的皮肤也有一定的危害性。物体接收到的可见光和不可见的红外光发出的大量热能辐射，会使其表面温度升高，给人类的日常生活带来诸多问题和不便。炎热的夏天，房屋的屋顶和墙面接收到热能，通过各种方式（热传导，热辐射，热对流等形式）使室内的温度升高，降低生活的舒适度。为了使室内温度降低到适宜的程度，人们大量使用空调、冷气机、电风扇和喷淋设备，需要消耗大量的电能等。一些化工容器和露天的反应釜，在炎热的夏天因受到太阳光的直接照射，表面温度升高，罐内液体温度随之升高，带来一定危险性。如何降低、消除太阳光线对人类造成的这些负面影响，已成为科学工作者日益关注的课题。

复合无机颜料既具备一定的色彩，又能反射一部分红外光，减少热量的聚集，起到降温作用，美国薛特（Shepherd）颜料公司的复合颜料 10C909a 总太阳能反射率（TSR）可达25％，而一般的黑颜料只有 5％，见图 3-24。

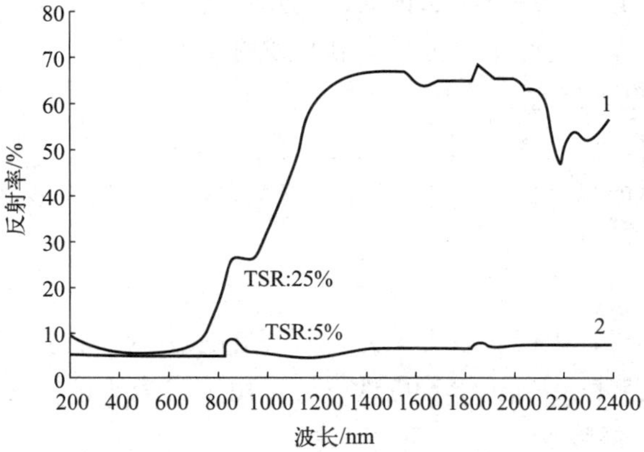

图 3-24 黑 10C909a 与普通黑色颜料的反射率对比

1—黑 10C909a；2—普通黑色颜料

德国海博（Heubach）对复合无机颜料作相应的表面处理，以提高对光线的反射率，见表 3-69。

表 3-69 德国海博 Heucodur IR 系列颜料反射率

产品名称	颜料索引号	反射率/%
Heucodur IR 黑 950	PBk. 30	10
Heucodur IR 黑 945	PBr. 29	17
Heucodur IR 黑 940	PBr. 35	24
Heucodur IR 黑 910	PBr. 29	21
Heucodur IR 棕 869	PBr. 29	22
Heucodur IR 蓝 5-100	PBl. 36	24
Heucodur IR 蓝 4G	PBl. 36	24
Heucodur IR 蓝 550	PBl. 28	34
Heucodur IR 蓝 2R	PBl. 28	27
Heucodur IR 绿 5G	PG. 50	23
Heucodur IR 黄 3R	PBr. 24	58
Heucodur IR 黄 255	PBr. 24	55
Heucodur PLUS IR 黄 150	PY. 53	64
Heucodur IR 黄 152	PY. 53	63

在一些西方国家，建筑物空调的能源消耗占总能源消耗的 20%以上。将屋顶的太阳能反射指数从 0.20 提高至 0.55，可有效降低年制冷能耗以及减少二氧化碳排放量。

3.6.4 稀土金属颜料

稀土元素由于 f-d 电子层具有未填充满的电子，其电子跃迁具有电荷迁移带，因此能发射或吸收从紫外、可见光到红外光区等不同波长的光。

(1) 稀土金属颜料光变色

由于稀土元素具有独特的原子结构，4f 电子层表现出对光的选择性吸收和反射，或吸收一种波长的光后，又放出另一种波长的光。利用该特性其可以作为稀土光致变色染料：在太阳光下呈蓝光紫色，在日光灯下呈蓝色，在白炽灯下呈玫瑰红色。

(2) 稀土金属颜料红外反射

许多稀土金属颜料，以及掺杂稀土元素的颜料，不仅能改变色调，也能增强对红外光的反射强度，作为降低温度的“冷颜料”，硫化铈颜料的红外反射曲线如图 3-25 所示。

3.6.5 炭黑

炭黑是一种无定形炭，因能吸收可见光，所以作为黑色颜料。炭黑除了可见光吸收外，也吸收紫外光，所以炭黑除了可用于着色外，还可用于防紫外和导电。

(1) 防老化——紫外线吸收

光会使塑料老化，特别是阳光中的紫外线会加速塑料的老化。从考虑制品使用的环境和对塑料制品使用寿命的要求出发，需要以不同的方法来解决塑料制品老化问题。可以通过添加紫外线吸收剂和抗氧剂来延长使用寿命。

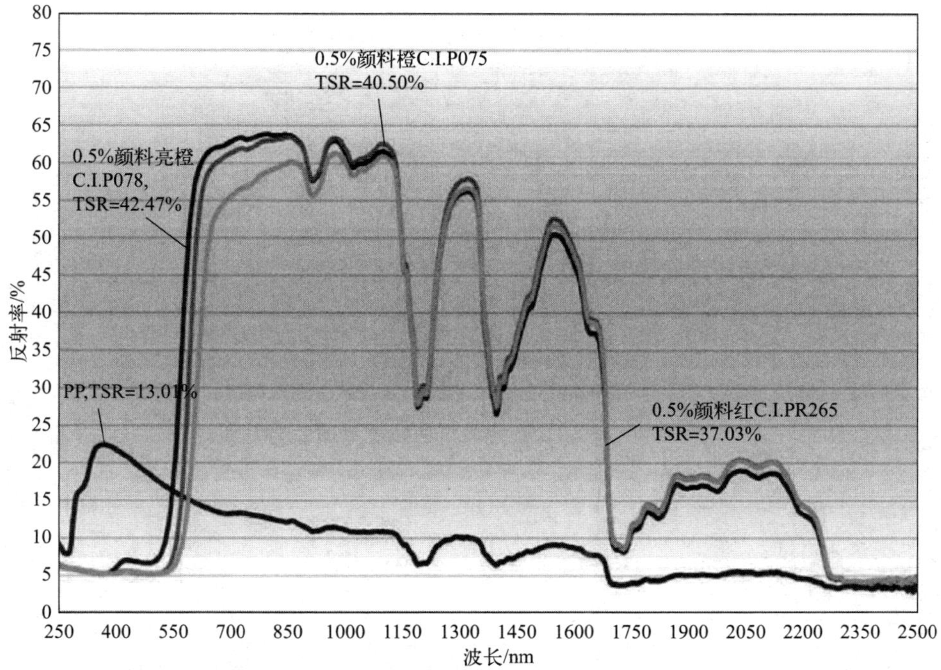

图 3-25　硫化铈颜料的红外反射曲线

炭黑可认为是价廉质优的紫外线稳定剂。炭黑对塑料的紫外线老化的防护作用，取决于炭黑的粒径、结构和表面化学性及添加量。

① 炭黑的粒径较小时，因表面积增大，其吸收光或遮光能力增加，故紫外线防护作用增强，详见图 3-26；原生颗粒的粒径对塑料老化性能的影响见图 3-27。

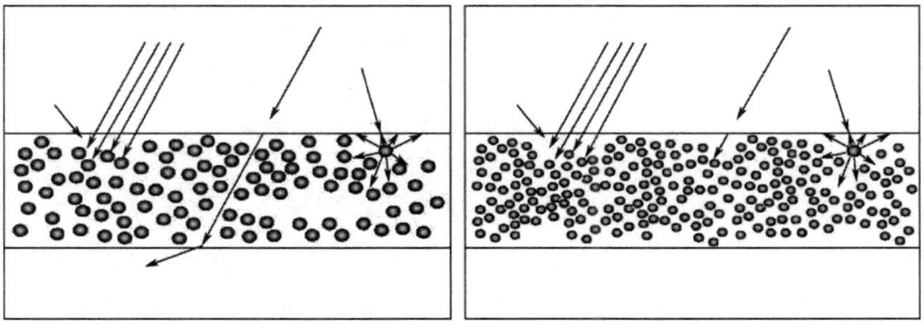

(a) 大粒径炭黑　　(b) 小粒径炭黑

图 3-26　炭黑粒径对紫外线防护作用的影响

为达到以上用途应选用粒径细小且浓度稍高的炭黑，但粒径比 20～25nm 更小时，其防护作用趋于同一水平，原因是当粒径过小时，逆向散射减少，而继续向前的光会威胁聚合物的稳定性。

② 炭黑的结构度较低，即聚集体尺寸较小，会增加逆向散射，因此会增强对聚合物的防护作用。

③ 炭黑表面含氧基团较多，即挥发分较高时，能消除聚合物分解时产生的基团，因此防护作用也增强。

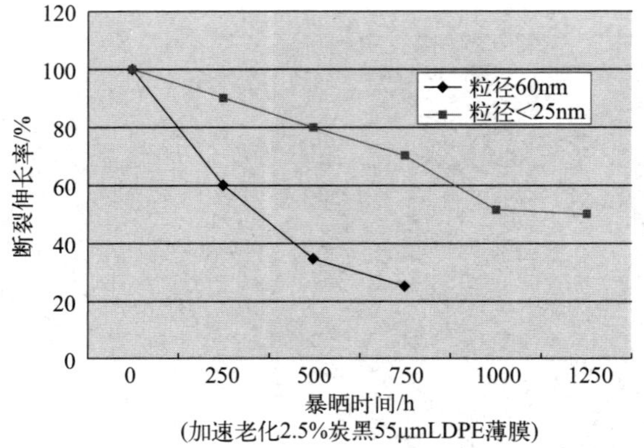

图 3-27　原生颗粒的粒径对塑料老化性能的影响

④ 实验结果显示：浓度为 1% 的小粒径的炭黑（20nm）与 2.75% 的相对大粒径炭黑（60nm）差不多具有同样的光吸收系数，见图 3-28。当然从成本和性能考虑应选择粒径小（如 20nm）的炭黑。

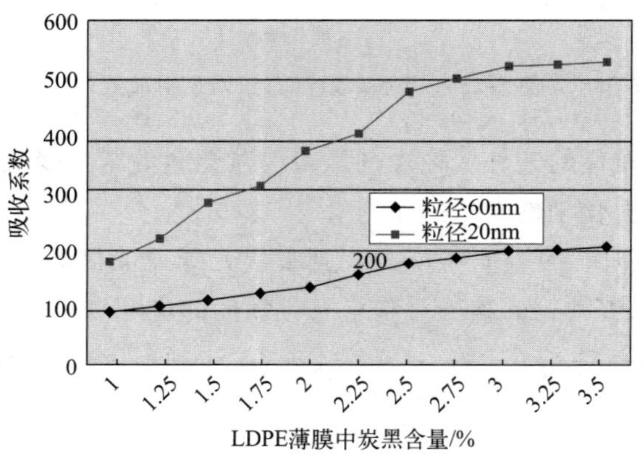

图 3-28　炭黑粒径对紫外线吸收的影响

为了达到预期效果，英国对 PE 和丙烯共聚物的水管材料有如下规定：出于安全考虑炭黑粒径应小于 25nm，炭黑浓度一般在（2.5±0.5)%范围内。另外由德国联邦健康局推荐的文件规定：塑料中炭黑浓度不得超过 2.5%。两标准折中后规定范围在：(2.25±0.25)%，这一数值刚好符合了生产者和消费者双方面的要求。因此目前炭黑浓度一般规定在（2.25±0.25)%，用于 HDPE 等压力输水管、电缆护套和 10kV 电缆架空线上，使用寿命可达 50 年以上。安徽黑猫 BeaBlack® 615 因具有良好的耐候性被广泛应用在车用塑料件中。

（2）导电

塑料都是绝缘性很好的材料，电阻率很高，通常在 $10^{10}\sim10^{16}\Omega\cdot m$ 范围内，大量用在电器设备上。许多塑料产品需要抗静电或导电性能。在许多技术领域，静电流非常危险。我们知道塑料是电的不良导体，当然也包括静电流。为避免危险，塑料部件必须附带防静电或可导电性物质。这些塑料部件包括地板、地板覆盖物、箱子、仪器设备、密封材料、容器、管子等。

塑料中掺入足够量的炭黑，炭黑因具有类石墨型结构，因此都具有一定的导电性。可赋予塑料抗静电性能（电阻率＜$10^{10}\Omega\cdot cm$）或导电性能（电阻率＜$10^{4}\Omega\cdot cm$）。关于炭黑在聚合物中的导电机理有几种说法，经典理论即链锁式导电通路：这一机理是从通过接触的导体粒子链来导电的考虑出发，因此粒子之间的接触电阻与接触数是决定导电的主要因素。在外界电场作用下炭黑粒子之间在几个埃（即 Å，1Å＝0.1nm）以内的距离靠近，就可产生电压差，使炭黑粒子的 π 电子依靠链锁传递移动形成电流。链锁必须在一定的炭黑用量下才能形成通路，才能出现强的导电现象，因此决定高分子材料导电性的最主要因素是炭黑的种类和用量。提高塑料导电性应选择小粒径和低挥发物含量的高结构炉黑如安徽黑猫 M3710、M3810 等产品。

导电塑料应用范围：防静电产品、静电消除器、防静电输送带、防静电胶板、防静电箱、中控板、防静电管、医用橡胶制品、地毯、复印机辊、印刷机辊、电子元件包装薄膜、防爆电缆。防静电产品炭黑含量一般为 4%～15%。

导电产品：导电发泡管、充电辊、电缆屏蔽料、导电薄膜。导电产品炭黑的含量在10%～40%。

3.6.6 纳米无机颜料

纳米科学技术是 21 世纪科学发展的主流技术之一，具有十分广阔的发展前景，它的迅猛发展将对几乎所有的工业领域产生根本性的变革。

（1）定义

ISO TS 80004-2：2015 和国标 GB/T 32269—2015《纳米科技　纳米物体的术语和定义　纳米颗粒、纳米纤维和纳米片》定义了纳米物体的三个基本形状——纳米颗粒、纳米纤维和纳米片。

国际标准化组织纳米技术委员会（ISO TC 229）对纳米材料的定义：纳米材料是指三维空间尺度至少有一维处于纳米尺度（1～100nm，1nm＝10^{-9}m）的材料。它是由尺寸介于原子、分子和宏观体系之间的纳米粒子所组成的新一代材料。

（2）纳米无机颜料

当无机颜料粒子的尺寸减小到纳米尺度，会表现出表面效应、尺寸效应、体积效应、量子尺寸效应、量子隧道效应等特点，将导致声、光、电、磁、热性能呈现新的特性。在光学性质、磁性、导热、导电催化性能等方面表现出与普通颜料不同的特性。

① 纳米二氧化钛（TiO_2）　纳米 TiO_2 粒径通常小于100nm。纳米 TiO_2 颗粒是透明的，见图 3-29，超细的粒径赋予纳米 TiO_2 很多特殊性能。

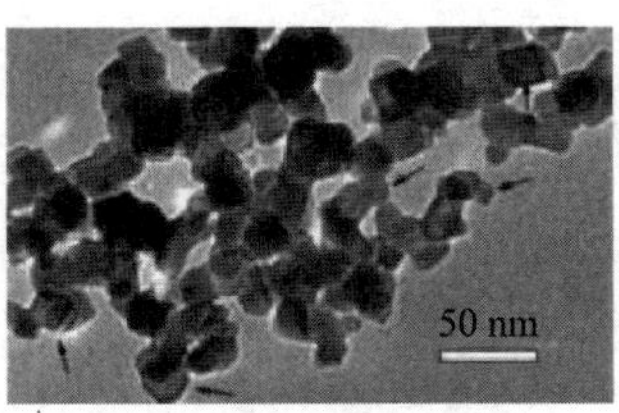

图 3-29　纳米 TiO_2 的 TEM 图像

纳米 TiO_2 粒径小、活性大，具有良好折射率和高光活性，既能反射、散射紫外线，又能吸收紫外线，从而对紫外线有更强的阻隔能力，是性能优越、极有发展前途的物理屏蔽型紫外线防护剂。

纳米 TiO_2 紫外线吸收特性取决于二氧化钛的晶体尺寸，对中长波紫外 UVB（280～320 nm）以吸收为主，对长波区 UVA（320～400nm）以散射为主，纳米 TiO_2 屏蔽紫外线效果是由吸收能力和散射能力共同决定的。原始粒径越小的纳米二氧化钛对紫外线的吸收能力越强。

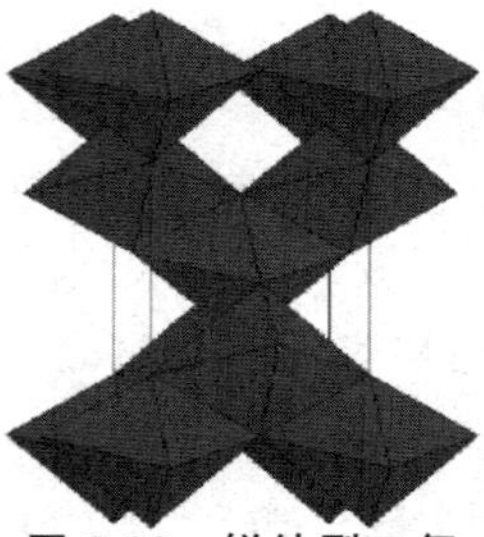

图 3-30 锐钛型二氧化钛的晶型结构

纳米 TiO_2 独特的结构对光催化具有一定的优势。锐钛型二氧化钛的单元结构中钛原子处于钛氧八面体的中心，锐钛型二氧化钛的八面体呈明显的斜方晶型畸变，见图 3-30。

这种不平衡的结构使锐钛型二氧化钛分子极性很强，表面容易吸附水分子，当二氧化钛被波长小于 385nm 的紫外光照射时，价带上的电子跃迁到导带，激发电离出电子同时产生正电性的空穴，形成电子-空穴对，与吸附溶解在其表面的氧气和水反应。分布在表面的空穴将—OH 和 H_2O 氧化成 HO・自由基。HO・自由基的氧化能力是在水体中存在的氧化剂中最强的，能氧化大部分的有机污染物和无机污染物，生成的原子氧和氢氧自由基使有机物被氧化、分解，最终分解为 CO_2、H_2O 和无机物。二氧化钛应用于污水处理，可达到安全无机化的目的。

锐钛型二氧化钛还可应用空气净化。二氧化钛能有效地分解室内外的有机污染物，氧化去除大气中的氮氧化物，在弱紫外光的照射和激发下，就可有效地降解低浓度有害气体。二氧化钛可将浓度低于 $1cm^3/m^3$ 的甲醛完全光催化降解为二氧化碳和水。

② 纳米氧化铁　纳米微粒的量子尺寸效应使其对某种波长的光吸收带有蓝移现象和对各种波长光的吸收带存在宽化现象，当氧化铁颜料的粒径缩小到纳米尺度时，由于其粒径比可见光的波长（320～750nm）还要小，呈现透明特性，不对光线进行反射，具有高 UV 吸收的特征，见图 3-31。

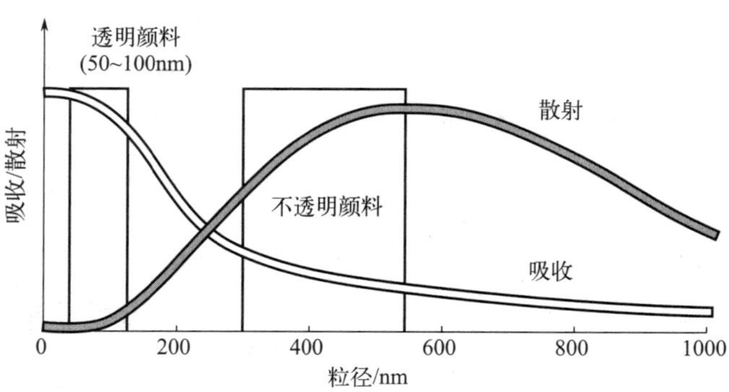

图 3-31 颜料的吸收和散射

纳米氧化铁粒子在室温下具有比常规的氧化物更高的导电性，因其具有半导体特性，因而能起到静电屏蔽作用。常用于饮料、医药等包装塑料中。

α-Fe_2O_3 是 n 型半导体材料，带隙宽度较窄（2.2eV），光响应波长较长，在可见光区域具有很强的光吸收能力，在可见光条件下可降解多种有机物（如苯酚）。

美国、日本将氧化铁纳米粒子做成空心小球，浮在含有机物的废水表面，在光照下可进行有机物的降解，用此方法可处理海上石油泄漏造成的污染。

氧化铁黄可以作为有机化学合成中的催化剂，例如催化苯环化反应、环烷烃裂解、氧化反应、芳香化反应等。

③ 碳纳米管　碳纳米管（图 3-32）是一种具有特殊结构的一维纳米材料，其径向尺寸为纳米量级，轴向尺寸为微米量级，管子两端基本上都封口。碳纳米管主要由呈六边形排列的碳原子构成数层到数十层的同轴圆管。层与层之间保持固定的距离，约 0.34nm，直径一般为 2～20nm，是重要的导电添加剂，在导电材料中应用可以与炭黑形成互补，达到更好的效果。

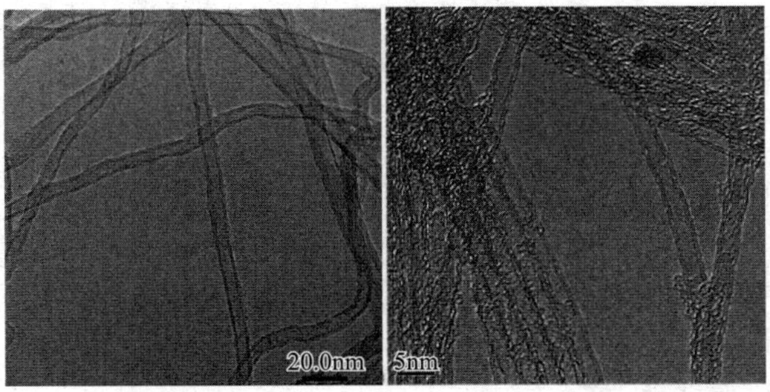

(a) 单壁碳纳米管　　(b) 双壁碳纳米管

图 3-32　碳纳米管

与炭黑、碳纤维、石墨烯和多壁碳纳米管相比，极少添加量的单壁碳纳米管就可以达到同等技术要求，尤其在塑料、橡胶中作为抗静电或导电剂，不影响原物质颜色及其他性能。

由于高长径比的原因，单壁碳纳米管不易分散，因此预制备物的开发能够更好地帮助其展现性能和优势。

石墨烯（graphene）是一种以 sp^2 杂化连接的碳原子紧密堆积成单层二维蜂窝状晶格结构的纳米材料。具有超强的导电、导热性以及力学性能，可以用作导电导热塑料和工程塑料的补强材料。

（3）纳米无机颜料粒径测试方法

纳米材料粒径的测试方法多种多样，但不同的测试方法对应的测量原理不同，因而不同测试方法之间不能进行横向比较。不同的粒径分析方法均有其一定的适用范围以及对应的样品处理方法，所以在实际检测时应综合考虑纳米材料的特性、测量目的、经济成本等多方面因素，确定最终选用的测试方法。

① 纳米无机颜料粒径的测试方法：

透射电子显微镜（TEM）；

X 射线衍射法（XRD）；

比表面分析仪（BET）；

扫描电迁移率粒径谱仪（SMPS）。

② 纳米材料中无机颜料粒径的测试方法：

扫描电子显微镜（SEM）；

粒度分析激光衍射法；

差速离心沉降法（DCS）。

第 4 章

有机颜料主要品种和性能

4.1 有机颜料发展历史

有机颜料的使用究竟从何时开始，人们很难确定准确的年代，因为有机颜料很容易褪色，难以保留至今。在远古时代，作为对无机色材的补充，当时的人类使用了植物性的色材（如茜草、靛草）或动物性的色材（来自海螺的泰尔紫）。由于着色剂是从动植物中提取出来的，生物学家把它们叫作 pigment，即今天的颜料一词。现代的科学研究表明：茜草的有色成分主要为茜素(1,2-二羟基蒽醌)，靛草的有色成分主要是靛蓝。这些有机色材都具有溶解性，它们应该被归类为染料而不是有机颜料，但至少它们是现代有机颜料的起源。

1856 年英国化学家 Perkin 制备了第一个合成染料苯胺紫（mauveine），1858 年，德国化学家 Griess 发现了苯胺的重氮化反应，1861 年 Mene 发现了苯胺重氮盐与芳胺或芳香酚的偶合反应后，才开始人工合成有机染料和有机颜料。合成染料大规模兴起，为有机颜料工业奠定了基础。有机颜料是伴随着染料工业的发展而逐渐发展起来的。

第一个用水溶性染料制备的颜料是在 1899 年合成的立索尔红（Lithol Red），1903 年金光红 C（颜料红 53∶1）问世，这个颜料直到今天仍被大量生产并在塑料上使用。1909 年发表了许多有关黄、橙色单偶氮颜料的专利之后，单偶氮和双偶氮联苯胺黄色颜料在 1910 年开始投放市场，红色偶氮颜料在 1931 年进入市场。

有机颜料发展的另一个里程碑是 1935 年问世的蓝色酞菁颜料，以及在 1938 年问世的绿色酞菁颜料。它们的问世填补了性能优异的蓝、绿色有机颜料的空白。酞菁颜料合成工艺简便，生产成本低，颜料色光鲜艳，着色强度高，还具有优异的耐热、耐光（候）性及耐化学稳定性，因此产量不断增加。正因为酞菁颜料具有这些优点，所以半个世纪以来，发展十分迅速，目前酞菁蓝常见两种晶型：α 型呈红光蓝色调，β 型呈绿光蓝色调。酞菁绿是铜酞菁的多氯代物，而后来生产的黄光酞菁绿颜料则是铜酞菁氯或溴的取代物。

从 20 世纪 50 年代起，与蓝、绿色谱相近色牢度的高性能黄、橙、红和紫色颜料被开发。1954 年瑞士汽巴-嘉基公司开发了耐热性和耐迁移性能良好的黄色和红色偶氮缩合型颜料，1955 年美国杜邦公司开发出喹吖啶酮类红、紫色颜料。20 世纪 60 年代德国赫司特公司将黄、橙、红色苯并咪唑酮类颜料推向市场。20 世纪 70 年代瑞士汽巴-嘉基公司和德国巴斯夫公司开发出了黄色的异吲哚啉酮和异吲哚啉颜料。20 世纪 80 年代瑞士汽巴-嘉基公司推出了新产品 1,4-吡咯并吡咯二酮（即 DPP）类红色颜料等。

自 20 世纪 80 年代后至今 40 多年间，没有诞生出真正意义上的新的有机颜料系列新产品，一个新颜料产品只有性价比超过现有产品才可能获得发展。总体看，要发明千吨级的新发色基团的有机颜料产品实属不易。

有机颜料行业发展重心已从欧美向着亚洲低成本区域转移，行业朝着提高生产率、降低产品成本、提升产品性价比的方向发展。

4.2 有机颜料的分类

有机颜料，可以有很多分类方法。按其色谱颜色不同可分为黄色谱、橙色谱、红紫色谱、绿蓝色谱等；按其来源不同则可有天然有机颜料及合成有机颜料。按用途可分为印墨（如胶印墨、水基印墨等）用有机颜料、涂料（如溶剂型涂料、水性涂料等）用有机颜料、塑胶（如 PVC、ABS、PP、PA 等）用有机颜料。

本书将塑料着色用有机颜料根据化学结构分类，因为化学结构相同的系列颜料，其耐光色牢度、耐候性和耐热性等十分相似，在一定程度上预示了颜料的典型性能。

根据结构，有机颜料可以分成三大类：偶氮类、酞菁类、杂环及稠环酮类颜料。这三类颜料都可根据结构特点做进一步细分。

① 偶氮颜料中根据偶氮基的数量可分为单偶氮、双偶氮、缩合偶氮类颜料。单偶氮颜料、单偶氮色淀和双氯联苯胺系列双偶氮一般称为传统经典偶氮颜料。其色谱齐（红黄橙），色泽鲜艳，价格合理，已大量用于塑料着色，但因其结构等因素，在耐热性、耐光性、耐迁移性等方面存在种种缺陷，特别在浅色着色时其差距更大。另外传统的联苯胺黄、橙系列颜料在聚合物加工温度超过 200℃时会发生热分解，分解的产物为双氯联苯胺，是对动物有致癌性、对人体可能有致癌性的芳香胺。

为了改进经典偶氮颜料的应用性能，通过酰氨基连接两个单偶氮颜料，合成了分子量较高的缩合偶氮颜料，大大提高了应用性能，所以把缩合偶氮颜料也称为大分子颜料。另外除了增加颜料分子量外，苯并咪唑酮系偶氮颜料在分子上引入含环状酰氨基的特定基团以降低分子溶解度，也大大改进了颜料的耐热性、耐候性和迁移性。这两类颜料具有优异的耐热、耐光、耐候和耐化学稳定性。

② 酞菁颜料主要是蓝绿品种，色光鲜艳，着色力高，还具有优异的耐光性、耐候性、耐热和耐化学试剂稳定性。蓝色铜酞菁颜料具有同质多晶性，即同一化合物具有生成多种不同结构晶体的能力。晶型影响其应用性能，不同绿色卤代铜酞菁颜料着色力和色光不同。

③ 杂环及稠环酮类颜料包含喹吖啶酮类、二噁嗪类、异吲哚啉酮类、吡咯并吡咯二酮类，蒽醌等杂环类等。把该类颜料同苯并咪唑酮系颜料、偶氮缩合颜料统称为高性能有机颜料。

有机颜料按化学结构的分类及应用在塑料上的主要品种详见表 4-1。

表 4-1　按化学结构分类的有机颜料在塑料中应用的主要品种

类别	化学结构		颜色	品种(颜料索引号)
偶氮	单偶氮	偶氮盐/色淀	黄色	颜料黄 62/168/183/191/191:1
			红色	颜料红 48:1/48:2/48:3/48:4 颜料红 53:1/53:3/57:1/247
		萘酚 AS		颜料红 170/187/247
		苯并咪唑酮	黄色	颜料黄 120/180/181/214
			橙色	颜料橙 64/72
			红色	颜料红 175/176/185/208
			紫色	颜料紫 32
			棕色	颜料棕 25
	双偶氮		黄色	颜料黄 12/13/14/17/81/83
			橙色	颜料橙 13/34
	缩合偶氮		黄色	颜料黄 93/95/128
			红色	颜料红 144/166/214/242
			棕色	颜料棕 23/41
酞菁	酞菁		蓝色	颜料蓝 15/15:1/15:3/15:4/15:6
	氯化酞菁		绿色	颜料绿 7
	溴氯化酞菁			颜料绿 36
杂环	二噁嗪		紫色	颜料紫 23/37
	喹吖啶酮		红色	颜料红 122/202,颜料紫 19(γ-晶型)
			紫色	颜料紫 19(β-晶型)
	苝		红色	颜料红 149/178/179
			紫色	颜料紫 29
	异吲哚啉酮		黄色	颜料黄 109/110
			橙色	颜料橙 61
	异吲哚啉		黄色	颜料黄 139
	吡咯并吡咯二酮		橙色	颜料橙 71/73
			红色	颜料红 254/255/264/272
	喹酞酮		黄色	颜料黄 138
	蝶啶		黄色	颜料黄 215
	蒽醌、蒽酮		黄—橙色	颜料橙 43,颜料黄 147/199
			红—蓝色	颜料蓝 60,颜料红 177
	金属络合物		黄色	颜料黄 150
			橙色	颜料橙 68

4.3 有机颜料在塑料着色中的重要性

塑料着色一般采用无机颜料、有机颜料和溶剂染料。有机颜料色泽鲜艳、着色力高、品种多，有其他颜料不可替代的优越性，在塑料着色中的重要性是显而易见的。

4.3.1 有机颜料和无机颜料的差异

有机颜料色谱比较宽广、齐全，特别是着色力和色彩的明亮度明显比无机颜料高，无机颜料通常有些暗淡。大部分无机颜料有比较好的机械强度和遮盖力，这是有机颜料无法与其匹敌的。有机颜料的耐光性及耐热性一般不如无机颜料，无机颜料的耐溶剂性一般比有机颜料好。有机颜料的生产比无机颜料复杂，价格相对比较昂贵。纵览有机颜料与无机颜料的短长，很难裁决它们谁胜谁负，只能说各有所长，各有所用。在实际应用中，经常是将有机颜料与无机颜料混合使用，利用无机颜料的良好遮盖力和性能以及有机颜料的色彩鲜艳和高着色力，相互取长补短，以达到最佳效果。有机颜料与无机颜料性能对比见表 4-2。

表 4-2 有机颜料与无机颜料性能对比

性能	有机颜料	无机颜料
色谱品种	品种多、色谱宽	品种少、色谱窄
颜色特性	鲜艳，明亮	鲜艳度低、颜色较暗
着色力	高	低
透明度	高透明度，低遮盖力	低透明度，高遮盖力
密度	低，大部分小于 $2.5g/cm^3$	高，大部分大于 $2.5g/cm^3$
颗粒尺寸	粒径小，比表面积大	粒径大，比表面积小
团聚倾向	高	低
分散性	不是很好	较好
溶解性	部分溶解，取决于浓度和结构	完全不溶
耐热性	品种不同，好差不同	非常好
耐光性	品种不同，好差不同	非常好
耐酸、耐碱	较好，优良	部分品种变色
耐溶剂性	中等—优良	优良
翘曲	有些品种（酞菁）易翘曲	没有翘曲
安全性	大部分较好	含铅、铬、镉等重金属

4.3.1.1 着色力差异

有机颜料和无机颜料着色力的差异是由产生颜色的机理不同而造成的，由两者的基本化学结构不同引起的。有机颜料对色彩的呈现是结构中存在一个共轭双键体系（π 电子体系）发色基团，共轭双键的电子通过选择吸收可见光能从基态跃迁到激发态，因此有机颜料显示的色彩是互补的颜色。无机物通过吸收能量（例如太阳光），电子能从基态跃迁到激发态，激发态与基态间的能级差位于可见光能量（3.10～1.71eV）的范围内，那么当光线照射到无机物时，分子或离子中的外层电子就有可能吸收与其能级差相当的可见光能量，发生从基态到激发态的跃迁，这种情况下无机物就显现出一定的颜色来。无机物电子跃迁一般发生在过渡金属元素中，其有空价轨道和 d 层电子，所以无机颜料通常是金属氧化物，金属盐。无机颜料发射光的强度与有机颜料中的共轭双键产生的光的强度相比较低，这正是无机颜料着色力非常低的原因。

4.3.1.2 应用性能差异

大部分无机颜料是在非常高的温度下（700～900℃）煅烧而得，这些颜料具有非常好的耐热性。其他一些用不同的方法生产的无机颜料也能显示出足够高的耐热性，只有非常少的无机颜料（铬黄）耐热性较差。然而有机颜料的耐热性因化学结构与晶型的不同而差别很大。

许多有机颜料在部分结晶聚合物（如聚烯烃）熔体中充当晶核，单晶体生长成球晶，并且增加了结晶度。聚合物熔体的收缩除了依赖于加工温度、冷却速率和颜料浓度等因素外，还与结晶度有关。由于大部分应用在塑料上的有机颜料是针状晶体，所以会导致塑料制品翘曲。而无机颜料是球状晶体则不会引起制品翘曲。无机颜料棕 24 和有机颜料蓝 15：3 的晶型结构见图 4-1 和图 4-2。

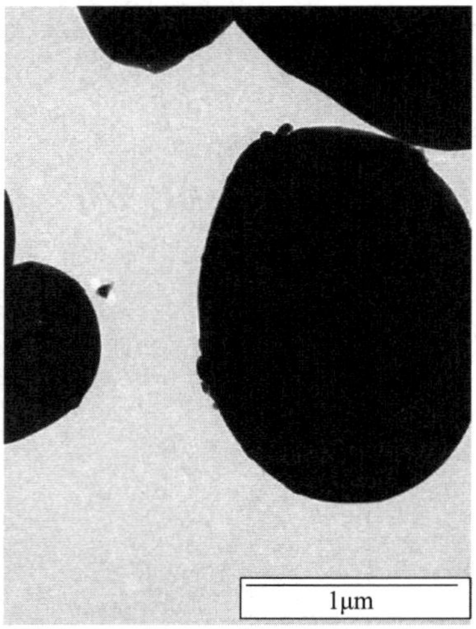

图 4-1　无机颜料棕 24 TEM 图片

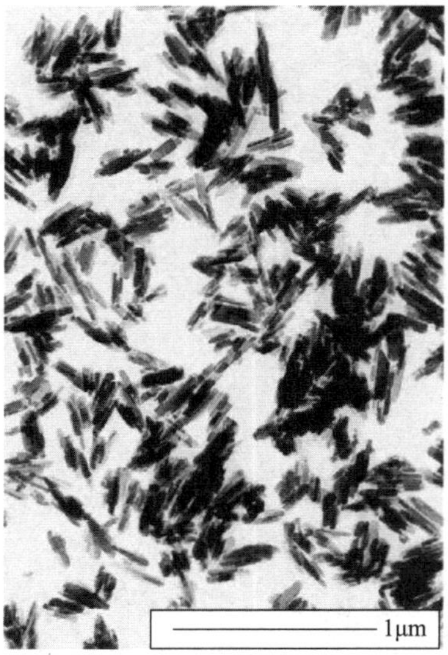

图 4-2　有机颜料蓝 15：3 TEM 图片

金属氧化物及金属盐类的无机颜料，密度一般在 $3.5\sim5g/cm^3$，比表面积小，粒子间空隙小，所以容易被润湿分散。一般而言无机颜料相对于有机颜料在塑料中更容易分散。特别是二氧化钛和铬系、镉系颜料在塑料中是最容易分散的。

4.3.1.3 安全性能差异

欧洲玩具指令、欧盟 REACH 高度关注物质（SVHC）、欧盟 RoHS 法规、欧盟 AP(89)-1 法规、美国《消费产品安全改进法》（CPSIA）规定了在玩具、家电产品、与食品接触的包装材料上明令禁止使用含铅、铬、镉的无机颜料。由于环境保护的强化，不少无机颜料的使用将受到越来越多的限制，而有机颜料在塑料上的应用则受到越来越多的重视。此外很多国家的法规对有机颜料纯度有特别要求，有机颜料在合成中可能出现的痕量杂质如芳烃伯胺类、多氯联苯类、二噁英等影响塑料在食品或化妆品包装材料中的使用。

4.3.1.4 有机颜料和无机颜料互补协同作用

纵览有机颜料与无机颜料的差异，只能说各有所长，塑料着色无论选择无机颜料还是有机颜料，在具体情况下要综合考虑技术和经济以及各自国家法规的要求。有机颜料在需要透明和高着色力方面表现较满意，特别是薄制品或纤维拉丝着色。如果要求调色或浅的颜色和高遮盖，还要考虑到耐热、耐光和耐候，最好选择无机颜料。

值得注意的是德国巴斯夫公司推出的 PALIOTAN 系列颜料、德国 HEUBACK 公司推出的 TICO 系列颜料，是基于无机颜料和有机颜料优缺点，将无机颜料和高档有机颜料匹配复合使用的。大量使用无机颜料可提供需要的遮盖力，而加入少量有机颜料则可提高复合颜料的着色力和鲜艳度。产品包括不同性能水平的黄色、橙色和红色。

4.3.2 有机颜料和溶剂染料的差异

溶剂染料在一定加工温度下可以完全溶解于有机溶剂或聚合物中，而颜料一般在一定加工温度下不溶解于溶剂或聚合物中。但是，实践证明有时这种区别是模糊的。在特定场合下某些有机颜料可部分溶于聚合物熔体中。

有机颜料和溶剂染料都是有色的有机化合物。从两者化学结构来看极为相似，甚至有的有机化合物既可以作为溶剂染料使用，又可以作为有机颜料使用。但有机颜料与溶剂染料确实是两个不同的概念。

① 溶剂染料渗透进入塑料分子间或与塑料分子相结合，能够吸收、透射某些波长的光，不产生散射。有机颜料是以粒子状态分散于塑料中，对塑料的着色是颜料粒子（结晶）表面对光线的吸收、反射和散射的共同效果（见图 4-3）。

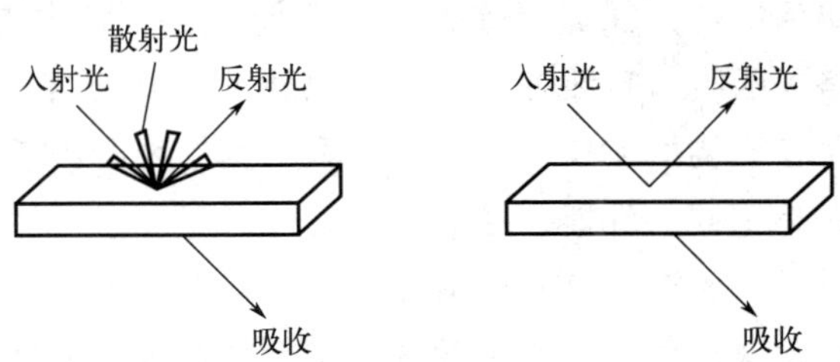

图 4-3 有机颜料和溶剂染料的光学行为区别

② 有机颜料在塑料中呈现高度分散微粒状态，所以始终以原来的晶体状态存在。颜料自身的颜色就代表了它在着色物上的颜色。正因为如此，颜料的晶体状态对颜料而言十分重要，晶体状态影响颜料应用于塑料着色时的耐热性、耐光性、耐候性以及分散性。溶剂染料在塑料上着色时以分子状态完全溶解于聚合物中，此时溶剂染料的晶体状态就不那么重要，或者说染料自身的晶体状态与它的着色行为关系不密切，它的各项性能仅仅与化学结构有关。

③ 相比较而言，溶剂染料分子量比较小，所以它的耐光性和耐热性不如有机颜料好。

④ 溶剂染料在某些玻璃化转变温度低的热塑性塑料中，特别是聚乙烯、聚丙烯、增塑聚氯乙烯中使用时会发生渗迁，不能使用。

有机颜料和溶剂染料的区别见表 4-3。

表 4-3　有机颜料和溶剂染料的区别

应用特性	有机颜料	溶剂染料	
		醇溶染料	油溶染料
分子的大小	较大	较小	较小
分子的极性	极性低	极性高	极性低
取代基类型	NO_2、Cl、Br、OCH_3	亲油性基团 酸/碱结合盐键	亲油性基团 游离碱，支链烷基
同质异晶	有	无	无
着色形态	微细颗粒	分子状态	分子状态
溶剂溶解性	不溶解	溶解	溶解

4.4 着色性能与有机颜料化学结构、晶体结构、应用介质的关系

塑料着色的目的有很多，但是落实到最终目的是提升塑料制品的价值，一个颜料对使用者的有效使用价值取决于这个颜料的颜色性能、加工性能和应用性能。首先这些性能与化学结构有关，有机颜料有单偶氮类、偶氮色淀类、缩合偶氮类、酞菁类、喹吖啶酮、二噁嗪、异吲哚啉酮、吡咯并吡咯二酮类、蒽醌等杂环类，正如颜料分子结构直接决定其色泽及应用性能一样，但是同一类化学结构的颜料分子骨架，取代基的结合因其原子的不同而异，因此不同化学结构的颜料亦具有不同的性能。

颜料用于塑料着色时，并非溶于这些塑料介质而是以分子形态存在，都以许多分子组合成的微米颗粒形态分散在塑料介质中，通过颜料分子颗粒对投射到这些应用介质表面的光线产生吸收、反射、透射、折射等作用实现对这些塑料的着色。因此有机颜料在塑料着色上的应用不仅与结构有关，而且与颜料粒子表面性能、粒径大小、粒径分布有关。有机颜料色相、着色力、分散性、耐光（候）性与粒径关系在本书的第 2 章中已作了非常详细的讨论，有助于我们对有机颜料各项性能指标充分了解，使我们可以充分利用各种塑料加工条件，创造最终价值。在本书的第 2 章中还讨论了有机颜料的应用性能与应用介质密切相关。在不同的介质中有机颜料受环境的影响，它的物理和化学性质会有不同的表现，所以提及有机颜料的应用性能时应该要同时给出它是在何种介质中应用的，否则在具体的应用过程中可能会造成质量事故。有机颜料的性能及其在塑料上应用的关系见图 4-4。

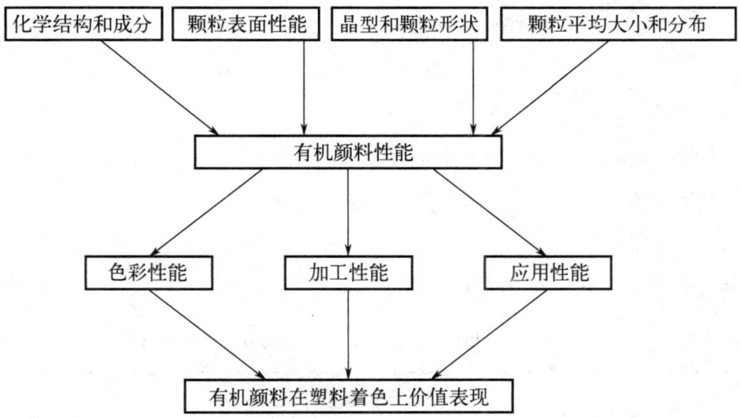

图 4-4　有机颜料的性能及其在塑料上应用的关系

4.5　偶氮颜料

偶氮颜料是分子中含有偶氮基（—N=N—）的颜料，颜料分子中的偶氮基是通过重氮化与偶合反应而导入的。在偶氮颜料中可根据颜料分子中所含偶氮基数目或偶合组分的结构特征作进一步分类。

4.5.1　单偶氮颜料

单偶氮颜料的分子中只含有一个偶氮基，主要有单偶氮色淀颜料、色酚 AS 类颜料及苯并咪唑酮颜料。颜色涵盖黄、橙、红、棕。其中苯并咪唑酮颜料是一类高性能有机颜料，它不同于一般的偶氮颜料，它的各项牢度非常优异，具有优异的耐光性、耐候性、耐热性和耐溶剂性、耐迁移性、耐化学稳定性以及良好的耐酸性、耐碱性。

4.5.1.1　单偶氮色淀颜料

分子中含有羧酸基、磺酸基的单偶氮染料在碱性水介质中是可溶解的化合物。然而这些分子与碱土金属的化合物作用后会转化成既在水中不溶，又在有机溶剂中不溶的羧酸盐或磺酸盐，可作为颜料使用，主要色谱为黄红等。

(1) 黄色色淀颜料

为了改进单偶氮黄类颜料的耐热性和耐迁移性，在分子上引入磺酸基，再转化成色淀类颜料，分子极性较高，它们在有机溶剂和其他介质中的耐溶剂性、耐迁移性以及耐热性比非色淀颜料要高得多。该类颜料着色力较低，遮盖力高，有些品种耐热性优异，较适合用于塑料着色，具体品种如下。

① C. I. 颜料黄 62　分子式 $C_{17}H_{15}N_4O_7S \cdot \frac{1}{2}Ca$；C. I. 结构号 13940；CAS 登记号 12286-66-7。

结构式：

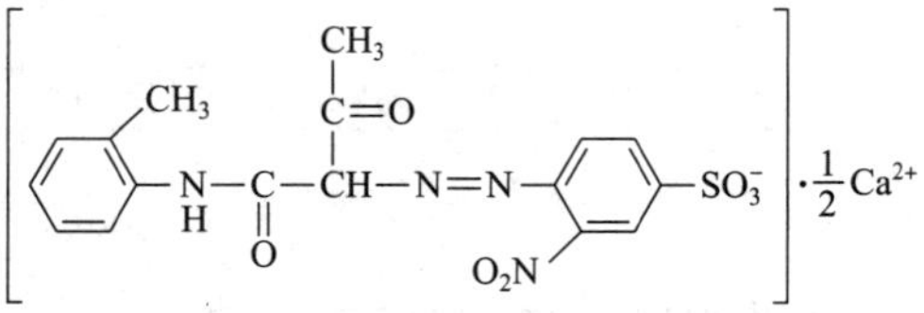

色彩表征：颜料黄 62 呈中黄略带红光，着色力相对较低；其与 1%（质量分数，下同）钛白粉配制 1/3 标准深度（SD）HDPE 需 0.35%的颜料。而略带红光的联苯胺颜料黄 13 达到同样效果只需 0.10%即可。

主要性能：见表 4-4、表 4-5 和图 4-5。

表 4-4　颜料黄 62 在 PVC 塑料中的应用性能

项目		颜料	钛白粉	耐光性/级	耐候性(2000h)/级	耐迁移性/级	耐热性/级	
							180℃/30min	200℃/10min
PVC	本色	0.1%		7	3～4	5	5	5
	冲淡	0.2%	2%	6～7	2～3	5	5	5

表 4-5　颜料黄 62 在 HDPE 塑料中的应用性能

项目		颜料	钛白粉	耐光性/级	耐候性(3000h)/级	耐迁移性/级
HDPE	本色	0.1%		7	2～3	5
	冲淡	0.1%	1%	7	1	5

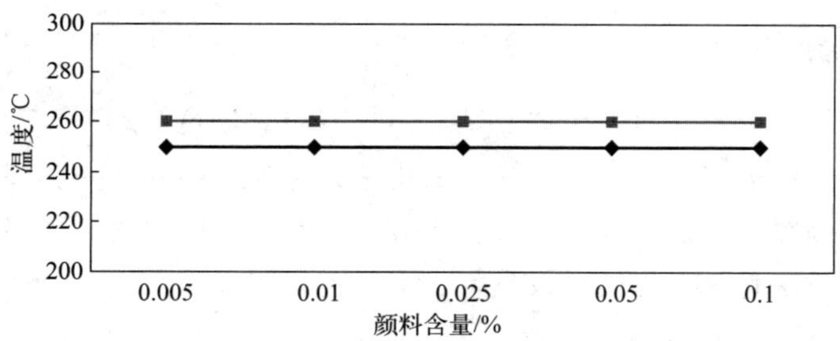

图 4-5　颜料黄 62 在 HDPE 中的耐热性

■—加 1%钛白粉；◆—本色

应用范围：见表 4-6。

表 4-6　颜料黄 62 应用范围

通用塑料		工程塑料		纺丝	
LLDPE①/LDPE	●	PS	○	PP	○
HDPE	●	ABS/SAN	×	PET	×
PP	●	PC		PA6	×
PVC(软)	●	PBT	×		
PVC(硬)	●	PA	×		
橡胶	●	POM			

注：●表示推荐使用；○表示有条件地使用；×表示不推荐使用。

① 线型低密度聚乙烯。

品种特性：颜料黄 62 着色力相对较低，适用于浅色品种配色。颜料黄 62 耐光性、耐热性优于双氯联苯胺系列颜料，无安全问题，其价格、性能优势使其在聚烯烃着色中需求量日趋增大。颜料黄 62 适用于聚氯乙烯和通用聚烯烃塑料着色，用于 HDPE 等结晶塑料会影响翘曲变形。

② C. I. 颜料黄 168　分子式 $C_{16}H_{12}ClN_4O_7S \cdot \frac{1}{2}Ca$；C. I. 结构号 13960；CAS 登记号 71832-85-4。

结构式：

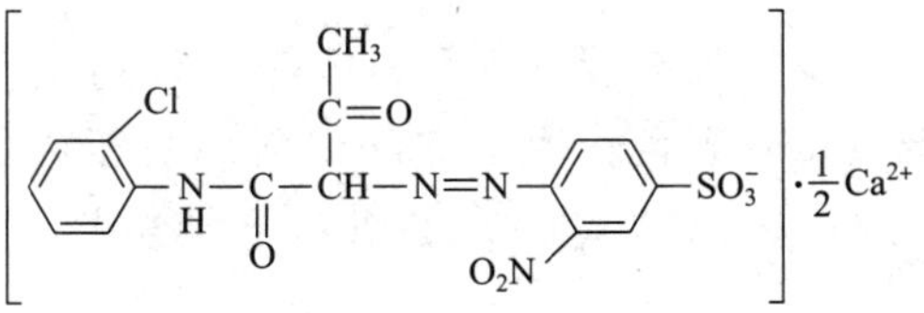

色彩表征：颜料黄 168 呈艳丽的绿光黄色，着色力相对较低；其与 1%钛白粉配制 1/3SD HDPE 需 0.37%的颜料。

主要性能：见表 4-7、表 4-8 和图 4-6。

表 4-7　颜料黄 168 在 PVC 塑料中的应用性能

项目		颜料	钛白粉	耐光性/级	耐候性(2000h)/级	耐迁移性/级	耐热性/级	
							180℃/30min	200℃/10min
PVC	本色	0.1%		7～8	4	5	5	5
	冲淡	0.2%	2%	7	3～4	5	5	5

表 4-8　颜料黄 168 在 HDPE 塑料中的应用性能

项目		颜料	钛白粉	耐光性/级	耐候性(3000h)/级	耐迁移性/级
HDPE	本色	0.1%		7	3	5
	冲淡	0.1%	1%	7	1	5

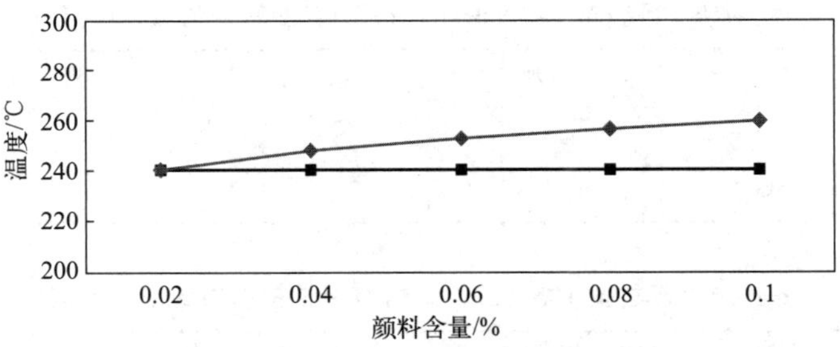

图 4-6　颜料黄 168 在 HDPE 中的耐热性

■—加 1%钛白粉；◆—本色

应用范围：见表 4-9。

表 4-9　颜料黄 168 应用范围

通用塑料		工程塑料		纺丝	
LLDPE/LDPE	●	PS	○	PP	○
HDPE	●	ABS	○	PET	×
PP	●	PC	×	PA	×
PVC(软)	●	PBT		PAN	
PVC(硬)	●	PA	×		
橡胶	●	POM			

注：●表示推荐使用；○表示有条件地使用；×表示不推荐使用。

品种特性：颜料黄 168 的应用性能接近于颜料黄 62。颜料黄 168 具有较好的耐迁移性，适用于聚氯乙烯和通用聚烯烃塑料着色，用于 HDPE 等结晶塑料会影响翘曲，变形轻微。

③ 颜料黄 183　分子式 $C_{16}H_{10}Cl_2N_4O_7S_2Ca$；C. I. 结构号 18792；CAS 登记号 65212-77-3。

结构式：

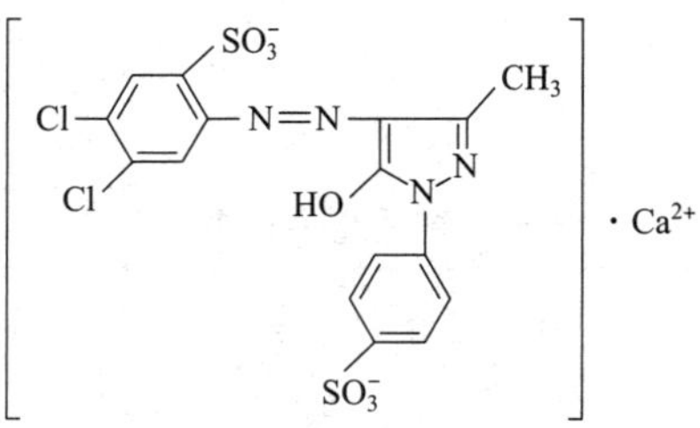

色彩表征：颜料黄 183 呈红光黄色，是塑料着色的专用品种。颜料黄 183（透明）在塑料中着色力相对较低，与 1%钛白粉配制 1/3SD PVC 需 0.18%颜料，与 1%钛白粉配制 1/3SD HDPE 需 0.23%颜料。

颜料黄 183 具有同质多晶性。商品形式有颜料黄 183（透明）、颜料黄 183（遮盖）两种，两者差别在于透明性不同，透明性好的品种着色力高、略带绿光；遮盖力好的品种着色力低、偏红光。

主要性能：见表 4-10～表 4-15 和图 4-7 及图 4-8。

表 4-10　颜料黄 183（透明）在 PVC 塑料中的应用性能

项目		颜料	钛白粉	耐光性/级	耐迁移性/级
PVC	本色	0.1%		8	5
	冲淡	0.1%	1%	7～8	

表 4-11　颜料黄 183（透明）在 HDPE 塑料中的应用性能

项目		颜料	钛白粉	耐光性/级	耐迁移性/级
HDPE	本色	0.1%		7	5
	冲淡	0.1%	1%	6～7	

表 4-12　颜料黄 183（透明）应用范围

通用塑料		工程塑料		纺丝	
LLDPE/LDPE	●	PS/SAN	●	PP	●
HDPE	●	ABS	●	PET	×
PP	●	PC	○	PA6	×
PVC(软)	●	PBT	○		
PVC(硬)	●	PA6	○		
橡胶	●	PMMA	●		

注：●表示推荐使用；○表示有条件地使用；×表示不推荐使用。

表 4-13　颜料黄 183（遮盖）在 PVC 塑料中的应用性能

项目		颜料	钛白粉	耐光性/级	耐迁移性/级
PVC	本色	0.1%		8	5
	冲淡	0.1%	1%	7	

表 4-14　颜料黄 183（遮盖）在 HDPE 塑料中的应用性能

项目		颜料	钛白粉	耐光性/级	耐候性(3000h)/级	耐迁移性/级
HDPE	本色	0.1%		7	3～4	5
	冲淡	0.1%	1%	6～7		

表 4-15　颜料黄 183（遮盖）应用范围

通用塑料		工程塑料		纺丝	
LLDPE/LDPE	●	PS/SAN	●	PP	●
HDPE	●	ABS	●	PET	×
PP	●	PC	○	PA6	×
PVC(软)	●	PBT	○		
PVC(硬)	●	PA	○		
橡胶	●	PMMA	●		

注：●表示推荐使用；○表示有条件地使用；×表示不推荐使用。

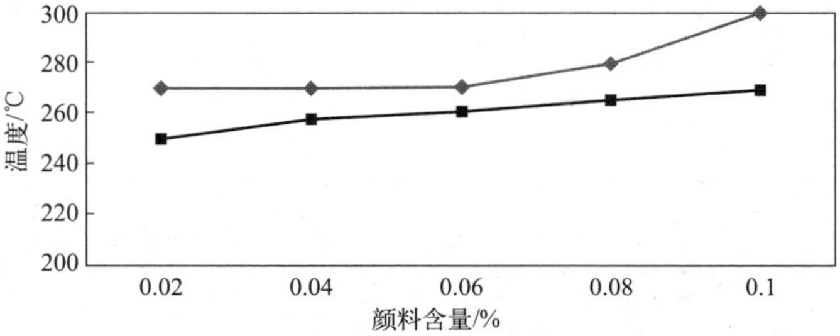

图 4-7　颜料黄 183（透明）在 HDPE 中的耐热性

■—加 1%钛白粉；◆—本色

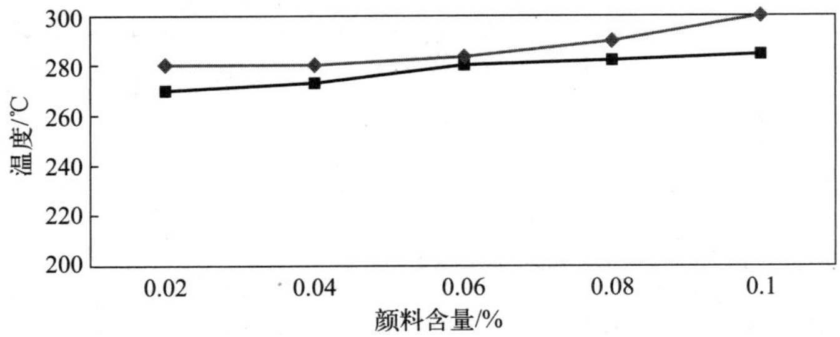

图 4-8　颜料黄 183（遮盖）在 HDPE 中的耐热性

■—加 1%钛白粉；◆—本色

品种特性：颜料黄 183 着色力相对较低，适用于浅色品种配色，颜料黄 183（遮盖）的本色尚能满足长期露置在户外的要求。颜料黄 183 在着色浓度很宽的范围内具有优异的耐热性，用于 ABS 可达 300℃。除了适用于通用聚烯烃着色外，还可用于苯乙烯类工程塑料着色。颜料黄 183 用在 HDPE 等结晶型塑料会轻微影响翘曲变形。

④ 颜料黄 191　分子式 $C_{17}H_{13}ClN_4O_7S_2Ca$；C. I. 结构号 18795；CAS 登记号 129423-54-7。

结构式：

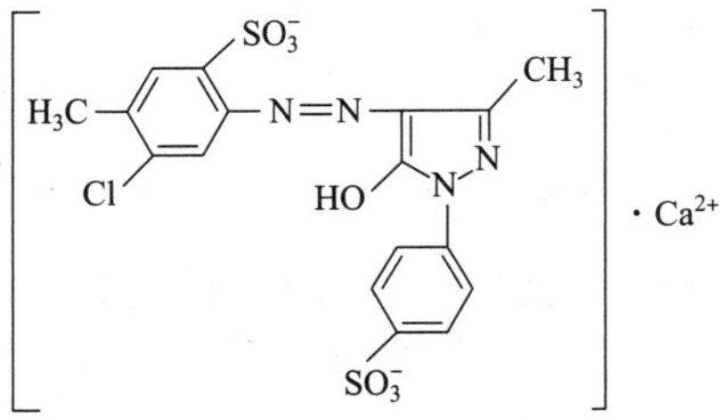

色彩表征：颜料黄 191 呈红光黄色，其色光与颜料黄 83 相似。颜料黄 191 着色力较颜料黄 83 低得多。与 1%钛白粉配制 1/3SD 的 HDPE 需 0.34%颜料，颜料黄 83 达到同样效果只需 0.08%颜料。

颜料黄 191：1 与颜料黄 191 相比是色淀化的盐不同，颜料黄 191 是钙盐，191：1 是铝盐。

主要性能：见表 4-16～表 4-21，图 4-9 和图 4-10。

表 4-16　颜料黄 191 在 PVC 塑料中的应用性能

项目		颜料	钛白粉	耐光性/级	耐迁移性/级
PVC	本色	0.1%		7	
	冲淡	0.1%	0.5%	6	5

表 4-17　颜料黄 191 在 HDPE 塑料中的应用性能

项目		颜料	钛白粉	耐光性/级	耐候性(3000h,0.2%)/级
HDPE	本色	0.34%		7	3
	1/3SD	0.34%	1%	6～7	

表 4-18　颜料黄 191 应用范围

通用塑料		工程塑料		纺丝	
LLDPE/LDPE	●	PS/SAN	●	PP	●
HDPE	●	ABS	●	PET	×
PP	●	PC	●	PA6	×
PVC(软)	●	PBT	●	PAN	×
PVC(硬)	●	PA	×		
橡胶	●	POM	○		

注：●表示推荐使用；○表示有条件地使用；×表示不推荐使用。

表 4-19　颜料黄 191：1 在 PVC 塑料中的应用性能

项目		颜料	钛白粉	耐光性/级	耐候性(2000h)/级	耐迁移性/级	耐热性/级	
							180℃/30min	200℃/10min
PVC	本色	0.1%		7～8	3～4	5	5	5
	冲淡	0.2%	2%	6～7	2～3	5	5	5

表 4-20　颜料黄 191：1 在 HDPE 塑料中的应用性能

项目		颜料	钛白粉	耐光性/级	耐候性(3000h)/级	耐迁移性/级
HDPE	本色	0.1%		7～8	3～4	5
	冲淡	0.1%	1%	7		5

表 4-21　颜料黄 191：1 应用范围

通用塑料		工程塑料		纺丝	
LLDPE/LDPE	●	PS/SAN	●	PP	●
HDPE	●	ABS	●	PET	×
PP	●	PC	○	PA6	×
PVC(软)	●	PET	○	PAN	
PVC(硬)	●	PA6	○		
橡胶	●	PMMA	●		

注：●表示推荐使用；○表示有条件地使用；×表示不推荐使用。

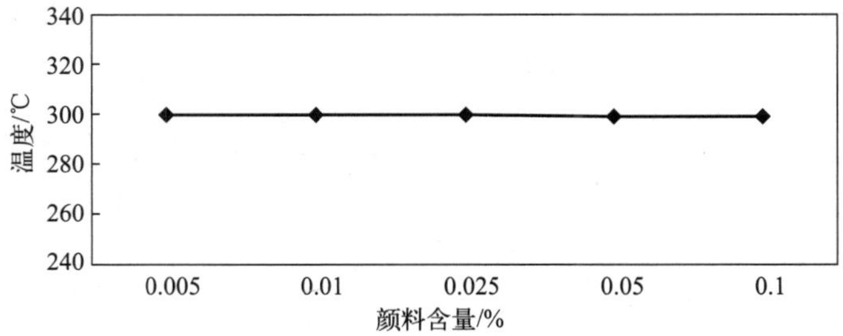

图 4-9　颜料黄 191（本色）在 HDPE 中的耐热性

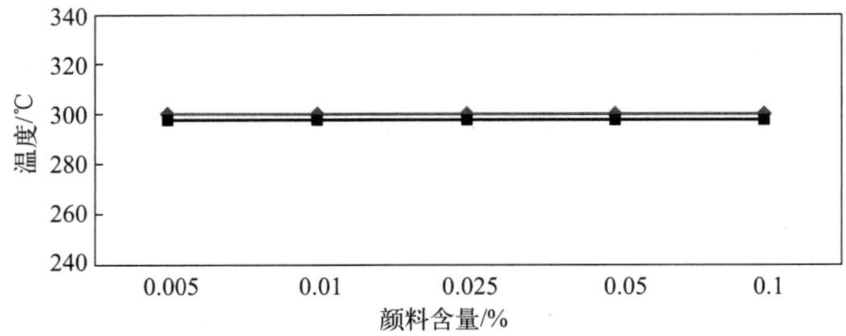

图 4-10　颜料黄 191：1 在 HDPE 中的耐热性

■—加 1%钛白粉；◆—本色

品种特性：颜料黄 191 着色力相对较低，适用于浅色品种配色，本色能满足长期露置在户外的要求。颜料黄 191 具有优异的耐热性，特别在浅色时还能保持较好耐热性能，用于 PC 的耐热性可达 330℃，除了用于聚氯乙烯及通用聚烯烃着色外，还可用于工程塑料着色。

（2）红色色淀颜料

① 萘酚类红色色淀颜料　以 2-萘酚为偶合组分与含磺酸基的芳香胺重氮盐反应，再与金属盐（钙盐，钡盐，锶盐等）色淀化，可制备多种蓝光红和黄光红颜料。该类色淀颜料是较古老的色淀品种，其最著名品种金光红 C（即颜料红 53：1）1902 年在德国开始生产。经过色淀化的颜料有更好的耐溶剂性和耐迁移性，但耐光性很差。在塑料上应用的主要品种为 C. I. 颜料红 53：1，分子式 $C_{34}H_{24}Cl_2N_4O_8S_2Ba$，C. I. 结构号 15585，CAS 登记号 5160-02-1。

结构式：

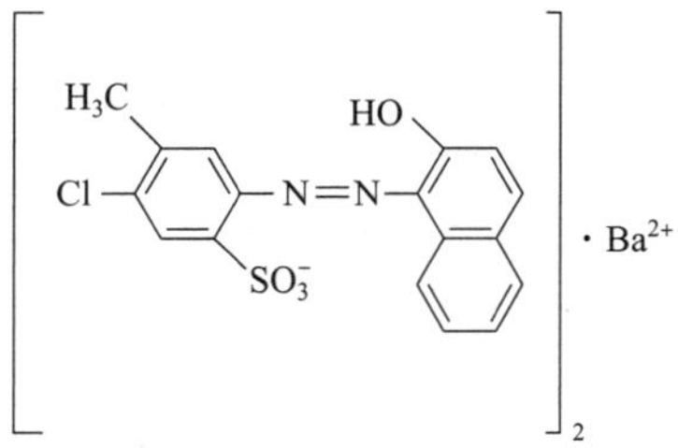

色彩表征：该颜料是较古老的色淀品种，有非常高的色饱和度，其色光是偶氮色淀颜料中最黄的。在塑料中着色力强，与 1%钛白粉配制 1/3SD HDPE 需 0.22%颜料。与其他同系颜料相比，色泽更亮。

主要性能：见表 4-22～表 4-24 和图 4-11。

表 4-22　颜料红 53：1 在 PVC 塑料中的应用性能

项目		颜料	钛白粉	耐光性/级	耐迁移性/级
PVC	本色	0.1%		6	4～5
	冲淡	0.1%	0.5%	2	

表 4-23　颜料红 53∶1 在 HDPE 塑料中的应用性能

项目		颜料	钛白粉	耐光性/级
HDPE	本色	0.22%		3
	1/3SD	0.22%	1%	2～3

表 4-24　颜料红 53∶1 应用范围

通用塑料		工程塑料		纺丝	
LLDPE/LDPE	●	PS/SAN	●	PP	○
HDPE	●	ABS	●	PET	×
PP	●	PC	●	PA6	×
PVC(软)	●	PBT	×	PAN	×
PVC(硬)	●	PA	×		
橡胶	●	POM	×		

注：●表示推荐使用；○表示有条件地使用；×表示不推荐使用。

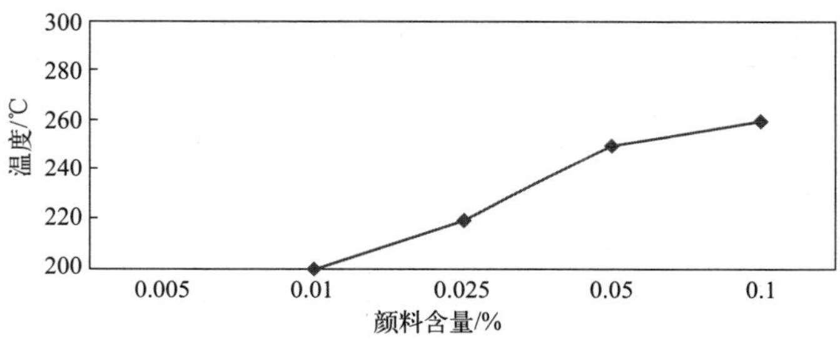

图 4-11　颜料红 53∶1（本色）在 HDPE 中的耐热性

品种特性：该颜料色彩性能好，价格低廉，耐热性优良，耐光性很差。颜料红 53∶1 除了适用于通用聚烯烃着色外，还可用于苯乙烯类工程塑料着色。

② 2-羟基-3-萘甲酸类红色色淀颜料　2-羟基-3-萘甲酸（2,3-酸，亦称博纳酸）与含有磺酸基的芳胺发生重氮盐反应，再与金属色淀化，形成具有多种红色谱的红色颜料，如在塑料中应用较多的 2B 红系列和宝红 4B 红颜料。2B 红系列处于中红色区，着色力高，颜色性能优异，耐迁移性、耐热性良好，中等耐光性，良好的分散性。其在塑料上应用的主要品种如下。

a. C. I. 颜料红 48∶1　分子式 $C_{18}H_{11}ClN_2O_6SBa$；C. I. 结构号 15865∶1；CAS 登记号 7585-41-3。

结构式：

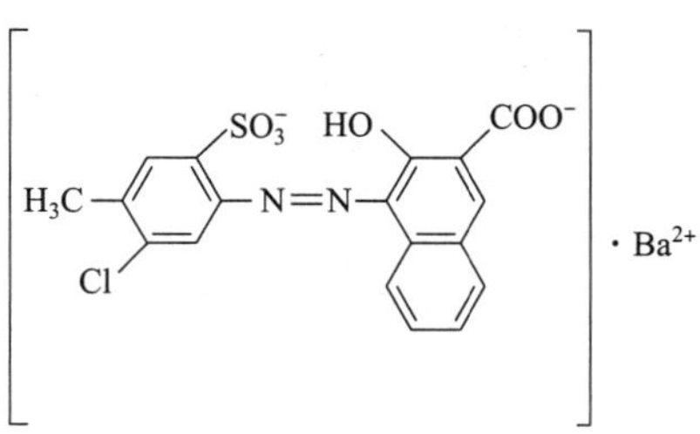

色彩表征：该颜料为钡盐色淀，属2B红系列品种。色光为黄光红色。是颜料红48系列产品中最为黄相的红色颜料品种。

主要性能：见表4-25～表4-27和图4-12。

表4-25　颜料红48：1在PVC塑料中的应用性能

项目		颜料	钛白粉	耐光性/级	耐迁移性/级	耐热性/级	
						180℃/30min	200℃/10min
PVC	本色	0.1%		4	4～5	5	5
	冲淡	0.2%	2%	2～3	4～5	5	5

表4-26　颜料红48：1在HDPE塑料中的应用性能

项目		颜料	钛白粉	耐光性/级	耐迁移性/级
HDPE	本色	0.1%		6	5
	冲淡	0.1%	1%	3～4	5

表4-27　颜料红48：1应用范围

通用塑料		工程塑料		纺丝	
LLDPE/LDPE	●	PS/SAN	○	PP	×
HDPE	●	ABS	×	PET	×
PP	○	PC	×	PA6	×
PVC(软)	●	PBT	×	PAN	×
PVC(硬)	○	PA	×		
橡胶	●	POM			

注：●表示推荐使用；○表示有条件地使用；×表示不推荐使用。

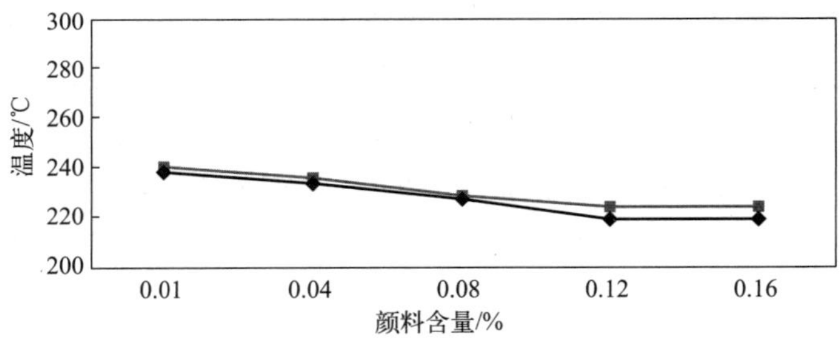

图4-12　颜料红48：1在HDPE中的耐热性

■—加1%钛白粉；◆—本色

品种特性：该颜料在透明PP中耐热性较差，在1/3SD HDPE中耐热性只达到210℃/5min，在更高温度下会迅速变为暗红色。颜料红48：1可用于聚氯乙烯着色，在软质聚氯乙烯中耐迁移性良好，并不会起霜，也耐渗色。

b. C. I. 颜料红48：2　分子式 $C_{18}H_{11}ClN_2O_6SCa$；C. I. 结构号15865：2；CAS登记号7023-61-2。

结构式：

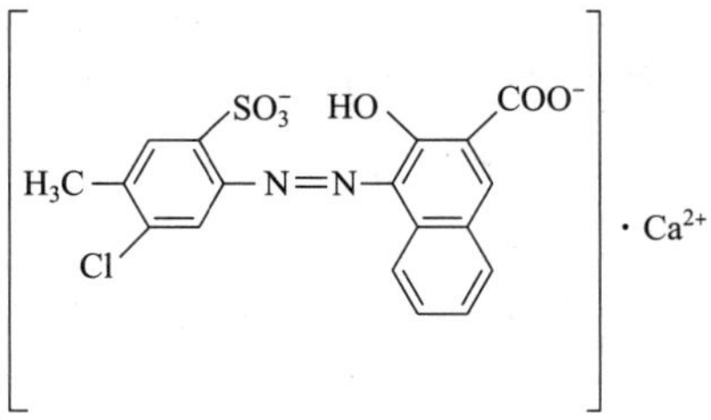

色彩表征：该颜料为钙盐，属 2B 红系列产品。色光为蓝光红色。颜料红 48∶2 在塑料中的着色力高，与 1%的钛白粉配制 1/3SD 的 HDPE 仅需 0.13%的颜料。

主要性能：见表 4-28～表 4-30 和图 4-13。

表 4-28　颜料红 48∶2 在 PVC 塑料中的应用性能

项目		颜料	钛白粉	耐光性/级	耐候性(2000h)/级	耐迁移性/级	耐热性/级	
							180℃/30min	200℃/10min
PVC	本色	0.1%		7	2～3	5	4～5	4～5
	冲淡	0.2%	2%	6	1	4.9	4～5	4～5

表 4-29　颜料红 48∶2 在 HDPE 塑料中的应用性能

项目		颜料	钛白粉	耐光性/级	耐候性(3000h)/级	耐迁移性/级
HDPE	本色	0.1%		7	1～2	5
	冲淡	0.1%	1%	6	1	5

表 4-30　颜料红 48∶2 应用范围

通用塑料		工程塑料		纺丝	
LLDPE/LDPE	●	PS/SAN	○	PP	●
HDPE	●	ABS	×	PET	×
PP	●	PC	×	PA6	×
PVC(软)	●	PBT	×	PAN	×
PVC(硬)	○	PA	×		
橡胶	●	POM			

注：●表示推荐使用；○表示有条件地使用；×表示不推荐使用。

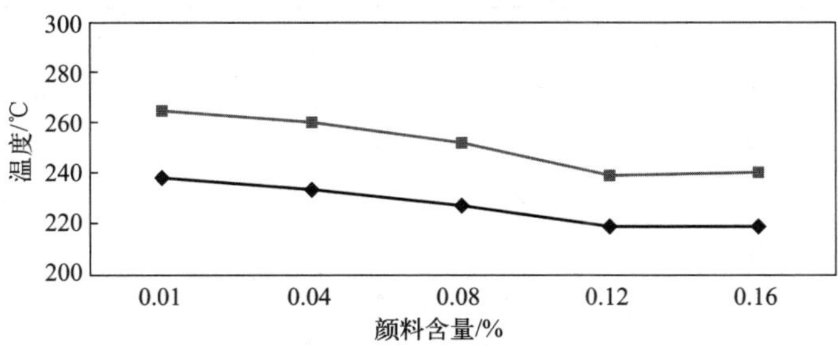

图 4-13　颜料红 48∶2 在 HDPE 中的耐热性

■—加 1%钛白粉；◆—本色

品种特性：该颜料的耐光性明显高于颜料红 48：1，中等牢度性能，性价比好，是通用聚烯烃塑料着色的重点品种。颜料红 48：2 适用于丙纶纤维纺前着色，当其配制深色浓度时呈现漂亮的艳红色，大量用于地毯。颜料红 48：2 用在 HDPE 等结晶塑料中不会影响翘曲变形。

c. C. I. 颜料红 48：3　分子式 $C_{18}H_{11}ClN_2O_6SSr$；C. I. 结构号 15865：3；CAS 登记号 15782-05-5。

结构式：

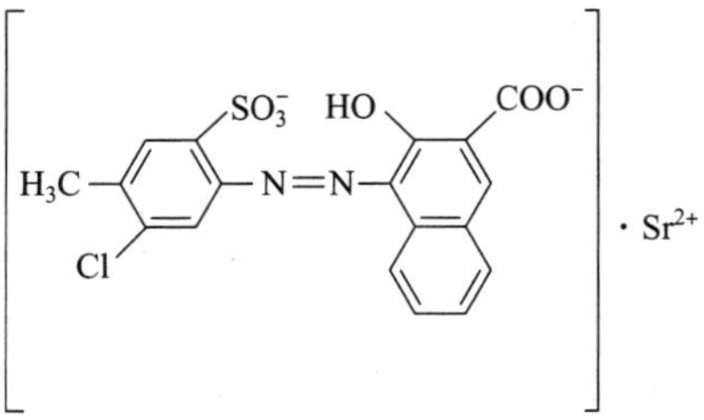

色彩表征：该颜料为锶盐，属 2B 红系列产品。色光略黄于颜料红 48：2。颜料红 48：3 在塑料中的着色力中等，与 1%的钛白粉配制 1/3SD 的 HDPE 需 0.17%的颜料。

主要性能：见表 4-31～表 4-33 和图 4-14。

表 4-31　颜料红 48：3 在 PVC 塑料中的应用性能

项目		颜料	钛白粉	耐光性/级	耐候性(2000h)/级	耐迁移性/级	耐热性/级	
							180℃/30min	200℃/10min
PVC	本色	0.1%		6	2	5	5	5
	冲淡	0.2%	2%	5～6	1	5	5	5

表 4-32　颜料红 48：3 在 HDPE 塑料中的应用性能

项目		颜料	钛白粉	耐光性/级	耐迁移性/级
HDPE	本色	0.1%		6	5
	冲淡	0.1%	1%	4	5

表 4-33　颜料红 48：3 应用范围

通用塑料		工程塑料		纺丝	
LLDPE/LDPE	●	PS/SAN	○	PP	●
HDPE	●	ABS	○	PET	×
PP	●	PC	×	PA6	×
PVC(软)	●	PBT	×	PAN	×
PVC(硬)	●	PA	×		
橡胶	●	PMMA	×		

注：●表示推荐使用；○表示有条件地使用；×表示不推荐使用。

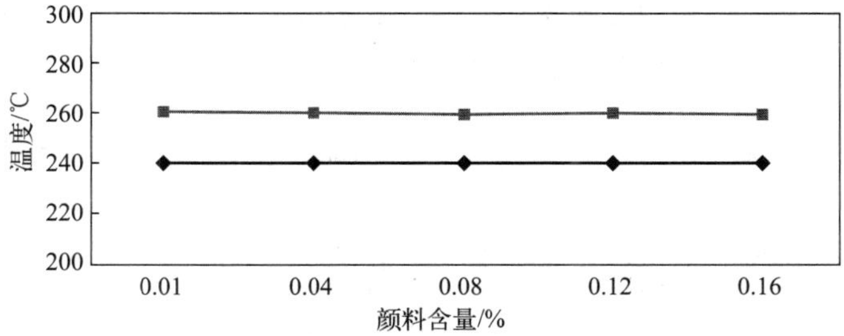

图 4-14　颜料红 48∶3 在 HDPE 中的耐热性

■—加 1%钛白粉；◆—本色

品种特性：该颜料的耐光性在 2B 红系列中是最好的。在 240℃的聚烯烃塑料中可耐受 5min，超过该温度会迅速变蓝、变暗。颜料红 48∶3 在 2B 红系列中性能最好，适用于聚氯乙烯和通用聚烯烃着色。颜料红 48∶3 用在 HDPE 等结晶塑料中不会影响翘曲变形。

d. C. I. 颜料红 57∶1　分子式 $C_{18}H_{12}N_2O_6SCa$；C. I. 结构号 15850∶1；CAS 登记号 5281-04-9。

结构式：

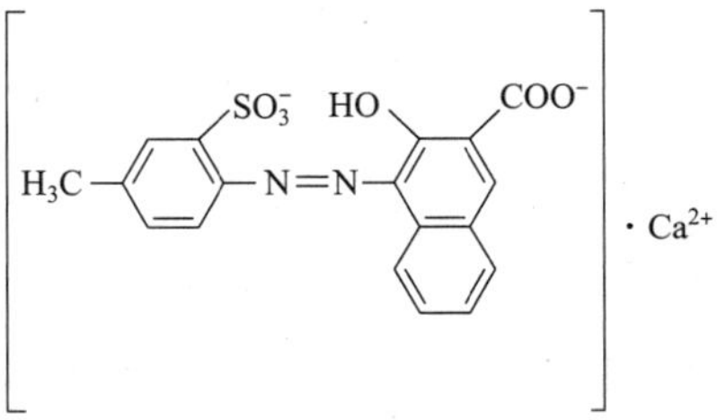

色彩表征：该颜料为钙盐，为蓝光红色，是偶氮色淀颜料中色相最蓝的。颜料红 57：1 在塑料中的着色力高，与 1%的钛白粉配制 1/3SD 的 HDPE 需 0.14%的颜料。

主要性能：见表 4-34～表 4-36 和图 4-15。

表 4-34　颜料红 57∶1 在 PVC 塑料中的应用性能

项目		颜料	钛白粉	耐光性/级	耐候性(2000h)/级	耐迁移性/级	耐热性/级	
							180℃/30min	200℃/10min
PVC	本色	0.1%		6	1	5	5	5
	冲淡	0.2%	2%	4	1	4.9	5	5

表 4-35　颜料红 57∶1 在 HDPE 塑料中的应用性能

项目		颜料	钛白粉	耐光性/级	耐候性(3000h)/级	耐迁移性/级
HDPE	本色	0.1%		6～7	1	5
	冲淡	0.1%	1%	4～5	1	5

表 4-36　颜料红 57：1 应用范围

通用塑料		工程塑料		纺丝	
LLDPE/LDPE	●	PS/SAN	○	PP	●
HDPE	●	ABS	×	PET	×
PP	●	PC	×	PA6	×
PVC(软)	●	PBT	×	PAN	×
PVC(硬)	○	PA	×		
橡胶	●	POM			

注：●表示推荐使用；○表示有条件地使用；×表示不推荐使用。

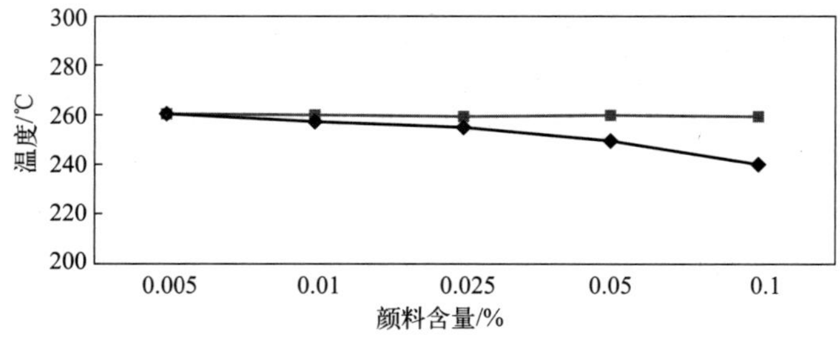

图 4-15　颜料红 57：1 在 HDPE 中的耐热性

■—本色；◆—加 1%钛白粉

品种特性：该颜料价格低廉，含 0.1%颜料红 57：1 本色软质 PVC 耐候性只有 1 级，如与钛白粉配伍，其耐光性更差，影响其在塑料上的使用。颜料红 57：1 在聚烯烃中耐热性可以达到 220～240℃/5min。其本色耐热性会随着浓度增加而急剧下降。颜料红 57：1 用在 HDPE 等结晶型塑料中会影响翘曲变形，影响甚微。

③ 2-羟基-3-萘甲酰苯胺（色酚 AS）类红色色淀颜料　色酚 AS 是苯胺与 2,3-酸(2-羟基-3-萘甲酸)缩合得到的化合物，结构中含有色酚 AS 及其衍生物结构的色淀类颜料即色酚 AS 类色淀颜料，是一类较有价值的有机颜料。该类颜料的分子中一般含有一个或两个磺酸基。磺酸基的存在除了可以使颜料成为不溶性色淀盐外，还明显改善了该类颜料的耐溶剂性和耐迁移性。

主要品种为 C. I. 颜料红 247，C. I. 结构号 15915，分子式 $C_{32}H_{25}N_4O_7S \cdot \frac{1}{2}Ca$，CAS 登记号 43035-18-3。

结构式：

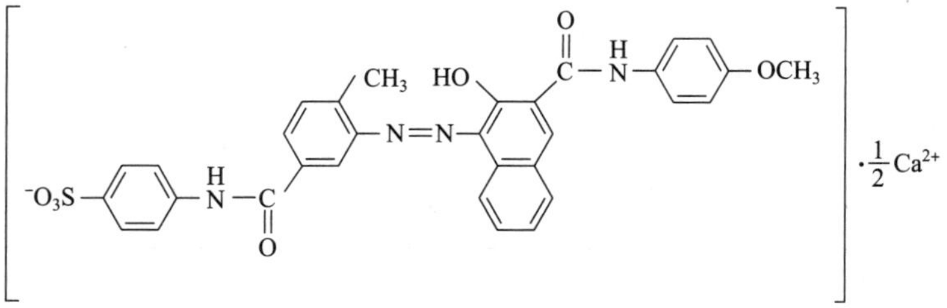

色彩表征：颜料红 247 色光为正红色，带有鲜艳的蓝光。颜料红 247 在塑料中的着色力良好，与 1%的钛白粉配制 1/3SD 的高密度聚乙烯制品仅需 0.27%的颜料。

主要性能：见表 4-37～表 4-39 和图 4-16。

表 4-37　颜料红 247 在 PVC 塑料中的应用性能

项目		颜料	钛白粉	耐光性/级	耐迁移性/级
PVC	本色	0.1%		6～7	5
	冲淡	0.1%	0.5%	6	5

表 4-38　颜料红 247 在 HDPE 塑料中的应用性能

项目		颜料	钛白粉	耐光性/级
HDPE	本色	0.27%		6～7
	1/3SD	0.27%	1%	5～6

表 4-39　颜料红 247 应用范围

通用塑料		工程塑料		纺丝	
LLDPE/LDPE	●	PS/SAN	●	PP	●
HDPE	●	ABS	●	PET	×
PP	●	PC	●	PA6	×
PVC(软)	●	PBT	●	PAN	×
PVC(硬)	●	PA	×		
橡胶	○	POM	×		

注：●表示推荐使用；○表示有条件地使用；×表示不推荐使用。

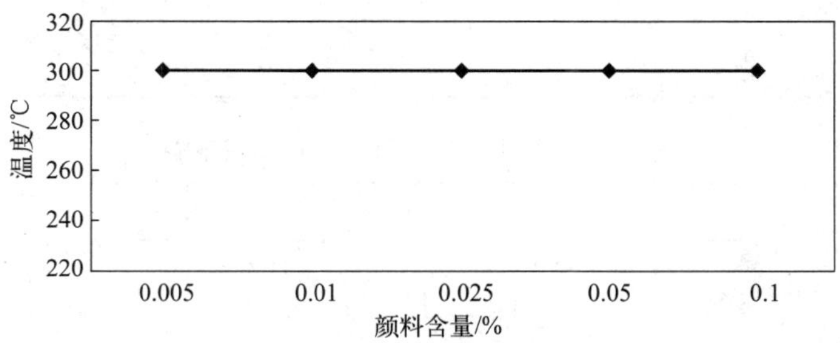

图 4-16　颜料红 247 在 HDPE 中的耐热性（本色）

品种特性：颜料红 247 耐光性良好，耐热性优异，能耐热 300℃，用在 HDPE 等结晶塑料中不会影响翘曲变形。在 PVC 中不耐渗色。

4.5.1.2　色酚 AS 衍生物类颜料

色酚 AS 衍生物类颜料是结构中含有色酚 AS 衍生物结构的偶氮化合物，具有同质多晶现象。该颜料晶体结构具有如下特征：分子几乎是平行的；分子中偶氮基一般不以偶氮形式存在，而是以腙式结构形式存在；分子内普遍存在氢键。所以色酚 AS 衍生物类颜料具有更好的性能，是塑料着色的中高档品种，产品的性能取决于取代基团，随分子中所含酰氨基的增加，产品性能变好，如颜料红187包含三个酰氨基。与同类色谱的偶氮颜料相比，它的着色力要高一些，它的耐热性视品种不同差别也很大。色酚AS衍生物类红色颜料色谱在蓝光红和黄光红之间。

① C. I. 颜料红170　分子式 $C_{26}H_{22}N_4O_4$；C. I. 结构号12475；CAS登记号2786-76-7。

结构式：

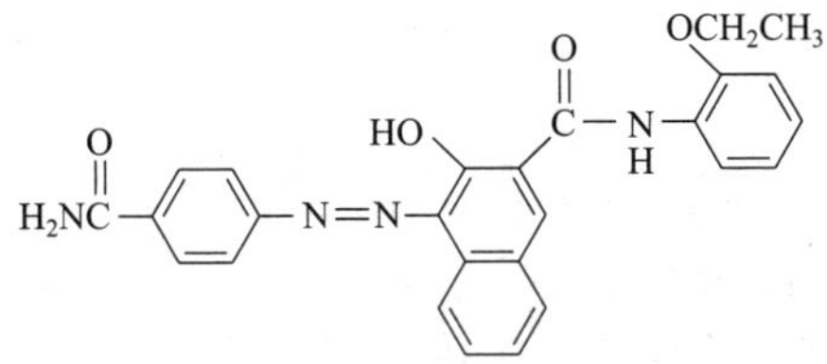

色彩表征：颜料红170为正红色，本色浓艳，饱和度高，是同类颜料中佼佼者。颜料红170具有良好着色力，与1%的钛白粉配制1/3SD的高密度聚乙烯制品仅需0.22%。颜料红170具有同质多晶性。商品有两种晶型，两者差别在于透明性不同。透明性品种略带蓝光，俗称永固红F5RK；高遮盖力品种带黄光，俗称永固红F3RK。

主要性能：见表4-40～表4-44和图4-17及图4-18。

表4-40　颜料红170（F3RK）在PVC塑料中的应用性能

项目		颜料	钛白粉	耐光性/级	耐迁移性/级
PVC	本色	0.1%		7～8	
	冲淡	0.1%	0.5%	6～7	2

表4-41　颜料红170（F3RK）在HDPE塑料中的应用性能

项目		颜料	钛白粉	耐光性/级	耐候性(3000h,0.2%)/级
HDPE	本色	0.22%		8	3
	1/3SD	0.22%	1%	7～8	

表4-42　颜料红170（F3RK）应用范围

通用塑料		工程塑料		纺丝	
LLDPE/LDPE	●	PS/SAN	×	PP	●
HDPE	●	ABS	×	PET	×
PP	●	PC	×	PA6	×
PVC(软)	○	PBT	×	PAN	●
PVC(硬)	○	PA	×		
橡胶	×	POM			

注：●表示推荐使用；○表示有条件地使用；×表示不推荐使用。

表4-43　颜料红170（F5RK）在HDPE塑料中的应用性能

项目		颜料	钛白粉	耐光性/级
HDPE	本色	0.21%		8
	1/3SD	0.21%	1%	7～8

表 4-44　颜料红 170（F5RK）应用范围

通用塑料		工程塑料		纺丝	
LLDPE/LDPE	●	PS/SAN	×	PP	●
HDPE	●	ABS	×	PET	×
PP	●	PC	×	PA6	×
PVC(软)	×	PBT	×	PAN	●
PVC(硬)	×	PA	×		
橡胶	×	POM	×		

注：●表示推荐使用；×表示不推荐使用。

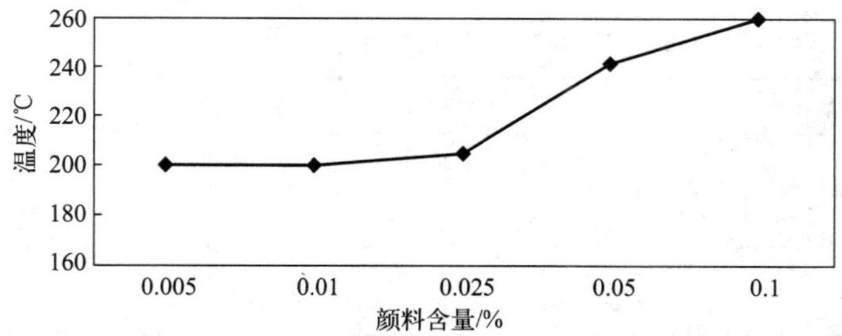

图 4-17　颜料红 170（F3RK）在 HDPE 中的耐热性（本色）

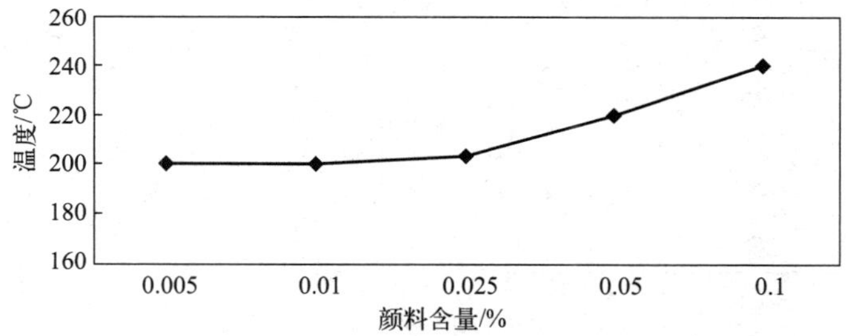

图 4-18　颜料红 170（F5RK）在 HDPE 中的耐热性（本色）

品种特性：颜料红 170 具有优良的耐光性，颜料红 170（F3RK）本色尚能基本满足长期露置在户外的要求。深色时具有良好耐热性，浅色时较差。适用于通用聚烯烃塑料中等牢度性能，性价比高。颜料红 170（F3RK）可用于 PVC 着色，但在软质聚氯乙烯中会渗色。颜料红 170（F5RK）不能用于 PVC 着色。

颜料红 170 适用于丙纶纤维纺前着色；颜料红 170 用在 HDPE 等结晶塑料中会影响翘曲变形。

② C. I. 颜料红 187　分子式 $C_{34}H_{28}ClN_5O_7$；C. I. 结构号 12486；CAS 登记号 59487-23-9。

结构式：

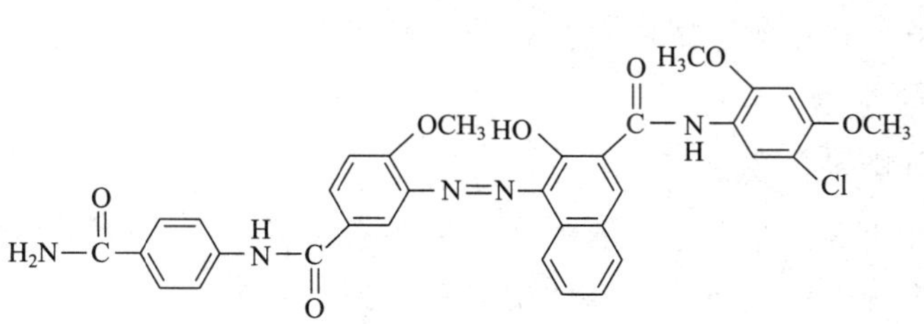

色彩表征：颜料红 187 为高透明性蓝光红色，在同类型颜料中色相最蓝。颜料红 187 具有良好着色力，与 1%的钛白粉配制 1/3SD 的高密度聚乙烯制品仅需 0.25%。颜料红 187 具有同质多晶性，有两种晶型，其中比表面积大的蓝光红有商业价值。

主要性能：见表 4-45～表 4-47 和图 4-19。

表 4-45　颜料红 187 在 PVC 塑料中的应用性能

项目		颜料	钛白粉	耐光性/级	耐候性(3000h)/级	耐迁移性/级
PVC	本色	0.1%		7	3	
	冲淡	0.1%	0.5%	7		5

表 4-46　颜料红 187 在 HDPE 塑料中的应用性能

项目		颜料	钛白粉	耐光性/级
HDPE	本色	0.25%		8
	1/3SD	0.25%	1%	8

表 4-47　颜料红 187 应用范围

通用塑料		工程塑料		纺丝	
LLDPE/LDPE	●	ABS	●	PP	●
HDPE	●	PC	●	PET	×
PP	●	PBT	●	PA6	×
PVC(软)	●	PA	×	PAN	×
PVC(硬)	●	POM	×		
橡胶	●				

注：●表示推荐使用；×表示不推荐使用。

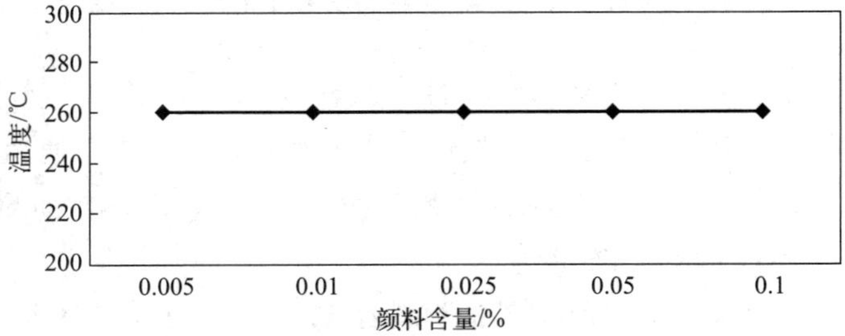

图 4-19　颜料红 187 在 HDPE 中的耐热性（本色）

品种特性：颜料红 187 用于聚烯烃着色时具有优异的耐光性、优良耐热性。颜料红 187 除了适用于聚氯乙烯和通用聚烯烃着色外，还可用于苯乙烯类工程塑料着色。颜料红 187 同样适用于丙纶纺前着色。

4.5.1.3　苯并咪唑酮颜料

苯并咪唑酮颜料得名于分子中所含的苯并咪唑酮基团。此类偶氮颜料在塑料中的各项牢度非常优异，用于聚烯烃中具有相当高的耐热性，其中有些品种是目前已知的耐热性最好的有机颜料品种。具有优异的耐光性（黄产品比红产品好），黄色系列还具有很高的耐候性，极高的耐溶剂性、耐迁移性、耐化学稳定性以及良好的耐酸性、耐碱性。

大部分苯并咪唑酮颜料不会引起聚烯烃注塑制品的翘曲，可用于大型的、非对称的注塑制品。

(1) 黄色、橙色苯并咪唑酮颜料

① C.I.颜料黄 120　分子式 $C_{21}H_{19}N_5O_7$；C.I.结构号 11783；CAS 登记号 29920-31-8。

结构式：

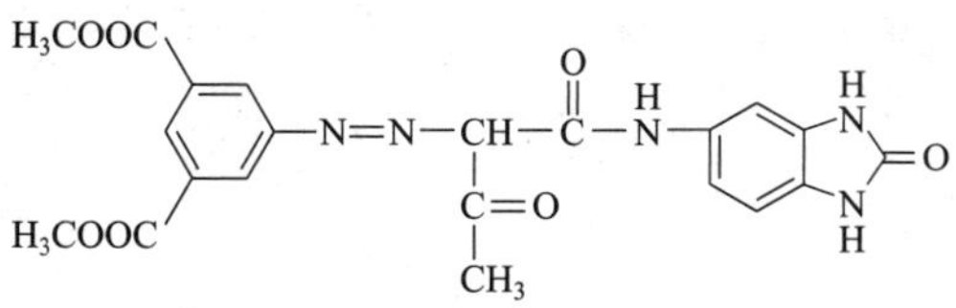

色彩表征：颜料黄 120 呈正黄色，其与 1%钛白粉配制 1/3SD 的 PE 仅需 0.38%颜料。

主要性能：见表 4-48～表 4-50 和图 4-20。

表 4-48　颜料黄 120 在 PVC 塑料中的应用性能

项目		颜料	钛白粉	耐光性/级	耐候性(3000h)/级	耐迁移性/级
PVC	本色	0.1%		8	4	5
	冲淡	0.1%	0.5%	8		

表 4-49　颜料黄 120 在 PE 塑料中的应用性能

项目		颜料	钛白粉	耐光性/级	耐候性(3000h,0.2%)级
PE	本色	0.38%		8	3～4
	1/3SD	0.38%	1%	8	

表 4-50　颜料黄 120 应用范围

通用塑料		工程塑料		纺丝	
LLDPE/LDPE	●	PS/SAN	○	PP	●
HDPE	●	ABS	●	PET	×
PP	●	PC	×	PA6	×
PVC(软)	●	PBT	×	PAN	●
PVC(硬)	●	PA	×		
橡胶	●	POM	○		

注：●表示推荐使用；○表示有条件地使用；×表示不推荐使用。

品种特性：颜料黄 120 耐光性非常优异，在 1/25SD，软质 PVC 中达 8 级，然而在以铅/镉作稳定剂的硬质 PVC 中的耐候性要远低于同系列其他产品。颜料黄 120 适用于聚氯乙烯，有 PVC 专用制备物供应。颜料黄 120 还适用于丙纶纺前着色、纺丝。

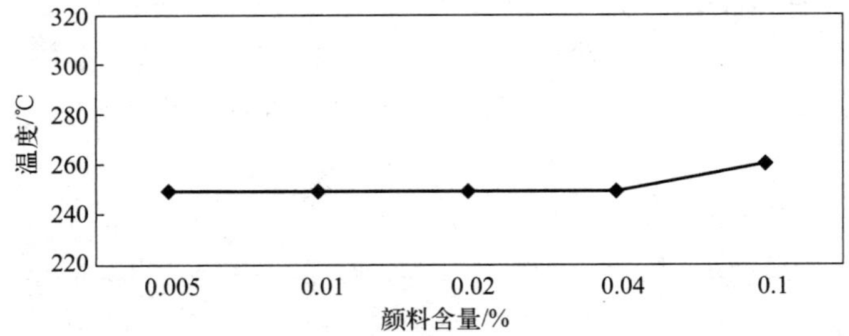

图 4-20　颜料黄 120 在 HDPE 中的耐热性（本色）

② C. I. 颜料黄 151　分子式 $C_{18}H_{15}N_5O_5$；C. I. 结构号 13980；CAS 登记号 31837-42-0。

结构式：

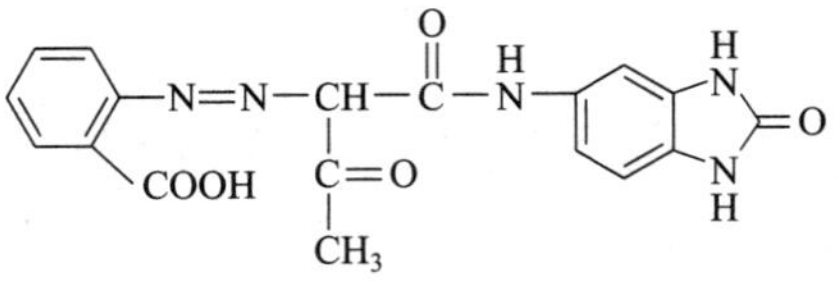

色彩表征：颜料黄 151 呈绿光黄色，着色力较低，其与 1%钛白粉配制 1/3SD 的 HDPE 需 0.38%颜料。

主要性能：见表 4-51～表 4-53 和图 4-21。

表 4-51　颜料黄 151 在 PVC 塑料中的应用性能

项目		颜料	钛白粉	耐光性/级	耐迁移性/级
PVC	本色	0.1%		7～8	5
	冲淡	0.1%	0.5%	7～8	

表 4-52　颜料黄 151 在 HDPE 塑料中的应用性能

项目		颜料	钛白粉	耐光性/级	耐候性(3000h,0.2%)/级
HDPE	本色	0.38%		8	3～4
	1/3SD	0.38%	1%	8	

表 4-53　颜料黄 151 应用范围

通用塑料		工程塑料		纺丝	
LLDPE/LDPE	●	PS/SAN	○	PP	○
HDPE	●	ABS	○	PET	×
PP	●	PC	×	PA6	×
PVC(软)	●	PBT	×	PAN	×
PVC(硬)	●	PA	×		
橡胶	●	POM	×		

注：●表示推荐使用；○表示有条件地使用；×表示不推荐使用。

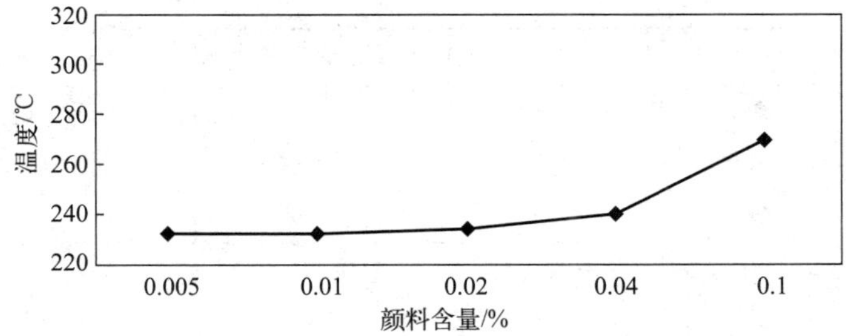

图 4-21　颜料黄 151 在 HDPE 中的耐热性（本色）

品种特性：颜料黄 151 耐光性非常优异，在 1/25SD，软质 PVC 和聚苯乙烯中的耐光性达 8 级，在硬质 PVC 中的耐候性良好。颜料黄 151 耐热性优良，在 1/3SD 聚乙烯中耐热达 260℃，超过这一温度色泽变红，饱和度降低。颜料黄 151 适用于丙纶纺前着色、纺丝。颜料黄 151 是替代铬黄的理想品种。

③ C. I. 颜料黄 181　分子式 $C_{25}H_{21}N_7O_5$；C. I. 结构号 11777；CAS 登记号 74441-05-7。

结构式：

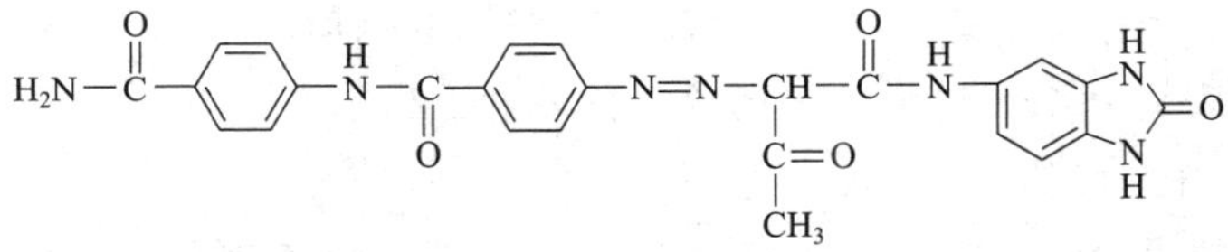

色彩表征：颜料黄 181 呈红光黄色。颜料黄 181 着色力较低，其与 1%钛白粉配制 1/3 SD 的 HDPE 需 0.44%颜料。

主要性能：见表 4-54～表 4-56 和图 4-22。

表 4-54　颜料黄 181 在 PVC 塑料中的应用性能

项目		颜料	钛白粉	耐光性/级	耐候性(3000h)/级	耐迁移性/级
PVC	本色	0.1%		8	4	5
	冲淡	0.1%	0.5%	8		5

表 4-55　颜料黄 181 在 HDPE 塑料中的应用性能

项目		颜料	钛白粉	耐光性/级	耐候性(3000h,0.2%)/级
HDPE	本色	0.44%		8	3～4
	1/3SD	0.44%	1%	8	

表 4-56　颜料黄 181 应用范围

通用塑料		工程塑料		纺丝	
LLDPE/LDPE	●	PS/SAN	●	PP	●
HDPE	●	ABS	●	PET	×
PP	●	PC	×	PA6	×

续表

通用塑料		工程塑料		纺丝	
PVC(软)	●	PBT	●	PAN	●
PVC(硬)	●	PA	×		
橡胶	●	POM	●		

注：●表示推荐使用；○表示有条件地使用；×表示不推荐使用。

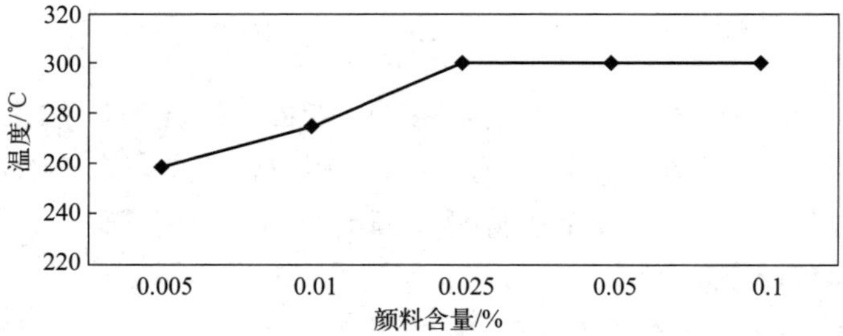

图 4-22　颜料黄 181 在 HDPE 中的耐热性（本色）

品种特性：颜料黄 181 具有优异的耐光性，其在不同塑料中均为 8 级。颜料黄 181 耐热性很好，在很低的着色浓度时耐热性也很好，不仅适用于通用聚烯烃塑料，还适用于苯乙烯类通用工程塑料。颜料黄 181 还可用于丙纶纺前着色。

④ C. I. 颜料黄 214　未公布化学结构。

色彩表征：颜料黄 214 呈非常艳丽的绿光黄色，是目前黄色有机颜料品种中色相最绿和色彩饱和度最好的品种。颜料黄 214 具有非常高的着色力，与 1%钛白粉配制 1/3SD 的 HDPE 需 0.19%颜料。

主要性能：见表 4-57～表 4-59 和图 4-23。

表 4-57　颜料黄 214 在 PVC 塑料中的应用性能

项目		颜料	钛白粉	耐光性/级	耐迁移性/级
PVC	本色	0.1%		7	5
	冲淡	0.1%	0.5%	6～7	5

表 4-58　颜料黄 214 在 HDPE 塑料中的应用性能

项目		颜料	钛白粉	耐光性/级
HDPE	本色	0.19%		7
	1/3SD	0.19%	1%	6～7

表 4-59　颜料黄 214 应用范围

通用塑料		工程塑料		纺丝	
LLDPE/LDPE	●	PS/SAN	●	PP	●
HDPE	●	ABS	●	PET	×
PP	●	PC	×	PA6	×

续表

通用塑料		工程塑料		纺丝	
PVC(软)	●	PBT	○	PAN	○
PVC(硬)	●	PA	×		
橡胶	●	POM	●		

注：●表示推荐使用；○表示有条件地使用；×表示不推荐使用。

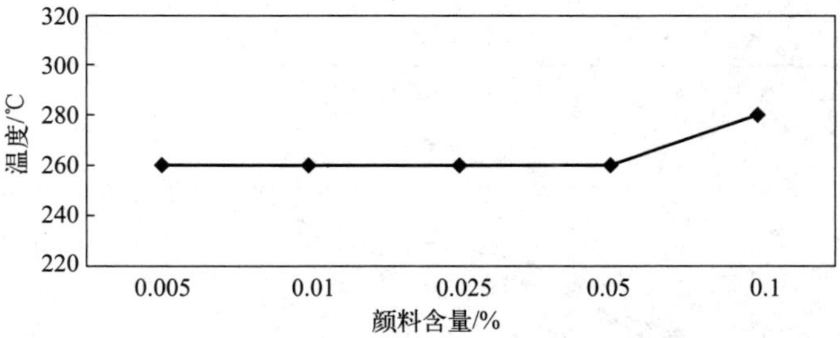

图 4-23　颜料黄 214 在 HDPE 中的耐热性（本色）

品种特性：颜料黄 214 耐光性稍差，含 1%钛白粉 1/3 SD 的 HDPE 耐光性为 6～7 级。颜料黄 214 在聚烯烃和工程塑料中的耐热性可达 280℃/5min，颜料黄 214 除了适用于通用聚烯烃着色外，还可用于苯乙烯类工程塑料着色。

⑤ C. I. 颜料橙 64　分子式 $C_{12}H_{10}N_6O_4$；C. I. 结构号 12760；CAS 登记号 72102-84-2。

结构式：

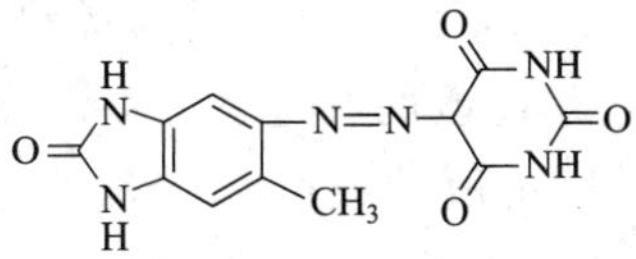

色彩表征：颜料橙 64 呈非常鲜亮红光橙色。颜料橙 64 具有非常高着色力，其与 1%钛白粉配制 1/3SD 的 HDPE 需 0.21%颜料。

主要性能：见表 4-60～表 4-62 和图 4-24。

表 4-60　颜料橙 64 在 PVC 塑料中的应用性能

项目		颜料	钛白粉	耐光性/级	耐候性(3000h)/级	耐迁移性/级	耐热性/级	
							180℃/30min	200℃/10min
PVC	本色	0.1%		7～8	3	5	4～5	4～5
	冲淡	0.2%	2%	7～8	1	5	5	5

表 4-61　颜料橙 64 在 HDPE 塑料中的应用性能

项目		颜料	钛白粉	耐光性/级	耐候性(3000h)/级	耐迁移性/级
HDPE	本色	0.1%		8	3～4	5
	冲淡	0.1%	1%	7～8	1	5

表 4-62　颜料橙 64 应用范围

通用塑料		工程塑料		纺丝	
LLDPE/LDPE	●	PS/SAN	●	PP	●
HDPE	●	ABS	●	PET	×
PP	●	PC	○	PA6	×
PVC(软)	●	PET	×	PAN	○
PVC(硬)	●	PA	×		
橡胶	●	POM	●		

注：●表示推荐使用；○表示有条件地使用；×表示不推荐使用。

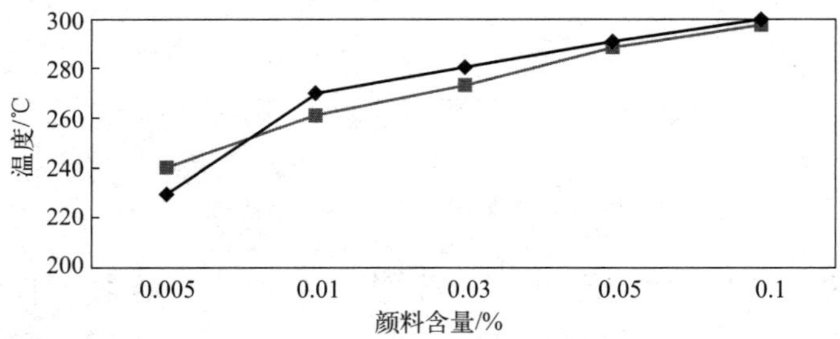

图 4-24　颜料橙 64 在 HDPE 中的耐热性

■—加 1%钛白粉；◆—本色

品种特性：颜料橙 64 耐光性非常好，在 1/3 标准深度 PVC 中耐光性为 7～8 级。在 HDPE 中的耐热性可达 290℃/5min。除了用于通用聚烯烃着色外，还可用于苯乙烯类工程塑料着色。颜料橙 64 为 HDPE 压力管道的标志色。颜料橙 64 着色力高，色彩饱和度高，综合性能优良，价格下降一定幅度后可成为橙色区标准色的潜力品种。

⑥ C. I. 颜料橙 72　未公布结构式。

色彩表征：颜料橙 72 呈亮丽黄光橙色，色彩饱和度尚可，颜料橙 72 着色力较高，其与 1%钛白粉配制 1/3 标准深度 HDPE 需 0.24%颜料。

主要性能：见表 4-63～表 4-65 和图 4-25。

表 4-63　颜料橙 72 在 PVC 塑料中的应用性能

项目		颜料	钛白粉	耐光性/级	耐候性(3000h)/级	耐迁移性/级
PVC	本色	0.1%		8	4	
	冲淡	0.1%	0.5%	7～8		5

表 4-64　颜料橙 72 在 HDPE 塑料中的应用性能

项目		颜料	钛白粉	耐光性/级	耐候性(3000h,0.2%)/级
HDPE	本色	0.24%		8	4～5
	1/3SD	0.24%	1%	8	

表 4-65　颜料橙 72 应用范围

通用塑料		工程塑料		纺丝	
LLDPE/LDPE	●	PS/SAN	●	PP	●
HDPE	●	ABS	●	PET	×
PP	●	PC	×	PA6	×
PVC(软)	●	PBT	×	PAN	●
PVC(硬)	●	PA	×		
橡胶	●	POM	●		

注：●表示推荐使用；×表示不推荐使用。

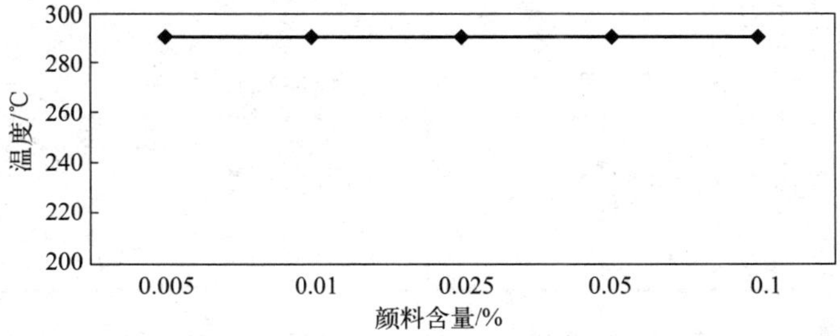

图 4-25　颜料橙 72 在 HDPE 中的耐热性（本色）

品种特性：颜料橙 72 在含 1%钛白粉 1/3 标准深度的 HDPE 中耐光性为 8 级，本色能满足长期露置在户外的要求。在 HDPE 中的耐热性可达 290℃/5min，性能优良。颜料橙 72 除了用于通用聚烯烃着色外，还可用苯乙烯类工程塑料着色。

(2) 红色、紫色、棕色苯并咪唑酮颜料

红色、紫色、棕色苯并咪唑酮颜料是 5-氨基苯并咪唑酮与 3-羟基萘-2-甲酸缩合后，与取代芳香胺重氮盐偶合而成。通用结构如下：

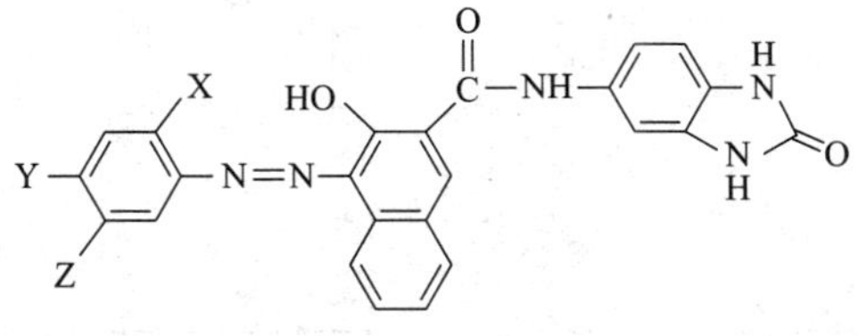

红色、棕色苯并咪唑酮颜料主要品种见表 4-66。

表 4-66　红色、棕色苯并咪唑酮颜料主要品种

颜料	CAS 登记号	X	Y	Z	颜色
红 175	6985-92-8	$COOCH_3$	H	H	暗红
红 176	12225-06-08	OCH_3	H	$CONHC_6H_5$	洋红
红 185	51920-12-8	OCH_3	SO_2NHCH_3	CH_3	艳蓝光红
红 208	31778-10-6	$COOC_4H_9$	H	H	正红
紫 32	12225-08-6	OCH_3	SO_2NHCH_3	OCH_3	艳紫红
棕 25	6992-11-6	Cl	H	Cl	红棕

① C. I. 颜料红 175　分子式 $C_{26}H_{19}N_5O_5$；C. I. 结构号 12513；CAS 登记号 6985-92-8。

结构式：

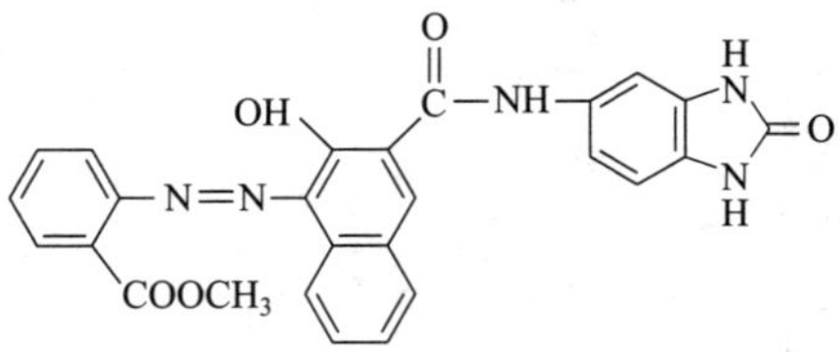

色彩表征：颜料红 175 呈暗红色，具有高透明性。颜料红 175 着色力一般，与 1%钛白粉配制 1/3SD 的 HDPE 需 0.22%颜料。

主要性能：见表 4-67～表 4-69 和图 4-26。

表 4-67　颜料红 175 在 PVC 塑料中的应用性能

项目		颜料	钛白粉	耐光性/级	耐候性(3000h)/级	耐迁移性/级
PVC	本色	0.1%		7	4	5
	冲淡	0.1%	0.5%	7～8		5

表 4-68　颜料红 175 在 HDPE 塑料中的应用性能

项目		颜料	钛白粉	耐光性/级	耐候性(3000h,0.2%)/级
HDPE	本色	0.22%		8	4
	1/3SD	0.22%	1%	8	

表 4-69　颜料红 175 应用范围

通用塑料		工程塑料		纺丝	
LLDPE/LDPE	●	PS/SAN	●	PP	●
HDPE	●	ABS	●	PET	×
PP	●	PC	×	PA6	×
PVC(软)	●	PBT	×	PAN	●
PVC(硬)	●	PA	×		
橡胶	●	POM	×		

注：●表示推荐使用；×表示不推荐使用。

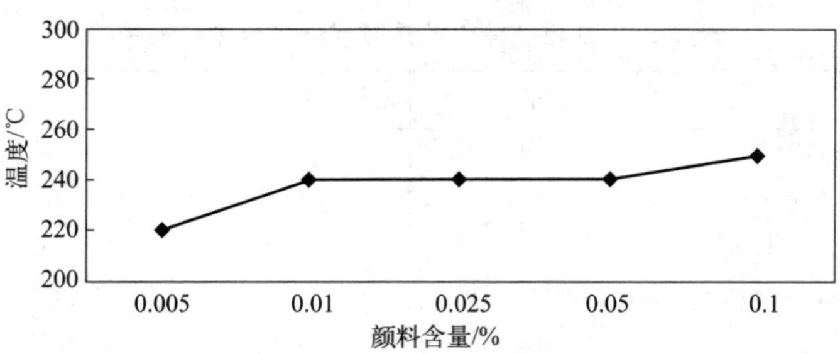

图 4-26　颜料红 175 在 HDPE 中的耐热性（本色）

品种特性：颜料红 175 具有优异的耐光性，能满足长期露置在户外的要求。颜料红 175 耐热性可达 250℃，但其耐热性随浓度降低而降低。颜料红 175 除了适用于聚氯乙烯和通用聚烯烃着色外，还可用苯乙烯类工程塑料着色。

② C. I. 颜料红 176　分子式 $C_{32}H_{24}N_6O_5$；C. I. 结构号 12515；CAS 登记号 12225-06-8。

结构式：

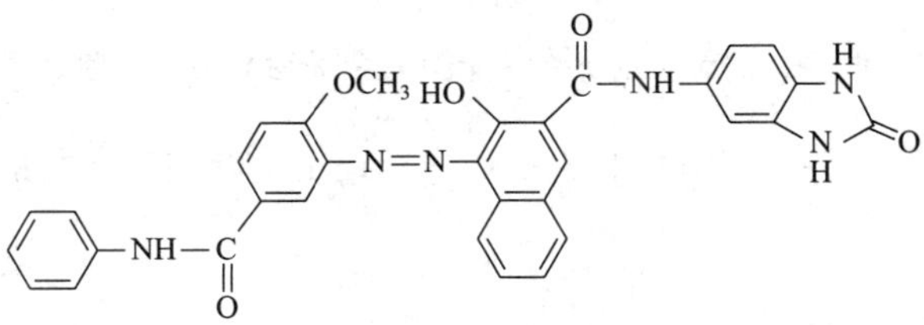

色彩表征：颜料红 176 呈洋红色，具有高着色力，与 1%钛白粉配制 1/3SD 的 HDPE 需 0.21%颜料。用钛白粉冲淡后呈漂亮的粉红色。

主要性能：见表 4-70～表 4-72 和图 4-27。

表 4-70　颜料红 176 在 PVC 塑料中的应用性能

项目		颜料	钛白粉	耐光性/级	耐迁移性/级
PVC	本色	0.1%		7	5
	冲淡	0.1%	0.5%	6～7	5

表 4-71　颜料红 176 在 HDPE 塑料中的应用性能

项目		颜料	钛白粉	耐光性/级
HDPE	本色	0.21%		7
	1/3SD	0.21%	1%	7

表 4-72　颜料红 176 应用范围

通用塑料		工程塑料		纺丝	
LLDPE/LDPE	●	PS/SAN	○	PP	●
HDPE	●	ABS	×	PET	×
PP	●	PC	●	PA6	×
PVC(软)	●	PBT	×	PAN	●
PVC(硬)	●	PA	×		
橡胶	●	POM	×		

注：●表示推荐使用；○表示有条件地使用；×表示不推荐使用。

品种特性：颜料红 176 耐光性、耐热性优良，但加入钛白粉后耐热性下降幅度较大，适用于聚氯乙烯和通用聚烯烃塑料着色，中等色牢度，性价比高。颜料红 176 适用 EVA 160℃、30min 高发泡工艺，呈亮艳粉红色。颜料红 176 适用于丙纶纺前着色、纺丝。

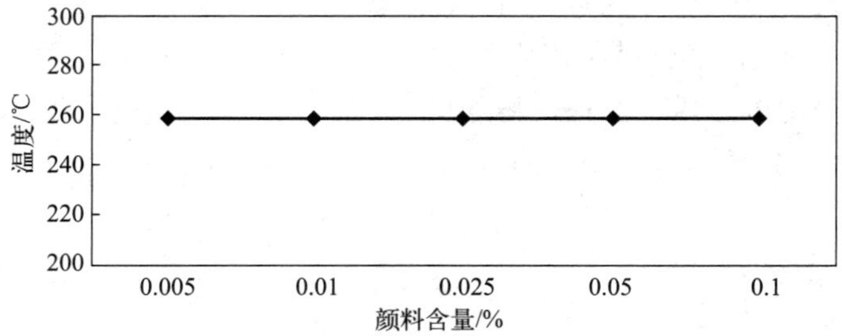

图 4-27　颜料红 176 在 HDPE 中的耐热性（本色）

③ C. I. 颜料红 185　分子式 $C_{27}H_{24}N_6O_6S$；C. I. 结构号 12516；CAS 登记号 51920-12-8。

结构式：

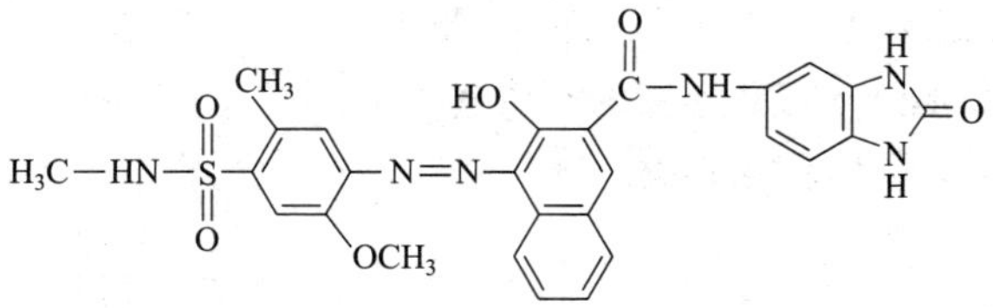

色彩表征：颜料红 185 具同质多晶性，呈艳丽蓝光红色。颜料红 185 具有高着色力，其与 1%钛白粉配制 1/3SD 的 HDPE 需 0.2%颜料。

主要性能：见表 4-73～表 4-75 和图 4-28。

表 4-73　颜料红 185 在 PVC 塑料中的应用性能

项目		颜料	钛白粉	耐光性/级	耐迁移性/级
PVC	本色	0.1%		7～8	5
	冲淡	0.1%	0.5%	7	5

表 4-74　颜料红 185 在 HDPE 塑料中的应用性能

项目		颜料	钛白粉	耐光性/级
HDPE	本色	0.2%		6
	1/3SD	0.2%	1%	5～6

表 4-75　颜料红 185 应用范围

通用塑料		工程塑料		纺丝	
LLDPE/LDPE	●	PS/SAN	●	PP	×
HDPE	●	ABS	×	PET	×
PP	●	PC	×	PA6	×
PVC(软)	●	PBT	×	PAN	○
PVC(硬)	●	PA	×		
橡胶	●	POM	×		

注：●表示推荐使用；○表示有条件地使用；×表示不推荐使用。

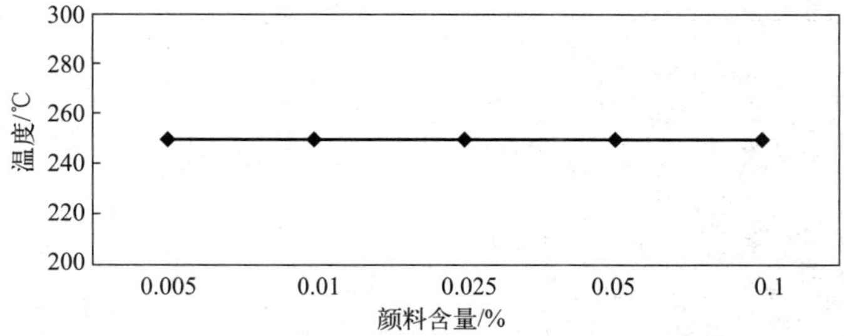

图 4-28　颜料红 185 在 HDPE 中的耐热性（本色）

品种特性：颜料红 185 耐光性、耐热性优良，其耐热性在 0.1%～0.005%范围内与浓度无关，但加入钛白粉后耐热性随钛白粉量增加而降低。颜料红 185 用于聚氯乙烯和通用聚烯烃塑料着色。

④ C.I. 颜料红 208　分子式 $C_{29}H_{25}N_5O_5$；C.I. 结构号 12514；CAS 登记号 31778-10-6。

结构式：

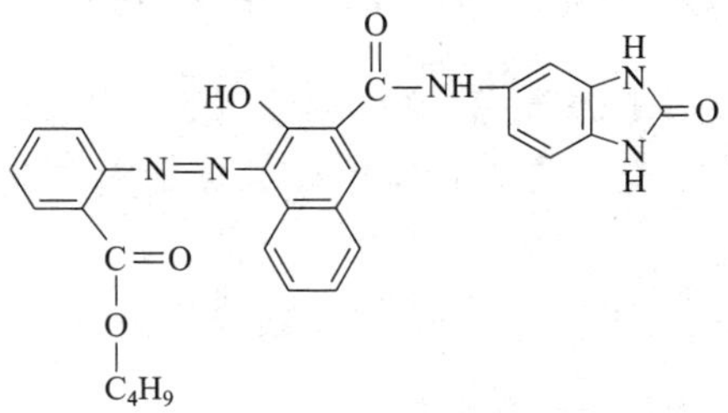

色彩表征：颜料红 208 呈正红色。颜料红 208 具有高着色力，其与 1%钛白粉配制 1/3 标准深度的 HDPE 需 0.13%颜料。

主要性能：见表 4-76～表 4-78 和图 4-29。

表 4-76　颜料红 208 在 PVC 塑料中的应用性能

项目		颜料	钛白粉	耐光性/级	耐候性(3000h)/级	耐迁移性/级
PVC	本色	0.1%		7	3	4～5
	冲淡	0.1%	0.5%	6～7		

表 4-77　颜料红 208 在 HDPE 塑料中的应用性能

项目		颜料	钛白粉	耐光性/级
HDPE	本色	0.13%		7
	1/3SD	0.13%	1%	6～7

表 4-78　颜料红 208 应用范围

通用塑料		工程塑料		纺丝	
LLDPE/LDPE	●	PS/SAN	×	PP	×
HDPE	●	ABS	×	PET	×

续表

通用塑料		工程塑料		纺丝	
PP	●	PC	×	PA6	×
PVC(软)	●	PBT	×	PAN	●
PVC(硬)	●	PA	×		
橡胶	●	POM	×		

注：●表示推荐使用；×表示不推荐使用。

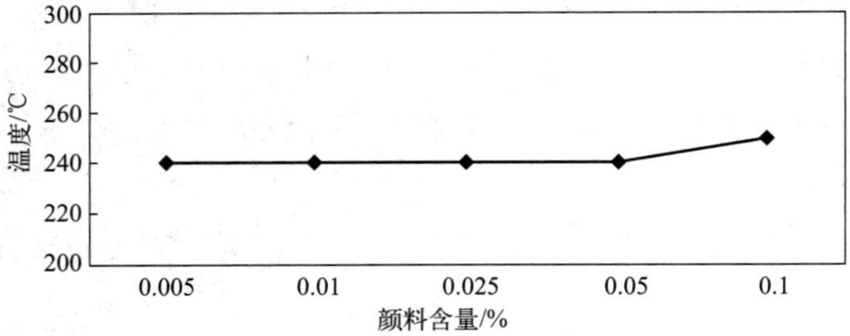

图 4-29 颜料红 208 在 HDPE 中的耐热性（本色）

品种特性：颜料红 208 在 HDPE 中的耐热性可达 240℃。但加入钛白粉会使该温度降至 200℃以下。颜料红 208 适用于聚氯乙烯和通用聚烯烃塑料着色。颜料红 208 是 PU 着色的标准红色颜料。

⑤ C. I. 颜料紫 32 分子式 $C_{27}H_{24}N_6O_7S$；C. I. 结构号 12517；CAS登记号 12225-08-0。

结构式：

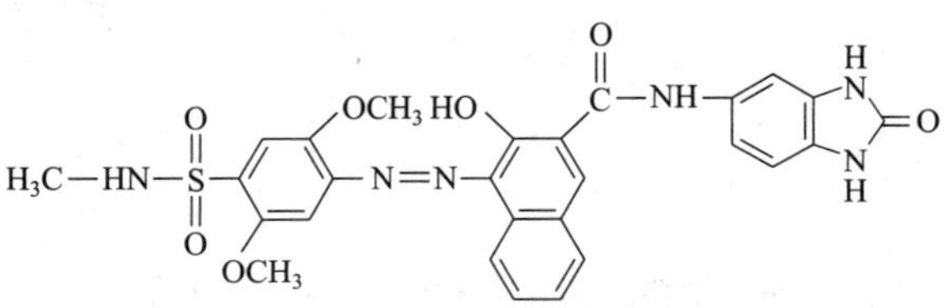

色彩表征：颜料紫 32 呈鲜艳紫红色，高透明性。颜料紫 32 具有高着色力，其与 1%钛白粉配制 1/3 标准深度的 HDPE 需 0.11%颜料。

主要性能：见表 4-79～表 4-81 和图 4-30。

表 4-79 颜料紫 32 在 PVC 塑料中的应用性能

项目		颜料	钛白粉	耐光性/级	耐候性(3000h)/级	耐迁移性/级
PVC	本色	0.1%		7～8		5
	冲淡	0.1%	0.5%	7		

表 4-80 颜料紫 32 在 HDPE 塑料中的应用性能

项目		颜料	钛白粉	耐光性/级
HDPE	本色	0.11%		7
	1/3SD	0.11%	1%	6～7

表 4-81　颜料紫 32 应用范围

通用塑料		工程塑料		纺丝	
LLDPE/LDPE	●	PS/SAN	×	PP	×
HDPE	●	ABS	×	PET	×
PP	●	PC	×	PA6	×
PVC(软)	●	PBT	×		
PVC(硬)	●	PA	×		
橡胶	○	POM	×		

注：●表示推荐使用；○表示有条件地使用；×表示不推荐使用。

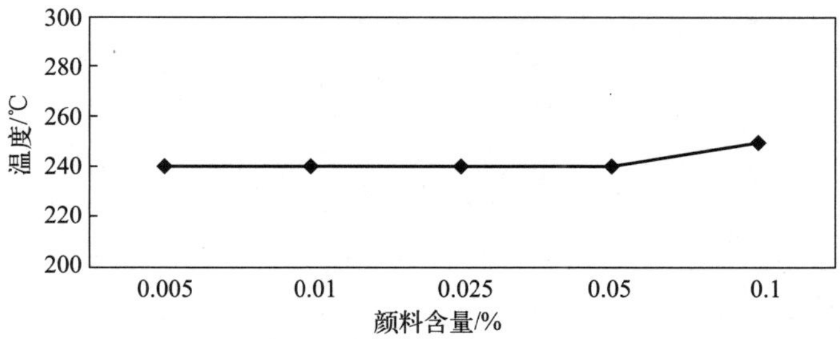

图 4-30　颜料紫 32 在 HDPE 中的耐热性（本色）

品种特性：颜料紫 32 非常耐渗色，可适用于聚氯乙烯着色，在聚烯烃中耐热性不高，所以常用于薄膜和电缆着色。颜料紫 32 适用于化纤纺前原液着色，如乙酸纤维原液、黏胶纤维原液。颜料紫 32 可替代硫靛颜料（颜料红 88）在软质 PVC 中着色，色光几乎一致。

⑥ C. I. 颜料棕 25　分子式 $C_{24}H_{15}Cl_2N_5O_3$；C. I. 结构号 12510；CAS 登记号 6992-11-6。

结构式：

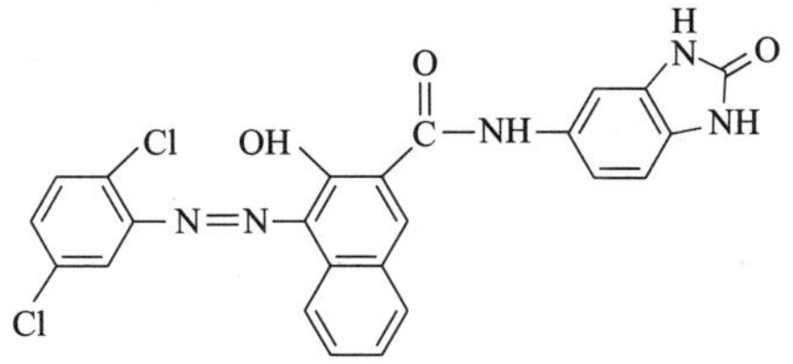

色彩表征：颜料棕 25 呈红棕色，透明度较好。颜料棕 25 在 PVC 中的着色力高，其与 1%钛白粉配制 1/3 标准深度的 HDPE 需 0.22%颜料。

主要性能：见表 4-82～表 4-84 和图 4-31。

表 4-82　颜料棕 25 在 PVC 塑料中的应用性能

项目		颜料	钛白粉	耐光性/级	耐候性(3000h)/级	耐迁移性/级
PVC	本色	0.1%		8	5	4～5
	冲淡	0.1%	0.5%	8		4～5

表 4-83　颜料棕 25 在 HDPE 塑料中的应用性能

项目		颜料	钛白粉	耐光性/级	耐候性(3000h,0.2%)/级
HDPE	本色	0.22%		8	5
	1/3SD	0.22%	1%	8	

表 4-84　颜料棕 25 应用范围

通用塑料		工程塑料		纺丝	
LLDPE/LDPE	●	PS/SAN	×	PP	●
HDPE	●	ABS	×	PET	×
PP	●	PC	×	PA6	×
PVC(软)	●	PBT	×	PAN	●
PVC(硬)	●	PA	×		
橡胶	●	POM	●		

注：●表示推荐使用；×表示不推荐使用。

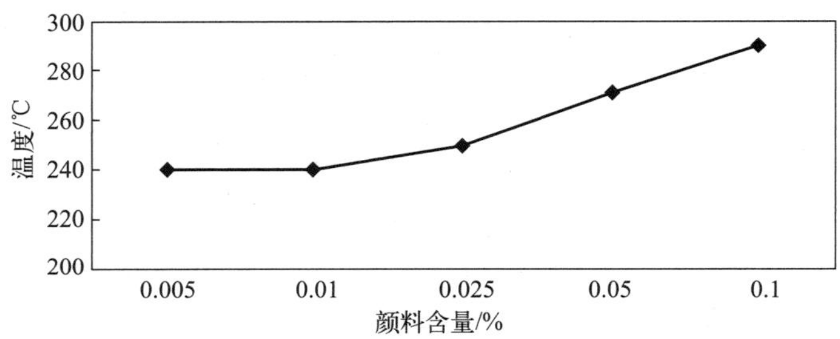

图 4-31　颜料棕 25 在 HDPE 中的耐热性（本色）

品种特性：颜料棕 25 在 PVC 中的耐光性优异，能满足长期露置在户外的要求。颜料棕 25 耐热性优良，除了用于通用聚烯烃着色外，还可用于苯乙烯类工程塑料着色。颜料棕 25 用在 HDPE 中会影响该种塑料的翘曲性，虽然变形很轻微，但加工温度低于 220℃时翘曲明显。颜料棕 25 是用于 PU 着色的标准棕色颜料。

4.5.2　双偶氮颜料

双偶氮颜料是指颜料分子中含有两个偶氮基的颜料。

4.5.2.1　黄色双偶氮颜料

(1) 二氯联苯胺类

二氯联苯胺类偶氮颜料的色谱在强绿光黄色与强红光黄色及橙色之间。1935 年问世的第一个二氯联苯胺类偶氮颜料品种是 C. I. 颜料黄 13。

二氯联苯胺类偶氮颜料具有优异的着色性能和较高的着色强度，它的着色强度比相同颜色的单偶氮黄色颜料高一倍以上，但其耐光性（除颜料黄 83）均一般。

二氯联苯胺类偶氮颜料在加工时有良好的分散性，但用于塑料加工时，当温度超过

200℃就会发生热分解，故不适用于加工温度超过200℃的塑料。

目前在塑料工业中常用的双氯联苯胺类黄色偶氮颜料为3,3′-二氯联苯胺与乙酰乙酰苯胺及其衍生物的偶合产物，通用结构如下：

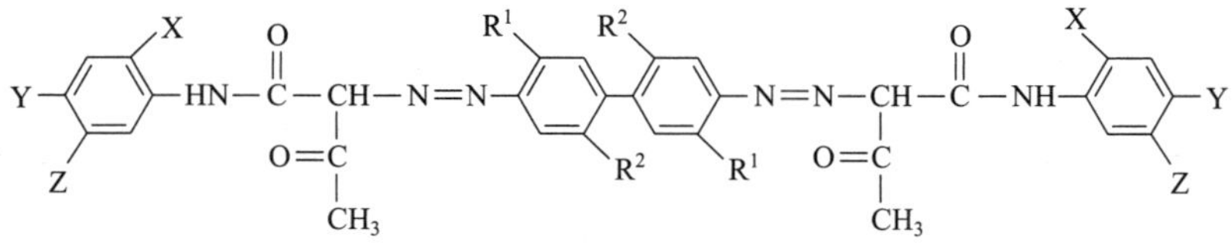

目前在塑料工业中常用的双氯联苯胺类黄色双偶氮颜料品种列于表4-85。

表4-85 塑料工业中常用的双氯联苯胺类黄色偶氮颜料

C. I. 颜料	CAS登记号	R^1	R^2	X	Y	Z	颜色
颜料黄12	6358-85-6	Cl	H	H	H	H	黄色
颜料黄13	5102-83-0	Cl	H	CH_3	CH_3	H	黄色
颜料黄14	5468-75-7	Cl	H	CH_3	H	H	黄色
颜料黄17	4531-49-1	Cl	H	OCH_3	H	H	绿光黄色
颜料黄81	22094-93-5	Cl	Cl	CH_3	CH_3	H	绿光黄色
颜料黄83	5567-15-7	Cl	H	OCH_3	Cl	OCH_3	红光黄色

① C. I. 颜料黄12　分子式 $C_{32}H_{26}Cl_2N_6O_4$；C. I. 结构号21100；CAS登记号6358-85-6。

结构式：

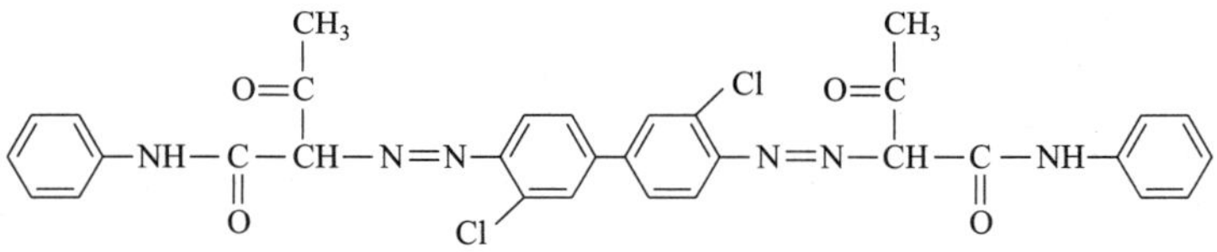

色彩表征：颜料黄12呈纯正黄色，着色力高。

主要性能：颜料黄12主要用于油墨工业，在塑料加工中很少使用，因其在聚氯乙烯中易迁移。

品种特性：颜料黄12大量用于EVA发泡塑料上，其鲜艳的纯黄色深受用户的青睐。也有用户用于薄膜和扁丝，使用时需注意其耐迁移性、耐热性和耐光性。

② C. I. 颜料黄13　分子式 $C_{36}H_{34}Cl_2N_6O_4$；C. I. 结构号21100；CAS登记号5102-83-0。

结构式：

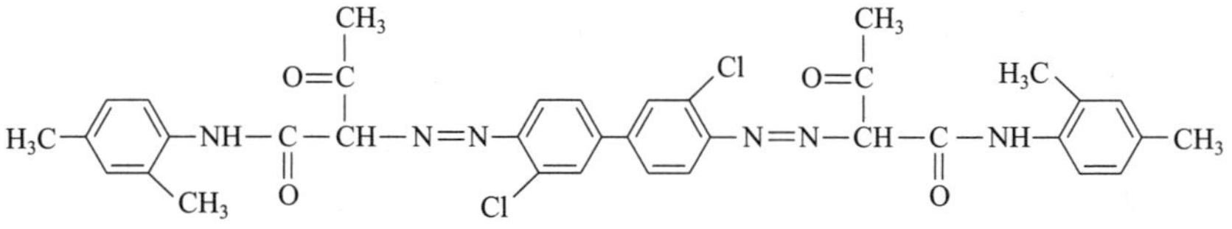

色彩表征：颜料黄13呈正黄色，较颜料黄12绿，比颜料黄17红。颜料黄13着色力高，在与5%的钛白粉配制1/3SD软PVC时所需颜料的浓度为0.3%，与1%的钛白粉配制1/3 SD的HDPE仅需0.11%的颜料。

主要性能：见表 4-86～表 4-88。

表 4-86　颜料黄 13 在 PVC 塑料中的应用性能

项目		颜料	钛白粉	耐光性/级	耐迁移性/级
PVC	本色	0.1%		6～7	3
	冲淡	0.1%	0.5%	6～7	

表 4-87　颜料黄 13 在 PE 塑料中的应用性能

项目		颜料	钛白粉	耐光性/级
PE	本色	0.11%		6～7
	1/3SD	0.11%	1%	6

表 4-88　颜料黄 13 应用范围

通用塑料		工程塑料		纺丝	
LLDPE/LDPE	●	PS/SAN	×	PP	×
HDPE	○	ABS	×	PET	×
PP	○	PC	×	PA6	×
PVC(软)	●	PBT	×	PAN	○
PVC(硬)	●	PA	×		
橡胶	●	POM	×		

注：●表示推荐使用；○表示有条件地使用；×表示不推荐使用。

品种特性：颜料黄 13 价格低廉，但安全性受限，须谨慎使用！颜料黄 13 在软质聚氯乙烯中应用时，其耐迁移性比颜料黄 12 好得多；但当颜料含量低于 0.05%时会起霜。应用于硬质 PVC 时耐迁移性较好。颜料黄 13 在 HDPE 中应用时，如加工温度太低，会影响塑料的翘曲变形。

③ C. I. 颜料黄 14　分子式 $C_{34}H_{30}Cl_2N_6O_4$；C. I. 结构号 21095；CAS 登记号 5468-75-7。

结构式：

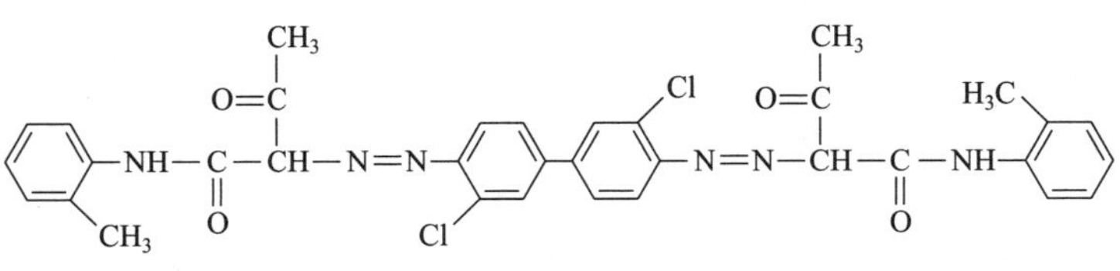

色彩表征：颜料黄 14 是一个色光较纯、带绿光的黄色品种，比颜料黄 13 绿得多。颜料黄 14 着色力高，在与 5%的钛白粉配制 1/3SD 软质 PVC 时所需颜料的浓度为 0.31%，与 1%的钛白粉配制 1/3SD 的 HDPE 仅需 0.1%的颜料。

主要性能：见表 4-89～表 4-91。

表 4-89　颜料黄 14 在 PVC 塑料中的应用性能

项目		颜料	钛白粉	耐光性/级	耐迁移性/级
PVC	本色	0.1%		6～7	
	冲淡	0.1%	0.5%	6	3

表 4-90　颜料黄 14 在 HDPE 塑料中的应用性能

项目		颜料	钛白粉	耐光性/级
HDPE	本色	0.1%		5
	1/3SD	0.1%	1%	4～5

表 4-91　颜料黄 14 应用范围

通用塑料		工程塑料		纺丝	
LLDPE/LDPE	●	PS/SAN	×	PP	×
HDPE	×	ABS	×	PET	×
PP	×	PC	×	PA6	×
PVC(软)	●	PBT	×	PAN	×
PVC(硬)	●	PA	×		
橡胶	●	POM	×		

注：●表示推荐使用；×表示不推荐使用。

品种特性：颜料黄 14 价格低廉，但安全性受限，须谨慎使用！颜料黄 14 在塑料加工中的应用要求，视地区不同差别很大。在欧洲几乎不推荐用于塑料，在日本却推荐用于塑料。颜料黄 14 价格比颜料黄 13 及颜料黄 17 低而且着色力高，因此在国内被大量用于低密度聚乙烯塑料中，但颜料黄 14 的迁移性常常给使用者带来很大的麻烦。颜料黄 14 可用于橡胶、黏胶纤维原液着色。用于黏胶纤维时耐光性不好，需注意。

④ C.I.颜料黄 17　分子式 $C_{34}H_{30}Cl_2N_6O_6$；C.I.结构号 21105；CAS 登记号 4531-49-1。

结构式：

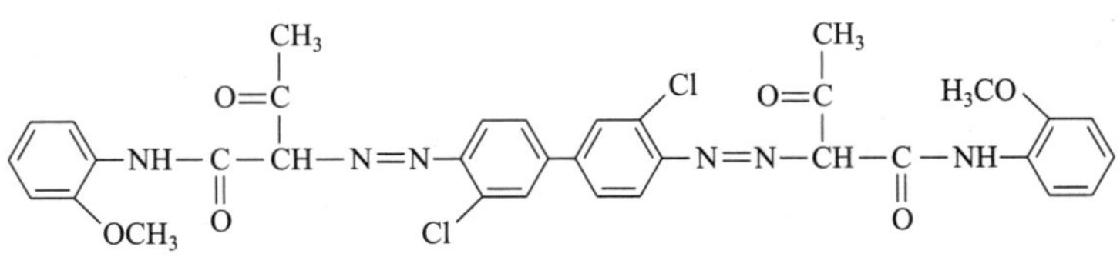

色彩表征：颜料黄 17 的色光比颜料黄 14 绿一些，比颜料黄 12 更绿一些。大多数颜料黄 17 为高透明品种。因此在塑料着色中具有意想不到的鲜艳荧光效果。颜料黄 17 着色力较颜料黄 14 差，与 1%的钛白粉配制 1/3SD 的 HDPE 需 0.13%的颜料，但两者在相同浓度时其耐光性比颜料黄 14 约高 1～2 级。

主要性能：见表 4-92～表 4-94。

表 4-92　颜料黄 17 在 PVC 塑料中的应用性能

项目		颜料	钛白粉	耐光性/级	耐迁移性/级
PVC	本色	0.1%		7	
	冲淡	0.1%	0.5%	6～7	3

表 4-93　颜料黄 17 在 HDPE 塑料中的应用性能

项目		颜料	钛白粉	耐光性/级
HDPE	本色	0.13%		7
	1/3SD	0.13%	1%	6～7

表 4-94　颜料黄 17 应用范围

通用塑料		工程塑料		纺丝	
LLDPE/LDPE	●	PS/SAN	×	PP	●
HDPE	○	ABS	×	PET	×
PP	○	PC	×	PA6	×
PVC(软)	●	PBT	×	PAN	●
PVC(硬)	●	PA	×		
橡胶	●	POM	×		

注：●表示推荐使用；○表示有条件地使用；×表示不推荐使用。

品种特性：颜料黄 17 价格低廉，但安全性受限，须谨慎使用！颜料黄 17 因良好的绝缘性可用于聚氯乙烯制备的绝缘电缆着色。颜料黄 17 适用于丙纶纺前着色。

⑤ C. I. 颜料黄 81　分子式 $C_{36}H_{32}Cl_4N_6O_4$；C. I. 结构号 21127；CAS 登记号 22094-93-5。

结构式：

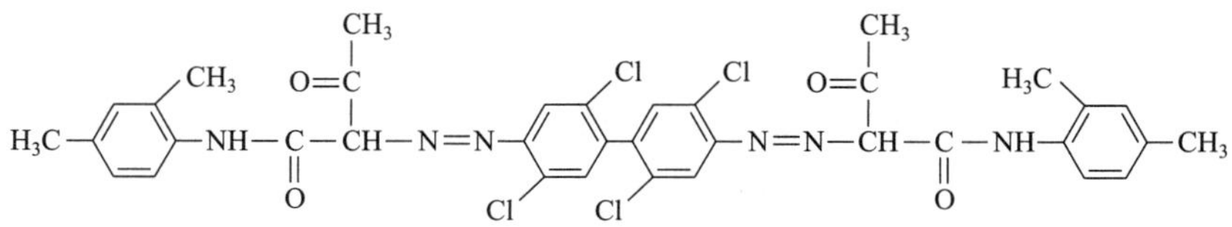

色彩表征：颜料黄 81 带强烈的绿光；加入钛白粉后色光更偏绿。颜料黄 81 着色力低，在与 5%的钛白粉配制 1/3SD 软质 PVC 时所需颜料的浓度为 1.15%，与 1%的钛白粉配制 1/3SD 的 HDPE 仅需 0.27%的颜料。

主要性能：见表 4-95～表 4-97。

表 4-95　颜料黄 81 在 PVC 塑料中的应用性能

项目		颜料	钛白粉	耐光性/级	耐迁移性/级
PVC	冲淡	0.1%	0.5%	7	5

表 4-96　颜料黄 81 在 HDPE 塑料中的应用性能

项目		颜料	钛白粉	耐光性/级
HDPE	本色	0.27%		7
	1/3SD	0.27%	1%	7

表 4-97　颜料黄 81 应用范围

通用塑料		工程塑料		纺丝	
LLDPE/LDPE	●	PS/SAN	×	PP	×
HDPE	○	ABS	×	PET	×
PP	○	PC	×	PA6	×
PVC(软)	●	PBT	×	PAN	○
PVC(硬)	●	PA	×		
橡胶	●	POM	×		

注：●表示推荐使用；○表示有条件地使用；×表示不推荐使用。

品种特性：颜料黄 81 安全性受限，须谨慎使用！颜料黄 81 用于软质聚氯乙烯时，如颜料的使用浓度过低，也许会起霜。颜料黄 81 不会影响 HDPE 塑料的翘曲性。

⑥ C. I. 颜料黄 83　分子式 $C_{36}H_{32}Cl_4N_6O_8$；C. I. 结构号 21108；CAS 登记号 5567-15-7。

结构式：

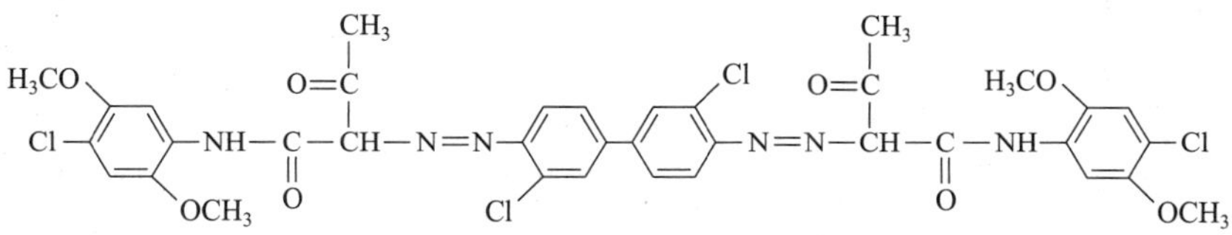

色彩表征：颜料黄 83 呈红光黄色，色光比颜料黄 13 更红，着色力也更强。与 1%的钛白粉配制 1/3SD 的 HDPE 仅需 0.08%的颜料。

主要性能：见表 4-98～表 4-100。

表 4-98　颜料黄 83 在 PVC 塑料中的应用性能

项目		颜料	钛白粉	耐光性/级	耐候性(3000h)/级	耐迁移性/级
PVC	本色	0.1%		7～8	4～5	
	冲淡	0.1%	0.5%	7～8		5

表 4-99　颜料黄 83 在 HDPE 塑料中的应用性能

项目		颜料	钛白粉	耐光性/级
HDPE	本色	0.8%		7
	1/3SD	0.08%	1%	6～7

表 4-100　颜料黄 83 应用范围

通用塑料		工程塑料		纺丝	
LLDPE/LDPE	●	PS/SAN	●	PP	●
HDPE	●	ABS	○	PET	×
PP	●	PC	×	PA6	×
PVC(软)	●	PBT		PAN	×

续表

通用塑料		工程塑料		纺丝	
PVC(硬)	●	PA	×		
橡胶	●	POM			

注：●表示推荐使用；○表示有条件地使用；×表示不推荐使用。

品种特性：颜料黄 83 价格低廉，但安全性受限，须谨慎使用！颜料黄 83 具有良好的耐溶剂性，即使低浓度时在 PVC 中也不会迁移。颜料黄 83 在聚烯烃塑料中常以颜料制备物形式应用。颜料黄 83 适用于丙纶纺前着色。

(2) 苯并咪唑酮类

C. I. 颜料黄 180 是苯并咪唑酮系列中唯一的双偶氮颜料。分子式 $C_{36}H_{32}N_{10}O_8$；C. I. 结构号 21290；CAS 登记号 77804-81-0。

结构式：

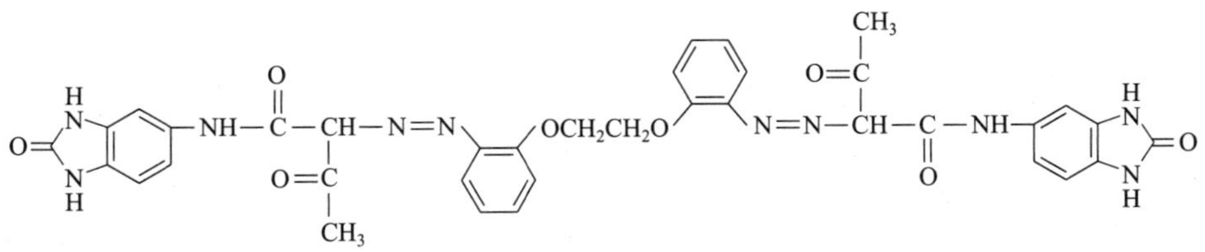

色彩表征：颜料黄 180 呈绿光黄色，与单偶氮苯并咪唑酮类颜料相比具有较高的着色力，与 1%钛白粉配制 1/3 标准深度的 HDPE 仅需 0.16%颜料。

主要性能：见表 4-101～表 4-103 和图 4-32。

表 4-101　颜料黄 180 在 PVC 塑料中的应用性能

项目		颜料	钛白粉	耐光性/级	耐迁移性/级
PVC	本色	0.1%		6～7	5
	冲淡	0.1%	0.5%	6～7	5

表 4-102　颜料黄 180 在 HDPE 塑料中的应用性能

项目		颜料	钛白粉	耐光性/级
HDPE	本色	0.16%		6～7
	1/3SD	0.16%	1%	6～7

表 4-103　颜料黄 180 应用范围

通用塑料		工程塑料		纺丝	
LLDPE/LDPE	●	PS/SAN	●	PP	●
HDPE	●	ABS	●	PET	×
PP	●	PC	●	PA6	×
PVC(软)	●	PBT	●	PAN	●
PVC(硬)	●	PA	×		
橡胶	●	POM	●		

注：●表示推荐使用；×表示不推荐使用。

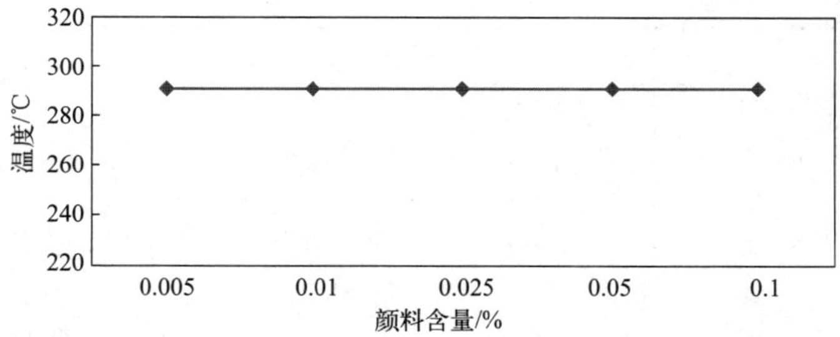

图 4-32　颜料黄 180 在 HDPE 中的耐热性（本色）

品种特性：颜料黄 180 在 HDPE 中的耐热性优异，而且在很宽的范围内与着色浓度无关，只有低于 0.005％以下耐热性会下降。不仅适用于通用聚烯烃塑料，还特别适用于通用工程塑料，如聚碳酸酯、聚苯乙烯和聚酯。颜料黄 180 适用于丙纶纺前着色、纺丝。颜料黄 180 可成为中黄色区标准色潜力品种。

4.5.2.2　橙色双偶氮颜料

主要为 3,3′-二氯联苯胺与吡唑啉酮及其衍生物的偶合产物。

(1) C. I. 颜料橙 13

分子式 $C_{32}H_{24}Cl_2N_8O_2$；C. I. 结构号 21110；CAS 登记号 3520-72-7。

结构式：

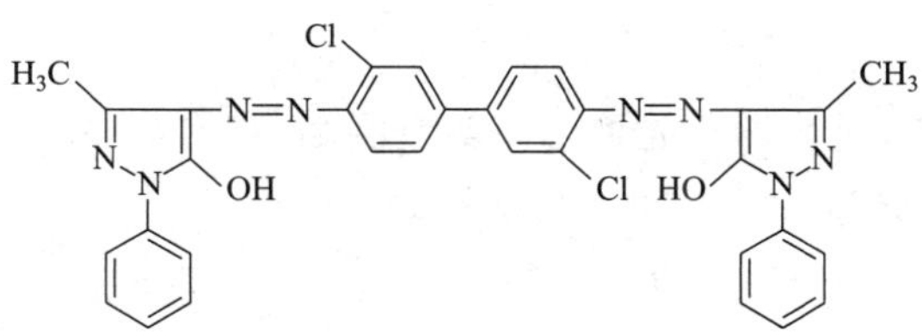

色彩表征：颜料橙 13 呈艳丽黄光橙色，色光比颜料橙 34 略黄。颜料橙 13 着色强度比颜料橙 34 略高。与 1％的钛白粉配制 1/3 标准深度的 HDPE 仅需 0.12％的颜料。

主要性能：见表 4-104～表 4-106。

表 4-104　颜料橙 13 在 PVC 塑料中的应用性能

项目		颜料	钛白粉	耐光性/级	耐迁移性/级
PVC	本色	0.1％		6	
	冲淡	0.1％	0.5％	4～5	2

表 4-105　颜料橙 13 在 HDPE 塑料中的应用性能

项目		颜料	钛白粉	耐光性/级
HDPE	本色	0.12％		5
	1/3SD	0.12％	1％	4

表 4-106 颜料橙 13 应用范围

通用塑料		工程塑料		纺丝	
LLDPE/LDPE	●	PS/SAN	×	PP	○
HDPE	○	ABS	×	PET	×
PP	○	PC	×	PA6	×
PVC(软)	●	PBT	×	PAN	●
PVC(硬)	●	PA	×		
橡胶	●	POM	×		

注：●表示推荐使用；○表示有条件地使用；×表示不推荐使用。

品种特性：颜料橙 13 价格低廉，但安全性受限，须谨慎使用！颜料橙 13 不影响结晶塑料 HDPE 的翘曲性。

(2) C. I. 颜料橙 34

分子式 $C_{34}H_{28}Cl_2N_8O_2$；C. I. 结构号 21115；CAS 登记号 15793-73-4。

结构式：

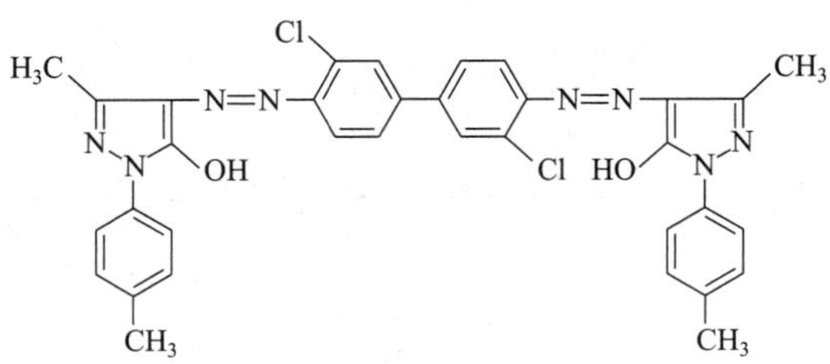

色彩表征：颜料橙 34 呈艳丽黄光橙色。颜料橙 34 具有较高的着色力。与 1%的钛白粉配制 1/3 标准深度的 HDPE 仅需 0.19%的颜料。

主要性能：见表 4-107～表 4-109。

表 4-107 颜料橙 34 在 PVC 塑料中的应用性能

项目		颜料	钛白粉	耐光性/级	耐迁移性/级
PVC	本色	0.1%		7～8	2～3
	冲淡	0.1%	0.5%	6	

表 4-108 颜料橙 34 在 HDPE 塑料中的应用性能

项目		颜料	钛白粉	耐光性/级
HDPE	本色	0.19%		6～7
	冲淡	0.19%	1%	5～6

表 4-109 颜料橙 34 应用范围

通用塑料		工程塑料		纺丝	
LLDPE/LDPE	●	PS/SAN	×	PP	×
HDPE	○	ABS	×	PET	×
PP	○	PC	×	PA6	×

续表

通用塑料		工程塑料		纺丝	
PVC(软)	●	PBT	×	PAN	×
PVC(硬)	●	PA	×		
橡胶	●	POM	×		

注：●表示推荐使用；○表示有条件地使用；×表示不推荐使用。

品种特性：颜料橙 34 价格低廉，但安全性受限，须谨慎使用！颜料橙 34 在软质聚氯乙烯中应用浓度低于 0.1%时会起霜，在高浓度时则会渗色。颜料橙 34 不影响结晶塑料 HDPE 的翘曲变形。

4.5.2.3 红色双偶氮颜料

C. I. 颜料红 38：分子式 $C_{36}H_{28}Cl_2N_8O_6$；C. I. 结构号 21120；CAS 登记号 6358-87-8。

结构式：

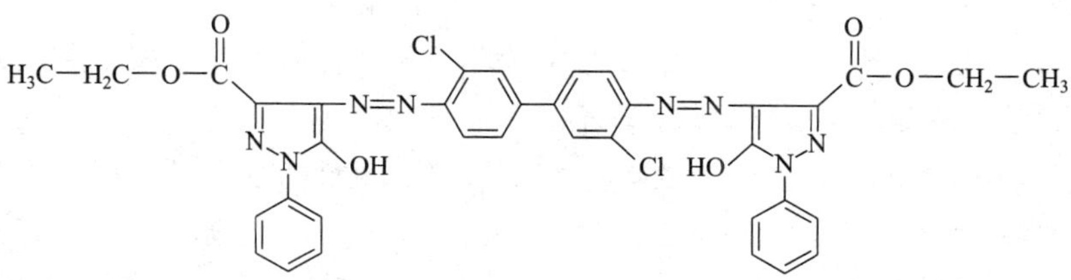

色彩表征：颜料红 38 呈高透明正红色。颜料红 38 在 PVC 中具有较高的着色力。在与 5%的钛白粉配制 1/3SD 软质 PVC 时所需颜料的浓度为 0.33%，与 1%的钛白粉配制 1/3SD 的 HDPE 仅需 0.13%的颜料。

主要性能：见表 4-110～表 4-112。

表 4-110 颜料红 38 在 PVC 塑料中的应用性能

项目		颜料	钛白粉	耐光性/级	耐迁移性/级
PVC	本色	0.1%		6～7	
	冲淡	0.1%	0.5%	5～6	3

表 4-111 颜料红 38 在 HDPE 塑料中的应用性能

项目		颜料	钛白粉	耐光性/级
HDPE	本色	0.13%		6
	1/3SD	0.13%	1%	4～5

表 4-112 颜料红 38 应用范围

通用塑料		工程塑料		纺丝	
LLDPE/LDPE	●	PS/SAN	×	PP	×
HDPE	○	ABS	×	PET	×
PP	○	PC	×	PA6	×

续表

通用塑料		工程塑料		纺丝	
PVC(软)	●	PBT	×	PAN	●
PVC(硬)	●	PA	×		
橡胶	●	POM	×		

注：●表示推荐使用；○表示有条件地使用；×表示不推荐使用。

品种特性：颜料红 38 在软、硬质聚氯乙烯中含量过低时会起霜。颜料红 38 适用于电缆着色，具有良好的电性能。颜料红 38 通过了美国 FDA 认证，特适用于橡胶制品着色。

4.5.3 缩合偶氮颜料

单偶氮颜料虽然制造工艺相对简单，但是由于分子量相对较小及其他原因，在塑料上的应用性能不理想；黄色双偶氮颜料大多数以双乙酰乙酰芳胺为偶合组分，分子量相对较大，但它们的应用性能基本上与单偶氮颜料相似，而安全性受限。瑞士汽巴精化公司 20 世纪 50 年代开发了分子量较大并含多个酰胺基团的双偶氮颜料，它的特点是两个单偶氮颜料通过一个芳二酰胺的桥连在一起，所以称缩合偶氮颜料。

缩合偶氮颜料分子结构中含多个酰胺基团并增加了颜料的分子量，所以大大改善了颜料的耐热性、耐光性、耐候性、耐溶剂性和耐迁移性，而且它的色谱较广，从绿光很强的黄色到蓝光红色或紫色直至棕色。缩合偶氮颜料在塑料中分散性好（除颜料红 220）。缩合偶氮颜料生产成本较高，色泽也没有单偶氮颜料鲜艳。

(1) 黄色缩合偶氮颜料

① C. I. 颜料黄 93　分子式 $C_{43}H_{35}Cl_5N_8O_6$；C. I. 结构号 20710；CAS 登记号 5580-57-4。

结构式：

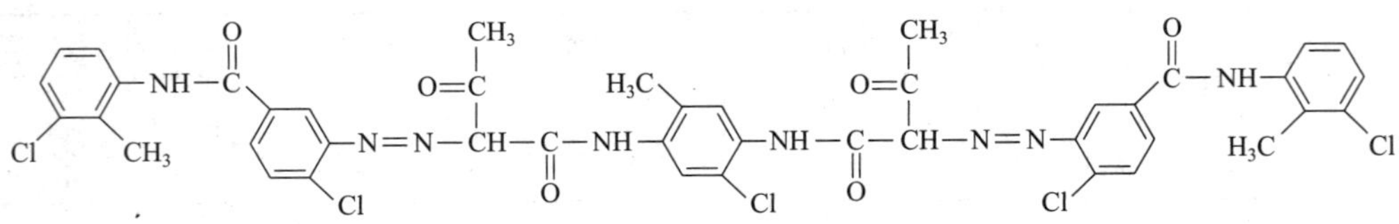

色彩表征：颜料黄 93 呈绿光黄色。颜料黄 93 的着色力中等，与 1%钛白粉调配 1/3 标准深度的软质 PVC 时仅需 0.15%的颜料，与 1%的钛白粉配制 1/3SD 的聚烯烃（PO）仅需 0.18%的颜料。

主要性能：见表 4-113～表 4-115 和图 4-33。

表 4-113　颜料黄 93 在 PVC 塑料中的应用性能

项目		颜料	钛白粉	耐光性/级	耐候性(2000h)/级	耐迁移性/级	耐热性/级	
							180℃/30min	200℃/10min
PVC	本色	0.1%		8	5	5	5	5
	冲淡	0.2%	2%	7～8	4～5	5	5	5

表 4-114　颜料黄 93 在 HDPE 塑料中的应用性能

项目		颜料	钛白粉	耐光性/级	耐候性(3000h)/级	耐迁移性/级
HDPE	本色	0.1%		8	3～4	5
	冲淡	0.1%	1%	6～7	2	5

表 4-115　颜料黄 93 应用范围

通用塑料		工程塑料		纺丝	
LLDPE/LDPE	●	PS/SAN	●	PP	●
HDPE	●	ABS	○	PET	×
PP	●	PC	×	PA6	×
PVC(软)	●	PET	×	PAN	
PVC(硬)	●	PA6	×		
橡胶	●	POM	●		

注：●表示推荐使用；○表示有条件地使用；×表示不推荐使用。

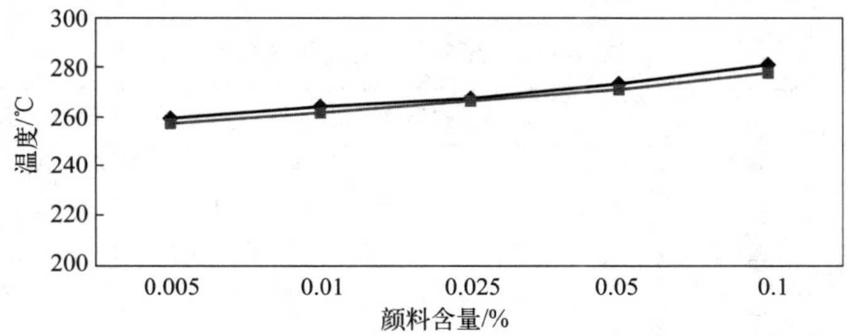

图 4-33　颜料黄 93 在 HDPE 中的耐热性

■—加 1%钛白粉；◆—本色

品种特性：颜料黄 93 具有优良的耐光性、耐候性，本色基本能满足长期露置在户外的要求。颜料黄 93 在聚烯烃中的耐热性非常优异，与 1%钛白粉配制 1/3SD 的 HDPE 耐热可达 270℃。颜料黄 93 在软质 PVC 中应用不会发生迁移。颜料黄 93 除了用于通用聚烯烃着色外，还可用于苯乙烯类工程塑料着色。颜料黄 93 适用于丙纶纺前着色。颜料黄 93 用在 HDPE 中会影响该塑料的翘曲，变形甚微。

② C. I. 颜料黄 95　分子式 $C_{44}H_{38}Cl_4N_8O_6$；C. I. 结构号 20034；CAS 登记号 5280-80-8。

结构式：

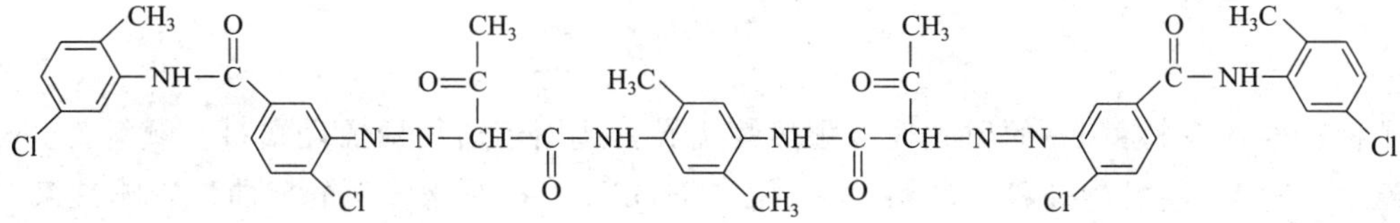

色彩表征：颜料黄 95 呈红光黄色，标准深度时它的色光在颜料黄 13 和颜料黄 83 之间。颜料黄 95 的着色力极高，是黄色缩合偶氮颜料中着色力最高的。与 1%的钛白粉配制 1/

3SD的软质PVC时仅需0.13%的颜料，与1%的钛白粉配制1/3SD的PO仅需0.14%的颜料。

主要性能：见表4-116～表4-118和图4-34。

表4-116　颜料黄95在PVC塑料中的应用性能

项目		颜料	钛白粉	耐光性/级	耐候性(2000h)/级	耐迁移性/级	耐热性/级	
							180℃/30min	200℃/10min
PVC	本色	0.1%		8	5	5	5	5
	冲淡	0.2%	2%	7～8	3～4	5	5	5

表4-117　颜料黄95在HDPE塑料中的应用性能

项目		颜料	钛白粉	耐光性/级	耐候性(3000h)/级	耐迁移性/级
HDPE	本色	0.1%		7～8	3	5
	冲淡	0.1%	1%	6～7		5

表4-118　颜料黄95应用范围

通用塑料		工程塑料		纺丝	
LLDPE/LDPE	●	PS/SAN	●	PP	●
HDPE	●	ABS	○	PET	×
PP	●	PC	×	PA6	×
PVC(软)	●	PET	×		
PVC(硬)	●	PA	×		
橡胶	●	POM	●		

注：●表示推荐使用；○表示有条件地使用；×表示不推荐使用。

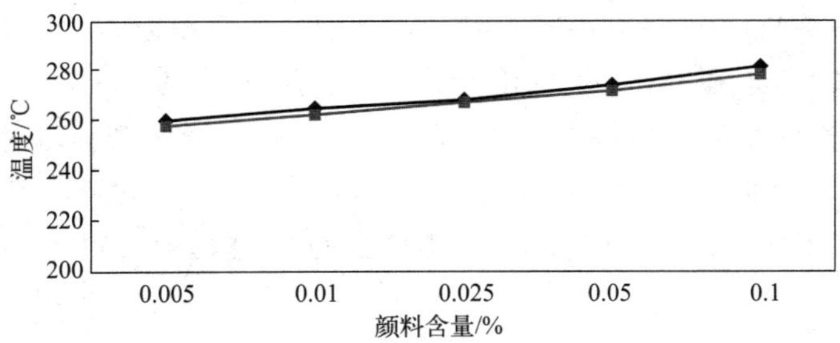

图4-34　颜料黄95在HDPE中的耐热性

■—加1%钛白粉；◆—本色

品种特性：颜料黄95的耐光性、耐热性优异，适用于通用聚烯烃塑料。颜料黄95在软质PVC中应用不会发生迁移。颜料黄95用在HDPE中，对该塑料的翘曲性影响甚微。

③ C.I.颜料黄128　分子式 $C_{55}H_{37}Cl_5F_6N_8O_8$；C.I.结构号20037；CAS登记号79953-85-8。

结构式：

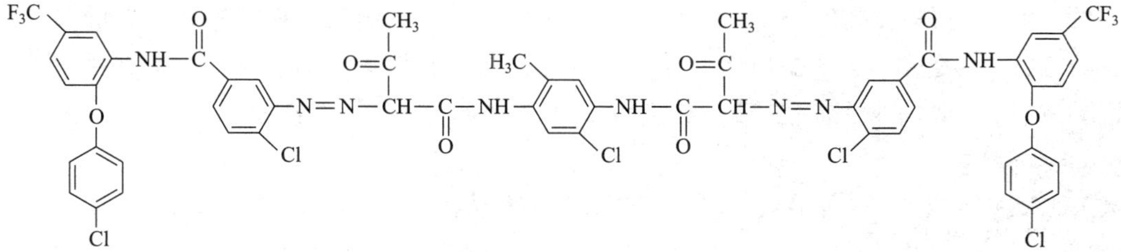

色彩表征：颜料黄 128 呈绿光黄色。颜料黄 128 的着色力中等，与 1%钛白粉调配 1/3 标准深度的软质 PVC 时仅需 0.20%的颜料，与 1%的钛白粉配制 1/3SD 的 PO 仅需 0.21%的颜料。

主要性能：见表 4-119～表 4-121 和图 4-35。

表 4-119　颜料黄 128 在 PVC 塑料中的应用性能

项目		颜料	钛白粉	耐光性/级	耐候性(2000h)/级	耐迁移性/级	耐热性/级	
							180℃/30min	200℃/10min
PVC	本色	0.1%		8	4～5	5	5	5
	冲淡	0.2%	2%	7～8	4～5	5	5	5

表 4-120　颜料黄 128 在 HDPE 塑料中的应用性能

项目		颜料	钛白粉	耐光性/级	耐候性(3000h)/级	耐迁移性/级
HDPE	本色	0.1%		8	4～5	5
	冲淡	0.1%	1%	7～8	3	5

表 4-121　颜料黄 128 应用范围

通用塑料		工程塑料		纺丝	
LLDPE/LDPE	●	PS/SAN	○	PP	●
HDPE	●	ABS	○	PET	×
PP	●	PC	×	PA6	×
PVC(软)	●	PET	×	PAN	
PVC(硬)	●	PA6	×		
橡胶	●	POM	●		

注：●表示推荐使用；○表示有条件地使用；×表示不推荐使用。

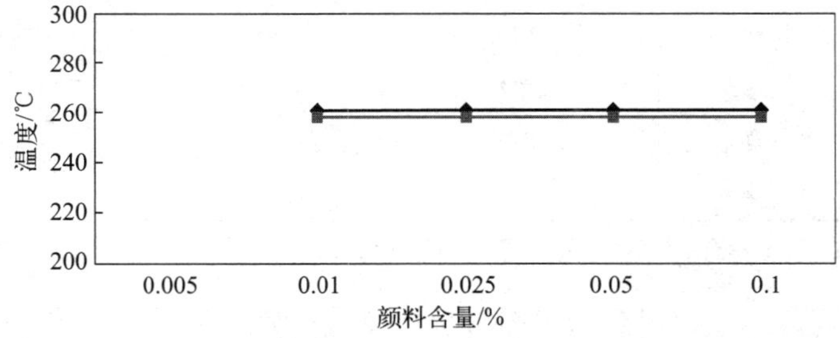

图 4-35　颜料黄 128 在 HDPE 中的耐热性

■—加 1%钛白粉；◆—本色

品种特性：颜料黄128显著特点是耐候性非常优异，能满足长期露置在户外的要求，但耐热性一般。颜料黄128主要用于聚氯乙烯着色，在软质聚氯乙烯中应用不会发生迁移。颜料黄128适用于通用聚烯烃塑料。颜料黄128在高密度聚乙烯中对该塑料的翘曲性影响甚微。

④ C. I. 颜料黄155　分子式 $C_{34}H_{32}N_6O_{12}$；C. I. 结构号200310；CAS登记号68516-73-4。

结构式：

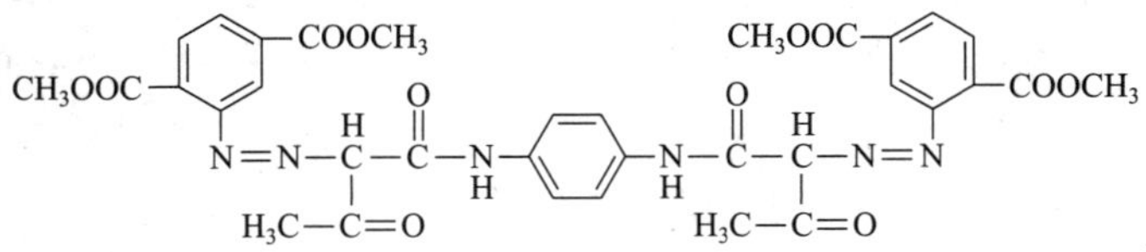

色彩表征：颜料黄155呈绿光黄色。颜料黄155的着色力中等，与5%钛白粉调配1/3SD的软质PVC时仅需0.61%的颜料，与1%钛白粉配制1/3SD的HDPE需0.18%的颜料。

主要性能：见表4-122～表4-124和图4-36。

表4-122　颜料黄155在PVC塑料中的应用性能

项目		颜料	钛白粉	耐光性/级	耐候性(3000h)/级	耐迁移性/级
PVC	本色	0.1%		8	3	
	冲淡	0.1%	0.5%	7～8		3～4

表4-123　颜料黄155在HDPE塑料中的应用性能

项目		颜料	钛白粉	耐光性/级	耐候性(3000h,0.2%)/级
HDPE	本色	0.18%		8	3
	1/3SD	0.18%	1%	7～8	

表4-124　颜料黄155应用范围

通用塑料		工程塑料		纺丝	
LLDPE/LDPE	●	PS/SAN	●	PP	●
HDPE	●	ABS	×	PET	×
PP	●	PC	×	PA6	×
PVC(软)	●	PBT	×	PAN	×
PVC(硬)	●	PA	×		
橡胶	●	POM	○		

注：●表示推荐使用；○表示有条件地使用；×表示不推荐使用。

品种特性：颜料黄155在聚烯烃中的耐光性非常优异，除了用于通用聚烯烃着色外，还可用于苯乙烯类工程塑料着色，颜料黄155不适于软质聚氯乙烯，会发生迁移。颜料黄155主要适合丙纶纺丝着色，颜料黄155是替代双氯联苯胺黄色类偶氮颜料的理想产品。

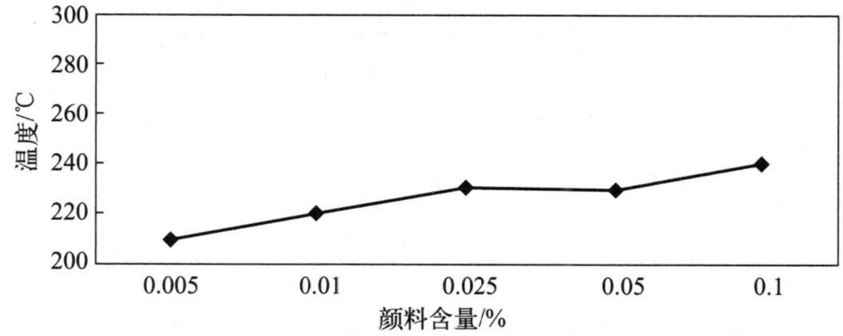

图 4-36　颜料黄 155 在 HDPE 中的耐热性（本色）

(2) 红色缩合偶氮颜料

目前在塑料工业中常用红色缩合偶氮颜料通用结构如下：

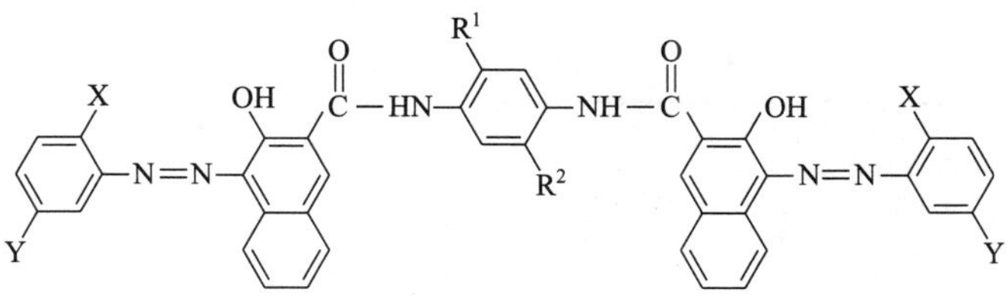

红色缩合偶氮颜料用于塑料着色的主要品种见表 4-125。

表 4-125　红色缩合偶氮颜料在塑料中应用的主要品种

颜料	CAS 登记号	R^1	R^2	X	Y	颜色
红 144	5280-78-4	Cl	H	Cl	Cl	蓝光红
红 166	3905-19-9	H	H	Cl	Cl	黄光红
红 214	40618-31-3	Cl	Cl	Cl	Cl	蓝光红
红 242	52238-92-3	Cl	Cl	Cl	CF_3	黄光大红
红 262	211502-19-1	CN	H	Cl	CF_3	蓝光红

① C. I. 颜料红 144　分子式 $C_{40}H_{23}Cl_5N_6O_4$；C. I. 结构号 20735；CAS 登记号 5280-78-4。

结构式：

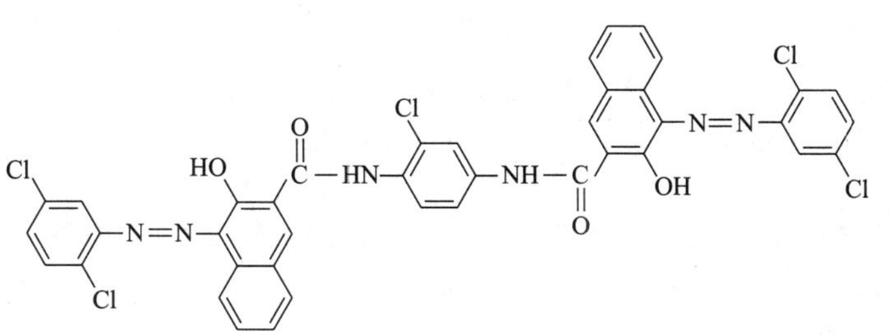

色彩表征：颜料红 144 是一种微带蓝光红色颜料。颜料红 144 着色力非常高，与 1%钛白粉配制 1/3 标准深度 PVC 仅需颜料 0.12%，与 1%钛白粉调制 1/3 标准深度 HDPE 仅需颜料 0.14%。

主要性能：见表 4-126～表 4-128 和图 4-37。

表 4-126　颜料红 144 在 PVC 塑料中的应用性能

项目		颜料	钛白粉	耐光性/级	耐候性(2000h)/级	耐迁移性/级	耐热性/级	
							180℃/30min	200℃/10min
PVC	本色	0.1%		8	4～5	5	5	5
	冲淡	0.2%	2%	7～8	3～4	4.9	5	5

表 4-127　颜料红 144 在 HDPE 塑料中的应用性能

项目		颜料	钛白粉	耐光性/级	耐候性(3000h)/级	耐迁移性/级
HDPE	本色	0.1%		7～8	3	5
	冲淡	0.1%	1%	7	1	5

表 4-128　颜料红 144 应用范围

通用塑料		工程塑料		纺丝	
LLDPE/LDPE	●	PS/SAN	●	PP	●
HDPE	●	ABS	●	PET	×
PP	●	PC	○	PA6	×
PVC(软)	●	PBT	○	PAN	
PVC(硬)	○	PA	×		
橡胶	●	POM	●		

注：●表示推荐使用；○表示有条件地使用；×表示不推荐使用。

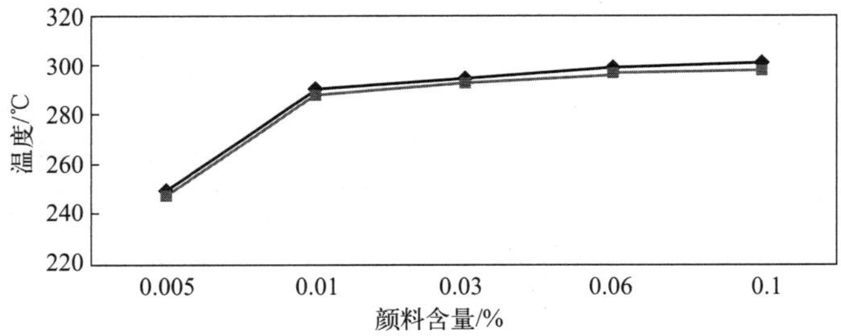

图 4-37　颜料红 144 在 HDPE 中的耐热性

■—加 1%钛白粉；◆—本色

品种特性：颜料红 144 在 1/3 标准深度 HDPE 中耐热性可达 300℃/5min，而且本色和冲淡都一样。颜料红 144 耐光性优良，但冲淡的耐候性不理想，制品不能用于需长时间放置于户外的场所。颜料红 144 适用于丙纶纺前着色。颜料红 144 除了用于聚氯乙烯和通用聚烯烃着色外，还可用于苯乙烯类工程塑料着色。颜料红 144 在软质聚氯乙烯中非常耐迁移。颜料红 144 在 HDPE 中，对该塑料的收缩影响很大。

② C. I. 颜料红 166　分子式 $C_{40}H_{24}Cl_4N_6O_4$；C. I. 结构号 20730；CAS 登记号 3905-19-9。

结构式：

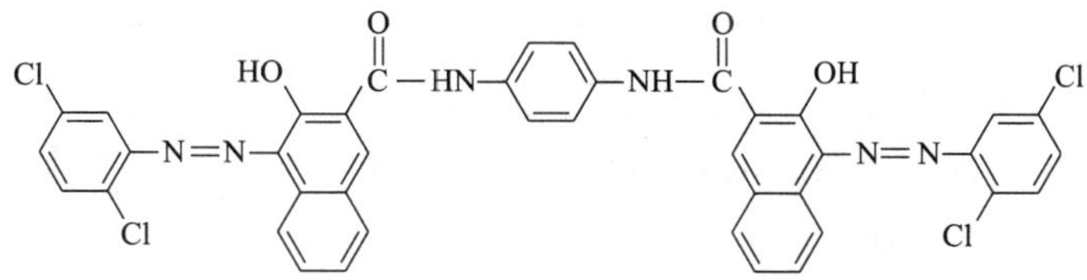

色彩表征：颜料红 166 是一种非常艳丽的黄光红色颜料。颜料红 166 着色力较高，与1%钛白粉配制 1/3 标准深度 PVC 仅需颜料 0.18%；与 1%钛白粉调制 1/3 标准深度 HDPE 仅需颜料 0.20%。

主要性能：见表 4-129～表 4-131 和图 4-38。

表 4-129 颜料红 166 在 PVC 塑料中的应用性能

项目		颜料	钛白粉	耐光性/级	耐候性(2000h)/级	耐迁移性/级	耐热性/级	
							180℃/30min	200℃/10min
PVC	本色	0.1%		8	5	5	5	5
	冲淡	0.1%	2%	7	3～4	5	5	5

表 4-130 颜料红 166 在 HDPE 塑料中的应用性能

项目		颜料	钛白粉	耐光性/级	耐候性(3000h)/级	耐迁移性/级
HDPE	本色	0.1%		7～8	3～4	5
	冲淡	0.1%	1%	7～8	1	5

表 4-131 颜料红 166 应用范围

通用塑料		工程塑料		纺丝	
LLDPE/LDPE	●	PS/SAN	●	PP	●
HDPE	●	ABS	○	PET	×
PP	●	PET	×	PA6	×
PVC(软)	●	PA	×	PAN	×
PVC(硬)	●	POM	●		
橡胶	●				

注：●表示推荐使用；○表示有条件地使用；×表示不推荐使用。

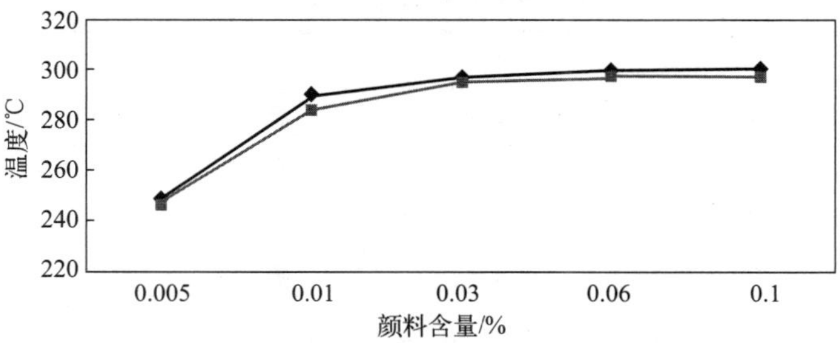

图 4-38 颜料红 166 在 HDPE 中的耐热性

■—加 1%钛白粉；◆—本色

品种特性：颜料红 166 在聚烯烃中耐热性、耐光性优异，纺丝着色的纺织品本色耐候性基本满足露置于户外产品的要求，但加钛白粉冲淡后会下降很多。颜料红 166 除了用于通用聚烯烃着色外，还可用于苯乙烯类工程塑料着色。可用于 PVC 着色，在软质 PVC 中非常耐渗色、耐迁移。颜料红 166 在 HDPE 中对该塑料的收缩影响很大。颜料红 166 在黄光红色区是综合性能优良的重要品种。

③ C. I. 颜料红 214　分子式 $C_{40}H_{22}Cl_6N_6O_4$；C. I. 结构号 200660；CAS 登记号 40618-31-3。

结构式：

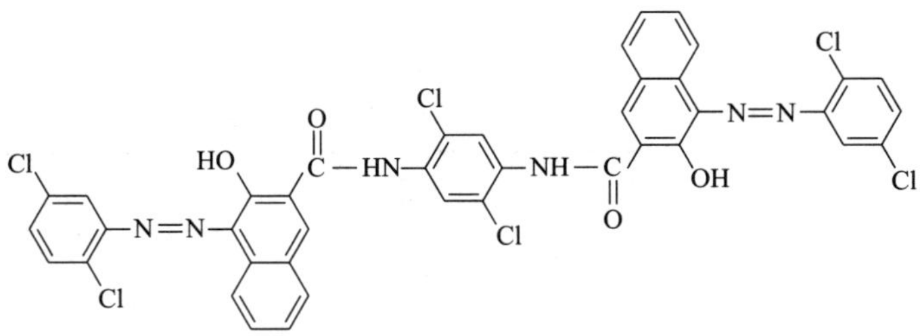

色彩表征：颜料红 214 是一种蓝光红色颜料，比颜料红 144 艳丽。颜料红 214 着色力高，与 5%钛白粉配制 1/3 标准深度 PVC 仅需颜料 0.57%，与 1%钛白粉配制 1/3 标准深度 HDPE 仅需颜料 0.16%。

主要性能：见表 4-132～表 4-134 和图 4-39。

表 4-132　颜料红 214 在 PVC 塑料中的应用性能

项目		颜料	钛白粉	耐光性/级	耐候性(3000h)/级	耐迁移性/级
PVC	本色	0.1%		7～8	3～4	
	冲淡	0.1%	0.5%	7～8		5

表 4-133　颜料红 214 在 HDPE 塑料中的应用性能

项目		颜料	钛白粉	耐光性/级	耐候性(3000h,0.2%)/级
HDPE	本色	0.16%		8	3
	1/3SD	0.16%	1%	7～8	

表 4-134　颜料红 214 应用范围

通用塑料		工程塑料		纺丝	
LLDPE/LDPE	●	PS/SAN	●	PP	●
HDPE	●	ABS	●	PET	○
PP	●	PC	●	PA6	×
PVC(软)	●	PBT	●	PAN	●
PVC(硬)	●	PA	×		
橡胶	●	POM	●		

注：●表示推荐使用；○表示有条件地使用；×表示不推荐使用。

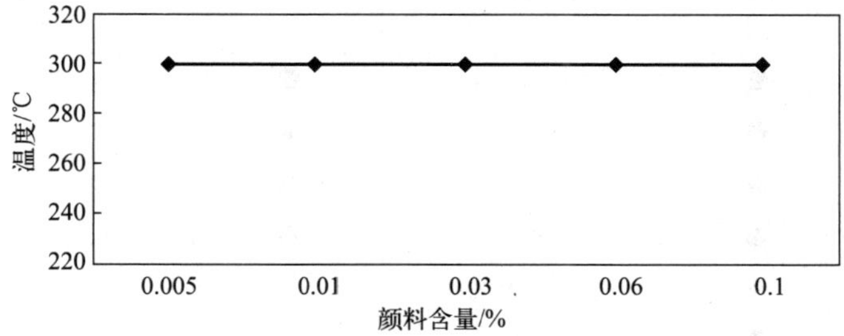

图 4-39　颜料红 214 在 HDPE 中的耐热性（本色）

品种特性：颜料红 214 在聚烯烃中耐热性、耐光性优异，除了用于通用聚烯烃着色外，还可用于苯乙烯类工程塑料着色。颜料红 214 在 HDPE 中对该塑料的翘曲性影响较大。颜料红 214 专用于丙纶纺前着色，也适用于涤纶纺前着色，经它着色的纺织品各项牢度均能满足用户的需要。

④ C.I. 颜料红 242　分子式 $C_{42}H_{22}Cl_4F_6N_6O_4$；C.I. 结构号 20067；CAS 登记号 52238-92-3。

结构式：

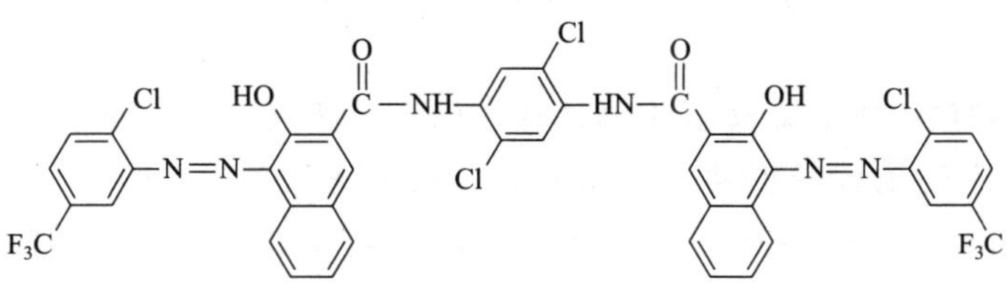

色彩表征：颜料红 242 是一种非常艳丽的黄光大红色颜料，加钛白粉后色泽是非常艳丽的黄光。颜料红 242 着色力一般，与 5% 钛白粉配制 1/3 标准深度软质 PVC 需颜料 0.884%。与 1%钛白粉配制 1/3 标准深度 HDPE 需颜料 0.23%。

主要性能：见表 4-135～表 4-137 和图 4-40。

表 4-135　颜料红 242 在 PVC 塑料中的应用性能

项目		颜料	钛白粉	耐光性/级	耐迁移性/级
PVC	本色	0.1%		8	
	冲淡	0.1%	0.5%	7～8	5

表 4-136　颜料红 242 在 HDPE 塑料中的应用性能

项目		颜料	钛白粉	耐光性/级
HDPE	本色	0.23%		8
	1/3SD	0.23%	1%	7～8

表 4-137　颜料红 242 应用范围

通用塑料		工程塑料		纺丝	
LLDPE/LDPE	●	PS/SAN	●	PP	○
HDPE	●	ABS	●	PET	●
PP	●	PC	●	PA6	×
PVC(软)	●	PBT	●	PAN	●
PVC(硬)	●	PA	×		
橡胶	●	POM	●		

注：●表示推荐使用；○表示有条件地使用；×表示不推荐使用。

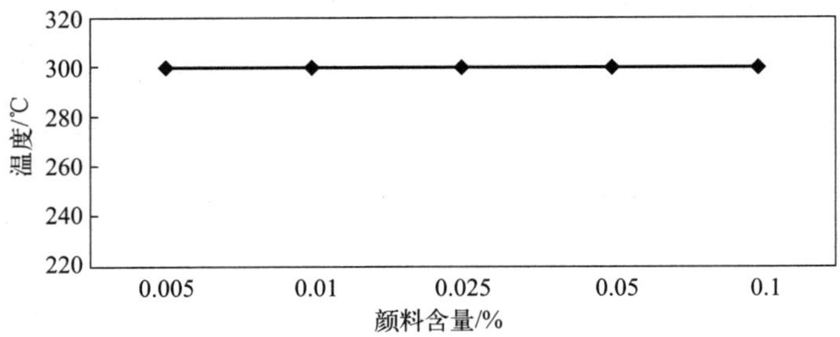

图 4-40　颜料红 242 在 HDPE 中的耐热性（本色）

品种特性：颜料红 242 在聚烯烃中耐热性、耐光性相当优异。除了用于通用聚烯烃着色外，还可用于苯乙烯类工程塑料着色。颜料红 242 在软质 PVC 中不迁移，颜料红 242 在 HDPE 中对该塑料的翘曲性影响较大。颜料红 242 配制粉红色亮艳，无其他颜料可替代。

⑤ C. I. 颜料红 262　分子式 $C_{43}H_{23}Cl_2F_6N_7O_4$；CAS 登记号 211502-19-1。

结构式：

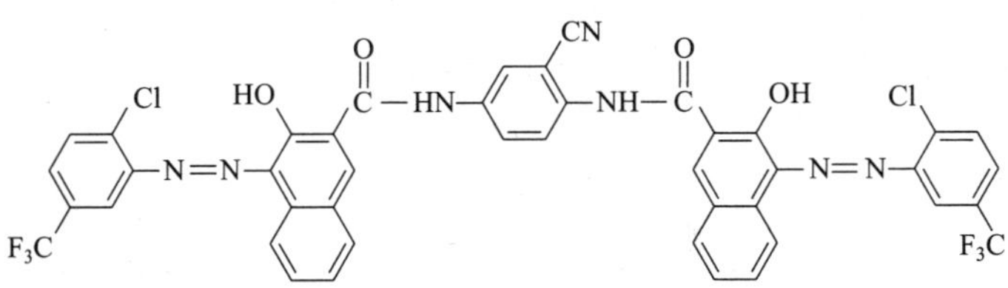

色彩表征：颜料红 262 是一种蓝光红色颜料。颜料红 262 着色力高，与 5%钛白粉配制 1/3 标准深度 PVC 仅需颜料 0.405%。与 1%钛白粉配制 1/3 标准深度 HDPE 需颜料 0.12%。

主要性能：见表 4-138～表 4-140 和图 4-41。

表 4-138　颜料红 262 在 PVC 塑料中的应用性能

项目		颜料	钛白粉	耐光性/级	耐迁移性/级
PVC	本色	0.1%		7～8	
	冲淡	0.1%	0.5%	7～8	4

表 4-139　颜料红 262 在 HDPE 塑料中的应用性能

项目		颜料	钛白粉	耐光性/级	耐候性(3000h,0.2%)/级
HDPE	本色	0.12%		7～8	3
	1/3SD	0.12%	1%	8	

表 4-140　颜料红 262 应用范围

通用塑料		工程塑料		纺丝	
LLDPE/LDPE	●	PS/SAN	●	PP	●
HDPE	●	ABS	●	PET	×
PP	●	PC	●	PA6	×
PVC(软)	●	PET	○	PAN	×
PVC(硬)	●	PA	×		
橡胶	●	POM	×		

注：●表示推荐使用；○表示有条件地使用；×表示不推荐使用。

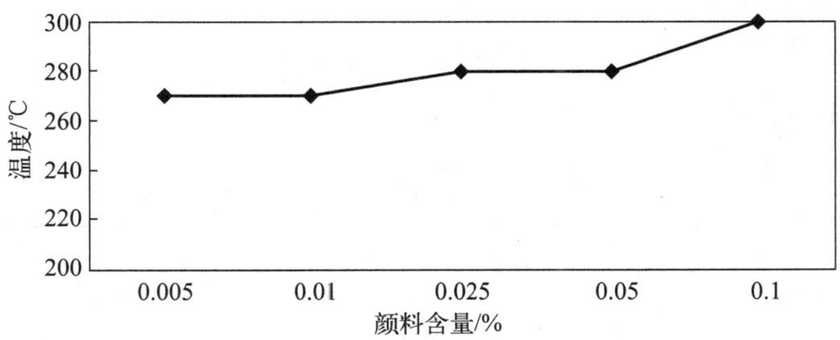

图 4-41　颜料红 262 在 HDPE 中的耐热性（本色）

品种特性：颜料红 262 在聚烯烃中耐热性、耐光性优良，除了用于通用聚烯烃着色外，还可用于苯乙烯类工程塑料着色。

(3) 棕色缩合偶氮颜料

目前在塑料工业中常用的棕色缩合偶氮颜料通用结构如下：

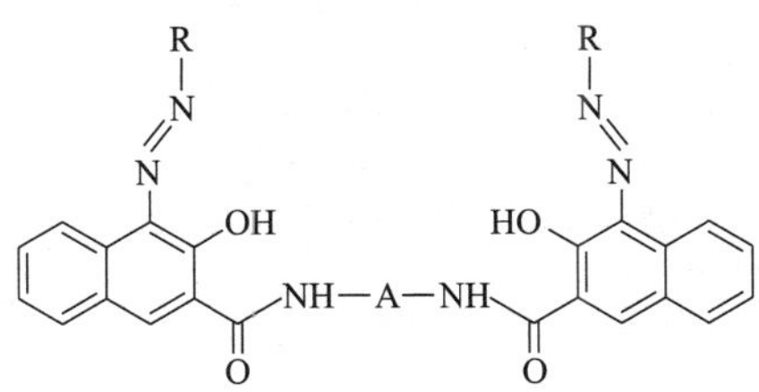

棕色缩合偶氮颜料用于塑料着色的主要品种见表 4-141。

表 4-141　棕色缩合偶氮颜料用于塑料着色的主要品种

颜料	CAS 登记号	A	R	颜色
棕 23	35869-64-8	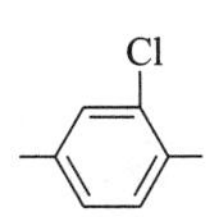	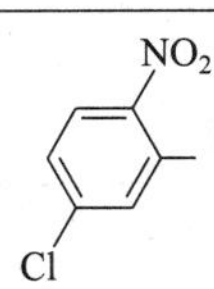	棕红

续表

颜料	CAS登记号	A	R	颜色
棕 41	68516-75-5	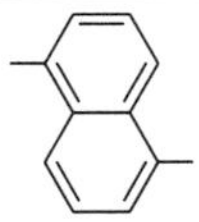	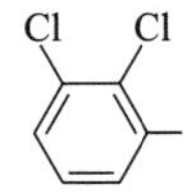	黄光棕

① C. I. 颜料棕 23　分子式 $C_{40}H_{23}Cl_3N_8O_8$；C. I. 结构号 20060；CAS登记号 35869-64-8。结构式：

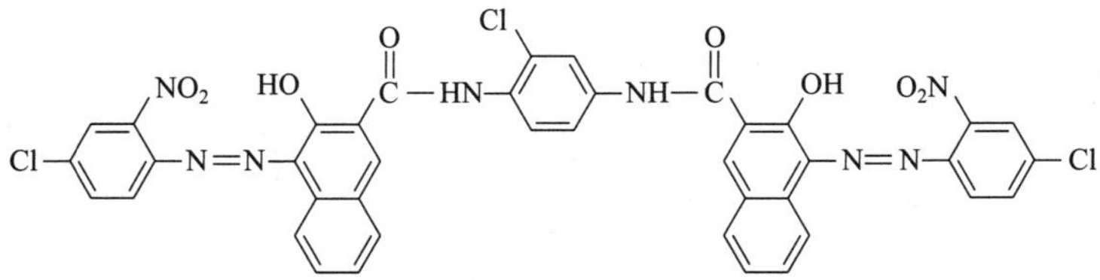

色彩表征：颜料棕 23 呈棕红色。颜料棕 23 着色力一般，与 1%钛白粉配制 1/3 标准深度 PVC 仅需颜料 0.15%，与 1%钛白粉配制 1/3 标准深度 HDPE 需颜料 0.16%。

主要性能：见表 4-142～表 4-144 和图 4-42。

表 4-142　颜料棕 23 在 PVC 塑料中的应用性能

项目		颜料	钛白粉	耐光性/级	耐候性(2000h)/级	耐迁移性/级	耐热性/级	
							180℃/30min	200℃/10min
PVC	本色	0.1%		8	5	4.9	5	5
	冲淡	0.2%	2%	7～8	4	4.8	5	5

表 4-143　颜料棕 23 在 HDPE 塑料中的应用性能

项目		颜料	钛白粉	耐光性/级	耐迁移性/级
HDPE	本色	0.1%		6～7	5
	冲淡	0.1%	1%		5

表 4-144　颜料棕 23 应用范围

通用塑料		工程塑料		纺丝	
LLDPE/LDPE	○	PS/SAN	○	PP	×
HDPE	○	ABS	○	PET	×
PP	○	PC	×	PA6	×
PVC(软)	●	PET	×	PAN	
PVC(硬)	●	PA	×		
橡胶	●	POM	●		

注：●表示推荐使用；○表示有条件地使用；×表示不推荐使用。

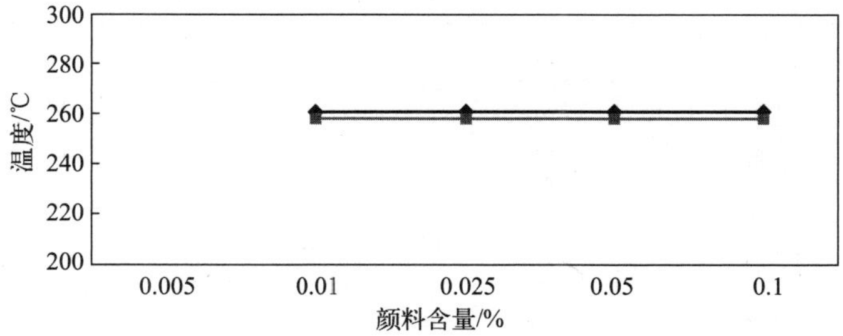

图 4-42　颜料棕 23 在 HDPE 中的耐热性

■—加 1%钛白粉；◆—本色

品种特性：颜料棕 23 在聚烯烃中耐热性、耐光性和耐候性优异，用于硬质 PVC 可满足长期露置于户外的要求。除了用于通用聚烯烃着色外，还可用于苯乙烯类工程塑料着色。颜料棕 23 在加工温度为 220℃时会明显地影响 HDPE 注塑制品的翘曲性，但温度升高后这种影响反而会降低。颜料棕 23 还适用于腈纶原液着色，但耐候性不能满足长期露置于户外的需求。

② C. I. 颜料棕 41　分子式 $C_{44}H_{26}Cl_4N_6O_4$；CAS 登记号 68516-75-5。

结构式：

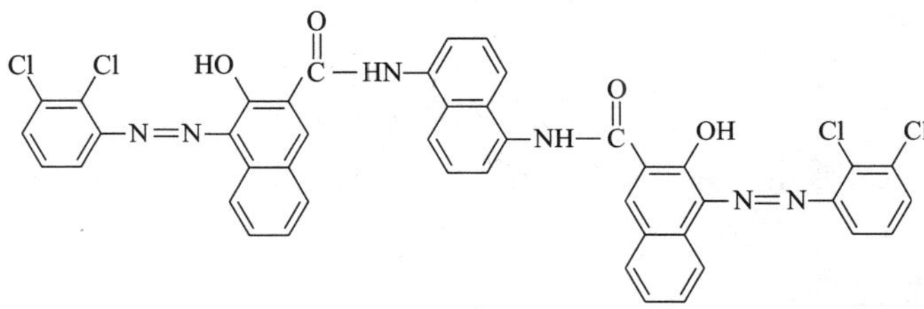

色彩表征：颜料棕 41 呈黄光棕色。它被专门设计用来代替苯并咪唑酮棕色品种。颜料棕 41 着色强度一般，但遮盖力很好，与 1%钛白粉配制 1/3 标准深度 HDPE 仅需颜料 0.2%。

主要性能：见表 4-145～表 4-147 和图 4-43。

表 4-145　颜料棕 41 在 PVC 塑料中的应用性能

项目		颜料	钛白粉	耐光性/级	耐候性(3000h)/级	耐迁移性/级
PVC	本色	0.1%		8	5	4
	冲淡	0.1%	0.5%	8		

表 4-146　颜料棕 41 在 HDPE 塑料中的应用性能

项目		颜料	钛白粉	耐光性/级	耐候性(3000h)/级
HDPE	本色	0.2%		8	4～5
	1/3SD	0.2%	1%	8	

表 4-147 颜料棕 41 应用范围

通用塑料		工程塑料		纺丝	
LLDPE/LDPE	●	PS/SAN	●	PP	●
HDPE	●	ABS	×	PET	×
PP	●	PC	×	PA6	×
PVC(软)	●	PBT	×	PAN	●
PVC(硬)	●	PA	×		
橡胶	●	POM	●		

注：●表示推荐使用；×表示不推荐使用。

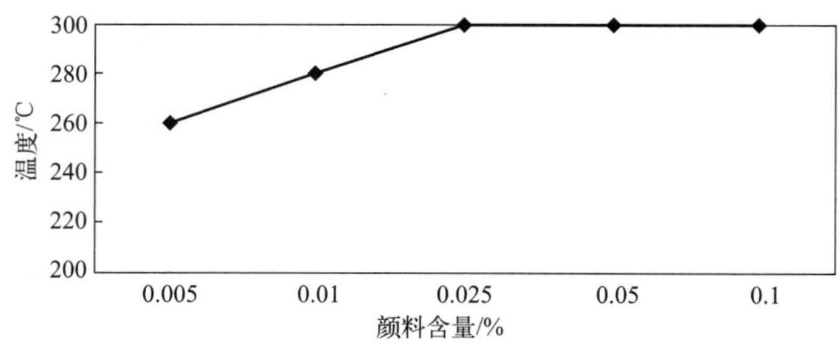

图 4-43 颜料棕 41 在 HDPE 中的耐热性（本色）

品种特性：颜料棕 41 耐热性、耐光性相当优异，能满足长期露置在户外的要求。颜料棕 41 适用于聚氯乙烯及通用聚烯烃塑料着色。

4.6 酞菁颜料

酞菁颜料已成为有机颜料中最大的一个种类，它不仅具有优良耐热性、耐光性、耐迁移性、耐候性等综合应用性能，而且具有制作方便、成本低廉等优点，目前没有一种化学物质可以取代它，其产量已占有机颜料产量的 1/4。酞菁颜料用于塑料着色的是其中的蓝色和绿色品种。酞菁颜料中颜料蓝 15：1、颜料蓝 15：3、颜料绿 7 已成为塑料着色标准色。

酞菁颜料及其金属酞菁具有同质多晶现象，即同一个化合物可以生成多种不同结构晶体。同质多晶现象在许多化合物中都有不同程度的存在，不过在酞菁颜料中较为典型。酞菁颜料各个晶体除了熔点差别外，还表现在晶体形状、密度、表面颜色及对光的反射等，这些物理性能与酞菁颜料在塑料中的应用性能密切相关。所以研究和了解这些知识具有现实意义。酞菁颜料至今已知有八个晶型（α、β、γ、δ、ε、Π、Χ、R）。但是作为颜料使用的晶型仅有 α、β、γ、ε，其中尤以 α、β 晶型最常用，酞菁颜料稳定性取决于晶型，其中 β 晶型最强，α 晶型最弱。α 晶型的稳定性不足以经受塑料成型的加工温度，会转变为稳定的 β 晶型。为了避免这种情况发生，α 晶型可以通过引入 0.5～1 个氯原子来提高稳定性，也可通过加入特殊稳定物质来处理结晶表面进而提高稳定性。

塑料着色用蓝绿酞菁颜料品种见表 4-148。

表 4-148　塑料着色用蓝绿酞菁颜料品种

品种	CAS 登记号	说明
颜料蓝 15	147-14-8	不稳定 α 晶型
颜料蓝 15:1	147-14-8	稳定 α 晶型
颜料蓝 15:3	147-14-8	稳定 β 晶型
颜料绿 7	1328-53-6	多氯代铜酞菁
颜料绿 36	14302-13-7	氯溴代铜酞菁

4.6.1　蓝色酞菁颜料

(1) C. I. 颜料蓝 15

分子式 $C_{32}H_{16}CuN_8$；C. I. 结构号 74160；CAS 登记号 147-14-8。

结构式：

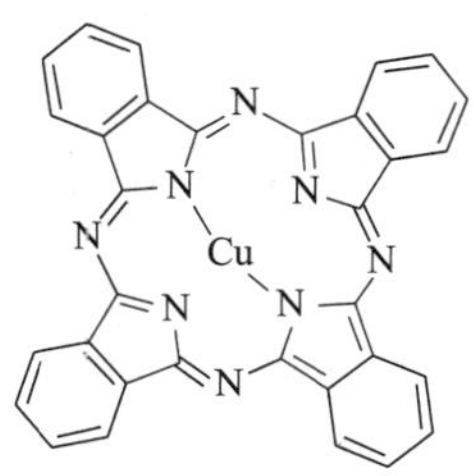

色彩表征：颜料蓝 15 为不稳定 α 晶型铜酞菁（CuPc）。这种颜料的晶型稳定性较差，在高温或在芳香烃溶剂中会产生晶型变化，转变为稳定的 β 晶型（绿光）。颜料蓝 15 与颜料蓝 15∶3 相比，呈红光蓝色相，色泽较鲜艳，着色力也较高，与 1%钛白粉配制 1/3 标准深度 PVC 仅需颜料 0.08%，与 1%钛白粉配制 1/3 标准深度 HDPE 仅需颜料 0.09%。

主要性能：见表 4-149、表 4-150 和图 4-44。

表 4-149　颜料蓝 15 在 PVC 塑料中的应用性能

项目		颜料	钛白粉	耐光性/级	耐候性(5000h)/级	耐迁移性/级
PVC	本色	0.1%		8	4～5	5
	冲淡	0.2%	2%	8	3～4	

表 4-150　颜料蓝 15 应用范围

通用塑料		工程塑料		纺丝	
LLDPE/LDPE	●	PS/SAN	×	PP	×
HDPE	×	ABS	×	PET	×
PP	×	PC	×	PA6	×
PVC(软)	●	PBT	×	PAN	×
PVC(硬)	●	PA	×		
橡胶	●	POM			

注：●表示推荐使用；×表示不推荐使用。

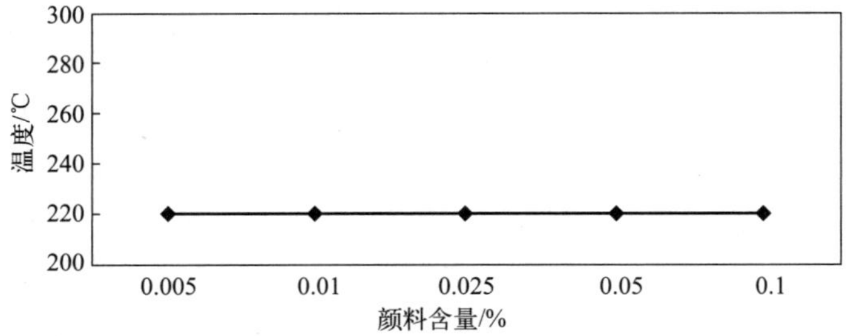

图 4-44　颜料蓝 15 在 HDPE 中的耐热性（本色）

品种特性：颜料蓝 15 在塑料中应用时，加工温度应不高于 200℃。随着温度的增加，颜料蓝 15 会由 α 晶型转为 β 晶型。颜料蓝 15 可用于聚氯乙烯着色，耐迁移性好，并具有较高的耐候性，耐光性。也可用于 EVA 着色。

（2）C. I. 颜料蓝 15：1

分子式 $C_{32}H_{16}CuN_8$；C. I. 结构号 74160；CAS 登记号 147-14-8。

结构式：同颜料蓝 15。

色彩表征：颜料蓝 15：1 是经过特殊处理而得到的稳定的 α 晶型。与颜料蓝 15 相比，它的色光偏绿，透明性和着色力也略有降低。颜料蓝 15：1 用于聚烯烃时着色强度很高，与 1%的钛白粉配制 1/3 标准深度 HDPE 时颜料的使用量 0.09%。

主要性能：见表 4-151～表 4-153 和图 4-45。

表 4-151　颜料蓝 15：1 在 PVC 塑料中的应用性能

项目		颜料	钛白粉	耐光性/级	耐候性(5000h)/级	耐迁移性/级
PVC	本色	0.1%		8	4～5	5
	冲淡	0.2%	2%	8	4	

表 4-152　颜料蓝 15：1 在 HDPE 塑料中的应用性能

项目		颜料	钛白粉	耐光性/级	耐候性(3000h)/级
HDPE	本色	0.1%		8	5
	冲淡	0.1%	1%	8	5

表 4-153　颜料蓝 15：1 应用范围

通用塑料		工程塑料		纺丝	
LLDPE/LDPE	●	PS/SAN	●	PP	●
HDPE	●	ABS	●	PET	●
PP	●	PC	●	PA	●
PVC(软)	●	PBT	●	PAN	●
PVC(硬)	●	PA6	●		
橡胶	●	POM	●		

注：●表示推荐使用。

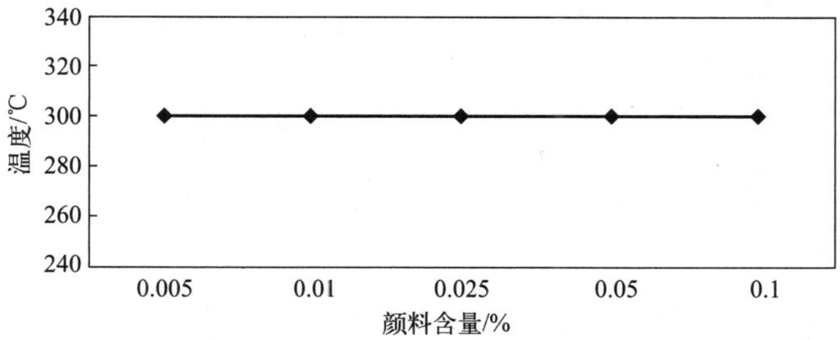

图 4-45 颜料蓝 15∶1 在 HDPE 中的耐热性（本色）

品种特性：颜料蓝 15∶1 综合牢度优异，适用于通用聚烯烃塑料、通用工程塑料、特种塑料着色，颜料蓝 15∶1 是塑料着色标准色。颜料蓝 15∶1 还适用于丙纶、涤纶、PA6 纤维、黏胶纺前着色、纺丝，而且制得的纺织品有很好的耐晒坚牢度和很好的应用牢度。颜料蓝 15∶1 的分散性不太好，尤其不太适合塑料薄膜制品。颜料蓝 15∶1 用于 HDPE 等结晶塑料会严重影响翘曲变形。

（3）C. I. 颜料蓝 15∶3

分子式 $C_{32}H_{16}CuN_8$；C. I. 结构号 74160；CAS 登记号 147-14-8。

结构式：同颜料蓝 15。

色彩表征：颜料蓝 15∶3 是单一的铜酞菁，它的晶型构型属于 β 晶型。这是一种稳定的晶型。用球磨法制得的 β 晶型铜酞菁为棒状晶体，与 α 晶型的酞菁颜料相比，色光明显偏绿。用捏合法制得的 β 晶型为等轴晶体，色光更绿。颜料蓝 15∶3 为绿光蓝色，色光非常纯正，透明性也非常好。颜料蓝 15∶3 的着色力要比 α 晶型的酞菁颜料低，与 1%的钛白粉配制 1/3 标准深度 HDPE 时颜料的使用量为 0.12%。

主要性能：见表 4-154～表 4-156 和图 4-46。

表 4-154 颜料蓝 15∶3 在 PVC 塑料中的应用性能

项目		颜料	钛白粉	耐光性/级	耐候性(5000h)/级	耐迁移性/级
PVC	本色	0.1%		8	4～5	5
	冲淡	0.2%	2%	8	4～5	

表 4-155 颜料蓝 15∶3 在 HDPE 塑料中的应用性能

项目		颜料	钛白粉	耐光性/级	耐候性(3000h)/级
HDPE	本色	0.1%		8	5
	冲淡	0.2%	2%	8	5

表 4-156 颜料蓝 15∶3 应用范围

通用塑料		工程塑料		纺丝	
LLDPE/LDPE	●	PS/SAN	●	PP	●
HDPE	●	ABS	●	PET	●
PP	●	PC	●	PA	●

续表

通用塑料		工程塑料		纺丝	
PVC(软)	●	PBT	●	PAN	●
PVC(硬)	●	PA6	●		
橡胶	●	POM	●		

注：●表示推荐使用。

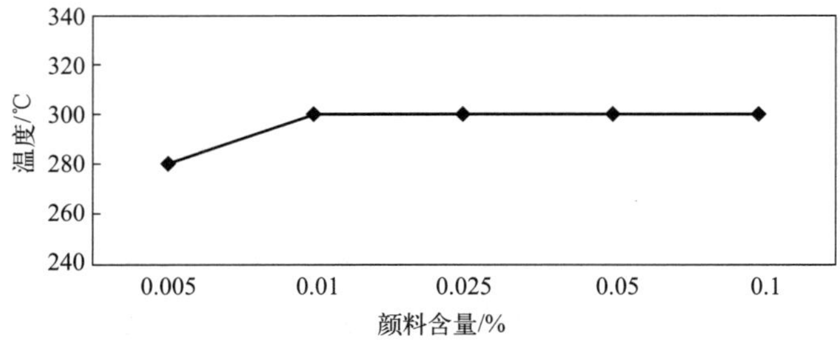

图 4-46　颜料蓝 15：3 在 HDPE 中的耐热性（本色）

品种特性：颜料蓝 15：3 的耐热性要比 α 晶型的酞菁颜料好。颜料蓝 15：3 综合牢度优异，适用于通用聚烯烃塑料、通用工程塑料、特种塑料着色。颜料蓝 15：3 是塑料着色标准色。颜料蓝 15：3 被广泛用于丙纶、涤纶、腈纶、尼龙、黏胶等纤维原液着色，而且制得的纺织品有很好的耐晒色牢度和很好的应用牢度。颜料蓝 15：3 有成核性，用于 HDPE 等结晶塑料会严重影响翘曲变形。

4.6.2　绿色酞菁颜料

酞菁绿是用卤素置换金属酞菁分子中 16 个氢原子，事实上，作为颜料使用的卤代铜酞菁只有氯取代或氯溴混合取代。氯取代或氯溴混合取代的数量和质量会直接影响酞菁绿的色光。

(1) C. I. 颜料绿 7

分子式 $C_{32}Cl_{16}CuN_8$；C. I. 结构号 74260；CAS 登记号 1328-53-6。

结构式：

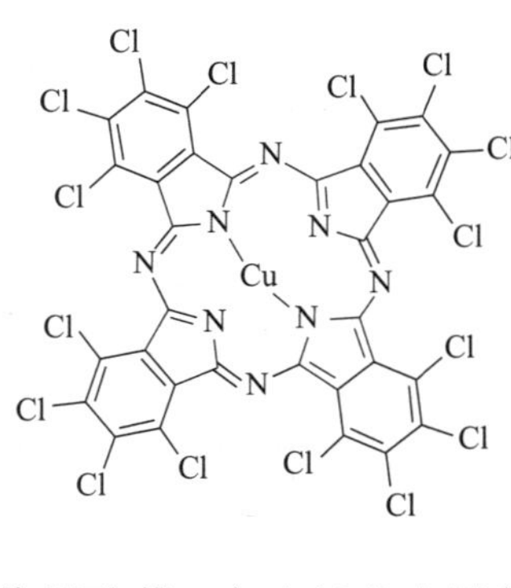

色彩表征：颜料绿 7 为全氯代铜酞菁，色光呈蓝光绿色。颜料绿 7 的着色力比酞菁蓝颜料低得多。例如 1%钛白粉调制 1/3 标准深度的 HDPE，颜料绿 7 的使用量为 0.24%，而 β

晶型的酞菁蓝颜料的使用量仅为0.09%。其原因是铜酞菁中引入氯原子后，其分子量增大而着色力下降。

主要性能：见表4-157～表4-159和图4-47。

表 4-157　颜料绿 7 在 PVC 塑料中的应用性能

项目		颜料	钛白粉	耐光性/级	耐迁移性/级	耐候性(5000h)/级
PVC	本色	0.1%		8	5	4～5
	冲淡	0.2%	2%	8		4～5

表 4-158　颜料绿 7 在 HDPE 塑料中的应用性能

项目		颜料	钛白粉	耐光性/级	耐候性(3000h)/级
HDPE	本色	0.1%		8	5
	冲淡	0.1%	1%	8	5

表 4-159　颜料绿 7 应用范围

通用塑料		工程塑料		纺丝	
LLDPE/LDPE	●	PS/SAN	●	PP	●
HDPE	●	ABS	●	PET	●
PP	●	PC	○	PA	●
PVC(软)	●	PET	○	PAN	●
PVC(硬)	●	PA6	●		
橡胶	●	POM	●		

注：●表示推荐使用；○表示有条件地使用。

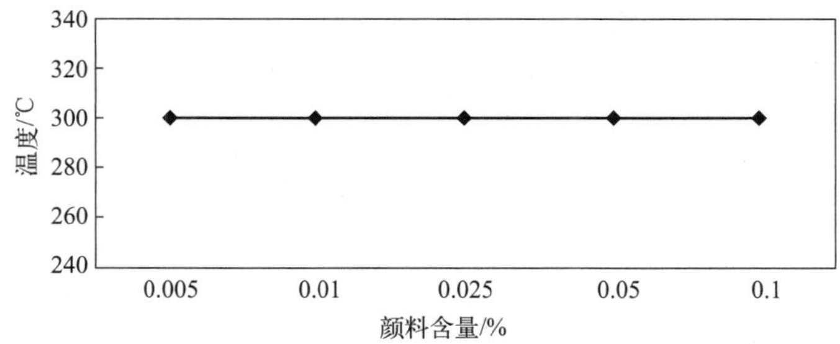

图 4-47　颜料绿 7 在 HDPE 中的耐热性（本色）

品种特性：颜料绿7在塑料中综合牢度优异，而且比酞菁蓝要好得多。适用于通用聚烯烃塑料、通用工程塑料、特种塑料着色。颜料绿7是塑料着色标准色。颜料绿7被广泛用于丙纶、涤纶、腈纶、尼龙、黏胶等纤维原液着色，而且制得的纺织品有很好的耐光性和很好的应用牢度。适宜制作遮阳篷之类的户外产品。颜料绿7用在HDPE等结晶塑料中会影响翘曲变形，但影响要比酞菁蓝小得多。

（2）C.I颜料绿 36

分子式 $C_{32}Br_6Cl_{10}CuN_8$；C.I.结构号74265；CAS登记号14302-13-7。

色彩表征：颜料绿36呈黄光绿色，较颜料绿7更鲜艳。由于溴原子量较氯原子量大，

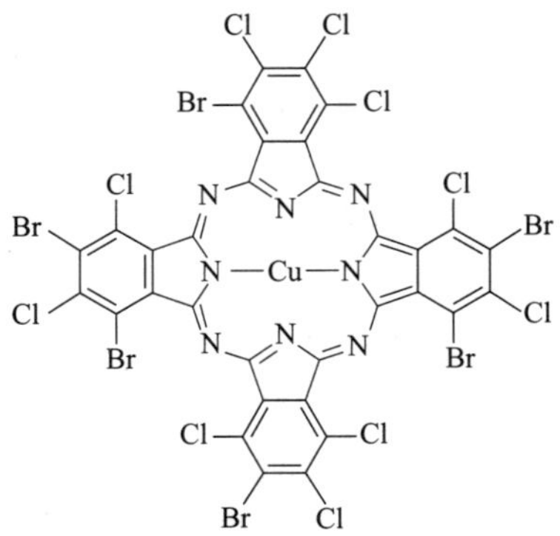

所以颜料绿 36 较颜料绿 7 的分子量更大，其着色力更低，1%钛白粉调制 1/3 标准深度的 HDPE，颜料绿 36 的使用量为 0.30%。

主要性能：见表 4-160～表 4-162 和图 4-48。

表 4-160　颜料绿 36 在 PVC 塑料中的应用性能

项目		颜料	钛白粉	耐候性(5000h)/级	耐迁移性/级	耐光性/极
PVC	本色	0.1%		5	5	8
	冲淡	0.2%	2%	4～5		8

表 4-161　颜料绿 36 在 HDPE 塑料中的应用性能

项目		颜料	钛白粉	耐光性/级	耐候性(3000h)/级	耐迁移性/级
HDPE	本色	0.1%		8	5	5
	冲淡	0.1%	1%	8	5	

表 4-162　颜料绿 36 应用范围

通用塑料		工程塑料		纺丝	
LLDPE/LDPE	●	PS/SAN	●	PP	○
HDPE	●	ABS	○	PET	○
PP	●	PC	●	PA	○
PVC(软)	●	PBT	●	PAN	○
PVC(硬)	●	PA6	○		
橡胶	●	POM	●		

注：●表示推荐使用；○表示有条件地使用。

品种特性：颜料绿 36 的塑料应用牢度几乎与颜料绿 7 一样。颜料绿 36 综合牢度优异，适用于通用聚烯烃塑料、通用工程塑料和特种塑料着色。颜料绿 36 被广泛用于丙纶、涤纶、腈纶、尼龙、黏胶等纤维原液着色。而且制得的纺织品有很好的耐光性和很好的应用牢度，适宜制作遮阳篷之类的户外产品。

颜料绿 36 用在 HDPE 等结晶塑料中会影响翘曲变形，但影响要比酞菁蓝小得多。颜料绿 36 着色力低而价格要比颜料绿 7 高得多，所以在塑料上应用比颜料绿 7 少得多。

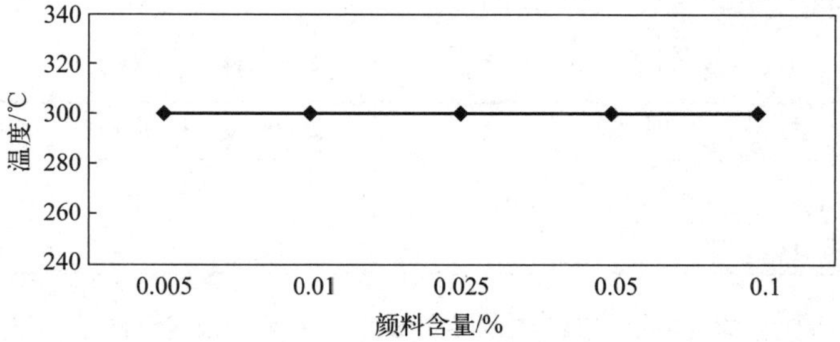

图 4-48　颜料绿 36 在 HDPE 中的耐热性（本色）

4.7　杂环及稠环酮类颜料

经典的偶氮类有机颜料因色谱齐全、色泽鲜艳、价格合理而被大量用于塑料着色，但因其化学结构等因素，在耐热性、耐光性、耐迁移性等方面存在种种缺陷，特别是在浅色制品中其差距更大。另外传统的联苯胺黄、橙系列颜料在聚合物加工温度超过 200℃时会发生热分解，产生二氯联苯胺，对人体健康和环境产生影响。因此世界各国着力开发用于塑料着色的高性能杂环及稠环酮类颜料。

杂环及稠环酮类颜料中含有杂环结构，主要是以氧杂环或氮杂环作为发色体系。喹吖啶酮类、二噁嗪类、异吲哚啉酮类、吡咯并吡咯二酮（DPP）类、蒽醌类等用于塑料着色具有优异的应用性能。杂环及稠环酮类颜料以及前面已介绍的苯并咪唑酮类、缩合偶氮类等颜料被称为高性能有机颜料。

4.7.1　三苯并二噁嗪类颜料

该类颜料分子的母体结构为苯并双噁嗪并双苯，又称三苯并二噁嗪。母体结构呈橙色，在两侧苯环上引入不同取代基和杂环后可得到鲜艳的紫色。此类颜料分子具有平面对称性。此类颜料有特别高的着色力和光泽，具有优异的耐光性、良好的耐热性和耐候性及耐溶剂性，性能可与酞菁颜料媲美；但其耐迁移性一般。因其着色力高，所以低浓度着色时性能下降，加入钛白粉后性能下降更甚，需特别注意。

① C. I. 颜料紫 23　分子式 $C_{34}H_{22}Cl_2N_4O_2$；C. I. 结构号 51319；CAS登记号 6358-30-1。

结构式：

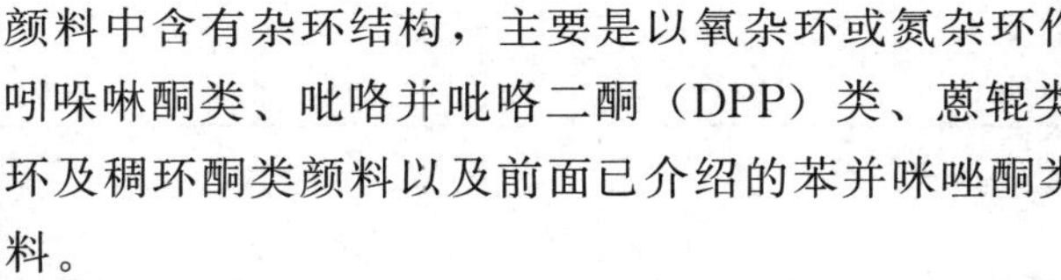

色彩表征：颜料紫 23 的基本色调为红光紫，通过特殊颜料化处理也可得到色光较蓝的品种。颜料紫 23 是一个通用紫色品种，产量较大。颜料紫 23 的着色力特别高，1%的钛白粉配制 1/3 标准色深度的高密度聚乙烯制品只需 0.07%的颜料。在浅色应用时耐迁移性不太好。

主要性能：见表 4-163～表 4-165 和图 4-49。

表 4-163　颜料紫 23 在 PVC 塑料中的应用性能

项目		颜料	钛白粉	耐光性/级	耐候性(3000h)/级	耐迁移性/级
PVC	本色	0.1%		7～8	5	4
	冲淡	0.1%	0.5%	7～8		

表 4-164　颜料紫 23 在 HDPE 塑料中的应用性能

项目		颜料	钛白粉	耐光性/级	耐候性(3000h,本色 0.2%)/级
HDPE	本色	0.07%		7～8	4～5
	1/3SD	0.07%	1%	7～8	

表 4-165　颜料紫 23 应用范围

通用塑料		工程塑料		纺丝	
LLDPE/LDPE	●	PS/SAN	●	PP	●
HDPE	●	ABS	○	PET	×
PP	●	PC	×	PA6	○
PVC(软)	●	PBT	×	PAN	●
PVC(硬)	●	PA	○		
橡胶	●	POM	×		

注：●表示推荐使用；○表示有条件地使用；×表示不推荐使用。

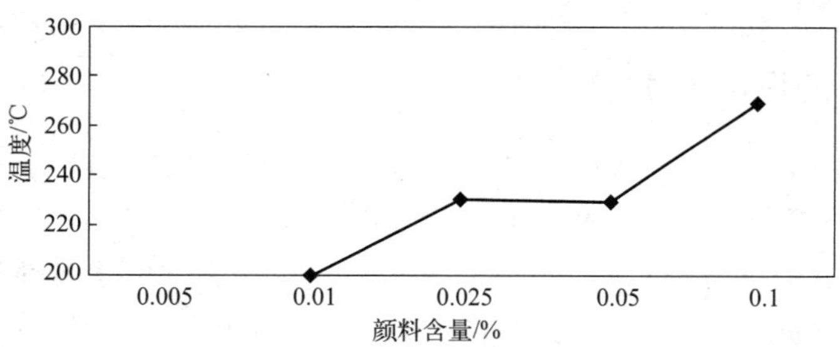

图 4-49　颜料紫 23 在 HDPE 中的耐热性（本色）

品种特性：颜料紫 23 用于聚烯烃着色，1/3SD 聚烯烃的耐热性可达 280℃，如超过此极限温度，其色光向红相转移，1/25SD 聚烯烃仍可耐温 200℃。颜料紫 23 适用于透明 PS 着色，但它在此介质中不耐 220℃以上的高温，在 220℃时颜料紫 23 会在透明 PS 中分解。颜料紫 23 可用于聚酯塑料着色，可耐 280℃/6h，不会分解，如浓度过低，在 280℃下会部分溶解而使色光偏红。

颜料紫 23 耐光性优异，可达 8 级，但需注意冲淡至 1/25SD 就会急剧下降，仅为 2 级。因此颜料紫 23 用于透明制品其浓度不可低于 0.05%。

颜料紫 23 适用于通用聚烯烃塑料、通用工程塑料着色。颜料紫 23 不适于软质聚氯乙烯着色，迁移性不好。颜料紫 23 适用于丙纶、尼龙 6 纤维纺前着色、纺丝，使用浓度不可太低，否则会有色差。颜料紫 23 用于 HDPE 等结晶塑料会引起翘曲变形。

颜料紫 23 添加极少量于钛白粉中即可遮盖钛白粉的黄光，从而产生令人悦目的白色。100g 钛白粉只需添加 0.0005～0.0500g 颜料紫 23。

② 颜料紫 37　分子式 $C_{40}H_{38}N_6O_8$；C. I. 结构号 51345；CAS 登记号 57971-98-9。

结构式：

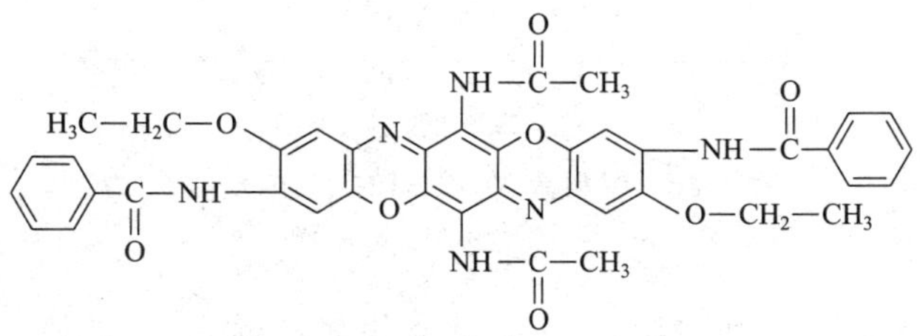

色彩表征：颜料紫 37 的色光要比颜料紫 23 红得多。颜料紫 37 在多数介质中的着色力与颜料紫 23 相比要弱一些。在聚烯烃着色时配制 1/3 标准深度的制品其用量为 0.09%，颜料紫 23 的用量为 0.07%。

主要性能：见表 4-166～表 4-168 和图 4-50。

表 4-166　颜料紫 37 在 PVC 塑料中的应用性能

项目		颜料	钛白粉	耐光性/级	耐候性(2000h)/级	耐迁移性/级	耐热性/级	
							180℃/30min	200℃/10min
PVC	本色	0.1%		7～8	4～5	5	5	5
	冲淡	0.2%	2%	6～7	2～3	5	5	5

表 4-167　颜料紫 37 在 HDPE 塑料中的应用性能

项目		颜料	钛白粉	耐光性/级	耐候性(3000h)/级	耐迁移性/级
HDPE	本色	0.1%		8	4～5	4.9
	冲淡	0.1%	1%	7～8	2～3	4.9

表 4-168　颜料紫 37 应用范围

通用塑料		工程塑料		纺丝	
LLDPE/LDPE	●	PS/SAN	●	PP	●
HDPE	●	ABS	×	PET	×
PP	●	PC	×	PA	×
PVC(软)	●	PET	○	PAN	
PVC(硬)	●	PA6	×		
橡胶	●	POM			

注：●表示推荐使用；○表示有条件地使用；×表示不推荐使用。

品种特性：颜料紫 37 综合性能比颜料紫 23 略好，特别是在浅色时的耐光性和耐迁移性。颜料紫 37 用于聚烯烃着色，1/3SD 的耐热性可达 290℃，但如果降低它的用量，耐热性会急剧下降。

颜料紫 37 耐光性在 PE 中可达 8 级，冲淡后仍可达 7～8 级。颜料紫 37 适用于通用聚烯

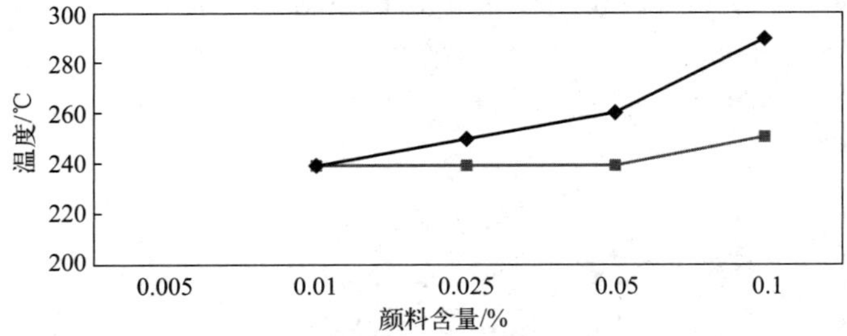

图 4-50 颜料紫 37 在 HDPE 中的耐热性

■—加 1%钛白粉；◆—本色

烃塑料、通用工程塑料着色。颜料紫 37 用于软质聚氯乙烯着色，则它的应用性能比颜料紫 23 还要好，在软质聚氯乙烯中耐迁移性特别好。颜料紫 37 适用于丙纶纤维纺前着色、纺丝，使用浓度不可太低，否则会有色差。颜料紫 37 和颜料紫 23 一样，将其用于 HDPE 等结晶塑料中会引起翘曲变形。

4.7.2 喹吖啶酮类颜料

喹吖啶酮类颜料的色区覆盖蓝光红到紫红。喹吖啶酮类颜料分子量小，分子结构简单，却有优异的耐热性、耐光性、耐迁移性，良好至优异的耐候性，在冲淡和低浓度的条件下综合性能优异。喹吖啶酮类颜料在塑料中分散很困难，在生产色母时需要添加高效分散剂而且在母粒生产过程中要有较强的剪切力，否则分散不好，将在产品上留下色点。

塑料中常用喹吖啶酮颜料的通用结构如下：

喹吖啶酮颜料在塑料中应用的主要品种见表 4-169。

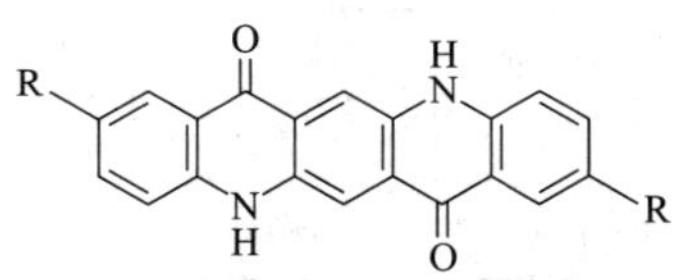

表 4-169 喹吖啶酮颜料在塑料中应用的主要品种

品种	C. I. 结构号	R	色光	已知的晶型数
C. I. 颜料紫 19	73900	H	紫—蓝光红	5
C. I. 颜料红 122	73915	CH_3	品红	4
C. I. 颜料红 202	73907	Cl	蓝光红—紫	3

(1) C. I. 颜料紫 19 (β 晶型)

分子式 $C_{20}H_{12}N_2O_2$；C. I. 结构号 73900；CAS 登记号 1047-16-1。

结构式：

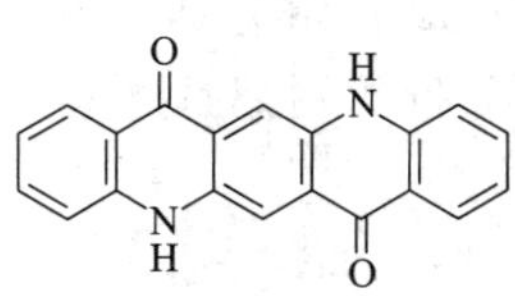

色彩表征：颜料紫 19（β 晶型）是一种红紫色颜料。它的色光与颜料红 88（四氯代硫靛颜料）非常接近，但比之更鲜艳。颜料紫 19（β 晶型）着色力较高，与 1%钛白粉调制 1/3 标准深度 HDPE 仅需要 0.19%的颜料。

颜料紫 19（β 晶型）很少单独使用，常与其他颜料一起拼混使用。与此相拼混的无机颜料主要是氧化铁红或钼铬红；与之相拼混的有机颜料主要有颜料橙 36，拼混后得到的颜料呈深红色。它与氧化铁红、钼铬红拼混的高遮盖力品种的耐光、耐候性都要高于与钛白粉拼混的品种。

主要性能：见表 4-170～表 4-172 和图 4-51。

表 4-170　颜料紫 19（β 晶型）在 PVC 塑料中的应用性能

项目		颜料	钛白粉	耐光性/级	耐候性(2000h)/级	耐迁移性/级	耐热性/级	
							180℃/30min	200℃/10min
PVC	本色	0.1%		7～8	4～5	5	5	5
	冲淡	0.2%	2%	7～8	4～5	5	5	5

表 4-171　颜料紫 19（β 晶型）在 HDPE 塑料中的应用性能

项目		颜料	钛白粉	耐光性/级	耐候性(3000h)/级	耐迁移性/级
HDPE	本色	0.1%		8	4	5
	冲淡	0.1%	1%	8	2	5

表 4-172　颜料紫 19（β 晶型）应用范围

通用塑料		工程塑料		纺丝	
LLDPE/LDPE	●	PS/SAN	●	PP	●
HDPE	●	ABS	○	PET	○
PP	●	PC	×	PA	×
PVC(软)	●	PET	○	PAN	
PVC(硬)	●	PA	○		
橡胶	●	POM	○		

注：●表示推荐使用；○表示有条件地使用；×表示不推荐使用。

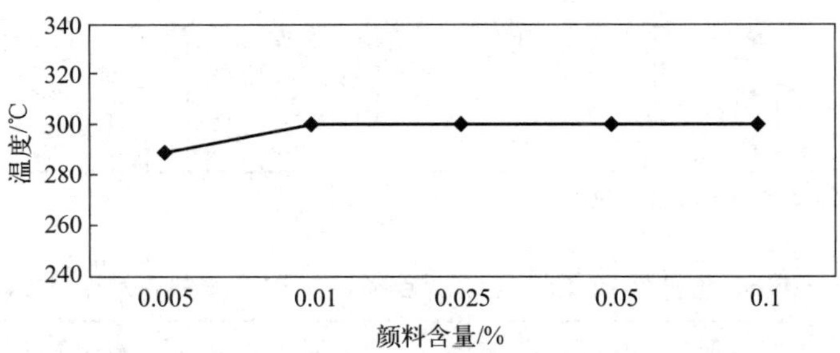

图 4-51　颜料紫 19（β 晶型）在 HDPE 中的耐热性（本色）

品种特性：颜料紫 19（β 晶型）耐光性和耐候性要比颜料红 88 高得多，能满足长期露置在户外的要求。颜料紫 19（β 晶型）耐热性优异，在很大范围内与着色浓度无关。颜料紫

19（β晶型）综合牢度优异，适用于通用聚烯烃、通用工程塑料着色。颜料紫 19（β晶型）用于软质聚氯乙烯时，不仅耐渗色而且持久性长。颜料紫 19（β晶型）用于 HDPE 部分结晶塑料制品中会引起中等程度翘曲变形。

（2）C.I.颜料紫 19（γ晶型）

分子式 $C_{20}H_{12}N_2O_2$；C.I.结构号 73900；CAS登记号 1047-16-1。结构式同β晶型。

色彩表征：颜料紫 19（γ晶型）是一种蓝光红色颜料。颜料紫 19（γ晶型）比颜料紫 19（β晶型）黄得多。商品化γ晶型颜料紫 19 粒径分布较宽，该品种粒径分布对着色性能影响较大。如果平均粒径小，着色力高，色光鲜艳，偏蓝相，但它的耐光性和耐候性相对较差；如果平均粒径大，着色力低，耐光性和耐候性相对较好。

颜料紫 19（γ晶型）着色力较高，与 1%钛白粉调制 1/3 标准深度 HDPE 仅需要 0.27%小粒径的颜料，而大粒径的颜料则需要 0.30%。

主要性能：见表 4-173～表 4-178 和图 4-52、图 4-53。

表 4-173　颜料紫 19（γ晶型，小粒径）在 PVC 塑料中的应用性能

项目		颜料	钛白粉	耐光性/级	耐迁移性/级	耐候性(3000h)/级
PVC	本色	0.1%		7～8	5	4～5
	冲淡	0.2%	2%	7		

表 4-174　颜料紫 19（γ晶型，小粒径）在 HDPE 塑料中的应用性能

项目		颜料	钛白粉	耐光性/级	耐候性(3000h,本色 0.2%)/级
HDPE	本色	0.27%		8	4～5
	1/3SD	0.27%	1%	8	

表 4-175　颜料紫 19（γ晶型，小粒径）应用范围

通用塑料		工程塑料		纺丝	
LLDPE/LDPE	●	PS/SAN	○	PP	●
HDPE	●	ABS	●	PET	○
PP	●	PC	●	PA6	○
PVC(软)	●	PBT	●	PAN	
PVC(硬)	●	PA	○		
橡胶	●	POM	○		

注：●表示推荐使用；○表示有条件地使用。

表 4-176　颜料紫 19（γ晶型，大粒径）在 PVC 塑料中的应用性能

项目		颜料	钛白粉	耐光性/级	耐候性(3000h)/级	耐迁移性/级
PVC	本色	0.1%		8	5	5
	冲淡	0.1%	0.5%	8		

表 4-177　颜料紫 19（γ 晶型，大粒径）在 HDPE 塑料中的应用性能

项目		颜料	钛白粉	耐光性/级	耐候性(3000h,本色 0.2%)/级
HDPE	本色	0.3%		8	4～5
	1/3SD	0.3%	1%	8	

表 4-178　颜料紫 19（γ 晶型，大粒径）应用范围

通用塑料		工程塑料		纺丝	
LLDPE/LDPE	●	PS/SAN	●	PP	●
HDPE	●	ABS	●	PET	○
PP	●	PC	●	PA6	○
PVC(软)	●	PBT	●	PAN	
PVC(硬)	●	PA	○		
橡胶	●	POM	○		

注：●表示推荐使用；○表示有条件地使用。

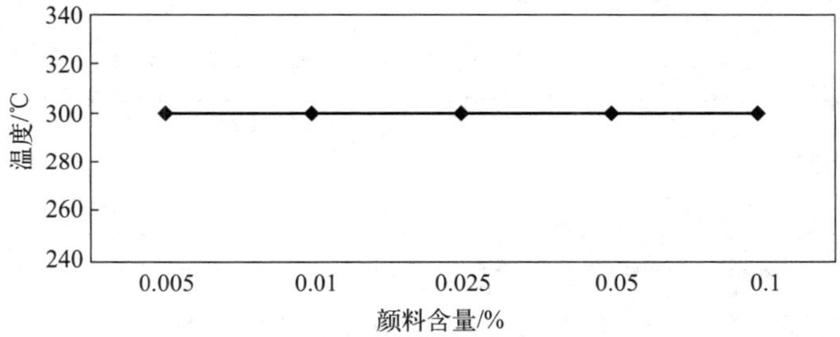

图 4-52　颜料紫 19（γ 晶型，小粒径）在 HDPE 中的耐热性（本色）

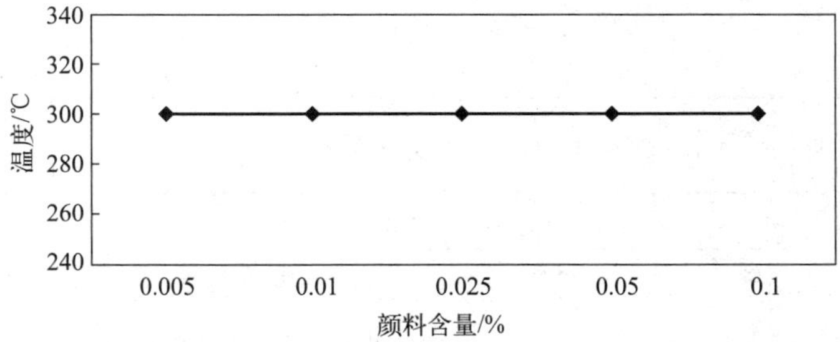

图 4-53　颜料紫 19（γ 晶型，大粒径）在 HDPE 中的耐热性（本色）

品种特性：颜料紫 19（γ 晶型）耐光性和耐候性要比颜料紫 19（β 晶型）好，可满足长期露置在户外的要求。

颜料紫 19（γ 晶型）耐热性佳，用于聚碳酸酯中在 320℃ 加工温度下也是稳定的。颜料紫 19（γ 晶型）综合牢度优异，适用于通用聚烯烃塑料着色，用于软质聚氯乙烯时，不仅耐渗色而且持久性长。颜料紫 19（γ 晶型）适用于通用工程塑料着色。颜料紫 19（γ 晶型）可用于聚酯着色，如以较低浓度使用时，常常会出现色差，这是因为颜料紫 19（γ 晶型）在聚酯中有微量溶解所造成的。颜料紫 19（γ 晶型）也适用尼龙的注塑和挤出成型，这不仅因为它能耐尼龙加工高温，而且因为它在尼龙中完全是化学惰性的。颜料紫 19（γ 晶型）适用于

丙纶、涤纶、尼龙 6 纤维纺前着色、纺丝。颜料紫 19（γ 晶型）用于 HDPE 部分结晶塑料制品中会引起中等程度翘曲变形。

（3）C. I. 颜料红 122

分子式 $C_{22}H_{16}N_2O_2$；C. I. 结构号 73915；CAS 登记号 980-26-7/16043-40-6。

结构式：

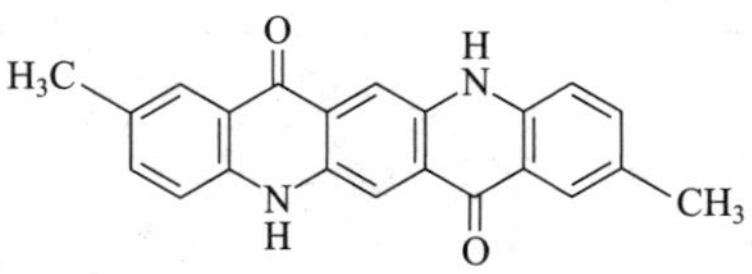

色彩表征：颜料红 122 是一种非常艳丽的蓝光红色颜料，色光接近品红。颜料红 122 的着色力高，与 1%钛白粉调制 1/3 标准深度 HDPE 仅需要 0.22%颜料，着色力比颜料紫 19（γ 晶型）要高，例如调制同样色度的样品，颜料红 122 的用量仅为 γ 晶型颜料紫 19 的 80%。

主要性能：见表 4-179～表 4-181 和图 4-54。

表 4-179　颜料红 122 在 PVC 塑料中的应用性能

项目		颜料	钛白粉	耐光性/级	耐候性(3000h)/级	耐迁移性/级
PVC	本色	0.1%		8	5	5
	冲淡	0.1%	0.5%	8		

表 4-180　颜料红 122 在 HDPE 塑料中的应用性能

项目		颜料	钛白粉	耐光性/级	耐候性(3000h,本色 0.2%)/级
HDPE	本色	0.22%		8	5
	1/3SD	0.22%	1%	8	

表 4-181　颜料红 122 应用范围

通用塑料		工程塑料		纺丝	
LLDPE/LDPE	●	PS/SAN	●	PP	●
HDPE	●	ABS	●	PET	○
PP	●	PC	●	PA6	○
PVC(软)	●	PBT	●	PAN	
PVC(硬)	●	PA	○		
橡胶	●	POM	○		

注：●表示推荐使用；○表示有条件地使用。

品种特性：颜料红 122 是二甲基取代的喹吖啶酮，较颜料紫 19（γ 晶型）的耐光性和耐候性要好。颜料红 122 综合牢度优异，适用于通用聚烯烃塑料、通用工程塑料着色，如以较低浓度使用时，常常会出现色差和耐光性降低，这是因为颜料红 122 分子量小，在介质中有微量溶解。

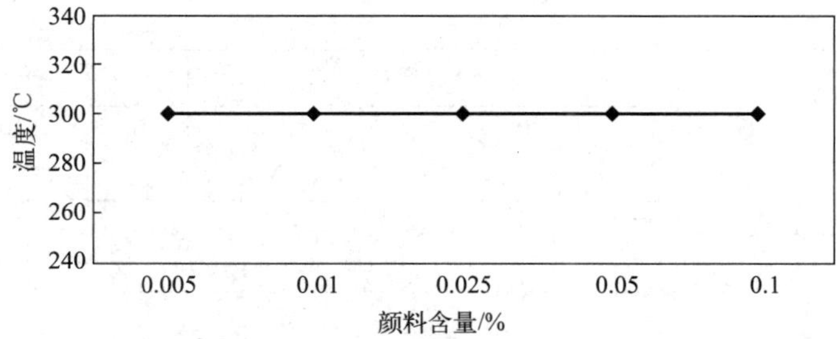

图 4-54 颜料红 122 在 HDPE 中的耐热性（本色）

颜料红 122 适用于丙纶纺前着色、纺丝。谨慎推荐用于涤纶、尼龙 6 纤维纺前着色。颜料红 122 用于 HDPE 部分结晶塑料制品中会引起中等程度翘曲变形。颜料红 122 可以成为蓝光红色区中的标准色。

（4）C. I. 颜料红 202

分子式 $C_{20}H_{10}Cl_2N_2O_2$；C. I. 结构号 73907；CAS 登记号 3089-17-6。

结构式：

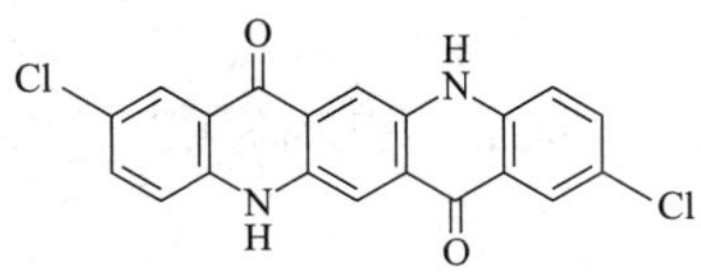

色彩表征：颜料红 202 是二氯代的喹吖啶酮，比颜料红 122 偏蓝，也偏暗。颜料红 202 的着色力高，与 1%钛白粉调制 1/3 标准深度 PVC 仅需要 0.20%的颜料。与 1%钛白粉调制 1/3 标准深度 HDPE 仅需要 0.23%的颜料。

主要性能：见表 4-182～表 4-184 和图 4-55。

表 4-182 颜料红 202 在 PVC 塑料中的应用性能

项目		颜料	钛白粉	耐光性/级	耐候性(3000h)/级	耐迁移性/级
PVC	本色	0.1%		8	5	5
	冲淡	0.2%	2%	8	4～5	5

表 4-183 颜料红 202 在 HDPE 塑料中的应用性能

项目		颜料	钛白粉	耐光性/级	耐候性(3000h)/级
HDPE	本色	0.1%		8	4
	冲淡	0.1%	1%	7～8	3

表 4-184 颜料红 202 应用范围

通用塑料		工程塑料		纺丝	
LLDPE/LDPE	●	PS/SAN	●	PP	●
HDPE	●	ABS	●	PET	●
PP	●	PC	×	PA6	●
PVC(软)	●	PET	●	PAN	

通用塑料		工程塑料		纺丝	
PVC(硬)	●	PA	○		
橡胶	●	POM	○		

注：●表示推荐使用；○表示有条件地使用；×表示不推荐使用。

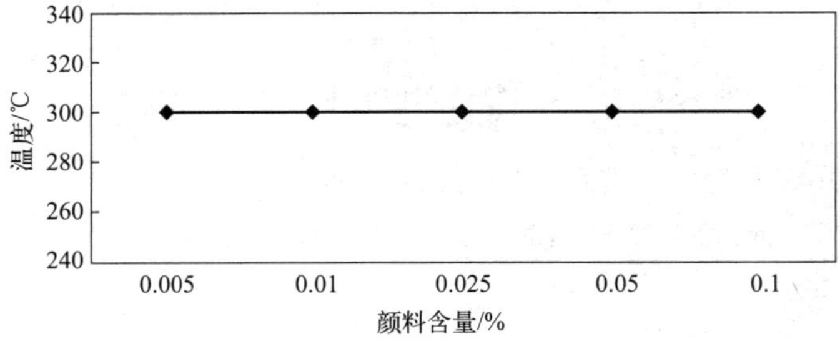

图 4-55　颜料红 202 在 HDPE 中的耐热性（本色）

品种特性：颜料红 202 与颜料红 122 相比，综合牢度更优异，适用于通用聚烯烃塑料、通用工程塑料着色。颜料红 202 适用于丙纶、涤纶、尼龙 6 纤维纺前着色、纺丝。颜料红 202 用在 HDPE 等结晶塑料中会影响翘曲，变形不大。

4.7.3　苝系颜料

苝系颜料中均含有母体结构——苝，其中一大类是 3,4,9,10-苝四甲酰二亚胺及其衍生物，另有苝二酰胺类物质也属此系列。该类颜料分子结构不仅具有明显平面性和对称性，而且某些品种可以形成分子氢键，故其具有优异的耐热性和耐候性，所以苝系颜料是一类重要的有机颜料品种，广泛用于塑料及合成纤维原液着色。

苝系颜料色区很宽，覆盖橙到蓝光红色谱，高着色力，遮盖产品遮盖力高，透明产品透明性好。苝系颜料在使用受阻胺类光稳定剂时，应用于聚烯烃有一定问题，随着苝系颜料浓度变化，受阻胺类光稳定剂会失去作用，甚至被破坏，结果导致塑料制品不能满足要求。如果确定在配方中使用，建议先进行试验评估后选用。

3,4,9,10-苝四甲酰二亚胺及其衍生物的通用结构如下：

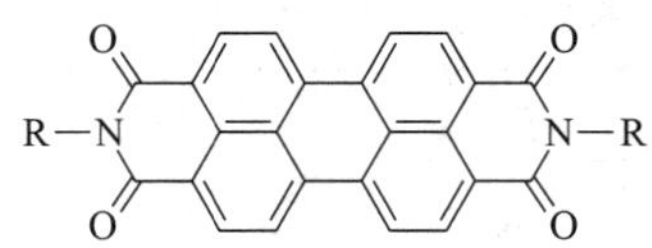

3,4,9,10-苝四甲酰二亚胺及其衍生物在塑料中应用的主要品种见表 4-185。

表 4-185　3,4,9,10-苝四甲酰二亚胺及其衍生物在塑料中应用的主要品种

品种	C. I. 结构号	CAS 登记号	R	颜色
颜料红 149	71137	4948-15-6	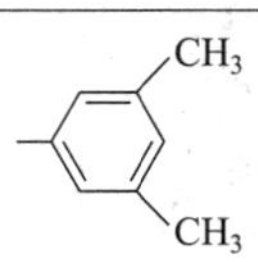	红色

续表

品种	C.I.结构号	CAS登记号	R	颜色
颜料红178	71155	3049-71-6	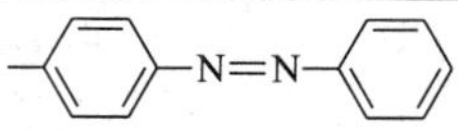	红色
颜料红179	71130	5521-31-3	$-CH_3$	红到枣红
颜料紫29	71129	81-33-4	H	深红紫色

(1) C.I.颜料红149

分子式 $C_{40}H_{26}N_2O_4$；C.I.结构号71137；CAS登记号4948-15-6。

结构式：

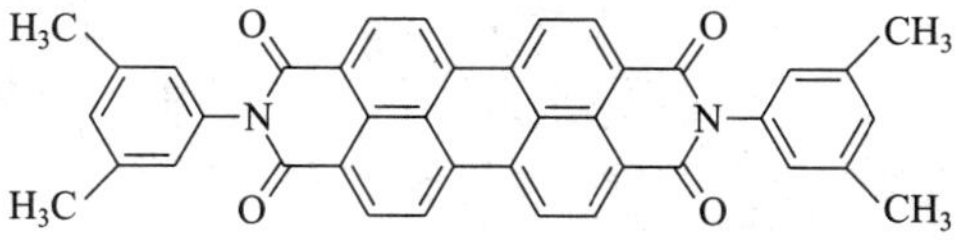

色彩表征：颜料红149是一种色光艳丽的正红颜料。颜料红149具有很高的着色力，与1%钛白粉配制1/3SD的软质PVC所需颜料0.12%，1%钛白粉配制1/3SD的HDPE所需颜料0.15%。

主要性能：见表4-186～表4-188和图4-56。

表4-186　颜料红149在PVC塑料中的应用性能

项目		颜料	钛白粉	耐光性/级	耐候性(5000h)/级	耐迁移性/级
PVC	本色	0.1%		8	4	5
	冲淡	0.2%	2%	7		

表4-187　颜料红149在HDPE塑料中的应用性能

项目		颜料	钛白粉	耐光性/级	耐候性(3000h)/级
HDPE	本色	0.1%		7～8	4
	冲淡	0.1%	1%	7	3

表4-188　颜料红149应用范围

通用塑料		工程塑料		纺丝	
LLDPE/LDPE	●	PS/SAN	●	PP	●
HDPE	●	ABS	○	PET	○
PP	●	PC	○	PA6	●
PVC(软)	●	PET	○	PAN	
PVC(硬)	●	PA6	○		
橡胶	●	PMMA	●		

注：●表示推荐使用；○表示有条件地使用。

品种特性：颜料红149的熔点大于450℃，所以耐热性特别好，而且耐热性在很宽的范围内与浓度无关，颜料红149与钛白粉冲淡后耐热性比喹吖啶酮颜料红还好。颜料红149具

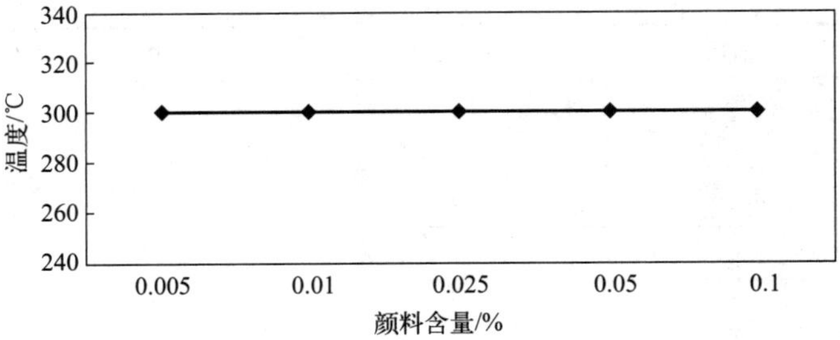

图 4-56　颜料红 149 在 HDPE 中的耐热性（本色）

有优异耐光性、耐候性，但会破坏某些塑料中的受阻胺系列光稳定剂。颜料红 149 综合牢度优异，适用于通用聚烯烃塑料、通用工程塑料着色。

颜料红 149 适用于丙纶、涤纶纺前着色、纺丝。但需注意的是在涤纶纺丝浓度太低时会溶解于聚酯而使颜色由红色变成橙色。推荐用于尼龙 6 纤维。颜料红 149 也会影响 HDPE 注塑制品的翘曲性，对翘曲的影响随温度的升高而下降。

(2) C. I. 颜料红 178

分子式 $C_{48}H_{26}N_6O_4$；C. I. 结构号 71155；CAS 登记号 3049-71-6。

结构式：

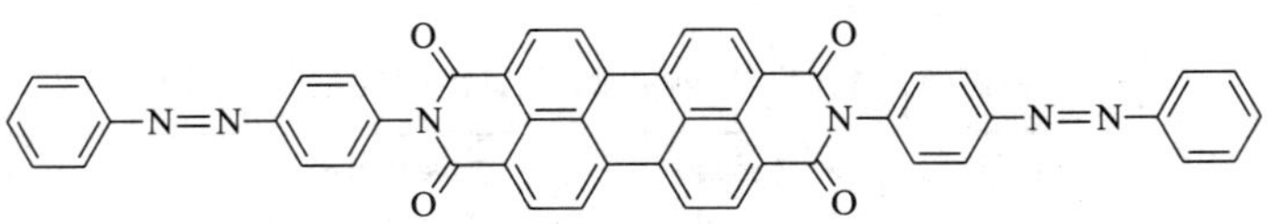

色彩表征：颜料红 178 色光偏黄略暗。颜料红 178 着色力一般。与 1%钛白粉配制 1/3SD 的软质 PVC 所需颜料 0.18%，与 1%钛白粉配制 1/3SD 的 HDPE 所需颜料 0.26%。

主要性能：见表 4-189～表 4-191 和图 4-57。

表 4-189　颜料红 178 在 PVC 塑料中的应用性能

项目		颜料	钛白粉	耐光性/级	耐候性(5000h)/级	耐迁移性/级
PVC	本色	0.1%		8	3	5
	冲淡	0.1%	1%	7		

表 4-190　颜料红 178 在 HDPE 塑料中的应用性能

项目		颜料	钛白粉	耐光性/级	耐候性(3000h)/级	耐迁移性/级
HDPE	本色	0.1%		8	3～4	5
	冲淡	0.1%	1%	7		

表 4-191　颜料红 178 应用范围

通用塑料		工程塑料		纺丝	
LLDPE/LDPE	●	PS/SAN	●	PP	●
HDPE	●	ABS	○	PET	×

续表

通用塑料		工程塑料		纺丝	
PP	●	PC	○	PA	○
PVC(软)	●	PET	●	PAN	
PVC(硬)	●	PA6	○		
橡胶	●	PMMA	●		

注：●表示推荐使用；○表示有条件地使用；×表示不推荐使用。

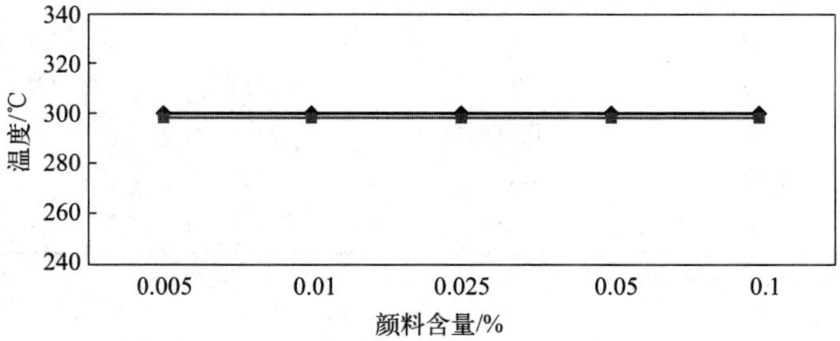

图 4-57　颜料红 178 在 HDPE 中的耐热性

■—加 1%钛白粉；◆—本色

品种特性：颜料红 178 耐光性和耐候性虽比颜料红 149 差一些，但相当于或略高于颜料红 122，在 0.1% 颜料时本色 HDPE 耐光性可达 8 级。颜料红 178 综合牢度优异，适用于通用聚烯烃塑料、通用工程塑料着色。颜料红 178 适用于丙纶、涤纶、尼龙 6 纤维纺前着色、纺丝。颜料红 178 用于部分结晶塑料制品中会引起翘曲，变形程度在苝系颜料中是最大的。

(3) C. I. 颜料红 179

分子式 $C_{26}H_{14}N_2O_4$；C. I. 结构号 71130；CAS 登记号 5521-31-3。

结构式：

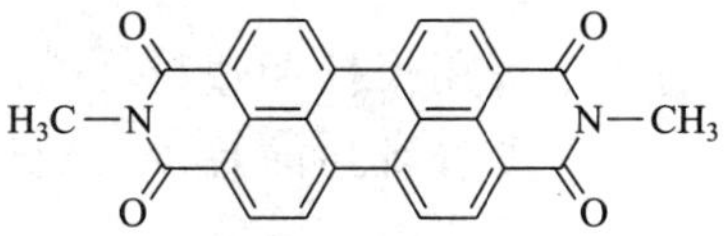

色彩表征：颜料红 179 有多种不同色光，早期的品种为枣红色，近期的是一种色光艳丽的红光颜料。颜料红 179 具有较高的着色力。与 1%钛白粉配制 1/3SD 的软质 PVC 所需颜料 0.13%，与 1%钛白粉配制 1/3SD 的 HDPE 所需颜料 0.17%。

主要性能：见表 4-192～表 4-194 和图 4-58。

表 4-192　颜料红 179 在 PVC 塑料中的应用性能

项目		颜料	钛白粉	耐光性/级	耐候性(5000h)/级	耐迁移性/级
PVC	本色	0.1%		8	5	5
	冲淡	0.1%	1%	8	4～5	

表 4-193　颜料红 179 在 HDPE 塑料中的应用性能

项目		颜料	钛白粉	耐光性/级	耐候性(3000h)/级	耐迁移性/级
HDPE	本色	0.1%		7～8	4～5	5
	冲淡	0.1%	1%	8	4～5	

表 4-194　颜料红 179 应用范围

通用塑料		工程塑料		纺丝	
LLDPE/LDPE	●	PS/SAN	●	PP	●
HDPE	●	ABS	○	PET	○
PP	●	PC	○	PA	●
PVC(软)	●	PBT	○	PAN	
PVC(硬)	●	PA6	○		
橡胶	●	PMMA	○		

注：●表示推荐使用；○表示有条件地使用。

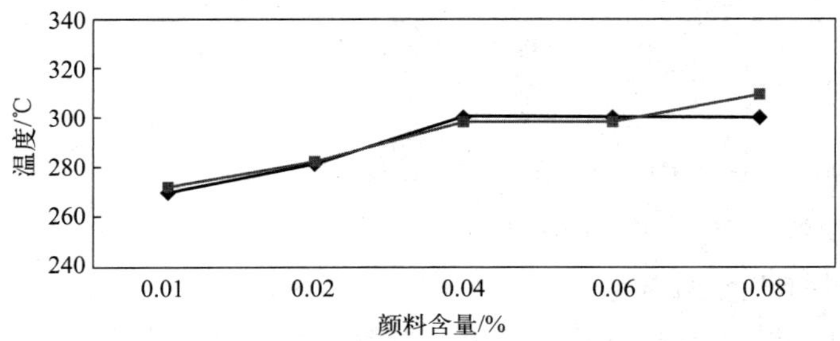

图 4-58　颜料红 179 在 HDPE 中的耐热性

■—加 1%钛白粉；◆—本色

品种特性：颜料红 179 耐光性、耐候性优异，性能相当于或略高于颜料红 122。颜料红 179 的耐热性高，但在苝系颜料中属于低的。

颜料红 179 综合牢度优异，适用于通用聚烯烃塑料、通用工程塑料着色。颜料红 179 适用于丙纶纺前着色。谨慎推荐用于尼龙 6 纤维纺前着色。颜料红 179 用于部分结晶塑料制品中会引起翘曲变形。

(4) C. I. 颜料紫 29

分子式 $C_{24}H_{10}N_2O_4$；C. I. 结构号 71129；CAS 登记号 81-33-4。

结构式：

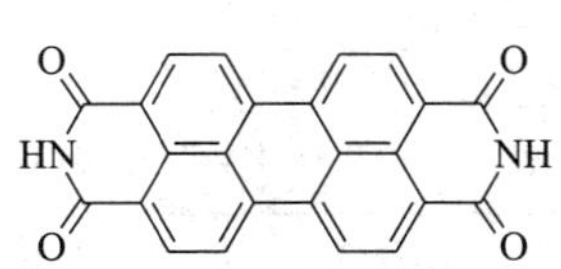

色彩表征：颜料紫 29 呈深红紫色，饱和度不高。颜料紫 29 具有较高的着色力。与 1% 钛白粉配制 1/3SD 的 HDPE 所需颜料 0.18%。

主要性能：见表 4-195～表 4-197 和图 4-59。

表 4-195　颜料紫 29 在 PVC 塑料中的应用性能

项目		颜料	钛白粉	耐光性/级	耐候性(3000h)/级	耐迁移性/级
PVC	本色	0.1%		8	5	5
	冲淡	0.1%	1%	8	3～4	

表 4-196　颜料紫 29 在 HDPE 塑料中的应用性能

项目		颜料	钛白粉	耐光性/级	耐候性(3000h)/级
HDPE	本色	0.2%		8	4
	冲淡	0.2%	2%	8	3

表 4-197　颜料紫 29 应用范围

通用塑料		工程塑料		纺丝	
LLDPE/LDPE	●	PS/SAN	●	PP	●
HDPE	●	ABS	○	PET	●
PP	●	PC	○	PA6	●
PVC(软)	●	PBT	○	PAN	
PVC(硬)	●	PA	○		
橡胶	●	PMMA	●		

注：●表示推荐使用；○表示有条件地使用。

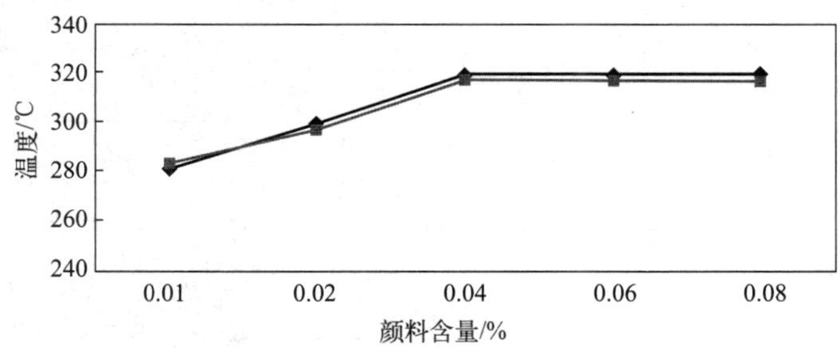

图 4-59　颜料紫 29 在 HDPE 中的耐热性

■—加 1%钛白粉；◆—本色

品种特性：颜料紫 29 综合牢度优异，适用于通用聚烯烃塑料、通用工程塑料着色，适宜户外应用。颜料紫 29 适用于丙纶、涤纶、尼龙 6 纤维纺前着色、纺丝。用于涤纶纤维原液着色缩聚时，可耐 290℃/5～6h。

(5) C. I. 颜料橙 43

分子式 $C_{26}H_{12}N_4O_2$；C. I. 结构号 71105；CAS 登记号 4424-06-07。

结构式：

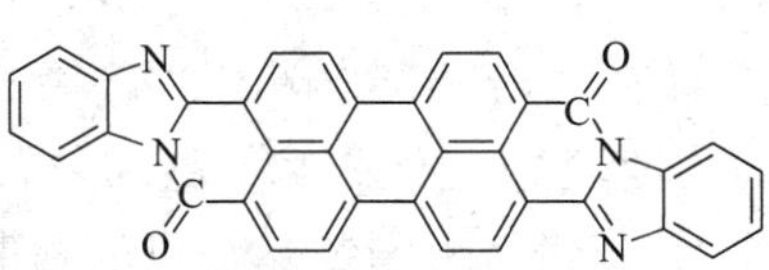

色彩表征：颜料橙 43 呈艳丽红光橙色。颜料橙 43 具有很高的着色力，与 1%钛白粉配制 1/3SD 的 HDPE 时需 0.2%的颜料。

主要性能：见表 4-198～表 4-200 和图 4-60。

表 4-198 颜料橙 43 在 PVC 塑料中的应用性能

项目		颜料	钛白粉	耐光性/级	耐候性(2000h)/级	耐迁移性/级
PVC	本色	0.1%		8	4	4～5
	冲淡	0.1%	0.5%	7～8		

表 4-199 颜料橙 43 在 HDPE 塑料中的应用性能

项目		颜料	钛白粉	耐光性/级	耐候性(3000h)/级
HDPE	本色	0.2%		8	5
	1/3SD	0.2%	1%	8	

表 4-200 颜料橙 43 应用范围

通用塑料		工程塑料		纺丝	
LLDPE/LDPE	●	PS/SAN	●	PP	●
HDPE	●	ABS	●	PET	×
PP	●	PC	●	PA6	×
PVC(软)	●	PBT	●	PAN	●
PVC(硬)	●	PA	○		
橡胶	●	POM	×		

注：●表示推荐使用；○表示有条件地使用；×表示不推荐使用。

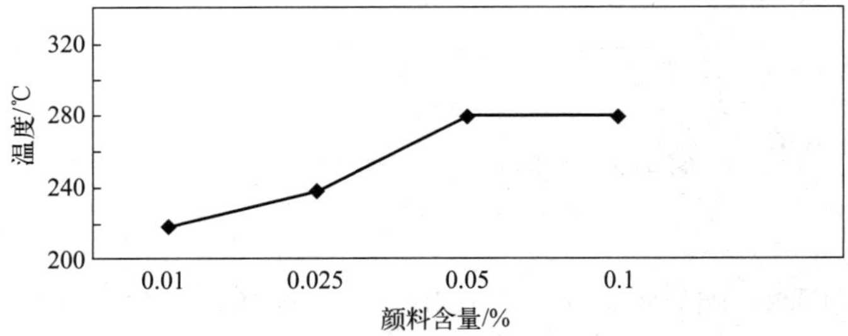

图 4-60 颜料橙 43 在 HDPE 中的耐热性（本色）

品种特性：颜料橙 43 具有极好的耐光性，即使冲淡到很低浓度，耐光性也能达到 8 级。颜料橙 43 用于聚烯烃具有良好的耐热性，在 PE、PET 中为 280℃，在 PE 中浓度低于 0.05%时耐热性显著下降，在 PET 中浓度低会发生溶解并使色调向黄转变。颜料橙 43 适用于通用聚烯烃塑料、通用工程塑料着色，适宜户外应用。用于聚氯乙烯，它的耐渗色性较好。但在颜料浓度较低和增塑剂浓度较高时会发生渗色现象。颜料橙 43 适用于丙纶纺前着色，可用于遮阳篷生产。颜料橙 43 会强烈影响结晶塑料的翘曲性能。

4.7.4 蒽醌类颜料

蒽醌类颜料原是一类分子量大、结构复杂的还原染料，通过特定的颜料化表面处理，可使其转化为具有使用价值的有机颜料。该类颜料具有高透明性，中等至高着色力，色区覆盖黄、蓝光红和红光蓝。颜料综合性能优异。

(1) C. I. 颜料黄 199

分子式 $C_{52}H_{60}N_2O_6$；C. I. 结构号 65320；CAS 登记号 136897-58-0。

结构式：

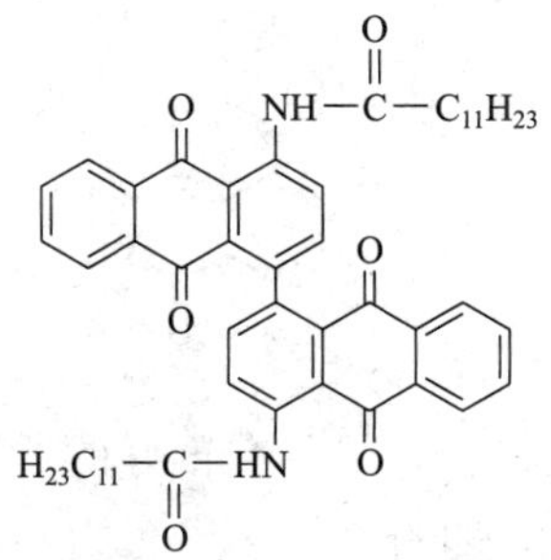

色彩表征：具有非常好透明性的红光黄色品种。

主要性能：见表 4-201、表 4-202 和图 4-61。该颜料分散性较差，不适用于 PVC 中。

表 4-201 颜料黄 199 在 HDPE 塑料中的应用性能

项目		颜料	钛白粉	耐光性/级	耐候性(3000h)/级	耐迁移性/级
HDPE	本色	0.1%		7～8	4～5	4.2
	冲淡	0.1%	1%	7～8	3～4	4.2

表 4-202 颜料黄 199 应用范围

通用塑料		工程塑料		纺丝	
LLDPE/LDPE	●	PS/SAN	●	PP	●
HDPE	●	ABS	○	PET	○
PP	●	PC	○	PA6	×
PVC(软)	×	PBT	○	PAN	
PVC(硬)	×	PA6	×		
橡胶	●	POM	●		

注：●表示推荐使用；○表示有条件地使用；×表示不推荐使用。

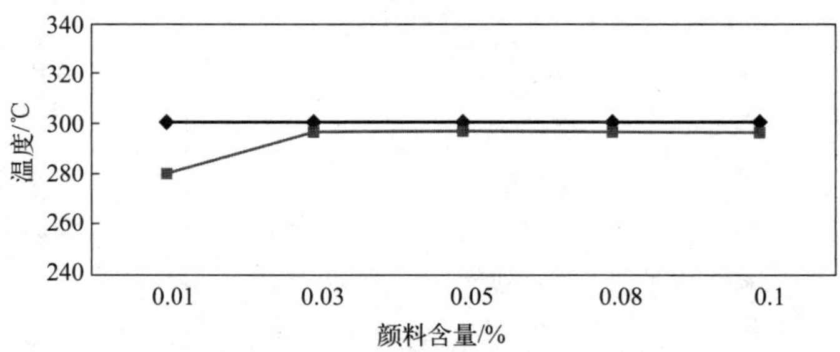

图 4-61 颜料黄 199 在 HDPE 中的耐热性

■—加 1%钛白粉；◆—本色

品种特性：颜料黄 199 具有优异耐候性，能满足长期露置在户外的要求，除了用于通用聚烯烃着色外，还可用于苯乙烯类工程塑料着色。颜料黄 199 适用于丙纶纺前着色、纺丝。颜料黄 199 可用于与食品接触塑料的着色。颜料黄 199 用在 HDPE 等结晶塑料中不影响翘曲变形。

(2) C. I. 颜料红 177

分子式 $C_{28}H_{16}N_2O_4$；C. I. 结构号 65300；CAS 登记号 4051-63-2。

结构式：

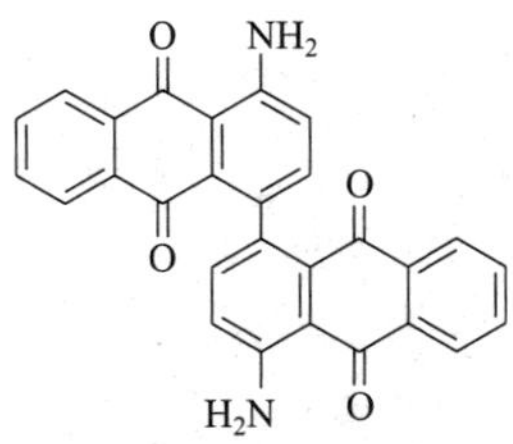

色彩表征：颜料红 177 呈蓝光红色，并具有很好的透明性，与钼铬红配伍，可得鲜艳深红，并具有很好的耐光性和耐候性。颜料红 177 着色力不高，与 1%的钛白粉配制 1/3 标准深度的高密度聚乙烯制品需 0.21%的颜料。

主要性能：见表 4-203～表 4-205 和图 4-62。

表 4-203　颜料红 177 在 PVC 塑料中的应用性能

项目		颜料	钛白粉	耐光性/级	耐候性(2000h)/级	耐迁移性/级	耐热性/级	
							180℃/30min	200℃/10min
PVC	本色	0.1%		8	4～5	5	5	4～5
	冲淡	0.2%	2%	7～8	2	5	5	5

表 4-204　颜料红 177 在 HDPE 塑料中的应用性能

项目		颜料	钛白粉	耐光性/级	耐候性(3000h)/级	耐迁移性/级
HDPE	本色	0.1%		7～8	3	5
	冲淡	0.1%	1%	7～8	1	5

表 4-205　颜料红 177 应用范围

通用塑料		工程塑料		纺丝	
LLDPE/LDPE	●	PS/SAN	○	PP	●
HDPE	●	ABS	○	PET	×
PP	●	PC	○	PA6	×
PVC(软)	●	PBT	○	PAN	
PVC(硬)	●	PA6	○		
橡胶	●	PMMA	●		

注：●表示推荐使用；○表示有条件地使用；×表示不推荐使用。

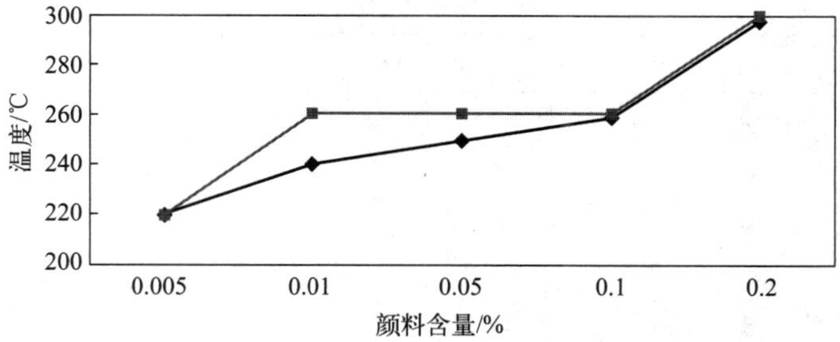

图 4-62　颜料红 177 在 HDPE 中的耐热性

■—加 1%钛白粉；◆—本色

品种特性：颜料红 177 具有良好的耐热性，在 PE 中为 260～300℃，当颜料浓度低于 0.1%时耐热性明显下降。颜料红 177 适用于通用聚烯烃塑料着色，在软质 PVC 中它的耐渗色性能不太好。颜料红 177 适用于丙纶纤维纺前着色。颜料红 177 不具有成核性，用于 HDPE 等结晶塑料中不会影响翘曲变形。

（3）C. I. 颜料蓝 60

分子式 $C_{28}H_{14}N_2O_4$；C. I. 结构号 69800；CAS 登记号 81-77-6。

结构式：

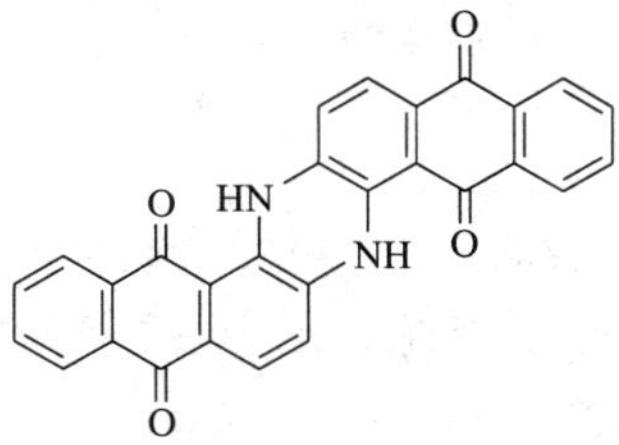

色彩表征：颜料蓝 60 呈纯正红光蓝色。色光比 α-酞菁蓝红。颜料蓝 60 具有较高着色力，与 1%的钛白粉配制 1/3 标准深度的高密度聚乙烯制品需 0.15%的颜料，但 α-酞菁蓝仅需 0.09%的颜料。

主要性能：见表 4-206～表 4-208 和图 4-63。

表 4-206　颜料蓝 60 在 PVC 塑料中的应用性能

项目		颜料	钛白粉	耐光性/级	耐候性(2000h)/级	耐迁移性/级	耐热性/级	
							180℃/30min	200℃/10min
PVC	本色	0.1%		7～8	4～5	5	5	5
	冲淡	0.2%	2%	6～7	3～4	5	5	5

表 4-207　颜料蓝 60 在 HDPE 塑料中的应用性能

项目		颜料	钛白粉	耐光性/级	耐候性(3000h)/级	耐迁移性/级
HDPE	本色	0.1%		7～8	4～5	5
	冲淡	0.1%	1%	8	4	5

表 4-208 颜料蓝 60 应用范围

通用塑料		工程塑料		纺丝	
LLDPE/LDPE	●	PS/SAN	●	PP	●
HDPE	●	ABS	○	PET	●
PP	●	PC	○	PA6	●
PVC(软)	●	PBT	●	PAN	
PVC(硬)	●	PA6	○		
橡胶	●	PMMA	●		

注：●表示推荐使用；○表示有条件地使用。

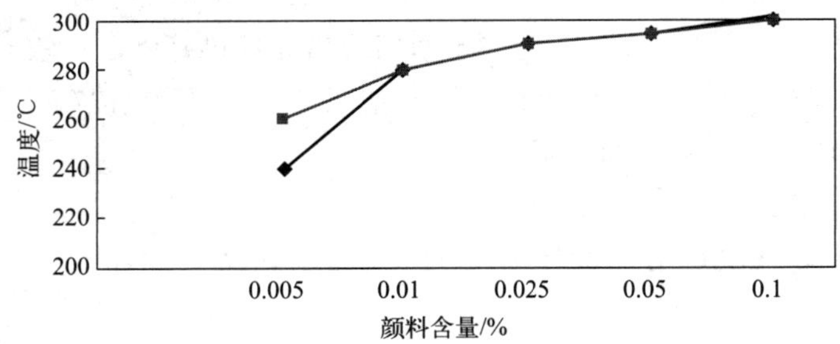

图 4-63 颜料蓝 60 在 HDPE 中的耐热性

■—加 1%钛白粉；◆—本色

品种特性：颜料蓝 60 综合牢度优异，适用于通用聚烯烃塑料、通用工程塑料着色，适宜户外应用。颜料蓝 60 适用于丙纶、涤纶、尼龙 6 纤维纺前着色。颜料蓝 60 用于 HDPE 等结晶塑料中不影响翘曲变形。

4.7.5 异吲哚啉酮系颜料和异吲哚啉系颜料

异吲哚啉酮系颜料分子由两部分组成：两个四氯代异吲哚啉酮环与二胺的取代衍生物，通过改变二胺的取代衍生物结构，得到颜料黄 109、颜料黄 110。异吲哚啉酮系颜料和异吲哚啉系颜料是 20 世纪 60 年代中期继喹吖啶酮和三苯并二噁嗪颜料之后发展起来的一类有机颜料，具有优异的耐热性、耐迁移性、耐光性、耐候性，特别是在低浓度和钛白粉冲淡时。

(1) 异吲哚啉酮系颜料

通用结构如下：

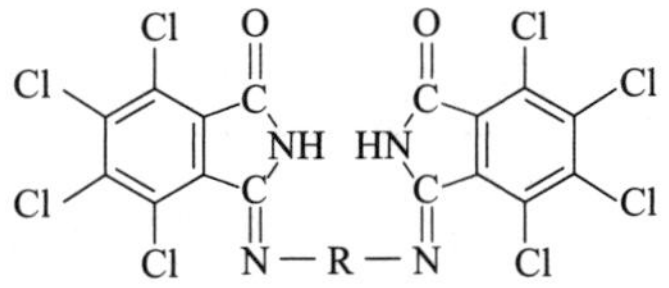

在塑料中应用的异吲哚啉酮系颜料品种见表 4-209。

表 4-209　在塑料中应用的异吲哚啉酮系颜料品种

品种	C. I. 结构号	CAS 登记号	R	颜色
颜料黄 109	56284	5045-40-9	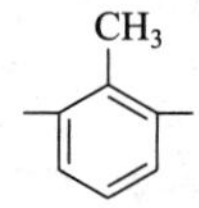	绿光黄
颜料黄 110	56280	5590-18-1	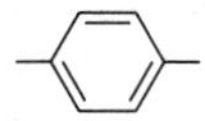	红光黄
颜料橙 61	11265	40716-47-0	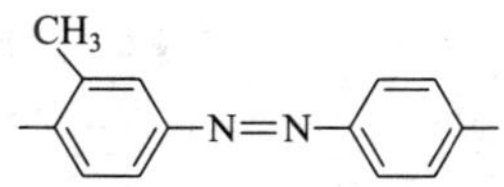	橙

① C. I. 颜料黄 109　分子式 $C_{23}H_8Cl_8N_4O_2$；C. I. 结构号 56284；CAS 登记号 5045-40-9。结构式：

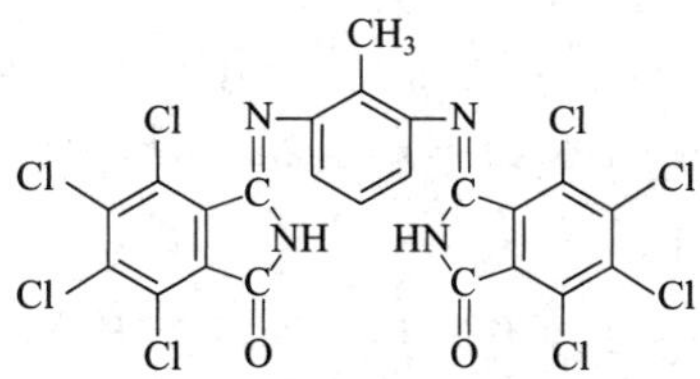

色彩表征：颜料黄 109 呈艳丽的绿光黄色。颜料黄 109 是一种着色力较低的颜料。与 1%的钛白粉配制 1/3 标准深度 PO 需 0.5%的颜料。

主要性能：见表 4-210～表 4-212 和图 4-64。

表 4-210　颜料黄 109 在 PVC 塑料中的应用性能

项目		颜料	钛白粉	耐光性/级	耐候性(2000h)/级	耐迁移性/级	耐热性/级	
							180℃/30min	200℃/10min
PVC	本色	0.1%		8	5	5	5	4～5
	冲淡	0.2%	2%	8	4～5	5	5	5

表 4-211　颜料黄 109 在 HDPE 塑料中的应用性能

项目		颜料	钛白粉	耐光性/级	耐候性(3000h)/级	耐迁移性/级
HDPE	本色	0.1%		7～8	4	5
	冲淡	0.1%	1%	7～8	2～3	5

表 4-212　颜料黄 109 应用范围

通用塑料		工程塑料		纺丝	
LLDPE/LDPE	●	PS/SAN	●	PP	●
HDPE	●	ABS	○	PET	×
PP	●	PC	○	PA6	×
PVC(软)	○	PET	○	PAN	
PVC(硬)	○	PA6	○		
橡胶	●	POM			

注：●表示推荐使用；○表示有条件地使用；×表示不推荐使用。

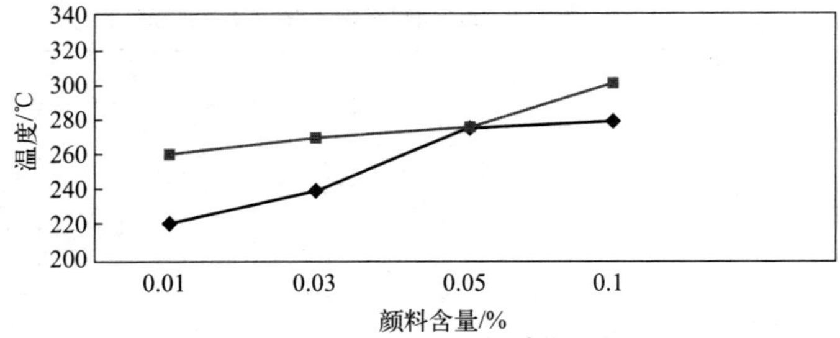

图 4-64　颜料黄 109 在 HDPE 中的耐热性

■—加 1%钛白粉；◆—本色

品种特性：颜料黄 109 的耐光性好，但在硬质 PVC 中不耐长时间户外曝晒；特别当 PVC 中钛白粉的含量较高时，这一现象尤为明显。颜料黄 109 耐热性优良，用于聚烯烃着色时，含 1%钛白粉 1/3 标准深度的样品耐热性可达 300℃，但 1/25 标准深度耐热性降为 250℃。在高温下其色光会变暗。颜料黄 109 除了用于通用聚烯烃着色外，还可用于苯乙烯类工程塑料着色，颜料黄 109 适用于丙纶纺前着色、纺丝，适宜户外应用。颜料黄 109 用在 HDPE 中会影响该塑料的翘曲变形。

② C. I. 颜料黄 110　分子式 $C_{22}H_6Cl_8N_4O_2$；C. I. 结构号 56280；CAS 登记号 5590-18-1。

结构式：

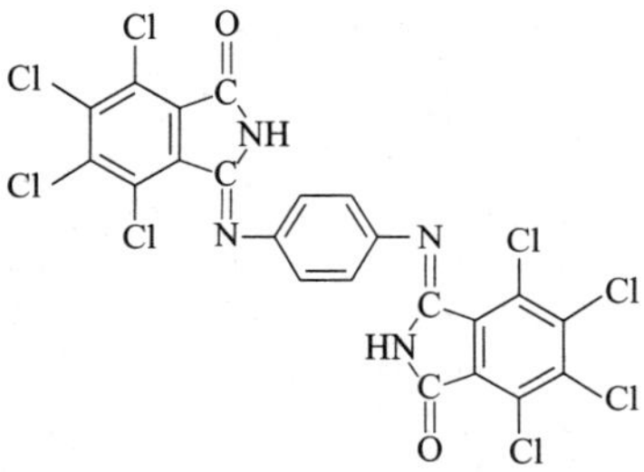

色彩表征：颜料黄 110 呈红相很强的黄色，颜料黄 110 着色力中等，与 1%的钛白粉配制 1/3 标准深度的 PVC 需 0.22%的颜料，与 1%的钛白粉配制 1/3 标准深度 HDPE 需 0.24%的颜料。

主要性能：见表 4-213～表 4-215 和图 4-65。

表 4-213　颜料黄 110 在 PVC 塑料中的应用性能

项目		颜料	钛白粉	耐光性/级	耐候性(2000h)/级	耐迁移性/级	耐热性/级	
							180℃/30min	200℃/10min
PVC	本色	0.1%		8	4～5	5	5	5
	冲淡	0.2%	2%	8	4～5	5	5	5

表 4-214　颜料黄 110 在 HDPE 塑料中的应用性能

项目		颜料	钛白粉	耐光性/级	耐候性(3000h)/级	耐迁移性/级
HDPE	本色	0.1%		7～8	4～5	5
	冲淡	0.1%	1%	8	4	5

表 4-215　颜料黄 110 应用范围

通用塑料		工程塑料		纺丝	
LLDPE/LDPE	●	PS/SAN	●	PP	●
HDPE	●	ABS	●	PET	×
PP	●	PC	×	PA6	×
PVC(软)	●	PBT	×	PAN	
PVC(硬)	●	PA6	×		
橡胶	●	POM	●		

注：●表示推荐使用；×表示不推荐使用。

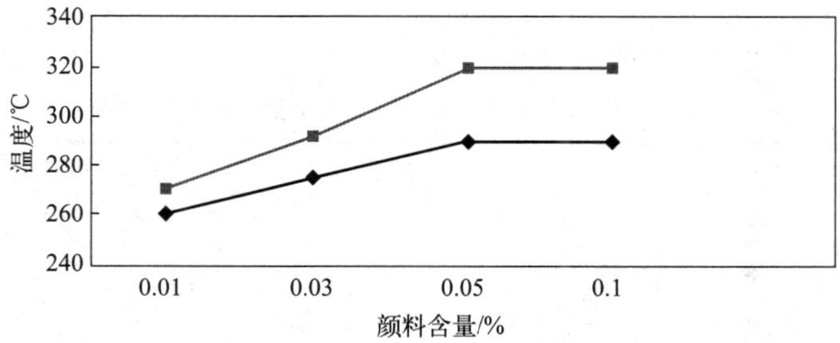

图 4-65　颜料黄 110 在 HDPE 中的耐热性

■—加 1%钛白粉；◆—本色

品种特性：颜料黄 110 综合牢度被认为是所有红光黄色有机颜料中最好的一种，还是黄色有机颜料中耐光性和耐候性最好的品种之一，在硬质 PVC 中能耐长时间户外曝晒，因而被广泛应用。颜料黄 110 耐热性优异，用于聚烯烃着色时，1/3 标准深度的 HDPE 耐热性可达 290℃。1/25 标准深度的耐热性为 270℃，而且无色光变化，需注意其在极低浓度下的耐热性低。

颜料黄 110 除了用于通用聚烯烃着色外，还可用于苯乙烯类工程塑料着色。颜料黄 110 适用于丙纶纺前着色。颜料黄 110 用在 HDPE 等结晶塑料中会严重影响翘曲变形。颜料黄 110 为针状晶体，所以对加工过程中的剪切力非常敏感。

③ C. I. 颜料橙 61　分子式 $C_{29}H_{12}Cl_8N_6O_2$；C. I. 结构号 11265；CAS 登记号 40716-47-0。

结构式：

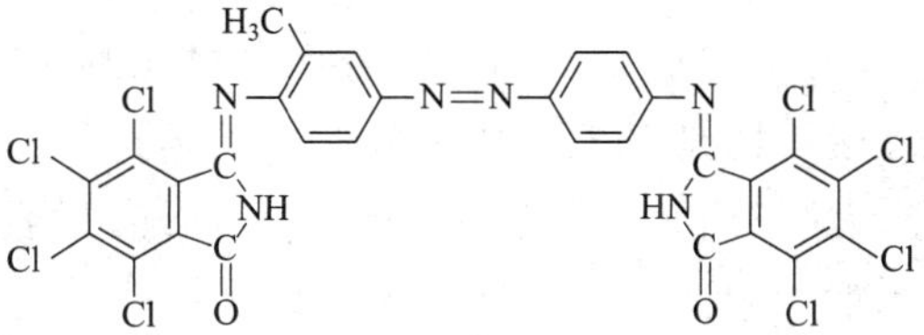

色彩表征：颜料橙 61 呈黄光橙色。色彩饱和度不高。颜料橙 61 在塑料中着色力较低；与 1%钛白粉调配 1/3 标准深度的 PVC 需约 0.2%的颜料，与 1%的钛白粉配制 1/3 标准深度 HDPE 需 0.23%的颜料。其色光与颜料橙 13 十分相近，但其着色力是颜料橙 13 的 1/2。

主要性能：见表 4-216～表 4-218 和图 4-66。

表 4-216　颜料橙 61 在 PVC 塑料中的应用性能

项目		颜料	钛白粉	耐光性/级	耐候性(2000h)/级	耐迁移性/级	耐热性/级	
							180℃/30min	200℃/10min
PVC	本色	0.1%		8	4～5	4.9	5	5
	冲淡	0.2%	2%	8	4～5	4.8	5	5

表 4-217　颜料橙 61 在 HDPE 塑料中的应用性能

项目		颜料	钛白粉	耐光性/级	耐候性(3000h)/级	耐迁移性/级
HDPE	本色	0.1%		7～8	4～5	5
	冲淡	0.1%	1%	7～8	3	5

表 4-218　颜料橙 61 应用范围

通用塑料		工程塑料		纺丝	
LLDPE/LDPE	●	PS/SAN	●	PP	●
HDPE	●	ABS	○	PET	×
PP	●	PC	×	PA6	×
PVC(软)	●	PET	×	PAN	●
PVC(硬)	●	PA6	×		
橡胶	●	POM	●		

注：●表示推荐使用；○表示有条件地使用；×表示不推荐使用。

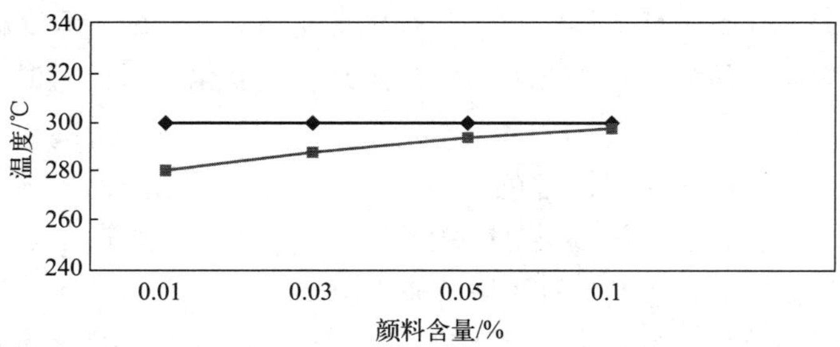

图 4-66　颜料橙 61 在 HDPE 中的耐热性

■—加 1%钛白粉；◆—本色

品种特性：颜料橙 61 综合牢度优异，与 5%的钛白粉配制 1/25 标准深度的 PVC 耐光性可达 7～8 级，颜料橙 61 耐候性是橙色品种中最好的，能满足长期露置在户外的要求。

颜料橙 61 耐热性优异，除了用于通用聚烯烃着色外，还可用于苯乙烯类工程塑料以及聚氨酯、不饱和聚酯着色。颜料橙 61 适用于丙纶、腈纶纺前着色。颜料橙 61 用在 HDPE 等结晶塑料中对翘曲变形影响较大。

(2) 异吲哚啉系颜料

异吲哚啉系颜料是另一类有实用价值的有机颜料，分子中含有异吲哚啉环，并具有互变异构形式，其通用结构如下：

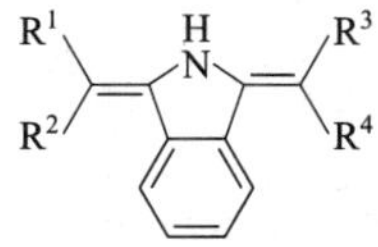

依据取代基 R^1、R^2 相同与否，可分为对称型颜料（如著名的颜料黄 139 及颜料棕 138）与非对称型颜料。异吲哚啉系颜料由于分子中含有亚胺和羰基，可形成分子间氢键，具有优良的耐光性和耐候性。

塑料中的常用品种为 C. I. 颜料黄 139：分子式 $C_{16}H_9N_5O_6$；C. I. 结构号 56298；CAS 登记号 36888-99-0。

结构式：

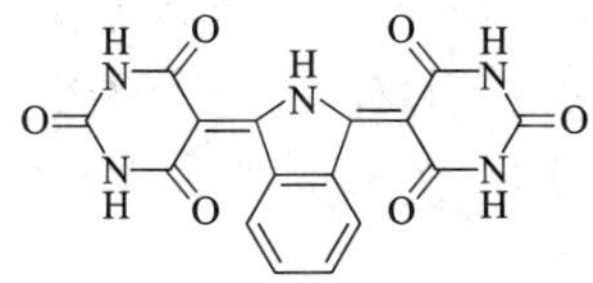

色彩表征：颜料黄 139 呈红光黄色。颜料黄 139 着色力高，与 1%钛白粉配制 1/3 标准深度软质 PVC 需要约 0.1%的颜料。与 1%钛白粉配制 1/3 标准深度的 HDPE 需要约 0.14%的颜料。

主要性能：见表 4-219～表 4-221 和图 4-67。

表 4-219 颜料黄 139 在 PVC 塑料中的应用性能

项目		颜料	钛白粉	耐光性/级	耐候性(3000h)/级	耐迁移性/级	耐热性/级	
							180℃/30min	200℃/10min
PVC	本色	0.1%		7	3～4	5	4～5	4～5
	冲淡	0.2%	2%	7		5	4～5	4～5

表 4-220 颜料黄 139 在 HDPE 塑料中的应用性能

项目		颜料	钛白粉	耐光性/级	耐候性(3000h)/级	耐迁移性/级
HDPE	本色	0.1%		7	3～4	5
	冲淡	0.1%	1%	7		5

表 4-221 颜料黄 139 应用范围

通用塑料		工程塑料		纺丝	
LLDPE/LDPE	●	PS/SAN	○	PP	●
HDPE	○	ABS	×	PET	×
PP	○	PC	×	PA6	×
PVC(软)	●	PET	×	PAN	
PVC(硬)	●	PA6	×		
橡胶	○	POM			

注：●表示推荐使用；○表示有条件地使用；×表示不推荐使用。

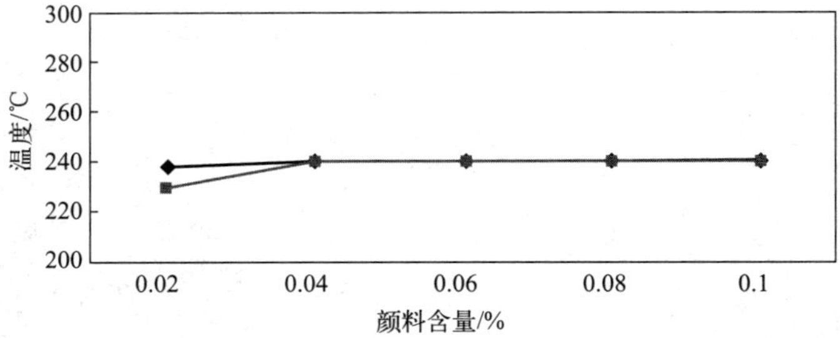

图 4-67　颜料黄 139 在 HDPE 中的耐热性

■—加 1%钛白粉；◆—本色

品种特性：颜料黄 139 具有中等牢度，性价比高。颜料黄 139 耐光性好，耐热性中等，配制 1/3 标准深度的 HDPE 时耐热达 250℃。在更高温度下颜料会分解，其色光会变暗。颜料黄 139 适用于通用聚烯烃塑料着色，在软质聚氯乙烯中，耐迁移性很好。颜料黄 139 适用于丙纶纺前着色、纺丝，是替代联苯黄 83 的优势品种。颜料黄 139 用在 HDPE 中会影响该塑料的翘曲变形。

4.7.6　吡咯并吡咯二酮系颜料

吡咯并吡咯二酮颜料（简称 DPP 颜料）是一类全新结构的高性能有机颜料。该系列品种的问世被誉为有机颜料发展史上的一座新的里程碑。DPP 颜料分子结构具有很好的对称性，分子呈平面排列，分子间形成氢键，所以虽然分子量较低，但具有优异耐光、耐热、耐溶剂性能，分散性良好，故能与苝红颜料、苯并咪唑酮等高性能颜料媲美。DPP 颜料具有纯净和亮丽的色相，高着色力、高遮盖力，色区覆盖橙、黄光红、蓝光红，既有透明的品种又有遮盖的品种。

DPP 颜料通用结构如下：

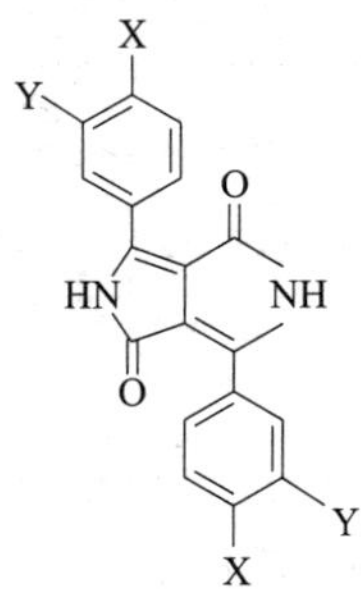

DPP 颜料在塑料中应用的主要品种见表 4-222。

表 4-222　DPP 颜料在塑料中应用的主要品种

品种	C. I. 结构号	CAS 登记号	X	Y	色光
颜料橙 71	561200	84632-50-8	H	CN	艳橙色
颜料橙 73	56117	84632-59-7	$C(CH_3)_3$	H	艳橙色
颜料红 254	56110	84632-65-5	Cl	H	大红色
颜料红 264	561300	88949-33-1	C_6H_5	H	蓝光红色
颜料红 272	561150	350249-32-0	CH_3	H	红色

(1) C. I. 颜料橙 71

分子式 $C_{20}H_{10}N_4O_2$；C. I. 结构号 561200；CAS 登记号 84632-50-8。

结构式：

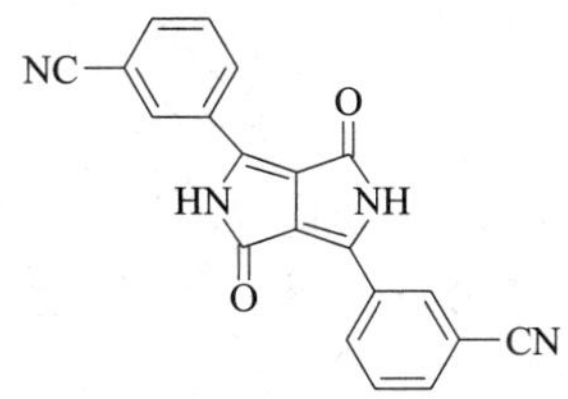

色彩表征：颜料橙 71 呈高透明黄光橙色，色彩饱和度不高。颜料橙 71 着色力高，与 1%钛白粉配制 1/3 标准深度的 PVC 仅需颜料 0.17%；与 1%钛白粉配制 1/3 标准深度的 HDPE 仅需颜料 0.23%。

主要性能：见表 4-223～表 4-225 和图 4-68。

表 4-223 颜料橙 71 在 PVC 塑料中的应用性能

项目		颜料	钛白粉	耐光性/级	耐候性(2000h)/级	耐迁移性/级	耐热性/级	
							180℃/30min	200℃/10min
PVC	本色	0.1%		7～8	2	5	5	5
	冲淡	0.2%	2%	7～8	1	5	5	5

表 4-224 颜料橙 71 在 HDPE 塑料中的应用性能

项目		颜料	钛白粉	耐光性/级	耐候性(3000h)/级	耐迁移性/级
HDPE	本色	0.1%		7～8	3～4	5
	冲淡	0.1%	1%	7～8		5

表 4-225 颜料橙 71 应用范围

通用塑料		工程塑料		纺丝	
LLDPE/LDPE	●	PS	●	PP	●
HDPE	●	ABS	○	PET	×
PP	●	PC	—	PA6	×
PVC(软)	●	PET	×	PAN	
PVC(硬)	○	PA6	×		
橡胶	●	POM	●		

注：●表示推荐使用；○表示有条件地使用；×表示不推荐使用。

品种特性：颜料橙 71 综合牢度优异，能满足长期露置在户外的要求。颜料橙 71 除了用于聚氯乙烯、通用聚烯烃塑料着色外，还可用于苯乙烯类工程塑料着色。颜料橙 71 用在 HDPE 中会影响该塑料的翘曲变形，影响轻微。

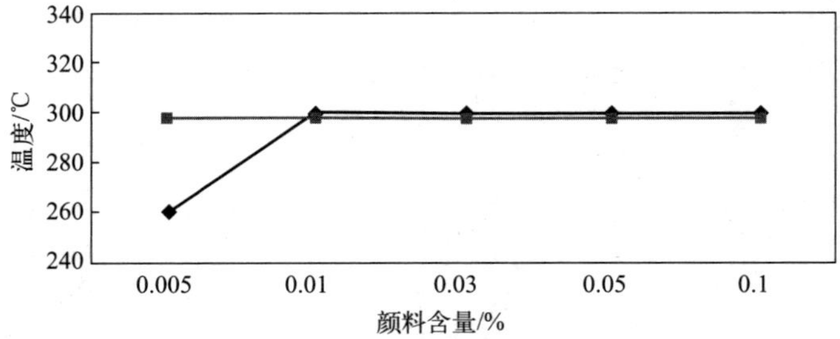

图 4-68　颜料橙 71 在 HDPE 中的耐热性

■—加 1%钛白粉；◆—本色

(2) C. I. 颜料橙 73

分子式 $C_{26}H_{28}N_2O_2$；C. I. 结构号 56117；CAS 登记号 84632-59-7。

结构式：

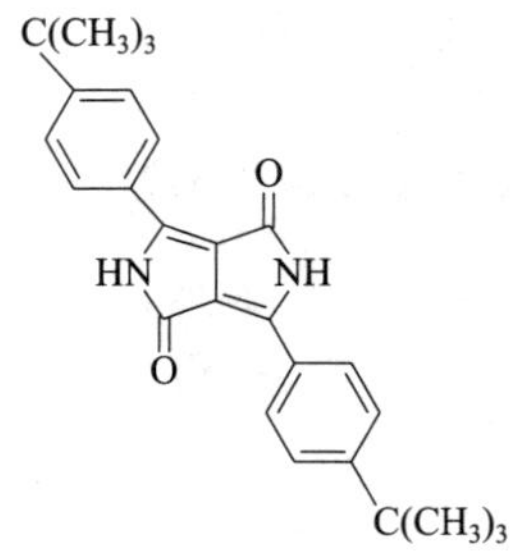

色彩表征：颜料橙 73 呈艳丽的橙色。颜料橙 73 着色力尚可，与 1%钛白粉配制 1/3 标准深度的 PVC 仅需颜料 0.37%；与 1%钛白粉配制 1/3 标准深度的 HDPE 仅需颜料 0.35%。

主要性能：见表 4-226～表 4-228 和图 4-69。

表 4-226　颜料橙 73 在 PVC 塑料中的应用性能

项目		颜料	钛白粉	耐光性/级	耐候性(2000h)/级	耐迁移性/级	耐热性/级	
							180℃/30min	200℃/10min
PVC	本色	0.1%		7～8	4～5	4.6	5	5
	冲淡	0.2%	2%	6～7	3～4	4.7	5	4～5

表 4-227　颜料橙 73 在 HDPE 塑料中的应用性能

项目		颜料	钛白粉	耐光性/级	耐候性(3000h)/级	耐迁移性/级
HDPE	本色	0.1%		8	4	4.9
	冲淡	0.1%	1%	7	2～3	4.9

表 4-228　颜料橙 73 应用范围

通用塑料		工程塑料		纺丝	
LLDPE/LDPE	○	PS/SAN	×	PP	—
HDPE	○	ABS	×	PET	×

续表

通用塑料		工程塑料		纺丝	
PP	○	PC	×	PA6	×
PVC(软)	●	PBT	×	PAN	×
PVC(硬)	●	PA	×		
橡胶	●	POM			

注：●表示推荐使用；○表示有条件地使用；×表示不推荐使用。

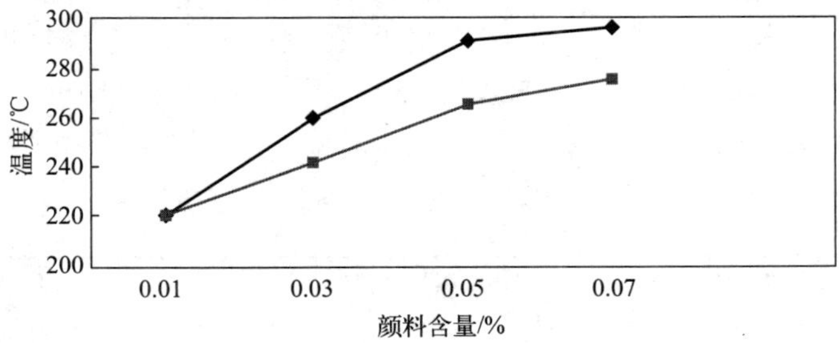

图 4-69　颜料橙 73 在 HDPE 中的耐热性

■—加 1%钛白粉；◆—本色

品种特性：颜料橙 73 综合牢度优良，能满足长期露置在户外的要求，加钛白粉冲淡和浓度变化会使耐候性低 1～2 级。需注意低浓度着色的耐热性。颜料橙 73 与颜料红 254 会产生混晶，引起色变。颜料橙 73 可用于聚氯乙烯和聚烯烃塑料着色。

(3) C. I. 颜料红 254

分子式 $C_{18}H_{10}Cl_2N_2O_2$；C. I. 结构号 56110；CAS 登记号 84632-65-5。

结构式：

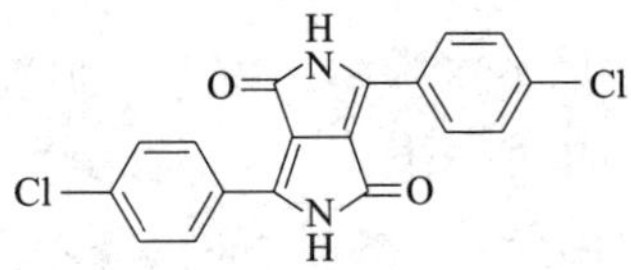

色彩表征：颜料红 254 是瑞士汽巴精化公司开发成功的第一个商品化 DPP 品种。颜料红 254 呈艳丽的正红色。透明性极好，饱和度高。颜料红 254 具有很高的着色强度，与 1%钛白粉配制 1/3 标准深度的 PVC 仅需 0.15%的颜料；与 1%钛白粉配制 1/3 标准深度的 HDPE 仅需颜料 0.16%。

主要性能：见表 4-229～表 4-231 和图 4-70。

表 4-229　颜料红 254 在 PVC 塑料中的应用性能

项目		颜料	钛白粉	耐光性/级	耐候性(2000h)/级	耐迁移性/级	耐热性/级	
							180℃/30min	200℃/10min
PVC	本色	0.1%		8	5	5	5	5
	冲淡	0.2%	2%	8	3～4	5	5	5

表 4-230　颜料红 254 在 HDPE 塑料中的应用性能

项目		颜料	钛白粉	耐光性/级	耐候性(3000h)/级	耐迁移性/级
HDPE	本色	0.1%		8	4	5
	冲淡	0.1%	1%	8	2	5

表 4-231　颜料红 254 应用范围

通用塑料		工程塑料		纺丝	
LLDPE/LDPE	●	PS/SAN	●	PP	●
HDPE	●	ABS	○	PET	×
PP	●	PC	×	PA6	×
PVC(软)	●	PBT	×	PAN	
PVC(硬)	●	PA6	×		
橡胶	●	POM	●		

注：●表示推荐使用；○表示有条件地使用；×表示不推荐使用。

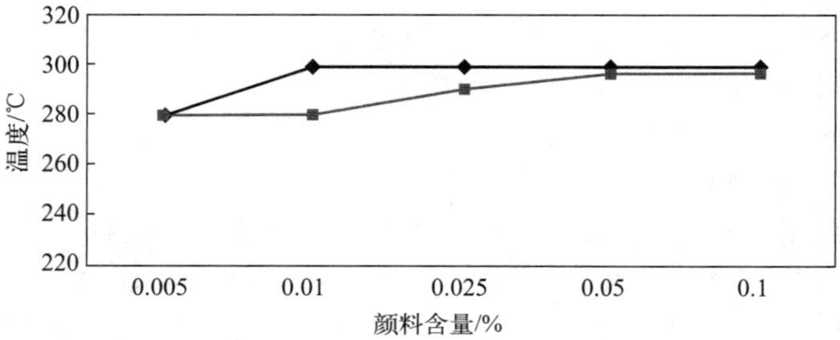

图 4-70　颜料红 254 在 HDPE 中的耐热性

■—加 1%钛白粉；◆—本色

品种特性：颜料红 254 综合牢度优异，适宜户外应用。颜料红 254 除了用于通用聚氯乙烯、聚烯烃着色外，还可用于苯乙烯类工程塑料着色，但在 PC 中若温度高于 320℃会溶解，形成鲜亮的荧光黄色。颜料红 254 用于 HDPE 中会影响该塑料的翘曲变形，影响轻微。颜料红 254 经特殊处理产品用在 HDPE 中不会影响该塑料的翘曲变形。颜料红 254 成为塑料着色红色区标准色。

(4) C. I. 颜料红 264

分子式 $C_{30}H_{20}N_2O_2$；C. I. 结构号 561300；CAS 登记号 88949-33-1。

结构式：

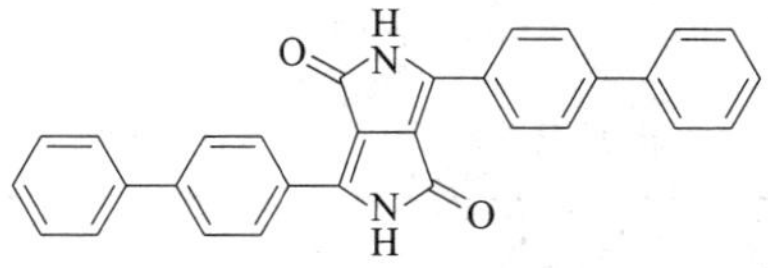

色彩表征：颜料红 264 呈艳丽的蓝光红色，具有较高透明性。颜料红 264 着色力在 DPP 系列颜料中是最高的，与 1%钛白粉配制 1/3 标准深度的聚氯乙烯制品仅需 0.09%的颜料；与 1%钛白粉配制 1/3 标准深度的聚丙烯制品仅需颜料 0.11%（而颜料红 254 则需 0.16%）。

主要性能：见表 4-232～表 4-234 和图 4-71。

表 4-232　颜料红 264 在 PVC 塑料中的应用性能

项目		颜料	钛白粉	耐光性/级	耐候性(2000h)/级	耐迁移性/级	耐热性/级	
							180℃/30min	200℃/10min
PVC	本色	0.1%		8	5	5	5	5
	冲淡	0.2%	2%	7～8	2～3	5	5	5

表 4-233　颜料红 264 在 HDPE 塑料中的应用性能

项目		颜料	钛白粉	耐光性/级	耐候性(3000h)/级	耐迁移性/级
HDPE	本色	0.1%		8	4	5
	冲淡	0.1%	1%	8	2	5

表 4-234　颜料红 264 应用范围

通用塑料		工程塑料		纺丝	
LLDPE/LDPE	●	PS/SAN	○	PP	●
HDPE	●	ABS	●	PET	×
PP	●	PC	×	PA6	○
PVC(软)	●	PET	○	PAN	
PVC(硬)	●	PA6	○		
橡胶	●	POM	●		

注：●表示推荐使用；○表示有条件地使用；×表示不推荐使用。

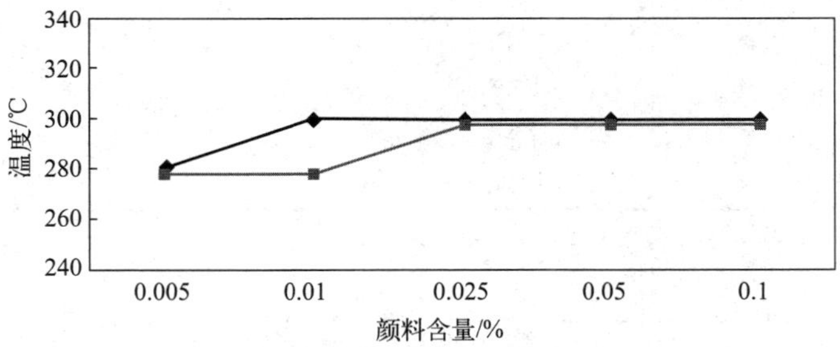

图 4-71　颜料红 264 在 HDPE 中的耐热性

■—加 1%钛白粉；◆—本色

品种特性：颜料红 264 综合牢度优异，适宜户外应用。颜料红 264 具有极佳的耐热性，但随钛白粉加入而降低。颜料红 264 除了用于聚氯乙烯、通用聚烯烃塑料着色外，还可用于苯乙烯类工程塑料着色，颜料红 264 在软质聚氯乙烯中耐迁移性为 5 级，还适用于尼龙等工程塑料。颜料红 264 用在 HDPE 中不影响该塑料的翘曲变形。

(5) C. I. 颜料红 272

分子式 $C_{20}H_{16}N_2O_2$；C. I. 结构号 561150；CAS 登记号 350249-32-0。

结构式：

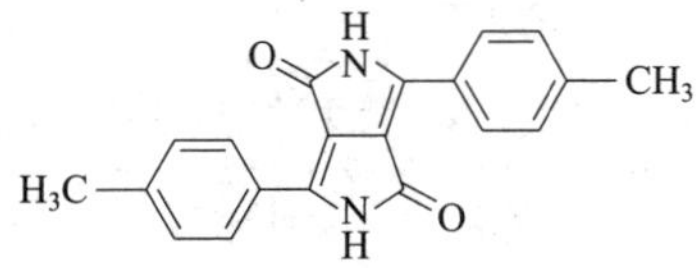

色彩表征：颜料红 272 呈艳丽的正红色。有较高的遮盖力和饱和度。颜料红 272 着色力高，与 1%钛白粉配制 1/3 标准深度的聚丙烯制品仅需颜料 0.18%。

主要性能：见表 4-235～表 4-237 和图 4-72。

表 4-235　颜料红 272 在 PVC 塑料中的应用性能

项目		颜料	钛白粉	耐光性/级	耐候性(2000h)/级	耐迁移性/级	耐热性/级	
							180℃/30min	200℃/10min
PVC	本色	0.1%		7～8	4～5	4.9	5	5
	冲淡	0.2%	2%	7	2	5	5	5

表 4-236　颜料红 272 在 HDPE 塑料中的应用性能

项目		颜料	钛白粉	耐光性/级	耐候性(3000h)/级	耐迁移性/级
HDPE	本色	0.1%		7～8	3～4	5
	冲淡	0.1%	1%	7～8	1～2	5

表 4-237　颜料红 272 应用范围

通用塑料		工程塑料		纺丝	
LLDPE/LDPE	●	PS/SAN	○	PP	○
HDPE	●	ABS	×	PET	×
PP	●	PC	×	PA6	×
PVC(软)	●	PET	×	PAN	×
PVC(硬)	●	PA6	×		
橡胶	●	POM			

注：●表示推荐使用；○表示有条件地使用；×表示不推荐使用。

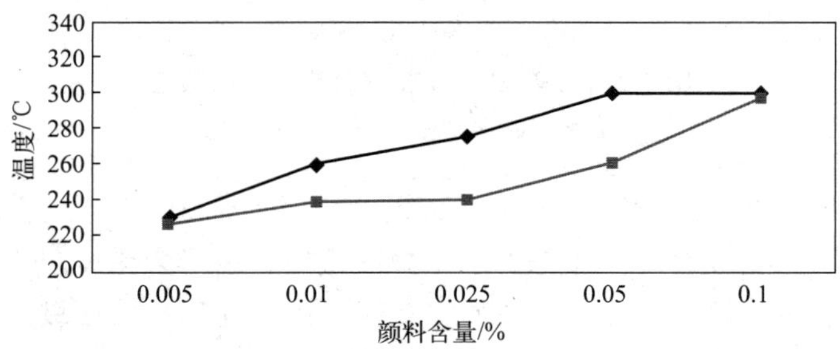

图 4-72　颜料红 272 在 HDPE 中的耐热性

■—加 1%钛白粉；◆—本色

品种特性：颜料红 272 综合牢度优异，本色适宜户外应用。颜料红 272 适用于聚氯乙烯、通用聚烯烃塑料着色。在软质聚氯乙烯中耐迁移性为 5 级。颜料红 272 用于 HDPE 中会影响该塑料的翘曲变形，影响轻微。

4.7.7 喹酞酮类颜料

喹酞酮是一类古老的化合物，早在1882年就被合成出来，但它的结构被确定是在1907年。可作为颜料用的喹酞酮的衍生物不多，具有商业价值的此类颜料为黄色品种，典型品种是颜料黄138。

C.I.颜料黄138：分子式 $C_{26}H_6Cl_8N_2O_4$；C.I.结构号56300；CAS登记号30125-47-4。

结构式：

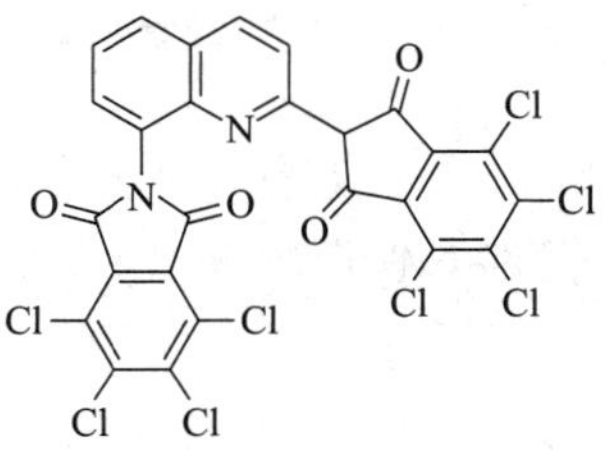

色彩表征：颜料黄138是亮丽绿光黄，遮盖力高，饱和度好，色泽非常鲜艳。颜料黄138具有很高的着色强度，与1%钛白粉配制1/3标准深度HDPE仅需颜料0.21%。

主要性能：见表4-238～表4-240和图4-73。

表4-238 颜料黄138在PVC塑料中的应用性能

项目		颜料	钛白粉	耐光性/级	耐候性(3000h)/级	耐迁移性/级
PVC	本色	0.1%		7～8	4～5	4～5
	冲淡	0.2%	2%	7～8	4	

表4-239 颜料黄138在HDPE塑料中的应用性能

项目		颜料	钛白粉	耐光性/级	耐候性(3000h)/级	耐迁移性/级
HDPE	本色	0.1%		7～8	3～4	4～5
	冲淡	0.1%	1%	7		

表4-240 颜料黄138应用范围

通用塑料		工程塑料		纺丝	
LLDPE/LDPE	●	PS/SAN	●	PP	●
HDPE	●	ABS	○	PET	○
PP	●	PC	●	PA6	×
PVC(软)	●	PBT	○	PAN	
PVC(硬)	●	PA6	×		
橡胶	●	PMMA	○		

注：●表示推荐使用；○表示有条件地使用；×表示不推荐使用。

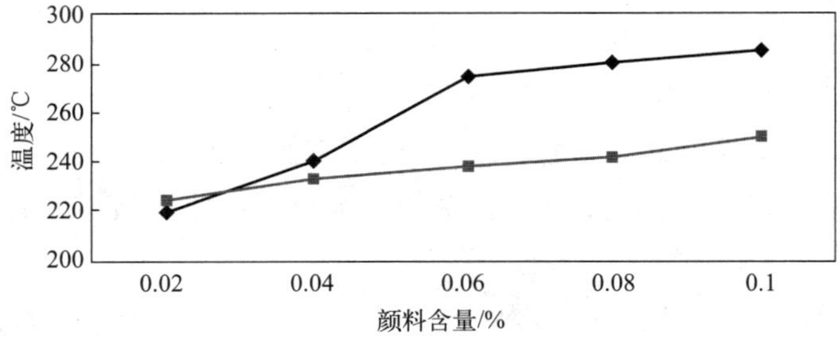

图 4-73 颜料黄 138 在 HDPE 中的耐热性

■—钛白粉 1∶10；◆—本色

品种特性：颜料黄 138 综合牢度优良，本色（深色）的耐候性也十分优异。即使长期露置在户外，色彩的艳丽性也很好。但加入钛白粉冲淡后，耐候性急剧下降。颜料黄 138 需注意低浓度着色的耐热性。颜料黄 138 适用于聚氯乙烯和通用聚烯烃塑料着色，还可用于苯乙烯类工程塑料着色。颜料黄 138 有成核性，用在 HDPE 等结晶塑料中会影响翘曲变形，不过随加工温度上升这种影响降低。颜料黄 138 大多数为原生粒径大、比表面积小、遮盖力好的品种，也有比表面积大、透明性好、着色力高的品种。

4.7.8 金属络合物类颜料

此类颜料是偶氮类化合物及亚甲基类化合物与过渡金属的络合物。在与金属络合之前，这类偶氮类化合物及亚甲基类化合物的颜色较为鲜艳，一旦与金属络合，生成的颜料色光要暗得多，络合的优点在于赋予颜料很高的耐热、耐光、耐候性。

(1) C. I. 颜料黄 150

分子式 $C_8H_6N_6O_6Ni$；C. I. 结构号 12764；CAS 登记号 68511-62-6。

结构式：

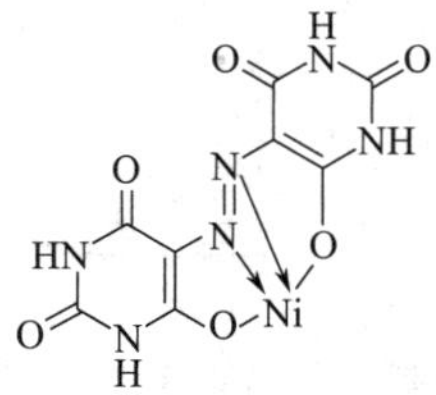

色彩表征：颜料黄 150 呈较暗中黄色，本色色彩尚可，冲淡色饱和度不高，具有非常好的耐热性和耐光性。

主要性能：见表 4-241～表 4-243 和图 4-74。

表 4-241 颜料黄 150 在 PVC 塑料中的应用性能

项目		颜料	钛白粉	耐光性/级	耐迁移性/级
PVC	本色	0.1%		8	5
	冲淡	0.1%	1%	8	

表 4-242　颜料黄 150 在 HDPE 塑料中的应用性能

项目		颜料	钛白粉	耐光性/级
HDPE	本色	0.1%		8
	冲淡	0.1%	1%	8

表 4-243　颜料黄 150 应用范围

通用塑料		工程塑料		纺丝	
LLDPE/LDPE	●	PS/SAN	●	PP	●
HDPE	●	ABS	○	PET	●
PP	●	PC	●	PA	●
PVC(软)	●	PBT	●	PAN	
PVC(硬)	●	PA	●		
橡胶	●	POM	●		

注：●表示推荐使用；○表示有条件地使用。

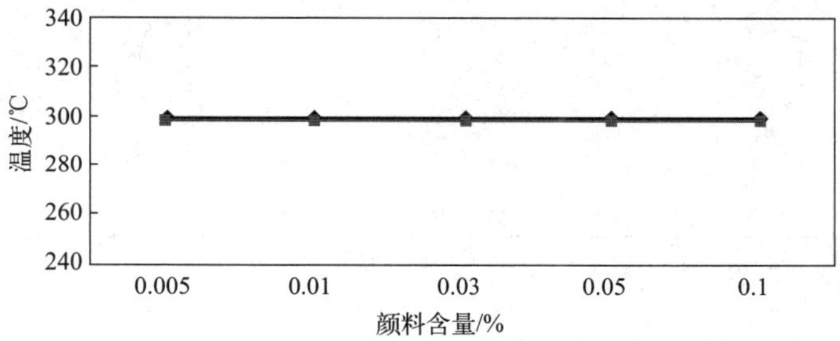

图 4-74　颜料黄 150 在 HDPE 中的耐热性

■—钛白粉 1∶10；◆—本色

品种特性：颜料黄 150 耐光性为 8 级，耐热性高，特推荐用于尼龙 6、尼龙 66 着色。

(2) C. I. 颜料橙 68

分子式 $C_{29}H_{18}N_4O_3Ni$；C. I. 结构号 48615；CAS 登记号 42844-93-9。

结构式：

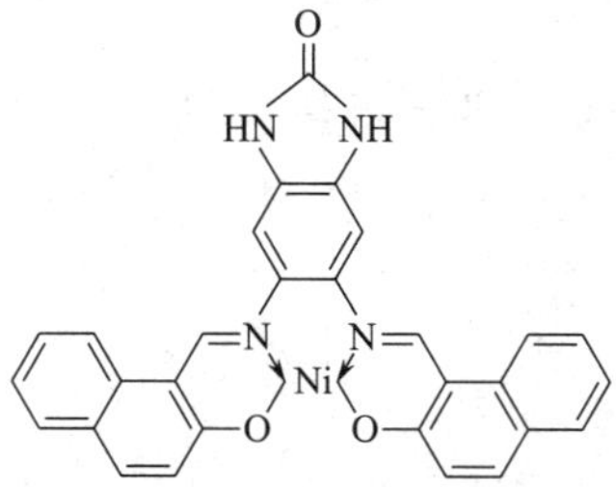

色彩表征：颜料橙 68 呈暗红光橙色，本色饱和度不佳，冲淡色尚可。颜料橙 68 含有两大类品种：一种是原生粒径较大的品种，具有较大遮盖力；另一种是原生粒径较小的品种，具有较高的透明性和着色力。

颜料橙 68 着色力较好，与 1%钛白粉配制 1/3 标准深度 HDPE，仅需颜料 0.26%。

主要性能：见表 4-244～表 4-246 和图 4-75。

表 4-244　颜料橙 68 在 PVC 塑料中的应用性能

项目		颜料	钛白粉	耐光性/级	耐候性(2000h)/级	耐迁移性/级
PVC	本色	0.1%		7～8	4	5
	冲淡	0.1%	0.5%	7～8		

表 4-245　颜料橙 68 在 HDPE 塑料中的应用性能

项目		颜料	钛白粉	耐光性/级	耐候性(3000h)/级
HDPE	本色	0.26%		8	3
	1/3SD	0.26%	1%	8	

表 4-246　颜料橙 68 应用范围

通用塑料		工程塑料		纺丝	
LLDPE/LDPE	●	PS/SAN	●	PP	○
HDPE	●	ABS	●	PET	×
PP	●	PC	●	PA	●
PVC(软)	●	PBT	●	PAN	×
PVC(硬)	●	PA	●		
橡胶	●	POM	●		

注：●表示推荐使用；○表示有条件地使用；×表示不推荐使用。

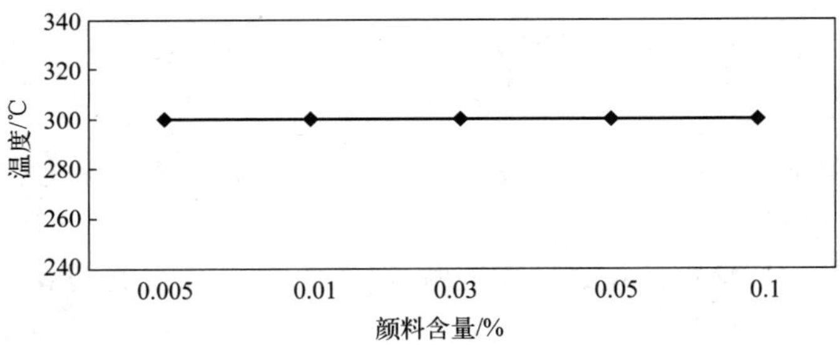

图 4-75　颜料橙 68 在 HDPE 中的耐热性（本色）

品种特性：颜料橙 68 综合牢度优良，耐热性优异。可用于通用聚氯乙烯塑料、聚烯烃塑料、通用工程塑料、特种塑料着色。颜料橙 68 适于尼龙 6 纺前着色、纺丝。

4.7.9　噻嗪类颜料

C. I. 颜料红 279：

结构式：

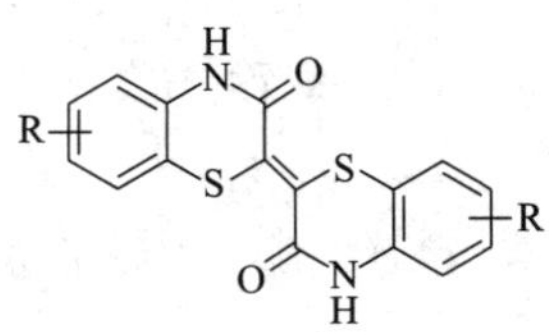

色彩表征：颜料红 279 色彩非常亮丽，黄光红，着色力较好，与 1%钛白粉配制 1/3SD 的 HDPE 仅需颜料 0.25%。

主要性能：见表 4-247～表 4-249 和图 4-76。

表 4-247　颜料红 279 在 PVC 塑料中的应用性能

项目		颜料	钛白粉	耐光性/级	耐候性(3000h)/级	耐迁移性/级
PVC	本色	0.1%		6～7	3	5
	冲淡	0.1%	0.5%	7		

表 4-248　颜料红 279 在 HDPE 塑料中的应用性能

项目		颜料	钛白粉	耐光性/级	耐候性(3000h,0.2%)/级
HDPE	本色	0.25%		7	3
	冲淡	0.25%	1%	7-8	

表 4-249　颜料红 279 应用范围

通用塑料		工程塑料		纺丝	
LLDPE/LDPE	●	PS/SAN	●	PP	●
HDPE	●	ABS	●	PET	×
PP	●	PC	×	PA	×
PVC(软)	●	PBT	×	PAN	○
PVC(硬)	●	PA	×		
橡胶	○	POM	●		

注：●表示推荐使用；○表示有条件地使用；×表示不推荐使用。

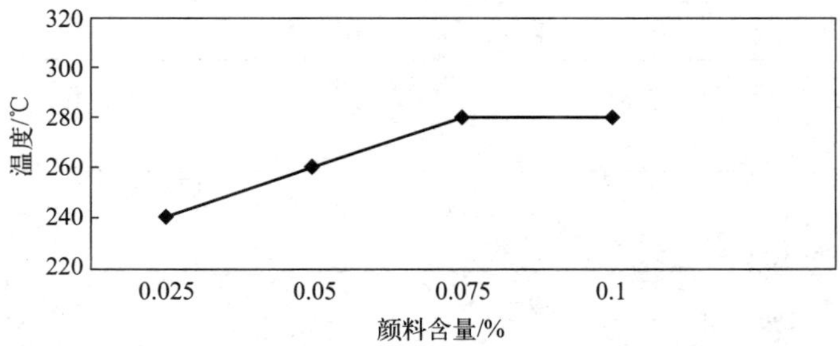

图 4-76　颜料红 279 在 HDPE 中的耐热性（本色）

品种特性：颜料红 279 具有卓越耐热性、耐光性、耐候性。除了用于通用聚烯烃着色外，还可用于苯乙烯类工程塑料着色。颜料红 279 用在 HDPE 等结晶塑料中对翘曲变形影响不大。

4.7.10　蝶啶类颜料

颜料黄 215：

色彩表征：基本色调呈现微偏绿相的黄色，颜色鲜艳。与 1%钛白粉配制 1/3 标准深度的聚烯烃仅需 0.18%颜料。

主要性能：见表 4-250～表 4-253 和图 4-77。

表 4-250　颜料黄 215 在 PVC 塑料中的应用性能

项目		颜料	钛白粉	耐光性/级	耐候性(3000h)/级	耐迁移性/级
PVC	本色	0.1%		7～8	4～5	5
	冲淡	0.2%	2%	7	4	

表 4-251　颜料黄 215 在 HDPE 塑料中的应用性能

项目		颜料	钛白粉	耐光性/级
HDPE	本色	0.1%		7
	冲淡	0.1%	1%	7

表 4-252　颜料黄 215 在 PA6 塑料中的应用性能

项目		颜料	钛白粉	耐光性/级	耐迁移性/级	耐热性/℃
PA6	本色	0.1%				
	1/3SD	0.1%	0.5%	6～7	5	320

表 4-253　颜料黄 215 应用范围

通用塑料		工程塑料		纺丝	
LLDPE/LDPE	●	PS/SAN	●	PP	○
HDPE	●	ABS	●	PET	×
PP	●	PC	×	PA	×
PVC(软)	○	PBT	×	PAN	×
PVC(硬)	○	PA	●		
橡胶	○	POM	×		

注：●表示推荐使用；○表示有条件地使用；×表示不推荐使用。

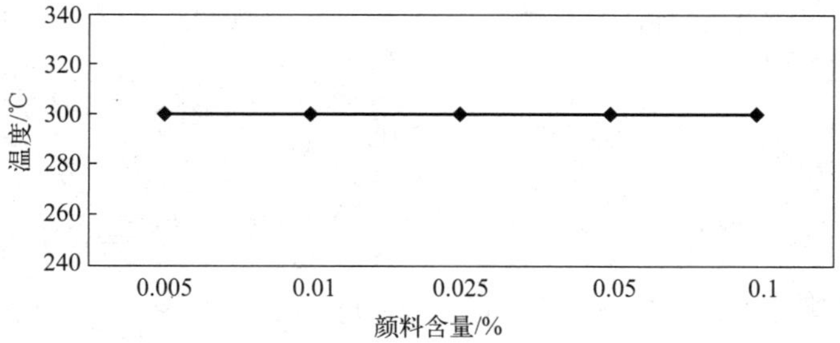

图 4-77　颜料黄 215 在 HDPE 中的耐热性（本色）

品种特性：颜料黄 215 具有优异的耐热性，色彩亮丽，是聚酰胺着色中重要的黄色颜料品种。用于 PA6，耐热可高达 320℃，具有很好的抗还原特性。

提示：本节已详细地介绍了适用于塑料着色的有机颜料主要品种的化学结构，以及在各种不同塑料中的主要应用性能指标。对于塑料着色而言，了解着色剂的化学性质以及各项指标是非常重要的，这样在配色时就能够对着色塑料制品的品质做出直接评价。配色师根据客户提出的需求，充分利用每一种着色剂的各项数据并通过自己的实验和测试来满足客户需求。正是这一原因，作者对国内外著名颜料供应商已公开发布的数据加以整理汇总，以飨读者。

在这里应该强调的是某些数据只能作为指导而不能用作塑料着色制品的精确数据。耐热性、耐光性、耐候性等数据是基于采用国际标准测试方法而得的。实际上真正的塑料着色树脂的组成和最终产品是非常复杂的，需要添加不少材料来满足客户需求。另外市场上每种着色剂有不同的供应商，因此色调和性能也不是完全相同的，主要原因是颜料的后处理工艺造成粒径大小和分布的不同，所以有关性能等方面的数据也就会存在差异。

4.8 特殊应用类颜料

这里所说的特殊应用是指热敏颜料、光敏颜料、激光标记颜料以及其他各种特殊应用制剂等。

4.8.1 热敏颜料

热敏颜料又称感温变色颜料、温变颜料、感温颜料等。

热敏颜料的显色特点是随着被着色制件温度的变化，颜料在有色和无色或不同颜色间进行变化。不同的显色效果代表着不同的温度范围。

热敏颜料是由电子转移型有机化合物组成的，它们所具有的特殊结构的发色体系在特定温度下，因电子转移使该有机物的分子结构发生变化，从而产生颜色的改变。一般而言，热敏变色物质的显色敏感度强，色彩鲜艳，能实现“无色↔有色”或是各不同颜色之间的转换，这是其他颜料/染料所不具备的特殊性能。

由于热敏颜料组成和结构的特殊性，它们易于受应用环境影响而招致损害，因此，市售的热敏颜料都被制成微胶囊化剂型。微胶囊外部为壁厚约 0.2～0.5μm 的既不溶解也不熔化的透明物质，内部包覆了热敏颜料显色的必要组分。整个微胶囊颗粒直径约 2～7μm。热敏颜料在应用中应切实注意保障微胶囊外壳的完整性。

目前能够提供的热敏颜料显色范围有宝蓝、海蓝、深蓝、大红、朱红、玫瑰红、草绿、孔雀绿、墨绿、中绿、橙红、金黄、黑等。能够感应的温变温度为：－5℃、0℃、5℃、10℃、16℃、21℃、31℃、33℃、38℃、43℃、45℃、50℃、65℃、70℃、78℃等；可被运用的树脂和应用领域有聚丙烯（PP）、软聚氯乙烯（S-PVC）、AS、ABS和硅胶等透明或半透明塑料的注塑、挤塑成型。也可用于不饱和聚酯、环氧树脂、有机玻璃或尼龙单体内浇铸、模压、固化成型等领域。大批量使用时也可通过色母工艺以确保其分散均匀，品质一致。

热敏颜料使用时应控制加工温度在 200℃以下，最高短时控温不得高于 230℃。高温下长时间加热将严重损害颜料的变色性能。

热敏颜料应避免与其他遮盖型颜料或填充料一起使用，否则将大大减弱或屏蔽热敏颜料的变色效果。在应用加工时，应避免使用密炼机、捏合机、高速分散机（高搅机）、双螺杆挤出机等高剪切设备进行塑料粒子与变色颜料的预混合，否则将导致热敏颜料微胶囊颗粒表面保护层的破裂而失去变色性能；也应避免热敏颜料经受反复的挤出造粒加工过程。

热敏颜料主要的应用范围为人体感温系列产品，尤其适用于婴幼儿餐具等；也有被用于防伪标记的实例。

热敏颜料的耐温和耐光性能不高，强烈阳光的照射下会产生明显的褪变色，故仅适用于室内制品。

4.8.2 光敏颜料

光敏颜料又称为光致变色染料。光致变色作用是一种可逆的化学反应，其定义为A和B两种化合物互为异构体，当化合物A遭受特定波长光线的照射时即发生光化学反应而演变成化合物B，此过程导致化合物结构产生变化，进而致使其吸收光谱和折射率发生明显变化。而当撤除该特定波长光的照射或改变照射光波长后，化合物B又变回化合物A，恢复原有物质A的光学特性。这种因光辐射所致的一种化合物的两种异构体间可逆性转变的现象就是光致变现象，反映在着色剂特性的变化即称为光致变色现象。需强调的一点是光致变色特指可逆的变化。如果是在光作用下发生的不可逆反应所导致的颜色变化，则不属于光致变色范畴，这只能算作光化学反应的范围。

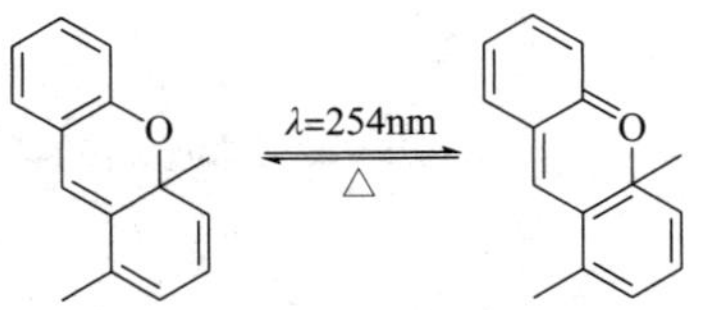

图 4-78 苯并吡喃在光辐射下的结构变化

所谓的光敏颜料，从它们组成和作为着色剂特征来看，应该划分为染料类别。其主要的结构应属杂环类染料结构。大多数结构的光致变色原理是在特定波长可见光或紫外线辐射下，这类染料结构发生开环和闭环的变化，当化合物为闭环结构时，呈现无色状态；经光辐射时，变为开环结构，呈现有色状态。图4-78为苯并吡喃在光辐射下（λ＝254nm）的结构变化。

能够成为光致变色的化合物结构众多，目前已知的就有俘精酸酐、俘精酸酯、希夫碱、苯并吡喃、苯氧基蒽醌、螺吡喃、螺噻喃、螺噁嗪、二氢芘等。也正是由于化学组成和结构的多样性，致使它们的适用性相去甚远，在使用时应依据各自的特性合理选择工艺条件和应用方向。

在日常生活中，光敏颜料/光致变颜料最为常见的应用是变色眼镜片和变色玻璃。

4.8.3 激光标记颜料

激光用于产品标识已经被广泛认可，特别是在由于部件的表面形状、尺寸或结构等原因而不能使用传统印刷工艺的情况下，激光标记是一种无需任何接触的标记工艺，因此可以对不能接触的表面以及弯曲的部件进行标记，这就成为激光技术的明显优势。

激光标记就是利用激光辐射使聚合物基体内产生局部聚集高能量，这些能量被聚合物基体或添加剂吸收，转化成热能。当热能达到一定数值时，就会引发聚合物内部的各种物理或化学变化，产生标记效果。

塑料制品用激光标记非常简单方便。激光束由光学装置聚焦，通过电脑控制激光束射向被标记的部件。在激光束辐射而引发的热效应的影响下，塑料部件的表面发生变化，并最终在照射区域留下印记。当然，实际情况要复杂得多。

严格地说，激光标记颜料的称谓并不严谨，因为它们只是在进行激光标记时帮助聚集激光辐射能量的特殊添加剂而已，其本身并不具备作为颜料的特性。

激光标记根据效果可以分为 3 类：浅色基体标记深色、深色基体标记浅色、标记彩色。不同的标记效果取决于聚合物中发生的物理、化学反应和激光参数，并分别对应不同的激光标记添加剂，单一的激光标记添加剂不能同时达到这 3 种效果。

激光标记的颜色不仅取决于激光标记添加剂，也取决于塑料基体本身。有的聚合物高温下易于炭化，适宜进行深色标记，例如：聚对苯二甲酸乙二醇酯（PET）/聚对苯二甲酸丁二醇酯（PBT）、聚碳酸酯（PC）、丙烯腈-丁二烯-苯乙烯共聚物（ABS）、聚苯丁二烯共聚物（SB）等；有的聚合物高温下易分解成小分子，不易成炭，适合进行浅色标记，例如聚甲醛（POM）、聚甲基丙烯酸甲酯（PMMA）以及含有足够量黑色颜料的聚合物等；有的既可以进行深色标记，又可以进行浅色标记，例如聚酰胺（PA）、聚乙烯（PE）、聚丙烯（PP）、聚苯乙烯（PS）、苯乙烯-丙烯腈共聚物（SAN）。

总之，激光标记效果的实现是激光束、树脂性能和添加剂共同作用的结果。或是以激光诱发化合物自身发生颜色变化，或由激光能量控制和添加剂吸收能量程度的变化致使树脂炭化（浅色基材打深标）和受热分解发泡（深色基材打浅标）而完成激光打标。

目前，常用的激光标记添加剂大多为无机化合物，经过激光照射后，自身颜色发生变化或通过吸收热量引起塑料颜色发生变化，从而产生明显标记。新加坡学者研究发现二氧化钛（TiO_2）可作为激光标记添加剂，在激光照射下 TiO_2 被还原为 TiO 或 Ti，在塑料上产生深色标记。因此，TiO_2 被广泛应用于塑料激光标记。同时珠光颜料、硅酸盐、二氧化硅等也大量应用于该领域。荷兰 DSM 公司开发了含有 Sb_2O_3 的激光标记添加剂，所使用的 Sb_2O_3 平均粒径大于 0.5μm，其中还加入金属氧化物包覆硅酸盐的珠光颜料提供协同作用，能明显提高 PA6 的可标记性，能够在浅色背景下获得具有高对比度的深色标记。原美国恩格哈德公司开发了一种由锡的氧化物和 Sb_2O_3 的煅烧粉末组成的添加剂，煅烧粉末是通过共沉淀混合而成，共沉淀颗粒表面的锑浓度大于内部的锑浓度。该配方的优点是添加的粉末不会改变塑料原有的基体颜色，也不会产生过量气泡，因此得到的标记表面比较平滑。单独加入锡的氧化物或者 Sb_2O_3 都不能得到良好的标记效果。

4.8.4 荧光效果颜料

(1) 荧光颜料

有机颜料/染料结构中能够受激产生电子跃迁而发射荧光的是其中的一些具有荧光功能的特定基团，如二苯乙烯类、香豆素类、荧烷类（氧杂蒽）、苯并噁唑类（包括咪唑，噻唑）、萘二甲酰亚胺类等。

“有机荧光颜料”并非真正的有机颜料，而是由荧光染料或是一些高艳度染料（如罗丹明系列染料）溶解并均匀分布于聚合物中，经粉碎成粉末后，作为“颜料”使用而已。此类荧光颜料能够表现出极高的色彩鲜艳度、较高的着色力、一定的耐温性、一定的耐溶剂性能等，近期开发的以聚酯为载体的荧光颜料也获得理想的应用结果，耐热性可达 285℃左右。

荧光颜料可以应用于部分结晶聚合物中，聚烯烃是日光荧光颜料（入射光为日光）的主要应用领域。

受制于其所含有染料的固有性能，这类所谓的“荧光颜料”所能体现的牢度性能十分有限，例如：热稳定性能方面，对温度和持续时间十分敏感，稍有逾越就会产生明显的褪变色现象，因此，在塑料加工成型过程中，需严格控制温度和停留时间；在耐光性方面，它们普遍都经不起日光的曝晒，所以不适用于户外制品。

市场上供应的日光荧光颜料有橙黄色、黄色、绿色、红色、蓝色和紫罗兰色。其中橙黄色荧光颜料是主要产品，因为橙黄色是世界上通用的警戒色。

值得注意的是荧光颜料大都不符合 FDA 要求，符合食品接触的品种也不多。当制品需要与食品直接接触时，应慎重使用荧光颜料。英国 NOVO-GLO 公司 ZVM 荧光颜料的牌号和色泽见表 4-254。

表 4-254　英国 NOVO-GLO 公司 ZVM 荧光颜料的牌号和色泽

牌号	色泽	牌号	色泽
ZVM17	柠檬黄	ZVM16	黄光橙
ZVM15	橙	ZVM14	红光橙
ZVM13	艳红	ZVM12	桃红
ZVM11	粉红	ZVM21	品红
ZVM19	蓝	ZVM18	绿

(2) 荧光增白剂

许多树脂对可见光（波长范围 400～800nm）中的蓝光（450～480nm）有轻微吸收作用，从而造成反射光谱中蓝色光的不足，使树脂呈现一定程度的黄色，给人以陈旧不洁之感受。为此，人们采取了不同的措施对树脂进行增白、增艳。通常使用的方法有两种，一种是加蓝增白，即加入少量蓝色颜料（如群青等），通过增加蓝色光部分的反射来补充或增强被树脂吸收掉的蓝色光，使塑料制件在视觉上显得更白；另一种是添加荧光增白剂。加蓝色颜料虽然可以达成增白效果，但也带来一些不可预料的障碍：其一，因加入的蓝色吸收了除蓝光外的其他色光，致使总的反射量减少，整体亮度下降，制品色泽变暗，其二，所加入的蓝色颜料极其微量，而一般颜料都有较高的着色力，微量添加的控制精度不易掌控。因此，添加荧光增白剂对树脂进行增白也就自然而然地成为首选的方法。

荧光增白剂是一种类似于染料的添加剂，它本身并不具备显色的功能，其特殊之处在于：荧光增白剂能够吸收肉眼不可见且靠近可见光谱的紫外光（波长约为 300～400nm），并使其产生能量跃迁，使之成为蓝色或蓝紫色的可见光从被照射物表面反射而出。由此，荧光增白剂所激发产生的蓝/蓝紫色补足了原有蓝色光的缺损，又未降低反射面的总反射光量，从而使得制件外观显得更加洁白，亮丽。

荧光增白剂为有机化合物，种类很多，总的来说，它们的外观为无色或浅黄色粉末状。它们具有类染料的化学特性，能熔融并均匀扩散于树脂中，起到增白的作用。因添加量极低，故也能很好地用于结晶型树脂中。特定的应用场合对荧光增白剂的使用有着明确的限定，因此，必须依据实际应用规范仔细审定荧光增白剂的选用类型和用量。就一般性应用而言，热塑性塑料中荧光增白剂的用量仅为 50～500mg/kg，只有在某些特殊情况下，例如循环加工的热塑性塑料制品等，其用量才可能超过 1000mg/kg。

荧光增白剂按化学结构可分为二苯乙烯型、香豆素型、吡唑啉型、苯并噁唑型、萘二甲酰亚胺型等五大类。荧光增白剂近年来的发展比较迅速，最新文献中的分类已经比较具体，可分为十一类。在塑料中应用的主要品种见表 4-255。

表 4-255　塑料用主要荧光增白剂品种

品种	索引号	CAS 登记号	熔点/℃	分子式	分子量	用途
CBS-127	C. I. FB 359	40470-68-6	216～222	$C_{30}H_{26}O_2$	418	适用于 PVC 和聚乙烯系列产品，在所有聚合物中呈蓝色荧光
OB	C. I. FB 184	12224-40-7	196～203	$C_{26}H_{26}SO_2N_2$	430	广泛应用于 PVC、PS、ABS、PE、PP 等塑料
OB-1	C. I. FB 398	1533-45-5	351～353	$C_{28}H_{18}N_2O_2$	414	是用于聚酯纤维的高效荧光增白剂，同时广泛应用于 ABS、PS、HIPS、PA、PC、PP、EVA 和硬质 PVC 等
KCB	C. I. FB 367	63310-10-1	210～212	$C_{24}H_{14}O_2N_2$	362	大量用于 EVA 中，是运动鞋中荧光增白剂的最主要品种
KSN	C. I. FB 368	5242-49-9	275～280	$C_{30}H_{22}N_2O_2$	442	是目前众多的荧光增白剂中特优升级换代产品，色光蓝紫，耐光性优良，适用于所有塑料

(3) 花点颜料

在一些塑料制品中能够见到着色部分呈自然均匀散落着有色斑点的装饰效果，这就是采用业内俗称的“花点颜料”进行直接着色而实现的。

所谓“花点颜料”究其组成而言，并不是纯粹的颜料，而是经由着色剂着色并切成一定尺寸的有色纤维束小段。通常它们是以聚酯树脂为基材的纺前着色纤维。因为它们是以纤维束（小段）的形式在着色塑料制品中显色，所以它们所呈现的颗粒点在视觉上与采用较大尺寸的反射效果颜料的颗粒点有着很大的区别：花点颜料呈现的色点与周围主体颜色间没有很明确的分界线，呈现一种自然相容的现象，这是因为纤维束端部是在塑料熔体加工成型过程中自然松散分开所形成的；而片状效果颜料的颗粒点则显现出极其锐利的边界形状。此外，正因为花点颜料是以纤维束小段形式体现出它特有的装饰效果，所以对纤维束的长度也有着严格的要求，过长则不称其为“点”，而称为“色线段”；过短则有可能因缠绕力降低，在成型过程中完全散开而形成单纤维段，完全看不到应有的“点”。

既然花点颜料是以聚酯为载体的纤维制剂，因此，在着色剂选择上应遵循聚酯纤维的应用要求。反过来，在花点颜料的应用方面，着色载体的选择和成型工艺等方面也应该特别关注：着色树脂和加工成型温度应低于聚酯树脂的软化点温度，因为一旦温度超过树脂的软化点，着色剂尤其是染料就有可能渗出并游移到主体色中，常见的瑕疵为浅底深点表现为底色发污；深底浅点可见底色发蒙。另外，对注塑件而言，应注意注塑时制件各外观面熔体的流动特性差异不能过大，否则易造成因流速差异过大所导致的斑点不一致现象。

产生斑点效果有很多方法，其中一些方法在前面有提及，如金属基颜料中大颗粒的铝片和大颗粒珠光粉。本节中斑点效应是指有色化学纤维经切割处理成微小细粒，随着纤维尺寸的增加、斑点效应增强，但因技术原因纤维的直径和长度会受到限制。一方面，纤维的制备方法限制了它的直径和长度；另一方面，纤维过粗、过长会对其产品造成缺陷，尤其是薄壁塑料部件。

目前市售的花点颜料在颜色和品种上选择性较多，应按照实际需求正确选择使用。花点颜料的添加量与制品所要求的花点密度和制品透明性等因素密切相关，可选择的添加量范围很大。

在塑料着色领域还有一类与花点颜料较为相似的品种，业内称之为“闪光片”的反射型斑点颜料。它是采用在聚酯片上经真空镀铝后再行表面着色，然后切割成毫米级彩色反射型片状装饰颜料制剂。因真空镀铝层的镜面反射效果，加上表面高透明彩色涂层，“闪光片”具有强烈的反射和靓丽的色彩效果。由于其以聚酯作为基底材料，因此仅适用于加工温度相对较低的透明树脂，常见的应用实例有透明 PVC 膜或软片材、透明浸塑涂层等。

（4）大理石色母粒、木纹色母粒

单就着色剂来说，运用于这两种母料的颜料都没有什么特别之处，达到它们应有效果的原理完全是利用了树脂间物性的差异。简言之，是利用不同颜色母料树脂与主体树脂间的熔体流动速率差，在同一温度下不同的流动特性引发不均匀混合，从而产生独特的纹理效果。因此，这里所说的大理石纹或木纹都是非均相混合的结果。

这两类色母粒的设计应该考虑至少两种颜色，即纹理色和基底色，以及分别用于纹理色母粒和基底色母粒的不同熔融指数的同类树脂。基底色母粒所用的树脂物性与主体树脂相同，在混炼过程中二者能够迅速混炼均匀；而纹理色母粒树脂的熔融指数远低于主体树脂，混炼过程中能熔化，但与主体树脂不能很好均匀混合，并由此形成不同色彩的纹理。

通常，大理石纹理产生于注塑成型工艺，而木纹更适宜于挤出成型工艺。同一性质的大理石色母粒或木纹色母粒，经过不同尺寸或不同形状的注塑模具或挤出模具加工后它们之间的效果差异十分明显。因此，有必要对不同外形、不同尺寸的制件做针对性的设计，并进行反复测试，以求达到理想的结果。常规概念中的实验室小型测试在此就显得毫无意义。

必须说明一下，这里所提及的大理石色母粒不能用于通过不饱和聚酯浇铸成型的仿大理石板材。

第5章 溶剂染料主要品种和性能

溶剂染料最初因其可在各种有机溶剂中溶解而得名，通常把能溶解在非极性或低极性溶剂（脂肪烃类、甲苯、二甲苯、燃料油、石蜡等）中的染料称为油溶染料，把能溶解在极性溶剂（乙醇、丙酮）的染料称为醇溶染料。目前塑料着色用的溶剂染料主要是油溶染料。

通常溶剂染料在塑料上的应用仅局限于非晶态聚合物着色，例如聚苯乙烯、聚碳酸酯、聚酯、非增塑聚氯乙烯等。溶剂染料在塑料工业上的消耗量是很大的。需要注意的是，溶剂染料应用于某些热塑性塑料，特别是聚烯烃、增塑聚氯乙烯时会发生迁移。

5.1 溶剂染料在塑料着色上的应用特性

溶剂染料仅局限于非晶态聚合物（如 PS、ABS 等工程塑料）着色，这是因为这些非晶态聚合物具有较高的玻璃化转变温度（见表 5-1）。在正常使用条件下，如室温（远远低于玻璃化转变温度），染料不会从非晶态聚合物中迁移。这是因为在着色聚合物中，染料溶解在非晶态聚合物中，染料的分子运动完全受限在聚合物分子链的范围内，染料没有重结晶或运动到聚合物表面的可能。实验证明：将用染料着色的聚合物制品，长时间放置在温度高于玻璃化转变温度的环境里，聚合物分子链和染料分子的分子运动不再受到限制，观察到了染料的迁移。如果将染料用于玻璃化转变温度远远低于室温的结晶聚合物（如聚烯烃），染料会立即迁移。

表 5-1 部分聚合物的玻璃化转变温度

聚合物	玻璃化转变温度/℃	聚合物	玻璃化转变温度/℃
玻璃	500～700	PVC(硬)	80
PS	98～100	PA6	60～70
SB/ABS/SAN	80～105	PE(无定形)	－80
PMMA	105	PP(等规)	＋3
PC	143～150	PP(无规)	－5

5.1.1 溶解度

溶剂染料用于塑料着色有一个共同特点，就是加工过程中它们在许多塑料熔体中有良好的溶解性，能够形成稳定的溶液。溶剂染料在甲基丙烯酸甲酯、苯乙烯、乙醇中的溶解度见表 5-2。

表 5-2　溶剂染料溶解度

染料	溶解度/(g/L)		
	甲基丙烯酸甲酯	苯乙烯	乙醇
溶剂黄 160:1	2.4	4.7	0.3
分散黄 201	110	400	1.3
分散黄 54	1.8	3.1	0.7
溶剂黄 130	0.1	0.2	<0.1
溶剂橙 86	8.5	13	1
分散橙 47	4	6	21
溶剂红 111	7.5	13	0.7
溶剂红 179	1.6	4.5	0.1
分散紫 31	35	25	1
分散蓝 97	18	55	<0.1
溶剂绿 3	4	11	<0.1
溶剂绿 28	10	25	<0.1

因为溶剂染料溶于聚合物熔体之中，所以用于塑料着色时不存在分散的问题。溶剂染料在聚合物熔体中的完全溶解以及均匀分布，对于避免最后成品中出现瑕疵是十分必要的。在塑料着色过程中，若染料在聚合物熔体中分布不均匀会引起色纹，必须注意避免发生这种情况。

5.1.2　升华

溶剂染料在聚合物中溶解时会发生升华。升华是指随着温度升高物质从固态直接变为气态而未经历液态的现象。不同结构的染料升华牢度不同，溶剂红 111 是一个很典型的例子，它在非晶态聚合物的正常加工温度下就会升华。不同溶剂染料有不同升华温度（见图 5-1）。

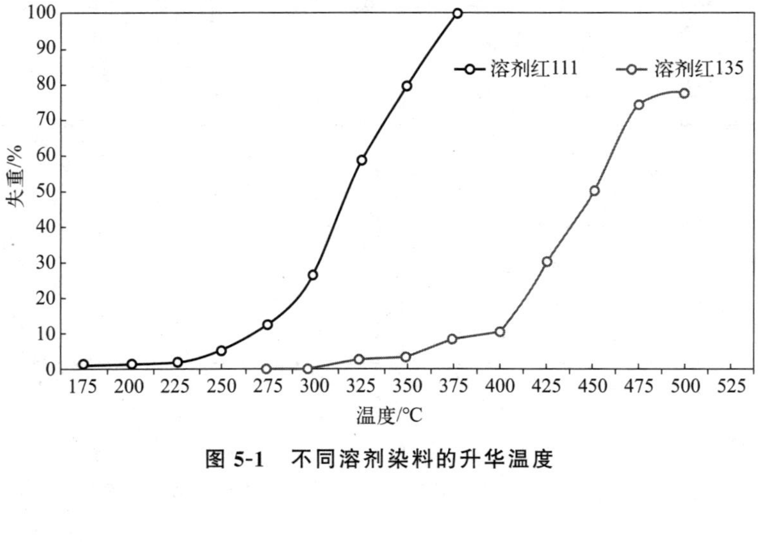

图 5-1　不同溶剂染料的升华温度

溶剂染料升华虽不影响塑料着色，但会影响溶剂染料的使用性能。在高温加工条件下，当着色的聚合物熔体填充模具时，溶解于聚合物熔体中的部分染料转变成气态，并在比较冷的模具表面沉积，慢慢形成越来越多的沉淀物。如果不能及时清除，这些沉淀物会导致注射成型的塑料部件表面形成缺陷。理论上，通过降低加工温度可以避免升华，但实际上这是不可能的，因为每种塑料成型工艺要求在一定的加工温度下进行。避免这种情况发生的唯一可行的办法是采用升华牢度好的溶剂染料。

升华现象不仅发生在塑料注射成型过程中，还会发生在树脂干燥和色母粒的生产过程中，都会污染设备。

目前塑料着色领域对溶剂染料升华牢度日益关注，这是因为深色品种着色时所需的染料用量明显增加，升华时表观缺陷更大。为了提高产量，塑料加工成型的温度明显提高，升华对快速循环、注塑孔、热流道影响加大。另外，一些自动化程度较高的设备，由于模具结构和经济原因，不可能清洁模具，就对溶剂染料的升华牢度提出了更高的要求。

5.1.3 熔点

溶剂染料用于塑料着色时一般都是先加工成色母粒，需要相对较高的加工温度来加速它的溶解，充分的混合剪切有助于熔融或溶解的染料在聚合物熔体中的均匀分布。熔融染料在聚合物熔体中的快速分布是非常重要的，不仅是因为低黏度的熔融染料流体与高黏度的聚合物熔体在表面张力上有很大差异，而且要避免局部过饱和。局部过饱和会对染料的溶解速率产生不利影响。部分溶剂染料的熔点列于表 5-3 中。

表 5-3　部分溶剂染料熔点

染料	熔点/℃	染料	熔点/℃
溶剂黄 160:1	209	溶剂红 135	318
分散黄 201	115	溶剂红 52	280
溶剂黄 93	181	分散紫 31	186
分散黄 54	264	溶剂紫 13	189
溶剂黄 130	300	溶剂紫 36	213
溶剂橙 60	230	溶剂蓝 97	200
溶剂橙 86	180	溶剂绿 3	213
溶剂红 179	255	溶剂绿 28	245

5.2 溶剂染料市场和生产

溶剂染料作为染料的一部分，既具有染料性质，同时也有自己的特性。国外各主要生产染料的国家和公司几乎都生产溶剂染料。

国外溶剂染料生产商集中在西欧和美国。近年来，国外的染料生产受到来自发展中国家产品的压力，西欧公司改变了经营策略，在生产和营销机构上分化重组，产品系列则向高档化发展，同时从中国或印度进口染料的粗品或染料的滤饼进行商品加工，然后出口商品染料。

国外主要生产商及其产品包括：德国朗盛公司（LANXESS）Macrolex；科莱恩（Clariant）Sandoplast、Polynthren、Hostasol、Fat；德国巴斯夫（BASF）Oracet；日本住友；美国凯斯通（Keystone）Keyplast。

我国溶剂染料生产起步于分散染料、酸性染料和直接染料生产企业，而后发展成为溶剂染料专业生产企业。

国内主要生产商有宁波龙欣精细化工有限公司、铜陵清华科技有限公司、昆山有机化工有限公司等。

5.3 溶剂染料主要品种和性能

本节将详细介绍适用于塑料着色的溶剂染料主要品种的化学结构，以及在各种不同塑料中的应用性能。由于各公司的生产和后处理工艺不一，特别是溶剂染料纯度有差异，其应用性能数据会有很大差别，产品的应用性能数据仅仅提供给读者在塑料着色配方设计时作为参考。

虽然染料和颜料之间有明显的差别，但要分别给它们下一个精确的定义却是不可能的。少数有机颜料可以溶于某些聚合物，行为就像染料，而且主要用途是化纤纺前着色和工程塑料着色。所以我们也把它们归列入本节介绍。

5.3.1 蒽醌类溶剂染料

蒽醌类溶剂染料色光鲜艳、色牢度优良、熔点较高（一般在250～300℃），因此具有优异的耐热性，在溶剂染料中占有重要地位。就结构类型而言，国外生产的蒽醌类溶剂染料共计76种，居各结构染料之首。蒽醌类溶剂染料在紫、蓝、绿色谱中占有举足轻重的地位。

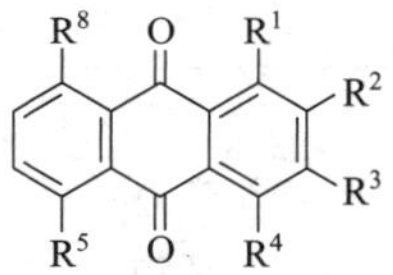

图 5-2 蒽醌类溶剂染料通式

蒽醌类溶剂染料可在蒽醌环上引入各种取代基，见图5-2。

蒽醌类溶剂染料包括蒽醌1-取代衍生物、蒽醌1,4-二取代衍生物、蒽醌1,5-二取代衍生物、蒽醌1,8-二取代衍生物以及其他。

(1) 蒽醌1-取代衍生物

蒽醌溶剂染料中1-取代衍生物不多，最重要品种是溶剂红111。溶剂红111呈鲜亮黄光红，熔点170℃。

C.I.溶剂红111：分子式 $C_{15}H_{11}NO_2$；C.I.结构号60505；CAS登记号82-38-2。

结构式：

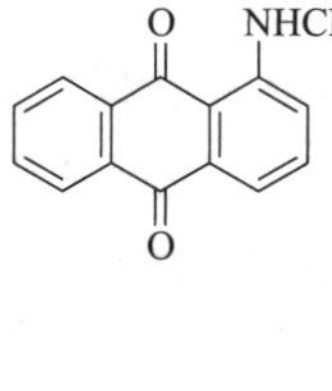

主要性能：见表5-4。

应用范围：见表5-5。

表 5-4 溶剂红 111 主要性能

名称		PS	ABS	PC	PET
着色力(1/3SD)	染料/%	0.47	0.94	0.245	不适用
	钛白粉/%	2	4	1	
耐热性/℃	本色 0.05%	300	280		
	冲淡 1∶20	280	280		
耐光性/级	本色 0.05%	6～7		7	
	1/3SD	4		4	

表 5-5 溶剂红 111 应用范围

对象	程度	对象	程度	对象	程度
PS	●	SB	●	ABS	●
SAN	●	PMMA	●	PC	○
PVC-U①	●	PPO	●	PET	×
POM	○	PA6/PA66	×	PBT	×
PES 纤维	×				

注：●表示推荐使用；○表示有条件地使用；×表示不推荐使用。

①硬质聚氯乙烯。

品种特性：溶剂红 111 是一种用于工程塑料着色的经济型品种，但加工应用时会出现升华现象。

(2) 蒽醌 1,4-二取代衍生物

蒽醌染料中 1,4-二取代衍生物品种繁多，色谱遍及橙、红、蓝、绿，但主要品种是蓝色和紫色。

① C.I. 溶剂紫 13　分子式 $C_{21}H_{15}NO_3$；C.I. 结构号 60725；CAS 登记号 81-48-1。溶剂紫 13 呈蓝光紫。熔点 189℃。

结构式：

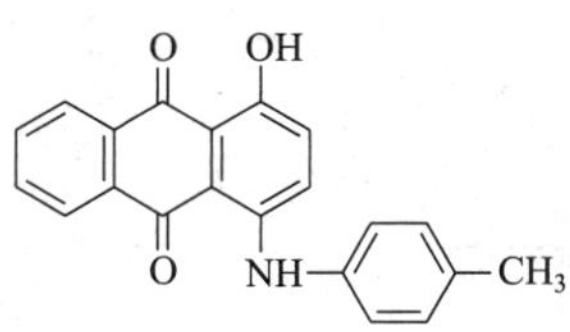

主要性能：见表 5-6。

表 5-6 C.I. 溶剂紫 13 主要性能

名称		PS	ABS	PC	PET
着色力(1/3SD)	染料/%	0.085	0.097	0.085	0.065
	钛白粉/%	1.0	1.0	1.0	1.0
耐光性/级	1/3SD 冲淡	6	5	7～8	7～8
	1/25SD 透明	7～8	6	8	8
耐热性(1/3SD)/(℃/5min)		300	290	310	290

应用范围：见表 5-7。

表 5-7　C.I. 溶剂紫 13 应用范围

对象	程度	对象	程度	对象	程度
PS	●	SB	●	ABS	●
SAN	●	PMMA	●	PC	●
PVC-U	●	PPO	●	PET	●
POM	○	PA6/PA66	×	PBT	●
PES 纤维	×				

注：●表示推荐使用；○表示有条件地使用；×表示不推荐使用。

品种特性：溶剂紫 13 着色力高，具有优异耐光性、耐热性，能基本满足长期露置在户外的要求。可用于聚碳酸酯等多种工程塑料着色，是性价比较高的经济型品种。溶剂紫 13 适用于涤纶纺前着色。

② C.I. 分散紫 57　分子式 $C_{21}H_{15}NO_6S$；CAS 登记号 1594-08-7。分散紫 57 呈红光亮紫色。用于 HIPS 和 ABS 深色着色时具有高透明性。

结构式：

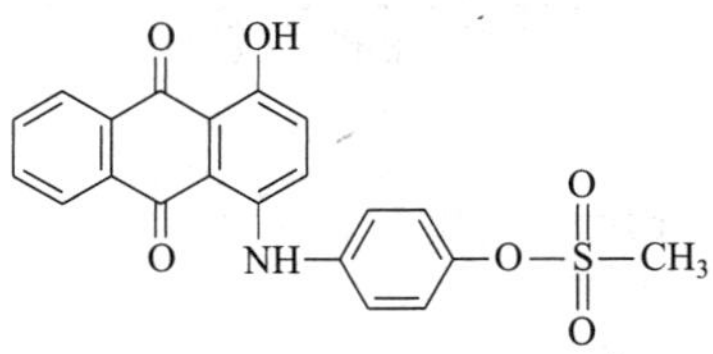

主要性能：见表 5-8。

表 5-8　C.I. 分散紫 57 主要性能

名称	PS	ABS	PC	PET
染料/%	0.05	0.1	0.05	0.02
钛白粉/%	1.0	1.0		
耐光性/级	4～5	4	6～7	6～7
耐热性/℃	280	280	300	290
耐候性(3000h)/级			4～5	

应用范围：见表 5-9。

表 5-9　C.I. 分散紫 57 应用范围

对象	程度	对象	程度	对象	程度
PS	●	SB	●	ABS	○
SAN	●	PMMA	●	PC	○
PVC-U	×	PA6/PA66	×	PET	●
POM	●			PBT	●
PES 纤维					

注：●表示推荐使用；○表示有条件地使用；×表示不推荐使用。

品种特性：分散紫 57 具有较好耐光性，优良耐热性，可应用于工程塑料着色。分散紫 57 与聚酯相容性很好，可纺性好，适用于涤纶纺前着色，还可用于炭黑和酞菁蓝颜料着色、调色。

③ C. I. 溶剂紫 36　CAS 登记号 61951-89-1。溶剂紫 36 呈红光紫。熔点 213℃。

主要性能：见表 5-10。

表 5-10　C. I. 溶剂紫 36 主要性能

名称		PS	ABS	PC	PET
着色力(1/3SD)	染料/%	0.22	0.44	0.125	
	钛白粉/%	2	4	1	
耐热性/℃	本色 0.05%	300	260～280	350	290
	冲淡 1∶20	300	260～280	350	
耐光性/级	本色 0.05%	7～8		7～8	
	1/3SD	5～6		6～7	

应用范围：见表 5-11。

表 5-11　C. I. 溶剂紫 36 应用范围

对象	程度	对象	程度	对象	程度
PS	●	SB	●	ABS	●
SAN	●	PMMA	●	PC	●
PVC-U	●	PPO	●	PET	●
POM	○	PA6/PA66	×	PBT	○
PES 纤维	×				

注：●表示推荐使用；○表示有条件地使用；×表示不推荐使用。

品种特性：溶剂紫 36 耐光性较好，耐热性优良，可用于工程塑料着色。溶剂紫 36 可用于涤纶纺前着色、纺丝。

④ C. I. 溶剂蓝 35　分子式 $C_{22}H_{26}N_2O_2$；C. I. 结构号 61554；CAS 登记号 17354-14-2。溶剂蓝 35 呈绿光蓝色。熔点 127℃。

结构式：

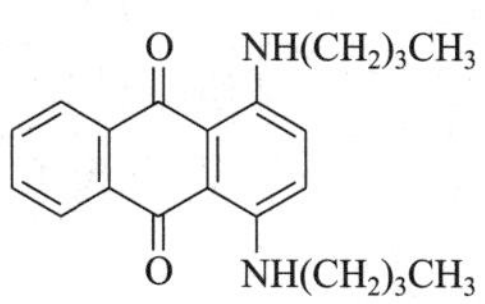

主要性能：见表 5-12。

表 5-12　C. I. 溶剂蓝 35 主要性能

名称		PS	ABS	PC	PMMA
1/3SD (2%钛白)	耐热性/℃	280	260	300	300
	耐光性/级	7	6	7	7
	耐候性/级	4～5	2	3	4～5

应用范围：见表 5-13。

表 5-13 C. I. 溶剂蓝 35 应用范围

对象	程度	对象	程度	对象	程度
PS	●	SB	●	ABS	●
SAN	●	PMMA	●	PC	●
PVC-U	●	PA6/PA66	×		
POM	●				

注：●表示推荐使用；×表示不推荐使用。

品种特性：溶剂蓝 35 着色力高，具有优良耐热性、耐光性、耐候性，可应用在 PS 和 ABS 着色，是个经济型品种。

⑤ C. I. 溶剂蓝 45　CAS 登记号 23552-74-1。溶剂蓝 45 呈红光蓝。熔点 200℃。

主要性能：见表 5-14。

表 5-14 C. I. 溶剂蓝 45 主要性能

名称		PS	ABS	PC	PET
着色力(1/3SD)	染料/%	0.18	0.190	0.16	0.12
	钛白粉/%	1.0	1.0	1.0	1.0
耐光色牢度/级	1/3SD 冲淡	6～7	5～6	6	6
	1/25SD 透明	7～8	5～6	7	7
耐热性(1/3SD)/(℃/5min)		300	300	330	310

应用范围：见表 5-15。

表 5-15 C. I. 溶剂蓝 45 应用范围

对象	程度	对象	程度	对象	程度
PS	●	PMMA	●	ABS	●
SAN	●	PA6/PA66	×	PC	●
				PET	●
				PBT	●

注：●表示推荐使用；×表示不推荐使用。

品种特性：溶剂蓝 45 耐光性、耐热性优良，可应用于工程塑料着色。溶剂蓝 45 特别适用于涤纶纺前着色，其织物的耐光性、湿处理和摩擦牢度优异。还可用于聚酯瓶吹塑。

⑥ C. I. 溶剂蓝 97　C. I. 结构号 615290；分子式 $C_{36}H_{38}N_2O_2$；CAS 登记号 61969-44-6。溶剂蓝 97 呈红光蓝。熔点 200℃。

结构式：

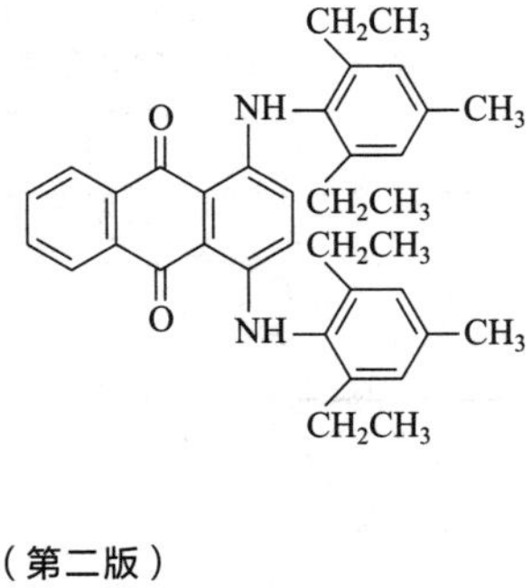

主要性能：见表 5-16。

表 5-16　C. I. 溶剂蓝 97 主要性能

名称		PS	ABS	PC
着色力(1/3SD)	染料/%	0.23	0.46	0.126
	钛白粉/%	2	4	1
耐热性/℃	本色 0.05%	300	260～280	340
	冲淡 1∶20	300	260～280	340
耐光性/级	本色 0.05%	7		
	1/3SD	6		

应用范围：见表 5-17。

表 5-17　C. I. 溶剂蓝 97 应用范围

对象	程度	对象	程度	对象	程度
PS	●	SB	●	ABS	●
SAN	●	PMMA	●	PC	●
PVC-U	●	PPO	●	PET	●
POM	○	PA6/PA66	●	PBT	○
PES 纤维	○				

注：●表示推荐使用；○表示有条件地使用。

品种特性：溶剂蓝 97 着色力高，具有较好耐光性，优良耐热性，可应用于多种工程塑料着色。溶剂蓝 97 适用于涤纶纺前着色。溶剂蓝 97 用于尼龙 6 耐热性可达 300℃，用于尼龙 66 耐热性可达 280℃，适用于尼龙纺前着色。

⑦ C. I. 溶剂蓝 104　分子式 $C_{32}H_{30}N_2O_2$；C. I. 结构号 61568；CAS 登记号 116-75-6。溶剂蓝 104 呈红光蓝。熔点 240℃。

结构式：

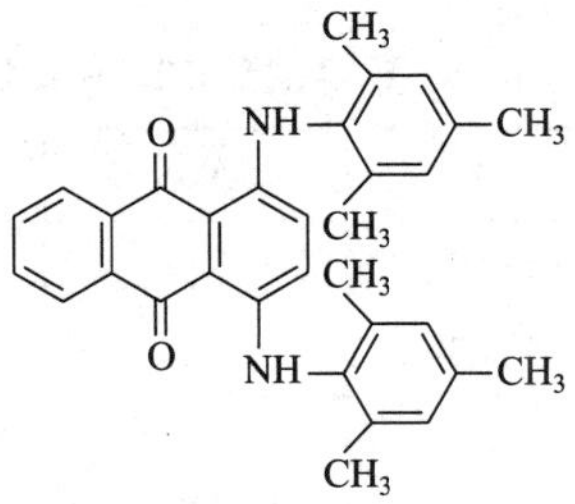

主要性能：见表 5-18。

表 5-18　C. I. 溶剂蓝 104 主要性能

名称		PS	ABS	PC	PET
着色力(1/3SD)	染料/%	0.1	0.114	0.096	0.067
	钛白粉/%	1.0	1.0	1.0	1.0

续表

名称		PS	ABS	PC	PET
耐光性/级	1/3SD 冲淡	6	4	6	5～6
	1/25SD 透明	7～8	5	7～8	7
耐热性(1/3SD)/(℃/5min)		300	300	340	320

应用范围：见表 5-19。

表 5-19 C. I. 溶剂蓝 104 应用范围

对象	程度	对象	程度	对象	程度
PS	●	PMMA	●	ABS	●
PVC-U	●	PPO	●	PC	●
		PA6/PA66	●	PET	●
				PBT	●

注：●表示推荐使用。

品种特性：溶剂蓝 104 具有优良耐热性、耐光性。大量用于 PET、PC、PA 等工程塑料着色，是非常重要的溶剂染料品种。溶剂蓝 104 还适用于涤纶、尼龙 6、尼龙 66 纺前着色。

⑧ C. I. 溶剂蓝 122 分子式 $C_{22}H_{16}N_2O_4$；C. I. 结构号 60744；CAS 登记号 67905-17-3。溶剂蓝 122 呈暗红光蓝。熔点 239℃。

结构式：

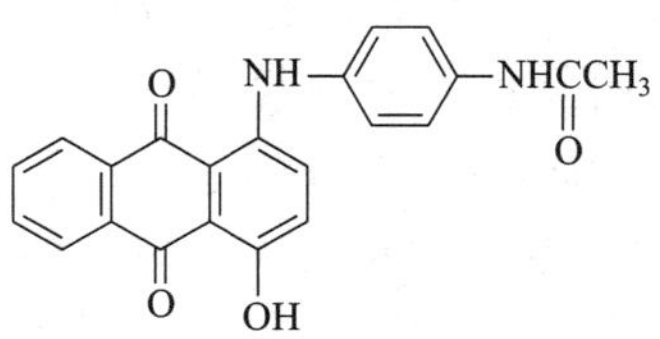

应用性能：见表 5-20。

表 5-20 C. I. 溶剂蓝 122 应用性能

名称		PS	ABS	PC	PET	PA
着色力(1/3SD)	染料/%	0.090	0.097	0.088	0.063	不推荐
	钛白粉/%	1.0	1.0	1.0	1.0	
耐光性/级	1/3SD 冲淡	6～7	5	7～8	7	
	1/25SD 透明	7	6	8	8	
耐热性(1/3SD)/(℃/5min)		300	300	300	290	

应用范围：见表 5-21。

表 5-21　C. I. 溶剂蓝 122 应用范围

对象	程度	对象	程度	对象	程度
PS	●	PMMA	●	ABS	●
SAN	●	PPO	●	PC	●
PVC-U	×	PA6/PA66	×	PET	●
				PBT	●

注：●表示推荐使用；×表示不推荐使用。

品种特性：溶剂蓝 122 着色力高，具有较好耐光性，优良耐热性，可用于工程塑料着色。溶剂蓝 122 特别适合用于涤纶纺前着色，其织物的耐光性、湿处理和摩擦牢度优异。溶剂蓝 122 还可用于聚酯瓶吹塑。

⑨ C. I. 溶剂蓝 132　呈明亮的红光蓝色。

主要性能：见表 5-22。

表 5-22　C. I. 溶剂蓝 132 主要性能

名称	PA6 纤维(圆形,110dtex/24 根)	
染料/%	0.1	1.0
耐光性/级	5～6	7

品种特性：溶剂蓝 132 着色力高，耐光性、耐热性优良，特别适用于尼龙 6 纤维着色，其各项湿处理牢度好，主要用于地毯纤维和室内纺织品。

⑩ C. I. 溶剂绿 3　分子式 $C_{28}H_{22}N_2O_2$；C. I. 结构号 61565；CAS 登记号 128-80-3。溶剂绿 3 呈蓝光绿。熔点 215℃。

结构式：

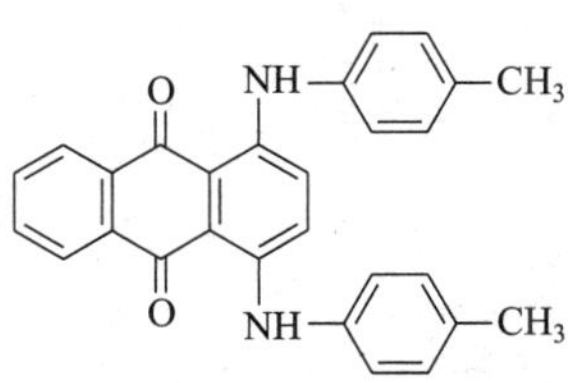

主要性能：见表 5-23。

表 5-23　C. I. 溶剂绿 3 主要性能

名称		PS	ABS	PC	PET
着色力(1/3SD)	染料/%	0.096	0.117	0.102	0.084
	钛白粉/%	1.0	1.0	1.0	1.0
耐光性/级	1/3SD 冲淡	4～5	4	6	5～6
	1/25SD 透明	7	6	7～8	7
耐热性(1/3SD)/(℃/5min)		300	300	340	300

应用范围：见表 5-24。

表 5-24　C. I. 溶剂绿 3 应用范围

对象	程度	对象	程度	对象	程度
PS	●	SB	●	ABS	●
SAN	●	PMMA	●	PC	●
PVC-U	●	PPO	●	PET	●
POM	○	PA6/PA66	×	PBT	○
PES 纤维	●				

注：●表示推荐使用；○表示有条件地使用；×表示不推荐使用。

品种特性：溶剂绿 3 着色力高，具有优良耐光性、耐热性，可应用于聚苯乙烯类工程塑料着色。溶剂绿 3 适用于涤纶纺前着色。

(3) 蒽醌 1,5-二取代衍生物和 1,8-二取代衍生物

取代基一般为相同或不同的芳氨基、环己氨基或苯硫基。

① C. I. 溶剂黄 163　分子式 $C_{26}H_{16}O_2S_2$；C. I 结构号 58840；CAS 登记号 13676-91-0。溶剂黄 163 呈纯正红光中黄。熔点 193℃。

结构式：

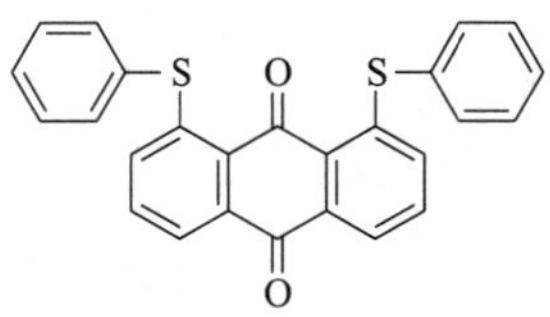

主要性能：见表 5-25。

表 5-25　C. I. 溶剂黄 163 主要性能

名称	PS	ABS	PC	PET
染料/%	0.05	0.1	0.05	0.02
钛白粉/%	1.0	1.0		
耐光性/级	7	7	8	8
耐热性/℃	300	300	360	300
耐候性(3000h)/级			4～5	5

应用范围：见表 5-26。

表 5-26　C. I. 溶剂黄 163 应用范围

对象	程度	对象	程度	对象	程度
PS	●	SB	●	ABS	●
SAN	●	PMMA	●	PC	●
PVC-U	●	PPO	●	PET	●
POM	●	PA6/PA66	×	PBT	●

注：●表示推荐使用；×表示不推荐使用。

品种特性：溶剂黄 163 具有优异的耐光性、耐热性；较好的耐迁移性。溶剂黄 163 可应用于工程塑料着色，特别适合户外使用（汽车装饰）。溶剂黄 163 可用于涤纶纺前着色。

② C. I. 溶剂红 207　分子式 $C_{26}H_{30}N_2O_2$；C. I. 结构号 617001；CAS 登记号 15958-68-6。溶剂红 207 呈蓝光红。熔点 243℃。

结构式：

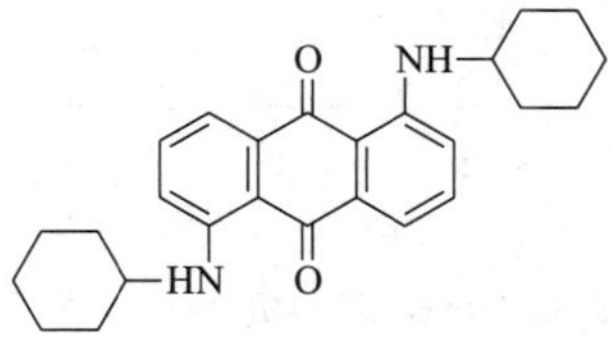

主要性能：见表 5-27。

表 5-27　C. I. 溶剂红 207 主要性能

名称		PS	名称	PS
着色力	染料/%	0.05	耐热性/℃	300
	钛白粉/%	1	耐光性/级	7～8

应用范围：见表 5-28。

表 5-28　C. I. 溶剂红 207 应用范围

对象	程度	对象	程度	对象	程度
PS	●	PMMA	●	ABS	●
SAN	●			PC	●
PVC-U	●			PET	○
				PBT	●

注：●表示推荐使用；○表示有条件地使用。

品种特性：溶剂红 207 具有较好耐光性，优良耐热性。应用于工程塑料着色时耐热性可达 300℃，是个经济型品种。

(4) 蒽醌的其他取代衍生物

① C. I. 溶剂红 146（分散红 60）　分子式 $C_{20}H_{13}NO_4$；C. I. 结构号 60756；CAS 登记号 12223-37-9。溶剂红 146 呈鲜艳蓝光红色。熔点 213℃。

结构式：

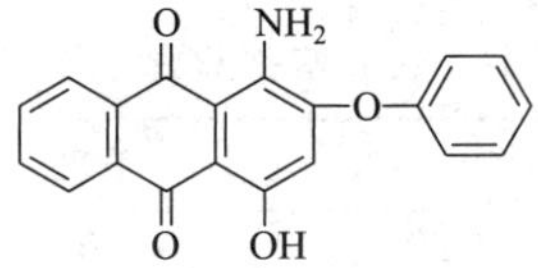

主要性能：见表 5-29。

表 5-29　C. I. 溶剂红 146 主要性能

名称	PS	ABS	PC	PET
染料/%	0.05	0.1	0.05	0.02
钛白粉/%	1.0	1.0		

续表

名称	PS	ABS	PC	PET
耐光性/级	5	4～5	8	7～8
耐热性/℃	300	280	360	300
耐候性(3000h)级			4～5	

应用范围：见表 5-30。

表 5-30 C. I. 溶剂红 146 应用范围

对象	程度	对象	程度	对象	程度
PS	●	PMMA	●	ABS	●
SAN	●			PC	●
PVC-U	×			PET	●
POM	●			PBT	×

注：●表示推荐使用；×表示不推荐使用。

品种特性：溶剂红 146 耐光性一般，耐热性优良，特别适合浅色以及与钛白粉调制粉红色。特别适合 POM 着色。通用产品，性价比高。

② C. I. 溶剂紫 31　分子式 $C_{14}H_8Cl_2N_2O_2$；C. I. 结构号 61102；CAS 登记号 70956-27-3。溶剂紫 31 呈艳紫。熔点 245℃。

结构式：

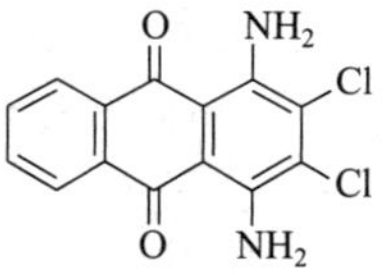

主要性能：见表 5-31。

表 5-31 C. I. 溶剂紫 31 主要性能

名称	PS	名称	PS
染料/%	0.05	耐光性	6～7
钛白粉/%	1.0	耐热性/(℃/5min)	300

应用范围：见表 5-32。

表 5-32 C. I. 溶剂紫 31 应用范围

对象	程度	对象	程度	对象	程度
PS	●	SB	●	ABS	●
SAN	●	PMMA	●	PC	●
PVC-U	●	PPO	●	PET	●
		PA6/PA66	○	PBT	○

注：●表示推荐使用；○表示有条件地使用。

品种特性：溶剂紫 31 耐光性、耐热性良好，应用于工程塑料着色，也适用于涤纶纺前着色。

③ C. I. 溶剂紫 37　分子式 $C_{37}H_{40}N_2O_3$；CAS 登记号 71701-33-2；溶剂紫 37 呈蓝亮紫色。主要性能：见表 5-33。

表 5-33　C. I. 溶剂紫 37 主要性能

名称		PS	ABS	PC	PET	PA
着色力(1/3SD)	染料/%	0.168	0.184	不推荐		
	钛白粉/%	1.0	1.0			
耐光性/级	1/3SD 冲淡	6～7	4			
	1/25SD 透明	7	6			
耐热性(1/3SD)/(℃/5min)		300	300			

应用范围：见表 5-34。

表 5-34　C. I. 溶剂紫 37 应用范围

对象	程度	对象	程度	对象	程度
PS	●	PMMA	●	ABS	●
SAN	●	PA6/PA66	×	PC	×
PVC-U	●			PET	×
				PBT	×

注：●表示推荐使用；×表示不推荐使用。

品种特性：溶剂紫 37 耐光性一般，因其耐热性优良，可应用于多种工程塑料着色。

④ C. I. 溶剂紫 59（分散紫 26，分散紫 31）　分子式 $C_{26}H_{18}N_2O_4$；C. I. 结构号 62025；CAS 登记号 6408-72-6。溶剂紫 59 呈鲜艳的红光紫。熔点 186℃。

结构式：

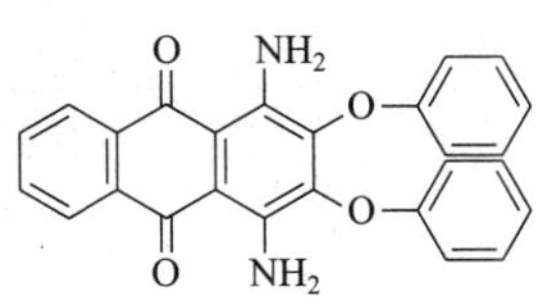

主要性能：见表 5-35。

表 5-35　C. I. 溶剂紫 59 主要性能

名称		PS	ABS	PC	PET
着色力(1/3SD)	染料/%	0.093	0.1	0.094	0.084
	钛白粉/%	1.0	1.0	1.0	1.0
耐光性/级	1/3SD 冲淡	6	5	6～7	6
	1/25SD 透明	7～8	6	8	7
耐热性(1/3SD)/(℃/5min)		300	300	330	280

应用范围：见表 5-36。

表 5-36 C. I. 溶剂紫 59 应用范围

对象	程度	对象	程度	对象	程度
PS	●	SB	●	ABS	●
SAN	●	PMMA	○	PC	●
PVC-U	●	PPO	●	PET	●
POM	○	PA6/PA66	×	PBT	●

注：●表示推荐使用；○表示有条件地使用；×表示不推荐使用。

品种特性：溶剂紫 59 着色力高，具有优良耐热性、耐光性，应用于工程塑料着色，也适用于涤纶纺前着色。

⑤ C. I. 溶剂绿 28　分子式 $C_{34}H_{34}N_2O_4$；C. I. 结构号 625580；CAS 登记号 28198-05-2。溶剂绿 28 呈黄光绿，熔点 245℃。

结构式：

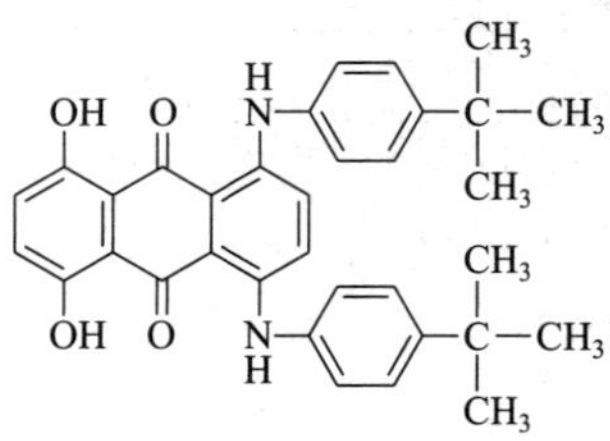

主要性能：见表 5-37。

表 5-37 C. I. 溶剂绿 28 主要性能

名称		PS	ABS	PC	PET
着色力(1/3SD)	染料/%	0.15	0.17	0163	0.12
	钛白粉/%	1.0	1.0	1.0	1.0
耐光性/级	1/3SD	7～8	5	7～8	7
	透明 0.05%	8	6	8	7～8
耐热性(1/3SD)/(℃/5min)		300	300	310	300

应用范围：见表 5-38。

表 5-38 C. I. 溶剂绿 28 应用范围

对象	程度	对象	程度	对象	程度
PS	●	SB	●	ABS	●
SAN	●	PMMA	●	PC	●
PVC-U	●	PPO	●	PET	●
		PA6/PA66	×	PBT	○

注：●表示推荐使用；○表示有条件地使用；×表示不推荐使用。

品种特性：溶剂绿 28 具有较好耐光性，优良耐热性，可应用于工程塑料着色，也可用于涤纶纺前着色。

⑥ C. I. 颜料黄 147　分子式 $C_{37}H_{21}N_5O_4$；C. I. 结构号 60645；CAS 登记号 4118-16-5。颜料黄 147 呈红光黄，熔点大于 300℃。

结构式：

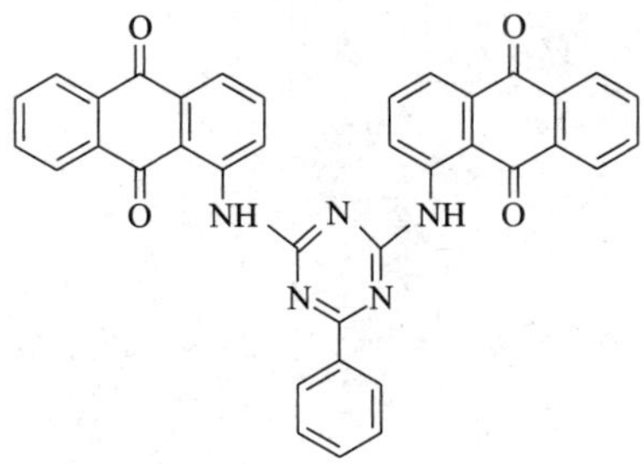

主要性能：见表 5-39。

表 5-39　C. I. 颜料黄 147 主要性能

名称	PS	ABS	PC	PET
颜料/%	0.05	0.1	0.05	0.02
钛白粉/%	1.0	1.0		
耐光性/级	6～7	6	8	8
耐热性/℃	300	280	340	300
耐候性(3000h)/级			4	5

应用范围：见表 5-40。

表 5-40　C. I. 颜料黄 147 应用范围

对象	程度	对象	程度	对象	程度
PS	○	PMMA	○	ABS	●
SAN	○	PA6	○	PC	●
PVC-U	○	PA66	×	PET	●
POM	●			PBT	●

注：●表示推荐使用；○表示有条件地使用；×表示不推荐使用。

品种特性：颜料黄 147 耐热性、耐升华性优良，与聚酯相容性好，特别适合聚酯和聚醚砜纤维纺前着色；其耐光性良好，可用于汽车内外装饰品纤维，以及服装、室内纺织品着色。

5.3.2　杂环类溶剂染料

杂环类溶剂染料品种繁多，仅次于蒽醌型和偶氮金属络合物染料，色谱齐全但以黄色和红色占主导地位，杂环类溶剂染料色光鲜艳，许多品种带有强烈荧光，并有良好牢度，广泛用于工程塑料和合成纤维纺前着色。

(1) 氨基酮类

氨基酮类溶剂染料是指 1,8-萘酐及其衍生物或苯酐及其衍生物与芳族二胺化合物脱去两分子水缩合所生成的染料。这类染料色谱包括黄、橙、红、紫、蓝。这类染料具有优良的耐光和耐热性，在极性树脂中不迁移、不升华。

① C. I. 溶剂橙 60　分子式 $C_{18}H_{10}N_2O$；C. I. 结构号 564100；CAS 登记号 61969-47-9。溶剂橙 60 呈黄光橙，熔点 230℃。

结构式：

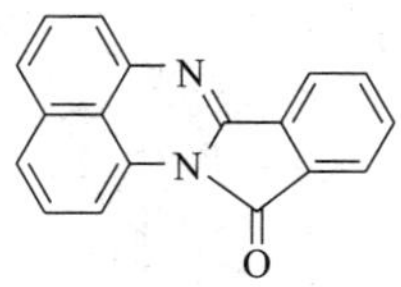

主要性能：见表 5-41。

表 5-41　C. I. 溶剂橙 60 主要性能

名称		PS	ABS	PC	PET
着色力(1/3SD)	染料/%	0.28	0.56	0.155	0.119
	钛白粉/%	2	4	1	1
耐热性/℃	本色 0.05%	300	280	350	
	冲淡 1∶20	300	280	350	290
耐光性/级	本色 0.05%	8		8	
	1/3SD	6		7	7～8

应用范围：见表 5-42。

表 5-42　C. I. 溶剂橙 60 应用范围

对象	程度	对象	程度	对象	程度
PS	●	SB	●	ABS	●
SAN	●	PMMA	●	PC	●
PVC-U	○	PPO	●	PET	●
POM	○	PA6/PA66	○	PBT	○
PES 纤维	×				

注：●表示推荐使用；○表示有条件地使用；×表示不推荐使用。

品种特性：溶剂橙 60 着色力高，耐热性、耐光性优良，可用于包括聚酰胺在内的所有工程塑料。溶剂橙 60 适用于涤纶纺前着色，但谨慎用于尼龙纺前着色。

② C. I. 溶剂红 135　分子式 $C_{18}H_6Cl_4N_2O$；C. I. 结构号 564120；CAS 登记号 71902-17-5。溶剂红 135 呈黄光红，为标准色。较溶剂红 179 稍蓝，熔点 318℃。

结构式：

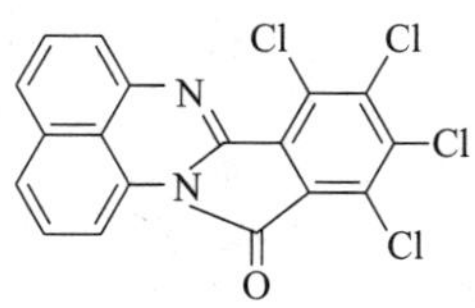

主要性能：见表5-43。

表5-43 C.I.溶剂红135主要性能

名称		PS	ABS	PC	PET
着色力(1/3SD)	染料/%	0.23	0.27	0.23	0.17
	钛白粉/%	1.0	1.0	1.0	1.0
耐光性/级	1/3SD冲淡	7	7	7～8	7
	1/25SD透明	8	7	8	8
耐热性(1/3SD)/(℃/5min)		300	290	340	320

应用范围：见表5-44。

表5-44 C.I.溶剂红135应用范围

对象	程度	对象	程度	对象	程度
PS	●	SB	●	ABS	●
SAN	●	PMMA	●	PC	●
PVC-U	×	PPO	●	PET	●
POM	○	PA6/PA66	○	PBT	○
PES纤维	●				

注：●表示推荐使用；○表示有条件地使用；×表示不推荐使用。

品种特性：溶剂红135不但具有优良的耐热性、耐光性、耐迁移性，而且耐候性非常好；有升华趋势，但其升华温度远高于非晶态聚合物的加工温度。溶剂红135适合高性能产品应用。适用于涤纶纺前着色，其织物的耐光性、湿处理和摩擦牢度优异，还可用于聚酯瓶吹塑。但应谨慎用于尼龙6纺前着色。

③ C.I.溶剂红179 分子式 $C_{22}H_{12}N_2O$；C.I.结构号564150；CAS登记号89106-94-5。溶剂红179呈黄光红，熔点255℃。

结构式：

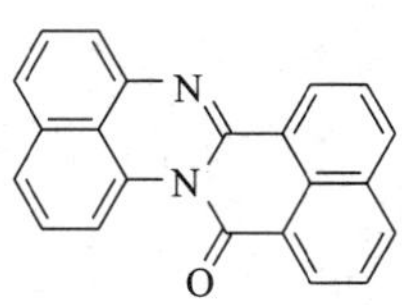

主要性能：见表5-45。

表5-45 C.I.溶剂红179主要性能

名称		PS	ABS	PC	PET
着色力(1/3SD)	染料%	0.16	0.18	0.155	0.113
	钛白粉%	1.0	1.0	1.0	1.0
耐光性/级	1/3SD冲淡	6	5	5～6	3～4
	1/25SD透明	7	7	8	6～7
耐热性(1/3SD)/(℃/5min)		300	300	340	320

应用范围：见表 5-46。

表 5-46　C.I. 溶剂红 179 应用范围

对象	程度	对象	程度	对象	程度
PS	●	SB	●	ABS	●
SAN	●	PMMA	●	PC	●
PVC-U	●	PPO	●	PET	●
POM	○	PA6/PA66	○	PBT	○
PES 纤维	×				

注：●表示推荐使用；○表示有条件地使用；×表示不推荐使用。

品种特性：溶剂红 179 耐光性良好，耐热性可达 300℃，可用于工程塑料着色，也适用于涤纶纺前着色。溶剂红 179 在尼龙 6 中耐热性可达 300℃，可用于尼龙 6 纺前着色。

④ C.I. 颜料黄 192　分子式 $C_{19}H_{10}N_4O_2$；C.I. 结构号 507300；CAS 登记号 56279-27-7。颜料黄 192 呈红光黄。

结构式：

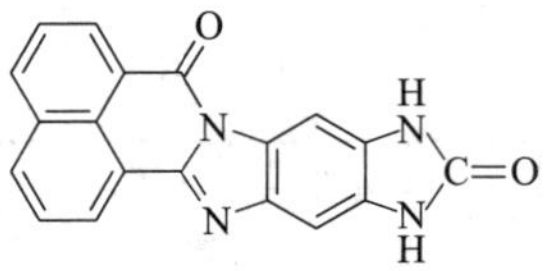

主要性能：见表 5-47。

表 5-47　C.I. 颜料黄 192 主要性能

名称		PA6	PET
着色力(1/3SD)	颜料/%	1.2	0.9
	钛白粉/%	1	1
耐热性/℃	1/3SD	300	320
耐光性/级	1/25SD	7～8	8
	1/3SD	7	7～8

应用范围：见表 5-48。

表 5-48　C.I. 颜料黄 192 应用范围

对象	程度	对象	程度	对象	程度
PS	×	PA6	●	ABS	×
SAN	×	PA66	●	PC	×
PVC-U	×			PET	○
POM	○			PBT	×
PES 纤维	×				

注：●表示推荐使用；○表示有条件地使用；×表示不推荐使用。

品种特性：颜料黄 192 耐光性很好，在 1/25 标准深度尼龙 6 中耐光性为 7～8 级，但其与 1%钛白粉配制 1/3 标准深度尼龙 6 的耐光性为 7 级。颜料黄 192 用于尼龙 6 耐热性可达 300℃，可专用于尼龙 6 及尼龙 66 的着色。

（2）香豆素类溶剂颜料

香豆素类溶剂染料色谱齐全，以黄色和红色占主导地位。香豆素类溶剂染料色光鲜艳，许多品种带有强烈荧光，并有良好牢度。

① C. I. 溶剂黄 160：1　CAS 登记号 94945-27-4。溶剂黄 160：1 呈亮绿光黄，带有荧光，熔点 209℃。

主要性能：见表 5-49。

表 5-49　C. I. 溶剂黄 160：1 主要性能

名称		PS	ABS	PC	PET
着色力(1/3SD)	染料/%	0.2		0.1	
	钛白粉/%	2	4	1	
耐热性/℃	1/3SD	300	280	350	280
耐光性/级	本色 0.05%	6		6～7	
	冲淡	3～4		5	

应用范围：见表 5-50。

表 5-50　C. I. 溶剂黄 160：1 应用范围

对象	程度	对象	程度	对象	程度
PS	●	SB	●	ABS	●
SAN	●	PMMA	●	PC	●
PVC-U	●	PPO	●	PET	●
POM	○	PA6/PA66	○	PBT	○
PES 纤维	×				

注：●表示推荐使用；○表示有条件地使用；×表示不推荐使用。

品种特性：该染料耐光性较差，而且耐光性随钛白粉增加而降低，耐热性优良。可用于工程塑料着色；适用于涤纶纤维纺前着色；可谨慎用于尼龙 6 纺前着色。

② C. I. 溶剂黄 145　溶剂黄 145 呈绿光荧光黄，熔点 240℃。

主要性能：见表 5-51。

表 5-51　C. I. 溶剂黄 145 主要性能

名称	PS	ABS	PC	PET
染料/%	0.05	0.1	0.05	0.02
钛白粉/%	1.0	1.0		
耐光性/级	5	4～5	7～8	7～8
耐热性/℃	300	280	360	300
耐候性(3000h)/级			3～4	

应用范围：见表 5-52。

表 5-52　C. I. 溶剂黄 145 应用范围

对象	程度	对象	程度	对象	程度
PS	●	PMMA	●	ABS	●
SAN	●	PA6	○	PC	●
PVC-U	○	PA66	×	PET	●
POM	●			PBT	●

注：●表示推荐使用；○表示有条件地使用；×表示不推荐使用。

品种特性：溶剂黄 145 耐光性较好，耐热性优良，透明色非常鲜艳，由于其应用性能在各种聚合物中不同，所以有限制地用于工程塑料着色。溶剂黄 145 在加工温度高于 280℃时，有升华趋势。

(3) 喹酞酮类溶剂染料

喹酞酮类溶剂染料仅限于黄色，溶剂黄 114 即分散黄 54，也是极重要的分散染料品种，喹酞酮类溶剂染料耐光性良好。

① C. I. 溶剂黄 33　C. I. 结构号 47005；分子式 $C_{18}H_{11}NO_2$；CAS 登记号 8003-22-3。溶剂黄 33 呈黄光，熔点 240℃。

结构式：

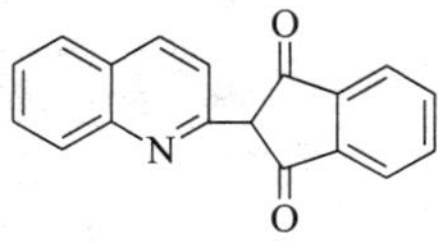

主要性能：见表 5-53。

表 5-53　C. I. 溶剂黄 33 主要性能

名称	PS	ABS	PC	PET
染料/%	0.05	0.1	0.05	0.02
钛白粉/%	1.0	1.0		
耐光性/级	6～7	6	8	8
耐热性/℃	300	280	300	300
耐候性(3000h)			4	5

应用范围：见表 5-54。

表 5-54　C. I. 溶剂黄 33 应用范围

对象	程度	对象	程度	对象	程度
PS	●	PMMA	●	ABS	●
SAN	●	PA6	×	PC	●
PVC-U	●	PA66	×	PET	●
POM	●			PBT	●

注：●表示推荐使用；×表示不推荐使用。

品种特性：溶剂黄 33 耐光性较好，耐热性优良，可用于工程塑料着色。

② C. I. 溶剂黄 114（分散黄 54） 分子式 $C_{18}H_{11}NO_3$；C. I. 结构号 47020；CAS 登记号 75216-45-4。溶剂黄 114 呈鲜艳绿光黄，熔点 264℃。

结构式：

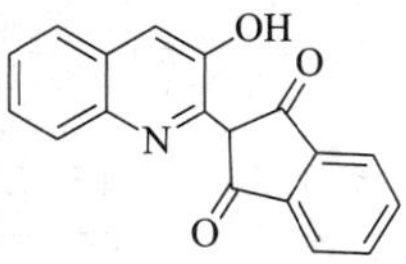

主要性能：见表 5-55。

表 5-55 C. I. 溶剂黄 114 主要性能

名称		PS	ABS	PC
着色力(1/3SD)	染料%	0.12	0.24	0.065
	钛白粉%	2	4	1
耐热性/℃	本色 0.05%	300	280	340
	冲淡 1∶20	300	280	340
耐光性/级	本色 0.05%	8		8
	1/3SD	7～8		7～8

应用范围：见表 5-56。

表 5-56 C. I. 溶剂黄 114 应用范围

对象	程度	对象	程度	对象	程度
PS	●	SB	●	ABS	●
SAN	●	PMMA	●	PC	●
PVC-U	●	PPO	●	PET	●
POM	○	PA6/PA66	×	PBT	○
PES 纤维	×				

注：●表示推荐使用；○表示有条件地使用；×表示不推荐使用。

品种特性：溶剂黄 114 纯度高，具有优异耐光性，耐热性可达 300℃，可用于工程塑料着色（有限制地用于聚醚塑料）。溶剂黄 114 也适合用于涤纶纺前着色。

③ C. I. 溶剂黄 157 分子式 $C_{18}H_7Cl_4NO_2$；C. I. 结构号 470180；CAS 登记号 27908-75-4。溶剂黄 157 呈绿黄光，熔点 323℃。

结构式：

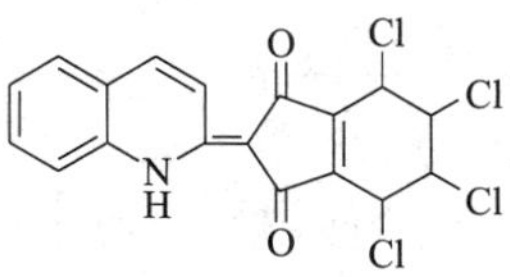

主要性能：见表 5-57。

表 5-57　C. I. 溶剂黄 157 主要性能

项目		PS	项目	PS
着色力	染料/%	0.05	耐光性/级	7～8
	钛白粉/%	1.0	耐热性/(℃/5min)	300

应用范围：见表 5-58。

表 5-58　C. I. 溶剂黄 157 应用范围

对象	程度	对象	程度	对象	程度
PS	●	PMMA	●	ABS	●
SAN	●	PA6	×	PC	●
PVC-U	●	PA66	×	PET	●
POM	●			PBT	○

注：●表示推荐使用；○表示有条件地使用；×表示不推荐使用。

品种特性：溶剂黄 157 耐光性、耐热性优良，适合用于涤纶纺前着色。

④ C. I. 溶剂黄 176　分子式 $C_{18}H_{10}BrNO_3$；C. I. 结构号 47023；CAS 登记号 10319-14-9。溶剂黄 176 呈红光黄，熔点 218℃。

结构式：

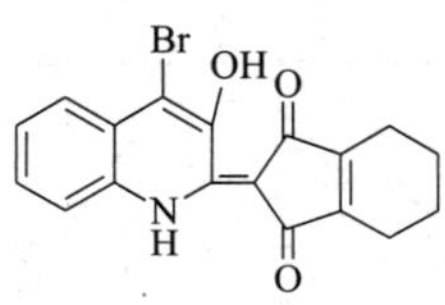

主要性能：见表 5-59。

表 5-59　C. I. 溶剂黄 176 主要性能

项目		PS	项目	PS
着色力	染料/%	0.05	耐光性/级	7
	钛白粉/%	1.0	耐热性/(℃/5min)	280

应用范围：见表 5-60。

表 5-60　C. I. 溶剂黄 176 应用范围

对象	程度	对象	程度	对象	程度
PS	●	PMMA	●	ABS	●
SAN	●	PA6	×	PC	●
PVC-U	●	PA66	×	PET	●
POM	●			PBT	×

注：●表示推荐使用；×表示不推荐使用。

品种特性：溶剂黄 176 耐光性、耐热性较好，适用于涤纶纺前着色。

(4) 苝系类

C. I. 溶剂绿 5：分子式 $C_{30}H_{28}O_4$；C. I. 结构号 59075；CAS 登记号 79869-59-3。溶剂

绿 5 呈鲜艳荧光绿光黄色。

结构式：

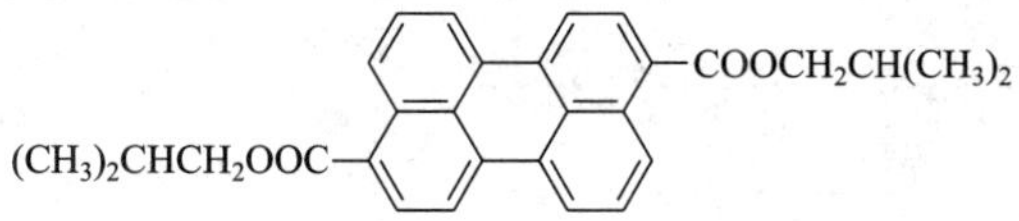

主要性能：见表 5-61。

表 5-61　C. I. 溶剂绿 5 主要性能

名称		PS	ABS	PC	PMMA
1/3SD（2%钛白粉）	耐热性/℃	260	300	310	300
	耐光性/级	3	4	3～4	4
	耐候性/级	1～2	2	1	1～2

应用范围：见表 5-62。

表 5-62　C. I. 溶剂绿 5 应用范围

对象	程度	对象	程度	对象	程度
PS	●	SB	●	ABS	●
SAN	●	PMMA	●	PC	●
PVC-U	●	PA6/PA66	×	PET	○
POM	●			PBT	○

注：●表示推荐使用；○表示有条件地使用；×表示不推荐使用。

品种特性：溶剂绿 5 耐热性优良，本色耐光性优良，但随钛白粉增加（冲淡程度加大）耐光性迅速下降。适用于 PS、SAN、PMMA 及 PC 工程塑料着色，对于 SB、ABS、ASA 着色建议先进行试验测试，也适用于涤纶纺前着色。

（5）硫靛类

① C. I. 还原红 41　分子式 $C_{16}H_8O_2S_2$；C. I. 结构号 73300；CAS 登记号 522-75-8。还原红 41 呈非常艳丽带荧光的红色，能获得到非常亮艳的着色效果，熔点 312℃。

结构式：

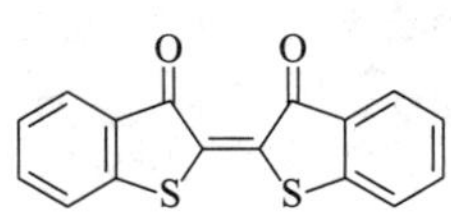

主要性能：见表 5-63。

表 5-63　C. I. 还原红 41 主要性能

名称		PS	ABS	PC
耐光性/级	1/3SD 冲淡	3	3～4	5～6
	1/25SD 透明	4	6	6～7
耐热性(1/3SD)/(℃/5min)		300	250	320

应用范围：见表 5-64。

表 5-64　C. I. 还原红 41 应用范围

对象	程度	对象	程度	对象	程度
PS	●	PMMA	●	ABS	○
SAN	●	PA6/PA66	×	PC	●
PVC-U	●			PET	○
				PBT	○

注：●表示推荐使用；○表示有条件地使用；×表示不推荐使用。

品种特性：还原红 41 耐热性优良，本色耐光性良好，但耐光性随钛白粉增加（冲淡程度加大）而下降，可用于工程塑料着色。

② C. I. 颜料红 181（还原红 1）　分子式 $C_{18}H_{10}Cl_2O_2S_2$；C. I. 结构号 73360；CAS 登记号 2379-74-0。颜料红 181 呈非常艳丽的荧光红色。熔点大于 300℃。

结构式：

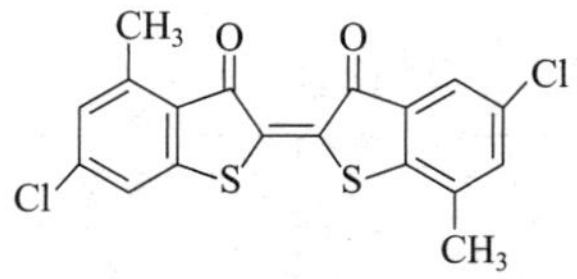

主要性能：见表 5-65。

表 5-65　C. I. 颜料红 181 主要性能

名称	PS	ABS	PC	PET
颜料/%	0.05	0.1	0.05	0.02
钛白粉/%	1.0	1.0		
耐光色牢度/级	5	4～5	8	7～8
耐热性/℃	300	280	360	300
耐候性(3000h)/级			4～5	

应用范围：见表 5-66。

表 5-66　C. I. 颜料红 181 应用范围

对象	程度	对象	程度	对象	程度
PS	●	PMMA	●	ABS	○
SAN	●	HIPS	●	PC	●
PVC-U	○	PA6	×	PET	●
POM	○	PA66	×	PBT	●

注：●表示推荐使用；○表示有条件地使用；×表示不推荐使用。

品种特性：颜料红 181 耐光性、耐热性较好。可用于多种工程塑料着色。用于 PET、PC 着色时具有优良的耐光性和耐候性，呈新颖独特的蓝光红色。

(6) 稠环类

① C. I. 溶剂黄 98　分子式 $C_{36}H_{45}NO_2S$；C. I. 结构号 56238；CAS 登记号 27870-92-4。

溶剂黄 98 呈荧光绿光黄，熔点 110℃。

结构式：

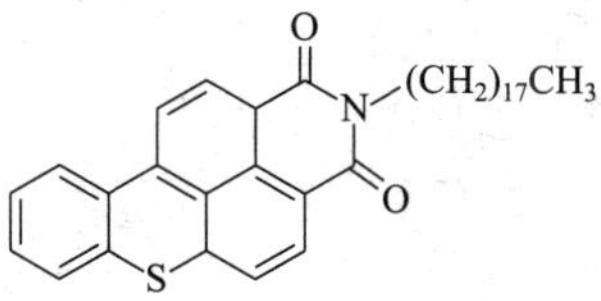

主要性能：见表 5-67。

表 5-67　C. I. 溶剂黄 98 主要性能

名称		PS	ABS	PC	PET
耐光性/级	1/3SD 冲淡	4～5	3	6	7
	1/25SD 透明	7	5～6	7～8	7
耐热性(1/3SD)/(℃/5min)		300	300	340	300

应用范围：见表 5-68。

表 5-68　C. I. 溶剂黄 98 应用范围

对象	程度	对象	程度	对象	程度
PS	●	PMMA	●	PC	●
SAN	●	PA6/PA66	○	PET	●
PVC-U	●	ABS	●	PBT	○

注：●表示推荐使用；○表示有条件地使用。

品种特性：溶剂黄 98 具有良好耐光性，耐光性随钛白粉增加而降低。优良耐热性，可用于工程塑料着色，尤其是用于透明塑料时能得到鲜艳的色光效果。溶剂黄 98 适合用于涤纶、尼龙 6 纺前着色，谨慎用于尼龙 66 纺前着色。

② C. I. 溶剂红 52　分子式 $C_{24}H_{18}N_2O_2$；C. I. 结构号 68210；CAS 登记号 81-39-0。溶剂红 52 呈蓝光红，熔点 280℃。

结构式：

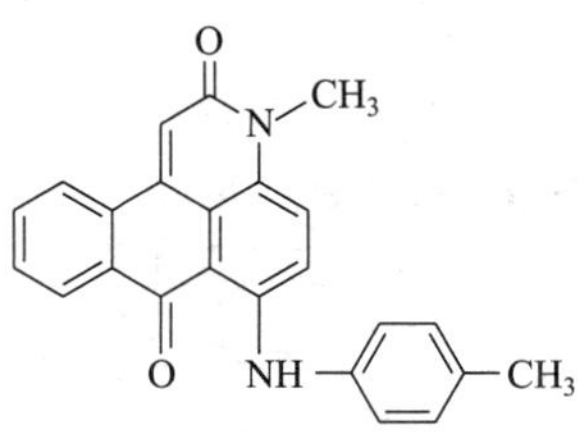

主要性能：见表 5-69。

表 5-69　C. I. 溶剂红 52 主要性能

名称		PS	ABS	PC	PET
着色力(1/3SD)	染料/%	0.195	0.39	0.100	
	钛白粉/%	2	4	1	

续表

名称		PS	ABS	PC	PET
耐光性/级	1/3SD	3～4		4～5	
	透明 0.05%	7		7	
耐热性(1/3SD)/(℃/5min)		280	280	350	290

应用范围：见表 5-70。

表 5-70 C.I.溶剂红 52 应用范围

对象	程度	对象	程度	对象	程度
PS	●	SB	●	ABS	●
SAN	●	PMMA	●	PC	●
PVC-U	●	PPO	●	PET	●
POM	○	PA6/PA66	●	PBT	○
PES 纤维	○				

注：●表示推荐使用；○表示有条件地使用。

品种特性：溶剂红 52 耐光性优良，但加钛白粉冲淡后会降低，耐热性优良，可用于 PA6 等多种工程塑料着色。溶剂红 52 用于尼龙 6 耐热性可达 300℃，可谨慎用于尼龙 6 和尼龙 66 纺前着色。

③ C.I.溶剂橙 63　分子式 $C_{23}H_{12}OS$；C.I.结构号 68550；CAS 登记号 16294-75-0。溶剂橙 63 呈荧光红光橙，透明色，非常艳丽，熔点 320℃。

结构式：

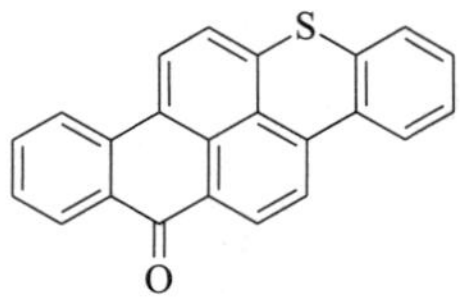

主要性能：见表 5-71。

表 5-71 C.I.溶剂橙 63 主要性能

名称			PS	ABS	PC	PET
本色	0.05%	耐光性/级	7	6～7	7	7
		耐热性/(℃/5min)	300	300	340	300
冲淡	0.2%	耐光性/级	4	4	6	4
	TiO_2 1%	耐热性/(℃/5min)	7	6～7	7	7

应用范围：见表 5-72。

表 5-72 C. I. 溶剂橙 63 应用范围

对象	程度	对象	程度	对象	程度
PS	●	PMMA	●	ABS	●
SAN	●	PA6/PA66	○	PC	●
PVC-U	●			PET	●
				PBT	●

注：●表示推荐使用；○表示有条件地使用。

品种特性：溶剂橙 63 耐光性、耐热性优良，可用于工程塑料着色，推荐使用的浓度低于 0.3%。溶剂橙 63 适合用于涤纶、尼龙 6 纺前着色，谨慎用于尼龙 66 纺前着色。

5.3.3 亚甲基类溶剂染料

亚甲基类溶剂染料品种很少，仅限于浅色色谱，国外主要生产六个品种，溶剂黄 93、溶剂黄 133、溶剂黄 145、溶剂黄 179、溶剂橙 80、溶剂橙 107。

① C. I. 溶剂黄 93 分子式 $C_{21}H_{18}N_4O_2$；C. I. 结构号 48160；CAS 登记号 4702-90-3。溶剂黄 93 呈中黄，熔点 180℃。

结构式：

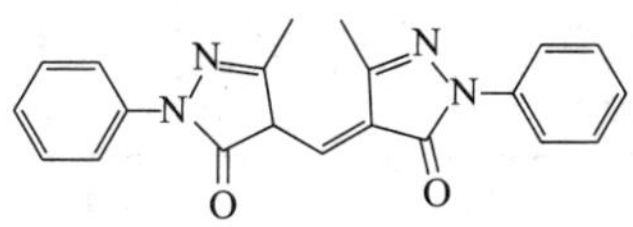

主要性能：见表 5-73。

表 5-73 C. I. 溶剂黄 93 主要性能

名称		PS	ABS	PC
着色力(1/3SD)	染料/%	0.26	—	0.142
	钛白粉/%	2	—	1
耐热性/(℃/5min)	本色 0.05%	300	不适用	340
	冲淡 1∶20	300		340
耐光性/级	本色 0.05%	8		8
	1/3SD	7～8		7

应用范围：见表 5-74。

表 5-74 C. I. 溶剂黄 93 应用范围

对象	程度	对象	程度	对象	程度
PS	●	SB	●	ABS	×
SAN	●	PMMA	●	PC	●
PVC-U	●	PPO	●	PET	●
POM	○	PA6/PA66	×	PBT	○
PES 纤维	×				

注：●表示推荐使用；○表示有条件地使用；×表示不推荐使用。

品种特性：溶剂黄 93 耐光性较好，耐热性优良，可用于多种苯乙烯类工程塑料着色，但不推荐用于 ABS 塑料。溶剂黄 93 是溶剂染料绿光黄色品种标准色，具有良好性价比。

② C. I. 溶剂黄 133　分子式 $C_{30}H_{24}N_2O_6$；C. I. 结构号 48580；溶剂黄 133 呈鲜艳绿光黄。

结构式：

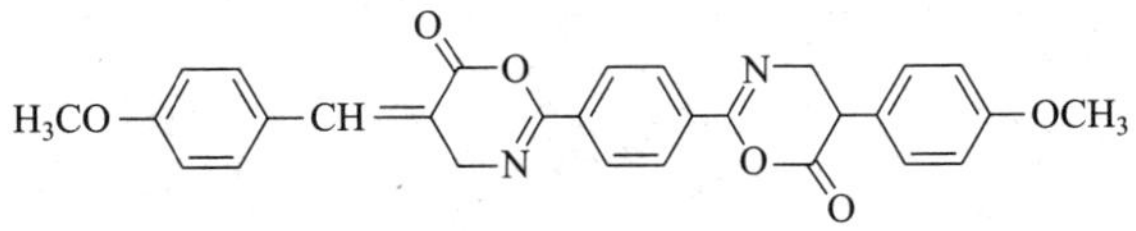

主要性能：见表 5-75。

表 5-75　C. I. 溶剂黄 133 主要性能

名称		PC	PET
着色力(1/3SD)	染料/%	0.36	0.32
	钛白粉/%	1	1
耐热性/℃	1/3SD	330	300
耐光性/级	1/25SD(本色)	5	6
	1/3SD(冲淡)	5	5

应用范围：见表 5-76。

表 5-76　C. I. 溶剂黄 133 应用范围

对象	程度	对象	程度	对象	程度
PS	×	PMMA	○	PC	●
PVC-U	×	PA6/PA66	×	PET	●
PES 纤维	×	ABS	×	PBT	●

注：●表示推荐使用；○表示有条件地使用；×表示不推荐使用。

品种特性：溶剂黄 133 着色力高，耐光性一般，耐热性优良，可用于工程塑料着色。溶剂黄 133 特别推荐用于涤纶纺前着色，其纤维在热定型处理时有良好的水洗和耐摩擦牢度。

③ C. I. 溶剂黄 179（分散黄 201）　CAS 登记号 80748-21-6。溶剂黄 179 呈绿光黄。熔点 115℃。

主要性能：见表 5-77。

表 5-77　C. I. 溶剂黄 179 主要性能

名称		PS	ABS	PC
着色力(1/3SD)	染料%	0.36	0.165	0.070
	钛白粉%	2	4	1
耐热性/(℃/5min)	本色 0.05%	300	240～260	350
	冲淡 1∶20	300	240～260	350

续表

名称		PS	ABS	PC
耐光性/级	本色 0.05%	8		8
	1/3SD	7～8		7

应用范围：见表 5-78。

表 5-78　C. I. 溶剂黄 179 应用范围

对象	程度	对象	程度	对象	程度
PS	●	SB	●	ABS	●
SAN	●	PMMA	●	PC	●
PVC-U	●	PPO	●	PET	●
POM	○	PA6/PA66	×	PBT	○
PES 纤维	○				

注：●表示推荐使用；○表示有条件地使用；×表示不推荐使用。

品种特性：溶剂黄 179 耐光性较好，耐热性优良，可用于工程塑料着色，特别推荐用于涤纶纺前着色。

④ C. I. 溶剂橙 107（分散橙 47）　CAS 登记号 185766-20-5。溶剂橙 107 呈红光橙。熔点 220℃。

主要性能：见表 5-79。

表 5-79　C. I. 溶剂橙 107 主要性能

名称		PS	ABS	PC
着色力(1/3SD)	染料/%	0.090	0.18	0.045
	钛白粉/%	2	4	1
耐热性/℃	本色 0.05%	300	280	320
	冲淡 1∶20	300	280	320
耐光性/级	本色 0.05%	7～8		8
	1/3SD	5～6		5

应用范围：见表 5-80。

表 5-80　C. I. 溶剂橙 107 应用范围

对象	程度	对象	程度	对象	程度
PS	●	SB	●	ABS	●
SAN	●	PMMA	●	PC	●
PVC-U	●	PPO	●	PET	●
POM	○	PA6/PA66	×	PBT	○
PES 纤维	×				

注：●表示推荐使用；○表示有条件地使用；×表示不推荐使用。

品种特性：溶剂橙 107 耐光性尚可，加钛白粉后下降很多。耐热性优良，可用于工程塑料着色。

5.3.4 偶氮类溶剂染料

偶氮类溶剂染料结构简单，合成方便，色谱主要为红、橙、黄，但各项性能较差，应用在塑料中的品种不多，偶氮类金属络合物结构在溶剂染料中占有相当重要的地位。

① C. I. 分散黄 241　分子式 $C_{14}H_{10}Cl_2N_4O_2$；C. I. 结构号 128450。分散黄 241 呈亮艳绿光黄，熔点 254℃。

结构式：

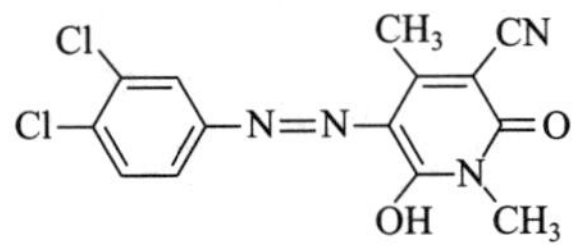

主要性能：见表 5-81。

表 5-81　C. I. 分散黄 241 主要性能

名称		PS	PC
着色力(1/3SD)	染料/%	0.08	0.042
	钛白粉/%	2	1
耐热性/℃	1/3SD	280	350
耐光性/级	本色 0.05%	7	6～7
	1/3SD	5	6

应用范围：见表 5-82。

表 5-82　C. I. 分散黄 241 应用范围

对象	程度	对象	程度	对象	程度
PS	●	SB	●	ABS	×
SAN	●	PMMA	●	PC	●
PVC-U	●	PPO	×	PET	●
POM	○	PA6/PA66	×	PBT	●
PES 纤维	×				

注：●表示推荐使用；○表示有条件地使用；×表示不推荐使用。

品种特性：分散黄 241 耐热性优良，耐光性良好。可用于多种工程塑料着色，但不推荐用于 ABS 着色。

② C. I. 溶剂橙 116　溶剂橙 116 本色呈中色调亮橙色。

主要性能：见表 5-83。

表 5-83　C. I. 溶剂橙 116 主要性能

名称	PS	ABS	PC	PET	PA6
染料/%	0.05	0.1	0.05	0.02	0.1
钛白粉/%	1	1			0.5
耐热性/℃	300	300	360	310	300
耐光性/级	6	6～7	7～8	8	
耐候性/级	3～4		4～5	4	

应用范围：见表 5-84。

表 5-84　C. I. 溶剂橙 116 应用范围

对象	程度	对象	程度	对象	程度
PS	●	SB	●	ABS	●
SAN	●	PMMA	●	PC	●
PVC-U	●	PA6/PA66	●	PET	●
				PBT	●

注：●表示推荐使用。

品种特性：溶剂橙 116 着色力高，其耐光性、耐热性、耐升华性优良，特别推荐用于尼龙 6 和尼龙 66 着色。

③ C. I. 溶剂红 195　分子式 $C_{23}H_{29}N_7O_4S$；CAS 登记号 72968-71-9。溶剂红 195 呈亮艳蓝光红，熔点 214℃。

主要性能：见表 5-85。

表 5-85　C. I. 溶剂红 195 主要性能

名称		PS	ABS	PC	PET
着色力(1/3SD)	染料/%	0.56	0.58	0.59	0.4
	钛白粉/%	1.0	1.0	1.0	1.0
耐光性/级	1/3SD 冲淡	5	5～6	7	7
	1/25SD 透明	8	6～7	8	8
耐热性(1/3SD)/(℃/5min)		300	280	330	310

应用范围：见表 5-86。

表 5-86　C. I. 溶剂红 195 应用范围

对象	程度	对象	程度	对象	程度
PS	●	SB	●	ABS	●
SAN	●	PMMA	●	PC	○
PVC-U	●	PPO	×	PET	●
POM	×	PA6/PA66	×	PBT	○
PES 纤维	×				

注：●表示推荐使用；○表示有条件地使用；×表示不推荐使用。

品种特性：溶剂红 195 耐光性、耐热性、耐候性优良，可用于工程塑料着色，推荐用于涤纶纺前着色。

④ C. I. 溶剂黄 21　分子式 $C_{34}H_{24}CrN_8O_6 \cdot H$；C. I. 结构号 18690；CAS 登记号 5601-29-6。溶剂黄 21 呈红光黄色。

结构式：

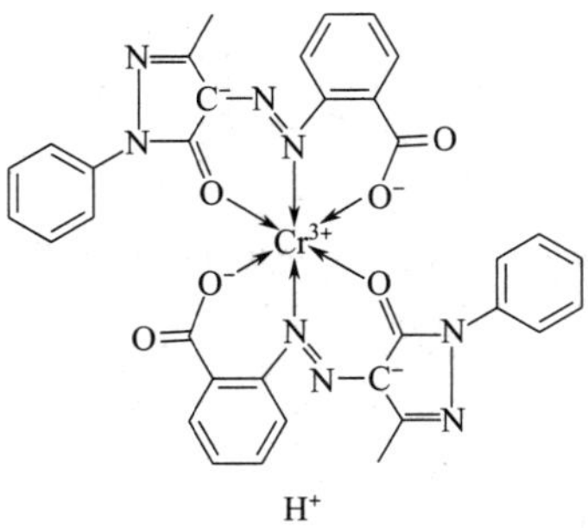

主要性能：见表 5-87。

表 5-87　C. I. 溶剂黄 21 主要性能

名称	PA6 纤维(圆形,110dtex/24 根)	
染料	0.1%	1.0%
耐光性/级	6	7

品种特性：溶剂黄 21 着色力高，其耐光性、耐热性优良。与尼龙相容性好，具有良好的纺织品色牢度，推荐用于尼龙 6 地毯纤维着色。

⑤ C. I. 溶剂红 225　溶剂红 225 呈黄光红色。

主要性能：见表 5-88。

表 5-88　C. I. 溶剂红 225 主要性能

名称	PA6 纤维(圆形,110dtex/24 根)	
染料	0.1%	1.0%
耐光性/级	6～7	7

品种特性：溶剂红 225 着色力高，其耐光性、耐热性优良，与尼龙树脂相容性好，推荐用于尼龙 6 着色，适用于地毯和室内纺织品纤维。

5.3.5 甲亚胺类溶剂染料

甲亚胺类溶剂染料生产品种很少，只有六个，除了溶剂黄 79 外，其余均为金属络合物。除了传统镍络合物外，还有钴铜络合物。甲亚胺类溶剂染料耐光性特别优异。

① C. I. 溶剂紫 49　分子式 $C_{27}H_{14}N_4NiO_4$；C. I. 结构号 48520；CAS 登记号 205057-15-4。溶剂紫 49 呈暗红光紫色，熔点大于 300℃。

结构式：

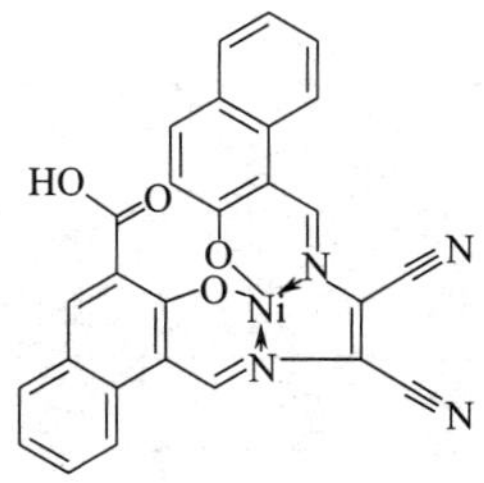

主要性能：见表 5-89。

表 5-89　C. I. 溶剂紫 49 主要性能

名称		ABS	PC	PET
着色力(1/3SD)	染料%	0.090	0.064	0.051
	钛白粉%	1.0	1.0	1.0
耐光性/级	1/3SD 冲淡	6～7	7～8	7～8
	1/25SD 透明	6～7	8	8
耐热性(1/3SD)/(℃/5min)		240	300	320

应用范围：见表 5-90。

表 5-90　C. I. 溶剂紫 49 应用范围

对象	程度	对象	程度	对象	程度
PS	○	PMMA	●	ABS	○
SAN	○	PA6/PA66	×	PC	●
PVC-U	×			PET	●
				PBT	●

注：●表示推荐使用；○表示有条件地使用；×表示不推荐使用。

品种特性：溶剂紫 49 耐光性、耐热性优良，着色力高，推荐用于涤纶纺前着色。

② C. I. 溶剂棕 53　分子式 $C_{18}H_{10}N_4NiO_2$；C. I. 结构号 48525；CAS 登记号 64696-98-6。溶剂棕 53 呈暗红光棕。熔点大于 350℃。

结构式：

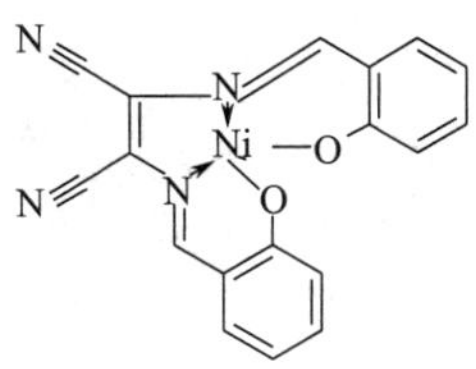

主要性能：见表 5-91。

表 5-91　C. I. 溶剂棕 53 主要性能

名称		PS	ABS	PC	PET
着色力(1/3SD)	染料/%	0.12	0.13	0.11	0.082
	钛白粉/%	1.0	1.0	1.0	1.0

续表

名称		PS	ABS	PC	PET
耐光性/级	1/3SD 冲淡	7	7	8	8
	1/25SD 透明	8	8	8	8
耐热性(1/3SD)/(℃/5min)		300	300	340	320

应用范围：见表 5-92。

表 5-92 C. I. 溶剂棕 53 应用范围

对象	程度	对象	程度	对象	程度
PS	●	PMMA	●	ABS	○
SAN	●	PA6/PA66	×	PC	●
PVC-U	×			PET	●
				PBT	●

注：●表示推荐使用；○表示有条件地使用；×表示不推荐使用。

品种特性：溶剂棕 53 耐光、耐热性优良，特别适用于涤纶纺前着色，其织物的耐光性、湿处理和摩擦牢度优异；还可用于聚酯瓶吹塑。

5.3.6 酞菁类溶剂染料

酞菁类溶剂染料色光为绿光蓝色，是铜酞菁的衍生物，铜酞菁不溶于绝大多数有机溶剂，但是当其分子上引入某些亲脂性基团后，即可转化为在有机溶剂中有良好溶解性能的溶剂染料，该类溶剂染料不仅有蒽醌类溶剂染料所不具有的鲜艳绿光蓝色，还具有良好的各项牢度性能，国外仅生产七个品种，适用于工程塑料的主要是溶剂蓝 67。

C. I. 溶剂蓝 67：CAS 登记号 81457-65-0。溶剂蓝 67 呈非常纯正绿光翠蓝色。

主要性能：见表 5-93。

表 5-93 C. I. 溶剂蓝 67 主要性能

名称	PS	ABS	PC	PET
染料/%	0.05	0.1	0.05	0.02
钛白粉/%	1.0	1.0		
耐光性/级	5	3～4	3～4	7
耐热性/℃	260	290	290	300
耐候性(3000h)/级			3～4	

应用范围：见表 5-94。

表 5-94 C. I. 溶剂蓝 67 应用范围

对象	程度	对象	程度	对象	程度
PS	○	PMMA	○	ABS	○
SAN	●	PA6	○	PC	○

续表

对象	程度	对象	程度	对象	程度
PVC-U	●	PA66	×	PET	●
POM	×			PBT	●

注：●表示推荐使用；○表示有条件地使用；×表示不推荐使用。

品种特性：溶剂蓝 67 耐光性尚可，耐热性良好，耐升华，适合用于涤纶纺前着色，可用于服装和室内装饰品。

第6章

塑料着色剂检验方法和标准

6.1 检验方法和标准的重要性

6.1.1 检验方法的重要性

着色剂的检验涵盖对产品质量的检验和对其性能的认定。对于着色剂的检验方法和测试所用的专用仪器、设备等都有着一系列被全球公认的执行标准。它是所有着色剂产业链的关联者包括生产商、销售商、使用者等对同一产品质量、应用性能衡量评判的共同语言，贯穿整个产业链，包含原材料分析、生产环节质量控制、成品品质检验、应用特性评判等各个环节。

着色剂生产是一个非常复杂的过程，原材料、设备、环境，乃至操作人员等诸多的因素都会对其产生直接或间接的影响，最终会导致产品质量的波动。而检验的作用就在于：控制生产环节产品质量的波动在一个合理的、可以接受的范围；确保最终产品的质量符合设定标准所限定的范围内。因此，对于颜料生产及应用应该切实落实严格检验制度，规范检验方法，加强检验手段，并形成一套行业机制贯穿始终。

在着色剂的检验环节中，检验方法的统一化和标准化是极为重要的基础性工作。因为，只有当所有参与方的检测方法统一并符合标准时，才能使检验所得的数据和结果获得各方一致的认可，有利于促进相关各方的沟通，才能确保检测数据真正具有使用价值。

6.1.2 采用国际标准，提升企业竞争力

标准化是促进市场贸易及技术交流的纽带。随着科学技术的迅猛发展和全球经济一体化进程的快速推进，社会的市场化程度越来越高，标准化作为现代化的重要元素，其真正的目的是有效提高产品质量和生产效率。随着全球经济一体化进程发展，标准化是走向国际市场这个大空间的“通行证”。

从市场经济本质来看，标准化是提高企业市场竞争力的有效举措。而采用国际标准，有助于提升产品在国际市场上的竞争力，进一步扩大出口贸易，已成为促进市场贸易及技术交流的重要纽带。

标准可分为国际标准、国家标准、行业标准、团体标准、企业标准等。2012 年我国制定了颜料分散性、耐热性、迁移性、色彩性等共 13 项行业检测标准，这些标准与现行国际标准高度吻合，填补了国内颜料标准领域空白。标准的顺利制定和执行，为提高我国颜料产品质量以及与国际接轨，提高我国着色剂产品在国际市场上的竞争力打下了坚实的基础。与此同时，标准的建立也为颜料生产和使用行业间架起了相互沟通的平台，促进了我国颜料行业和色母粒行业的发展。本节以国际标准为范本，简单介绍着色剂在塑料着色应用方面的专业检验方法。

6.1.3 质量控制检验和应用性能检验

着色剂的质量控制检验和应用性能检验是不同的两个方面。

质量控制检验的主要职责是以控制产品自身的质量稳定为目的，用以判断产品合乎标准与否。采用先进的测试方法和严格的标准控制，能够确保产品具有稳定可靠的质量。

对于着色剂而言，仅有质量控制检验的结果是远远不够的。这是因为着色剂运用于塑料着色时将面对不同的被着色介质、形形色色的加工设备和不同的加工条件，这就需要着色剂能够承受和通过这些严苛条件的考验而保持原有的特性，需要着色剂具有相应的符合塑料加工要求的特性，如耐热性能、分散性能等。再则，着色的塑料制品在最终使用过程中所遇到的诸如户外使用中的曝晒或是环境气候老化的问题、作为包装材料时与被包装物质的相互接触发生反应的问题、作为食品包装或儿童玩具材料的毒性或安全性问题等，所有这些都对着色剂的应用性能指标有一定要求。由此，我们可以把应用性能指标分为：符合塑料制品制作加工的性能指标和符合制品最终使用的应用特性指标两部分。针对塑料用的着色剂，所有的应用性能指标的测试都应该完全按照（或模拟）塑料制品加工的实际情况和使用条件来进行。

彩色塑料制品最终的着色质量和色彩效果不仅仅取决于着色剂的色彩性能、加工性能和应用性能，它同时与塑料制品的着色配方、相关的制品加工工艺、应用条件和环境、制品的形状大小等因素密切相关，见图 6-1。

由图 6-1 可知，着色剂对塑料进行着色的结果是由多种因素共同作用决定的，着色剂及其性能仅仅是众多因素之一。由此可见，着色剂生产商所提供的产品色彩特性和性能指标的测试数据，只是基于自身测试条件下的实验室数据，并不能等同于着色剂在特定工艺条件下的实际生产结果。因此，着色剂生产商应与使用者如色母粒厂商等增进相互了解，明确所需方能提供更切合实际的服务。

本书因篇幅有限，仅介绍部分主要的产品质量控制指标和应用性能检验的方法和标准。

6.1.4 评判标准

6.1.4.1 评定变（褪）色用灰色样卡（GB/T 250—2008 或 ISO 105-A02: 1993）

（1）原理

变色用五级灰卡是由五对无光泽的灰色小卡片（或小布样）组成，根据可观感到的色差，相应分为五个牢度等级，即 5、4、3、2 和 1（见图 6-2）。这种基本灰卡还可通过表示相当于半个牢度等级的观感色差（即 4-5、3-4、2-3 和 1-2）的类似小卡片或小布样加以补

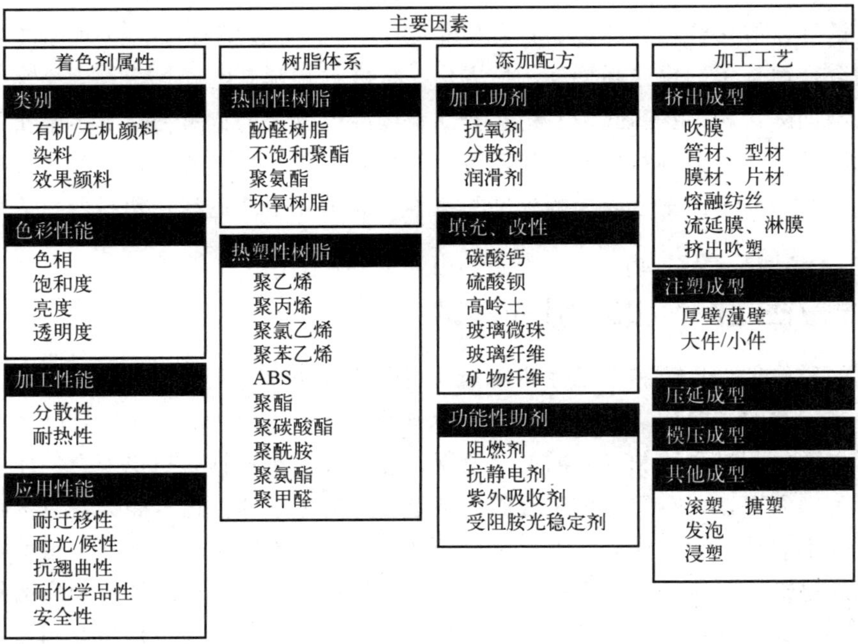

图 6-1　与塑料着色效果相关联的主要因素

充，从而扩大成为五级九档灰卡。每对小卡片中的第一片是中性灰色，第二片则表示变色结果的程度。如表示牢度等级为 5，则与第一片颜色完全相同，其余各对中的第二片颜色逐级变浅，这样各对的对比色差逐级增加。各级观感色差均以色度确定。灰卡灰度完全采用国标 GB 或国际标准 ISO、AATCC、DIN 提供的色度学数据，经过精心配色制成。每一档的色度学数据均使用高精度分光光度计测定。

图 6-2　变色灰色样卡（ISO 105-A02：1993）

（2）变色灰卡的使用

变（褪）色用五级灰卡用于检验颜料在塑料中的耐候性、耐酸/碱性或耐其他化学品性能，并作为评判依据使用。

将原着色样板和经耐性测试后的试样样板各一块，按同一方向紧靠并列于同一平面上，将灰色样卡靠近置于同一平面上。周围环境应为中性灰色（其颜色约在评定变色用灰色样卡 1 级与 2 级之间），如地球的北半球用北窗光，南半球用南窗光，或用一个相当的人造光源，其照度等于或大于 600lx，来照明表面。入射光线与样品表面之间的夹角约为 45°，观察方向大致垂直于样品表面。

用灰色样卡的级差对比原样与试样之间的目测色差。如采用五级灰卡，当某一级观感色差等于原样与试样间的观感色差程度时，就作为该试样的牢度级数；如判断后者更接近于两对相邻级数之间的假想对比色差，而不是两对其中之一，则试样可评定为中间级数，如 4-5 或 2-3。

同一时间中作出多次评级后，需将同一级数的各对原样板与测试后样板相互间再逐一作比较，这样做非常有必要，这样比较可以对前面所作评级是否一致作出一个良好的判断，因为任何评级上的偏差都会因此而暴露。如果某一对的色差程度与同级别其他对的结果（程度）相差明显，则应对照灰卡进行复查并作出最终的评判，以确保所有评判结果的准确性和一致性。

6.1.4.2 评定沾色用灰色样卡（GB/T 251—2008 或者 ISO 105-A03: 1993）

（1）原理

基本的五级灰卡是由五对无光的灰色或白色小卡片（或小布样）组成，根据观感色差分为五个沾色等级，即：5、4、3、2 和 1（见图 6-3）。在每两个档次再补充一个半级档次，即 4-5、3-4、2-3 和 1-2，从而扩大成为五级九档灰卡。每对小卡片中的第一片为白色，第二片则表示沾色的程度，如：表示牢度等级为 5，则第二片与第一片完全相同，其余各对中的第二片颜色逐步变深，这样各对的对比公差逐级增大，各级观感色差均以色度确定。

图 6-3　沾色灰色样卡（ISO 105-A03：1993）

沾色灰卡灰度完全采用国标 GB，或国际标准 ISO、AATCC、DIN 提供的色度学数据，并经过精心配色制成。每一档的色度学数据均使用高精度分光光度计测定。

（2）沾色灰卡的使用

评定用沾色五级灰卡可依据接触样板沾色程度来评判颜料在塑料中的迁移性能，同时也能对颜料产品与溶剂接触后有可能造成的溶剂沾色程度进行评判。

使用沾色五级灰卡评判测试样板的方法与变色灰卡相同。

6.1.4.3 羊毛标准（GB/T 730—2008）

（1）原理

耐光色牢度蓝色羊毛标样共分 8 级，代表 8 个耐光色牢度等级，分别为 8 级、7 级、6 级、5 级、4 级、3 级、2 级、1 级。蓝色羊毛标样在光的照射下，1 级褪色最严重，8 级最不易褪色。如果 4 级在特定强度光的照射下，需要一定时间以达到某种程度的褪色，则在同样条件下产生同等程度的褪色，3 级约需一半的时间，而 5 级则约需增加一倍的时间。

色牢度蓝色羊毛标样是以规定深度的 8 种染料染于羊毛织物上制成。各级染料名称规定见表 6-1。

表 6-1　蓝色羊毛标样的 8 种染料名称

标样等级	染料索引号
1	酸性蓝 104(C. I. Acid Blue 104)
2	酸性蓝 109(C. I. Acid Blue 109)
3	酸性蓝 83(C. I. Acid Blue 83)
4	酸性蓝 121(C. I. Acid Blue 121)
5	酸性蓝 47(C. I. Acid Blue 47)
6	酸性蓝 23(C. I. Acid Blue 23)
7	可溶性还原蓝 5(C. I. Soludilized Vat Blue 5)
8	可溶性还原蓝 8(C. I. Soludilized Vat Blue 8)

美国研制和生产的蓝色羊毛标样编号为 L2～L9，这 8 个蓝色羊毛标样是用 C. I. 媒介染料蓝 1 染色的羊毛和用 C. I. 可溶性还原蓝 8 染色的羊毛，再将两种纤维以不同的配比制成蓝标 L2～L9，使每一较高编号蓝色羊毛标样的耐光色牢度比前一编号约高一倍。

L2～L9 蓝色羊毛标样适用于 GB/T 8427—2019 和 ISO 105-B02：2013 中规定的美国曝晒条件，也适用于美国 AATCC TM 16 标准。

需特别注意蓝色羊毛标样 1～8 和蓝色羊毛标样 L2～L9 之间不能混用，测试结果也不能互换。

（2）蓝色羊毛标样使用方法

蓝色羊毛标样主要用于对试样耐光辐射测试后的色牢度等级的评定。

将试样与蓝色羊毛标样在同样的光照条件、同样时长下进行曝晒，曝晒结束后将试样与 8 块蓝色羊毛标样的褪色程度进行比较，以评定试样耐光色牢度等级（耐光性），试样的褪色程度如相当于某 1 级蓝色羊毛标样的褪色程度时，其耐光色牢度等级即以该蓝色羊毛标样的等级表示，介于两者之间，则评为中间等级，如 4～5 级、6～7 级等。

6.2　色彩的检验方法和标准

着色剂色彩性能（色相，亮度，饱和度，着色力）的检验方法，国外方面最早采用德国工业标准 DIN 53775。我国也已制定相应行业标准 HG/T 4769—2014。

6.2.1　测试用 PVC 材料的制备与储存

（1）PVC 基础配方

PVC 基础配方见表 6-2。PVC 基础配方中每种原材料的技术规格见表 6-3。

表 6-2　PVC 基础配方

原料名称	用量/质量份	
	混合基料 A	混合基料 B
聚氯乙烯	65	65
增塑剂	33.5	33.5

续表

原料名称	用量/质量份	
	混合基料 A	混合基料 B
环氧大豆油	1.5	1.5
液体钡/锌稳定剂	1.3	1.3
润滑剂	0.2	0.2
二氧化钛	—	5.34
总计	101.5	106.84

注：本章在耐热性、分散性、耐迁移性的测试中均采用本配方基料，并对配方中每个原料的技术规格作了明确规定。

表 6-3　PVC 基础配方中每种原材料的技术规格

原料名称	指标名称	规格	测试标准
聚氯乙烯均聚物(PVC)	*K* 值	70±1	EN ISO 1628-2
增塑剂(邻苯二甲酸二异癸酯,DIDP)	折射率	1.4850～1.4860	EN ISO 489
	颜色值	≤200	ISO 6271
环氧大豆油(ESO)	折射率	1.4720～1.4740	EN ISO 489
	碘颜色值 ICV/(mg/100mL)	≤3	DIN 6162
	环氧基含量/%	6.2～6.8	ASTM D 1652
液体钡/锌稳定剂	钡含量/%	10.2～12.2	原子吸收光谱测定法
	锌含量/%	1.95～2.35	
	折射率	1.4970～1.5010	EN ISO 489
润滑剂(硬脂酸)	密度(80℃)/(g/mL)	0.840～0.850	EN ISO 12185
	酸值/(mgKOH/g)	206～211	EN ISO 2114
二氧化钛颜料(TiO_2)	二氧化钛含量/%	92～98	EN ISO 591-1
	金红石含量/%	≥98	
	二氧化硅(SiO_2)或氧化铝(Al_2O_3)含量/%	2～8	

(2) 试验用 PVC 混合基料的制备

① 混料设备　选用具备加热和冷却功能、叶片线速度为 15～35m/s 的高速搅拌器。

② 混料操作　将 PVC 树脂、稳定剂和润滑剂置于混合器内，以高速进行预混合，至料温达到 70℃。对于混合料 B 而言，应在此时加入二氧化钛并保持高速混合约 2min（如果高混时间过长，会因为二氧化钛对金属的磨损作用而导致混合料发灰）。持续混合状态下，滴入经预先混合的增塑剂与环氧大豆油混合料，继续高速混合达到物料均质化，当料温升至 100℃时可视为混合过程结束，转入低速搅动直至料温冷却至室温。

(3) 试验用 PVC 混合基料的储存

制备完毕的 PVC 混合基料的储存时间不得超过 2 年，且应避光、密封保存。

6.2.2 测试用试样的制备

(1) 设备

① 两辊塑炼机　具有加热功能；辊距之间间隙可调；辊筒直径在 80～200mm 之间；前后辊的转速比在（1∶1.1）～（1∶1.2）之间；辊面镀硬铬处理。

② 平板硫化机　具备交替加热和冷却功能。

③ 压片模具　压模板：镜面不锈钢板，厚度 1～1.2mm，共两块；压模框：铜质，厚度 1～1.5mm。

(2) 试样的制备

① 配方及预混　正确称取颜料标准样品、被测试颜料样品和 PVC 混合基料，物料置于混合器混合约 5min 或在容器中手工震动混合，也可不进行预先混合操作。试样配比见表 6-4。

表 6-4　试样配比

项目		本色样板	冲淡样板
PVC 混合料		混合基料 A	混合基料 B
颜料含量	有机颜料	0.10%	颜料∶TiO_2=1∶10
	无机颜料	0.50%	颜料∶TiO_2=1∶4

② 两辊塑炼、出片　两辊升温并保持辊面温度为（160±5)℃，调两辊间距以确保膜厚在 0.4～0.5mm；将混合后的物料放在两辊间中间部位稍待片刻，开启两辊，待物料成膜，即开始计数至两辊转动满 200 转，塑炼结束后出片。

③ 压片　为了提高试样表面的平整性和一致性，需要对塑炼后物料进行压片。将平板硫化机升温至 165～170℃；称取一定量塑炼片，将之均匀放入两压模板间模框的中间位置内，物料和压模一起放置在压机中，合模对物料加压升温，压片时间不得超过 2min，然后切换至冷却状态进行快速冷却。冷却至 50℃以下，开模，取出样片。

6.2.3 色彩性能的评判

(1) 着色力评判

着色力是所有着色剂最为重要的性能指标之一，它直接反映了颜料的使用价值。着色力是一个相对的指标值，也就是说，它的检验必定是与一个参照样进行对应比较的。通常是在相同的产品间或者生产样品与标准样品之间的比较。

对于着色剂着色力的检验，一般都是以冲淡色(着色剂与消色剂的混合色调)进行比较，这是因为，冲淡色能够有效放大着色力的细微差异。

将同质量的试样颜料 P_T 和参照样颜料 P_R 分散在质量相同的同一种钛白粉冲淡的 PVC 片中，对样品的反射因素 R_∞ 或反射系数 ρ_∞ 在给出最小 R_∞ 或 ρ_∞ 的波长下进行光度学的测定，由下式得出颜料的相对着色力。

$$\text{着色力}=\frac{(K_{P_T}/S)}{(K_{P_R}/S)}\times 100\% \tag{6-1}$$

式中，K 为波长 λ 下不透明体的光吸收系数；S 为波长 λ 下不透明体的光散射系数；K_{P_T} 为试样颜料在 R_∞ 或 ρ_∞ 下的 K；K_{P_R} 为参照样颜料在 R_∞ 或 ρ_∞ 下的 K。

目前，随着检测设备的发展与普及，相对着色力（K/S）数据均可采用专业的测色仪器和设备测试而直接获得，无需经过繁复的计算。

如果没有自动检测的仪器，也可用目测的方法进行判别，当然这需要一定的经验。

（2）透明度/遮盖力评判

透明度（性）与遮盖力是相互对应的指标，譬如：某一颜料的透明度高则其遮盖力就低，反之亦然。

判断颜料在塑料着色中的透明度/遮盖力性能也需先制成着色塑料样板。按照 6.2.2 小节中本色样板的配方和制作步骤，先制成本色着色样板，然后将样板置于一张黑白格的纸板上（图 6-4），观测衬底黑格和白格部分透过着色样板所显现的差异程度评判透明度的高低。也可以借助测色仪分别测试和比较透过彩色样板的白板与黑板部分的色差，色差越大，则表明透明度越高。

图 6-4 测试透明度用黑白格图

（3）色差评定

从试样与参照样在 CIE 1976（$L^*a^*b^*$）色空间（见 GB 11186.1）中色坐标的计算可得到两者在颜色、明度、彩度及色调上的差异。按 GB 11186.2《涂膜颜色的测量方法 第二部分 颜色测量》中的方法，选用测量条件，测定试样色坐标 $L_T{}^* a_T{}^* b_T{}^*$ 和参照样色坐标（$L_R{}^* a_R{}^* b_R{}^*$）。

采用 CIELAB 色差公式计算总色差，两颜色间的总色差 $\Delta E_{ab}{}^*$ 是它们在 CIE 1976（$L^*a^*b^*$）色空间中两位置的几何距离。并按以下公式计算：

$$\Delta E_{ab}^* = [(\Delta L^*)^2 + (\Delta a^*)^2 + (\Delta b^*)^2]^{1/2} \tag{6-2}$$

$$\Delta L^* = L_T{}^* - L_R{}^*$$

$$\Delta a^* = a_T{}^* - a_R{}^*$$

$$\Delta b^* = b_T{}^* - b_R{}^*$$

目前，随着检测设备的发展与普及，以上数据均可采用专业的测色仪器和设备测试而直接获得，无需经过繁复的计算。

由于部分着色剂经热加工操作后会在一定时间段内出现颜色不稳定的现象。因此，试样色片应确保在室温下避光保存至少 16h 后再作色差评判。本章后面所介绍的其他检测方法中，凡经过热加工操作所获得的样板、样片都应按此规定处理，不再重复提示。

6.3 耐热性的检验方法和标准

耐热性是着色剂在塑料应用中最为重要的性能指标，因为热塑性塑料成型都有一个加热过程。耐热性测试有下列三种标准方法。

6.3.1 注塑成型法

采用 HG/T 4767.2—2014 和 BS EN 12877-2。

① 测试设备　螺杆式注塑机：螺杆直径 18～30mm；螺杆长径比 1∶15。

② 测试材料　在指定的塑料材料中进行测试，标准材料有 HDPE、PP、ABS 等或客户提供的材料。

③ 着色剂含量　分为本色和冲淡两种情况。

本色：有机颜料 0.1%；无机颜料 2%。

冲淡：1/3 标准深度，1/25 标准深度（钛白粉含量 1%）。

有些黄色品种着色力特高，需添加大量钛白粉。

④ 测试用颜料样品制备　按要求将着色剂和树脂称量后进行混合，直至均匀；粉状颜料应采用高速混合机混合；颗粒状颜料可采用低速混合机混合；混合完成后，用合适的挤出机将物料挤出成均匀的有色粒料。

⑤ 制样、评判　测试开始时将注塑机料筒温度升温至 200℃，注射后所得样板即为基准样板；之后，以每 20℃作为间隔逐次升高料筒温度，每个间隔温度稳定后，将有色粒料加入料筒并保持 5min，然后再次注塑打板，所得样板即为该温度下的测试样板。将各温度条件下所得样板逐一与基准样板进行测色比较，记录每个温度下样板的 ΔE 值。

必须注意的是：为了保证测色数据的准确性，注塑样板必须避光室温保持 16h 以后方能进行测色检验！有些对温度特别敏感的颜料品种，如：颜料红 48：2/48：3、颜料红 53：1、颜料红 57：1 等，也可设置每梯次温度间隔为 10℃。

⑥ 评判　根据 GB 11186.3，以 $\Delta E=3$ 时所对应的温度作为颜料的耐热性评判标准。业内也有以变色灰卡作为比较依据进行目测评判的方法，以最终结果不低于灰卡 4 级作为耐热性指标。

用下列方式之一表示试验结果。

a. 以图表的形式，给出作为试验温度的函数的色差，见图 6-5。

b. 以色差或变色程度不超过规定值的温度来表示。

$\Delta E=3$ 或灰卡变色 4 级不代表相同程度的色差。如果是以外推法获取的温度，结果应修正到最接近的 10℃的整倍数。

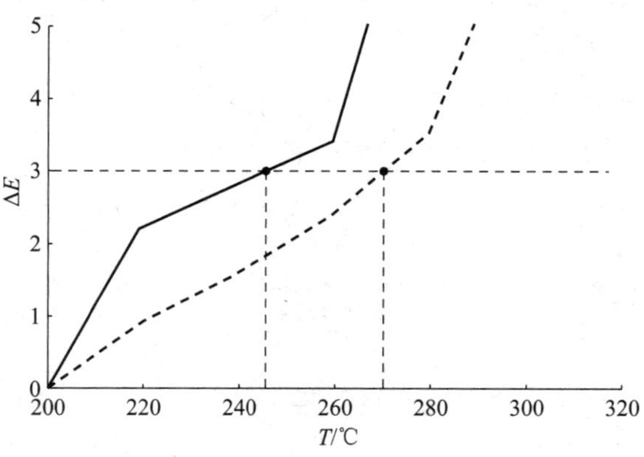

图 6-5　颜料黄 138 的耐热性测试曲线

---颜料黄 138 0.2%，TiO_2 1∶50；——颜料黄 138 0.2%，TiO_2 1∶10

6.3.2 烘箱法

采用 HG/T 4767.3—2014 和 BS EN 12877-3。

① 测试原理　着色塑料片经受规定时间以及特定或商定的温度条件下的测试，与避光保存在室温下的色片进行比较，以两者颜色的差异作为评判其耐热性结果的依据。

② 测试用途　本测试主要用于检测颜料在聚氯乙烯（PVC）和热固性塑料中的耐热性。

③ 测试设备　热风循环式烘箱：升温能力不低于 250℃，且温度误差为±1℃（绝不能超过±3℃）；具有强制通风功能，保证开门放入样片后 30s 内能恢复到设定温度。铝箔：厚度 0.2～0.4mm。

④ 着色剂含量　见表 6-5。

表 6-5　着色剂含量

项目		本色样板	冲淡样板
颜料含量[①]	有机颜料、染料	0.10%	1/3 标准深度
	无机颜料	2.00%	1/25 标准深度 1%的二氧化钛[②]

① 也可采用商定的其他合适的着色剂含量。

② 当试样厚度为 1mm 时，需要 5%的二氧化钛颜料以取得完全遮盖的效果。

⑤ 测试样片制备　配方和制作同 6.2.2 节；待测试色片裁切成两片，其中一片压片后制成 50mm×50mm×1mm 的样片，作为对比基准样，室温条件下避光保存。

⑥ 测试　将裁切后的另一片 PVC 着色样片放在洁净的铝箔上，置于达到设定温度的烘箱内，按照表 6-6 所规定的标准测试条件进行耐热测试。测试完毕后，试样连同铝箔一起取出，冷却至室温。

表 6-6　烘箱耐温测试条件

测试材料	温度/℃	时间/min
聚氯乙烯	180	30
	200	10

测试完样品用平板硫化机在 170℃压制 1min 后制成标准样片。

⑦ 评判　试样与避光保存的基准样按 GB/T 11186.3 测定的色差结果，或用 GB/T 250 规定的标准灰色样卡评价的灰度级别，以及其他方面一些颜色变化一起来描述。若没有测试仪器，也可用目测法进行比较。

6.3.3 两辊机法

采用 HG/T 4767.4—2014 和 BS EN 12877-4。

① 测试原理　以常规的两辊法测试条件制备着色样片，保证着色剂完全分散后，取出部分作为参比基准；对试样继续进行不同程度的深度热加工操作，各阶段测试样与基准样作色差比较，以色差值的大小作为该着色剂耐热性判断的依据。

② 测试用途　这种方法通常用于检测着色剂在聚氯乙烯（PVC）中的热稳定性。

③ 测试设备　两辊塑炼机，规格同上。

④ 着色剂含量　见表 6-5。

⑤ 参比基准样制备　配方和制作同 6.2.2 节；取出部分塑炼片用平板硫化机在 170℃压制成 1mm 的片，并裁切成 50mm×50mm 的样片作为参比基准样，室温下避光保存；其余部分做后续测试之用。

⑥ 测试样制作步骤　将两辊机辊温升至 180～185℃（软质 PVC）或 190～195℃（硬质 PVC），调整辊间距为 1mm；把制得的试样片放置到两辊机上继续进行塑炼，塑炼至 10min、20min、30min 时分别取出部分塑炼样片，取出的各样片用平板硫化机以 170℃压制 1min 作为测试样。

⑦ 评判　试样与避光保存的基准样按 GB/T 11186.3 测定的色差结果，或用 GB/T 250 规定的标准灰色样卡评价的灰度级别，以及其他方面一些颜色变化一起来描述。若没有测试仪器，也可以目测法进行比较。

本测试方法中两辊开炼时间长，温度高，在有氧接触下树脂高温氧化降解而产生黄变。若能在测试过程中增设不添加着色剂的空白（白色）对比试验，就能够比较准确地判断树脂氧化降解所产生的影响。

6.4　分散性的检验方法和标准

颜料在塑料中的分散性是最重要的一个特性指标，它直接关系颜料在塑料制品制造过程中的着色性能；它的优劣在一定程度上体现了颜料生产者的产品定位，也是颜料使用者根据自身产品要求选择颜料产品的重要依据。

常见的颜料在塑料中分散性测定的方法有三种，分别为：两辊机法（BS EN 13900-2）、过滤压力值法（BS EN 13900-5）和薄膜试验法（BS EN 13900-6）。我们可根据不同的塑料产品对颜料的分散性要求，选用最为恰当的测试方法，选择最适合颜料产品，采用最合理的色母粒制作工艺，以求达到最佳的质量/成本效益。

6.4.1　两辊机法

采用 HG/T 4768.2—2014 和 BS EN 13900-2。

① 测试原理　调节两辊机辊面温度以改变对物料的剪切力，借助不同剪切力条件下分散所产生的着色力差异，经计算可作为判断颜料分散难易的量度 DH_{PVC-P}。

② 测试设备　两辊塑炼机，规格要求同上；平板硫化机；分光光度计。

③ 试样配方和制作步骤　按本章中表 6-2 的配方，并以 6.2.2 中的步骤进行操作出片；完成上述步骤后，取出塑炼片并等分为两份，其中一份留待后续测试用，另一份在平板硫化机上以 170℃压制 1min 成片，片厚 1mm，并裁切成尺寸为 50mm×50mm 的样片作为基准样。

④ 再分散试样制作步骤　调整两辊机辊面温度至 130℃，将留出的一半塑炼片先置于两辊间塑炼一次，迅速拿出并折叠再次投入两辊间塑炼，重复折叠塑炼共计十次，完成再分散

过程。塑炼片按同样的方法经平板硫化机压制成片厚 1mm，50mm×50mm 的测试样。

⑤ 分散性能评判　用分光光度计对两次塑炼分散后的试样进行测试，记录试样的着色力，用下式进行计算，得出 $DH_{PVC\text{-}P}$ 值：

$$DH_{PVC\text{-}P}=100\times\left(\frac{F_2}{F_1}-1\right) \tag{6-3}$$

式中，F_1 为 160℃下辊压 200 转后的着色力；F_2 为继续在 130℃折叠辊压 10 次后的着色力。

分散性能判断：

$DH_{PVC\text{-}P}$ 值	分散性能
＜5	极易分散
5～10	易分散
10～20	分散性能一般
＞20	难分散

6.4.2 过滤压力值法

采用 HG/T 4768.5—2014 和 BS EN 13900-5。

(1) 测试原理

颜料通过挤出机的过滤网时堵塞滤网会引起挤出机的内部熔体压力升高。可以认为：挤出含定量颜料熔体时，颜料颗粒造成的压力升高值——过滤压力值，是对颜料分散性的一个非常直观的量度。

过滤压力值（FPV）定义：每克颜料在挤出时增加的压力值。

(2) 测试物料准备

① 试样制备　在与主体树脂具有很好匹配性的热塑性聚合物中加入着色剂，混合均匀制成颜料制备物。

② 测试用树脂　热塑性聚合物，一般常用聚丙烯。

③ 测试配方 1　颜料和树脂混合物 200g（内含 100%颜料 5g）。该配方一般用于彩色颜料。

④ 测试配方 2　颜料和树脂混合物 1000g（内含 100%颜料 80g），该配方一般用于黑颜料和白颜料。

(3) 测试设备

单螺杆挤出机：$\phi=19\sim30$mm，$L/D=20\sim30$，压缩比为 1∶3.5（螺杆不含有混炼高剪切组件），见图 6-6。

① 熔体泵　定量泵送元件，泵出量：50～60cm^3/min。

② 压力传感器　压力测量值范围：0～100bar（1bar=0.1MPa）；分辨率：0.1bar。

③ 分配板。

④ 滤网　滤网是检测和控制颜料分散效果最为重要的部件。

针对颜料在塑料中不同的实际应用（如薄膜，纺丝等），有三种不同规格的滤网组合可供选择，见表 6-7。

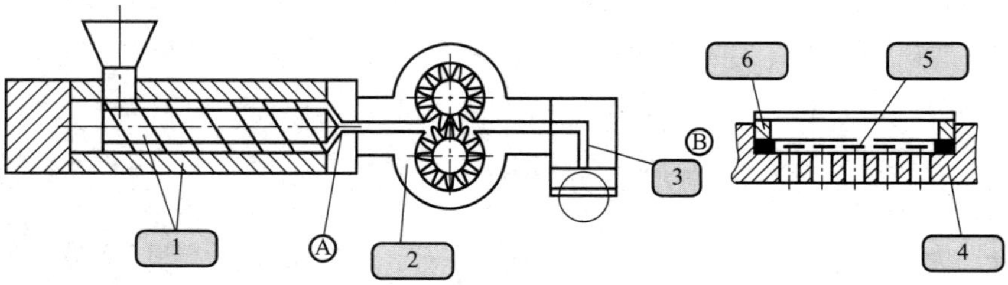

A—熔融泵前的熔体压力传感器；B—过滤网前的熔体压力传感器；1—单螺杆挤出机；
2—熔融计量泵；3—熔体压力传感器；4—分配板；5—过滤网；6—密封圈

图 6-6　压力升检测设备示意图

表 6-7　常见的三种不同规格滤网组合

过滤网组合		编网形式	经(纬)线数/in^2（支撑网用孔隙宽度表示）	经线直径/mm	纬线直径/mm
组合 1 双层构架	主网	平纹荷兰网	615(108)	0.042	0.14
	支撑网格	平纹方孔网	孔隙宽度:0.63mm	0.40	0.40
组合 2 双层构架	主网	平纹荷兰网	615(132)	0.042	0.13
	支撑网格	平纹方孔网	孔隙宽度:0.63mm	0.40	0.40
组合 3 三层构架	主网	斜纹荷兰网	165(1400)	0.071	0.04
	支撑网格(1)	平纹方孔网	孔隙宽度:0.25mm	0.16	0.16
	支撑网格(2)	平纹方孔网	孔隙宽度:0.63mm	0.40	0.40

注：$1in^2=6.4516\times10^{-4}m^2$。

（4）测试步骤

挤出机升温至工艺要求温度，清洁挤出机内部及螺杆，安装过滤网；启动挤出机，先加入基础聚合物树脂，在各点熔融温度稳定的情况下，当压力保持不变的时候，记录此时的压力值（P_s 值）；在基础树脂加完瞬间，也就是加料斗清空刚好能看清螺杆时，迅速加入被测试样的均匀混合物，共计 200g，注意观察挤出状态的稳定性；在被测试样品加完的瞬间，迅速再次加入基础树脂 100g，直至挤出机将全部物料挤出，完成测试。测试全程密切关注挤出过程中压力值的变化，记录观察到的最大压力值（P_{max}）。

（5）结果评判

过滤压力值（FPV）采用下列方程计算：

$$FPV=(P_{max}-P_s)/m_c \tag{6-4}$$

式中，FPV 为过滤压力值（bar/g）；P_{max} 为最大压力值，bar；P_s 为初始压力值，bar；m_c 为用于测试的着色剂用量，g。

一个典型的颜料过滤压力升值测试示例见图 6-7。

本测试对设备要求高，投资相对较大，准备和测试过程比较繁复，需要对颜料按照实际使用状况预先进行预处理。该方法主要被用于对颜料分散要求较高的应用领域，如熔融纺丝、超薄薄膜等。

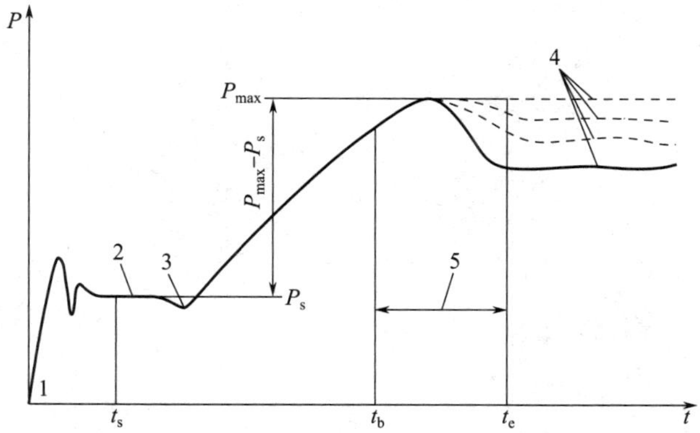

图 6-7 颜料过滤压力升值变化图谱

1—开始时间；2—初始压力 P_s；3—树脂流变特性引起的压力下降；4—不同颜料测试引起的压力差异；5—用 100g 基础树脂冲洗螺杆；P—压力；P_s—初始压力；P_{max}—最大压力；t—时间；t_s—基础树脂挤出的时间（测试初始压力）；t_b—完成测试混合物挤出的时间；t_e—获得最大压力值 P_{max} 的时间（压力监控结束）

6.4.3 薄膜试验法

采用 T/CDIA 0024—2021 和 BS EN 13900-6：2012。

（1）测试原理

颜料制备物与树脂混合物挤出成膜（管膜或流延膜）。测试特定面积薄膜中可见（或可测出）颜料颗粒的大小和数量来评估颜料分散性。

（2）测试物料准备

① 试样制备　在与主体树脂具有很好匹配性的热塑性聚合物中加入着色剂，制成均匀的颜料制备物。

② 测试用树脂　热塑性聚合物，优先考虑流延膜或吹膜级的聚合物，一般常用低密度聚乙烯。

③ 测试配方 1　颜料和树脂混合物 1000g（内含 100%颜料 10g），该配方一般用于有机颜料或炭黑颜料。

④ 测试配方 2　颜料和树脂混合物 1000g（内含 100%无机颜料 20g），该配方一般用于无机颜料。

（3）测试设备

单螺杆挤出机：ϕ=19～30mm，L/D=20～30，压缩比为 1∶3.5（螺杆不含有混炼高剪切组件），并配备吹膜或流延膜装置配备以及带背射光源的在线或离线检测窗；光电检测系统（见图 6-8 、图 6-9）。

（4）检测步骤

挤出机升温至工艺要求温度，清洁挤出机内部及螺杆，启动挤出机，先加入测试基础聚合物树脂，成膜正常后在基础树脂加完瞬间，也就是加料斗清空刚好能看清螺杆时，迅速加入被测试样品的均匀混合物，一旦挤出机加料口螺杆再次可见，薄膜的制备即为完成。

如吹膜为管膜，为避免颗粒的重叠，建议剖开管膜，只检测单层膜。

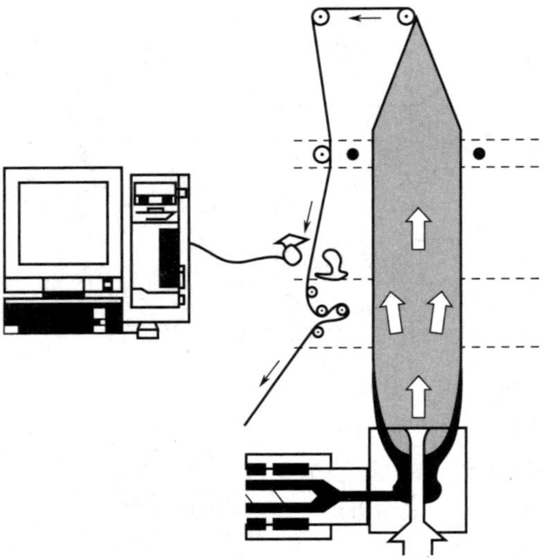

图 6-8　小型实验室吹膜机

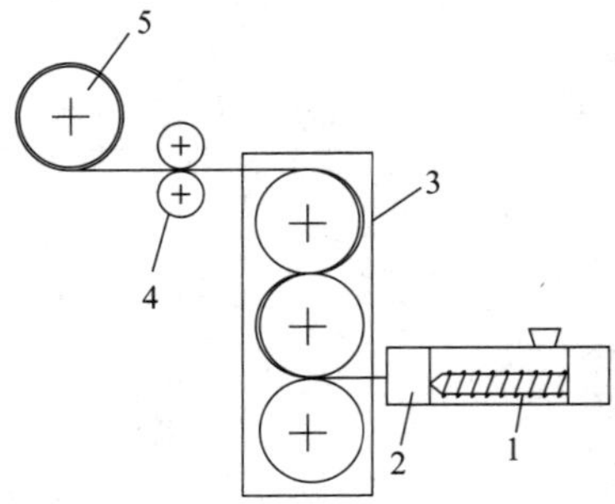

图 6-9　小型实验室流延膜机

1—挤出机；2—塑模；3—导向辊；4—速度控制器；5—收卷辊

(5) 测定与评价

统计特定面积内颜料凝聚颗粒的大小和分布来表征颜料的分散性能。

膜上颗粒的检测方法有图像采集法、显微镜法和目视检测法。图像采集法是膜经过透射照明，图像采集系统检测到膜上的颗粒，根据不同的颗粒（初始粒子，聚集体，附聚体）造成的对比度或亮度的差异，用合适的软件来评定；显微镜法是借助显微镜观察检测膜上颗粒的大小和数量评判分散性等级；目视检测法是目测检测膜颗粒的大小和数量来评判分散性等级。

① 图像采集法　检测一定的面积（最小 $0.5m^2$），用图像分析颜料颗粒的大小和分布。图像数据采集系统的主要构造如图 6-10 所示。

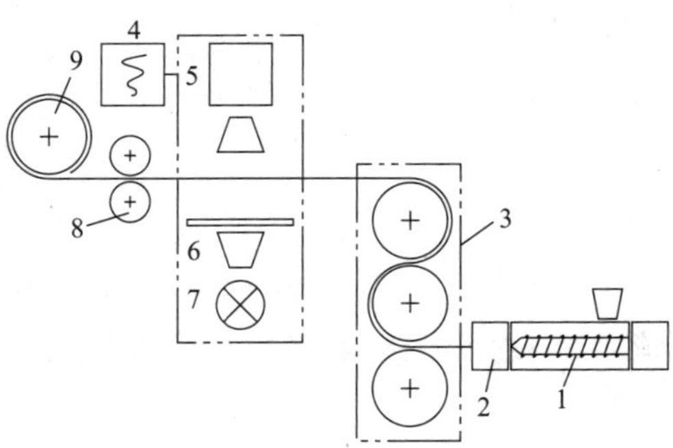

图 6-10　图像数据采集系统

1—挤出机；2—塑模；3—导向辊；4—数据处理器；5—图像采集系统；6—渗滤器；7—光源；8—速度控制器；9—收卷辊

②显微镜法　用已校正的显微镜观察测试膜，观测 3 个不同位置的视野，记录每个视野内观测出的未分散颜料的颗粒大小和数量。

③ 目视检测法　目测指定面积（最小 10cm×10cm），记录未分散颜料颗粒的大小和数量。

本测试方法只有在使用相应的分散设备、分散条件制成颜料制剂，其测定的结果才是有效的。使用的测试条件不同将得出不同的结果。采用 CDIA 中国染料工艺协会团体标准，显微镜倍率应适中。

6.5　迁移性的检验方法和标准

迁移性作为着色剂在塑料应用中的一个重要特性指标而备受颜料使用者的重视，尤其受到生产食品包装材料、医卫用品包装以及塑料儿童玩具等用户的极大关注，因为这是关乎着色塑料制品的生产和使用安全的大问题。所以，无论是着色剂的生产商，还是使用者，都必须高度关注着色剂在塑料着色中的迁移性指标。一般依据 HG/T 4769.4—2014 和 BS EN 14469-4 进行检测。

(1) 测试原理

在相对较高的温度下，加速着色试样的游离析出速度，并将着色样片与白色样片在此温度下紧密贴合，一定时间后观测贴合面白色样片被沾色的情况，以沾色程度表征迁移性等级。

(2) 测试样片制作步骤及辅助器具

① 测试样片　以 6.2.2 中（2）的本色样片的配方和操作步骤制成厚度为 1mm 的着色片，裁切成尺寸为 50mm×50mm 的测试着色样片。

② 白色样片　以 6.2.2 中（2）的混合基料 B 和操作方法制成厚度为 0.5～1mm 的白色片，将白色片裁切成尺寸为 75mm×75mm 的检测白色样片。

③ 平板玻璃片　表面平整，尺寸不小于白片，厚度不小于 6mm。

④ 荷载　质量不小于 500g。

⑤ 烘箱　热风循环式，长时间保持温度 80～85℃。

⑥ 压辊　表面光洁的辊状工具，直径 300～350mm，长度约 200mm。

(3) 测试步骤

将着色测试样片放置在两白色样片之间的中间部位，用压辊将白片与样片间空气挤出，以确保试样和白片的紧密贴合。然后将白片和试样放入两平板玻璃之间，并在其上加上至少 500g 载荷；烘箱升温至设定温度（80～85℃），将测试组合片和加压载荷一起放入烘箱，保持温度和压力放置 24h，取出试样组合，将白片与着色片分离，冷却至室温，待评判。如有需要，可将几组白板和试样成套叠放在一起，但需使用适宜的、未着色的、非光学增白纸（如过滤纸）隔开。应注意确保试样完全对齐。

(4) 迁移性评判

以白色样片未与着色片贴合部分的白色区域（边缘部分）为参比基准，与贴合部分白色片被沾色区域作目测比较，沾色程度与标准沾色灰卡对比，判断迁移等级（GB/T 251—2008）。5 级表示无迁移，1 级为严重迁移。

6.6 耐光性和耐候性的检验方法和标准

着色剂的耐光性和耐候性是着色剂能否适应长时间户外应用的重要判断依据。耐光/耐候性能的测试通常有两种方式可以选择。

一种是在户外自然环境下特定的实验场地进行日光自然曝晒/或阳光辐射及其后老化的测试。这种方式的特点是：与实际应用的场景非常接近，对应用选择具有非常强的指导意义，此外它的测试费用较低，但是，这种测试方法明显的不足是耗时长，如果进行常规的耐光/耐候测试，那么它的自然曝晒测试的耗时等同于该制品的使用寿命，通常一般的测试是不能够花费如此长的时间去等待一个结果的；此外，自然环境下的测试结果的再现性不够理想，因为每年的自然气候条件都不可能完全一致，不同季节的气候条件和辐射量也不同，还有测试场地与使用地的气候也存在差异。所有这些因素都是无法重现结果的原因。

另一种方法就是采用人工模拟的光辐射及自然老化过程的加速测试，这些测试都是在实验室完成的。因为是增强的人工模拟测试条件，所以实验室人工测试的显著优点就是速度快，同时由于模拟条件的可控性，所以该方法实验结果的重现性非常高。当然，人工模拟条件与自然气候毕竟存在差异，故人工模拟测试与自然老化的结果还是存有明显差异的，但是，它作为同比测试的结果比较还是十分有意义的。

6.6.1 耐自然光日晒牢度和气候牢度试验

一般来说，应该根据自身产品的特点、用途、设计的使用环境和使用年限等确定适合的测试检验方案，选择针对性强的测试场地和设备安排曝晒或耐候老化测试。同时，确定合理的取样时间也是很重要的一个环节，一般来说，初期的时间间隔可以长些，当样品发生变化时应缩短观测取样检验的间隔时间，变化越明显则观测取样的频率越高，以免错过观测的临界点。

6.6.1.1 耐自然光日晒牢度试验

① 耐自然光日晒牢度试验曝晒箱技术要求　耐自然光日晒牢度的测试是在曝晒箱中进行的。曝晒箱的构造为：受阳光照射面为透明玻璃部分，其余周边和底部由金属、木材或其他材料组成。箱体应具备有效的通风装置；玻璃顶盖应采用单片透明玻璃，厚度为 2～3mm，玻璃本身应无气泡或其他缺陷，玻璃的透射率在 360nm 处和整个可见光谱区域内应不低于 90%。在 300nm 和更短的波长下透射率降至 1%以下。为了保持这些特性应该定期清洁玻璃，玻璃的使用周期不得超过 2 年。

曝晒箱底部需安装支架，玻璃板及试样应面朝赤道方向，和水平面角度近似地等于曝晒地纬度，也可用其他角度如 45°。

② 测试方法　制备好的色板和“日晒牢度蓝色标准”样卡用黑厚衬书写纸遮一半，放入曝晒箱内的架子上。将试样和蓝色羊毛标样每天同时曝晒 24h。如果蓝色羊毛标准 7 级变色达到灰色样卡 4 级，则曝晒到此结束。取出剩下的试样和蓝色羊毛标样。将其取出，放于暗处半小时后评级。

③ 评价方法　在散射光线下观察试样变色程度，与蓝色标准样卡的变色程度比较，如试样变色和蓝色羊毛标准样卡中的某一级相当，则其耐光等级等于该级，如果变色程度在某

两个等级之间，则其耐光等级在此两级之间，比如：3～4 级。

耐自然光日晒牢度为 8 级制：8 级为耐光等级最好，1 级则最劣。

6.6.1.2 自然环境下的耐气候牢度试验

① 曝晒地点　曝晒测试最好能够在具有专业资质的曝晒场进行，也可选择就近自行设置曝晒场地安排测试。如果是自设场地、设备进行曝晒实验，场地、设备等应尽可能符合规范的要求，即曝晒架应放置在非住宅和非工业区，空气中灰尘含量低，远离汽车废气的污染；曝晒架的安放位置应保证在日照时间内，周围物体的阴影不会落到被曝晒的测试样片上；曝晒架的结构要求能牢固固定测试样板，且试样背面的空气能够自由流通。

曝晒架面向南安放，与地平线形成的倾斜角度等于该曝晒地的纬度。

在曝晒进行时，最好能在曝晒架近旁配套安置监测环境数据的仪器，以便记录环境温度（每天最高和最低值）、相对湿度（每天最高和最低值）、降雨时间、总的给湿时间（雨和露）、总的辐射能和紫外辐射能（无论宽带或窄带）和试样相同曝晒角度上的相对湿度（每天最高和最低值）。这样就可以很好地校验曝晒架周围的环境条件，记录数据可作为试验结果的一部分而使测试数据更为完整。

② 样板的角度　在户外照射时，样板的角度决定阳光辐射的能量，也影响样板的温度以及其受潮湿润的时间。样板的角度根据塑料制品使用场合而定，详见图 6-11。

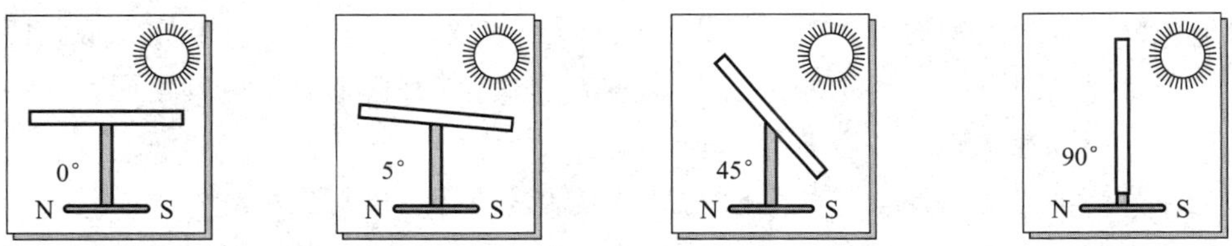

(a)面向南，0°
主要用于立体物件如房瓦的照射，很少在平面的物件上使用，因为0°的倾斜不容易除去水分

(b)面向南，5°
主要用于汽车物件的照射，5°的倾斜可以帮助除去水分

(c)面向南，45°
最常见的一种角度照射，被大多数的工业所使用

(d)面向南，90°
主要用于家用涂料的照射，90°可以降低阳光的辐射，温度与水分的停留时间也相对降低和缩短

图 6-11　不同应用样品的曝晒角度

③ 测试和评定　把试样放在曝晒架上，每天曝晒 24h。曝晒周期根据被测试样所设计的要求使用年限而定。注意观察试样的变化情况。到达测试规定的时间或试样的变化已到最低允许程度时，结束测试进入评判阶段。

按变色灰色标准样卡（GB/T 250）评定，5 级制：5 级最好，1 级最差。

6.6.1.3 加速的户外测试方法

在自然气候下进行老化试验，还有一种加速曝晒以缩短测试时间的手段，那就是将被测试样板装在能随太阳升起降落而转动的样板架上，保证在日照时间内样板始终面向太阳照射的方向感受最大限度的自然辐射；聚光的镜面将阳光反射并且浓缩到测试的样板上。这个仪器白天自动跟踪太阳光加以聚集浓缩，让实验的样板一直得到最大能量的曝晒，如此的曝晒所提供强度相当于八倍的加速效果。这些仪器有的还配置了喷淋设备，见图 6-12。

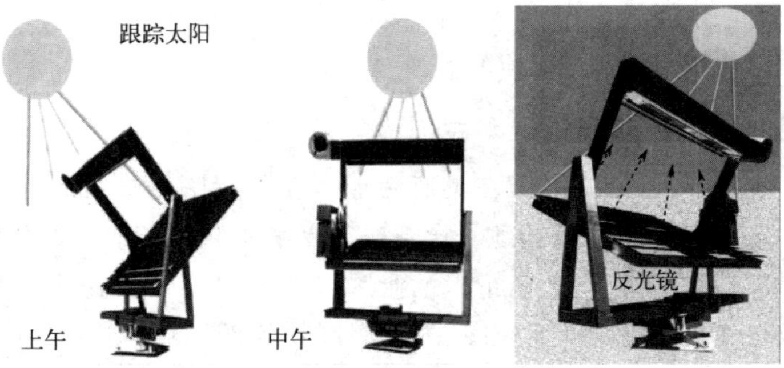

图 6-12　能自动跟踪阳光的加速测试架

6.6.2　耐人造光日晒牢度和气候牢度试验

实验室人工加速曝晒和老化实验的核心是采用人造光源替代阳光的辐射，辅以必要的温度、湿度以及人工降雨的控制，在实验室中加速进行模拟的耐光和耐气候老化的测试。

进行实验室加速的曝晒或气候老化测试应依据自身产品的定位、实际使用的需要来选择合理的测试设备，制定测试方案，以求最大限度地符合产品应用的需要。

6.6.2.1　人造光源

目前国际上人造光源有三种：碳弧光、氙弧光、紫外光。这三种实验室光源，因其光源特性的不同，整体设备也有所不同。已经有研究证明：三种人造光源因其不同光源特性，它们的模拟性以及加速倍率也各有差异。

人造氙弧灯的光源仿制全部的太阳光谱，包括紫外光、可见光和红外光，其目的是最大限度地模拟太阳光；而紫外光老化试验并不以仿制太阳光线为目的，而只是模仿太阳光的破坏效果；碳弧灯，其辐射谱图与太阳光的谱图相差都比较大，因该项技术的发展历史比较长，故在早些日本的标准中还能见到该方法，目前使用并不普遍。

氙弧辐射试验被认为是最能模拟全太阳光谱的试验，因为它能产生紫外辐射、可见光和红外辐射（见图 6-13），是在国内外被广泛采用的方法。但这种方法也有它的局限性，即氙弧灯光源稳定性及由此带来的试验系统的复杂性。氙弧灯光源必须经过过滤以减少不希望含有的辐射。

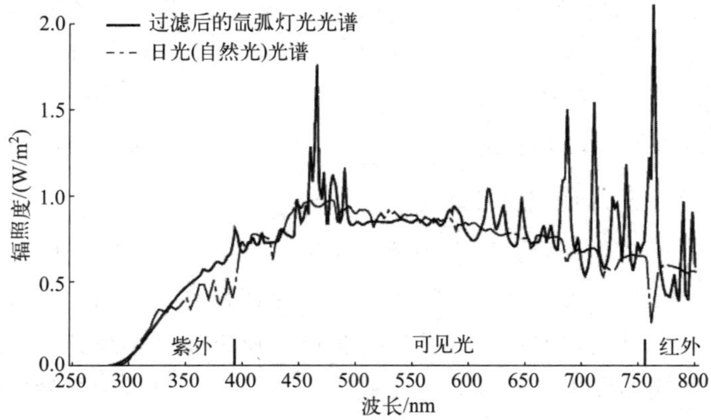

图 6-13　氙弧灯光与自然光光谱图

为达到不同的辐照度分布，通常采用多种过滤玻璃对光源所产生的光进行过滤。选用何种玻璃取决于被测试材料类型及其最终用途。通常采用的过滤玻璃有 3 种类型：日光过滤玻璃、窗过滤玻璃和扩展的紫外光滤光玻璃片。

典型的氙弧辐射试验都配备一个辐照度控制系统。辐照度控制系统在氙弧辐射试验中非常重要，因为氙弧灯光源光谱自身内在稳定性比荧光紫外灯光的光谱差。国外有人比较了一盏新氙弧灯和一盏用过 1000h 的旧氙弧灯光谱的区别，结果发现：光谱能量分布不仅在光源的长波长范围随灯管的使用时间延长而变化显著，而且在短波长的范围内变化也十分明显。引起这种变化的原因是氙弧灯管的老化，是它的自身内在特性。

对这种变化也可采取多种补救措施。例如提高更换灯管的频率以减轻灯管老化的影响。或者可用传感器控制辐照度。尽管存在因灯管老化引起的光谱能量分布变化，氙弧灯仍不失为耐候性和耐日光照射试验的一种可靠的、最为接近实际的光源。

紫外辐射老化测试是利用荧光紫外灯管模拟太阳光中的紫外辐射对材料的破坏性作用。荧光紫外灯在电学原理上与普通的照明用冷光日光灯管相似，但能生成更强的紫外辐射而非可见光和红外辐射。许多人造光源随使用时间的延长都会老化变弱，但荧光紫外灯与其他类型的灯不同，它的光谱能量分布不会随时间变化而削弱。有试验表明，一盏使用了 2h 的灯和一盏使用了 5600h 的灯，在配备了辐照度控制的老化试验系统中的输出功率无明显区别，辐照度控制装置能够维持光强度的恒定。此外，它们的光谱能量的分布也无变化，这同氙弧灯有很大区别。紫外光灯管因自身内在的光谱稳定性使辐照度控制变得简单。这一特点提高了试验结果的重现性，这是紫外光源的一大优势。紫外灯光与太阳光光谱图见图 6-14。

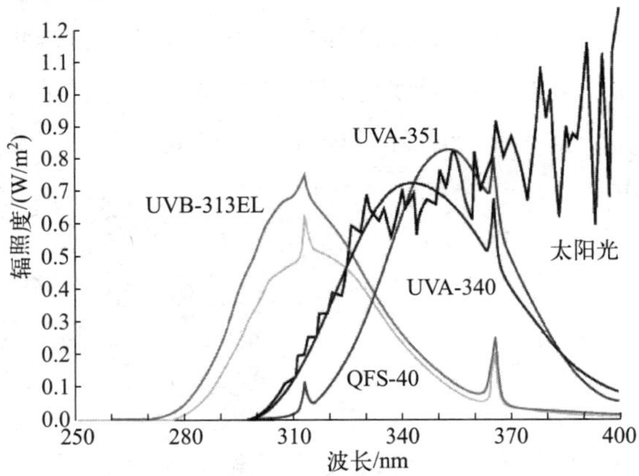

图 6-14 紫外灯光与太阳光光谱图

通常，紫外辐射波的波长越短，对树脂材料的破坏杀伤作用越强。从紫外辐射波分类来说：UVA 的波长范围为 320～400nm；UVB 为 275～320nm。因此，UVB 对材料的影响更大。

根据不同的曝晒测试要求，可以选择具有不同光谱范围的灯管，参见表 6-8。

表 6-8 紫外光灯管型号、辐射波特性及建议应用范围

灯管型号	辐射波特性	建议应用范围
UVA-340	最接近阳光中紫外辐射波的光谱特征；与户外曝晒结果的相关性好	对比性测试 大多数塑料制品、纺织品、颜料、紫外吸收剂性能等的测试检验

续表

灯管型号	辐射波特性	建议应用范围
UVB-351	非常契合经透明玻璃过滤后的阳光紫外光谱特征	汽车内饰、室内用品、家用纺织品、印刷制品等的耐光测试
QFS-40（F40 UVB）	短波长部分具有远高于阳光中紫外辐射的能量，加速老化作用明显	汽车外饰和汽车涂料的测试
UVB-313EL	光谱特征与QFS-40相似，UV辐射能量更高；加速老化作用最甚，但与户外曝晒结果的相关性较弱	需长时间户外使用制品的老化检验，如屋顶及户外装饰材料，户外涂料等

6.6.2.2 耐人造光日晒牢度试验

为了能对曝晒测试的过程控制进行统一规范，也能使测试结果具有可比性，有必要将实验的操作和评判方法进行标准化。据此，全球联邦自然标准研究院发布了ISO 4892塑料实验室光源暴露方法的标准文件，德国研究院也相应发布了标号为DIN 53378的标准，其他一些国家也有相似的标准。初步看来，各国或各学会的标准都是独立发布，各自为政，然而，细细比较却不难发现里面的精髓高度一致，仅就一些细枝末节略有变化而已。

（1）试验箱

曝晒试验箱可以有不同的设计，但其中的一些基本要求和原则必须保证：箱体及附属材料应由耐腐蚀材料组成；试验箱中含有人造光源和固定试样的挂架，它们的安装必须保证所有被测试样表面辐照度均匀。

试验箱应配备温度检测和调控系统，能够确保箱体内的测试温度在设定的范围之内。在试样架固定的部位配置黑板温度计、温度传感计控制系统，这样能够有效测试和控制试样表面在曝晒过程中可能达到的暴露于光辐射能量源中的最高温度。必须保证黑板温度计和受试样板具有同等的曝晒照度。

（2）测试和评判

同本节6.6.1.1。

6.6.2.3 耐人造气候试验

（1）设备及光源

目前比较常见人工加速模拟自然曝晒的设备有紫外灯老化试验箱和氙灯老化试验箱，就两者比较而言，紫外灯老化试验箱设备简单、造价便宜，测试操作工况稳定，但是与自然耐候老化测试结果的相关性不如氙灯老化试验箱。不同的QUV灯管都同自然日光存在差异，尤其QUV-B的辐射与日光光谱的差异更大，结果的偏差也会加大。为此，一些特殊的制品会比较倾向于氙灯曝晒测试。当然，氙灯测试耗时较长，设备价格高，操作控制要求高，因此，测试费用较高。

设备的冷却和湿度控制：目前耐候测试设备的冷却装置主要分为气冷型和水冷型两大类。它们之间的参数设置不具备等效性，所以，不同品牌和形式的设备参数设置也存在着较大差异。

氙灯测试箱的环境模拟形式有水喷淋制造人工下雨效果或湿度控制系统，高等级的试验箱两者都具备。这在很大程度上契合了制品实际使用的气候环境条件。人工下雨的水喷淋会导致曝晒样表面的温度急降，这在一定程度上减缓了材料老化速度，但同时也有效强化了热冲击和机械侵蚀。

紫外灯老化试验箱对湿润环境的模拟是依靠测试箱体内的蒸发-冷凝循环而完成的。其原理是：冷凝水流至箱体底部被加热蒸发，保证箱体内100%的相对湿度以及所需的相对较高的测试温度；样板受试面面向测试箱内，温度相对高，而背面直接与箱体外的实验室环境相连，温度相对较低，这一温差将使得水蒸气在受试面冷凝，冷凝水自然滴落回箱体底部而被再次蒸发。这一循环体系显现了许多优点：无需外加的设备进行冷却，在试样表面冷凝的水是高度纯净的水，无需对测试用水作预处理。

（2）测试步骤

使用氙灯老化试验箱进行常规的耐候性测试时，推荐按照DIN 53387/A所规定的方法，设定A、B两个阶段的循环周期，其中A阶段每次光照102min，B阶段每次光照加喷淋18min，每个周期共120min。其他测试参数见表6-9。

表6-9　氙灯耐候测试参数

项目	数值
光源功率	6500W
辐照度	0.35W/m^2
波长	340nm
黑板温度	A阶段58～62℃；B阶段18～24℃
相对湿度	A阶段28%～32%；B阶段95%

（3）评判

测试样比照变色用灰色样卡（GB/T 250—2008）进行评判，5级制：5级最好，1级最差。

人工加速老化和自然老化效果的衡量：氙灯试验箱人工加速老化是对自然曝晒老化的模仿。将人工老化的数据用于指导实际，目前一般的方法是将人工测试结果换算为使用地波长340～700nm、辐照度0.35W/m^{2}时在受试样表面的某一自然辐射总量（kJ/m^2）下的测试结果。表6-10显示了部分自然曝晒和人工曝晒之间的换算关系，以及与美国佛罗里达曝晒场结果的换算关系。

表6-10　自然曝晒、人工曝晒、美国佛罗里达曝晒场试验结果的换算关系

使用地波长340～700nm、辐照度0.35W/m^{2}时的辐射量/(kJ/m^2)	氙灯试验机，DIN 53-387/(A/h)	美国佛罗里达曝晒场朝南5°倾斜/月
130	1000	6
260	2000	12
390	3000	18
520	4000	24

需要说明的是：这样的换算仅仅作为参考，不能看成完全的对等。因为，人工老化试验只是对自然气候条件的模拟，无论在辐射光谱、强度以及其他条件方面都有差异；强化的辐射能量所造成的短时破坏作用和自然条件下的长效老化作用也有着相当程度的差异；另外，制品使用地环境的大气污染所给予的影响是人工曝晒设备所不能模拟的。这也就是还有许多的测试必须花费漫长的时日进行自然曝晒测试的重要原因之一。

在进行人工加速曝晒试验时，还要注意紫外光对树脂的降解破坏作用，大多数树脂在长时间的曝晒试验后，其表面会产生粉化、龟裂、黄变等现象，从而影响对着色剂本身颜色变化的准确判断。因此，为了避免或减少这些影响，在试验试样制备之初，就应该考虑添加必要的光稳定剂和紫外线吸收剂，尽可能将树脂降解老化的影响降到最低。在曝晒试验完成后，应对试样表面进行清洁，有必要的话也可作表面擦拭，以去除表面可能的积垢或水渍，有利于评判的准确性。

6.7 耐化学稳定性的检验方法

塑料制品在应用过程中经常会接触到一些化学物质，其中包括各种酸、碱、洗涤剂、溶剂及其他化学制剂等。在这类制品的使用期内，当然需要所选用的着色剂具有抵抗此类化学物质的能力，以确保着色剂色泽的稳定和各项性能的持续体现。

因绝大多数染料在溶剂和其他液态化学制剂中可溶且耐酸碱性存在局限，这里所讨论的耐化学稳定性能主要针对颜料和塑料着色制品。

6.7.1 耐酸碱性测试

(1) 测试仪器、材料及试样的制备

① 测试用聚丙烯（PP）着色注塑样板　采用注塑机（EN 12877）注塑制板，颜料含量按 1/3 标准深度（以 1%钛白粉冲淡），试样 PP 板厚度 1mm。

② 标准试剂及浓度　5%盐酸（HCl）溶液；5%氢氧化钠（NaOH）溶液；10%硫酸（H_2SO_4）溶液；1%肥皂溶液，1%洗涤剂（含双氧水）溶液。其他化学试剂可依据实际需要在确保安全的前提下选择使用。

(2) 测试步骤

① 根据需要，选择测试用试剂并配制成规定浓度。

② 用试剂浸润试样样板表面，浸润方法有两种：样板直接进入盛有试剂的容器中，样板部分进入，其余部分未进入试剂中；将滤纸覆盖在样板表面的一部分，以试剂润湿滤纸并保持长时间润湿和贴合于样板表面；保持实验室温度在 23～25℃，保证样板浸润 24h。

③ 浸润结束后，取出样板，用去离子水洗净样板表面，以备评判。

(3) 评判

用变色灰卡（GB/T 250—2008 或者 ISO 105-A02—1993）比照样板浸润部分与未浸润部分的色差，按照色差的大小程度来定性评判。样片颜色的变化评价见表 6-11。

表 6-11 样片颜色的变化评价

灰卡	颜色变化	相应的耐化学品性能
1 级	极大	非常差
2 级	大	不稳定
3 级	中等	一般
4 级	轻度	良好
4～5 级	非常小	很稳定
5 级	无变色	非常稳定

6.7.2 耐溶剂性测试

(1) 定义

部分颜料产品与溶剂接触后有可能造成溶剂的沾色或颜料本身的褪（变）色，这就说明该颜料对溶剂的作用比较敏感。颜料耐溶剂性的意义就是表征颜料抵御溶剂的作用而不被溶解或改变自身性能的能力。

(2) 材料和设备

天平：感量为 1mg。

试管：容量 25mL，带磨口塞。

电动振荡器：振荡频率（280±5）次/min，振荡幅度（40±2）mm。

坩埚式玻璃过滤器：5 号，容量 30mL。

抽滤器：容量 125mL。

比色皿：厚度 0.5cm，高 6.4cm。

比色架：背景白色，正面有两个平行观测孔，刚好能插入两支比色皿。

沾色灰色分级卡：GB/T 251—2008。

测试用溶剂：乙醇、乙酸乙酯、丁酮、二甲苯、溶剂汽油、邻苯二甲酸二丁酯、亚麻籽油等。也可根据应用实际需要选择其他溶剂进行测试。

(3) 测试步骤

准确称取颜料样品 0.5g（精确至 1mg），置于试管中，量取 20mL 溶液加入测试试管中，塞紧磨口塞；将装入颜料和溶剂的试管水平固定在电动振荡器上，在一定温度下振荡，然后在室温下放置 24h，振荡结束后取下试管，把振荡后的悬浮液倒入玻璃过滤器，真空抽滤直至得到清澈滤液；收集滤液待评判。

(4) 评判

将溶剂和制得的试验过滤液分别注满比色皿，将两支比色皿平行置于比色架孔中，在朝北自然光照下，入射光与被观察物成 45°角，观察方向垂直于被观察物表面，对照沾色灰色分级卡，采用目测比较来评定滤液的沾色级别。以颜料在溶剂中的渗色强度来表征颜料的耐溶剂性，参见表 6-12。

表 6-12　灰卡等级与耐溶剂性

灰卡等级	耐溶剂性
1 级	强烈渗色
2 级	中等渗色
3 级	轻度渗色
4 级	非常轻度渗色
4～5 级	痕量渗色
5 级	无渗色

为确保检测的准确性，一般建议同时做两个平行测试样，两样之间进行横向比较，如有明显差异，则应重新测试。

6.8　形变性和翘曲性的检验方法

6.8.1　形变性/收缩率的检验方法

运用注塑样板与模具间实际尺寸的差异评估特定树脂注塑的收缩率；比较着色与未着色注塑样板的收缩率差异来评估颜料对注塑形变的影响程度。这种测试方法对容器形制品如塑料箱子、盒子、中空玩具等有很好的指导意义。

(1) 测试材料及设备

测试材料：高密度（低压）聚乙烯（HDPE）或聚丙烯（PP）。

测试设备：注塑机（按照 EN 12877 规定）。

注塑模具：模具长 150mm，宽 120mm。

颜料样品：测试用着色样板中颜料含量：有机颜料 0.1%，无机颜料 0.2%。

(2) 测试步骤

无色基准样板：注塑机升温并保持在 200℃，将树脂注塑成样板。

着色测试样板：颜料经良好分散（色母或混合料加工法）后，按配比注塑成测试样板。

所有样板注塑完即可置于 90℃水中保持 30min，随后冷却至室温。

(3) 横向收缩率 (PST) 计算

横向收缩率测试示意图见图 6-15。横向收缩率（PST）以下式计算：

$$PST=\frac{L_m-L_p}{L_p}\times 100\% \tag{6-5}$$

式中，L_m 为模具尺寸；L_p 为注塑件尺寸。

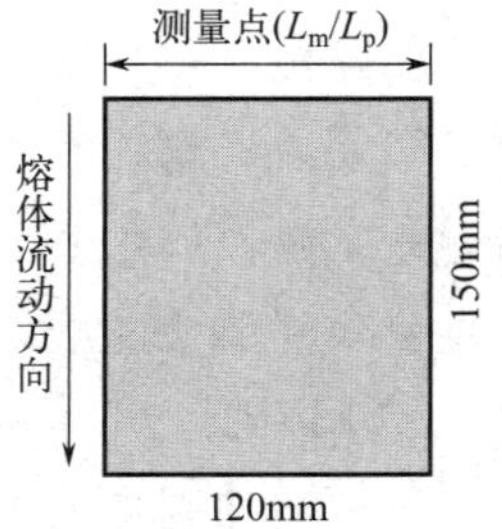

图 6-15　横向收缩率测试示意图

(4) 颜料形变性评判

先分别计算出着色和不着色样板的横向收缩率值，然后用下式计算得出形变指数（IF）：

$$IF=\frac{PST_{未着色}-PST_{着色}}{PST_{未着色}}\times 100\% \tag{6-6}$$

根据形变指数（IF）的大小评估颜料对注塑制件形变影响的趋势。以 IF 值 10 为界限，IF 值小于 10，则可判断基本不产生形变；IF 值大于 10，可见形变迹象；IF 值越大则表明颜料导致的形变程度越大。

6.8.2 翘曲性的检验方法

采用注射塑料圆盘的方法，设置注射口在圆盘正中央，着色与不着色同时进行比较，通过观测圆盘直径两头翘曲产生的高度差来评估颜料对注塑件翘曲趋势的影响。这种评价方法对于制作盖子、工具盒、桶、家具等制品有一定的指导意义。

(1) 测试材料和设备

测试材料：高密度（低压）聚乙烯（HDPE）。

测试设备：注塑机（按照 EN 12877 规定）。

测试样板：圆形薄板，直径 120mm，厚度 2mm（见图 6-16）。

颜料样品：测试用着色样板中颜料含量：有机颜料 0.1%，无机颜料 0.2%。

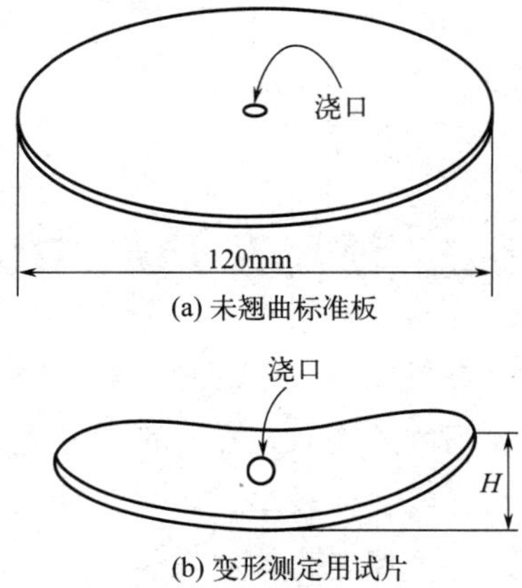

图 6-16 翘曲测试图

(2) 测试步骤

HDPE 树脂与颜料用高速混料机充分混合 10min 后，用注塑机注射成型。注塑机工况设定：料筒温度 200℃，注射口温度 250℃，模具温度 20℃。注射脱模后，注塑件即刻放入 90℃热水中淬火 30min，以消除内部应力，待评判。

(3) 评判

将有形变的注塑圆盘以中间低两边翘起的方式放置在水平台面上，找到翘起程度最大的直径方向，按下其中的一边紧贴于台面，测量另一边翘起的最高点与台面的垂直距离 H 值。

判定方法：

若翘曲高度 $H<10$mm，则属于轻微翘曲或不翘曲；

若翘曲高度 10mm$\leqslant H \leqslant$20mm，则属于低翘曲；

若翘曲高度 $H>20$mm，则属于高翘曲。

第 7 章

颜料在塑料中的分散

7.1 颜料在塑料中分散的目的和意义

颜料在塑料中的分散对塑料着色有着极其重要的意义。颜料分散的最终效果不仅影响着色制品的外观（斑点、条痕、光泽、色泽及透明度），也直接影响着色制品的质量，例如制品的强度、伸长率、耐老化性和电阻率等，同时还会影响塑料（也包含色母粒）的加工性能以及应用性能。颜料在生产时刚生成的颜料粒子称为原始粒子。由于各方面原因，这些原始颜料粒子在后续的制造过程中会产生团聚或凝聚，而形成比塑料着色要求大若干倍粒径。如果要使颜料在着色中达到理想的着色力、透明度、亮度以及其他特性，就必须对颜料在塑料中的分散过程和结果进行研究，以便更好地将这些团聚体分散到比较接近于初级粒子或较小团聚体。

颜料在塑料中的分散性是指将颜料润湿后减少其聚集体和附聚体尺寸到理想尺寸大小的能力。颜料在塑料应用中所有特性的体现几乎都要基于颜料能否被理想分散的程度，因此，颜料的分散性是颜料应用中至关重要的一项指标。

7.1.1 颜料分散前粒子类型与性能

在颜料生产过程中，首先是形成晶核，晶核成长之始是单晶，但很快便发育成为有镶嵌结构的多晶体。当然，颗粒仍然是相当微细的，粒子的大小约为 0.1～0.5μm，一般称为一次粒子或初级粒子。初级粒子容易发生聚集，聚集以后的颗粒称为二次粒子。按聚集方式不同，习惯上又将二次粒子分为两类：一类是晶体间以晶棱或晶角相连，晶体间的吸引作用比较小，粒子比较疏松，容易通过分散分开，称为附聚体；另一类是晶体间以晶面接壤，晶体间的吸引作用力较强，粒子比较坚实，称为聚集体，聚集体靠一般的分散工艺几乎很难分散。

不同的颜料颗粒结构特征示意图如图 7-1 所示。颜料分散前粒子类型与特性见表 7-1。

一般商品颜料颗粒是比附聚体还大的粒子，因而不能被直接用于塑料的着色，必须进行良好的分散处理。

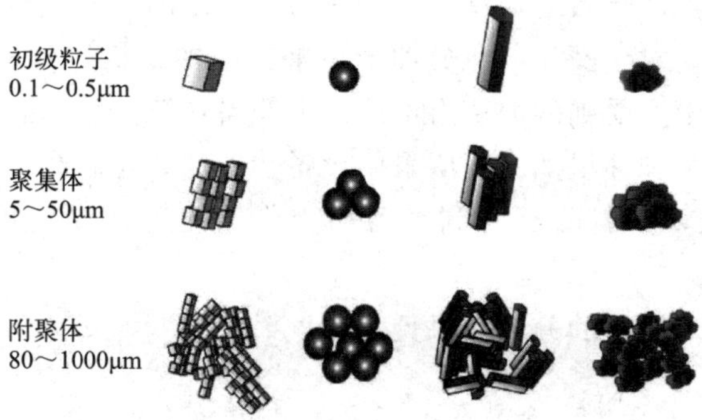

图 7-1 颜料颗粒结构特征（DIN 53206）

表 7-1 颜料分散前粒子类型与特性

名词	定义
粒子	颜料的个别单元，它可以呈任何形状，具有任何结构
初级粒子	用适当的方法（即光学或电子显微学的方法）能够识别的粒子
聚集体	初级粒子在一起生长并面对面地排列起来的集合体，其总的表面积低于其初级粒子的表面积之和
附聚体	聚集体和部分初级粒子通过角、边相接而形成的集合体

7.1.2 提高着色力、降低着色成本

颜料对于塑料制品着色而言，最重要的性能就是着色力。着色力是颜料赋予制品着色能力的一个度量。当塑料制品获得相同的颜色时，用量少的颜料其着色力高。特定颜料的着色性能主要取决于其所获得的分散状态。颜料在一定的介质中分散，其着色强度在亚微细粒径范围内时随平均粒径降低而增加。图 7-2 是颜料粒径与着色力关系。如果颜料颗粒大小为可见光波长 1/2，即 0.2～0.4μm，其获得的着色力最高。一般而言，颜料在塑料中的分散越好，其着色力就越高。原因在于颜料对制品的着色和遮盖都是通过其表面与光线的复杂作用而实现的。颜料分散得好，其平均粒径小，比表面积大，对光的作用就强，着色制品的外观就会显得均匀、光亮、色点少、色差小。因此达到相同着色深度和遮盖效果时颜料的用量就能减少，从而获得最高的性价比。

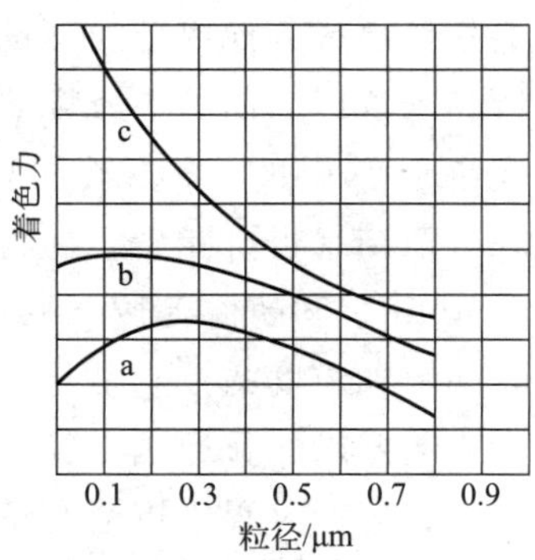

图 7-2 颜料粒径与着色力关系

a—适用于无机颜料；
b—适用于大多数偶氮颜料；
c—适用于炭黑和酞菁颜料

在塑料着色中颜料的均匀混合并不困难，关键在于如何将其充分分散。充分分散后再将颜料均匀分布在塑料体系中，但需要注意的是充分的分散并不等同于均匀混合，有时候颜料分散得很好，但因为混合分布不均匀，也会在塑料制品表面留下色纹和斑痕。

7.1.3 满足塑料加工对颜料细度要求

颜料在塑料加工时所承受的总分散力要远比颜料在油墨和涂料加工时的低。塑料成型的基本特性决定了需将塑料加热熔融成型后冷却成为塑料制品，所以塑料一般加工成型的机械均为可加热的处理单元。对于颜料分散处理最为常见的加工机械就是单（双）螺杆挤出机，颜料在塑料流动熔体里中所受到的剪切力不足以把颜料颗粒分散达到理想的要求。相比于塑料加工过程，颜料在涂料和油墨加工时所采用设备一般为高速砂磨机和三辊机，由于采用了不同的研磨媒介和方式，颜料除了受到高剪切力作用之外还受到极其强烈的冲击力和静压力。

各种不同分散设备对颜料的分散效果见表 7-2。

表 7-2　各种不同分散设备对颜料的分散效果

机种	生产量/批	生产效率/(kg/h)	剪切力	分散效果
三辊研磨机	少量	低	中	中
立式砂磨机	中～大量	高	高	高
胶体磨	少量	低	高	高
单(双)螺杆挤出机	少～大量	中	低～高	低～高

颜料分散后的粒径多大为宜？相对于不同的塑料制品以及所采用的不同加工工艺而言，其对颜料分散的要求是不尽相同的。对于一个视觉感应比较敏感的人，当颜料颗粒大于 20μm 时就会感知颜色色点的存在。而较粗的颗粒不仅会使制品表面产生斑点、条痕，而且也会在挤出或其他成型加工过程中产生堵网等现象进而影响生产的正常进行。对于一般的塑料制品来说，当制品中所含的颜料颗粒大于 10μm 时，就可能导致制品表面光泽度比较低；颗粒小于 5μm 时，则完全可以满足生产和外观要求；但是对要求比较严格的制品，这样的颗粒分散结果也可能会影响制品的力学性能、电性能及加工性能。对于纤维（单根丝直径为 20～30μm）和超薄薄膜（膜厚小于 10μm），则颜料颗粒应小于 1μm。另外对于纤维的应用，颜料颗粒度的控制是与纺丝时使用的过滤网目数以及最终纤维的细度高度关联的。纤维生产工艺要求的目标是在确保设定品质的前提下，尽可能少地更换滤网以获得更长时间的连续运行，生产过程中不堵塞喷丝嘴，或者不发生纤维断丝，并且不因颜料颗粒而导致产生纤维强度的问题，确保加入纤维加工过程的颜料达到一定的颗粒细度和粒径分布。一个经验法则是，那些颜料粒径不大于纤维丝直径 10%的颗粒是符合期望的。

在纤维生产中，如果颜料的分散不能达到预期的效果，轻则因频繁更换滤网而造成停机，降低产能；重则严重影响生产的进行；极端的结果是导致产品出现质量问题和浪费。所以颜料的分散性对于满足塑料加工性能和最终制品的应用性能至关重要。

7.1.4　节能降耗

为了达到颜料在塑料中分散的目的，往往采用加长双螺杆长径比、降低加料量达到目的。这样做会极大地降低产能和提高单位产量的能耗，都会导致产业链温室气体（二氧化碳气体）排放的大幅提升，加剧温室效应。这与当今全球范围内所提倡的节能减排的大环境是格格不入的，也必将会因为可能成为高“碳关税”的课税对象而被拒之于出口产品名单之外。目前为了改善整个地球的气候环境，各大全球性公司已率先采取行动，通过各种方式降低自己产品生产的碳排放，其中的重要环节也当然包括要求原材料供应商必须提供原料生产的碳排放认证。美国沃尔玛公司已经要求10万家供应商必须完成商品碳足迹验证，并贴上碳标签，这将连带影响全球超过500万家生产企业，而其中的大部分都在中国。这意味着中国大量相关企业必须进行碳足迹认证，承担相应的减排责任，否则全球性公司的订单将与你无缘。因此随着这一进程的不断推进，塑料着色会对颜料的分散性提出越来越高的要求。

综合上述讨论，颜料在塑料着色加工时所承受的综合剪切力远比颜料在油墨和涂料加工中的低，但是在纤维和超薄薄膜等的特定应用中，对颜料颗粒的分散要求却远远要比油墨和涂料的高。因此，颜料的分散性在塑料着色应用中的重要性更加显而易见。

7.2 颜料分散理论

颜料在塑料中分散就是把颜料充分地分散到理想的颗粒细度，并均匀混合分布在塑料中。

完整的颜料分散过程通常包含三个必不可少的阶段。

① 润湿　颜料与空气或水的分界面变为颜料与载色体的界面。

② 细化与分散　在外力作用下破碎颜料颗粒的附聚体与聚集体，并将其均匀混合分布在塑料中。

③ 稳定　稳定已经被分散在介质中的颜料颗粒，并有效防止再次聚结。

颜料分散的重要步骤是颜料颗粒的润湿，它分为对颜料的初始润湿和在分散进程中的细分颗粒的持续润湿。对塑料加工来说，初始润湿就是树脂载色体取代颜料表面上的空气和水分的过程，颜料润湿的目的是使颜料颗粒之间的凝聚力减小，如果在颜料表面不能完全被载色体（也包含润湿剂）润湿，那么分散设备通过熔体介质所产生的剪切力对颜料附聚集体就起不到什么作用。颜料润湿的难易由颜料粒子表面性质和载色体性质决定。颜料与载色体的接触角越小，润湿越容易。

颜料分散的第二步是颜料颗粒的细化与分散，颜料颗粒被润湿后在外力的作用下完成颜料微粒化的过程，将颜料粉碎细化达到理想的粒径，并将其均匀混合分布在塑料中。目前采用机械分散的外力不外乎压力、冲击力和剪切力，用以粉碎颜料的附聚体与聚集体。

颜料分散的第三步是被细化分散后的颜料颗粒的稳定化，细化后的颜料颗粒表面积增大，会产生再凝聚现象，将细化的颜料颗粒进一步做表面处理，降低新形成界面的表面能，以便在进一步加工时，不至于使细化后的颜料颗粒再次凝聚。

以上描述的颜料分散过程即：润湿、细化分散以及细化分散后的稳定等环节，在实际操作中是密不可分且几乎是同时发生的，只是为了便于讨论才将它们分开论述。

颜料的初始润湿对于颜料分散的结果有着无可替代的重要意义，通常这一过程都是经由一些看似简单的步骤来完成的，所以非常容易被忽视。然而初始润湿不仅仅是对颜料颗粒表面的润湿，初始润湿做不好，颜料颗粒的良好分散就无从谈起。究其原因是：载色体树脂必须在颜料颗粒聚集体中的微隙间完成充分的毛细渗透（见图7-3），由于毛细渗透作用，颜料颗粒间凝聚力降低，并在剪切力的作用下很容易被粉碎细化。因此颜料的润湿速率和毛细渗

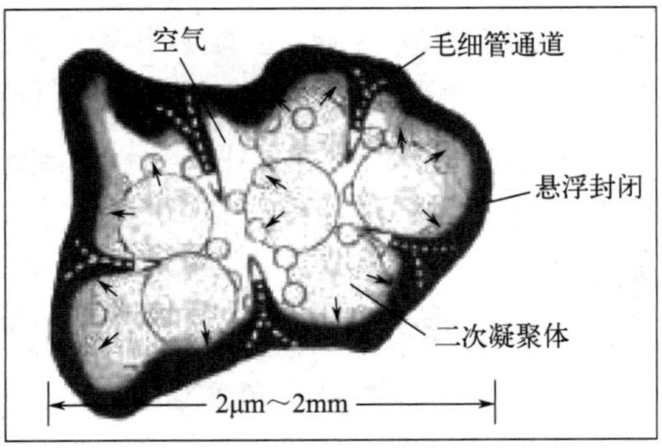

图 7-3　颜料颗粒聚集体毛细渗透示意图

透的程度，对颜料颗粒总分散速率和质量起着决定性的作用。

无数实践证明，大多数颜料颗粒分散不好的原因都源于初始润湿不理想，一旦出现这样的情况，后续无论以何种分散手段加以补救也很难达到理想的效果，此时，只有重新把颜料的初始润湿做好，分散的问题才能迎刃而解。图 7-4 明确显示了不同的润湿手段所带来的分散结果的悬殊差异：同一种颜料在选用普通润湿剂进行润湿的前提下，无论挤出造粒一次还是六次，其最终所体现的分散性都不尽如人意；而采用合适的润湿剂进行同样的加工，其结果就会产生质的飞跃。

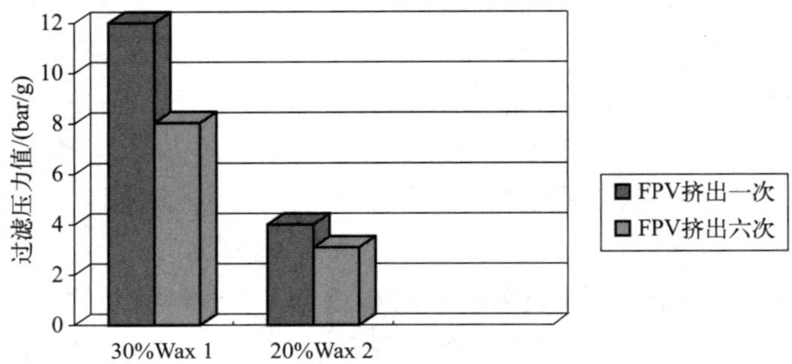

图 7-4　不同润湿剂对分散的影响

Wax 1—聚乙烯蜡，无极性；Wax 2—EVA 蜡，12% VA（乙酸乙烯酯）；载体树脂—LLDPE

7.3　颜料的润湿

7.3.1　接触角与杨氏方程

当液体与固体表面接触时，新形成的固-液（sl）界面逐步替代原来的固-气（sg）界面，这种现象叫润湿。液体与固体接触时，会形成一个夹角，这个夹角被称为接触角，它是液体对固体润湿程度的一个衡量标志。图 7-5 所示为不同水珠在固体表面出现的情况。

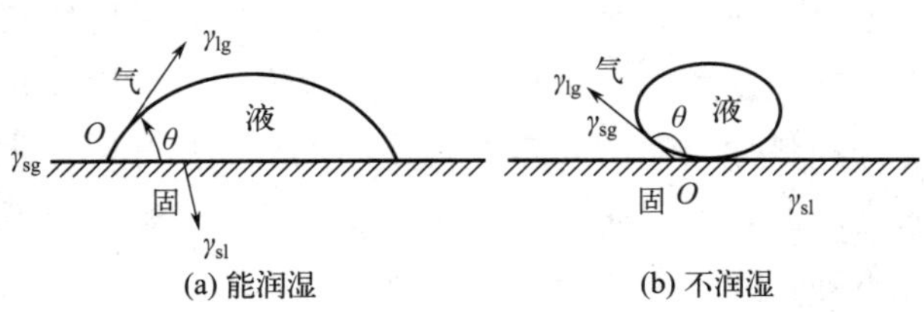

图 7-5　不同水珠在固体表面出现的情况

接触角 θ 是气-液（lg）界面与固-液界面所形成的夹角。接触角是三个张力（γ）共同作用达到平衡的结果，各种界面张力的作用关系可用杨氏方程（润湿方程）表示：

$$\gamma_{lg}\cos\theta=\gamma_{sg}-\gamma_{sl}$$

式中，γ_{lg} 为液体、气体之间的界面张力；γ_{sg} 为固体、气体之间的界面张力；γ_{sl} 为固体、液体之间的界面张力；θ 为固体、液体之间的接触角。

图 7-6 揭示了液-固界面不同的润湿效果与接触角的关系。

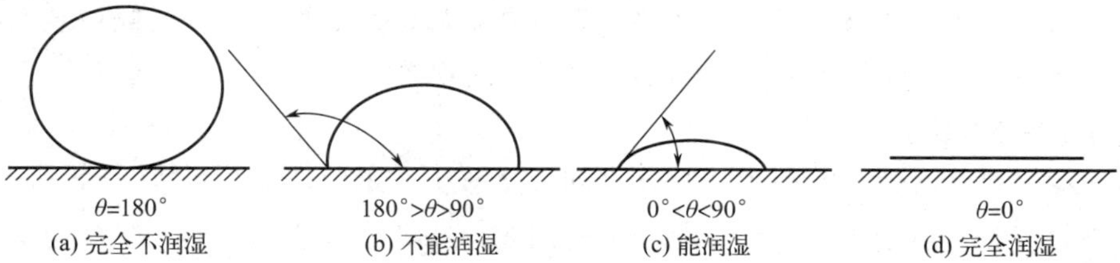

图 7-6　液-固界面不同润湿效果

7.3.2　颜料的润湿过程和效率

颜料的初始润湿就是把颜料表面的空气和水分取代为润湿剂和颜料界面，润湿过程可以简单地分为三个阶段：吸附、渗透、扩散。颜料和润湿剂接触时，接触角小，吸附在颜料周围，在润湿过程中润湿剂在颜料粒子间的微小间隙中做毛细渗透，然后渐渐渗透至颜料颗粒之间的孔隙，因而降低了颜料颗粒之间的凝聚力，从而降低了破碎颜料团聚体所需的能量。图 7-7 为颜料润湿的示意图。

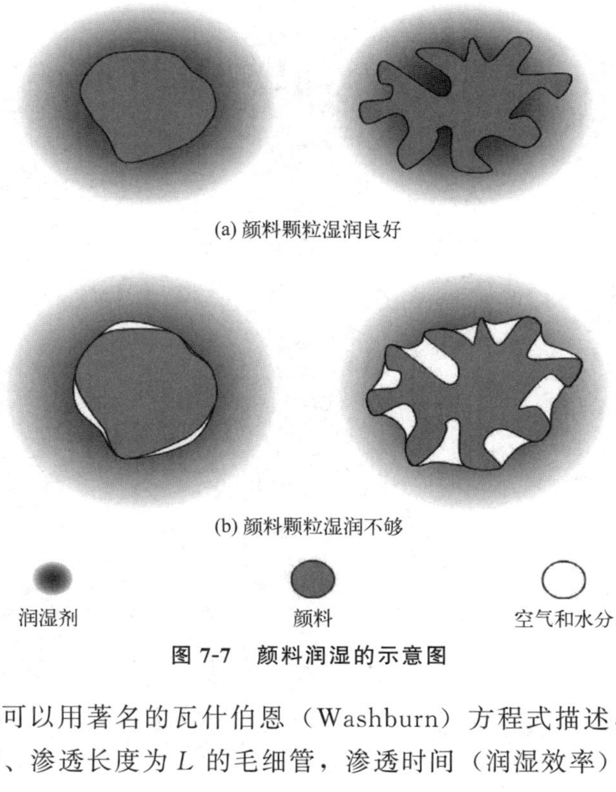

图 7-7　颜料润湿的示意图

颜料的润湿效率可以用著名的瓦什伯恩（Washburn）方程式描述，如果把颜料粒子间隙近似看为半径为 R、渗透长度为 L 的毛细管，渗透时间（润湿效率）为 T，则：

$$T=\frac{KL^2}{R}\times\frac{2\eta}{\gamma\cos\theta}$$

式中，η 为润湿剂黏度；γ 为润湿剂表面张力；θ 为颜料与润湿剂表面接触角；K 是常数。

下面将对公式中各参数所对应颜料与润湿剂各项性能逐一分析，以讨论它们对颜料润湿效果的影响。

7.3.2.1 颜料颗粒性能

由瓦什伯恩方程式来看，颜料的润湿受到颜料颗粒的影响如下：颜料颗粒表面特性、几何形状，包括聚集体的多孔性；颜料原始粒径大小和分布。

(1) 润湿性与颜料颗粒表面特性

颜料颗粒的表面特性与其分子堆积、排列方式有关，不同的粒子排列显示不同的表面状态。在颜料生产时，由于生成的初级粒子具有高表面能，引起它们之间的强烈吸引作用，分子迅速增大，并成长为晶体，假如晶体各个方向亲和力相同，则可以得到如氯化钠一样的正立方体，但通常分子排列晶体并不对称，在不同方向成长速度的差异会导致形成片状、针状、长方形等不同晶体。因此在生产颜料时，为了得到所期望的颗粒表面特性，应尽可能控制颜料颗粒结晶按所希望的方向成长，得到特定晶格的产物。

以颜料红 48：2 为例，其分子中含有不同极性的基团，如—SO_3^-、—COO^-、Ca^{2+}、—Cl、—N=N—等，在生成色淀时，分子排列方式通常趋于平面性，比较紧密地排列在一起（图 7-8），构成晶体沉淀。色淀化时生成的初级粒子具有高的表面能，引起它们之间的强烈吸引作用，进而形成聚集体。

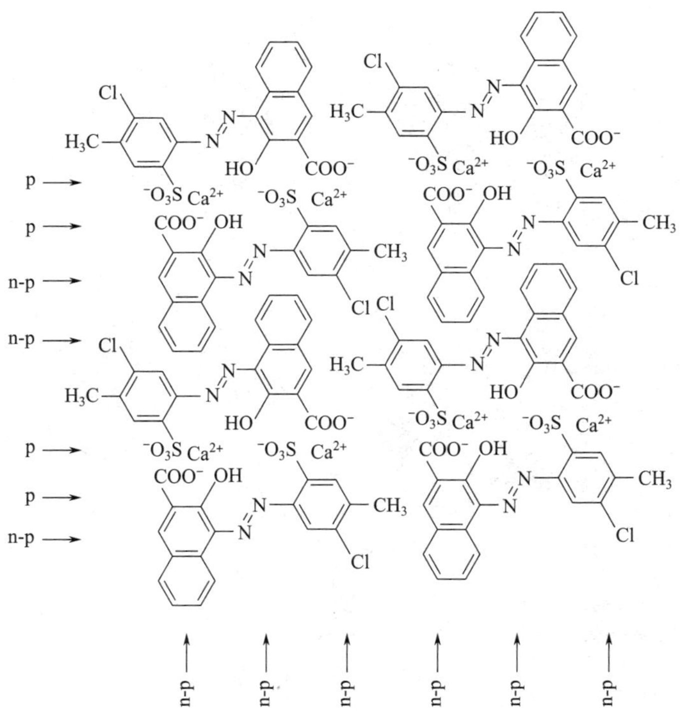

图 7-8　颜料红 48：2 分子排列示意

在不同工艺条件下粒子晶体可以呈现立方体、片状、针状或棒状（见图 7-9）排列，从而形成不同晶体表面特性。

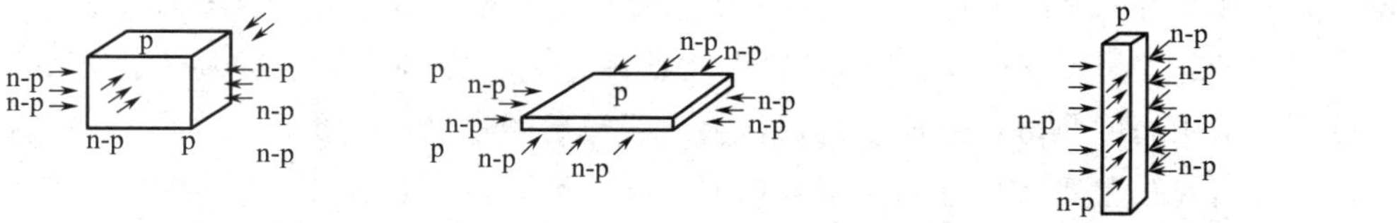

模型A(立方体)：表面呈极性　模型B(片状)：表面呈强极性、亲水　模型C(针状或棒状)：表面呈非极性、亲油

图 7-9　颜料颗粒不同排列表面特征

模型 A 说明其上、下顶面具有较多的极性基团，显示较强的极性作用，以 p 表示；而侧面主要呈非极性，以 n-p 表示，只是在个别部位具有一定的极性，因此，非极性面积远超过其极性部分，导致晶体具有亲油性；反之，片状的颜料晶体，极性部分的面积大于非极性，粒子总体呈较强的亲水性；而棒状的颜料晶体颗粒因其非极性部分的面积远远大于极性部分，故颜料颗粒呈较强的亲油性。

按照相似相容的原理，如果颜料颗粒表面呈极性，那么颜料与极性溶剂（如水）的润湿角 θ 就小，也就容易被极性溶剂所润湿，因此，该类颜料常被应用于高极性体系中并呈现比较理想的分散性能，例如：水性喷墨墨水、水性涂料等。如果颜料颗粒表面是非极性的，当被应用于非极性的塑料中，它也能很好地被润湿和分散。图 7-10 和图 7-11 分别是颜料黄 183 和颜料蓝 15∶3 的透射电子显微镜成像图。从图中可以看出颜料黄 183 的颗粒呈针状结构，其长宽（直径）比可以高达（30～50）∶1；颜料蓝 15∶3 结晶颗粒是棒状的，其长宽（直径）比也高达（8～10）∶1。由此可以预见，具有这类结晶形态结构的这两款颜料产品具有明显强烈的亲油性，它们在非极性塑料中的分散性比较好，而且，颜料黄 183 的分散性要比颜料蓝 15：3 更胜一筹。

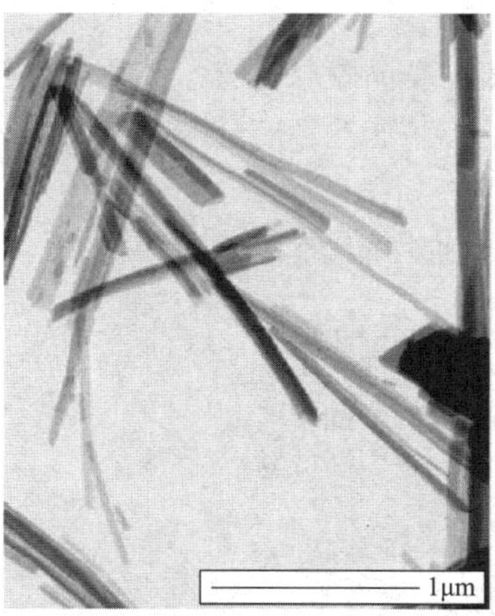

图 7-10　颜料黄 183 TEM 图片

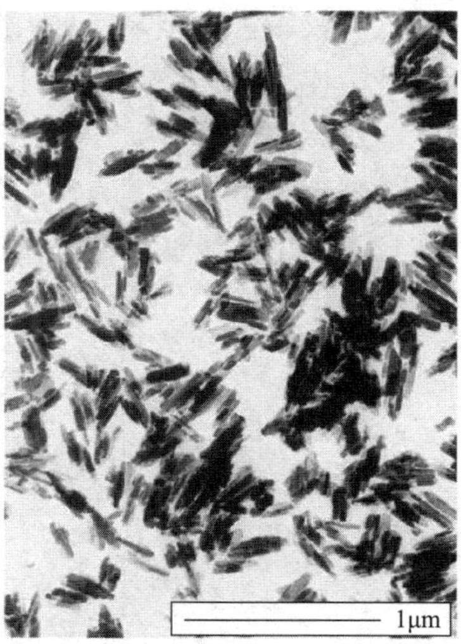

图 7-11　颜料蓝 15∶3 TEM 图片

（2）润湿性与颜料颗粒的原始粒径大小

颜料颗粒的原始粒径对颜料的润湿和分散有较大的影响。通常细小颗粒粉体之间的间隙

要比较大颗粒之间的间隙小，因而载色体树脂对小粒径颜料的润湿和渗透速率比较慢，从而影响颜料颗粒最终的分散效果。

表 7-3 所得到的实验结果就充分验证了上述分析的结论。同一化学结构的颜料品种（颜料红 122，喹吖啶酮），由于采用了不同的表面处理工艺，得到了原始粒径大小不同的两个产品，经由完全相同的色母粒制成工艺，再将所得母粒通过 25μm 孔径的滤网进行过滤压力值测试，得出结果相差非常悬殊的两组数据。实验证明，具有较大原始粒径颗粒的颜料相对比较容易被润湿而得到较好的分散效果。

表 7-3　颜料红 122 不同粒径大小的分散性

颜料红 122(JHR-1220K,小粒径)	过滤压力值/(bar/g)	颜料红 122(OPCO,大粒径)	过滤压力值/(bar/g)
批次 1	6.4	批次 1	1.2
批次 2	5.8	批次 2	2.6
批次 3	9.4	批次 3	1.4
批次 4	6	批次 4	1.4
批次 5	9.4		
平均值	7.4	平均值	1.65

注：1bar=10^5Pa。

同样道理，无机颜料大多数是由金属氧化物和硫化物组成的，平均粒径也较有机颜料大，因此无机颜料相对于有机颜料的分散性要好。尤其像二氧化钛、铬系以及镉系颜料在塑料中属于容易分散的。

(3) 润湿性与颜料粒径分布

这里需要指出的是，所谓颜料理想的粒径不仅是指平均颗粒度较大，还需要颗粒度相对集中，尽量减少所含细小颗粒的比例。这是因为如果存在比较多的细微颗粒，小粒径颗粒会填充较大粒径颗粒之间的空隙而使粉体堆积变得密实，载色体树脂对颜料颗粒的浸润和毛细渗透的速率就比较慢，颜料颗粒不能快速被润湿，最终因分散过程中剪切应力不能传达到颗粒表面而使聚集体/附聚体颗粒不能打开，进而影响颜料的分散。

颜料在经过不同方法的颜料化处理后，就会获得不同结晶颗粒形态的产品，它们所得到的二次粒子的颗粒大小与聚集形态不同，可以预见对它们的润湿进而分散的效果也不可能一样，因而它们的应用性能也不可能一样，见图 7-12～图 7-14。

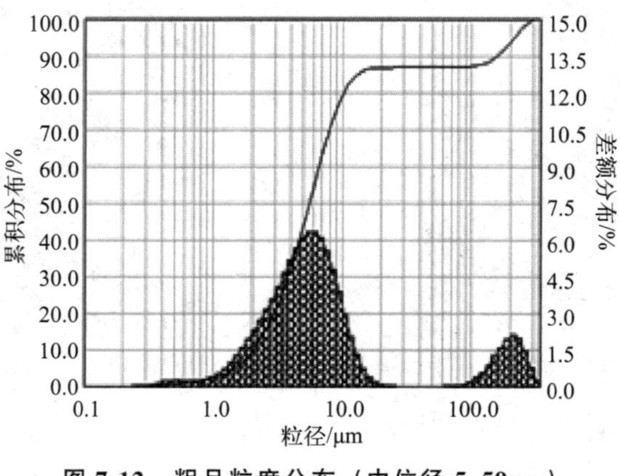

图 7-12　粗品粒度分布（中位径 5.59μm）

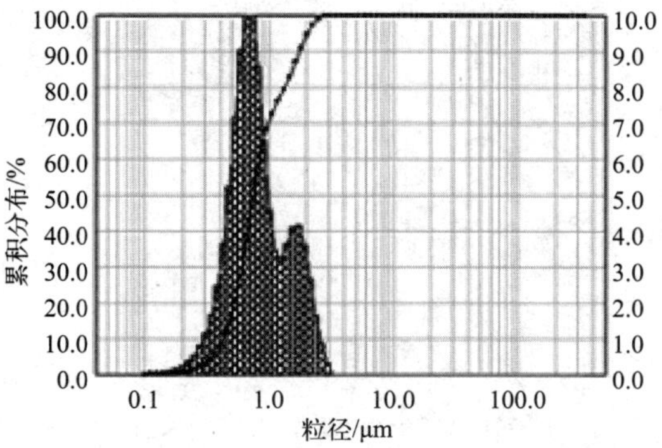

图 7-13 粗品粒度分布（中位径 0.75μm）

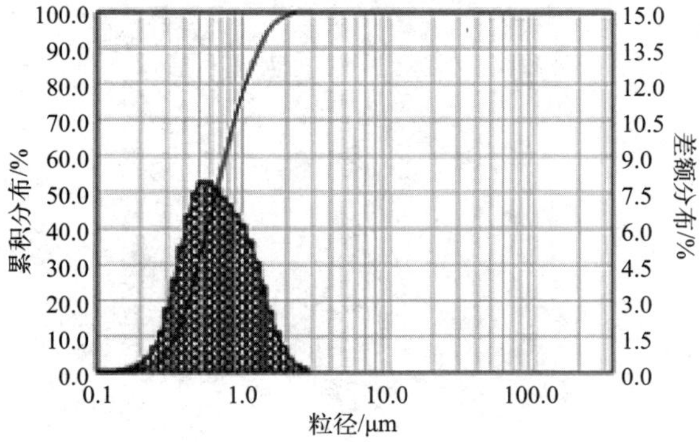

图 7-14 粗品粒度分布（中位径 0.64μm）

图 7-15 是颜料黄 95（有机颜料）颗粒的显微照片，颜料颗粒呈针状，长度：宽度（或直径）之比可以高达（8～10）：1。照片清楚地表明粒子的聚集体是以边-边/边-面/面-面形式结合的，单针状的晶体主要粒径范围为 0.1～1.0μm，颗粒大小分布范围比较广。图 7-16 显示了颜料红 144（偶氮缩合颜料，牌号 JHR-1440K）的粒子形状是附聚体，以角-角或角-边的接触为主，颗粒之间的结合相对松散，结合在一起也呈现针状，且颗粒大小分布均匀，颗粒度分布较窄。这两种颜料常被应用于聚丙烯纤维的着色。相比较而言，红色（颜料红 144）颜料润湿分散容易，而粒度分布较宽的黄色颜料（颜料黄 95）润湿分散相对就较困难些。

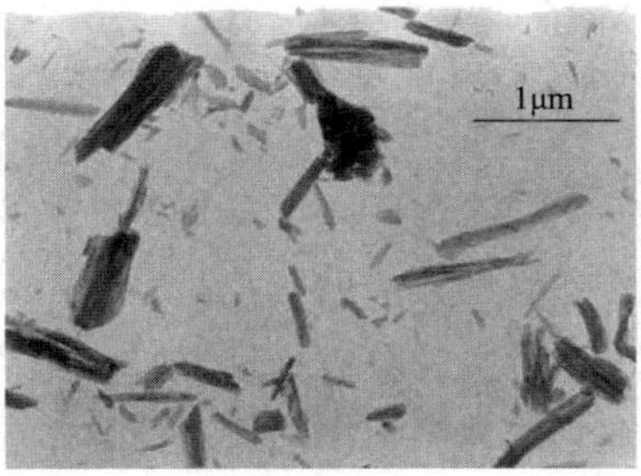

图 7-15 颜料黄 95 TEM 图片

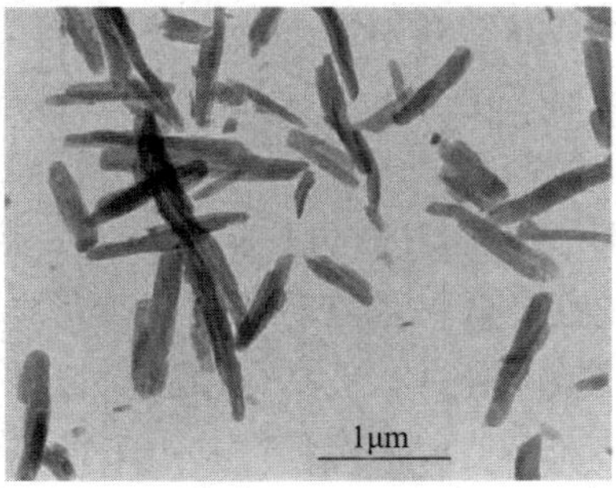

图 7-16 颜料红 144（JHR-1440K）TEM 图片

另外，从图 7-17 和图 7-18 中可以看出，同为一家公司生产的两种颜料黄 139 产品 Paliotol Yellow K1841 和 Paliotol Yellow K1841FP，两者也存在差异。其中，K1841FP 的颗粒分布要比 K1841 均匀，实验显示 Paliotol Yellow K1841FP 在塑料中过滤压力值（FPV）<1bar/g，更容易被润湿，因此其分散性更加优异，主要用于化纤纺丝行业。

在化纤行业，通常采用 FPV（EN 13900-5）来评估颜料的分散性。但在实际操作中往往会发现两个标注 FPV 相差不大的产品在实际应用中所体现的分散性差距很大，具体体现在更换滤网的时间长短上。当将测试过滤网的孔径调换为更细的时，才能把两个产品 FPV 的差距体现出来，往往粉体粒径分布较宽的产品其 FPV 较高，这也从侧面反映出颜料粒径分布窄的产品其润湿分散性要比粒径分布宽的更好些。

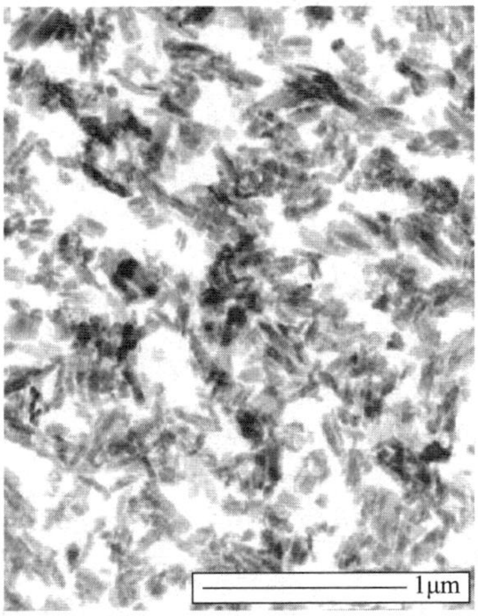

图 7-17　Paliotol Yellow K1841 TEM 图片

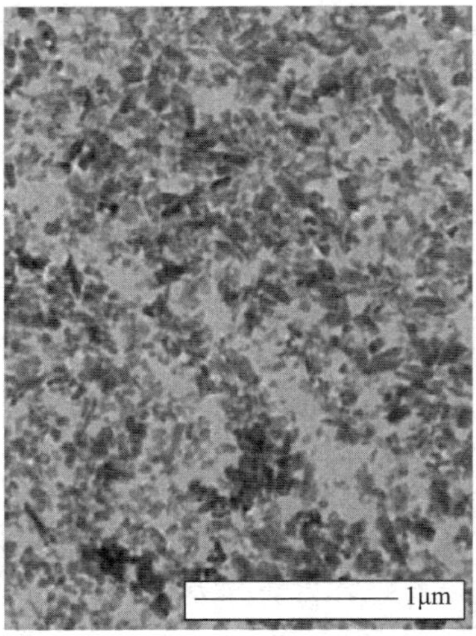

图 7-18　Paliotol Yellow K1841FP TEM 图片

7.3.2.2　润湿剂及其性能

在塑料加工过程中，通常会添加一些润湿剂以便加速树脂体系对颜料颗粒的表面润湿和毛细渗透，从而达到良好分散的目的。

所谓润湿剂就是能使固体物料更易被液态物质（或熔融流体）浸湿的物质。它通过降低表面张力或界面张力，使液态物质（或熔融流体）能展开在固体物料表面上，或经由固体物料的微细空隙进行毛细渗透而由表及里，从而加速固体物料的润湿。

润湿剂在塑料加工行业也被称为“分散剂”。

塑料加工中常被用到的润湿剂有高熔体流动速率树脂、低分子量聚乙烯（如聚乙烯蜡）以及超分散剂等。

① 润湿与润湿剂的黏度和颗粒度有关　颜料润湿效率与润湿剂黏度有关：用于颜料的润湿剂黏度越低，其流动性越好，在润湿过程中越容易在颜料颗粒间的微小间隙中作毛细渗透，润湿效率越高。但是，颜料在塑料中的分散以剪切作为主要的分散作用力，剪切又分为机械剪切和黏度剪切两种，其中又以黏度剪切为主。因此加工体系总体黏度过低，不利于颜料颗粒的分散，务必在配方设计中关注它们之间的平衡。从图 7-19 所显示的实验结果可以看出，对同一颜料来说，润湿剂黏度低（700mPa・s）的要比黏度高（1800mPa・s）的分散性好。

另外，如果将润湿剂微粉化则更有利于在颜料颗粒表面的吸附润湿，其过滤压力值更低，分散效果更好。

② 颜料的润湿需要能量（能量传递与润湿）　在常规的加工处理中，提高分散体系的温度有利于颜料颗粒的润湿和渗透；而降低温度则有利于对颜料颗粒的剪切分散。如何找到既能有效润湿颜料颗粒，又能实现颜料颗粒有效分散的加工条件和方法，是必须认真考虑和对待的一项课题。

将颜料紫 19 在一台研磨机上进行分散，分别以固定温度或剪切压力对颜料进行研磨，随着颜料逐渐被分散，颗粒粒径随之变小，相对应的颗粒比表面积迅速递增，导致分散体系的黏度快速上升，这也可以用来间接评估颜料颗粒被分散的程度。

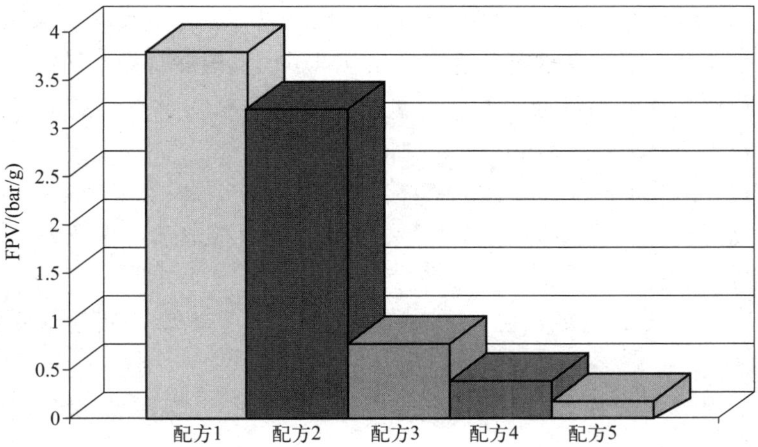

	配方	1	2	3	4	5
实验配方	颜料绿	40%	40%	40%	40%	40%
	聚乙烯蜡1(1800mPa·s,180℃,500μm)	30%			20%	
	聚乙烯蜡2(700mPa·s,180℃,500μm)		30%			20%
	聚乙烯蜡3(700mPa·s,180℃,30μm)			30%	10%	10%

图 7-19　不同规格（黏度、颗粒度）聚乙烯蜡对颜料分散的影响

从图 7-20、图 7-21 中体系黏度递增的结果可以判断：温度对颜料分散的影响要比剪切压力所带来的影响更大。因此可知分散体系的温度对颜料颗粒分散效果有着举足轻重的作用。

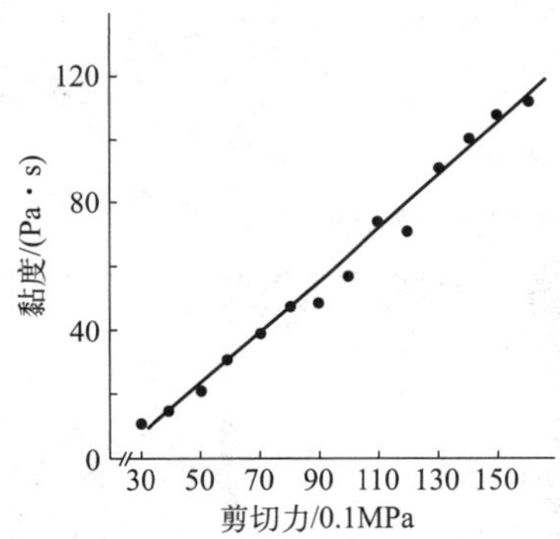

图 7-20　恒温下颜料紫 19 剪切力与黏度关系

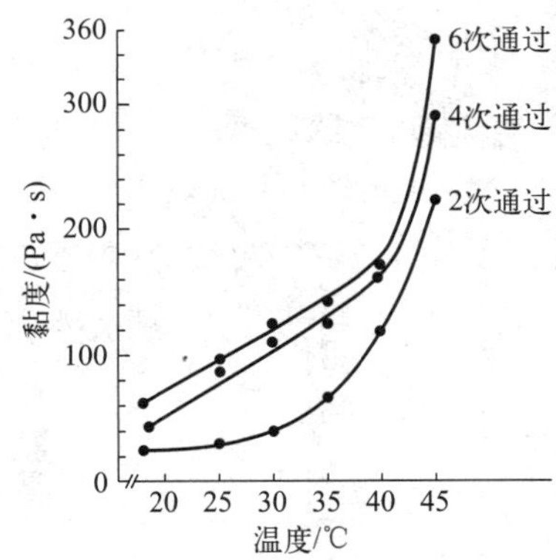

图 7-21　恒压下颜料紫 19 温度与黏度关系

此外，颜料颗粒在被分散时加工机械以不同的方式通过熔体传导作用力，对于加速颜料颗粒的润湿和渗透也起到了极大的作用。

由此可知，润湿需要能量，选择合适的润湿温度和润湿方式就显得特别重要。

7.3.3　颜料表面特性的判断依据——润湿角

颜料颗粒的表面特性决定了该颜料被润湿分散的难易程度。影响表面特性的重要因素是组成颜料颗粒的微粒子的凝聚排列形式和其本身的极性特征。准确判断颜料的表面特性，选择对颜料有针对性的润湿分散配方和工艺手段是非常重要的。润湿角是判断颜料表面特性的一个重要依据。

测量润湿角需要借助专门的仪器。把颜料粉末压制成一个光滑表面，水平放置，在颜料表面上轻轻地滴上一个水滴，观察和测量水珠在颜料平面上铺展的最终平衡形态，这一形态完全取决于颜料本身所具有的表面特性。测量水滴与平面相接触点切线的夹角（水滴内切角）即可判断水对该颜料的润湿性能。

① 夹角＝180°：水珠完全不能铺展，在平面上呈完全球形，表明该颜料不能被水润湿。

② 180°＞夹角＞90°：水珠有限度铺展，在平面上呈现扁球形，表明该颜料很难被水润湿。夹角越大则润湿越困难。

③ 90°＞夹角＞0°：水珠有效铺展，在平面上呈弧形，表明该颜料能被水润湿。夹角越小则润湿程度越好。

④ 夹角＝0°：水珠完全铺展，在平面上呈现一层极薄的水膜，甚至水分渗透入颜料中，表明该颜料能完全被水润湿。

在这里，水作为极性物质的代表，可以通过这一实验判断出被测试颜料产品在极性物质环境下所呈现出的表面特性。如果用其他的液态物质替代测试中的水，以同样的方法进行测试判断，即可判别该液态物质对于相应的颜料产品的润湿性能。

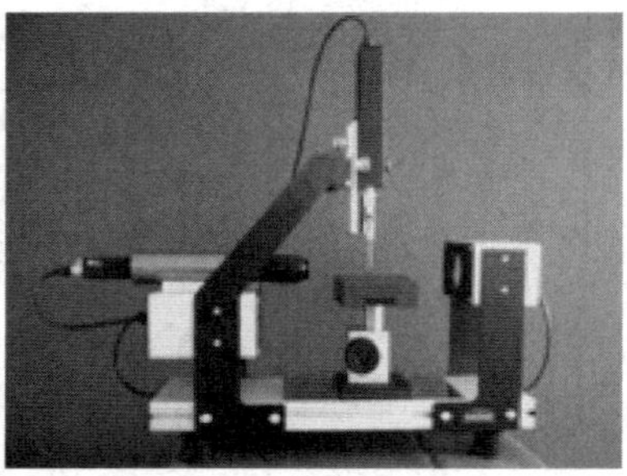

图 7-22　德国 EasyDrop 测量系统

图 7-22 是德国生产的 EasyDrop 测量系统，被广泛用于接触角的测量。EasyDrop 将计算机数字处理技术、光学系统和电荷耦合器件（CCD）摄像手段相结合，把测试液滴的影像清晰地显示在计算机屏幕上，瞬间存储图像，并通过系统自带的水滴触发成像分析系统进行快速精确的测量和分析；系统中的 6 倍放大变焦透镜，保证了全屏幕显示的最佳清晰度，因此测量颜料接触角快速而又简单易行，见图 7-23。

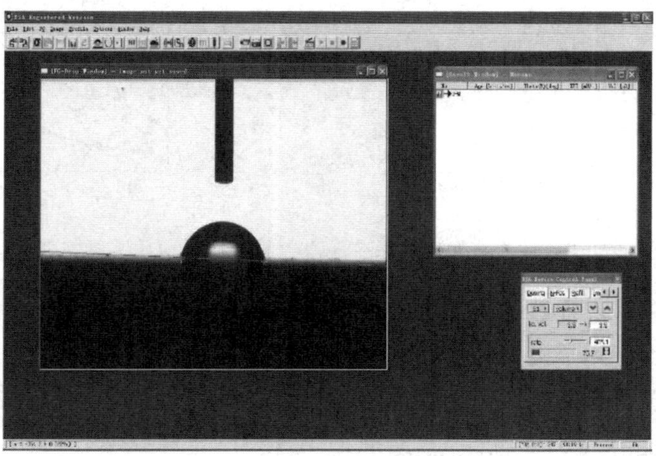

图 7-23　水滴触发成像分析系统

7.4　颜料的分散

颜料的分散是颜料在外力作用下破碎颜料颗粒附聚体与聚集体，使其在应用体系中尽可能完美地展现颜料本身所具备的各项性能的过程。颜料分散时，必须克服颜料分子之间的吸引力，将颗粒分散。分散后的细微颗粒还需要保持稳定，避免它们重新凝聚。

颜料在塑料中的分散方法主要是熔体剪切法，这是塑料工业中最常用的一种颜料分散方法。所谓熔体剪切法，顾名思义就是颜料被树脂熔体包裹润湿并通过熔体运动时传递的剪切力所分散的方法，见图 7-24。

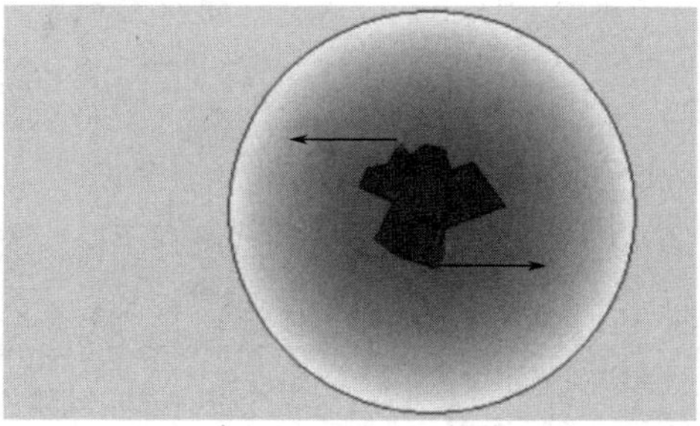

图 7-24 树脂熔体剪切法

该方法中由机械运动的外力引发的树脂黏性流体层间流动速度差与流体黏度而产生的黏度剪切力对颜料颗粒分散起主要作用，见图 7-25。当流体流动时，两个相邻层间既有同向运动，也有相向运动，由此产生相对运动，形成剪切力。

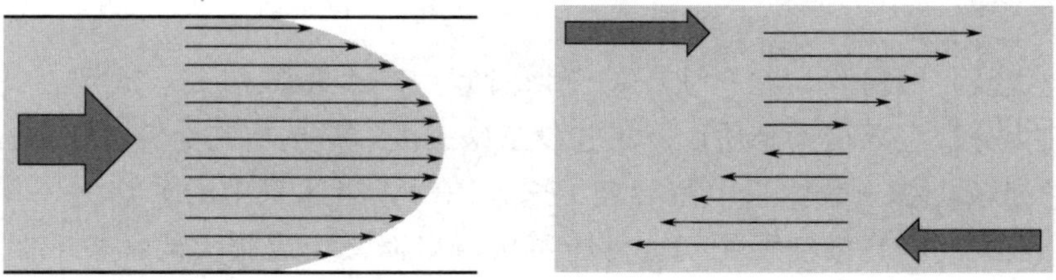

图 7-25 熔体流动速度梯度示意图

如将螺杆中的熔体简化为牛顿流体，即黏度随温度升高而减小，则在相对较低温度下，其剪切力高，有利于颜料团聚体颗粒的破碎。当采用挤出剪切时，挤出温度应稍高于树脂的熔点，接近熔点温度，熔体的分散状态较好，因为在这一温度下，能产生很大的内部剪切应力，而相对较高的温度下则是混合大于分散。因物料所受的剪切力随螺杆转速升高而增大，转速高也会缩短颜料颗粒在剪切场中的停留时间，故必须正确选择螺杆转速；螺槽深度决定了剪切场面积的大小，对于剪切的影响也比较明显。

螺杆工作模型中的剪切力 ζ（牛顿流体时）：

$$\zeta=\mu\gamma$$

式中，μ 为树脂熔体的黏度；γ 为剪切速率。剪切力与树脂熔体黏度和剪切速率成正比。

图 7-26 比较直观地展示了颜料颗粒在树脂熔体中被分散稳定的过程：首先是固体颜料颗粒和树脂熔体在分散设备的帮助下通过剪切区，在剪切力达到一定程度时，分散相发生断裂而被撕碎，颗粒尺寸（粒径）变小，当树脂经过熔融、塑化，黏度逐渐降低至黏流态时，较小颗粒渗入聚合物内，在流场剪切力的作用下，进一步减小粒径，直到颜料颗粒的团聚体被破碎并接近初级粒子的状态，得以均匀分散在聚合物中。最终颜料微细颗粒在流场的持续作用下被高度均匀地混合分布。熔体的黏度剪切力能否有效传递到颜料粒子上取决于颜料颗粒被树脂熔体润湿的效果和设备所具有的剪切能力。

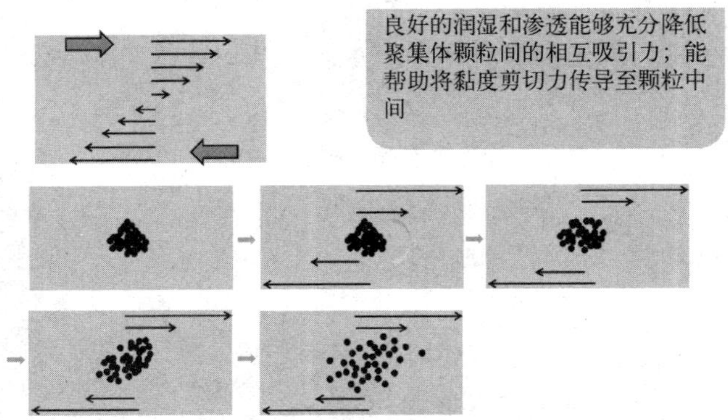

图 7-26　颜料在树脂熔体中的分散示意图

7.5　颜料的分散稳定性

前文已经提及，颜料颗粒在介质中的分散过程由三个阶段组成：润湿、细化分散和稳定。润湿和细化分散主要借助介质以及工艺设备来完成，是创造完美分散的前提，但还不足以实现颜料微细颗粒在分散体系中的稳定。这是因为：当体系中的剪切力一旦减弱或消除时，分散在介质中的颜料微细颗粒就有可能再次凝聚而又变成较大的颗粒，图 7-27 为颜料颗粒分散和再凝聚的过程示意图。

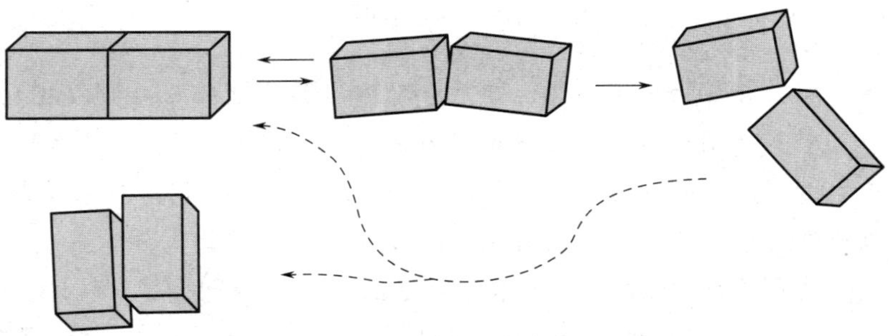

图 7-27　颜料颗粒分散和再凝聚的过程示意图

究其原因是随着颜料颗粒逐渐被分散，颜料粒径减小，比表面积急速增加，颗粒表面自由能也同比增加，直接造成微细颗粒间产生相互吸引力，且这种吸引力随分散的进行而不断增强。而微细颗粒倾向于通过减少比表面积来降低表面能，颜料微细颗粒的再凝聚也就在所难免。因此，保持分散后的颜料微细颗粒在体系中的稳定也就显得不可或缺，见图 7-28。

一般来说，目前对于细微颗粒的分散稳定有两种理论解释：双电层稳定机制和空间位阻稳定机制。

① 双电层稳定机制　使微颗粒表面带上一定量电荷，形成双电层；借双电层之间的排斥力使粒子之间的吸引力大大降低，从而实现颗粒的分散稳定性（见图 7-29）。

② 空间位阻稳定机制　如图 7-30 所示，在体系中导入不带电荷的高分子化合物，使其吸附在微颗粒的表面，促使粒子之间形成阻隔，从而实现分散稳定的目的。

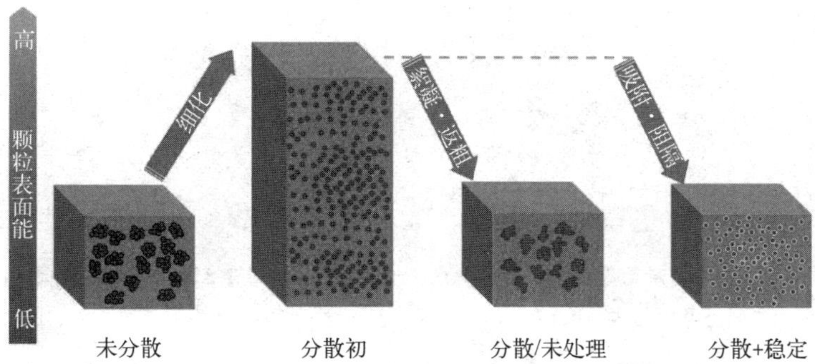

图 7-28　分散后的颜料微细颗粒在体系中的稳定

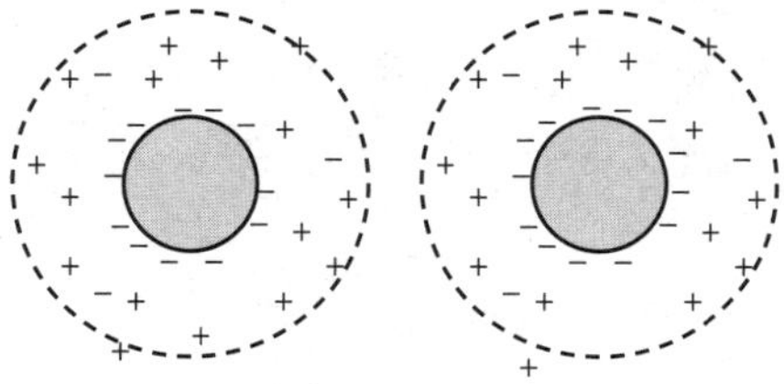

图 7-29　双电层稳定机制

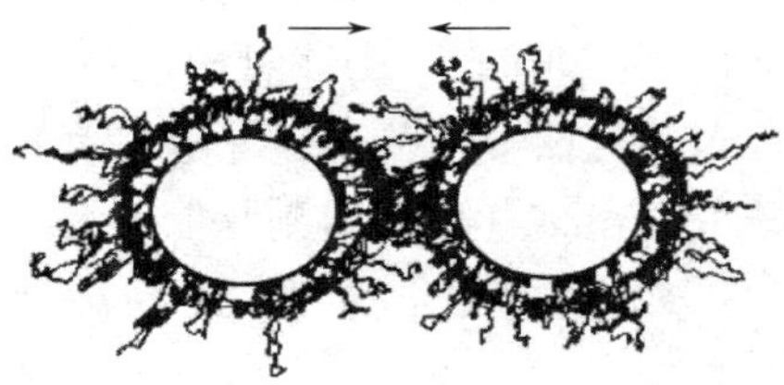

图 7-30　空间位阻稳定机制

7.5.1　双电层稳定机制

颜料分散在液体介质中时是一个粒子高度分散的体系，根据分散相粒子直径的大小，通常把颗粒直径大小为 1～100nm 的体系定为胶体。此时的颜料微粒具有很大的表面积和极高的表面自由能，因而在热力学表现上极其不稳定。但是，这种不稳定性并不一定立刻显现出来，视不同的微粒材质以及表面特性，它们可能在有限的时间段内体现出不同程度的、不同时长的稳定特性。

双电层稳定机制主要论点是：胶团之间既存在斥力势能，也存在着引力势能。两种势能的来源可通过分析胶团结构而得到解释。

图 7-31 中显示两个带正电荷的胶团。在胶团外的任一点处，不受正电荷影响；在扩散层内任一点，因正电荷作用未被完全抵消，仍表现出正电性。但当两个胶团扩散层未重叠时，两者无任何斥力。

当两个胶团扩散层发生重叠时，如图 7-32 所示：重叠区内负离子浓度增加。两个胶团扩散层对称性都受到破坏，使重叠区内过剩负离子向未重叠区扩散。由于双电层的静电平衡被破坏，导致渗透性斥力的产生。随着重叠区的加大，这两种斥力势能都会增加。

溶胶中分散相微粒间的引力势能具有范德华力的性质。作为一种远程范德华力，其引力随粒子直径的增大而增大。其作用范围比一般分子的大千百倍，与粒子间距离的一次方或二次方成反比（一般分子或原子间的范德华力与粒子间距离的六次方成反比），该引力会使粒子凝聚而沉淀。远程范德华力随粒子间隔距离的增大而减少。所谓静电斥力，在这里主要是指电荷之间的排斥力，它是维护胶团稳定的关键因素。静电斥力随着粒子尺寸、粒子表面双电层厚度的增大而增大，随粒子间距离的增大而减小，还与影响体系电性能特性的参数，诸如溶液的 pH 值、盐浓度和离子价数等有密切关系。

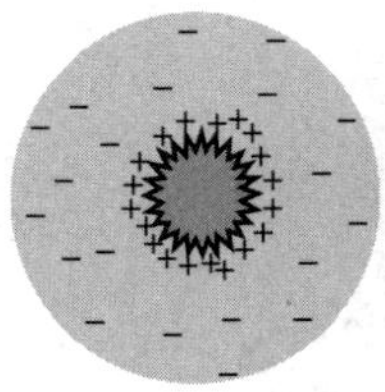

图 7-31　扩散层未重叠

（两胶团之间不产生斥力）

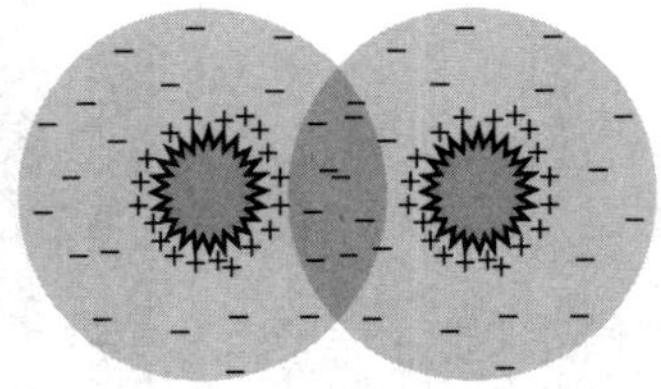

图 7-32　扩散层重叠

（平衡破坏，产生渗透性斥力和静电斥力）

DLVO 理论认为粒子间的总势能 E 是范德华力 E_A 和围绕粒子周围形成的双层静电斥力 E_R 之和，当电荷间的斥力很大时，斥力和引力之和大于 $15kT$（k 为玻尔兹曼常数，T 为热力学温度），就能产生能量的壁障，阻止粒子的凝聚，保持分散的稳定化。斥力势能、引力势能及总势能都是粒子间距离的函数，以粒子间斥力势能 E_R、引力势能 E_A 和总势能 E 对粒子间距离 x 作图可得到势能曲线（图 7-33）。

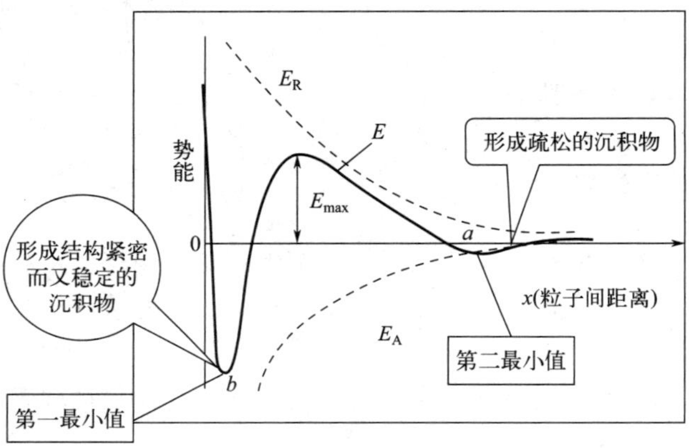

图 7-33　DLVO 双电层理论示意图

如图 7-33 所示，当粒子间距离 x 缩小，先出现一极小值，达到第二最小值 a 时可形成疏松的、不稳定的沉积物。当外界环境变化时，这种沉积物可重新分离生成溶胶。在 ab 之间，斥力起主导作用，当 x 继续缩小，势能曲线上出现极大值 E_{max}（势垒），一般粒子的动能无法克服它，使溶胶处于相对稳定状态。当两胶粒通过热运动积聚的动能超过 $15kT$ 时才有可能超过此能量值，越过 E_{max} 后，势能曲线出现第一最小值 b。落入此陷阱的粒子发生不可逆沉积形成紧密而又稳定的沉积物。

在实际应用中，黏胶和维纶纤维原液着色用液状着色剂的颜料颗粒的分散稳定性主要取决于分散粒子所带电荷的斥力和范德华力间的能量关系。因此，颜料分散微粒带电量是分散体系稳定的重要因素。若颜料粒子表面带正电荷，其表面就会吸附负电荷构成双电层。吸附的负电荷数比粒子表面所带的正电荷要少，其厚度大约为一个离子半径，这层电荷吸附层被称为固定层。其余的负电荷则向分散介质的主体方向扩散，负电荷的数量沿半径向外依次降低。整个双电层结构所产生的能量壁障，阻止了粒子间的相互凝聚，从而保持分散体系的稳定。

7.5.2 空间位阻稳定机制

(1) 空间位阻稳定机制与颜料吸附层

在颜料颗粒分散后，随着颗粒粒径的变小，颜料表面积快速增加，进而导致表面能提高，这样颜料微粒的稳定性降低，粒子之间重新产生凝聚而促使表面能降低，直至达到稳定的状态。图 7-34 演示了这一过程。

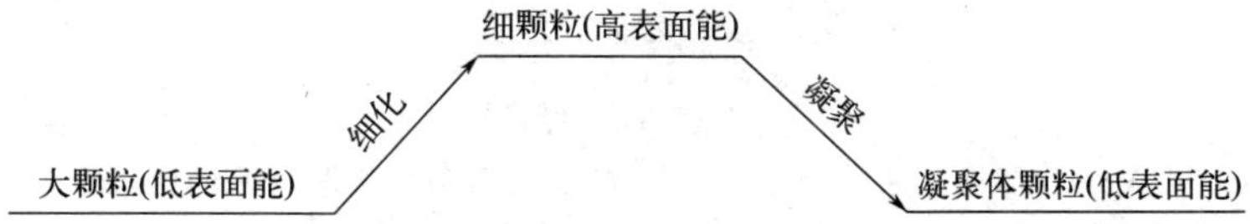

图 7-34　颜料颗粒细化时的能量变化过程

如果在颜料颗粒被分散形成新的表面同时，在其表面附着一层包覆层，就会使得颜料颗粒的表面能降低。带有包覆层的颜料微粒之间再度碰撞时，由于包覆后的粒子有效降低了表面能，加上表面包覆层的阻隔作用，颜料颗粒就不会再次凝聚，从而达到了颜料分散稳定的目的。图 7-35 很好地诠释了这一机理。

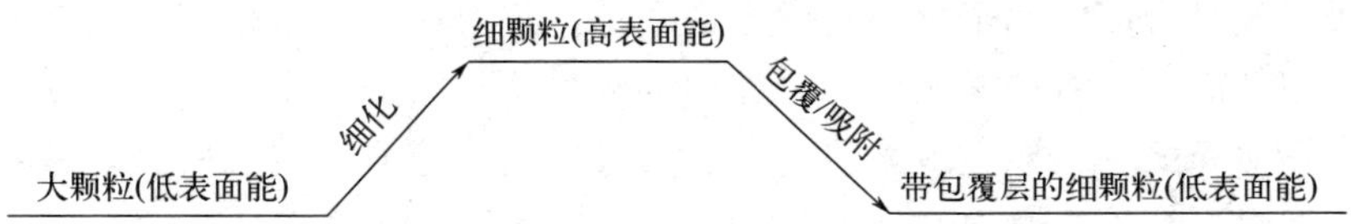

图 7-35　颜料颗粒包覆-细化时的能量变化过程

颜料颗粒分散稳定性很大程度上是基于空间位阻稳定机制的原理来实现的，色母粒制造是这一理论最为全面和有力的证明。

颜料颗粒的表面吸附了高分子化合物后（高分子量分散剂），在其粒子外围形成对主体的障碍层，有效阻隔了粒子间的碰撞和凝聚，从而起到了稳定化的作用。其结构可参见图 7-36。

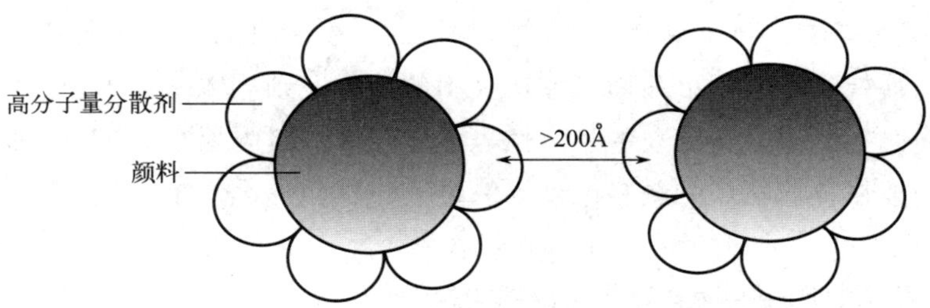

图 7-36　颜料吸附高分子化合物示意

(1Å=10^{-10}m)

吸附层的厚度决定了粒子之间的距离是否足够大，以克服分子间的范德华力。对于大多数粒子来说，>100Å 的吸附层厚度被认为是比较理想的。图 7-37 是颜料用聚乙烯蜡添加量与着色力和过滤压力值的关系。

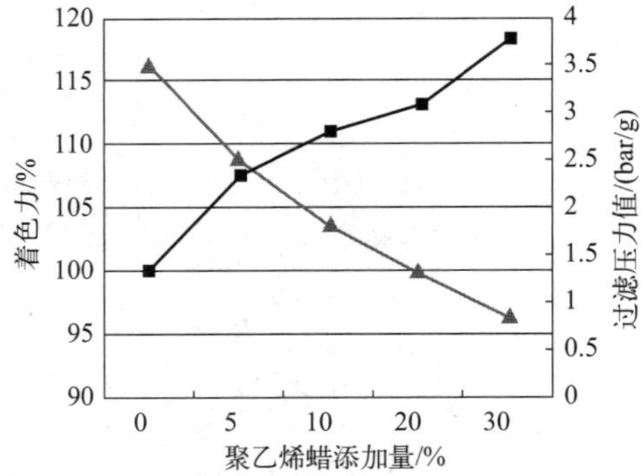

图 7-37　聚乙烯蜡添加量与颜料着色力和过滤压力值的关系

—■—着色力；—▲—过滤压力值

(2) 影响颜料吸附量的因素

① 吸附层覆盖率　较高的吸附层覆盖率有利于微颗粒的分散稳定性。一般来说吸附层物质的分子量大，则所需吸附量也会增加。

② 颜料颗粒的表面特性　固体颜料的表面特性主要是指物理性质（形状、多孔性以及孔隙的大小和深浅等）和化学特性（极性/非极性、表面张力）。

众所周知，颜料表面的原子价态是没有饱和的，还有一半剩余价态。通常固体表面并非一个真正光滑的平面，会有许多凹凸和毛糙的部分，所以在表面不同部位的原子其原子价态的饱和程度是有差异的。一般在颗粒棱、角、边及凹凸部位剩余价态较强，具有较大的吸附力。比如炭黑颗粒虽然本身具有多孔性，理论上易于渗透，但是其吸附高分子化合物就相对比较困难，这是由于高分子化合物呈卷曲状态，不容易渗入孔隙而被吸附，因此其分子量越大，吸附量就越小，故普通的炭黑分散稳定性就比较差。

③ 颜料共同吸附层覆盖率的影响　当两种或两种以上的颜料同处在一个配方中时，由于不同的颜料颗粒可能带有相反的电荷，容易使颜料颗粒相互吸引而凝聚。为此，需要选择合适的吸附物质来中和电荷，同时需要适当增加吸附层厚度和提高吸附层覆盖率以达到有效阻隔。

④ 颜料浓度的影响　由于颜料浓度增加的同时，颜料颗粒碰撞的概率大大增加。吸附层的覆盖需要消耗能量和时间，而尚未完成吸附的微粒，则会因降低表面能的动能驱使而很快相互凝聚；同时，确保颜料颗粒的稳定性也需要足够的吸附层物质，以确保吸附层厚度和覆盖率。所以一般在色母粒中的颜料浓度不能过大，在实际生产中有机颜料在色母粒的质量分数不超过 40%。

(3) 高分子化合物固定在颜料颗粒表面的途径

① 第一种是吸附，它的作用机理前文已有叙述，吸附形态包括：列队形，平卧在表面上；尾形，在介质中展开；环形，展开后又重新回到表面；桥连形，连接两个颗粒。

② 第二种固定方式为锚接，即通过化学作用与颗粒表面分子连接。锚接型固定方式可能形成蘑菇形、薄饼形和梳形。上述两种固定方式的各种表现形式如图 7-38 所示。

(4) 超分散剂

美国路博润（Lubrizol）公司推出了一些被称为超分散剂的分散稳定剂，与传统的颜料表面吸附高分子层有部分相似之处，但具有一些明显不同的作用机理，因而所产生的分散稳定效果也不尽相同。

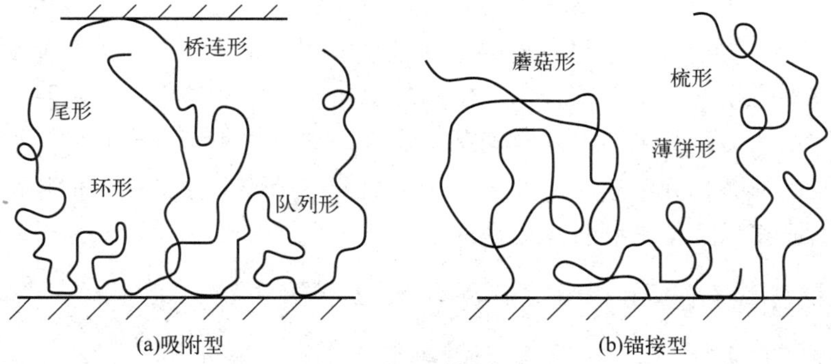

图 7-38 高分子化合物在颗粒表面固定方式

超分散剂是一类高效的聚合物型颜料分散稳定助剂。其分子结构主要由两部分组成：锚固基团与溶剂化聚合链。常见的锚固基团有：$-\overset{+}{N}R_3$、$-COOH$、$-COO^-$、$-SO_3H$、$-SO_3^-$、$-PO_4^{2-}$、多元胺、多元醇及聚醚等。超分散剂以各自的锚固基团为基点，通过离子键、共价键、氢键及范德华力等作用力与颜料粒子相互吸引，紧紧吸附在固体颜料粒子表面；常见的溶剂化聚合链组成有：聚酯、聚醚、聚烯烃以及聚丙烯酸酯等。它们按极性大小可分为三类：①低极性聚烯烃链；②中等极性聚酯链或聚丙烯酸酯链等；③强极性的聚醚链。在极性匹配的分散介质中，链与主体分散介质有着良好的相容性，能够与之融为一体（见图 7-39）。

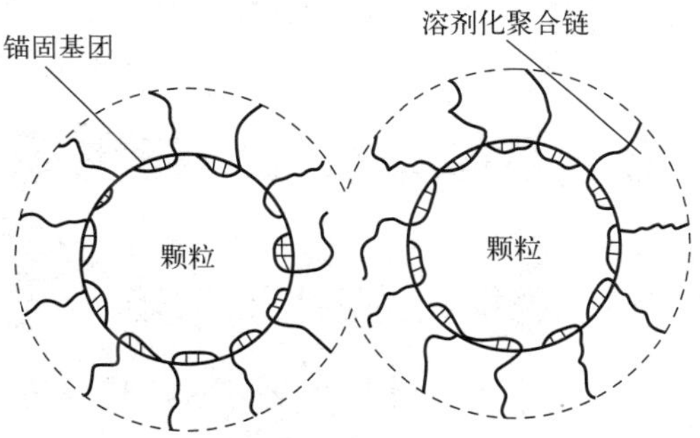

图 7-39 超分散剂作用机理示意图

超分散剂的锚固基团牢固吸附于颜料粒子的表面，其溶剂化聚合链则比较舒展地在分散介质中展开并在固体颗粒表面形成足够厚度的保护层（5～15nm）。当两个或多个吸附有超分散剂分子的固体颗粒相互靠拢碰撞时，由于伸展的溶剂化聚合链的空间障碍而使得固体颗粒弹开，从而不会引起凝聚，维持稳定的分散状态。

不同的超分散剂有着不一样的结构：有的以单个具有强吸附力的锚固基团与固体颗粒相吸附；有些则靠单一分子中具有的多个微弱吸附力的锚固基团的同时作用，见图 7-40 和图 7-41。

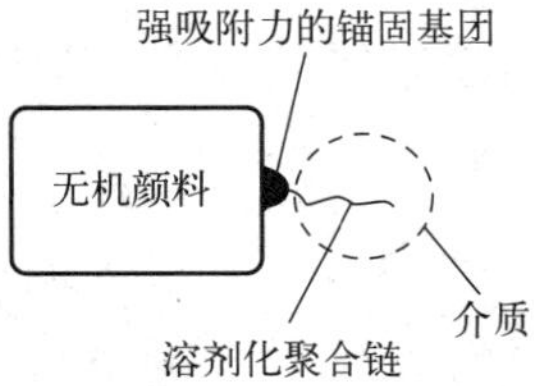

图 7-40 单个锚固基团的超分散剂

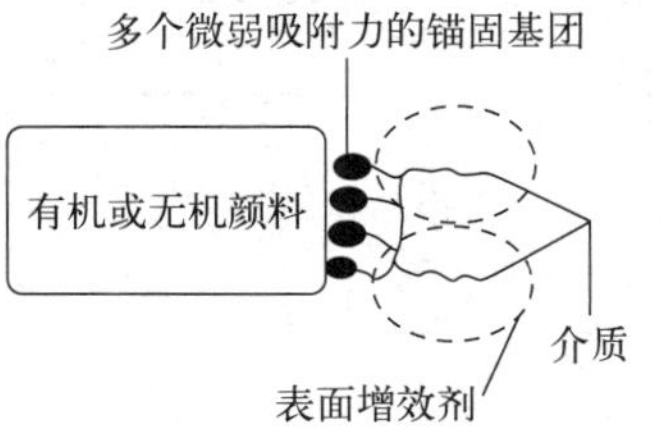

图 7-41 多个锚固基团的超分散剂

超分散剂的分散稳定性除了通过改变固体颗粒表面的电性质，增大静电斥力实现外，主要还是通过增大高分子吸附层厚度来增加空间位阻作用进而实现分散稳定。而位阻作用与静电斥力相比，其优点在于位阻机制在极性和非极性介质中都有效，并且位阻稳定是热力学稳定，而静电斥力是热力学亚稳定。所以，与传统分散剂相比，其分散稳定效果有大幅度提高。

这里需要特别指出的是，超细分散剂的添加要适量，才能使颜料分散稳定性发挥到最大效率。超细分散剂添加量太多会导致锚固基缠绕，添加量太少则造成颗粒表面只有部分被覆盖，以上均不能起到颜料分散稳定的效果，见图 7-42。超细分散剂正确的添加量与颜料表面积有关，理论上适宜添加量是颜料表面积的 1/5。

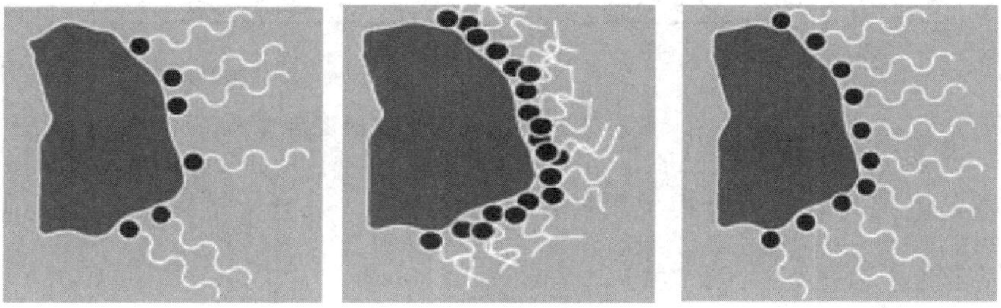

(a) 添加量太少(疏散)　(b) 添加量太多(缠绕)　(c) 正确的添加量(均匀稳定)

图 7-42　超细分散剂添加量对颜料分散稳定性的影响

7.6　颜料分散理论在色母粒生产工艺上的应用

7.6.1　色母粒的定义和市场

所谓色母粒就是把超常量的颜料均匀地分散与融合于树脂之中而制得的高浓度着色颗粒，用于对塑料制品的着色。色母粒中所含的颜料（或染料）一般在 20%～80%（质量分数）。

色母粒除了配色以满足客户对最终色彩的要求外，主要是解决颜料在树脂中的分散问题，并以此来满足客户对制品中颜料颗粒细度的要求。因此，不能仅仅把色母粒制造理解为只是将颜料和树脂混合后挤出造粒的一个简单过程，它是颜料化学、树脂熔体加工、表面化学等高度综合的系统工程。

我国色母粒在各种树脂领域的消费构成以及在各个应用领域消费需求构成参见表 7-4 和图 7-43。

表 7-4　我国色母粒在各种树脂领域的消费构成

树脂	所占比例/%	树脂	所占比例/%
LDPE	25	尼龙	6
HDPE	22	PET	4
PP	19	PVC	3
ABS	13	EVA	2
PS	6		

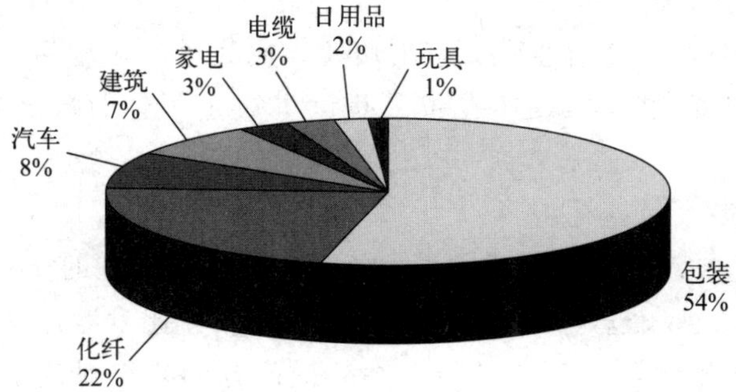

图 7-43　我国色母粒在各种应用领域的消费构成

颜料分散理论的精髓：颜料润湿过程十分简单，因此人们对初始润湿的重要意义往往不在意，然而初始润湿不仅重要，而且会决定分散的质量。

色母粒加工如何做好颜料的润湿，如何做好颜料的分散，如何做好颜料的分散稳定性是门大学问。下面就颜料分散理论如何应用于色母粒生产工艺中进行剖析和说明。

7.6.2　预混双螺杆挤出工艺

(1) 高速混合加双螺杆挤出工艺

目前国内外相当多的色母粒生产商采用高速混合加双螺杆挤出的配套工艺，工艺流程见图 7-44。

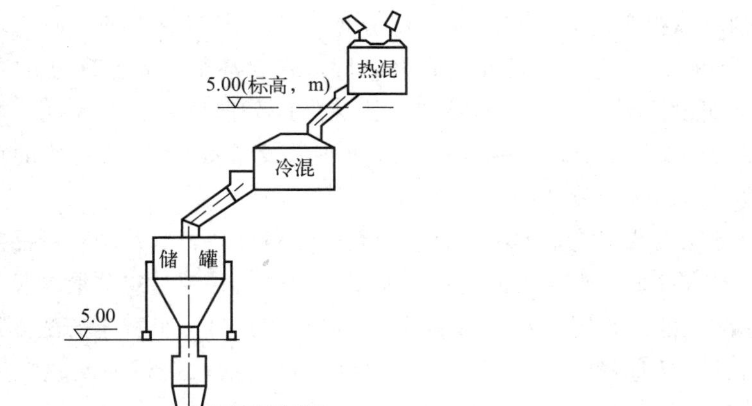

图 7-44　经典色母粒生产工艺流程图

该工艺是将原料（载体树脂，聚乙烯蜡，颜料和助剂）按配方计量后加入高速混合机，通过高速运转和阻流挡板的共同作用对颜料粗大颗粒进行预破碎，使其与相对低熔点的聚乙烯蜡熔合进行预润湿，同时均匀地黏附在因高速搅拌摩擦升温而产生表面塑化的树脂颗粒上；完成上述过程后再经由低速低温混合机的冷却，以解除混合料颗粒间的相互粘连；然后将混合料加入同向平行双螺杆挤出机，经过熔融塑化（此步骤包含对颜料颗粒的进一步润湿作用)、混炼、研磨等步骤，然后经模头挤出切粒，成为色母粒制品。实践经验证明，颜料在高速混合过程中的预润湿效果好坏在很大程度上决定了色母粒产品最终分散性的优劣与否。

（2）工艺选择的误区

目前，国内在色母粒生产工艺的选择等方面还存在以下典型的误区。

① 双螺杆的长径比越大越好　似乎只要加大螺杆长径比，增加了研磨的比重就可以解决所有分散的问题。殊不知如果没有针对个案分散问题的症结对症下药，一味地增加长径比，非但不能真正解决问题，还会导致能耗的浪费和生产效率的下降。

② 过滤网越细越好　较细的过滤网的确能够确保色母粒制品中颜料细度的控制。但是，如果没有有效地解决分散的问题，只是依靠过滤网的作用来保证制品质量，那么，所带来的后果就会是不断频繁地更换滤网，导致停车时间延长，严重影响产能的正常发挥。更有甚者，过多的停车换网会造成更多物料在高温机筒内的长时间滞留，这部分的树脂物料极有可能导致深度的降解而给最终应用带来不可预料的伤害，较长时间的高温滞留也会导致色差的增大。

③ 增加造粒次数可以解决分散难题　有些母粒生产商在遇到产品分散问题时的解决方案是简单地重复挤出造粒，一次不达标就两次挤出，甚至三次或更多次……，这样不计生产成本的做法，实际上对于控制生产成本来说，无异于空谈，更不符合当今低排放、可持续发展的理念。同样，反复多次的高温加工带给塑料的损害也是不可忽视的。

④ 多加润滑剂可以提高制品外观品质　部分色母粒生产厂商为了片面追求色母粒制品外观的光亮度，而不断提高配方中润滑剂的添加量，有的甚至将硬脂酸盐的添加比例加至5%或更高。然而，低分子量组分的过多添加会快速降低分散体系的总黏度，最终导致因为黏度剪切力的不足而严重影响分散的结果；此外过多低分子量/低熔点物质的加入也会在一定程度上影响最终制品的物理特性。

众所周知，色母粒生产工艺要解决的首要问题是颜料分散，这是塑料制品生产过程中无法通过采用粉体颜料直接加工来解决的问题，而要达到颜料颗粒理想分散的目标，仅仅依靠一种方法是很难有成效的。它所涉及的因素很多，必须根据每一个特定的配方考虑综合的因素，对症下药，有针对性地解决各自的问题。这些问题包括：颜料的问题、加工工艺的问题、设备问题、制品应用问题等。

（3）选择分散性好的颜料品种

① 选择容易被树脂润湿的颜料品种。EN13900-5 过滤压力试验可以佐证瓦什伯恩方程式中描述的润湿理论。该理论表明颜料表面性能对于颜料在树脂中的分散着色有着举足轻重的意义。

在相同的测试条件下，颜料被树脂润湿后，能在一个相对较低的剪切力条件下被迅速分散并通过特定的滤网组，其过滤压力值（FPV）小于 1bar/g，这就表明该颜料品种的分散性比较优异，将其按照恰当的工艺制成色母粒就可用于对分散性要求很高的制品的着色；反之，以同样的测试加工条件所测得的过滤压力值大于 1bar/g，就表明所代表的颜料产品的润湿分散性能不佳，其加工制成的色母粒就未必能符合后续应用的要求。

过滤压力试验就是采用不同细度滤网组合，通过测试过程及最终滤网前端物料压力的上升值来反映颜料分散体中不符合应用要求的分散细度的较大颗粒的比例。图 7-45 所显现的是不同分散性能的颜料在经过过滤压力试验后被过滤网滤出的较大颗粒的粒度和数量。

(a) 过滤压力值0.4 bar/g　(b) 过滤压力值1.0 bar/g　(c) 过滤压力值4.6 bar/g

图 7-45　过滤压力值与过滤网上残存颜料颗粒状况

过滤压力试验能够比较直观地反映颜料产品的分散性能在实际应用中的体现，其测试结果的再现性与实际加工的关联性很高，因而它越来越普遍地被国内行业同仁所认知和接受。这也是大多数的国际性颜料贸易和使用厂商要求供应商必须提供相关产品过滤压力测试数据的原因所在。

除过滤压力试验以外，还有其他的一些方法用来评判颜料的润湿分散性，例如两辊研磨着色力评估和吹膜色点检测等方法，所有的检测方法都应根据不同的实际应用而选定。除了上述的测试方法，还有一个比较简单和经验性的判断方法，那就是选择同类颜料品种中吸油量相对较低的产品用于塑料的着色。因为，大多数的树脂为非极性或低极性的，选用相同极性的油对颜料产品进行吸油量的测试，依据相似相容的原理，吸油量越低则表明该颜料产品越亲油，也就说明该颜料产品的表面极性越低，可以预见它在塑料着色加工时的润湿分散相对比较容易。

上面所述作为一般的塑料着色的规律，适用于通用的加工应用。任何事情都有其特殊性，塑料制品的加工也不例外，在实际的应用中也可能采用一些极性较高的树脂材料，随着技术的进步和产品的差异化，这一类的应用也会越来越多。对于这样的案例，应根据实际情况选择相适应极性特点的颜料产品，以便有利于润湿分散的实施，确保制品的质量。

② 同类颜料品种中，颗粒粒径大则有利于其在色母粒中的润湿和分散。

③ 同品种产品选择堆积密度较低的产品有利于其在色粒中的润湿渗透，进而对分散有帮助。

（4）选择低黏度润湿剂

根据瓦什伯恩方程式所描述的润湿理论可知，润湿剂黏度的高低和功能团的多少对于颜料的润湿分散效果有着至关重要的影响。这里以聚乙烯蜡作为润湿分散剂生产聚烯烃色母粒为例来加以说明。

① 润湿剂的黏度　一般的规律是，选择黏度相对低些的润湿剂有利于对颜料的润湿。

以聚乙烯蜡为例，简单的判别方法是选择密度为 0.91～0.93g/cm^3 的聚乙烯蜡，其黏度相对比较低，最终显现的分散效果比较理想；而当密度在 0.94g/cm^3 或以上时，其黏度明显较高，颜料的润湿效果比较差。另外，就聚乙烯蜡本身而言，在作为润湿分散剂的同时也是一个典型的外润滑剂，当其密度过高时会大大强化其在体系中的润滑性而不利于颜料的分散。

② 润湿剂的分子量分布　这是非常重要的一个考量因素，而这一点又恰恰经常被忽略。还是以聚乙烯蜡为例：一定要选择分子量分布相对集中的聚乙烯蜡。如果使用的聚乙烯蜡产品的分子量分布较宽，则其中必定含有较多分子量过大和过小的部分，而过大分子量的黏度过高，必定影响润湿效果；而分子量过小则黏度太低，导致体系的黏度剪切力降低而影响分散。另外，过低分子量也可能增加挥发性从而污染生产环境或给制品带来异味。所以，选择合适分子量分布的润湿剂非常有必要。通常来说，以聚合法工艺生产的聚乙烯蜡因其工艺特点对产品聚合度能够进行有效控制，故而生产出的产品的分子量分布比较窄；而以裂解法生产的聚乙烯蜡对断键部位的不可控性，也就造成了其制成品分子量分布很宽。

③ 关注聚乙烯蜡的“低温黏度”和“高温黏度”　这里所说的“低温”和“高温”特指相对的温度概念。一个理想的润湿分散剂在其对颜料颗粒进行润湿处理阶段（相对低温）时的黏度应相对低些，以利于对颜料颗粒的润湿；在剪切分散阶段（相对高温）时的黏度应能够高些，这样对剪切分散的帮助会比较明显。

④ 聚乙烯蜡产品的粉体细度　比较细的蜡粉能够与颜料粉体颗粒高度均匀混合，从而帮助颜料进行快速高效润湿。因此，微粉蜡更加受到行业的青睐。

以上仅是润湿剂特性对分散影响的论述，实际生产中还有其他一些因素也必须一起关注。例如：对于环境和产品安全等因素，就像过低分子量的蜡产品会因挥发性较大而造成环境污染和制品异味等，如果把这样的蜡用于一些敏感应用领域，诸如食品包装材料、儿童玩具等，就会造成十分严重的后果。所以，对于这样一种比较关键的辅助材料的选择必须慎之又慎。

(5) 分散所需的能量始于润湿

颜料的分散是需要施以足够的能量这一点相信各位都会认同。但可能很多人认为只有在对颜料进行研磨时才需要能量，这样的认识是不完整的。因为在本章的前面已经提到过在颜料颗粒的润湿阶段就必须注入能量以帮助颜料颗粒完成良好的润湿：合适的温度能够把载体树脂和润湿剂充分熔融，以达到要求的熔体黏度（或流动性能），来确保快速润湿。所以适当地提高熔体温度有利于润湿。单从这一点就能体现能量对润湿的重要性，更何况机械的搅动还能够加速润湿的进行。

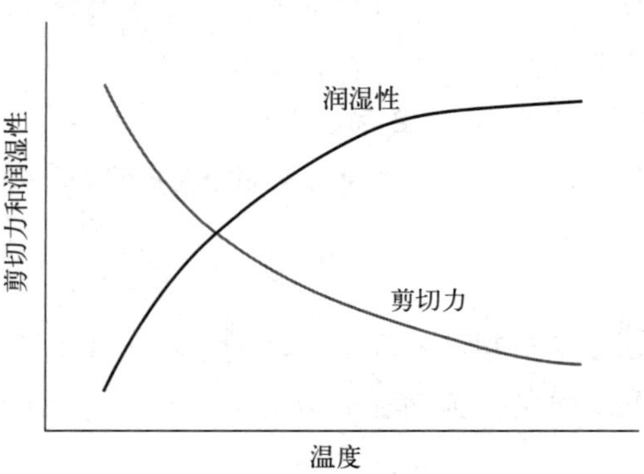

图 7-46　温度与润湿性和剪切力的关系

毫无疑问，颜料颗粒分散过程中所受到的黏度剪切和机械剪切，都是由加工设备的运转所提供的。图 7-46 直观地诠释了加工温度对颜料颗粒在润湿阶段和研磨剪切阶段效果的影响。

（6）载体树脂的选择

① 树脂粉料和粒料的选择　以上面所述的聚烯烃色母粒生产工艺为例，很多的实践经验和统计结果表明，采用粉状树脂进行生产所获得的最终分散性能要比使用粒料树脂的要好些。一个明显的区别在于：粉状树脂因粒度小而能在设备中快速完成熔融过程，也就是说颜料颗粒能够比较早地被浸润而进入润湿分散的过程。同时粉体间相互的混合均匀性也极高，这也有效地提高了润湿的速度；反观粒状树脂，因其粒度很大，熔融过程由表及里需要一定的时间，由此可知它对于颜料的润湿速度是远不如粉体树脂快的。这一问题看似无足轻重，实则对分散结果影响明显，应当加以重视。然而，市场上并非所有树脂产品都有粉状料供应，因此，有不少色母粒生产厂家自备磨粉设备，在必要时将所用树脂部分或全部经过磨粉后再用于色母粒的生产，以此来提升和保证产品的质量。

② 选用高熔融黏度树脂　树脂的熔融黏度高则体系的黏度剪切力也高，由熔融树脂传导至颜料颗粒的剪切力也就越大，有利于对颜料颗粒的分散。那么对于聚烯烃色母粒加工来说，哪种树脂的熔融黏度比较利于颜料的分散呢？一般都会选用线型低密度聚乙烯。

所谓线型低密度聚乙烯（LLDPE），是乙烯与少量高级 α-烯烃（如 1-丁烯、1-己烯、1-辛烯、1-四甲基戊烯等）在催化剂作用下，经高压或低压聚合而成的一种共聚物，密度处于 $0.915 \sim 0.935 g/cm^3$ 之间。LLDPE 无毒、无味、无臭，常规 LLDPE 的分子结构以其线型主链为特征，只有少量没有长支链，但含有短支链，没有长支链时聚合物的结晶性较高。在分子量相同的情况下，线型结构的 LLDPE 熔体黏度要比非线型结构的 LDPE 高。在熔体流动指数相同的情况下，LDPE 的熔体黏度也明显低于 LLDPE。因此，选择使用或部分使用 LLDPE 作为聚烯烃色母粒的载体也就不足为奇了。

（7）高混设备及工艺控制

预混双螺杆制造色母粒生产工艺顾名思义就是先把原料进行预先高速混合，然后采用双螺杆挤出机挤出成型色母粒的工艺。高速混合机是使用极为广泛的塑料混合设备，高速混合机由混合室（又称混合锅）、叶轮、折流板、回转盖、排料装置及传动装置等组成，如图 7-47 所示。

当高速混合机工作时，高速旋转的叶轮借助表面与物料的摩擦力和侧面对物料的推力使物料沿叶轮切向运动。同时，由于离心力的作用，物料被抛向混合室内壁，并且沿壁面上升，当升到一定高度后，由于重力作用，又落回到叶轮中心，接着又被抛起。这种上升运动与切向运动的结合，使物料实际上处于连续的螺旋状上、下运动状态，并通过高速运转和阻流挡板的共同作用对颜料颗粒进行预润湿。

色母粒生产工艺中混合工艺操作质量占了很重的比例。颜料的润湿需要能量，提高分散体系的温度有利于颜料颗粒的润湿和渗透；高速混合机的搅拌器形状和结构也很重要，见图 7-48。

之所以强调高速混合机的搅拌器很重要，是因为目前国内的部分高速混合机售价很低，其设计的搅拌器过于简单，功率低，整个配置也低，常用于制造低端白色母粒和填充母粒（因为钛白粉和碳酸钙比较容易分散），如遇比较难分散的有机颜料，则达不到分散的要求，这是因为物料在高混机中不仅仅是物料搅拌，也在进行颜料的润湿，再次强调颜料的润湿是需要能量的。

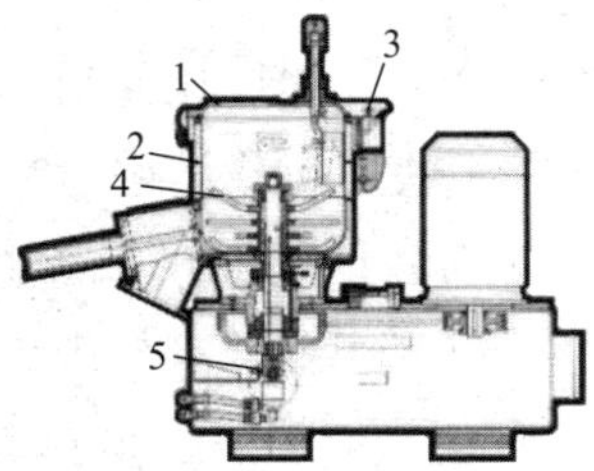

图 7-47　高速混合机及其工作原理

1—回转盖；2—外套；3—折流板；
4—叶轮；5—驱动轴

图 7-48　高速混合机的搅拌器

从图 7-44 可看到色母粒预混是一个系统，系统中含有两套设备，一套是可加热的高速混合机，另一套是可冷却的低速混合机。物料在高速混合机高速混合后，树脂开始软化，达到玻璃化转变温度时，由粉状变为团状。达到这个温度所需的时间极其短，其表现是搅拌电流迅速上升，这时就需将物料迅速放入低速混合机。团状物料迅速放入低速混合机后通过低速冷却搅拌后成无尘微小颗粒。

色母粒预混系统可以使润湿时温度达到最高，也就是润湿时获得的能量最大。对颜料润湿效果最好，因此其通过双螺杆挤出成型的母粒的分散效果也最佳。目前国内仅有少量母粒企业选用上述设备生产的母粒，均用于分散要求较高的化纤纺丝色母，也足以佐证颜料润湿重要性的结论。

（8）挤出分散设备及工艺控制

① 设计高剪切力螺杆组合　就现今色母粒生产工艺通常的配置而言，主要的分散设备为双螺杆挤出机，那么了解和合理配置双螺杆的加工性能就变得十分重要，这关乎产品的质量和生产能力。

色母粒制造厂商一般选用平行双螺杆挤出机，与传统的挤出机不同，这类挤出机整套螺杆是由各种型号的螺纹及研磨块组件像积木一样进行不同的排列组合而成的，见图 7-49。这就为不同产品要求有针对性地制定和实施加工方案提供了极大的灵活性，同时也可以使产品质量和生产能力达到最佳平衡。

就色母粒生产工艺的要求而言，整组螺杆一般可分为加料输送段、压缩段、熔融段、混炼段、排气段、均化段等。这些功能段并非只是单独地被使用，部分功能可以依据实际需要重复交替设置。它们的作用如下。

a. 加料输送段，主要功能是对加入的物料进行轴向输送。

b. 压缩段，对松散的物料压实、软化，同时挤压物料所夹带的空气使之反向排出，至压缩段尾端，树脂形态已转变为黏流态。

c. 熔融段，物料在此阶段接受热量传递和自身摩擦生热得以完全熔融。

d. 混炼段，熔融物料在此充分均匀化；固相组分的绝大部分在这一过程中完成分散细化。

e. 排气段，通过适当释缓物料压力和减少螺槽物料填充量，采用真空抽气或自然排气的方式，排出水蒸气和其他低分子量挥发物等杂质。

(a) 平行双螺杆螺纹块元件(积木块)

(b) 组合后的双螺杆配置

图 7-49　平行双螺杆元件及组合实例

f. 均化（计量）段，进一步混合和输送熔融物料，由设定的螺杆压缩比建立一定的压力以确保输送到模口的物料达到理想的致密度。

总而言之，双螺杆挤出机的使命是通过不同的螺杆组合，实施对熔体的分割与重组，达到均匀的混合分布效果；以及通过剪切力的传导和作用，使固相组分分散成为符合细度要求的微粒，或把不相容的两种（或多种）组分以分散相形态完成分散混合，使之成为一体。

② 螺杆转速与剪切力　对于特定配置的螺杆而言，它所能产生的剪切力由螺杆的转动而定：转速越高，其产生的剪切力就越大，对于固体相的分散能力越强，所得到的分散相尺寸越细。但转速过高，因剧烈摩擦而产生的温升易导致聚合物的热降解；高转速也使物料在设备中的滞留时间缩短，如果没有有效干预则有可能导致物料混合不均。反之，转速越低，产生的剪切力就越小，可能导致分散不够和混合不均匀，同时由于物料在料筒中滞留时间长，易加剧聚合物的降解。螺杆的组合和转速都与剪切分散密切相关，因此必须把这两者作为一个有机整体综合考量。

③ 合理的温度控制　挤出机工作温度的设定关乎树脂的加工形态和特性指标（流动性，黏度等）、对固体颗粒的润湿分散以及确保材料最低的降解可能等。因此，温度设定的原则是必须全面兼顾上述各项因素。

一般来说，挤出机主体区域的温度应稍高于树脂熔点，以确保树脂体系处于最佳的熔融状态，又能很好地保持适当的剪切力。

当然，挤出机温度的设定也应该按照加工材料的特性和各加工进程不同，针对熔融、润湿、研磨和剪切等不同的工艺要求灵活设置和调整，以求最佳效果。

除了对挤出机的合理设置外，要想生产出优质的色母粒产品，还应该特别关注合理的生产工艺控制，这不仅仅特指工艺操作条件的控制，必须包含合理的配方组成，尤其是一些容易被忽视的添加剂成分。因为，与主体树脂相比，绝大多数的此类添加剂都是低分子量的化合物，一旦添加过量，不仅仅是浪费，严重的还会导致加工性能或最终制品物性的改变。

7.6.3 侧向（分段）喂料双螺杆挤出工艺

侧向（分段）喂料双螺杆制造色母粒生产工艺就是采用数台失重式计量机同时在主进料口加入树脂和几个侧进料口分别加入着色剂和助剂后挤出成型色母粒工艺，见图 7-50。

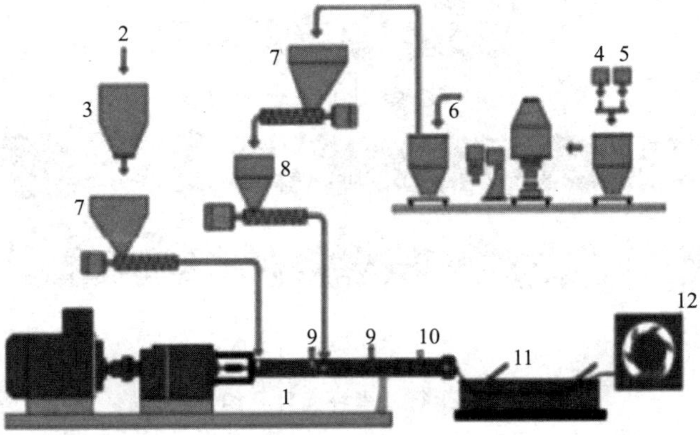

图 7-50 侧向（分段）喂料双螺杆挤出生产色母粒工艺流程图

1—双螺杆挤出机；2—粒状树脂；3—料仓；4—聚乙烯蜡；5—颜料；6—混合机；7—失重计量秤；8—双螺杆喂料机；9—排气口；10—真空泵；11—水槽；12—切粒机

从图 7-50 中可以看到从主喂料口进料的树脂在螺杆之间剪切塑化熔融，然后熔融态树脂对从侧进料口加入的颜料进行润湿、分散和稳定化处理后挤出成型成为色母粒产品，跨国色母粒生产企业在东莞和天津用该工艺生产白色母和黑色母，取得了良好效果。

侧向分段喂料法色母粒生产设备初期投资较高，所选用双螺杆挤出机螺杆排列是精心设计的，多种失重式喂料机安装在挤出机上方，沿着工艺段可以分段通过主喂料口和侧向喂料口将原材料连续式喂入挤出机不同区段内。所以分段喂料法制色母粒生产工艺螺杆的长径比比预混双螺杆制造色母粒生产工艺要长得多，一般要达到 1∶60，可以承担预混功能甚至达到更好的效果。

由于该生产工艺高度自动化，不仅减少人力成本，还可以克服预混双螺杆制造色母粒生产工艺中预混批次存在质量稳定性差异以及预混过程中会产生粉尘及噪声等环保问题。在人员成本大幅度上升及三废环保要求越来越严情况下，分段喂料法制色母粒生产工艺的优越性越来越突出，具有广阔的发展空间。

由于色母粒侧向喂料通常发生在聚合物熔融之后，此时聚合物对螺杆已经可以产生足够的润滑作用，因此对颜料的剪切会相当柔和，特别适用于需要低剪切力的片状颜料（如效果颜料，珠光颜料等）的分散混合。由于效果颜料中的有效成分经过长时间的双螺杆剪切混合会发生片状结构断裂，从而导致最终产品的效能丧失，因此侧向（分段）进料比预混料更柔和。生产的产品质量更好，塑料着色效果更好。

由于分段喂料的工艺没有预混工艺对颜料进行润湿处理，所以对颜料的润湿处理和剪切分散较少。如果螺杆排列设置不合理可能会导致颜料分散不良，需检查螺杆组合，进行重新排列以满足颜料分散要求。

7.6.4 挤水转相工艺

为了防止因干燥使合成阶段的颜料微细粒子发生聚集，颜料的挤水转相工艺（pigment flushing process）起到了至关重要的作用。目前挤水转相制造色母粒生产工艺有两种。

（1）颜料砂磨挤水转相工艺

该工艺是在水相中把颜料粒子研磨到适当粒径，通过聚乙烯蜡的润湿作用，包覆在颜料粒子周围，防止再形成大粒子。砂磨挤水转相工艺流程图见图 7-51。

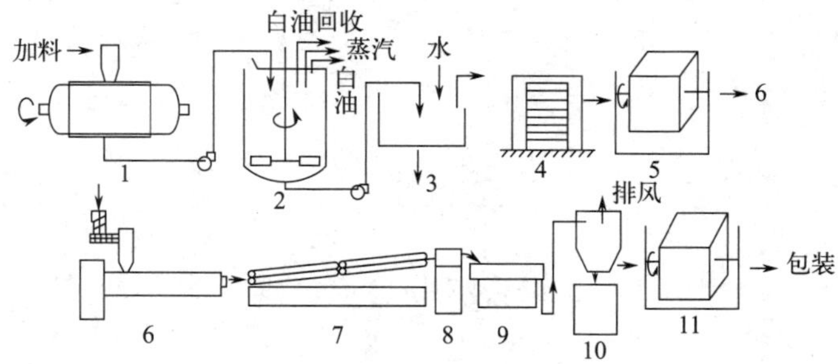

图 7-51 砂磨挤水转相工艺流程图

1—球磨机；2—转相槽；3—水洗槽；4—烘箱；5—掺混；6—单螺杆挤出机；7—水槽冷却器；8—气刀和切粒机；9—振动筛；10—真空上料器；11—掺和

颜料在球磨机水性介质下充分分散后，所得颜料水分散液被引入转相槽油相中。在此过程中，两性表面活性剂在适当的温度下和适当 pH（碱性）下发挥作用。在低于 95℃的情况下，白油汽化，使溶解在白油中的聚乙烯蜡充分包覆在颜料粒子周围，从而保证了分散的稳定性。显然比熔融高聚物润湿要充分。在水洗槽中，洗去因调节 pH 值生成的盐和颜料分散体表面的白油。在干燥箱中，颜料分散体被干燥至水分含量<0.8%，再与载体聚丙烯树脂粉料混合均匀后经单螺杆挤出机挤出，生产的丙纶用色母粒的分散性优良。但是该工艺耗时长、能耗高。

（2）颜料滤饼挤水转相工艺

在颜料滤饼挤水转相制造色母粒过程中，首先是形成晶核，晶核成长之始是单晶，但很快便发育成为有镶嵌结构的多晶体，一般称为一次粒子或初级粒子。初级粒子容易发生聚集，聚集以后的颗粒称为二次粒子。颜料经压滤烘干后，一般商品颜料颗粒是比二次粒子大得多的粒子，见图 7-52。

如图 7-52 所示，在有机颜料生产过程中颜料细微粒子尚未产生聚集前，采用相转换的方式，直接把原有的有机颜料的液-固相转换成所需有机颜料与油性载体的相界面，从而得到颜料制剂。

将颜料滤饼与聚乙烯蜡及助剂混合，由于未经干燥的水性滤饼具有复杂的微观结构，当颜料粒子被油性载体包围时，接触角<90°。发生润湿作用时，毛细管作用的总趋势是有助于颜料分子向油相转移，只要颜料粒子有一定的亲油性，在一定温度及搅拌作用下，油相会自发地在聚集粒子表面上进行润湿，并使其在油相中逐渐解体，最终使油进入颜料粒子内部，并将水排出，实现水-油转相。在倾排水后，用适量去离子水洗涤油性料块，至检测不出可溶性盐，再真空脱除物料中及槽中残余水分，得到单分散“巅峰”状态的颜料制剂。然

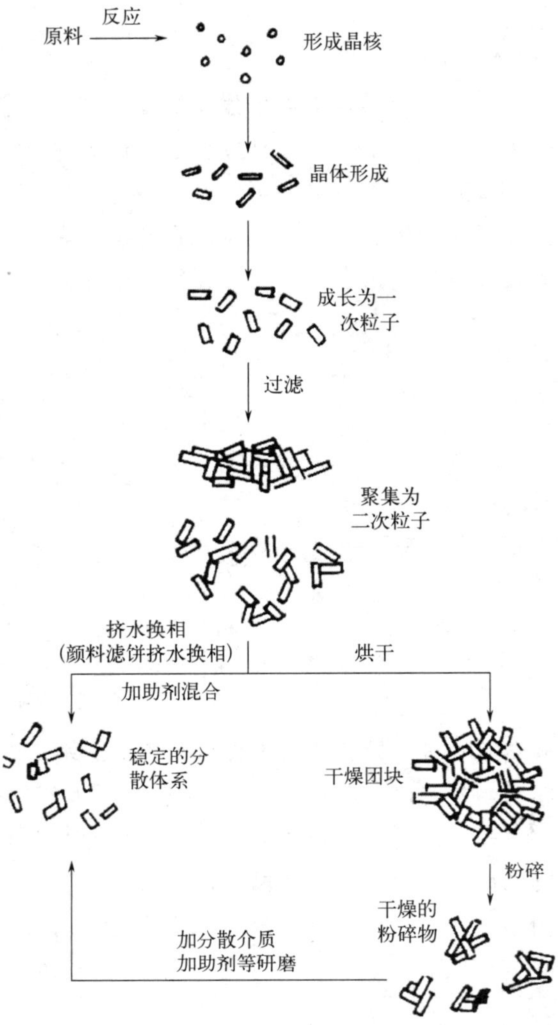

图 7-52　颜料合成示意图

后与载体树脂混合生产色母粒。

挤水转相后得到的颜料制剂极易分散。从色相来说透明性好，从分散性来说过滤压力值低。由于用颜料滤饼挤水转相，省去颜料干燥所需能耗，避免目前日益增长劳动力的成本以及颜料粉碎造成的环境污染。显然，挤水转相法在产品性能、节能环保、简化生产流程等方面，都具有极大的优势。

7.6.5　双转子连续混炼工艺

双转子连续混炼机是 20 世纪 60 年代由美国著名的密炼机生产企业 FARREL 公司在密炼机基础上发展起来的一种连续混炼设备。该设备既保持了密炼机优异的混炼特性，又具有非常强的剪切力，被广泛应用于白色与黑色母粒的制造。

目前，常见的双转子连续混炼机有单混炼段（FCM）和双混炼段（LCM），其结构如图 7-53 所示。

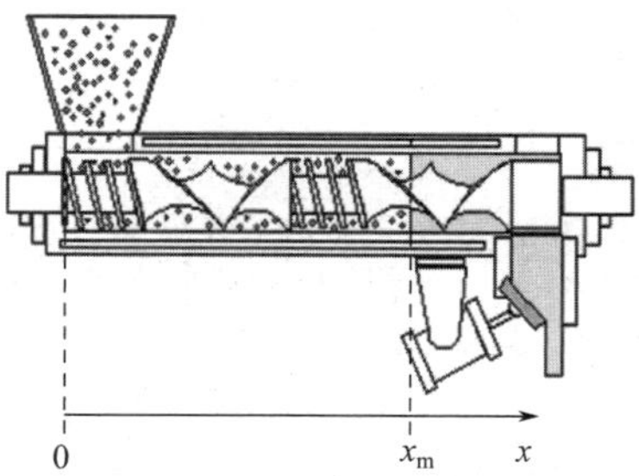

(a) LCM

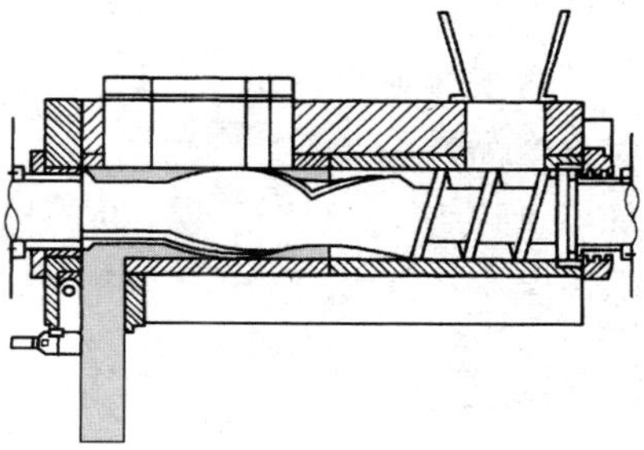

(b) FCM

图 7-53 常见的双转子连续混炼机结构形式

各种颜料，助剂和树脂等配方材料通过定量加料机加入连续混炼机中，被转子进料段螺纹送到混炼段。混炼段上的八根螺棱的长度、螺旋角和旋向都各不相同，物料在此将依次受到来自八根螺棱的大小与方向都各不相同的推力作用。因此，在一个循环流动过程中，熔体的运动速度和方向至少会发生 8 次变化。通常物料在混炼过程中，在一个混炼段，其流动的速度与方向将改变 5000 次左右。这种变化进一步加剧了物料混炼界面的更新和流动的紊乱程度，物料便在此被剪切、辊压、粉碎、分散和分布混合后到达卸料段，并经过卸料口排出，使得该机器具有优异的分散混炼特性。典型的双转子连续混炼机 LCM 色母粒（炭黑）生产设备布置见图 7-54。该套设备具有节能、高效、低排放的特点。

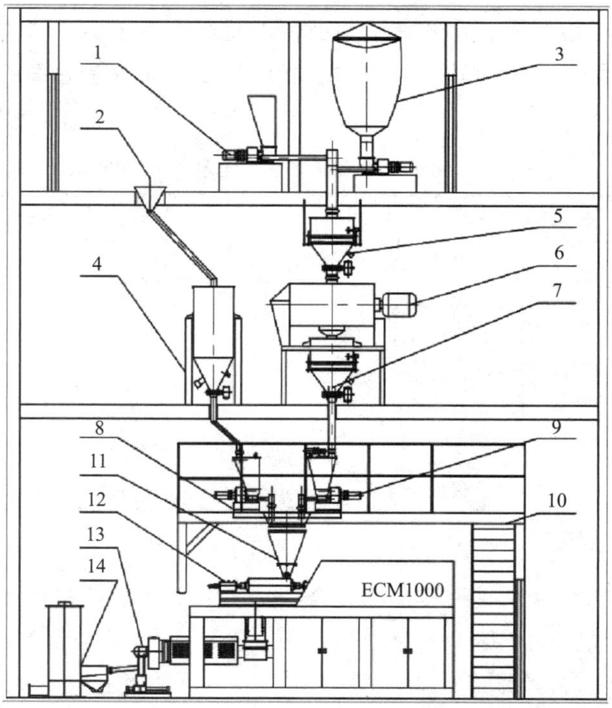

图 7-54 典型双转子连续混炼机 LCM 色母粒生产设备布置图

1—添加剂喂料机；2—树脂投料口；3—炭黑吨包投料站；4—树脂料中间料仓；5—称重料斗；6—低速混合器；7—炭黑中间料仓；8—树脂计量秤；9—炭黑计量秤；10—计量秤平台；11—集料斗；12—双转子连续混炼机；13—切粒机；14—离心脱水机

双混炼段连续混炼机顾名思义，有两个转子。工艺要求物料在第一混炼段没有塑化，所以必须对混炼机转子夹套通冷却水，同时开车前对第一混炼段需设置合适温度，以保证执行正确的工艺来保证产品质量。

所以双混炼段（LCM）双转子连续混炼机比单混炼段（FCM）双转子连续混炼机生产的产品质量有保障。

7.6.6 化纤原液着色剂

化纤原液着色是指化学纤维在生产过程中于纺丝前或纺丝时添加着色剂而纺出有色纤维的一种工艺。我国早在 20 世纪 60 年代就开展了维尼纶原液着色的工业化生产，70 年代中叶又相继开展了涤纶原液着色和丙纶原液着色的研究和工业化生产。虽然原液着色生产出的有色纤维属于纺织工业的起始产品，但就加工工艺来说，还是属于塑料着色的大范畴。

随着化纤纺丝工业的持续发展，纺丝的速度越来越快，纺丝纤维的纤度越来越细，各种新工艺层出不穷，于是对颜料分散的要求也越来越高，以化纤纺丝行业对颜料分散后颗粒大小的要求最为苛刻，在此过程中时时刻刻都有可能遇见一些亟待解决的新要求或新问题。下面就以此为例，通过各类纺丝加工工艺的全过程，来剖析和说明颜料（染料）选择、分散、加工处理等需要关注的问题。

化纤原液着色有着两种不同的工艺路线，其中一种是将颜料经分散后在树脂聚合反应阶段加入进行着色（如维纶和黏胶），这种工艺称为聚合着色；另一种是把颜（染）料分散在能和化纤高聚物高度混熔的聚合物载体中制成色母粒，然后在熔融纺丝时加入使之着色的工艺，这就是聚合体着色（丙纶和涤纶）路线，常用的化学纤维原液着色工艺和着色剂剂型见表 7-5。

表 7-5 化学纤维原液着色工艺和着色剂剂型

化学纤维及纺丝工艺		着色剂形态	
品种名称	纺法方式	液状	粒状
黏胶纤维	湿法纺丝	水分散体	
维纶	湿法或干法纺丝	水分散体	
聚丙烯纤维(丙纶)	熔融纺丝		色母粒
聚丙烯腈纤维(腈纶)	湿法或干法纺丝	溶剂分散体	
聚酰胺纤维(尼龙)	熔融纺丝	水分散体	色母粒
聚酯纤维(涤纶)	熔融纺丝	乙二醇分散体	色母粒

化纤原液着色后的纺丝过程存在着三种不同的工艺路线，了解这些后续工艺，有助于正确地选择和处理所用的颜料（或染料）以符合特定工艺的要求，避免产生因选择错误而导致的问题和不必要的损失。这三种工艺分别为：湿法纺丝、干法纺丝和熔融纺丝，见图 7-55。

① 湿法纺丝　湿法纺丝是将树脂溶于溶剂中，通过喷丝孔高压喷出细丝流，进入凝固浴槽凝结成丝。聚丙烯腈纤维（腈纶）、聚乙烯醇（维纶）等合成纤维和黏胶纤维等人造纤维产品均采用此工艺生产。

② 干法纺丝　有别于湿法纺丝，干法纺丝则是将溶于溶剂的树脂以高压经喷丝孔喷出细丝流后直接进入空气浴，由热气流固结成丝。干法纺丝工艺更适合于纺长丝制品。

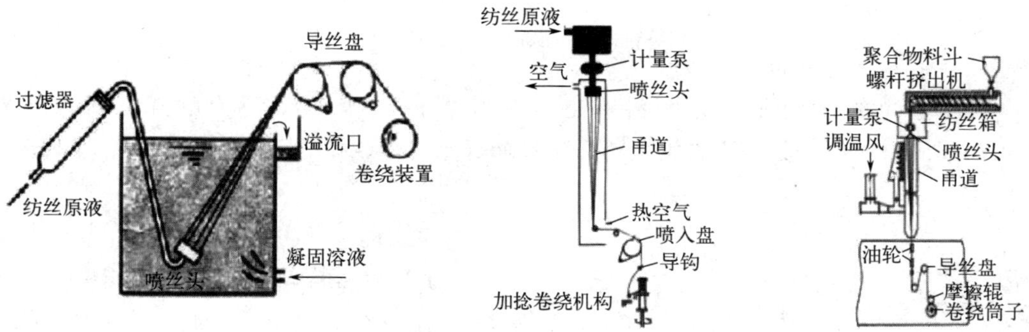

湿法纺丝　　干法纺丝　　熔融纺丝

图 7-55　化纤原液着色后的三种纺丝工艺

③ 熔融纺丝　树脂加热熔融成适于纺丝黏度的熔体，过滤经喷丝孔板挤出，经气流冷却和高倍拉伸成丝。熔融纺丝工艺常用于聚酯纤维（涤纶）、聚丙烯纤维（丙纶）、聚酰胺纤维（锦纶，俗称尼龙）等。其优点是加工简单、耗能少、质量稳定。

7.6.6.1　黏胶纤维、维纶原液着色

黏胶纤维和维纶的原液着色剂通常采用以水为介质的预制剂形式，有别于常规认知的塑料预分散制剂，它是把颜料和水加上适量的分散剂混合后经超细分散而得到的均质色浆。作为化纤着色剂来说最为重要的一点，是如何将颜料分散得符合工艺操作和制品质量的要求。通常情况下，对于原液着色中颜料颗粒的大小一般控制在 0.5～2μm，对于特殊产品，细度的要求更为苛刻。假如预制剂或着色体系中含有较大颗粒，或因颜料细颗粒在体系中稳定性差而产生返粗形成大颗粒，则着色剂和聚合物体系不能很好地相容混合，就会造成纺丝喷头堵塞，影响可纺性；或在牵伸处理时产生断丝、起毛、僵块等多种弊病。由于着色剂是以水为介质，而水是极性的，所以用于黏胶纤维和维纶原液着色的颜料应选用亲水性比较强的，这样有利于颜料在水相体系中的分散和稳定。

黏胶纤维和维纶原液着色剂中颜料经超细分散后，颜料分散颗粒体本质上处于不稳定状态，总是有减少表面积、降低表面能、产生粒子间的凝聚的趋势，其结果是色浆产生分层（沉降或浮色）、絮凝返粗，直接影响正常的喷丝操作和产品质量。

由颜料分散稳定的理论（在 7.5 节中提及的 DLVO 理论，即双电层理论）可知，颜料粒子间存在着范德华力和静电斥力，它和粒子的大小，以及 ζ 电位间有密切的关系，当电荷间的斥力较大，斥力和引力之和大于 $15kT$（k 为玻尔兹曼常数，T 为热力学温度），就能产生能量壁障，防止粒子的凝聚，保持良好的分散稳定性。此时的着色剂在着色体系中能够体现出良好的储存稳定性，这一点在黏胶纤维和维纶原液着色过程中就显得十分重要，应予以关注。

在颜料的种种物性中，颜料本身带电这一特性的重要性至今还未被人们所完全认识，实际上它是影响颜料分散稳定性的另一个重要的因素。颜料带电与其结构上的取代基密切相关，颜料结构中如带有硝基基团、卤素基团等吸电子基团，就可能带负电荷；而分子结构中带有像氨基等那样的供电子基团，则就可能带正电荷。颜料分子中的取代基带电性强弱存在

下列关系：

（带正电）$\xleftarrow{\text{氨基}>\text{羟基}>\text{羧基}>\text{卤基}>\text{硝基}}$（带负电）

由取代基团的改变而引起颜料带电电荷变化的一个典型例子就是：颜料酞菁蓝（P. B. 15）外层的—H 被—Cl 取代而成为颜料酞菁绿（P. G. 7）后，颜料从带正电荷变为带负电荷。

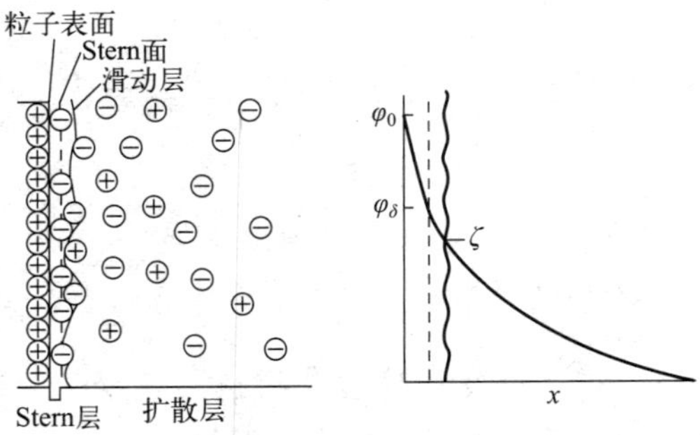

图 7-56　Stern 双电层模型

假设颜料通过润湿、微粒化和分散状态稳定化三个过程后均匀地分散在液相中，分散的颗粒只有两个带正电荷的离子中央层 Stern（斯特恩）面，被一个更大范围的电荷扩散层所包围，两者共同形成了“双电层”（见图 7-56），双电层越向外发展则颜料聚集概率就减少，反之双电层如果被抑制，那么颜料细颗粒就会发生凝聚而沉降。这个颜料均匀分散体保持电中性。但是将这个分散体放在电场下，颜料粒子在电场力作用下向正极或负极泳动，通过泳动速度可以求得带电量，通常得到带电量不是电荷量，而是表面动电位，即所谓 ζ 电位（见图 7-56 中的虚线）。大量实验证明 ζ 电位较高表明分散体呈稳定状态；ζ 电位大约在 15mV 开始聚集，达到 0mV 则完全凝聚。

ζ 电位对其他离子十分敏感，外加电解质的变化会引起 ζ 电位的显著变化。因此，在适宜的电解质环境条件下，细微粒子能够维持稳定状态；一旦由于外加电解质（如其他可溶性盐类等）引起体系 pH 值的变化，稳定体系就会失衡，从而使得双电子层被压缩而变薄，粒子间的引力大于排斥力，产生凝聚。

此外，适当的颜料含量也是十分重要的。一些实验表明，水相中随着颜料浓度增加，颜料颗粒粒径先减小后增大，体系稳定性先增加后减小，这表明颜料浓度的增加提高了颗粒间相互碰撞摩擦的概率，在一定程度上促进了分散；然而，当颜料浓度超过一定的范围后，由于浓度过高，颗粒间相互靠紧，溶剂化层相互挤压而变薄，颗粒间的引力变大而很容易克服它们之间的阻力位能而发生聚集，导致分散体的稳定性降低。

颜料颗粒在水相中经超细分散达到要求的细度后，及时地过滤是很重要的，因为这样可以最大限度地提高分散研磨的效率，缩短研磨时间；此外，也可帮助分离其中可能存在的杂质。

此外，用于维纶和黏胶纤维着色的颜料要注意选择具有良好耐碱和耐酸性能的品种。无论在湿法或干法纺丝中，都要能经受 20℃、20%硫酸或 100℃、5%硫酸以及 5% NaOH 等的处理。因此，像偶氮色淀类颜料、群青、氧化铁黄、氧化铁黑以及铬黄等颜料品种是不适合用在这一领域的。鉴于工艺的要求，在维纶原液着色时也必须考虑颜料的耐热水性能。当然，从最终制品应用的角度考虑，对于黏胶纤维和维纶所用的着色剂也必须具有其他各项良好的牢度性能，如耐光（候）性、耐热性、耐摩擦性、耐迁移性、耐溶剂性和耐其他化学品的性能等。作为更深层次的考虑，也应该关注如何使着色剂对制品物理特性的影响最小。

黏胶纤维原液着色工艺采用纺前注射法，其作业流程短、易操作。德国布伦-罗比公司使用的纺前注射器，就是在纺丝机前端的黏胶纤维输送管上安装一个管式静态混合器，将制备好的着色剂经过柱塞泵定量注入静态混合器，黏胶纤维和着色剂在静态混合器内充分混合(混合次数超过 10 次)，然后进入纺丝机进行纺丝。其工艺流程如图 7-57 所示。相比于常规动态混合器，管式静态混合器的构造极为简单，它是在一段管道中加入多重可以改变流动状态的静态混合单元，这些混合单元最大限度地改变了管道中流体原有的层流形式，产生紊流以及短程回流和旋涡形成湍流，从而达到高效混合的目的。

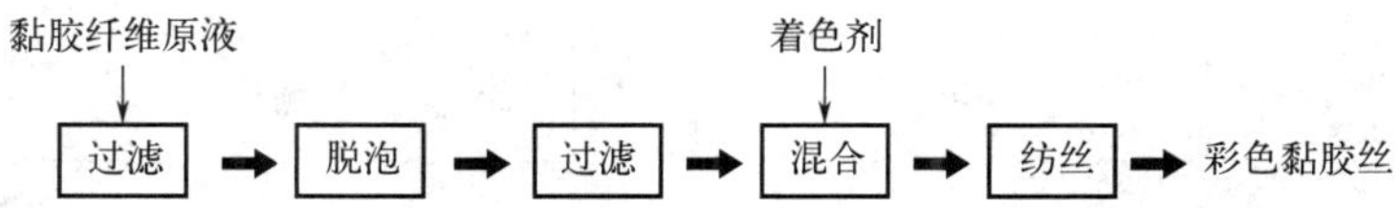

图 7-57　黏胶纤维原液着色工艺流程

7.6.6.2　丙纶（聚丙烯纤维）原液着色

聚丙烯纤维不具备可染色性，90%以上皆采用原液着色，所使用的着色剂均为颜料。由于聚丙烯纤维的纺丝温度为 230～300℃，因此，所选择的颜料必须具有优异的耐热性能。另外，铜以及其他的金属离子能加速聚丙烯树脂的氧化分解，所以必须对这些金属离子的含量进行严格的控制。例如，用氯化亚铜作为主要生产原料之一的铜酞菁颜料，在丙纶原液着色应用中对铜离子的控制是一个十分重要的指标，必要时必须对其做精制处理以去除多余的游离铜离子。

7.6.6.3　涤纶原液着色

涤纶分子排列紧密，又缺少亲水性基团，因而染色性差一直困扰着人们。涤纶常规的染色方法是高温、高压或加载体染色，并且只能在超过涤纶玻璃化转变温度（81℃），纤维膨胀后加入分散染料，染色才可能进行。实际上，常规涤纶染色一般在 130～140℃、0.3～0.4MPa 条件下进行，经过悬浮、轧染和干燥、焙烘等步骤。但涤纶染色的日晒牢度、水洗、汗渍、熨烫等各项牢度都远低于原液着色，已不能完全满足社会发展和人们生活水平日益提高的需要。

涤纶原液着色是把着色剂溶解或分散在聚酯纺丝原液中进行熔融纺丝，直接制得有色纤维，这种工艺是解决涤纶染色性差最有效的途径。其工艺特点如下：纺前着色无需改变原有的涤纶纺丝生产线，以原有的设备和生产工艺就完全可以实现。有色丝生产中改变颜色也十分方便，易于掌控。在应用方面，采用有色涤纶纤维与其他纤维混纺不仅简化了染色工序，也增加了对于不适宜于高温、高压染色条件的其他纤维与涤纶混纺交织的概率，这无疑大大增加了实现多样化设计风格的潜力。所以纺前着色在一定程度上还可以说是“不需投资的染色厂”，是用先进工艺解决一些染整“瓶颈”的途径之一。

涤纶原液着色可分为聚合着色和聚合体着色两种工艺。

(1) 聚合着色

聚酯的聚合着色就是在聚酯的缩聚阶段添加着色剂，直接制得有色涤纶切片的方法。它是在聚合即将发生之前，酯交换反应后期将着色剂加入高压釜内使之着色，着色后的聚酯再进行熔融纺丝，自然而然就得到了有色纤维。涤纶着色剂是将颜料加在乙二醇中超细分散而成的色浆，所用颜料要在 133～322Pa 真空和 260～290℃高温条件下反应 4h，而且不能影响聚酯的酯交换和缩聚反应；着色剂的颗粒粒径小于 1μm，且能够被均匀稳定地分散在反应体系中。由此可知，能够满足上述反应条件的颜料（或染料）品种为数并不很多。

该法生产工艺成本低，但是设备污染较大，颜色变换比较困难，尤其不适宜小批量有色品种的生产和管理，所以只适合生产单一颜色的品种。

聚酯的原液着色用黑色浆生产所采用的工艺见图 7-58，流程见图 7-59。

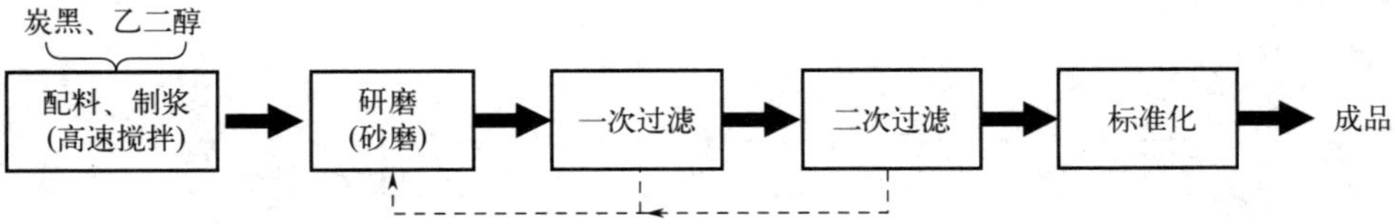

图 7-58　聚酯的原液着色用黑色浆生产工艺

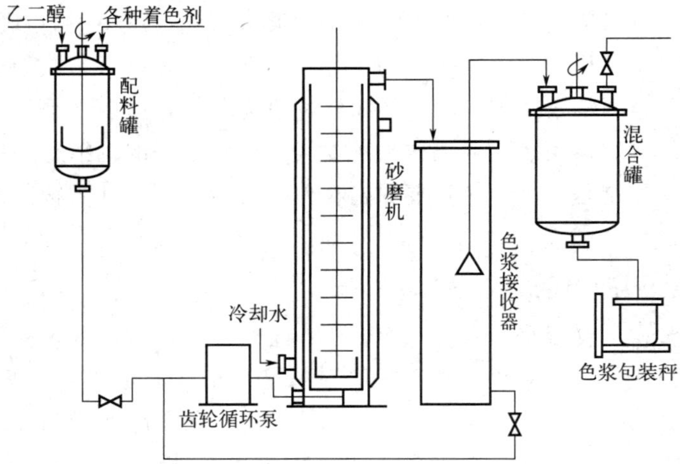

图 7-59　聚酯的原液着色用黑色浆生产流程图

（2）聚合体着色（色母粒）

涤纶色母粒是将超量的颜料或染料经完全分散后均匀地分布在与涤纶相容性良好的高聚物载体中。由于色母粒是在纺丝前加入的，必须慎重地研判所加入的着色剂对纺丝性能和纤维特性的影响，因此如何选择合适的着色剂是极为关键的一步。

聚酯的玻璃化转变温度高达 81℃，所以涤纶色母粒可选择颜料或染料。由于色母粒是在纺丝前就加入聚合物熔体中的，必须经历 285～300℃高温下的熔融纺丝才能制得有色纤维，所用的着色剂无论由颜料还是染料所组成的，都要求能经受 285～300℃下 10～30min 不变色的考验，因此它们都应具有优异的耐热性。对染料来说还要求有比较好的耐升华性和耐渗色性等。有鉴于此，可以选用的颜料就一定会聚焦在那些高性能品种系列上了。例如：稳定型酞菁蓝/绿，苝类，蒽醌类，二噁嗪咔唑类以及一些高性能无机颜料等；另外，部分的其他高性能有机颜料如 DPP，喹吖啶酮等系列中的部分特定产品视性能也可以采用。除了颜料的耐热性能，还必须考虑最终制品在使用中对耐光（候）性、耐其他化学品性以及安全环保等性能的要求。

7.6.6.4 尼龙原液着色

(1) 聚合着色

尼龙 6 原液聚合着色工艺一般在聚合前加入着色剂，以颜料水性预制剂形式加入 ε-己内酰胺溶液，着色剂需在聚合反应的高温条件下停留数小时，因此所能选择的颜料品种有限。着色剂的粒径小于 1μm，必须能够稳定分散并均匀分布在尼龙 6 树脂中。

(2) 聚合体着色（色母粒）

尼龙 6 主要使用色母粒进行纺前原液着色，也可用染料进行着色。虽然尼龙 6 的熔融纺丝温度比聚酯树脂略低，但由于尼龙树脂普遍具有较强的还原性，因此能被顺利用于尼龙纤维着色的颜料品种较聚酯纤维更少。通常部分蒽醌类、苝类、喹吖啶酮类以及酞菁系列的品种被推荐使用。尼龙 66 比尼龙 6 具有更强的还原性，因此其着色剂的选择范围更窄，能够被很好地用于尼龙原液着色的颜/染料所制得的有色纤维一般都具有良好的耐光性、耐候性。

7.6.7 塑料预分散颜料制剂

随着行业的持续发展，现今的塑料着色加工和成型向着设备大型化，生产高度自动化，运转高速化，产品不断精细化、标准化发展，应运而生了许多超细、超薄、超微化制品。所有这些对颜料的分散要求和标准一直都在提高；此外，对产品生产，高效、环保、节能和降低成本的呼声也越来越高。由于一般的塑料成型加工设备（如注塑机、纺丝机或单螺杆挤出机等）在加工时不能提供颜料分散所需要的剪切力，因此，颜料的分散工作通常由专业的生产商家——颜料供应商或色母粒生产商所承担。

颜料预制剂（single pigment concentration，SPC）是一种单一颜料的高浓度预分散制剂。依据不同颜料所具有的特性，一般的颜料预制剂含有 40%～60%的颜料；它是由特殊的制成工艺经特定设备加工而成；有效的分散手段和严苛的品质控制使得其中所含的颜料以最细微的粒子形态呈现，达到最佳的色彩性能。其产品外观可以是 0.2～0.3mm 大小的微粉粒，也能制成如普通色母粒般大小的粒状。正因为颜料预制剂有着如此明显的特点，所以被越来越多地用于色母粒的制造。

(1) 颜料预制剂优点

① 由于颜料被完全分散，因此它具有较高的着色力。与使用粉体颜料相比，一般可提高 5%～15%的着色力。

② 均相过程只需极小的剪切力就能达到理想的效果。比如用简单设备（如：单螺杆）就能制成高品质的色母粒产品。

③ 适应各种挤出设备，品质稳定，生产调度灵活。

④ 能体现完美的制品色彩性能：色彩鲜艳度、透明性、光泽度等。

⑤ 杜绝生产过程中的粉尘飞扬，改善作业环境，减少污染。

⑥ 无设备沾污，简化颜色转换过程中的设备清洗。

⑦ 颜料颗粒细微均匀，延长过滤网使用时间，减少滤网更换次数，提高生产效率。

⑧ 制剂外观均匀，无相互粘连，适用于各种喂料机；输送过程不架桥、不堵塞。

⑨ 无需对颜料进行分散，可大大提升现有色母粒生产设备的产能。

⑩ 能与其他着色剂配合使用，适用性强。

⑪ 剂型多样，能适合不同的载体树脂形态，相混性能良好。

（2）颜料预制剂制造的途径

① 在有机颜料生产过程中颜料细微粒子尚未产生聚集前，采用相转换的方式，直接把原有的液-固相转换成所需载体与颜料的相界面，从而得到颜料预制剂。

② 采用少量具有良好相容性的载体以及必要的润湿分散剂，对颜料粉末进行完全分散，最终获得颜料预制剂。

颜料预制剂在国际上早已实现商品化，对于欧美和其他发达地区的色母粒制造商来说，应用颜料预制剂已经不是什么新鲜事。然而在国内，这一领域的探索仍处于起步阶段，因此，颜料预制剂在国内的发展还是非常值得期待的。

表面上看，虽然与直接用粉体颜料相比较，采购颜料预制剂的价格较高，但是，从综合成本及最终制成品特性的比较来看，这样的投入还是物超所值的，尤其对于那些高品质要求的超细、超薄制品来说，采用一般的分散手段无法达到所需要求。就市场和行业分工日益明晰的当今社会而言，专业化加工行业的出现和发展也是一股不可遏制的潮流。

第8章

塑料配色实用技术

塑料需通过着色才能成为商品并为社会服务，塑料配色就是在红、黄、蓝三种基本颜色基础上，配出令人喜爱，且在加工、使用中符合要求（耐热、耐光、耐候、耐迁移、形变、安全），在经济上具有可行性的色彩。另外塑料着色还可赋予塑料多种功能——耐老化性、导电性、抗静电性等。

随着人们生活质量不断提高，人们对色彩的要求越来越高。现代社会宛如信息海洋，随时都有排山倒海的信息浪头劈头盖脸而来，人们置身其中，往往惘然不知所措，能让其在瞬间接受信息并做出准确反应的：第一是色彩，第二是图形，第三才是文字。色彩定位的目的在于突出商品的美感，使人们从商品的外观和色彩上看出商品的特点。

塑料着色剂只有正确应用于塑料着色才能体现其真正价值，但也取决于颜料应用技能以及对着色剂相关知识和诀窍的掌握程度，即同一着色剂产品，不同人员可发挥的价值不完全相同。目前塑料配色的专著很少，塑料行业的优秀配色人员十分紧缺，不少工厂为了预防配色人员流动，往往对配色技术做了很多保密工作，不利于行业的进步。在前几章介绍无机颜料、有机颜料、溶剂染料品种和性能基础上，本章节从生产、技术、纵横向比较等方面帮助读者深入了解这些品种，从而达到更好的灵活选择和应用，最终满足客户多变的要求，也希望为进入塑料配色领域的新人提供一个指南。

8.1 塑料配色的原理、原则及其定位

8.1.1 配色原理

塑料着色，就是利用染料、颜料等对日光的减色混合而使制品带色的。即通过改变光的吸收和反射，而获得不同的颜色：如吸收所有的光时，呈现黑色；如果只吸收一部分光（即仅吸收某一波长的光），并且散射光的数量很小，那么塑料变成有色透明；如全部反射，则呈白色；如未被吸收的光全部散射，那么塑料则变成“有色不透明”的。

塑料配色可由红、黄、蓝三种基色相拼混，以得到各种颜色，因此可以把各种颜色看成红、黄、蓝三种基色以一定比例相混合而得到，其三原色配色如图 8-1 所示。

通常将饱度较好、明度较大的红、黄、蓝三色称原色（一次色或基色），由这三种原色

中任何两种原色相互调和可以得到其他各种不同的颜色，如红和黄得到大红色、橙色、杏黄色；黄和蓝得到绿色、湖蓝色、浅绿色、草绿色、翠绿色；红和蓝可得到紫色、青莲色、暗玫瑰色，这些颜色被称为二次色（或间色）。由原色（或二次色）和二次色相互调和而成的颜色，称为三次色（或再间色），例如橙和绿得橄榄色，绿和紫得灰色，橙和紫得棕褐色。现就上述原理画出三角形拼色图，见图 8-2。

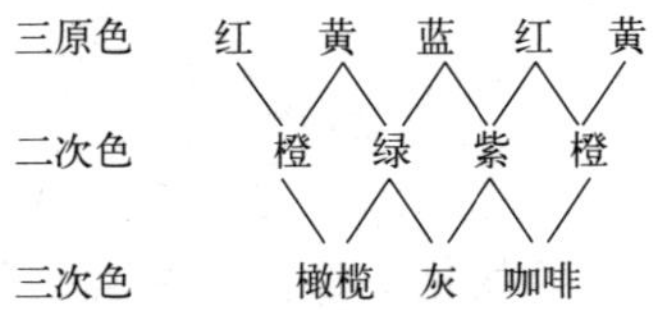

图 8-1　三原色配色图

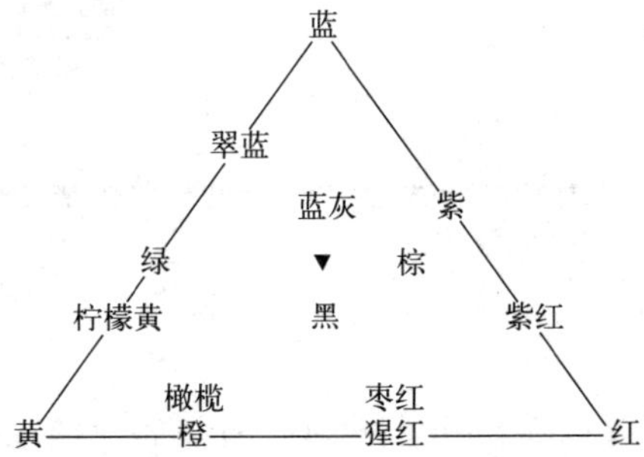

图 8-2　三角形拼色图

此外在原色或二次色的基础上，用白色冲淡，便可配出浅红、粉红、浅蓝、湖蓝等深浅不同的颜色，加不同量的黑色，又可调出棕色、深棕、墨绿等明度不同的颜色。需要特别注意的是应避免使用红、黄、蓝三原色同时拼色，以免拼成三角形中心区的颜色——黑色。

随着 2023 年人工智能（AI）的崛起和普及，计算机辅助配色技术也越发成熟，但由于种种原因在塑料配色中仍未达到普及使用。目前塑料配色大多采用试凑目视配色法，该法操作简单，但缺乏科学性且费时，它还要求操作人员具有丰富的经验，不然难以进行操作。提高试凑目视法配色的速度和精度，最好的办法是练习彩绘。著名孟塞尔色标的创立者 Munsell 本人就是一位美术家。但是目视法配色受多种因素的影响，例如气候、季节、配色人员（素质、经验、情绪、健康状况）等，都有可能影响配色结果。计算机辅助配色仍然是提高配色精度的必然方向。

8.1.2　配色原则

塑料配色过程比较复杂，为使配色能获得预期的效果，做到快速、准确、经济，应遵循下列原则。

①“少量”原则　塑料配色选用的着色剂品种越少越好，简言之如果能用二拼色解决就不采用三拼色，因为选择品种多不仅配色麻烦，而且容易带入补色使颜色灰暗。另外选用的品种越多，这些品种因分散性、着色力等因素给配色试样和生产带来的系统误差也越大。

②“相近”原则　塑料配色应注意选用耐热性相近的品种。否则因耐热稳定性差异太大，在加工过程中的温度变化会引起色泽变化。

塑料配色应注意选用分散性相近的品种。否则因分散性差异太大，如采用难分散有机颜料和易分散无机颜料配色，在加工过程中因剪切力变化会引起色泽变化。

塑料配色应注意选用性能相近的颜料，应注意选用耐光性和耐候性相近的品种。否则配制的塑料制品因性能差异太大，在户外曝晒后，颜色会变得面目全非。

③“补色”原则　在配色时应防止补色引入，否则会使原有色光度变得暗淡，而影响颜色的明亮度。补色又称互补色、余色。通常把合成它的二原色以外的原色称为补色，例如橙

是红和黄配色而成，蓝是补色；绿是黄和蓝配色而成，红是补色；紫是红和蓝构成，黄是补色。如以红、蓝配成紫色，在配色时加入少量补色——黄色，则所得紫色的色泽偏暗，引入较多补色则成灰色。

在配色时要注意颜料的不同色光。例如塑料用炭黑和钛白粉因粒径大小不同分别呈蓝光和黄光，有机颜料的色光差异更大，避免用互补色色光颜料去配色，否则就会使饱和度降低，色泽发暗。

8.1.3 塑料配色的定位

众所周知，塑料配色绝不可能仅仅靠在塑料中加单一品种着色剂予以解决，尽管塑料着色剂品种繁多，但在市场上供应还是有限的，要解决有限的着色剂品种和无限的色彩要求，唯一的途径就是配色，即利用若干着色剂的合理配色，配出所需的色泽。另一方面从节约生产成本、降低仓库库存角度考虑，也需要利用为数不多的着色剂来满足客户众多的要求。

如何把着色剂的各个变量（品种、用量）调节得能再现达到已知颜色视觉特性，价格上合理可行，并在加工成型和产品使用中符合要求，这是个极其复杂的问题，因此对塑料配色不能看作简单的染色造粒。塑料配色是一个系统工程，只有对这一系统中每一因素作详细了解和精心设计，才能达到低成本、高质量的目标。这需要多行业技能、诀窍和专家知识。同样一个颜色，颜料选得合适，色泽稳定，性能满足客户需求，着色成本又低；颜料选得不合适，着色质量不好，同时成本又高。以确保着色质量为基础，优化考虑颜料应用性能、应用对象、应用配方和应用工艺的综合变化，选择合适的颜料，达到最优着色目标，因此塑料配色是集颜料化学、高分子化学、表面物理化学为一体的复杂系统工程。

8.2 塑料配色人员应具备的基本知识

塑料配色是一项专门技术，涉及的知识面非常广，因此从事塑料配色的专业技术人员，不仅需要良好的色泽分辨能力，而且应具有丰富的专业知识并进行过大量工作实践，具有丰富的工作经验。此外，塑料配色的专业技术人员还应具有非常认真和耐心的工作态度以及十分灵活的头脑。一个优秀的塑料配色专业技术人员必须全面掌握以下知识。

8.2.1 全面掌握着色剂的性能

着色剂是塑料配色中最重要的原料，配色专业人员必须对其充分了解并能灵活应用。

配色人员应对着色剂本身具有的各项性能如着色力、色光、分散性、耐热性等指标了如指掌，还要对其在塑料中的应用性能，如耐光性、耐候性、耐迁移性、安全性相当了解。一个优秀的配色人员还要对着色剂在不同的着色浓度、不同树脂中的各项性能一清二楚，因为有的着色剂在不同着色浓度和不同树脂中表现出的性能差异非常大。配色人员还需对某着色剂在哪些树脂中不能使用了解得十分清楚，如某些耐热性非常好的喹吖啶酮颜料（酞菁红）不能用于某些 ABS 品种着色，镉系颜料因与铅生成黑色硫化铅，不能用于 PVC。

考虑到配色的经济性十分重要，故配色人员对着色剂的价格也应有所了解，客户的要求永远是产品价廉物美。

8.2.2 全面掌握塑料的各项性能

塑料是配色的对象，因此必须对其各项性能十分了解。

树脂多为合成或天然高分子化合物，作为塑料的主要成分，品种很多，有聚乙烯、聚丙烯、聚苯乙烯、聚氯乙烯、聚碳酸酯等。塑料品种不同，成型条件不同，对着色剂的要求也不同。

塑料的组成不一，基本特性不一，色泽不一。因此必须对塑料的色泽、透明性、耐热性、老化性、强度等指标有一个全面了解。对于同一种塑料，其牌号不同，性能也不一样。近年来，由于热塑性弹性体材料、高性能工程塑料、生物塑料、再生塑料以及塑料改性市场的兴起，对其配色更具复杂性。

8.2.3 全面掌握塑料加工成型工艺条件

塑料加工成型的目的在于根据塑料的原有性能，利用一切可能的成型条件，使其成为具有应用价值的制品。塑料的成型方法很多，不同的成型方法加工温度相差很大，不同的成型方法其分散性要求相差也很大，因此必须对其有所了解，否则所配制的着色剂，不是质量过剩就是不合格。

8.2.4 全面了解塑料加工助剂类型并掌握其添加量

塑料加工助剂是塑料加工不可缺少的原料。其特点是添加量小，作用大。有人比喻之为塑料工业的“味精”是十分恰当的。塑料加工助剂品种繁多，有增塑剂、抗氧剂、紫外线吸收剂、光稳定剂、阻燃剂、抗静电剂、抗菌剂、开口剂等。应了解这些加工助剂与着色剂配伍时对塑料成品的影响。如有些树脂中加入抗氧剂 BHT 会引起钛白粉和珠光粉的泛黄而导致着色塑料制品出现质量问题。

8.2.5 全面了解塑料制品的国内外安全法规

塑料是目前世界上使用范围最广的一类材料，特别是在消费产品领域，各种不同种类、不同颜色、不同性能的塑料都发挥着非常重要的作用。为了满足产品安全、环保和健康的要求，塑料制品必须满足世界各国、各地区的法规要求，最为重要而且特别受人关注的是化学物质控制要求。由于国家、地区的差异，产品类型的不同，目前对于塑料着色剂的化学要求，有的是针对着色剂本身的，有的是针对塑料材料的，而有的则是针对产品的通用要求，涉及的消费产品非常广泛，主要有玩具、电子电气产品、纺织品、食品容器和食品接触性材料、包装材料、车辆，船舶。因此要全面了解国内外的相关法规，以便配色时选择的着色剂和添加剂符合法规要求。

8.3 塑料配色的基本步骤

8.3.1 塑料配色前期准备工作

塑料配色前期的准备工作是建立配色系统和数据库。要进行塑料配色，首先应建立企业的配色系统。换言之，应确定选择哪些着色剂来应对市场千变万化的需求，这是一项十分重要的工作。

配色人员可以选择国际各著名跨国公司的品牌产品，这些产品着色力高、色彩饱和、各项性能优异，是具有质量优势的。然而这些产品的价格太高，会大大影响市场竞争力。当然也有配色人员在市场中随意选择一些品种，不做深入调查就用来配色，所得产品品质参差不齐，将有可能遭到客户对产品的质量投诉，并可能引起进一步的索赔要求。

因此建立一套卓有成效的配色系统，就能在激烈的市场竞争中占据塑料配色的制高点。目前许多公司均将本公司的配色系统视为机密，有的公司甚至将常用的着色剂编排代号，以防对外泄露。

如何建立配色系统？有下列几条建议可供参考。

① 熟读和掌握世界上著名的《染料索引》和其他颜料、染料手册中对着色剂在塑料中的应用有关的技术数据。

② 全面了解和掌握国际跨国公司的产品样本，仔细阅读其各类应用数据。

③ 熟读国内外有关颜料、染料应用的科技书籍。

在掌握理论知识基础上，还必须进行大量的实践。企业配色系统应在实践中不断完善。企业建立了配色系统后，必须建立自己的色谱库。建立色谱库的第一步是将配色系统的每一个品种按本色、1/3 标准深度制成色板。建立色谱库的第二步是将不同品种进行拼色并制成样板。

企业应该拥有多套着色剂色谱配方，如不同树脂的着色色谱配方、户外使用的耐候着色剂色谱配方、供室内使用的价格低的着色剂色谱配方、满足国内外法规要求的着色剂色谱配方等。

当然，除了注塑色板外，根据各厂的不同客户，也可建立各种单色和各种拼色的薄膜用着色剂色谱库，也可建立各种单色和拼色的纤维用着色剂色谱库。色谱库品种越多，色谱品种越齐全，寻找配色对比物越方便。

当然色谱库的建立并不是一蹴而就的，而是企业在配色过程中日积月累并逐渐完善的。

8.3.2 塑料配色具体步骤

塑料配色专业人员面对客户提供的样品应采用如图 8-3 所示流程进行配色。

8.3.2.1 全面了解样品要求

配色的第一步是必须对客户样品作一个全面的了解。当你拿到客户需配色的样品时，三个条件已确定。

① 样品的塑料种类　聚氯乙烯、聚烯烃、ABS，还是工程塑料等。

② 样品用途　室内、室外、食品包装、汽车、家用电器、玩具等。

③ 样品成型工艺　吹膜成型、吹塑成型、注塑成型、化纤纺丝等。

根据上述三个条件可以了解产品选用的着色剂需要满足的要求（耐热性、耐光性、耐候性、耐迁移性、安全性）。此外，配色人员还需要对客户要求的着色剂的剂型予以确认（颜料干粉、色母粒、砂状、改性料），对客户要求的着色比例（添加量）予以确认。

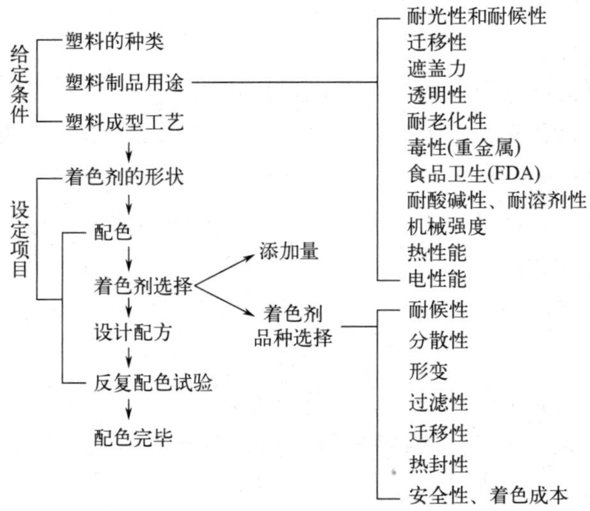

图 8-3　塑料配色流程简图

8.3.2.2　根据客户要求进行初步配方的设计

配色专业人员对客户样品有了一个全面了解并经过周密思考后，根据塑料制品整体设计要求在企业自行建立的色谱库找出与标准色样相近似的样品作为参照物。参照物选择得当与否，直接关系到着色效果的好坏。为了寻找到较佳的着色参照物，企业自行建立的色谱库平时应多积累、多制备着色塑料色板或其他相关薄膜、纤维样以备参照，同时还应把积累的选色经验和教训编成相应的着色配方，以供参考。

（1）颜料的选用

根据样品的透明、不透明还是半透明来选用着色剂。如果样品是透明色，硬胶类塑料选用的颜料应符合耐热性、耐光性和耐迁移性要求，或者软胶类塑料选用透明性好的有机颜料品种。如果样品是不透明的，就需判断目前所选的颜料亮度是否达到样品的色彩要求。如果样品是半透明的，就需知道在反射光和透射光中观察色彩是否需一致，需要用什么样的方式照射。如果客户提供的色泽是一块布或美国 Pantone 色卡的色号或一幅画或一张照片，应立即询问客户是否可以在任意的光源下观察，另外要征询客户颜色的差异应是多少。因为塑料制品与客户提供的样品在色泽上会有一定的差别，可根据样品来确认是否有荧光颜料或金属颜料。

对样品有一些特殊要求的考量如下。

① 如果样品用于户外就需判断目前所选的颜料是否达到耐候要求。

② 如果样品采用淋膜工艺就需判断目前所选的颜料是否达到耐热要求。

③ 如果样品材料是软质 PVC 就需判断目前所选的颜料是否达到耐迁移要求。

④ 如果样品材料是 PP 瓶盖就需判断目前所选的颜料是否会引起翘曲。

⑤ 如果样品材料是纤维就需判断目前所选的颜料分散性是否满足要求。

⑥ 如果样品材料用于食品包装、玩具、家电等，需判断目前所选的颜料是否满足安全性要求。

总之这些知识应在企业的配色系统有详细的资料，需要配色人员熟练掌握和灵活应用。

(2) 着色成本综合考量

成本也是一个非常重要的考量因素，颜料的价格跟颜料的性能一样重要。一种颜料若能在性能上全面适合塑料的加工需要，并且满足国际安全法规，通常性能越好，其价格可能越高。在满足要求情况下选择性价比高的颜料可以体现配色人员的水平和价值。

着色剂的品种不同，其单价也不同。仅仅关注其公斤价格是不够的，重要的是其着色力及使用价值。颜料分散性良好可确保其在应用介质中得到完全分散，这是发挥该颜料的全部价值和经济地使用该颜料的前提条件。

颜料选择是一项技术性很高的工作，一个颜料对使用者的有效使用价值取决于这个颜料的颜色性能、牢度性能和加工性能。一个颜色价值很高的颜料，如果因为加工性能（如分散性、流变性等）差，在用户的应用加工条件下，就不能发挥其颜色价值，对用户的使用价值就低。同样，一个颜色性能和加工性能都很好的颜料，如果用在牢度性能不合适的场合，其使用价值也会大打折扣。

选择一个合适的颜料绝对不是一个容易的任务，这需要行业技能、诀窍和理论知识。同样一个应用，颜料选得合适，着色质量好，成本又低；颜料选得不合适，着色质量不好，且成本也高。选择一个合适颜料的基本原则：以确保着色质量为基础，优化考虑颜料性能、应用配方、应用设备和技术、应用条件和环境的综合变化互动，达到最优着色的目标。

(3) 拟定出初步配方

通过反复研究后，从色调、亮度、浓淡度等方面反复比较与标准色样和参照物的差别，在此基础上对参照物的着色剂配方进行修正，拟定出初步配方。

在无参照物的情况下，应仔细分析塑料制品（样品）的颜色色光、色调及亮度等，确定颜色属性，然后根据孟塞尔颜色系统配色，并拟定初步配方。

8.3.2.3 反复调制小样尽量接近客户来样

目前各企业采用的塑料配色法实际上是试凑法，不具有充分的科学性。尽管如此，其至今在塑料工业的配色中仍然得到了广泛认可，并被绝大部分的企业所采纳。

配色人员按照拟定的初步配方进行实物着色试验，将制得的着色试样与标准色样和参照物一起进行比较，进一步调整着色配方。然后根据调整后的配方再制备试样进行比较。

一个有经验的配色人员应清楚知道在找到正确着色剂配方之前，必须进行大量试验。当配色试验即将接近客户样品色泽时进行微调往往比开始近似配色时更加复杂。这时用量不好掌握，必须进行反复试验直至合乎要求颜色为止。有时候，这种颜色还必须用其他附加颜色进行调色。这些添加色能改变配方中所要求的其他特性。当实验室配料在色彩和其他特性都已符合要求时，应使试样色调与标准色样相同或最接近标准色样，并试制小样提供给客户。

如果客户发现试样颜色、性能等有偏差，需根据客户反馈的意见和样品再进一步修正，直至客户满意为止。

每次试样配色完成时，色样、配方、日期和用户等信息均可存入计算机，便于检索、查找和作为修改时的参考，可提高工作效率，且便于保密。

8.3.2.4 颜色的比较

试样和客户提供样品的色泽比较是配色的一个十分重要环节。通常根据客户样品制作工艺来制作样品进行比较，薄膜产品常采用吹膜法比较，注塑产品采用注塑法比较，纤维产品采用纺丝法比较，也可采用通用的两辊压片法来比较。色泽比较时要特别注意如下几点。

① 光源的影响　目测时光源最好采用自然光，有条件的可以采用标准光源箱，否则在某些灯光下比较观测两个样品的颜色可能会因为“同色异谱”现象而使颜色看起来似乎相同，但在自然光线下却有较大的色差。

在不同光源下，试样与客户样品色差感觉不一样，这是由于配色很难做到完全一致，一般均为同色异谱。即使在某一种光源下完全一致，但在其他光源下却可能都有微小差异，所以配色应在若干典型光源（太阳光、钨丝灯、荧光灯、紫外灯）下均应一致才能合格。但在实际应用中一般根据制品用途而选择光线，在此种光线下一致即可。

② 厚度的影响　不同厚度的制品给人眼的感觉不一样；厚度小的较透光，颜色变浅，故配色时应尽量使试样与客户样品厚度一致，无法一致时可作大概外推，如 0.4mm 薄膜试样与 0.2mm 薄膜样本颜色一致时，则可将试样配方中各种色料用量增加一倍，即可得大致配方。

③ 表面状态的影响　不同的表面其光线反射不同，如在同一个样品上，高光泽表面与亚光表面的颜色显然给人以不同的感觉，同一个样品上，毛糙面就较光滑面深、暗，因而比色观测时要尽可能用表面状态相近的部位进行比较。如在 PVC 胶布配色时，因表面状态不同（光泽、压纹等），应将试样与样品并排，将其上贴透明胶布或浸入水中来比较，保证表面状态一致。

样品的材质与配色塑料的材质不同。例如用“国际色卡”作标准色样进行塑料配色时，由于“国际色卡”是供印刷行业油墨配色时参考用的，与塑料材质不同，因此给对比观测带来一定的难度。

④ 树脂的影响　同一颜料应用在不同树脂中其颜色不一，这是由于树脂本色及透明性不一引起的，所以配色时应该注意尽量采用客户提供的树脂进行配色以保证色泽的准确性，特别是改性料配色更需注意。

⑤ 比色判断错误　在核对过程中最易出现的问题是比色判断错误，判断错误主要是经验不足引起的，通常只能由平时不断练习，不断丰富经验来解决，适当地应用一些仪器如比色仪等也有助于做出正确的判断。

8.3.2.5 同色异谱

一对样品由不同着色剂制得。在特定光源照射下，由特定观察者观察时，二者颜色完全匹配。一旦照明条件发生变化，这对物体颜色将不再匹配。将光谱反射率曲线不同，但在某一条件下色坐标相同的一对物体定义为同色异谱物体，或称条件配色对，见图 8-4。四种不同光谱曲线及其相同三刺激值分别见图 8-5 和图 8-6。

图 8-4　同色异谱

同色异谱现象很常见，虽然有时会令人不愉快，但同色异谱能使许多不同的颜料配色成为可能，如有毒的着色剂可用无毒的着色剂来代替；昂贵的着色剂可用便宜的着色剂来代替以降低成本。由于同色异谱现象的存在，使用不同的着色剂来重新调配配方成为可能。配色时，可以在同一个色空间中使制品的色坐标保持一致，实现颜色匹配，即便它们是由不同着色剂制得的。

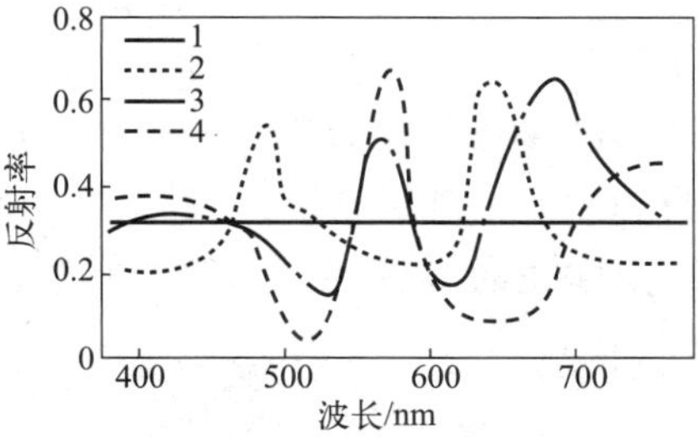

图 8-5　四种不同光谱曲线

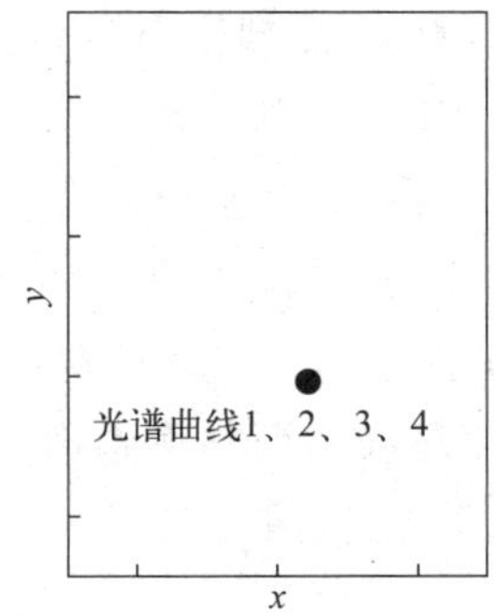

图 8-6　相同三刺激值

利用同色异谱调配出来的颜色本质上质量往往较差。过度依赖同色异谱得到的“匹配”颜色往往容易引发顾客的不满。从长远来看，消除物体同色异谱现象的唯一方法是使用相同的着色剂。

8.4　塑料配色无机颜料品种选择

塑料配色颜料选择是一项技术性很强的工作，如果仅仅靠一些产品样本数据来选择，是不够的，我们已在第 3 章介绍了无机颜料品种和性能，但如何在塑料配色中应用这些颜料还是无从入手。所以本节从发色原理、生产工艺、应用工艺等方面帮你深入了解这些品种，从而更好地灵活选择和应用这些品种，以满足客户多变的要求。

8.4.1　钛白颜料

钛白颜料是目前用于塑料工业上最重要的白色颜料。当它加入塑胶制品时，可以有效地散射可见光而赋予制品白度、亮度和遮盖力。

钛白颜料粉有不同晶型、不同生产工艺、不同包膜品种供选择。

8.4.1.1　不同晶型钛白粉品种和选择

钛白颜料（TiO_2）在自然界有三种结晶形态：金红石型（rutile 下简称 R 型）、锐钛型（anatase 下简称 A 型）和板钛型，其晶型见图 8-7。板钛型属斜方晶系，是不稳定的晶型，在 650℃以上即转化成金红石型，因此在工业上没有实用价值。

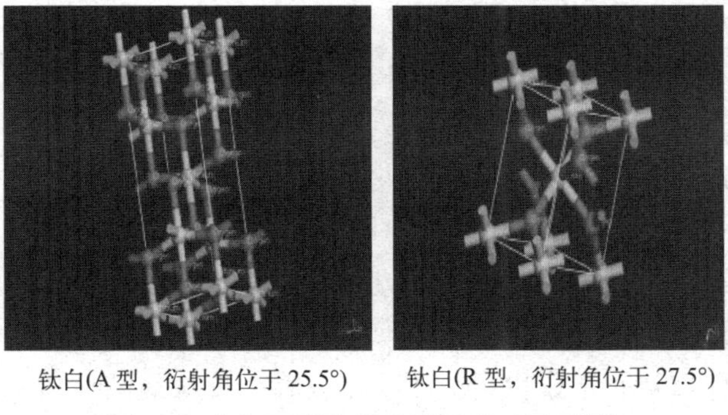

钛白(A 型，衍射角位于 25.5°)　　钛白(R 型，衍射角位于 27.5°)

图 8-7　金红石型和锐钛型晶型（见彩插）

尽管 R 型和 A 型钛白颜料都属于四方晶系，但具有不同的晶格，R 型由两个二氧化钛分子组成，而 A 型却是由四个二氧化钛分子组成，故 R 型钛白颜料单位晶格较小且紧密，所以具有较大的稳定性和相对密度，同时钛白颜料两个晶型 X 射线图像也不同，R 型钛白粉的衍射角位于 27.5°，因此具有较高的折射率和介电常数及较低的热传导性，而 A 型钛白粉的衍射角位于 25.5°，其遮盖力只有金红石型钛白粉的 85%。

R 型和 A 型钛白粉颜料由于晶型不同，其对太阳光的反射率也不同，对塑料着色造成的影响也不同，见图 8-8。

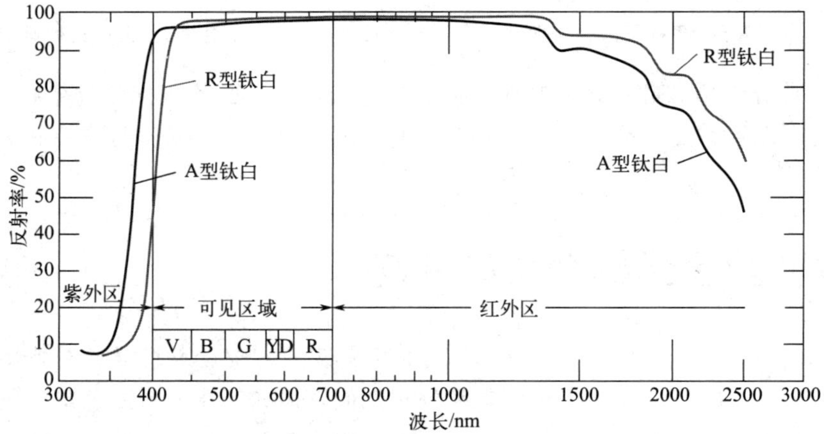

图 8-8 金红石型、锐钛型钛白粉对太阳光的反射率

从图 8-8 中可看到 A 型钛白粉在紫外区反射率比 R 型钛白粉大，所以 A 型钛白粉底色白度较 R 型白而且显蓝光。而 R 型钛白粉在红外区反射率比 A 型钛白粉大得多，所以选用 R 型钛白粉着色后引起着色物体温升低，耐候性好，经过十年其外观只有很小变化。A 型钛白粉耐候性较差，仅仅经过一年即开始出现龟裂或者碎片状剥落。

所以塑料着色选用金红石型（R 型）钛白粉为好。但金红石钛白粉的高硬度在着色加工过程中会损伤玻璃纤维，造成塑料制品力学性能的严重损失，应选择光学性能稍差而软得多的锌钡白或硫化锌。同样的原因纺织纤维原液纺丝着色应选用锐钛型钛白粉。

8.4.1.2 不同生产工艺钛白粉品种和选择

钛白粉生产主要有硫酸法和氯化法生产工艺流程。硫酸法的优点是能以价低易得的钛铁矿与硫酸为原料，技术较成熟，设备简单，污染重，污染物处理的成本高，氯化法钛白粉生产工艺对于硫酸法而言是一个技术进步，氯化法主要是将富含钛的材料与氯气进行反应生成四氯化钛，精制后进行气相氧化，形成粗二氧化钛，处理后获得品质更高的钛白粉。氯化法优点是流程短，生产能力易扩大，连续自动化程度高，能耗相对低，“三废”少，能得到优质产品。其缺点是投资大，设备结构复杂，对材料要求高，研究开发难度大。

氯化法钛白粉生产工艺流程是行业发展趋势，与硫酸法产品相比，粒径细，粒径分布窄，偏蓝相，产品纯度高。

塑料制品白色着色以氯化法钛白粉为主，不仅在白度等表象性质优于硫酸法钛白粉，而且在遮盖力、分散性、加工性上也具有优势，特别对于户外塑料产品具有无可比拟的优势。

塑料配色应根据需要选择合适品种，特别配制灰色时除了注意炭黑色光问题，还应注意钛白粉色调，硫酸法钛白粉煅烧时也是粒子成长的阶段，所以粒径大带黄光，氯化法钛白粉粒子成长过程是在氧化阶段，瞬间完成，所以其粒径小带蓝光。而且分布可以做得非常窄，否则色调搞错，再用颜料来调节，会越调越复杂。

8.4.1.3 不同包膜钛白粉品种和选择

钛白粉在化学结构上存在一定的缺陷，无论是通过硫酸法的水解和煅烧工艺，还是氯化法气相氧化工艺生产出来的二氧化钛都存在晶格缺陷（即肖特基缺陷），光化学活性不稳定，特别在有水分的情况下经日光照射（特别近紫外光谱域），其晶格上的氧离子会失去两个电子变为氧原子，这种新生态氧原子具有极强的活性，使高分子有机物发生断链、降解，最终使聚合物失光、泛黄、变色，导致耐候性降低。因此必须通过对钛白粉表面处理堵断其光活化点，隔绝二氧化钛与光的直接接触，改善 TiO_2 粒子的表面化学性质，提高其应用性能。钛白粉表面处理是指在钛白粉粒子表面包膜一层或多层无机物或有机物，以克服二氧化钛固有的缺陷或改变其颗粒的表面性质，提高它的耐候性、分散性等应用性能。

钛白粉采用铝和硅等表面处理剂进行包膜，可大大提高其耐候性，以及抗黄化性能、分散性，见图 8-9。科慕（原美国杜邦）公司 Ti-Pure 钛白粉牌号和性能见表 8-1。

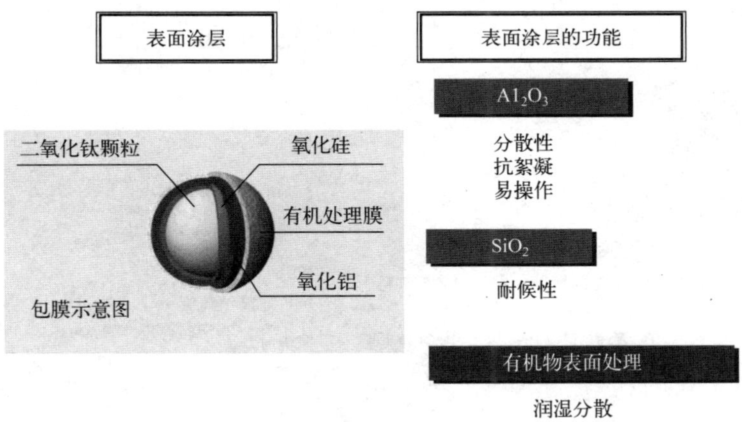

图 8-9 钛白粉表面包膜示意图

表 8-1 Ti-Pure 钛白粉牌号和性能

指标	Ti-Pure 钛白粉							
	R101	R102	R103	R104	R105	R108	R350	R960
钛白粉(最低质量百分比)/%	97	96	96	97	92	96	95	89
氧化铝(最高质量百分比)/%	1.7	3.2	3.2	1.7	3.2	3.2	1.7	3.5
硅(最高质量百分比)/%	N/A	N/A	N/A	N/A	3.5	N/A	3.0	N/A

续表

指　标	Ti-Pure 钛白粉							
	R101	R102	R103	R104	R105	R108	R350	R960
有机处理	亲水	亲水	亲水	疏水	疏水	疏水	疏水	N/A
CIE L^* 最小值	97.9	98.5	97.8	97.5	98.5	97.8	98.5	98.5
着色强度	102/101	109	110	110	105	110	110	90
用途	低挥发(抗裂空性)	改善水中分散(抗絮凝)	耐候工程塑料用	低挥发(抗裂空性)	高耐候、高分散 PVC 型材		低挥发(抗裂空性)	非常耐候彩色 PVC 型材

经铝和硅无机表面处理的钛白粉虽然能提高其应用性能，但在钛白粉表面上的无机处理剂在塑料流延膜高温挤出中会成为挥发物析出，从而在成品中出现气泡和小孔，见图 8-10。流延膜裂孔现象的发生与包膜组分和包膜厚薄有关，而且对同一钛白粉品种，流延膜中钛白粉含量越高，裂孔越多，挤出温度越高，裂孔越多。为了符合流延膜的高温挤出工艺，应根据最终产品的钛白粉含量、挤出温度合理选择具有抗裂孔品种，即钛白粉含量高、包膜量低的钛白，如表 8-1 中的 R104。

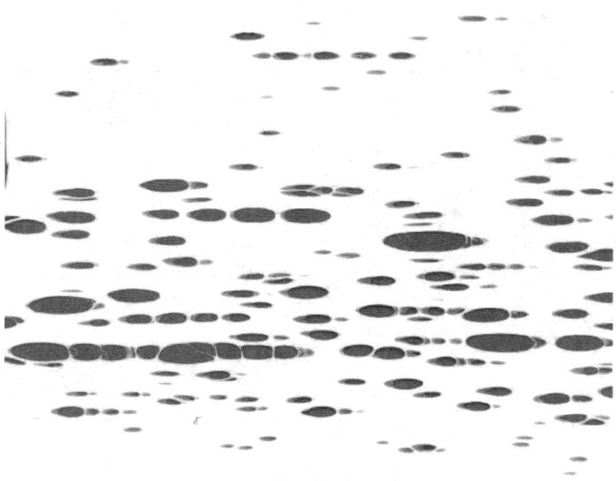

图 8-10　钛白粉塑料流延膜加工高温挤出发生裂孔

钛白粉气味来源于包膜处理过程，食品级液体包装膜用色母粒应慎重选用低味或无气味的钛白粉。

8.4.2　炭黑颜料

8.4.2.1　不同炭黑生产工艺得到不同性能炭黑品种

采用不同的生产工艺条件可得到各种性质不同的炭黑产品。90%以上炭黑产品用于橡胶补强，塑料着色用炭黑称为色素炭黑。炭黑由于原料不同，生产工艺不同，习惯上把它们分别称为炉黑、灯黑、气黑、乙炔黑和槽黑。

（1）炉黑生产工艺

炉黑是烃类物质在反应炉中不完全燃烧和热解而生成的一类产品。按所用烃原料形态的不同，炉黑可分为油炉法和气炉法两类。目前约有98%炭黑采用油炉法生产，油炉法已是目前世界上主要的炭黑生产方法。

炉黑的生产工艺是在缺氧的密闭炉中进行的（图8-11），使用的不是许多束小火，而是一团大火焰。以石油产品和沥青煤焦油产品作原料，同时加入可燃气体使之达到炉内所需温度，通过烃类不完全燃烧而成。

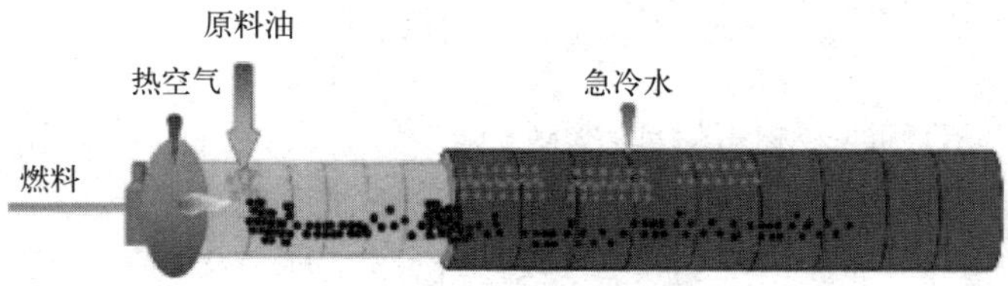

图8-11　炉黑生产工艺

影响炉黑生产的因素较多，主要是原料的组成、反应温度、结构控制剂以及添加剂的加入量等。

① 原料油的性质在很大程度上影响着炭黑的质量和收率。

② 炭黑生成反应同温度的关系十分密切。炉黑生成温度通常在1650℃。炭黑的粒径主要取决于炭黑生成时的温度，反应气流温度较高时，原料烃裂解速度较快，生成的核心较多，粒径就小，反之亦然。

反应温度主要受空气过剩系数、原料油处理量和空气预热温度的影响。加大原料油处理量，会降低反应温度，生产出较粗粒径的炭黑，显然会增加炭黑产量。相反，在恒定的空气过剩系数下，要在较高温度下生成较细粒径的炭黑，只有降低原料油处理量。这时炭黑收率和每小时产量均较低。所以小粒径色素炭黑，着色力高，价格也高，其价格是由生产成本决定的。

③ 炭黑的结构高低，取决于反应炉内生成炭黑晶核的浓度和碰撞速度，晶核的浓度和碰撞速度越大，晶核碰撞并生成复杂聚集体概率就大，炭黑的结构就越高。在反应炉的结构和处理量确定之后，调节炭黑结构的方法主要是增减添加剂溶液的流量，得到高结构或低结构的炭黑。添加剂一般采用K_2CO_3、KOH等，带正电的钾离子附着在晶核上，可使晶核带的正电荷互相排斥，难以形成聚集体，使炭黑结构降低。随着K_2CO_3用量的增加，炭黑的结构降低，DBP（二丁基酯）吸收值降低，但降低的程度逐渐减弱。

④ 由于炉黑是在几乎低于大气压及空气不足的条件下生产出来的。所以它们大部分缺乏酸性表面氧化物，以及为降低炭黑结构而加入碱性物质，所以炉黑呈碱性，如果此炉黑不再进行氧化后处理，则其挥发分含量较低。炭黑表面的含氧官能团对其应用性能有强烈的影响，高含量的挥发物，会改进物料流动性和光亮度，色调也从偏棕移向蓝相，从而显得更黑，同时还利于炭黑的润湿和分散。

所以我们可从炭黑的粒径大小、结构、挥发分、pH等角度来选择所需品种。

色素炭黑粒径小，着色力高，有良好的红棕色相和黑度，是工程塑料行业高黑产品的首选。例如德国欧励隆公司采用特制的小型反应炉生产的中高色素炭黑 HIBLACK 50L，粒径 18nm，表面积 200m^2/g，着色力 150，直接用于汽车件或家电类产品，具有高黑度和易分散特性，国内安徽黑猫新材料有限公司生产的 BeaBlack® 628 也属于此类产品。

（2）灯黑生产工艺

灯黑又称灯烟炭黑。它的出现要追溯到古代中国和埃及时代。当时，人们把油和脂肪在倒置的锥形瓷盆或陶盆下燃烧，烟炱沉积在冷的瓷盆表面，定期收集。甚至到今天，这种生产方式基本上仍保留着。只是现在所用的原料为石油系或煤焦油系油料，把它放在直径为 1.5m 的平坦的铁盘上燃烧，含有炭黑的燃烧气体由内铺有砖块的排气罩收集，见图 8-12，然后通过弯管和通火管到达沉积的装置。为了控制所产炭黑的特性，应当保证在燃烧盘和排气罩之间的间隙附近，原料主要作不完全燃烧。而在稍进管道里面，在氧气不足下发生热裂解，因而形成较大的炭黑颗粒，由于这些原因，灯黑呈较宽范围的粒径分布，主要特征为粒径粗大。由于在燃烧盘和排气罩间隙间形成的颗粒只有小部分能与空气中的氧接触，因此这些炭黑只有少量的表面氧化物，相应的 pH 值呈中性，并且挥发分极少，通常小于 1%，但有些表面改性的品种（经高温空气氧化）挥发分可高达 9%。

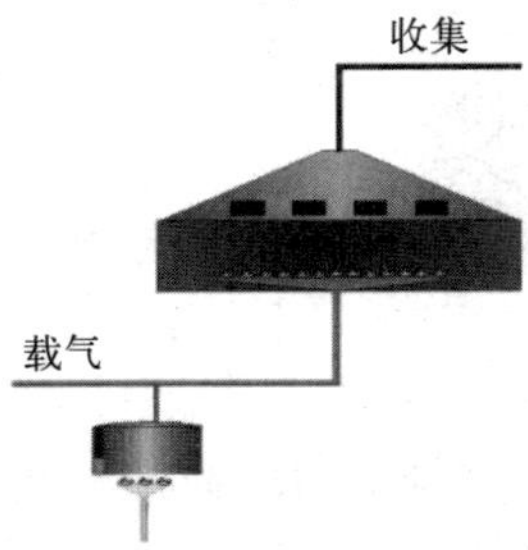

图 8-12　灯黑生产工艺

由于灯黑粒径大，所以黑度和着色力不高，是黑度最差的炭黑。但是，灯黑比普通炉黑容易分散，而且底色呈蓝相。

灯黑着色力低，有良好的蓝色相和分散性，是塑料行业的拼灰色首选调色剂。

众所周知，灰色一般用大量钛白粉加少量炭黑配制，特别对于汽车件或家电类产品选用灰色或浅灰色较多，且要求色差精度较高（$\Delta E<0.5$，L、a、b 也均有限值）。由于配制灰色时添加的炭黑量少，由计量引起的误差传递导致产品色差不容易控制，因此选用着色力低的炭黑能起到事半功倍的效果。例如德国欧励隆公司的 Lamp Black 101 粒径较大（95nm），表面积 20m^2/g，pH 值 7.5，有良好的分散性，是配制灰色的理想材料，在大规模生产时，可以降低计量误差对颜色稳定的影响。

（3）气黑生产工艺

气黑名称源于其生产过程：原料油经加热部分汽化，然后由可燃气体（如氢气、焦炉气或甲烷）作为载体将油蒸气送到燃烧器内，残留油则连续抽出。大量燃烧器布置在火房中，火房带有开窗。在开放的火房中，混合气体经不完全燃烧得到含炭黑粒子的烟气。当温度较高时，新生成炭黑与空气中的氧继续接触，发生部分氧化，在其表面形成了大量的含氧基团，使得挥发分含量可达 5%以上，pH 呈酸性。生产中，收集含炭黑烟气，通过滤器分离出悬浮在气体中的炭黑，再经造粒即得到成品。

气黑生产工艺由于每束火焰都较小且在空气中燃烧，所以炭黑颗粒很细，平均粒径在 10～30nm 之间。对于同一原生粒径，气黑和炉黑还是有区别的，主要是表面化学性质不同。炉黑产品较为粗糙。

气黑的生产速度和产率，随所生产的炭黑的类型而异。高品质颜料炭黑的产率是相当低的，所以其价格高，同时气黑粒径细，着色力高，产品表面部分氧化，容易分散，应用于塑料着色时乌黑度高、光亮度高，可配制高亮度特黑产品。例如德国欧励隆公司产品 COLOUR BLACK FW200，平均原生粒径 13nm，pH 值 2.5，表面积达到 $550m^2/g$，应用在高黑亮的塑料材料中取得了良好效果。

8.4.2.2 塑料着色如何选择炭黑品种

炭黑在塑料着色中的基本性质主要取决于粒径大小及其分布、粒子结构、表面性能。那么如何应用这些指标来选择你所需炭黑品种？下面几条意见可供参考。

(1) 黑度

黑度是指炭黑所具有的黑色呈现强度。炭黑着色时，黑度主要基于对光的吸收，对于特定浓度的炭黑，粒径越细小，则光吸收程度越高，黑度越黑。

黑度除了受炭黑内部的光吸收影响外，也受粒子表面几何结构的影响而产生具有增亮效应的光散射，这会降低黑度。

只有对于很细的炭黑，提高炭黑的浓度才能提高黑度，对于粗大的炭黑，作为支配因素的光散射程度因炭黑数增加而提高，黑度反而相应降低。

高结构炭黑主色调黑度较低，但容易分散，而低结构炭黑黑度较好，但分散性较差。

(2) 色调

炭黑粒径的减小会影响色调。当可见光穿过一主色为黑色的着色层时，短波的蓝光比长波的红光的散射效应更强烈。炭黑粒径越细，这种效应越显著。红光成分由于散射损失较小，因此偏红相。高结构炭黑主色调黑度较低，色相偏红，但在用于钛白粉调色时，其着色力较低，色相偏蓝。

(3) 着色力

着色强度可以理解为抵消白色颜料增白能力的效果。着色强度也是随着原生粒子的粒径减小和结构的减小而提高。

炭黑粒径越细小，则光吸收程度越高。黑度越黑，越偏红相，相对着色力越高，见图 8-13。

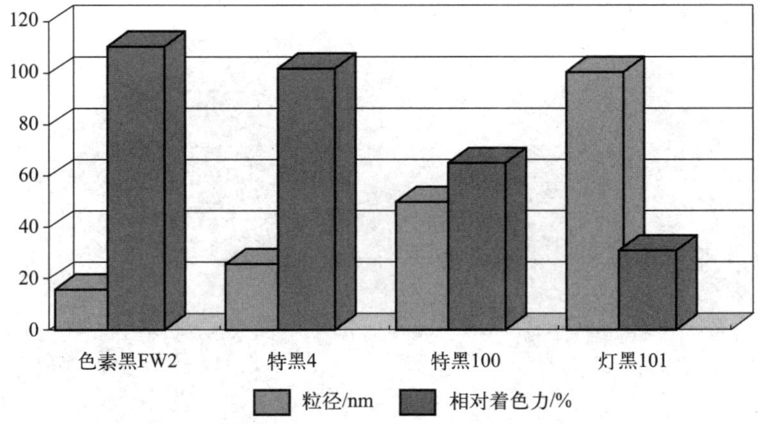

图 8-13 炭黑粒径与相对着色力的关系

从图中可以看到炭黑粒径为 13nm 时，相对着色力高达 110，炭黑粒径为 25nm 时，相对着色力达 101，而炭黑粒径为 95nm 时，相对着色力只有 30。

(4) 分散性

结构影响炭黑的分散性和黏度，高结构炭黑容易分散，因为凝聚体中心之间距离较大，而且相邻凝聚体单元之间的吸引力较小，高结构炭黑凝聚体内存在较大空间，它可以容纳或者“束紧”更多的树脂，因此熔体黏度增加，混炼时动力消耗较高，但是高结构炭黑可获得理想分散效果。与高结构炭黑相比，低结构炭黑较有可能达到高的浓度，但在分散过程中却需要较大分散力，见图 8-14。

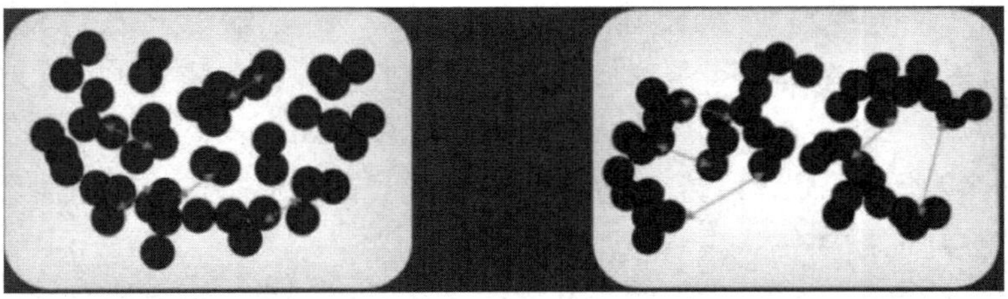

低结构炭黑的空隙容积较小　　高结构炭黑空隙容积大

低结构　　高结构

图 8-14　结构与炭黑的分散性

炭黑的粒径分布对分散也有影响，相对粒径分布较窄要比粒径分布宽好。如果粒径分布较宽，而且不均匀，细微小颗粒炭黑会填充较大颗粒之间的空隙而使得粉体堆积变得密实，进而影响炭黑的润湿进而影响分散。

(5) 挥发物

炭黑表面的含氧官能团对其应用性能有强烈的影响，炭黑表面的主要官能团是羟基、醌基、羧基和内酯基等。X 射线衍射研究表明，炭黑的这些“杂原子”主要是键合在碳的稠环晶体结构的边缘和棱角部或在晶格缺陷部位的碳原子上，极少数渗入内部形成杂环体系，见图 8-15。炭黑表面官能团含量随品种及氧化后处理程度而异。例如，较粗粒子炉黑(70nm)，挥发分含量 1%；而细粒子槽黑（10nm）达 5%；有些经深度氧化后的炭黑，挥发分为 10%～15%，甚至更高。

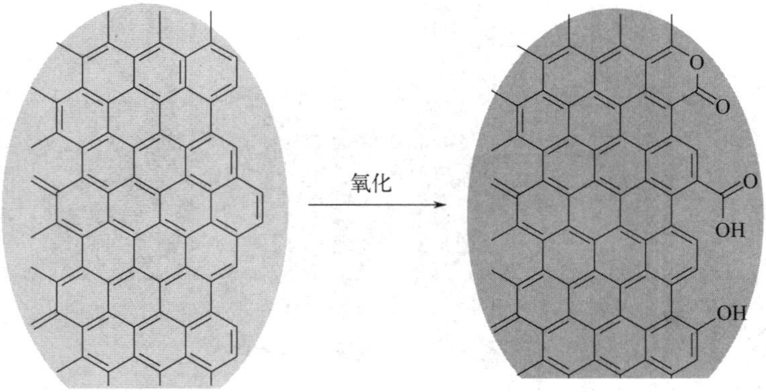

非极性表面　　极性表面

图 8-15　炭黑表面的主要官能团（羟基、醌基、羧基和内酯基）

炭黑表面的高含量挥发物（主要是少量元素及其在炭黑表面形成的复合物）的存在改善了炭黑在塑料中的应用性能，会改进物料流动性、光亮度、分散性，色调也从偏棕移向蓝相，从而显得更黑。

含氧量较高的炭黑多呈酸性，pH 值在 2～5 之间。炉黑则偏于碱性，pH 值一般大于 7。按照路易斯的理论，具有自由电子对的物质是碱，而电子接受体则是酸。炉黑石墨微晶的巨大芳香稠环结构形成电子给予体，易吸收氢离子，而较难吸收氢氧根。因此，炉黑中含有过量的氢氧根，所以呈碱性。只有当炭黑表面的含氧量达到一定程度，足以抵消路易斯碱性而又有剩余时，炭黑表面才呈酸性。

德国欧励隆 NEROX 系列炭黑 505、510、3500 等，安徽黑猫公司 PowCarbon 系列炭黑 81H、82H、83H 等，都是通过受控的氧化生产工艺，在炉法炭黑的表面生成羟基、醚基、醌基和内酯基等官能团，从而达到一定的挥发物含量及较低的 pH 值，因此具有优异的润湿性能，分散性也非常好。

氧化后的炭黑，由于表面极性较强，会强烈地吸附大气中的水分，在低压下，炭黑对水分的吸附量，是其总含氧量的函数，炭黑在储运和使用过程中的吸湿问题应当引起足够的重视。

8.4.3 群青蓝颜料

群青蓝颜料是最古老和最鲜艳的蓝色颜料，也是一种常见的矿物颜料，最早来自磨碎的青金石，是一种钠铝硫的硅酸物。由于青金石稀有，因此该颜料的价格曾经一直居高不下——直到 19 世纪人们创新发明出了人工合成的群青蓝。

8.4.3.1 群青蓝颜料发色机理

群青蓝颜料具有独特的红色调蓝色，色调非常鲜明，透明性较好，完全不同于酞菁蓝和蒽醌蓝，比酞菁蓝红得多。但相对于酞菁蓝而言其着色力低得多，群青蓝颜料化学结构中的硫离子（S^{3-}），很难想象通常呈黄色的硫元素亦可作为蓝色发色团，但硫在特殊的价态下，硫离子的多中心电子轨道引发光谱吸收，最终使得群青蓝颜料呈现出美丽而持久的蓝色。

然而硫离子（S^{3-}）发色团的发现仅是合成群青蓝的第一步。发色团的不稳定性使其很容易被氧化，形成不可用于着色颜料的硫化物。因此，为避免发色团在生产过程中发生化学反应，需要将其置于由高岭土制成的笼状晶格结构内，见图 8-16。

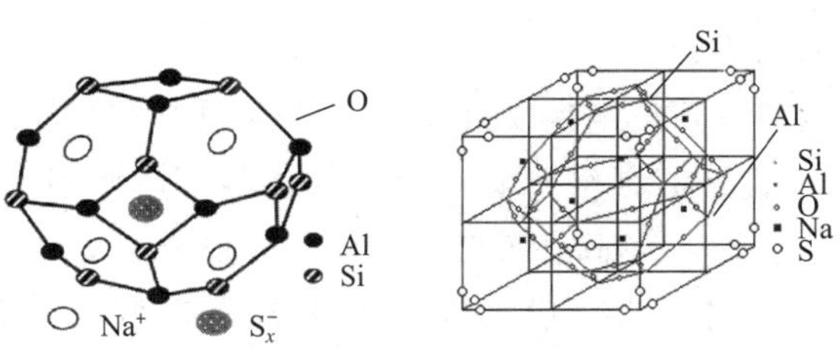

图 8-16 群青蓝颜料化学结构图

群青蓝颜料生产的主要原料为高岭土、纯碱、硫黄，生产过程应在封闭窑炉进行，窑炉需先排出空气，从而防止硫黄在达到反应温度前发生氧化反应，然后将硫黄、黏土和碳酸钠加热到约 800℃。在保持最高温度一定时间后，即可形成最初的发色团，随后将混合物进行冷却，允许空气缓慢进入窑炉，完成氧化过程。这一高温加工流程需耗费两周以上的时间才能完成，见图 8-17。

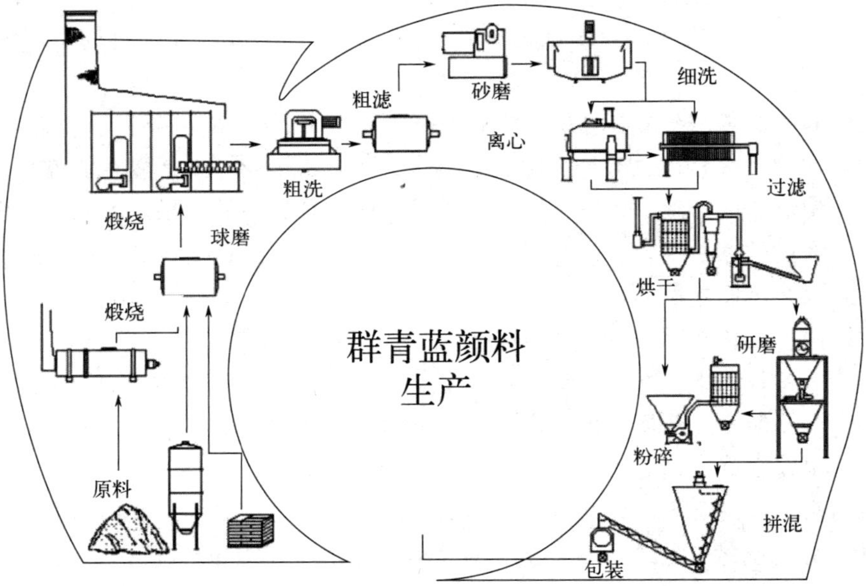

图 8-17 群青蓝颜料生产工艺

8.4.3.2 群青蓝颜料耐酸性

群青蓝分子结构实质上是一个具有截留钠离子和离子化硫基团的三维空间铝硅酸盐的晶格。群青蓝这种独特的蓝色来自在钠铝晶格中捕获并稳定多硫化物的自由基而形成的钠盐。钠离子和硫离子位于硅酸铝钠的β笼状空隙中，硫离子易受游离氢离子的影响而导致硫离子数减少，进而影响颜料的色彩，群青蓝受酸侵生成硫化物而失去颜色。

群青蓝不耐酸，与强酸接触颜料完全分解，失去颜色。在塑料加工的酸性体系中褪色生成恶臭 H_2S，如在 PVC 体系和含铅或含锡的稳定剂时反应生成黑色 PbS、黄色 SnS_2。

在群青蓝颗粒表面采用硅包膜，能提高群青蓝耐酸性能，这里要关注的是需生成更有效致密包膜才能提高群青蓝耐酸性能，薄的硅胶囊包覆更窄粒径分布、更小平均粒径群青蓝粒子，而且生成的致密包膜在塑料加工中不易脱落，更耐摩擦，如涂层厚薄不均将会降低颜料的耐酸能力。

群青蓝的耐酸性能测试可以采用下列三种方法：

① 将群青蓝粉末置于10%的盐酸溶液中，煮沸 1h，将颜料过滤、冲洗、干燥后，与标准色比较，使用分光光度计检测着色力。

② 将群青蓝粉末置于15%硫酸溶液中，煮沸 1h，过滤、冲洗、干燥后，与标准色比较，使用分光光度计检测着色力。

③ 可以将群青蓝注塑成塑料板，将注塑板下半部分浸入浓度为20%的盐酸溶液中，72h后，比较着色力保持水平。

8.4.3.3 群青蓝颜料气味

群青蓝颜料生产在封闭窑炉中进行，每生产一吨群青蓝会放出接近一吨的二氧化硫，如果在生产中后处理不完善，难免会在群青蓝颜料中存在游离硫。

群青蓝颜料中的游离硫可以和多种助剂发生反应，令制品发生色变。如和阻燃剂 Sb_2O_3 反应会生成 Sb_2S_3，与 PP 膜或纤维光稳定剂体系中的有机镍反应生成 NiS，使聚合物严重褪色或变成暗黑色。但是生产过程中，中间生成的硫的衍生物会附着在群青蓝表面，以至有多余的硫残留。

微量的硫残留会导致在塑料加工过程乃至塑料包装成品还保留有人可以辨别的硫异味，用于食品包装时有些客户难以接受。正是因为这种潜在的“异味威胁”，一些有特定要求的塑料母粒生产商、终端应用客户并没有使用群青蓝作为最终产品的着色剂。

群青蓝生产商通过洗涤和砂磨过程，可加强产品游离硫控制，因此群青蓝颜料生产中的后处理十分重要。经过水洗后的粗品群青蓝，通过机械研磨使其颜料粒径达到要求，粒径越细，分子量分布越均匀的产品在塑料加工过程中气味越小。因此，塑料配色需要关注群青蓝供应商的选择。

群青蓝的气味可以通过化学分析和感官分析来鉴定。

① 化学分析　采用气相色谱-质谱联用仪确定产品中的硫残留。

② 感官分析　将群青蓝含量 50% PP 色母粒放置于密封的容器中，在 100℃烘箱中加热一小时，样品从烘箱取出后立即请六个检验人员进行评测，嗅觉感官区域主要分为六级：

0＝无气味；

1＝基本无气味，需要全神贯注去辨别，难以定义气味的类别；

2＝容易闻到气味；

3＝很容易闻到气味，但非测试所主要关注的味道；

4＝强烈的气味；

5＝毋庸置疑的强烈气味。

8.4.4　铝颜料

8.4.4.1　铝颜料生产和商品剂型选择

市场上绝大多数铝颜料都是采用“湿法”球磨工艺，见图 8-18。具体工艺如下：铝锭熔化成铝水，经过高压氮气雾化成微米级球形铝粉，在铝粉中加入溶剂和助剂后进行球磨，把微米级球形铝粉研磨成片状的铝银浆。

依据铝片的粒径和形状筛分成不同的规格牌号，再根据标样进行适当的标准化调整，就成为市场上见到的各种规格型号的铝银浆了。

将不同粒径的微米级球形铝粉筛分成不同规格后，细铝粉用于研磨银元形的铝银浆，每个球形铝粉磨成一个银元形的铝片；粗铝粉在研磨过程中配合抛砸工艺，每一个球形铝粉会被研磨成多个不规则形状的铝片。

把微米级球形铝粉研磨成片状过程中，会形成具有完全不同粒径和形状的铝片，其形状有玉米片形、半银元形和银元形，见图 8-19。

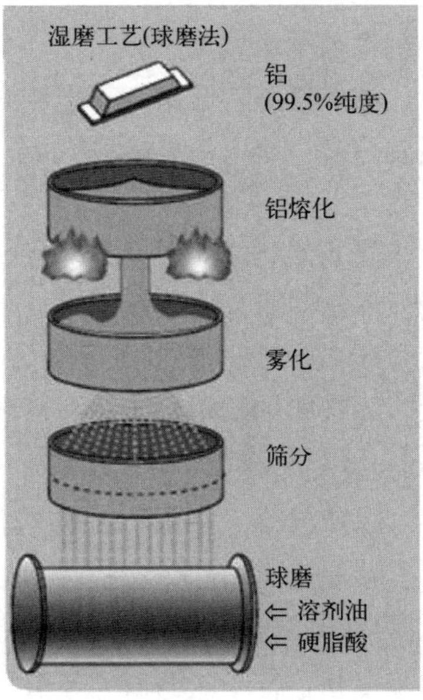

图 8-18　湿法铝颜料的生产工艺

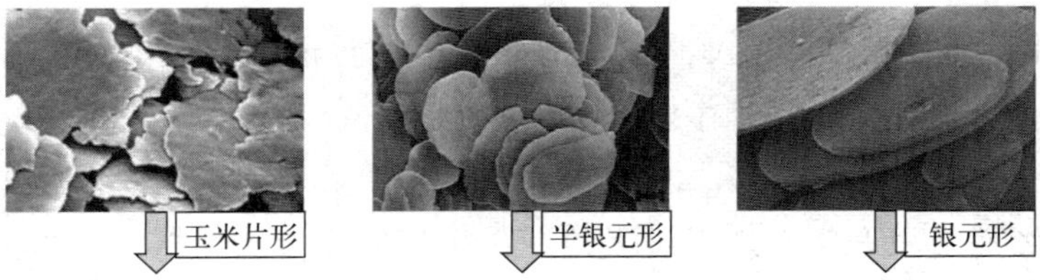

图 8-19　铝片形状

不同形状的铝银浆的价格和效果也是不一样的。玉米片形价格低，遮盖力好，同时具有较好的白亮度。银元形金属光泽好，价格高。半银元形介于玉米片形和银元形之间。

铝颜料需要包覆处理，因为铝粉细小的铝片在空气中容易氧化，会在表面形成一层氧化铝薄膜，这样铝就失去了亮丽光泽，变得粗糙无光，呈灰白色。因此，对铝粉颜料表层进行涂膜处理，形成一薄层高性能 SiO_2 和丙烯酸树脂双层包覆保护膜，使铝粉具有良好的耐热、耐候、耐酸性。对铝银浆中的铝片先进行包覆处理，再去掉溶剂油，就变成了铝银粉。

为了塑胶免喷涂着色使用方便，专门研发了塑胶专用铝银条。铝银浆去除多余的溶剂，再加入载体和多种助剂，经高温挤压成直径 1.8mm、长度 8～10mm 左右的柱状体，为了方便配色，也会根据客户的要求，把铝银条加工成铝银沙，成分是一样的，只是表观不同，客户可以根据自己的需求选择。塑胶专用铝银条中铝约占 80%，其余的是载体和助剂。

目前市场上主要有三种类型的铝颜料，分别是溶剂型的铝银浆、铝银粉和塑胶专用铝银条。

这三种类型的铝颜料区别如下：

① 塑料着色使用铝银浆的优点是无尘，价格低。缺点是含油量大，气味大，而且在成品中或多或少存在残留的溶剂。有一点要强调的是，塑料用铝银浆中的溶剂油需要选择高沸点、窄馏程的溶剂油，免得吹膜时出现气孔现象。另外如需食品接触认证产品需选择环保的溶剂来加工铝银浆。

铝银浆不宜曝晒，不能接触雨水，并应保存在干燥通风的室内（35℃以下），储存时间不宜超过一年，一旦拆开包装使用，应尽快用完，如无法一次性使用完，应立即将其完全密封。

② 铝银粉的优点是气味低，有效含量高；缺点是搅拌的时候会有部分粉尘飘到空中，造成安全隐患，且很难清除。

③ 塑胶专用铝银条优点是分散性好，低速搅拌就可以分散均匀，安全性高，不会有粉尘，无气味，使用设备容易清理，缺点是价格相对较高，另外部分对力学性能要求高的塑料制品要慎用。

8.4.4.2　铝颜料品种选择

塑料中应用的铝颜料有不同品种，其应用性能和效果也不同。一般来说，细粒径铝颜料（5～15μm）具有较低的颜料表面与边的比率，较多的光散射，所以遮盖力强，绝大部分色相是白相，具有丝绸般光泽效果；但亮度，光泽度较低。粗粒径的铝颜料（30～300μm）具有较高的颜料表面与边的比率，较少的光散射，所以遮盖力差，但亮度高；光泽度大，色彩饱和度较大；金属感强，具有特殊闪烁效果。中粒径铝颜料（15～30μm）介于两者之间，适于与彩色颜料共同使用。

铝颜料最怕高速剪切，因为铝片的径厚比较大，在高剪切力作用下铝粉会发生径向弯曲和折断，见图8-20，也会影响铝粉的遮盖力和金属效果。

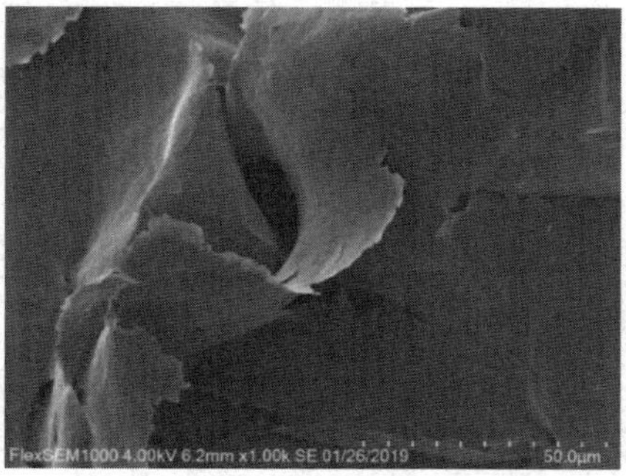

图 8-20　铝粉发生径向弯曲和折断

因为铝颜料的光干涉作用，且其呈现效果和物理形状密切相关等因素，尽可能选择透明性好的塑料。透明性好的材料对铝颜料的反射光影响小，着色后金属效果也更好。

铝颜料不能与钛白粉一类配伍，钛白粉具有消光的作用，与金属粉搭配，会导致金属质感大幅损失。如果想要达到较好的遮盖力，可使用小粒径的铝颜料；如果想要达到较好的白度，可适当加一些银白细珠光粉进行复配，但珠光粉不要加太多，否则会导致铝粉返粗和失去金属感，严重会影响铝颜料的分散，在制品表面可能会看到很多铝颜料堆积在一起。

8.5　塑料配色有机颜料品种选择

塑料配色颜料选择是一项技术性很强的工作，如果仅仅靠一些产品样本数据来选择，是不够的，我们已在第 4 章讲述了有机颜料的品种和性能，但如何在塑料配色中应用这些颜料还是无从入手。所以本章节从发色原理、生产工艺、应用工艺等方面帮你深入了解这些品种，从而达到更好地灵活选择和应用这些品种，满足客户多变的要求。

在西班牙，人们发现了 4 万年前的洞穴壁画，这表示在人类文明进化的历史中，图像的出现远远早于语言和文字。因此，对复杂事物采用简单的图像表达，是人类最容易接收和提取信息的方法，并已深深地植入人类基因。本小节我们将以图像这种最简单的方式对有机颜料进行介绍。

8.5.1　图解塑料着色用有机颜料的理论基础

基于有机颜料的“结构—性能”关系，我们采用图像来描述塑料用有机颜料的品种和性能。众所周知，有机颜料的颜色是由分子发色（化学结构）和晶体发色（物理形态）共同作用决定的，同时，有机颜料在塑料中应用时所表现出来的宏观性能（如分散性、遮盖/透明、耐久性等），也很大程度上取决于颜料的化学结构和物理形态。

基于相似的化学结构，同类型的有机颜料分子会表现出相似的光谱吸收，即显示出相似的颜色吸收/反射谱带——也就是相近的色度角，而取代基的不同会使吸收/反射谱带发生一定程度的红移或蓝移。同时，同类型的有机颜料，其分子结构中存在相同的官能团，以及相似的分子内/分子间作用力，这会导致同类颜料在采用相同的处理方式进行颜料化处理（即重结晶处理）后，所制备的颜料晶体表现出一定的相似性。

因此，基于相似的化学结构和物理形态，同类型的有机颜料品种大多表现出相近的颜色性能和应用性能。将有机颜料分为经典有机颜料、中档有机颜料、中高档有机颜料以及高档有机颜料。在此基础上，以有机颜料的档次为横坐标，有机颜料的色度角为纵坐标，用一张图来描述塑料着色用有机颜料的品种和性能。

根据每个有机颜料色度角和饱和度值就可以在 CIE 颜色空间二元坐标图看到各有机颜料品种的色彩定位。

雷达图是以同一起点、多坐标轴的二维示意图的形式来展示三个或更多个变量。它将多个维度的数据量映射到坐标轴上，每一个维度的数据都分别对应一个坐标轴，这些坐标轴以相同的间距沿着径向排列，并且刻度相同，直观地综合评价同一色区有机颜料定位。

8.5.2 图解有机颜料定位工具简介

为了学习图解有机颜料品种性能，必须先将一些定位工具——色度图、标准深度、标准色等一些基本概念作一一介绍。

8.5.2.1 色度图定位有机颜料色彩性能

按照色度学原理，颜色是人眼受到一定波长和强度的辐射能的刺激后，产生的一种视觉神经感觉。光波的物理刺激、人的生理系统及其引发的心理反应，共同构成了颜色辨认的要素。在色度学中，一个颜色可以由三个参数来准确定义，即色度角、饱和度和明度。色空间坐标如图 8-21 所示。

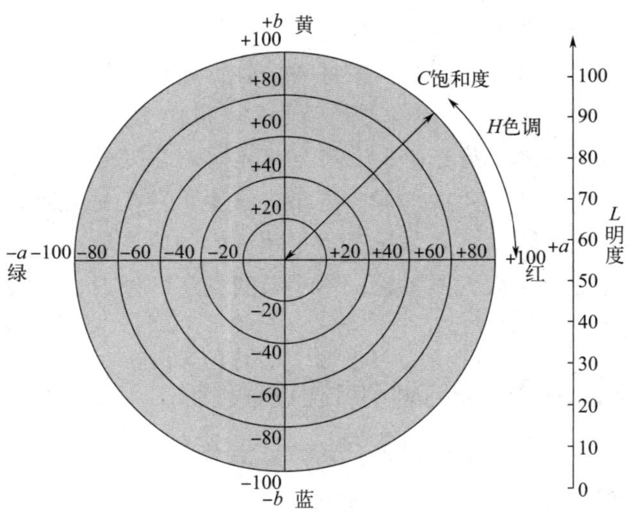

图 8-21 色空间坐标

色度角指把红、橙、黄、绿、蓝、紫和处在它们各自之间的红橙、黄橙、黄绿、蓝绿、蓝紫、红紫 6 种中间色——共计 12 种色作为 360°色相环，用角度来表达。

饱和度是色彩的纯度，用数字来表达，数值越大纯度越高，表现越鲜明；数值越小纯度较低，表现则较黯淡。距离坐标原点越远的着色剂，因其具备更高的饱和度，总是可以与其他着色剂调色混合或冲黑来覆盖距离坐标原点近的低饱和度的着色剂，所以一个着色剂饱和度越高，颜色价值越大，应用越广。

根据每个着色剂的色度角和饱和度值就可以在 CIE 颜色空间二元坐标图看到各颜料品种的色彩定位。图 8-22 是有机颜料各大系列品种的色度图，从图中可以看到有机颜料各大系列产品色彩性能，例如绿光黄系列产品饱和度好，蓝色系列产品饱和度就不够理想。

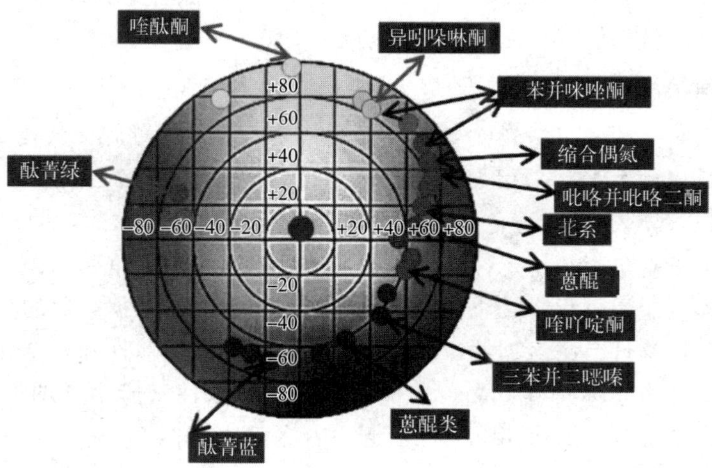

图 8-22　有机颜料各大系列品种的色度图（见彩插）

从色度图上可对各有机颜料品种在色度图上的位置和它们相应的色彩性能一目了然。

如果选用色度角为横坐标，饱和度为纵坐标的二元坐标图那就更方便，更清楚。以双偶氮有机颜料品种为例，以色度角 40°（橙色）为起点，色度角 120°（绿光黄）为终点；以饱和度 60 为低点，85 为高点，双氯联苯胺双偶氮 7 个黄色/橙色品种的 1/3 标准深度色度图见图 8-23。

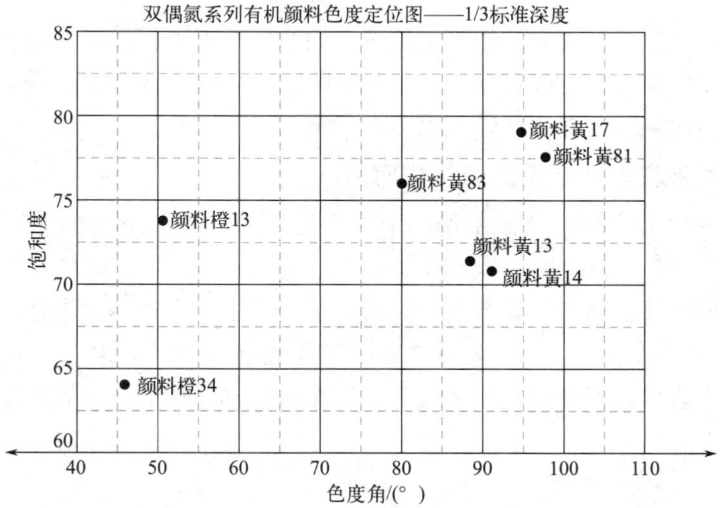

图 8-23　双氯联苯胺双偶氮有机颜料品种色度图

从图 8-23 可以明显看到双氯联苯胺系列颜料产品基本覆盖了黄色区范围，从绿光黄（颜料黄 81，颜料黄 14，颜料黄 17）到中黄（颜料黄 13）到红光黄（颜料黄 83）以及它们之间的配色，可以基本满足塑料着色对黄色的要求，而且这些黄色颜料品种饱和度高。黄光橙（颜料橙 13）到红光橙（颜料橙 34）覆盖了橙色区，微感不足的颜料橙 34 的饱和度太低，位居左下角。尽管双氯联苯胺系列黄橙色品种因其化学结构在应用性能上（如耐热性、耐光性、耐迁移性等）有不尽如人意的地方，但其色泽鲜艳，着色力高，价格适中，所以在塑料着色中还是被大量选用。

8.5.2.2 有机颜料品种性能表

塑料用有机颜料必须满足塑料在各个生命周期中（生产—使用—废弃—回收或无害化）的应用需求。塑料成型大多是采用加热熔融（温度在 120～350℃之间，时间在 5min 左右，不同的塑料品种，差异较大），着色剂大多是在塑料成型阶段加入的，因此，选用的有机颜料必须在此过程中表现出耐热稳定性和优异的分散性，这是至关重要的先决条件。此外，在后续的冷却成型以及应用过程中，添加了有机颜料的塑料制品根据客户的具体应用需求还必须表现出优异的耐迁移性、耐溶剂性、耐光（候）性以及抗翘曲性和安全性等。

塑料着色剂的技术指标是其产品价值所在，其中分散性和安全性两大重要指标比较复杂，本书用了两章来描写，其余指标列在一起，有利于比较。

8.5.2.3 标准深度和着色力

将不同有机颜料的性能数据直接来对比是没有价值的，因为着色量度虽然相同，但色泽深度往往不同，一般说来，颜料的性能数据只有在规定了使用塑料的种类和相等色泽深度下比较才有意义。

随着现代科学的发展，人们已逐步用精密光学测色仪器代替人的肉眼来评测色泽的变化；而电子计算机的发展，则使得色泽变化能够通过数字来显示并记录——用数字表示深度。1957 年西德科学家 Rabe 和 Koch 提出一个深度公式，用于计算各种深度辅助标准，最后建立了 2/1、1/1、1/3、1/6、1/12 和 1/25 六种标准深度。

标准深度概念被广泛且有效地用于评判着色剂的着色能力。其常规的方法为：用规定的方法对塑料进行着色，将白色颜料 TiO_2 的添加量固定，以加入的彩色颜料达到该颜色 1/3 标准深度时所添加的量作为评判颜料着色力的依据，添加量越小则该颜料的着色力越高。

8.5.2.4 品种性能雷达图的表达和应用

为了综合评价和比较有机颜料在塑料中的应用效果，我们采用雷达图进行表示，如图 8-24 所示。

对有机颜料的各项指标而言，着色力、耐热性是连续型数据，耐光性、耐候性和耐迁移性是离散型数据。图 8-24 中，在各坐标轴上，数据离起点越远，表示该指标越优异，上述各指标围成一个五边形，其面积可以用来衡量该颜料的整体性能，即五边形的面积越大，其颜料的整体性能越优异。

8.5.2.5 标准色将引领塑料着色新趋势

颜料终端使用市场期望每个色区都能有质量稳定、性能优异、应用广泛、价格合理的颜料，以优化性价比，降低整体运作成本，得到高效、低成本、方便灵活的最优解。因此，“标准色”的应用理念就诞生了，所谓“标准色”是指颜料用户按照自身主要的业务领域和产品定位，设定所需的应用特性层次，在主要色谱范围内，选定为数不多的有机颜料品种，

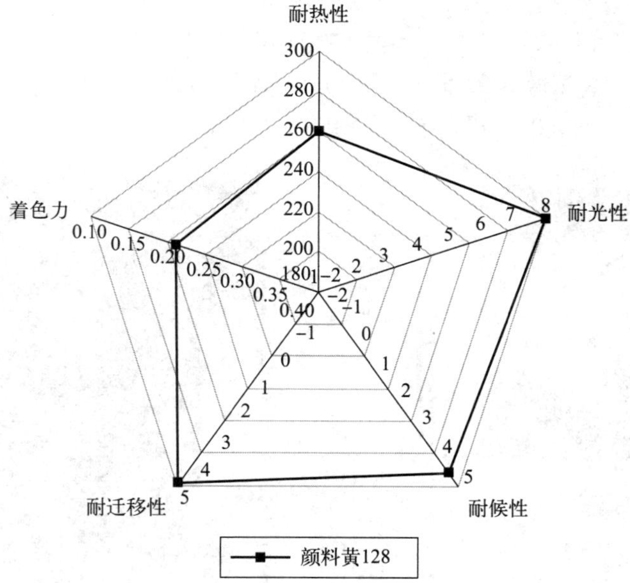

图 8-24 绿光黄 PY128 综合性能雷达图分析图

作为主要的备货和配色选择，尽可能地不用或少用冷门的颜料品种，以此来减少备货品种，降低库存，依靠灵活调度来实现最佳的经济性和科学管理。这样的理念正被越来越多的用户所认可。

8.5.2.6 数据的表达和应用

性能指标表达是利用塑料着色常用着色浓度（1/3 标准深度）数据来完成和推导的。要做到全数据图表展示，在经济上行不通，在商业上也没有必要。

聚烯烃塑料约占塑料生产和使用的半壁江山，所以本节有机颜料定位采用颜料在聚烯烃塑料中测试的数据来表达，因为这些数据能代表颜料应用的主流方向。

8.5.3 纵向图解塑料着色用有机颜料品种和性能

把有机颜料塑料着色用 69 个品种按结构分成三大类，偶氮类、酞菁类、杂环及稠环酮类颜料。

色度角与波长存在密切关系：在可见光范围内，波长不同，色度角所对应的颜色不同，一般来说，波长越长，色度角所对应的颜色越偏向红色一端；将纵坐标列为颜色，按照光的可见光波长大小分为：黄光红，中红，桃红，蓝光红，橙，红光黄，中黄，绿光黄，绿色，蓝色，紫色。

横坐标列为有机颜料的分类类目，构建了有机颜料分类、结构、色度角、性能图。并把每个系列中颜料索引号列上，这样就能对塑料着色用有机颜料的品种和性能有个初步的了解，见图 8-25。

根据产品实践应用和市场需求，在横坐标再添加价格和产量两条线，需注意产量指向是反向的。

波长越短，越偏向紫色一端。具体而言，红光波长范围为 625～740nm，对应的色度角范围在 0°～60°；橙光波长为 590～625nm，色度角在 60°～90°；黄光波长为 570～590nm，色度角在 90°～120°；绿光波长为 550～570nm，色度角在 120°～150°；蓝光波长为 490～510nm，色度角在 210°～240°；紫光波长为 400～480nm，色度角在 270°～300°。

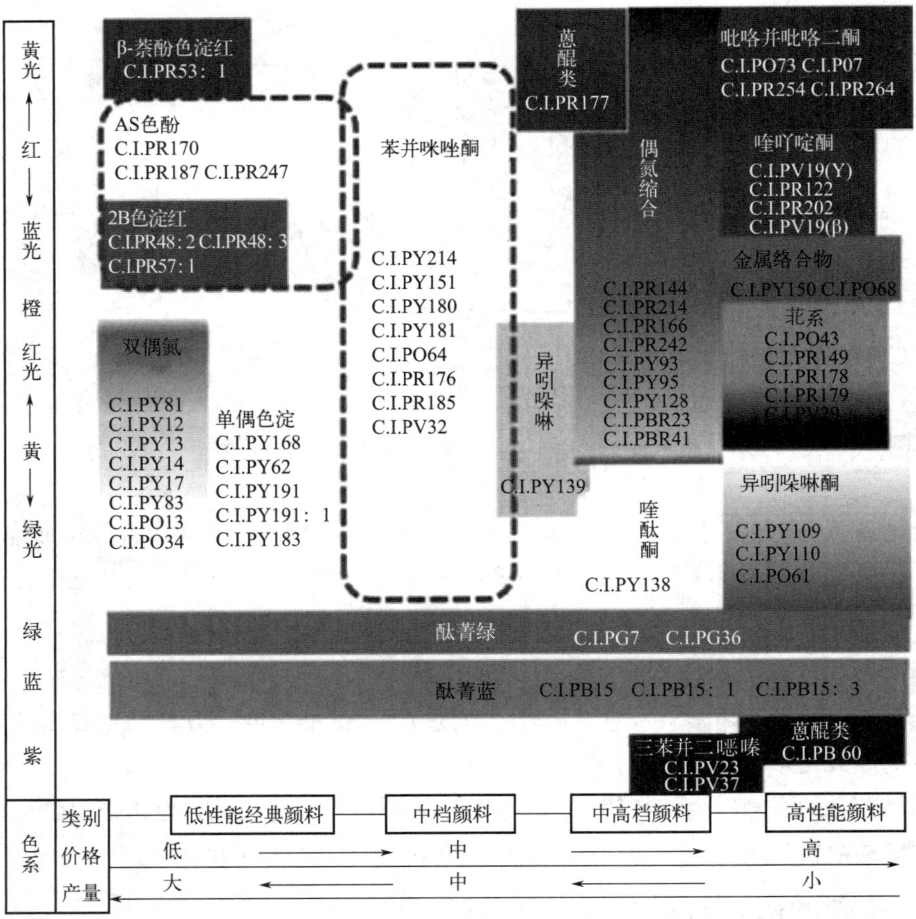

图 8-25　有机颜料结构品种和性能图

在图 8-25 的左边，低性能经典颜料有双偶氮、β-萘酚色淀红、2B 色淀红系列颜料。这些颜料以传统经典偶氮颜料为主体，凭借优异的色彩性能和加工性能、相对低廉的价格而深受客户青睐，应用在没有特殊要求的短生命周期塑料制品（如工业品，非食品包装，购物袋薄膜）中，所以量大面广。经典颜料大部分品种几乎是年产量万吨的大系列品种，但因其结构等因素，在耐热性、耐光性、耐迁移性等方面存在种种缺陷，特别在浅色着色时其差距更大。

在图 8-25 的右边，高性能颜料有喹吖啶酮类、异吲哚啉酮类、吡咯并吡咯二酮类、苝系颜料和金属络合物类颜料，其中靠最右边的，无疑是性能最好的（如异吲哚啉酮类和金属络合物类）。高性能有机颜料以优异的各项耐受性能、良好的色彩性能和加工性能应用于室外，可在要求场合（如汽车装饰材料，化纤原液着色高档领域）下长时间保持全面优良的应用牢度性能。其价格也是最贵的，所以高性能颜料品种年产量仅仅为几百到几千吨。

在图 8-25 的中间，列出了中档颜料和中高档颜料两类，其中苯并咪唑酮系颜料和异吲哚啉系列颜料列为中档颜料，列于中间偏左，这些颜料应用性能和价格介于经典颜料和高性能颜料中间，特别是苯并咪唑酮系列颜料属于性能不错、价格不贵的系列，性价比高，主要应用在压力管材、食品包装膜、丙纶原液着色领域，部分品种年产量达到几千吨。

偶氮缩合、蒽醌类、二噁嗪以及喹酞酮颜料被列为中高档颜料，位于靠中偏右，是因为这些品种在某项性能指标上（如耐热性，耐候性）有缺陷，某些品种在浅色时应用性能欠佳，对于高要求的应用场景，需谨慎选择。

在图 8-25 的底部，是横跨经典、中档颜料和高性能颜料的酞菁系蓝绿颜料，酞菁系蓝绿颜料价格经济、综合性能优异（除了不稳定型酞菁蓝 15 耐热性较低外），年产量可达十万吨。

通过上述简单叙述，读者就可从图中了解每类颜料结构可能所对应品种、色区、性能和价格。

纵向图解塑料着色用有机颜料品种和性能详细介绍可参阅笔者编写的《色母粒配方设计和工业制造》第二章。

8.5.4 横向图解塑料着色用有机颜料品种和性能

上节纵向剖解了整个有机颜料四大分类、十七种化学结构类型产品，从一个视角介绍了有机颜料品种及性能，但对于刚入门塑料着色的技术人员来说，有机颜料品种太多，数据太多，选择品种还是无从入手。

为了更好地梳理各品种特性，按色区规类有机颜料品种；借助色度图进行色彩比较；通过性能列表对各品种参数进行比较；再用雷达图进行定位，将其在塑料中的应用效果直观和全面地展示出来。

为了更好地熟悉各色区的有机颜料特性，将黄色色谱区再细分为绿光黄色区、中黄色区以及红光黄色区；红色色谱区再细分为黄光红色区、中红色区以及蓝光红色区，进行一表二图定位比较，从而使塑料配色过程中有机颜料的选择更简单方便。

8.5.4.1 塑料着色用黄色区有机颜料定位

在黄色区间（色度角 65°～100°），色度角越大，色光越绿，色度角越小，色光越红，适于塑料着色用的有机颜料有 23 种，其中 11 种位于绿光黄色区（色度角 90°～100°），5 种位于中黄色区（色度角 80°～90°），7 种位于红光黄色区（色度角 65°～80°），这些颜料在色度角-饱和度坐标系中色度图见图 8-26。

从图 8-26 可以看出：色度图右上角（色度角大）是绿光黄色区，其饱和度相对较高，其中有重要的绿光黄颜料——颜料黄 138、颜料黄 17；色度图左下角（色度角小）是红光黄色区，其中有各项性能优异的颜料黄 110，但饱和度和着色力相对较低；色度图中间是中黄色区，其中的颜料黄 180 着色力高、饱和度好。

为了便于比较，将上述黄色品种按照绿光黄色区、中黄色区、红光黄色区分类，然后进行说明。

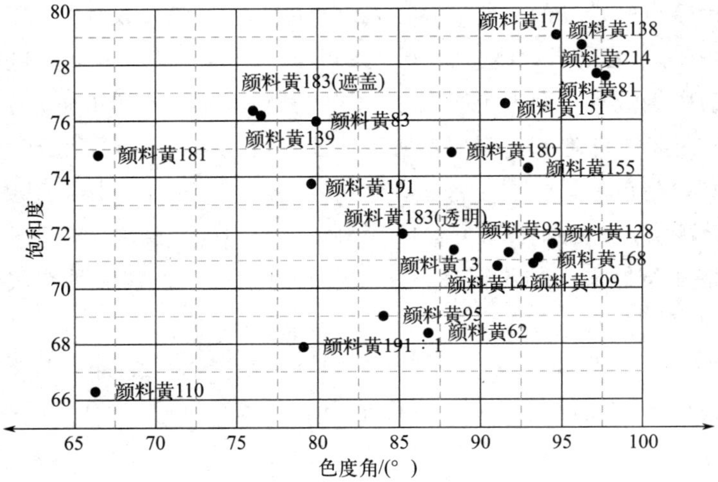

图 8-26 塑料着色用黄色区有机颜料色度图

(1) 塑料着色用绿光黄色区有机颜料定位

以色度角为横坐标，90°为起点，100°为终点；以饱和度为纵坐标，70 为低点，80 为高点，绿光黄色区 11 个品种 1/3 标准深度色度图见图 8-27。

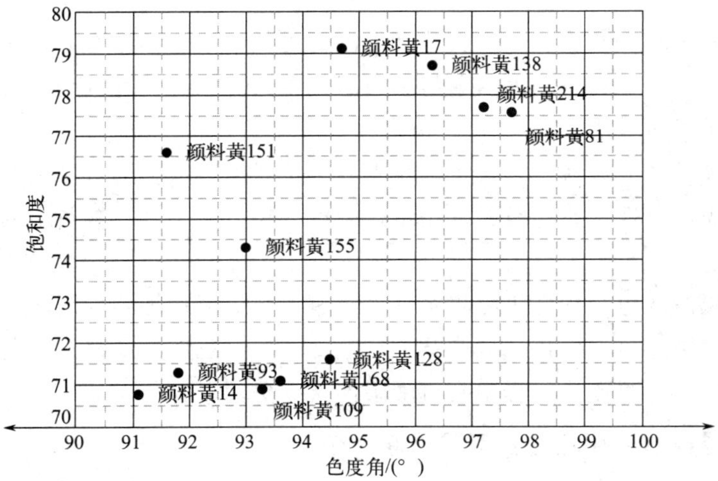

图 8-27 塑料着色用绿光黄色区有机颜料色度图

从图 8-27 可以看出，颜料黄 81、颜料黄 214、颜料黄 138 绿相最明显，颜料黄 17 饱和度最高。

绿光黄色区的 11 种有机颜料定位雷达图见图 8-28。

鉴于颜料黄 214 价格居高不下，颜料黄 138 色光纯净、色彩性能好，暂将颜料黄 138 列为绿光黄色区的标准色。

以颜料黄 138 为基准，为了提高耐候性，可选择颜料黄 128、颜料黄 93、颜料黄 151 以及颜料黄 109，其中颜料黄 109 最优，需注意会增加成本，颜料黄 128 次之，需注意耐热性，颜料黄 93 尚可，需注意色光会偏红。也可选择颜料黄 151，耐热性、耐候性也会提高，

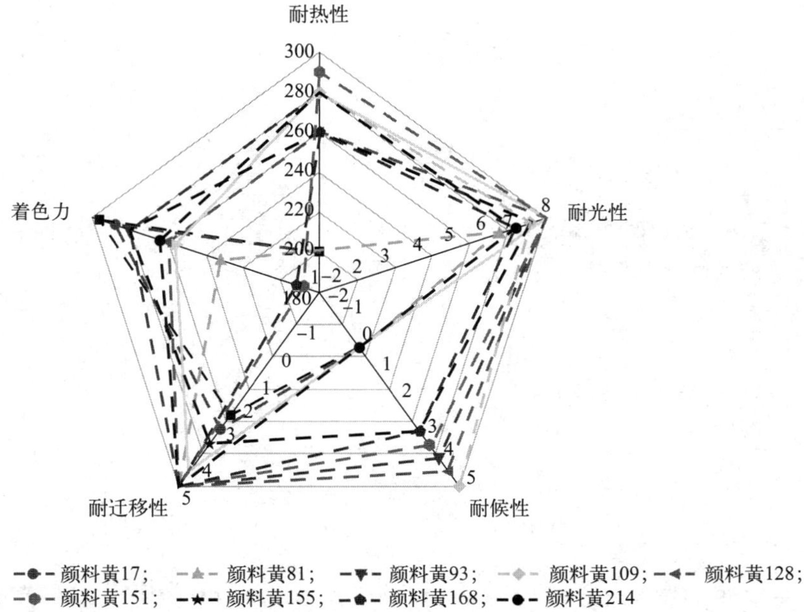

图 8-28　绿光黄色区有机颜料定位图（见彩插）

但需注意着色力偏低。为降低着色成本，可选用颜料黄 155，但要注意迁移问题。为了进一步降低着色成本，可选择颜料黄 168，能基本满足一般着色要求。也可以选择颜料黄 17、颜料黄 14 或颜料黄 81，其着色成本低，但要注意双氯联苯胺系列颜料用于塑料的安全性和颜料黄 14 的迁移性问题。

(2) 塑料着色用中黄色区有机颜料定位

以色度角为横坐标，80°为起点，90°为终点；以饱和度为纵坐标，68 为低点，76 为高点，中黄色区 5 个品种 1/3 标准深度色度图见图 8-29。

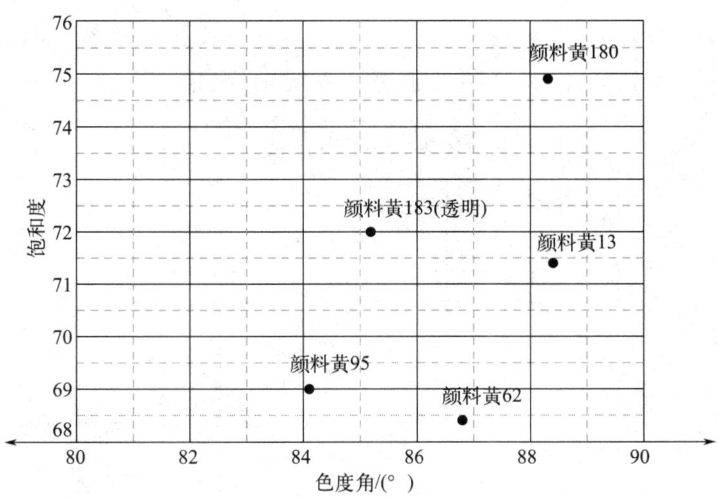

图 8-29　塑料着色用中黄色区有机颜料色度图

图 8-29 可以看出，颜料黄 180 相对饱和度高，颜料黄 62 饱和度偏低。中黄色区有机颜料雷达定位见图 8-30。

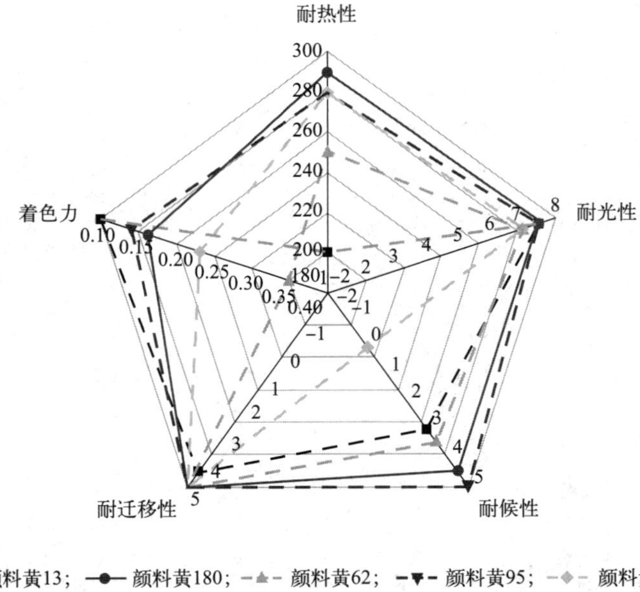

图 8-30 中黄色区有机颜料定位图（见彩插）

颜料黄 180 色光纯净，色彩性能好，着色力较高，饱和度高，是中黄色区的标准色。以颜料黄 180 为基点，如需提高产品的耐候性，可选择颜料黄 95，但色光会偏红。颜料黄 183（透明）因着色力低，与颜料黄 180 相比性能价格没有大的优势。颜料黄 62 虽价格相对较低，但颜料黄 180 着色力比颜料黄 62 高一倍，其各项性能（耐热，耐光）又比颜料黄 62 优越，所以大大挤压了颜料黄 62 应用空间。为降低着色成本，可选颜料黄 13。虽其着色力最高，价格低廉，但耐热性、耐光性一般，安全性受限，需谨慎使用。

（3）塑料着色用红光黄色区有机颜料定位

以色度角为横坐标，66°为起点，84°为终点；以饱和度为纵坐标，64 为低点，78 为高点，红光黄色区 7 个颜料品种 1/3 标准深度色度图见图 8-31。

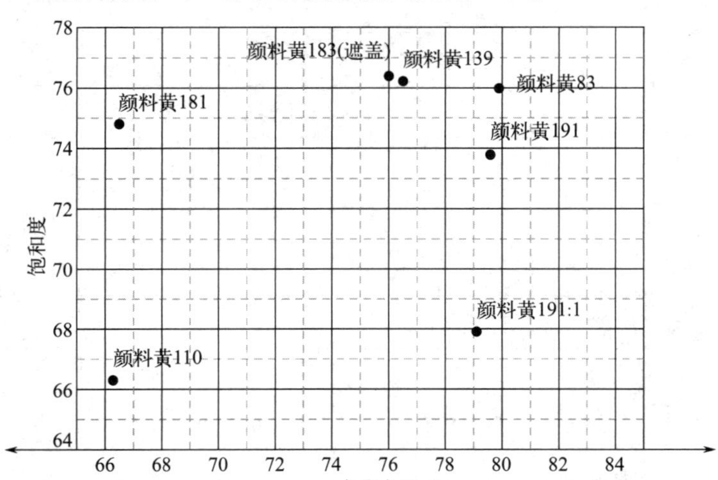

图 8-31 塑料着色用红光黄色区有机颜料色度图

从图 8-31 可以看出，颜料黄 110 红相最明显，但相对饱和度最低，颜料黄 83 饱和度高。红光黄色区有机颜料雷达定位图见图 8-32。

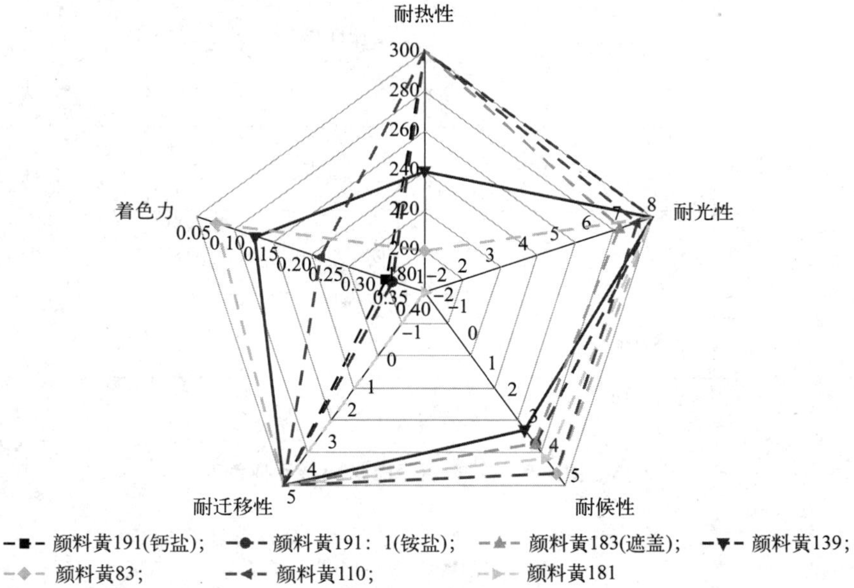

图 8-32　红光黄色区有机颜料定位图（见彩插）

颜料黄 139 着色力高，耐光、耐候性优良，价格适中，是红光黄色区的“标准色”。以颜料黄 139 为基点，若需要提高耐热性及耐候性，可选择颜料黄 181，但着色力低，价格高，市场空间有限。也可以选择颜料黄 110，红相，但饱和度太低。若需要降低着色成本，可选用颜料黄 191 和颜料黄 183 系列，但着色力低，二者各有优缺点，颜料黄 183 耐水性稍好，颜料黄 191 耐热性稍好；也可以选择颜料黄 83，着色力高，几乎是着色力最低颜料黄 181 的几倍，饱和度好，耐热性好，但要注意产品的安全性问题，谨慎使用。

8.5.4.2　塑料着色用橙色区有机颜料定位

以色度角为横坐标，30°为起点，60°为终点；以饱和度为纵坐标，55 为低点，80 为高点，橙色区 9 个有机颜料品种 1/3 标准深度色度图见图 8-33。

从图 8-33 可以看出，颜料橙 72 偏黄相，颜料橙 68、颜料橙 73 偏红相，颜料橙 72、颜料橙 13 饱和度相对较高，颜料橙 68 饱和度低。橙色区有机颜料雷达定位见图 8-34。

颜料橙 64 的各项性能满足需求，饱和度高，符合食品卫生要求，产量大，价格适中，应用领域还会进一步拓展，因此被视为橙色区域的“标准色”。

以颜料橙 64 为基点，如果需要提高耐候性可选用颜料橙 71、颜料橙 72，但色光偏黄；还可选用颜料橙 61，其耐候性最佳，但价格高。如果需要降低着色成本，可选用颜料橙 13、颜料橙 34，颜料橙 34 比颜料橙 13 性能好，偏红光但饱和度低，还需注意各项性能。

8.5.4.3　塑料着色用棕色区有机颜料定位

以色度角为横坐标，20°为起点，40°为终点；以饱和度为纵坐标，10 为低点，40 为高点，棕色区 3 个有机颜料品种 1/3 标准深度色度图见图 8-35。其中黄光棕色有 2 个，红光棕色有 1 个。

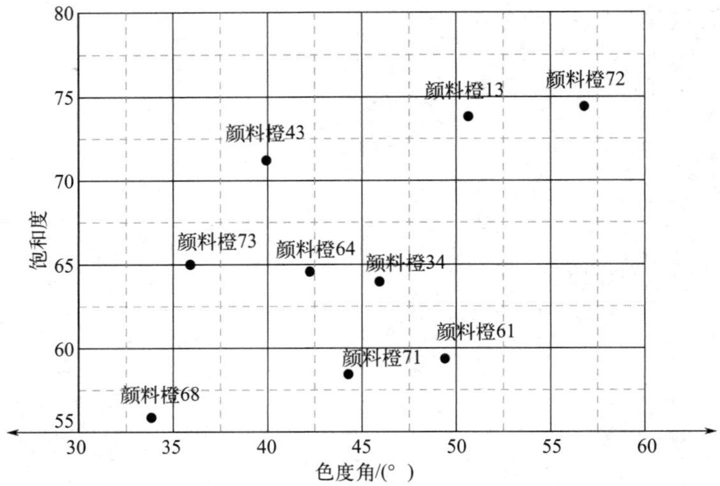

图 8-33　塑料着色用橙色区有机颜料品种色度图

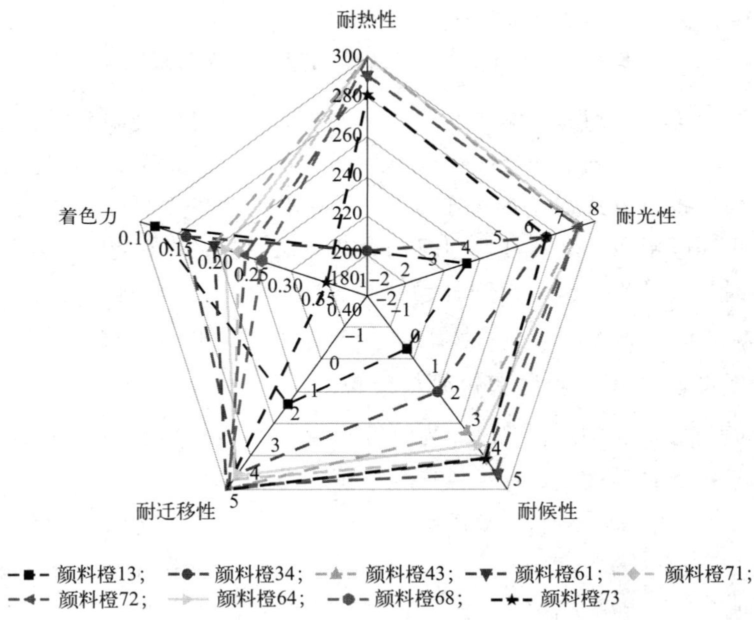

图 8-34　橙色区有机颜料定位图（见彩插）

从图 8-35 可以看出，颜料棕 25 偏红相，颜料棕 41 偏黄相，颜料棕三品种饱和度相对较高。棕色区有机颜料雷达定位见图 8-36。

颜料棕 25 透明性好，饱和度高，着色力较高，可以作为棕色区的“标准色”。如需提高耐热性，可选择颜料棕 41，性能相近，但色相偏黄相，价格高。

8.5.4.4　塑料着色用红色区有机颜料定位

在红色区间（色度角 330°～360°，色度角越大，色光越黄；色度角 10°～30°，色度角越

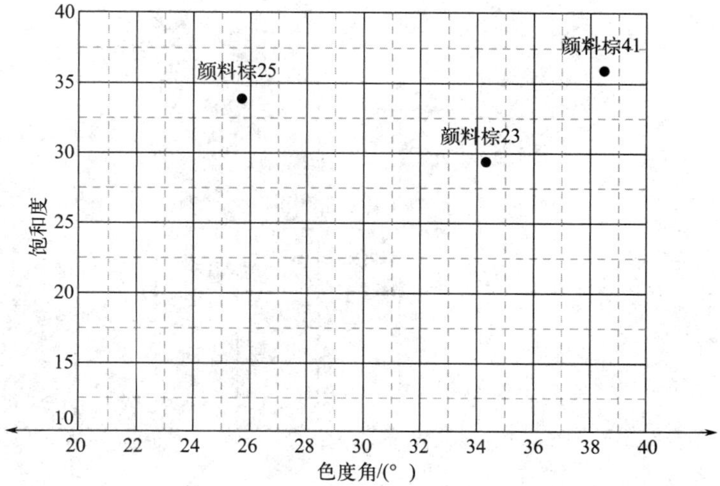

图 8-35　塑料着色用棕色区有机颜料色度图

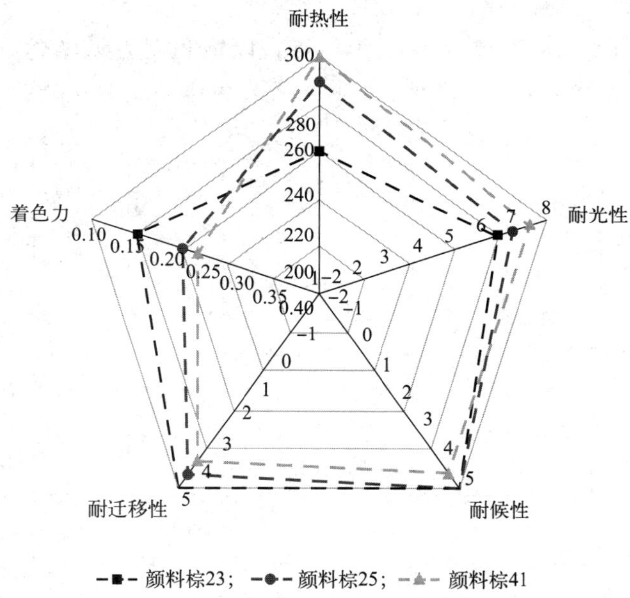

图 8-36　棕色区有机颜料定位图（见彩插）

小，色光越蓝），适合于塑料着色用的有机颜料有 22 种，其中 6 种位于黄光红色区（色度角 18°～30°），5 种位于中红色区（色度角 10°～18°），11 种位于蓝光红色区（色度角 330°～360°），这些颜料在色度角-饱和度坐标系中的色度图见图 8-37。

从图 8-37 可以看出：

① 色度图左侧（色度角大）是蓝光红色区，重要品种有颜料红 122、颜料紫 19（γ 型）。

② 色度图右侧（色度角小）是黄光红色区，重要品种有颜料红 242。

③ 色度图中间是中红色区，其中颜料红 254 着色力高，饱和度好，是重要品种。将上述红色颜料按照黄光红色区、中红色区以及蓝光红色区分类，进行比较。

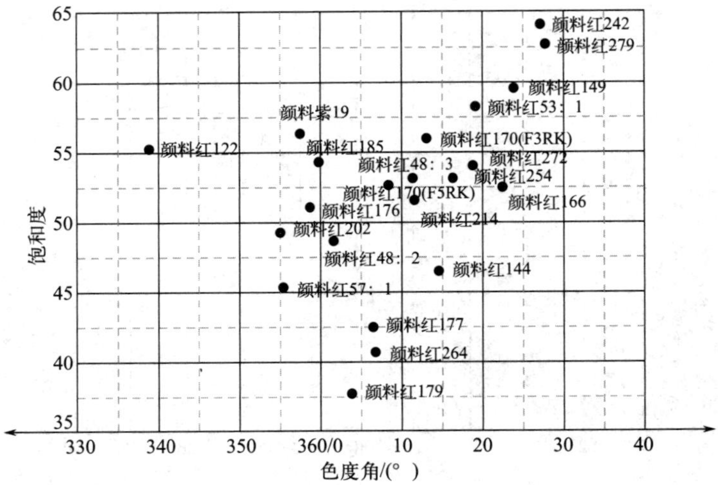

图 8-37　塑料着色用红色区有机颜料色度图

(1) 塑料着色用黄光红色区有机颜料定位

以色度角为横坐标，18°为起点，30°为终点；以饱和度为纵坐标，50.0 为低点，65.0 为高点，有机颜料黄光红色区 6 个品种 1/3 标准深度色度图见图 8-38。

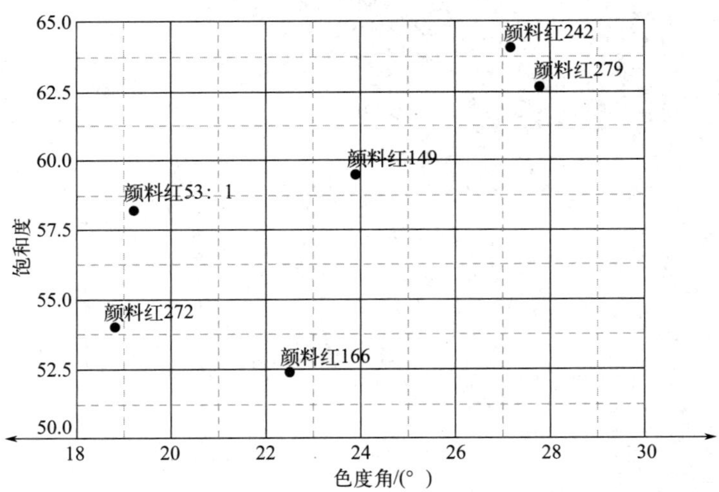

图 8-38　塑料着色用黄光红色区有机颜料色度图

从图 8-38 可以看出，颜料红 279、颜料红 242 黄相最明显，饱和度相对较高；颜料红 166 饱和度低。黄光红色区有机颜料定位见图 8-39。

颜料红 166 着色力较高，各项性能满足需求，产量大，价格适中，被列为黄光红色区域的标准色。如果需要提高耐热性和耐候性，可选用颜料红 149 但成本将会上升。颜料 272 色彩接近颜料红 166，在着色浓度相对低时，耐热性会差一些，饱和度会好一些。颜料红 242 与钛白粉调制后呈黄相，是配制高饱和度粉红色的不二选择。如果需要降低成本，客户对耐光和耐迁移的要求不高，可选用颜料红 53：1。

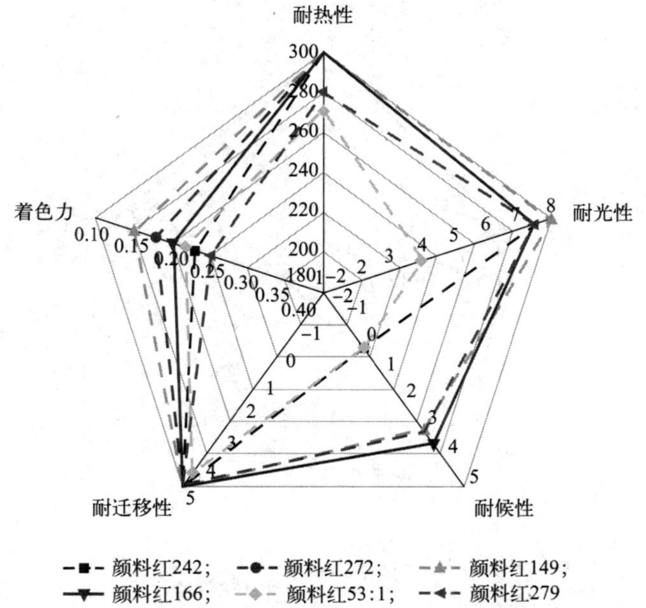

图 8-39　黄光红色区有机颜料定位图（见彩插）

（2）塑料着色用中红色区有机颜料定位

以色度角为横坐标，10°为起点，20°为终点；以饱和度为纵坐标，40 为低点，60 为高点，中红色区 5 个有机颜料品种 1/3 标准深度色度图见图 8-40。

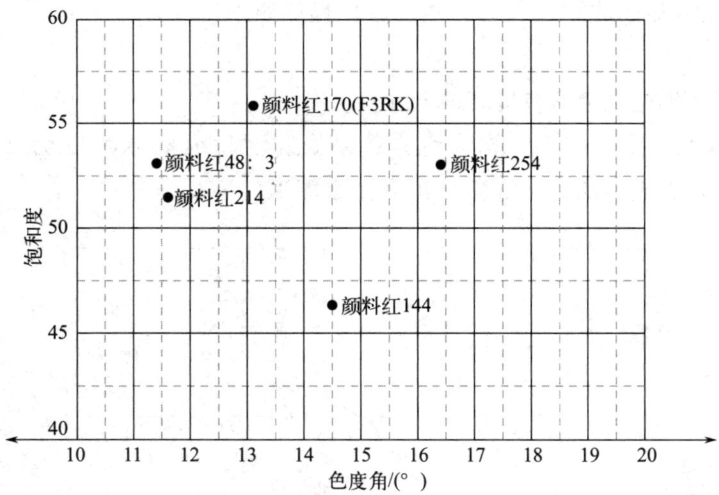

图 8-40　塑料着色用中红色区有机颜料色度图

从图 8-40 可以看出，颜料红 170、颜料红 254 饱和度相对较高，颜料红 144 饱和度低。中红色区有机颜料定位见图 8-41。

颜料红 254 饱和度高，着色力高，综合牢度性能优异，产量大，价格适中，是中红色区当之无愧的标准色。

颜料红 144 在中红色区与颜料红 254 接近，但因颜料红 254 的价格下降幅度大，已挤压

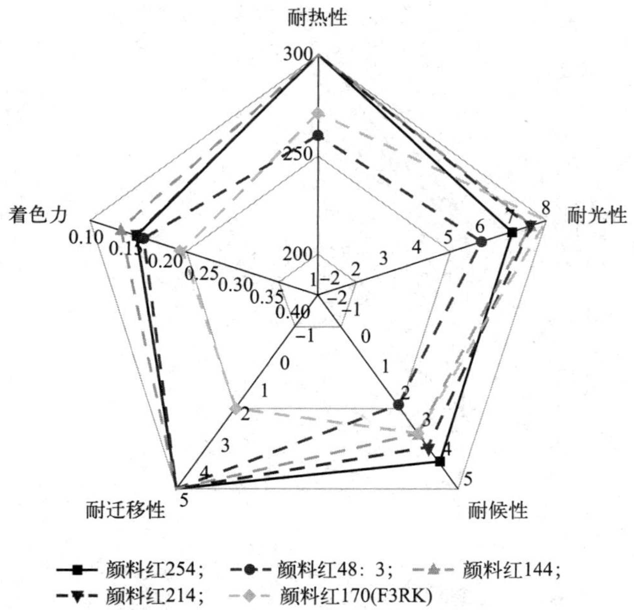

图 8-41　中红色区有机颜料定位图（见彩插）

了颜料红 144 空间，只能说颜料红 144 是颜料红 254 的补充，重点用于 ABS、PET、PC 等工程塑料着色。颜料红 214 是颜料红 254 在化纤上应用的补充。随着颜料红 254 规模生产，价格下降，大大挤压了颜料红 170（F3RK）的空间，而且颜料红 254 着色力和耐迁移性比颜料红 170 好。如需降低成本，且对耐热，耐光性能要求不高，颜料红 48：3 应用空间依然广阔。

（3）塑料着色用蓝光红色区有机颜料定位

以色度角为横坐标，330°～360°为色区；以饱和度为纵坐标，35 为低点，60 为高点，蓝光红色区 11 个有机颜料品种 1/3 标准深度色度图见图 8-42。

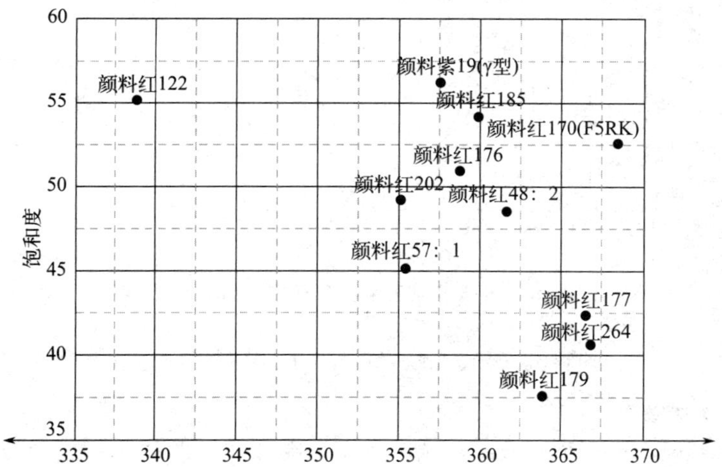

图 8-42　塑料着色用蓝光红色区有机颜料色度图

从图 8-42 可以看出，颜料红 122 蓝相最明显，颜料紫 19(γ 型)、颜料红 185、颜料红 170（F5RK）饱和度相对较高。蓝光红色区有机颜料定位见图 8-43。

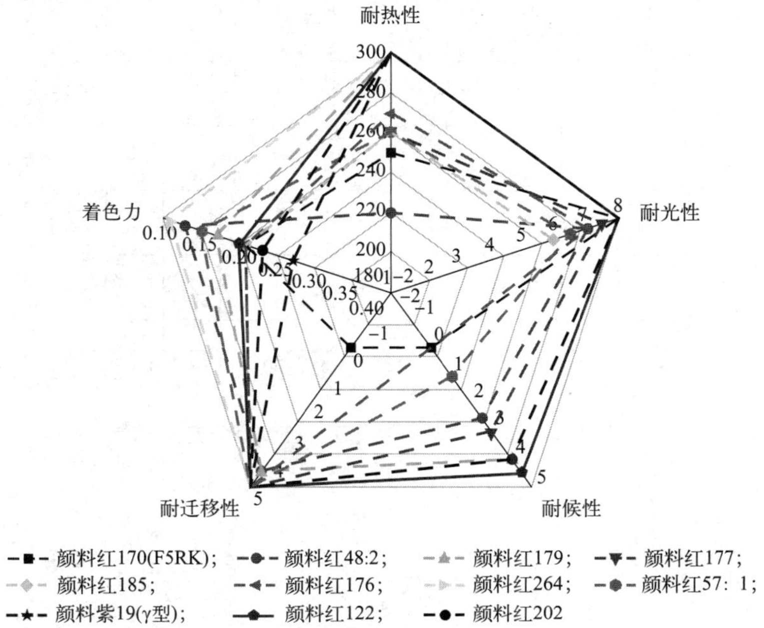

图 8-43　蓝光红色区有机颜料定位图（见彩插）

颜料红 122 饱和度高，着色力较高，各项综合性能优异，产量大，价格适中，是蓝光红色区当之无愧的标准色。

以颜料红 122 为基点，为解决颜料红 122 在 PET 中低浓度时溶解的问题，可以选择颜料红 202，但色光偏红、偏暗。也可选择颜料红 179，耐候性更优，但着色力低，饱和度差。

在浅色领域，特别用于调色时，颜料紫 19（γ 型）性能要比颜料红 122 好。

8.5.4.5　塑料着色用紫色区有机颜料定位

在紫色区间（色度角 300°～330°，色度角越小，色光越蓝，色度角越大，色光越红），有 4 个塑料用有机颜料品种，其中蓝光紫色有 2 个，红光紫色有 2 个。在色度角-饱和度坐标系中，上述颜料的 1/3 标准深度色度图见图 8-44。

从图 8-44 可以看出，颜料紫 23 蓝相，饱和度相对较高，颜料紫 19(β 型）蓝相，颜料紫 29 饱和度相对较低。紫色区有机颜料定位见图 8-45。

颜料紫 23 饱和度高，着色力较高，产量大，价格适中，是紫色区当之无愧的标准色。

如果颜料紫 23 浅色性能指标不能满足客户需求，可选用颜料紫 37。如果需耐热性和耐候性应用指标提高，可选用颜料紫 19（β 型），需注意该品种着色力低，偏红相，而且成本会增加。选用颜料紫 29 各项性能更好，但着色成本会更高。

8.5.4.6　塑料着色用蓝色区有机颜料定位

蓝色区（色度角 240°～270°，色度角越大，色光越红，色度角越小，色光越绿），适合于聚烯烃塑料着色用的有机颜料有 4 种，在色度角-饱和度坐标系中，这些颜料的色度坐标见图 8-46。

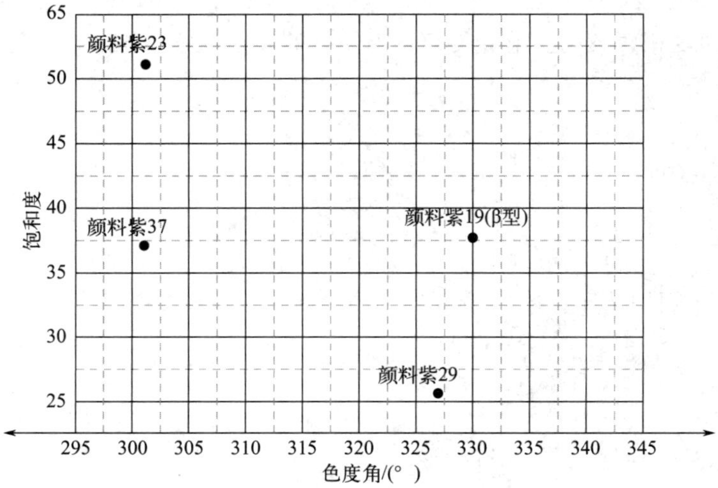

图 8-44　塑料着色用紫色区有机颜料色度图

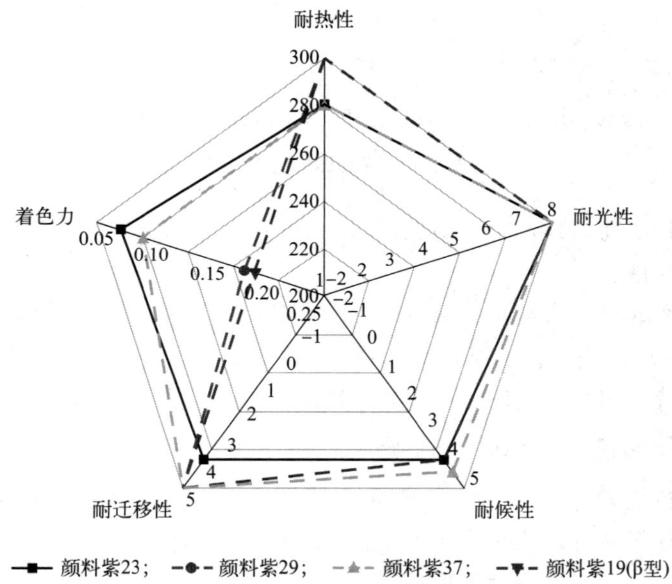

图 8-45　紫色区有机颜料定位图（见彩插）

从图 8-46 可以看出，颜料蓝 15：3 偏绿相，中间是颜料蓝 15：1 和颜料蓝 15，饱和度相对较高，颜料蓝 60 红相最明显，饱和度低。蓝色区有机颜料定位见图 8-47。

颜料蓝 15：1、颜料蓝 15：3 饱和度高，着色力较高，产量大，价格便宜，是蓝色区当之无愧的标准色。

由于 β 型颜料蓝 15：3 晶型比 α 型颜料蓝 15：1 更稳定，所以其各项性能更优越，应用也更广泛。如需更艳丽的红相蓝色，而采用蓝光红调色达不到饱和度要求时，可选用颜料蓝 60，但需注意成本会增加。颜料蓝 15 是所有酞菁品种中色相最红的，只能用在耐热性要求不高的场合，如 EVA 发泡。

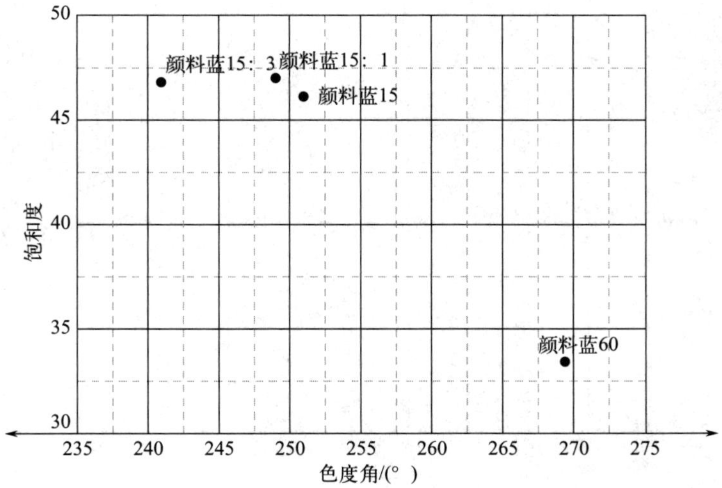

图 8-46　塑料着色用蓝色区有机颜料色度图

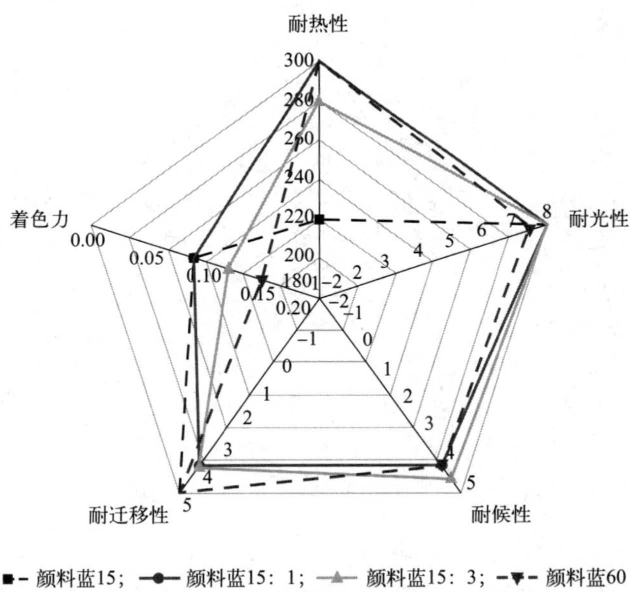

图 8-47　蓝色区有机颜料定位图（见彩插）

8.5.4.7　塑料着色用绿色区有机颜料定位

在绿色区间（色度角 160°～178°，色度角越小，色光越黄，色度角越大，色光越蓝），有 2 个塑料用有机颜料品种，均为酞菁颜料。在色度角-饱和度坐标系中，上述颜料的 1/3 标准深度色度图见图 8-48。

从图 8-48 可以看出，颜料绿 7 偏蓝相，颜料绿 36 偏黄相，饱和度相对较高。绿色区有机颜料定位见图 8-49。

颜料 7 是绿色区的标准色。只有需饱和度非常高的艳丽黄光绿色时，才会选用颜料绿 36，因为颜料绿 36 不仅着色力低，而且价格奇高。

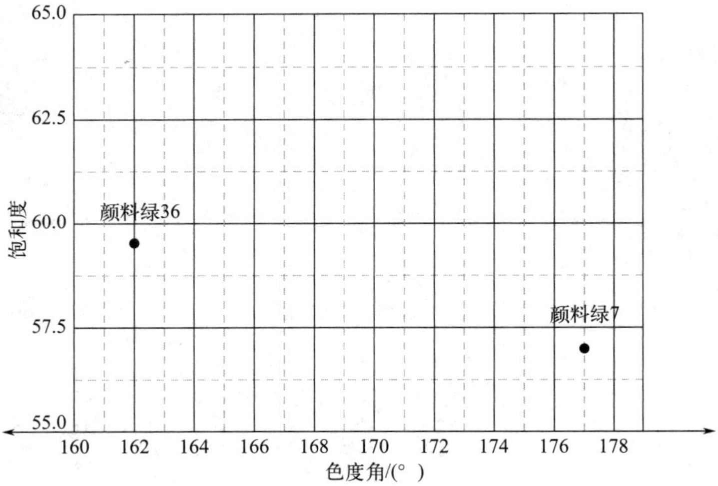

图 8-48　塑料着色用绿色区有机颜料色度图

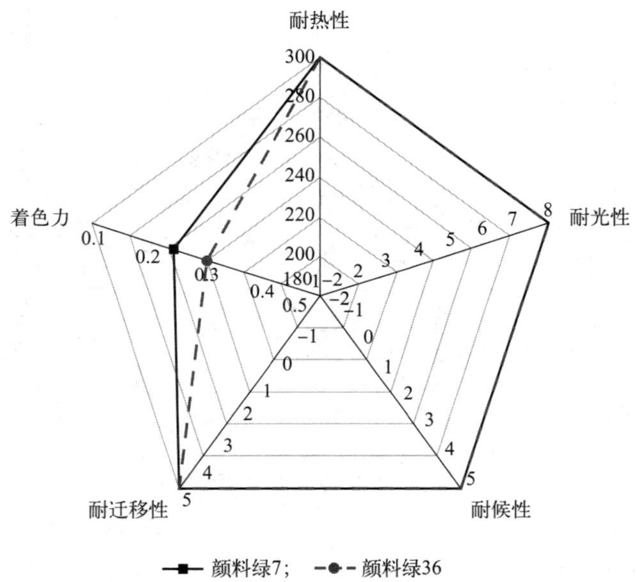

图 8-49　绿色区有机颜料定位图（见彩插）

鉴于有机颜料在塑料着色中的重要性，上面采用图解法介绍了塑料着色有机颜料品种和性能。根据化学结构分类纵向解剖有机颜料品种体系，在此基础上对于同一色区有机颜料品种进行横向解剖比较。让读者在最短的时间内了解塑料着色有机颜料品种。希望读者通过反复阅读，由此入门，可在最短时间内熟悉塑料着色用有机颜料品种并灵活应用。对“一表”（颜料品种性能表）和“二图”（色度图、雷达定位图）进行深入研究，进而梳理发掘有价值的技术资料，可在日常着色工作中少犯错误，工作更上一层楼。

这里需要强调的是：上述“一表二图”仅仅是根据塑料着色常用着色浓度（1/3 标准深度）这一条件点位上的各项数据来完成和推导的。要做到全数据图表展示在经济上行不通，在商业上也没有必要。但是塑料着色是个复杂的系统工程，品种繁多，要求千变万化，这一条件点位的数据并不能代表在各种着色条件下的应用。因此读者必须根据实际需求，必要时进行相应的试验后确认才好。

有机颜料的各项性能除了与其化学结构密切相关外，还与晶型、粒径大小、粒径分布有关，本书所选用的数据均源自有机颜料品牌供应商产品，并按国际标准方法进行测试而得。需注意的是，尽管选择的产品与品牌供应商产品颜料索引号一样，但性能也会有区别，这一点万万大意不得。因此，所选择的颜料是否具有上述性能指标，必须与供应商联系确认；必要时进行测试是必不可少的。

笔者书写本节另一目的是给读者推荐一种方法——从复杂的体系中梳理出一种简单处理的方法。颜料供应商可作出所供应产品“一表二图”，色母粒生产商可作专一应用领域（薄膜，化纤）产品“一表二图”，也许会为您的工作提供更大帮助。

第9章

塑料成型

塑料行业的发展，与其丰富多样的成型工艺密切相关。传统塑料成型工艺主要包括挤出成型、注射成型、压延成型和模塑成型四大类。为了满足化工新材料发展需求，新的成型工艺不断涌现。

几乎所有塑料制品都离不开着色剂的相伴，同时也对着色剂提出了更高的要求高。本章之所以介绍各种成型工艺以及操作条件，其主要目的是希望有助于读者了解整个塑料制品加工的全过程，以便更有针对性地选择着色剂，使之能完全符合塑料制品加工的需要，真正体现其应有的价值。

9.1 塑料成型基础

9.1.1 塑料的三种物理状态及其应用

塑料在受热时常体现的三种物理状态为：玻璃态（结晶型聚合物亦称结晶态）、高弹态和黏流态。适宜的成型加工方式与三种物理状态的对应关系可参见图9-1。

① 玻璃态　由于温度较低，大分子链段处于被冻结状态，这时聚合物受到外力后，变形量很小，表现出像玻璃一样的物理状态，称为玻璃态。多数塑料的玻璃化转变温度（T_g）都高于室温，只有极少数塑料的玻璃化转变温度低于室温，如高密度聚乙烯玻璃化转变温度为−80℃。玻璃态是大多数塑料制品的使用状态。玻璃化转变温度（T_g）是非晶态热塑性塑料制品使用的上限温度。脆化温度（T_b）是塑料制品使用的下限温度。当温度低于T_b时，塑料制品在很小的外力作用下就会发生断裂，无使用价值。从塑料的使用角度来看，T_b和T_g之间的范围显然越宽越好。常温下，玻璃态的典型材料是有机玻璃。

② 高弹态　当塑料受热后温度超过T_g时（T_g～T_f之间），形变曲线开始急剧变化，塑料进入柔软而富有弹性的高弹状。变形能力显著增强，弹性模量明显降低，但是其变形仍然具有可逆性。在高弹态状态下，可进行弯曲、吹塑、真空成型、拉伸、冲压等成型，成型后会产生较大的内应力。进行上述成型加工时，应考虑到高弹态具有的可逆性，由于高弹态形变比普弹形变大一万倍左右，随着温度升高至T_g与T_f之间时，内部的大分子链还不能移动，当材料受到外力拉伸或挤压时，大分子链可以通过链段运动来适应外力的作用，使分

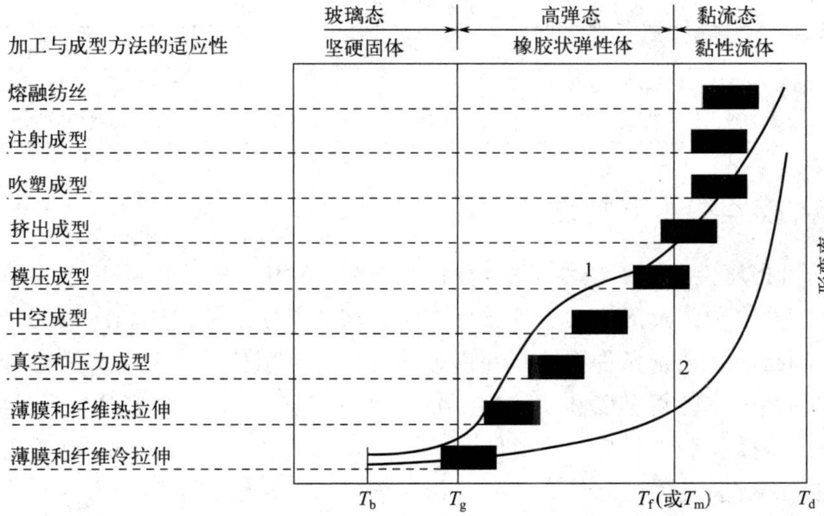

图 9-1 塑料的物理状态及与之相适宜的成型工艺的关系

1—线型无定形聚合物；2—完全线型结晶聚合物；T_b—聚合物的脆化温度；

T_g—玻璃化转变温度；T_f—黏流温度；T_m—熔点；T_d—热分解温度

子链从卷曲状态被拉伸而伸直，一旦外力解除后，被拉直的分子链又可以恢复到卷曲状态，表现出很好的弹性，故称为高弹态。

③ 黏流态　当塑料受热温度超过黏流温度（T_f）时，分子热运动能量进一步增大，直至足以解开分子链间的缠结而发生整个大分子的滑移。此时，塑料变形迅速加剧，开始有明显的流动特性，进入黏流态并具有流动性，通常称之为熔融体或熔体。在这种状态下塑料的变形不具有可逆性，一经成型和冷却后，其形状就能永久保持下来。T_f 是塑料成型加工的最低温度，在这种黏流状态下，熔体形变在不太大的外力作用下就能引起宏观流动，此时的熔体可进行注射、挤出、压注、纺丝等成型加工；当温度升高至熔体流动性能足以仅靠自身的流动就能充盈成型时，就可实现滚塑成型的加工。在黏流状态下成型后，制品的应力较小。增高温度将使黏度大大降低，流动性增大，有利于熔体充填。然而，如果流动性增大不当，则容易导致注射成型过程中的溢料、挤出成型塑件形状的翘曲、收缩和纺丝过程中纤维的毛细断裂等现象。当温度升至分解温度（T_d）附近，则会加剧塑料的分解，降低塑料制件的物理力学性能或引起外观不良等缺陷。因此，T_f 和 T_d 可用来衡量材料的成型性能，温度区间较大，表明熔体的热稳定性好，可在较宽的温度范围内形变和流动，不易发生热分解。T_f 和 T_d 都是材料进行成型加工的重要参考温度。根据塑料的三种物理状态，可以合理地制定适宜的加工成型方式，见表 9-1。

表 9-1 塑料的三种物理状态及与之相适宜的加工成型方法

项目	玻璃态	高弹态	黏流态
温度	T_g 以下	$T_g \sim T_f$	$T_f \sim T_d$
分子状态	分子纠缠为无规则线团或卷曲状	分子链展开，链段运动	高分子链运动，彼此滑移
物理状态	坚硬的固态	高弹态，橡胶状	塑性状态或高黏滞状态

续表

项目	玻璃态	高弹态	黏流态
加工可能性	可作为结构材料进行车、铣、刨、锉、锯、钻等机械加工	弯曲、吹塑、压延、冲压等，成型后会产生较大的内应力	可注射、挤出、压缩、压注等，成型后应力小

9.1.2 塑料成型的工艺特性

① 塑料的可挤压性　可挤压性是指塑料通过挤压作用形变时获得一定形状并保持这种形状的能力。塑料在加工过程中常受到挤压作用，例如塑料在挤出机和注射机料筒中以及在模具中都会受到挤压。通常条件下塑料在固体状态不能采用挤压成型，衡量塑料可挤压性的物理量是熔体的黏度（剪切黏度和拉伸黏度）。熔体黏度过高，则物料通过形变而获得形状的能力差；反之，熔体黏度过低，虽然物料具有良好的流动性，易获得一定形状，但保持形状的能力较差。因此，适宜的熔体黏度，是衡量塑料可挤压性的重要标志。

② 塑料的可模塑性　塑料的可模塑性是指其处于一定的温度和压力下，于模具中模塑成型的能力。具有可模塑性的塑料可通过注射、压塑、压注和挤出等成型方法制得各种形状的模塑制品。这些成型方法对塑料的可模塑性要求是：能充满模具型腔，获得制品所需的尺寸精度，有一定的密实度，满足制品规定的使用性能等。

③ 塑料的可延展性　塑料的可延展性是非结晶型或半结晶型聚合物在受到压延或拉伸时变形的能力。可延展性取决于材料产生塑性变形的能力。利用可延展性，可通过压延和拉伸工艺生产片材、薄膜和纤维等制品。形变能力与固态聚合物的结构及其所处的环境温度有关。

9.2 挤出成型

挤出成型是指在挤出机中通过加热、加压而使物料以流动状态连续通过口模成型的方法，即熔融材料最终需按设定的形状成型以后冷却到固体状态，即成为最终产品（主要为热塑性塑料），见图 9-2。

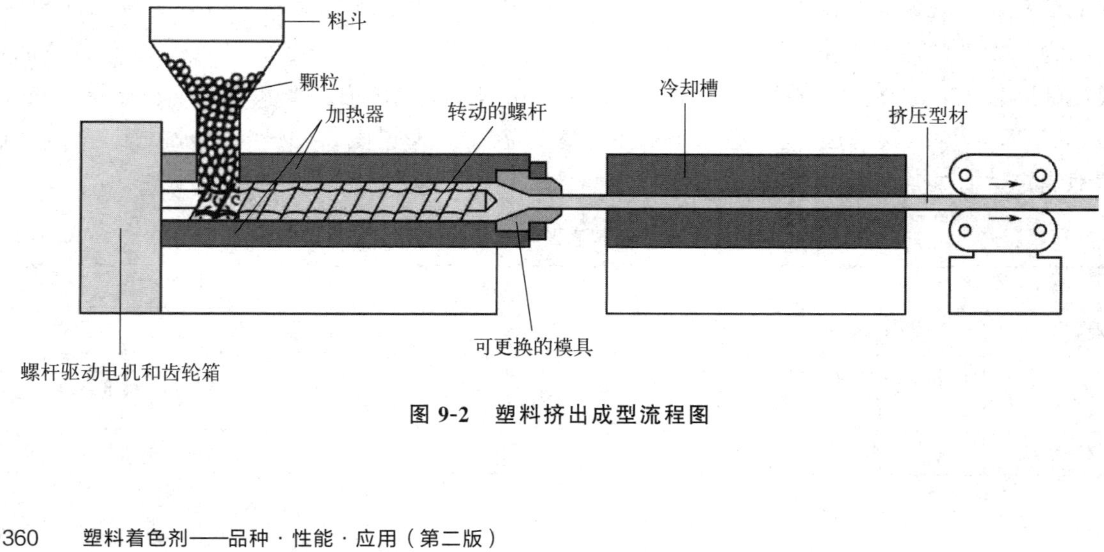

图 9-2　塑料挤出成型流程图

就挤出成型来说，改变不一样的成型口模就可以得到诸如薄膜、管材、片材、板材、线材、异型材等产品，见图 9-3。

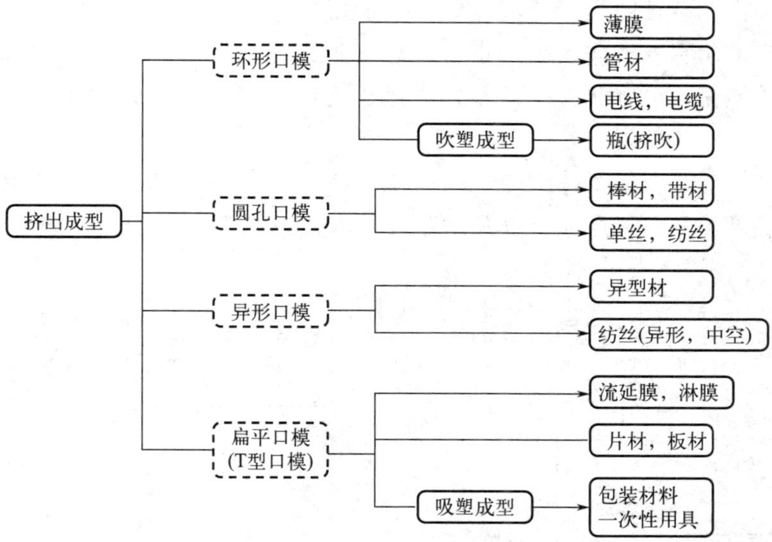

图 9-3　挤出成型的口模与产品

挤出成型的口模主要有四种类型。

① 环形口模　主要用于生产管状薄膜、管材（软管，硬管）、电线电缆、中空成型的管状挤出制品等。

② 圆孔口模　用于纺丝及单丝挤出、棒状材料挤出等。

③ 扁平口模（T 型口模）　用于生产厚度小于 0.25mm 的薄膜以及薄片、薄板材。

④ 异形口模　异型材（门、窗型材，装饰压条和转角，中空隔板等）的挤出。

9.2.1 环形口模

(1) 吹塑薄膜成型工艺

塑料薄膜质轻、柔软、透明，制成的包装材料美观大方，适用范围广；与传统包装材料相比，塑料薄膜能弥补金属和纸包装材料的不足；塑料薄膜成型简单，能耗低，可再生，价格低廉，是一种环保型可持续发展的包装材料。有鉴于此，塑料薄膜增长速度远高于其他类别包装材料，已成为包装领域一支不可或缺的主力军。

吹塑薄膜是将塑料原料用挤出机挤出，熔融物料经由挤出机机头环形间隙挤出成圆筒状的膜管，从机头侧面进气口吹入一定量的压缩空气使之横向吹胀；同时，借助于牵引辊连续运转进行纵向拉伸，并经设置在膜管外的风环吹出的冷却空气定型；再由人字板叠压成双折薄膜，通过牵引辊以恒定的线速度进入卷取装置，见图 9-4。在吹塑薄膜成型过程中，根据牵引方向的不同，可分为上吹、下

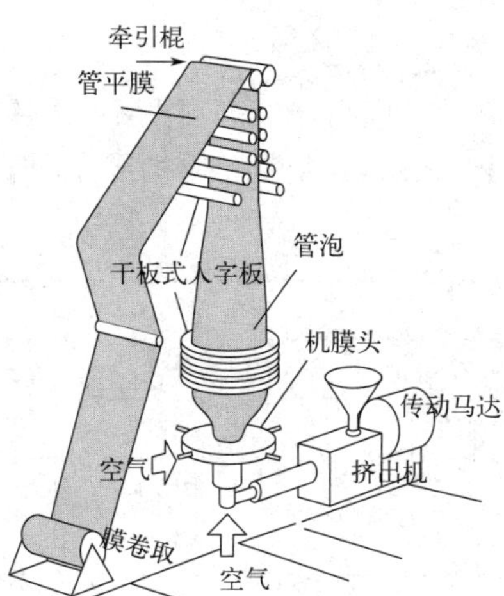

图 9-4　吹塑薄膜成型工艺示意图

吹、平吹三种。

① 平挤上吹法　使用直角机头，即机头出料方向与挤出机垂直，挤出泡管向上，牵引至一定距离后，由人字板收拢，所挤管状由底部引入的压缩空气将它吹胀成泡管，并以压缩空气气量多少来控制它的横向吹胀尺寸，以牵引速度控制纵向拉伸尺寸，泡管经冷却定型就可以得到环状吹塑薄膜，如图 9-5 所示。适用于上吹法的主要树脂原料种类有 PVC、PE、PS、HDPE。

② 平挤下吹法　使用直角机头，与上吹法相反，泡管从机头下方引出吹胀成型。该法特别适宜用于黏度较低的树脂原料以及透明度要求比较高的塑料薄膜，如 PP、PA、PVDC（偏二氯乙烯）等。设备布置如图 9-6 所示。

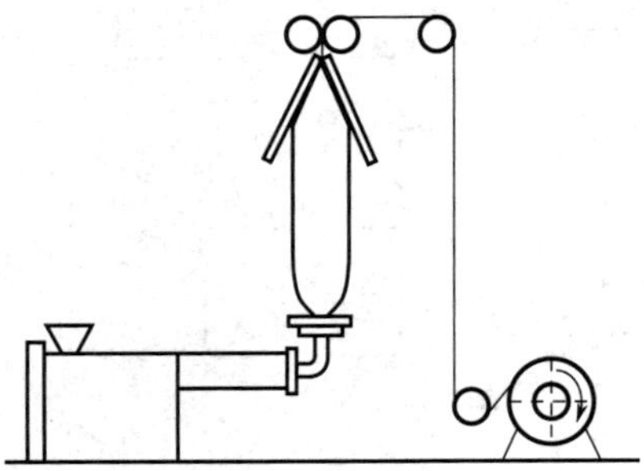

图 9-5　平挤上吹法示意图

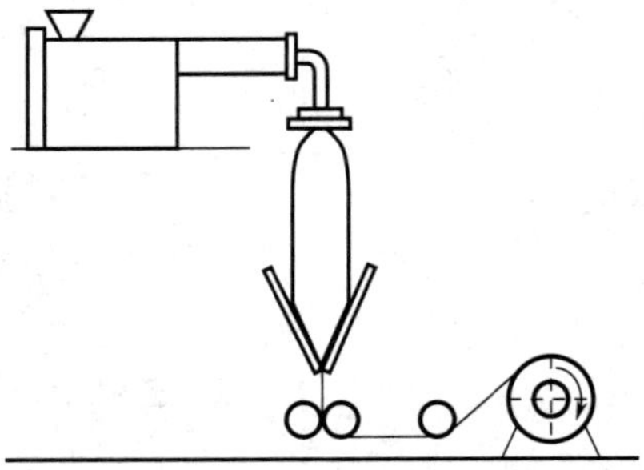

图 9-6　平挤下吹法示意图

③ 平挤平吹法　使用与挤出机螺杆同轴的平直机头，泡管与机头中心线在同一水平面上。该法只适用于吹制小口径薄膜的产品，如 LDPE、PVC、PS 膜，平吹法也适用于吹制热收缩薄膜。图 9-7 显示了其设备排布方式。

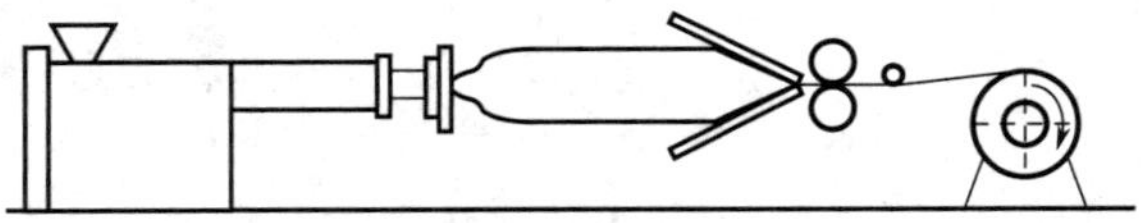

图 9-7　平挤平吹法示意图

吹塑薄膜成型的主要设备有挤出机、机头（口模）、冷却风环、空压和吹胀系统、人字板收拢以及牵引卷取机组等。塑料薄膜的挤出温度根据所用树脂材料不同而各异，见表 9-2。

表 9-2　各种塑料薄膜的挤出温度　　单位：℃

品种		机身	连接器	机头
聚乙烯		130～160	160～170	150～160
聚丙烯		100～250	240～250	230～240
复合薄膜	聚乙烯	120～170	210～220	200
	聚丙烯	180～210	210～220	200

随着经济的发展，人们对包装的要求越来越高，为适应食品包装高阻隔、多功能的性能要求，吹塑薄膜多层化成为包装薄膜的发展趋势。多层共挤出复合膜吹塑工艺是采用数台

挤出机将各种不同功能的树脂分别熔融挤出，通过各自的流道在模头内或模头外汇合，再经吹胀、冷却复合在一起，见图 9-8。该工艺不仅大大简化了生产工序，而且用料少，同时可降低原料消耗和生产成本；采用此工艺生产相同结构的复合包装材料比其他工艺可以节省 30%的生产成本。

图 9-8 多层共挤出复合膜吹塑工艺示意图

目前多层共挤出复合膜多采用 ABCBA 五层对称结构和七层结构等，以 PA 或 EVOH 为阻隔层，PE 为热封层。从其功能组合上看，主要有阻隔、热封以及黏结 3 个功能。通过不同聚合物的组合满足包装物质防氧、防湿的要求，可用于奶制品、果酱、肉制品等的真空包装。

颜料应用于塑料薄膜应特别关注颜料的分散性、耐热性、耐迁移性、使用安全性等。

① 分散性　由于大多数塑料薄膜制品是透明的，因颜料的分散性不佳而显现的颗粒色点会影响制品的外观品质；另外分散颗粒存留于薄膜中对薄膜包装袋的封口性能会产生不良后果，也会在包装液体物质时产生渗漏等问题；更严重的是，颗粒过大可能导致吹膜过程中产生破泡现象，影响正常生产。

② 耐热性　挤出吹膜是高温加工工艺，根据不同的树脂和吹膜要求，一般的操作温度都会在 180～240℃，使用的着色剂必须能够在此温度下经过数分钟的操作时间，因此，颜料的耐热性能是必须具备的重要特性指标之一。

③ 耐迁移性　塑料薄膜的主要应用是作为包装材料，如果其中所使用的颜料有迁移性，那么迁移出的颜料会迁移至与之相接触的物品上，造成沾污，甚至会污染所包装的内容物，尤其对食品包装而言，将引发食品安全问题。

④ 使用安全性　作为食品的包装材料必须符合一些公认的国际或国内的食品接触安全规定和指令，例如美国 FDA 认证、欧盟 AP(89)-1 和中国国家标准 GB 9685—2016 等，这已经成为一个普遍的共识。用于食品包装的着色剂同样必须遵守这个共识。

(2) 电线电缆成型工艺

电线电缆最基本的性能是有效地传播电流或各种电信号。通常它包含一根或多根绝缘线芯，以及线芯各自具有的包覆层和它的总保护层（电缆护套）。在此讨论的主要是包含有塑料绝缘层和护套的线缆，包括绝缘电线、电力电缆、通信电缆等。

以市话通信电缆为例，它是将聚乙烯包覆的铜线制成通信线束，用于市内电话通信和长途电话网络通信。塑料作为绝缘层包在铜线外，一根市话通信电缆往往有高达千对以上线束，为了区别每一根线的功能必须对每根线的塑料包覆层进行着色。

针对电线电缆应用的特点，颜色的标准性是非常重要的一个指标，行业所规范的各种线缆的标准色和允许误差值是必须遵守的硬性标准。除此以外，所添加的其他化学品包括颜料必须最大限度地保持塑料包覆材料应有的电性能如导电性等，以确保电线电缆的安全正常使用。

市话通信电缆挤出成型工艺在挤出阶段与其他挤出成型大同小异，仅在挤出口模处不一样：所附加的放线输入定位装置有助于金属线芯准确加入，并与塑料绝缘层共同挤出成为一体。其生产工艺如图 9-9 所示。

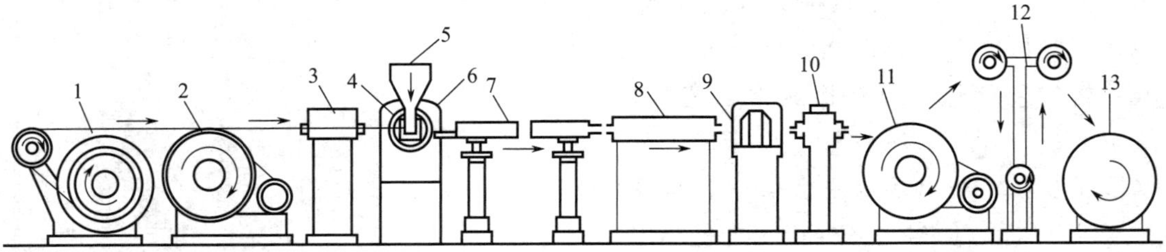

图 9-9　电线电缆挤出生产装置

1—放线输入转筒；2—输入卷筒；3—预热；4—电线包覆机头；5—料斗；6—挤出机；7—冷却水槽；8—击穿检测；9—直径检测；10—偏心度检测；11—输出卷筒；12—张力控制；13—卷绕输出转筒

电线电缆绝缘层和护套层所用树脂主要有低密度聚乙烯、高密度聚乙烯、聚丙烯、聚氯乙烯等；特殊线缆也有的使用聚酰胺、氟塑料（聚四氟乙烯、聚全氟乙丙烯)、聚酰亚胺等。

电线电缆用树脂的挤出加工温度见表 9-3。

表 9-3　电线电缆用树脂的挤出加工温度　　单位：℃

树脂	加料段	熔融段	均化段	机头	口模
PVC	130～160	150～170	155～180	160～175	170～180
HDPE	140～150	180～190	210～220	190～200	200～210
LDPE	130～140	160～170	175～185	170～175	170～180
F-46(FEP)	260	310～320	380～400	350	250

颜料用于通信电缆绝缘和护套层的着色还必须符合相关线缆应用的特定质量要求。以国际公认的美国农业部农村电气化管理局 REA PE-200 标准为例，其中色泽需符合蒙塞尔色标颜色，行业所规范的各种线缆的标准色和允许误差值是必须遵守的。色度坐标见表 9-4，对颜色的性能要求必须符合一系列专门的测试指标，具体标准要求见表 9-5。

表 9-4　电缆色母粒的十种颜色的色度坐标

颜色	蒙塞尔	坐标
红	2.5R	4/12
橙	2.5YR	6/14
棕	2.5YR	3.5/6
黄	5Y	8.5/12
绿	2.5G	5/12
蓝	2.5PB	4/10
紫	2.5P	4/10
白	N9 /	
灰	N5 /	
黑	N2 /	

表 9-5　美国 REA PE-200 标准要求

<table>
<tr><th colspan="2">项目</th><th>测试条件</th><th>技术指标</th><th>国外标准</th></tr>
<tr><td colspan="2">颜色</td><td></td><td>符合蒙塞尔色标</td><td>REA PE-200</td></tr>
<tr><td colspan="2">颜色热稳定性</td><td>(265±3)℃</td><td>不变色或轻微变色</td><td>REA PE-200</td></tr>
<tr><td colspan="2">耐石油膏性</td><td>60℃、72h</td><td>石油膏上无色料</td><td></td></tr>
<tr><td colspan="2">耐溶剂性</td><td>煤油（50℃、24h）</td><td>无褪色</td><td></td></tr>
<tr><td colspan="2" rowspan="3">耐化学试剂性</td><td>HCl（10%、50℃、15d）</td><td>不变色</td><td rowspan="3"></td></tr>
<tr><td>H_2SO_4（10%、50℃、15d）</td><td>不变色</td></tr>
<tr><td>NaOH（3%、55℃、15d）</td><td>不变色</td></tr>
<tr><td colspan="2">颜色迁移性</td><td>(70±2)℃、30d</td><td>≤2 级</td><td>ESSEX M-139</td></tr>
<tr><td colspan="2">体积电阻率</td><td></td><td>$1\times10^{13}\Omega\cdot cm$</td><td>REA PE-200</td></tr>
<tr><td rowspan="2">介电损耗角正切</td><td>100kHz
1MHz</td><td>浸水前</td><td rowspan="2">$\leqslant5\times10^{-4}$</td><td rowspan="2">ESSEX M-139</td></tr>
<tr><td>100kHz
1MHz</td><td>浸水后</td></tr>
<tr><td rowspan="2">相对介电常数</td><td>100kHz</td><td></td><td>2.26～2.33（LDPE）</td><td rowspan="2">ESSEX M-139</td></tr>
<tr><td>1MHz</td><td>浸水后</td><td>2.31～2.40（HDPE）
2.21～2.30（PP）</td></tr>
</table>

颜料应用于电线电缆上，除了对色彩的要求以外，需要特别关注分散性、耐热性、纯净度（杂质含量）、耐迁移性、安全性等。

① 分散性　通常电线绝缘层的厚度较薄（0.2～0.4mm），挤出速度快，尤其是现今的高速线缆生产线的基础线速度高达 2000m/min。对挤出层的质量要求非常高，以导电线缆为例：每 20km 长电缆线的火花击穿点≤3 个。如果颜料在挤出的绝缘层有不良分散点，将会引起火花击穿，致使产品不合格或严重影响生产的正常进行。因此电线电缆对颜料分散性的要求是非常高的。

② 耐热性　由表 9-3 和表 9-4 可知，颜料在用于电线电缆中时，首先必须耐受加工过程的温度，此外，也还需要通过制成品的一系列耐温测试要求以及实际应用的环境温度的考验。

③ 纯净度（杂质含量）　颜料在生产反应和磨粉加工过程中可能会带入或残留一些杂质。一旦这些杂质随颜料混进线缆绝缘层，尤其是一些具有导电性的杂质，如金属微粒、残留的金属盐类等，都有可能导致电线电缆的击穿率上升。

④ 耐迁移性　电缆中所有的线的功能是以规定的颜色区别的，如果所使用的颜料有迁移性问题，它们之间的颜色因迁移而相互沾污，会降低线缆的识别度，给安全留下隐患；另外，为了提高通话质量，在各色通信电缆和护套层之间会充填石油膏，一旦有迁移发生，也会给安装使用造成麻烦。因此，颜料在电线电缆的应用上一定要强调耐迁移性。

⑤ 安全性　根据《电子电气设备中限制使用某些有害物质指令》(简称《RoHS 指令》)，美国国会提出 H. R. 2420 法案（电器设备环保设计法案），其均质材料中铅（Pb）、六价铬（Cr^{6+}）、汞（Hg）、多溴联苯（PBB）和多溴联苯醚（PBDE）的含量不得超过重量

的 0.1%，镉（Cd）的含量不得超过重量的 0.01%。其他的一些国家或行业法规和指令也明确设定了相关的指标，限定了包括电线电缆在内的电子电气应用中，所使用的原材料对受限物质如特定的金属，卤素，以及其他化学品的限量控制。

（3）挤管成型工艺

所谓塑料管材是指用于输送气体或液体的，由塑料制成的，具有一定长度的空心圆形制品。这类制品的厚度与长度之比一般都很小。塑料管材是高科技复合而成的化学建材，是继钢材、木材、水泥之后，第四大类建筑材料。塑料管材与传统的金属管和水泥管相比，重量轻，一般仅为金属管的 1/10～1/6；有较好的耐腐蚀性、抗冲击和抗拉强度；塑料管内壁表面比铸铁管光滑得多，摩擦系数小，流体阻力小，因此可降低运输能耗 5%以上；产品的制造能耗比传统金属管降低 75%，且运输方便，安装简单；使用寿命长达 30～50 年，因此综合性能非常优越。塑料管材目前广泛应用于建筑给排水、城镇给排水以及燃气管道、工业输送和农业排灌等领域，已经成为新世纪城建管网的主力军。

塑料管材所用的主要树脂原料有聚氯乙烯、聚乙烯、聚丙烯、ABS、尼龙、聚碳酸酯等。

塑料管材挤出生产线的挤出部分与其他挤出工艺差不多，挤出物料经口模成型后由下列配套辅机进行定型、冷却、切割（硬管）或卷绕（软管）等。具体配套及功能如下。

① 口模（成型装置） 是制品成型的主要成型部件。

② 定型装置 进一步固定制品的形状尺寸，修正热变形；保证制品的光泽度。

③ 冷却装置 充分冷却，固定制品形状。

④ 牵引装置 匀速引出制品，可通过调整速度而改变制品尺寸。

⑤ 切割装置 将连续挤出的制品按标准裁切成一定的长度。

⑥ 堆放或卷取装置 用来将切成一定长度的硬管制品整齐地堆放，或将软管制品卷绕成卷。

塑料管材挤出生产流程配置见图 9-10。

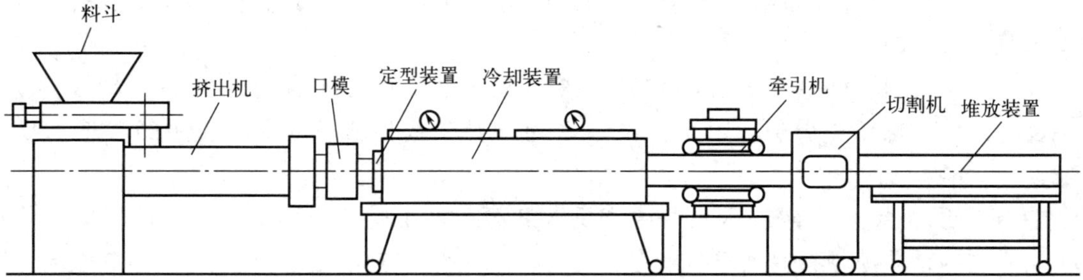

图 9-10 塑料管材挤出生产流程配置图

塑料管材挤出温度随所使用材料不同而不同，挤出管材温度控制范围见表 9-6。

应用于塑料管材着色的颜料应该注意分散性、耐热性、安全性、耐光/候性等特性指标。

① 分散性 一些城市压力给水管道所要求的使用寿命长达 50 年以上，在使用中必须承受长时间、长距离的泵送，因此这些塑料管道须经过严格的耐压测试，比如：GB/T 6111—2018《流体输送用热塑性塑料管道系统 耐内压性能的测定》等。如果颜料的分散性有问题或制品中含有较大的颗粒就会产生严重后果，以黑色聚乙烯给水管为例，其中添加的炭黑量

大（约 2.5%），分散要求高，如果分散不好，大颗粒点存在的位置上会产生应力集中，在耐压测试或高压泵送过程中，这一点位极易产生破管和爆裂。

表 9-6　各种塑料挤出管材温度控制范围　　单位：℃

项目	供料段	压缩段	计量段	分流器	口模	主要用途
硬质聚氯乙烯	100～140	150～180	160～180	170～185	170～185	建筑排水、化工穿线、农业排灌
聚乙烯	120～140	140～160	160～180	180～190	180～190	建筑物给水、城市煤气管
聚丙烯	150～170	170～190	190～210	210～230	210～230	住宅冷热供水
ABS	160～170	170～180	170～175	175～180	180～185	空调调节管
聚甲醛	200～205	200～205	200～205	200～205	200～205	油田管线、化工管线
尼龙 1010	250～260	260～270	260～280	220～240	200～210	机床液压输油管
聚碳酸酯	180～210	240～270	240～270	200～220	200～220	输油管、耐高温管
聚砜	295～300	305～320	280～290	250～270	220～230	电绝缘管、耐高温管

② 耐热性　首先，颜料必须能够承受挤出成型的加工温度；其次，塑料管道在使用中需要经过热熔焊接或配以各种管件进行电熔连接方能组成管网，因此，颜料在熔接过程中，保持原有的颜色和特性就需要具备在 220℃、30min 以上长时间的耐热性能。

③ 安全性　对于生活用水的给水管而言，需符合 GB/T 17219—1998《生活饮用水输配水设备及防护材料的安全性评价标准》。另外还要考虑使用的原材料不带异味或不因高温分解而产生异味，以确保饮水管放出的水没有气味。

④ 耐光/候性　许多建筑用塑料管材会安装在户外，且一般的使用年限要求不同。因此，相关产品中使用的颜料也必须具有同等的耐光/候性。

(4) 中空吹塑成型

中空吹塑成型是在闭合的模具内，利用压缩空气将挤出或注射成型得到的半熔融状态的塑料型坯吹胀，然后经冷却而得到中空制件的一种工艺方法。整个工艺过程主要分为三个步骤，即型坯的制造、型坯的热熔吹胀和制品的冷却定型。由型坯的制作方法不同可分为挤出吹塑和注塑吹塑两大类；此外，在热熔型坯吹胀前加上纵向拉伸又可派生出：挤-拉-吹工艺和注-拉-吹工艺。

中空吹塑成型加工工艺简单，能耗低，生产效率高，可大批量生产；产品具有多样性，可以生产薄壁容器如饮料瓶等。中空成型制品的主要应用市场是作为包装材料运用于食品、饮料、日化制品、药品、化妆品、工农业生产原料及制品等的包装。

几乎所有的热塑性树脂都可用于中空吹塑成型制品的制造，其中最为主要的树脂是聚乙烯、聚酯、聚氯乙烯和聚丙烯等。

挤出吹塑成型工艺的主要设备配套和架构分为：挤出机、型坯挤出口模、制品模具及开合模装置等［见图 9-11（a）］；主要加工成型过程可细分为 6 个步骤［见图 9-11（b）］。

① 由挤出机挤出半熔融状管坯。

② 型坯挤出达到要求长度后将模具移到机头下方闭合，模具抱住管坯，切刀将管坯割断。

③ 模具移到吹塑工位，吹气杆/针进入模具并开始吹入压缩空气使型坯逐渐胀大，直至紧贴模具内壁而成型为制品。控制吹气气压在 0.2～1MPa 为宜。

④ 冷却降温使制品定型。

⑤ 开启模具，取出制品。

⑥ 修整制品。

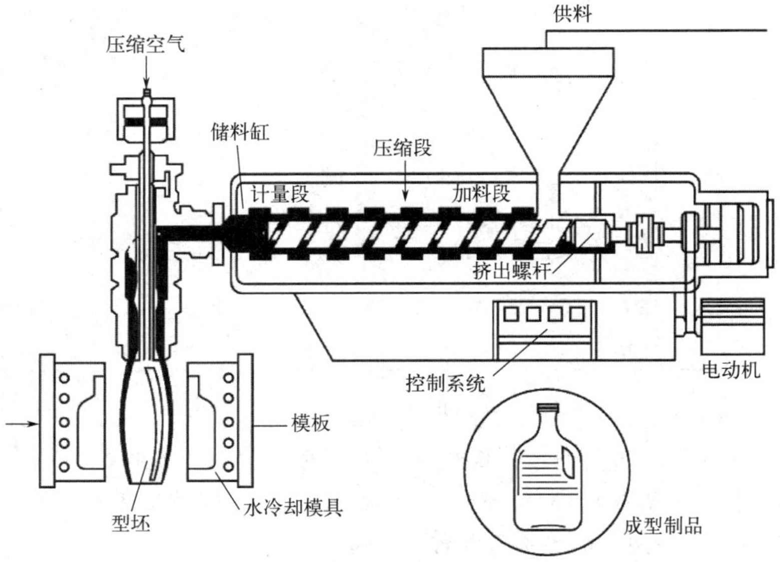

(a) 挤出吹塑工艺设备配套

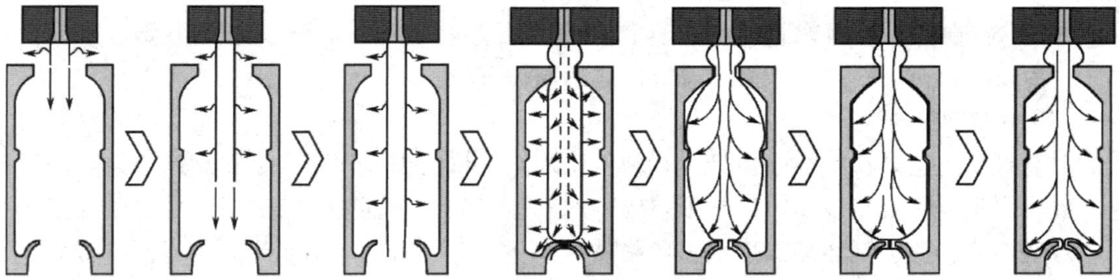

(b) 挤出吹塑工艺过程示意图

图 9-11　挤出吹塑设备配置和工艺过程

常规的挤吹工艺中，挤出的型坯一般为两端开口的管状熔融树脂。对于挤-拉-吹加工工艺尤其是内顶式拉伸来说，在对型坯进行拉伸吹塑之前，必须将型坯（下端）预先封口；或在较小模具内先做预吹胀，然后再移至制品模具内进行拉伸吹胀至定型。拉伸吹塑的优点主要在于：最大限度地保持纵向和横向的拉伸程度，降低制品的应力破裂，提高制品的物理力学性能；还能提升容器的气密性能。

改变单一挤出为多层挤出型坯，就可以吹制成多层复合共挤吹的塑料容器。与单一层容器相比共挤吹制品可以改善许多方面的性能，如阻隔（透）性、隔热性、降低与内容物的反应可能性、降低制造成本等。塑料中空吹塑成型的工艺温度依据所用树脂的不同而不同，部分用于该工艺的主要树脂的加工温度、制品弹性模量及用途列于表 9-7。

表 9-7 中空吹塑用主要树脂的加工温度、制品弹性模量及用途

树脂名称	加工温度/℃	弹性模量/MPa	用途
UHMWPE	180～230	1.0～1.6	油箱、储罐、桶、瓶
HDPE	160～220	1.0～1.6	中空容器、化妆品瓶
MDPE	150～200	0.34	医用包装瓶
LDPE	130～180	0.23	瓶类、空气导管
PP	200～220	0.7～1.4	瓶类、医用包装
PVC	190～205	3.0	瓶类
PET	240～250	2.5～2.7	瓶类

颜料应用在中空成型吹塑工艺中应注意安全性、耐化学药品性、耐热性、耐光/候性等主要性能。

① 安全性　众多的塑料容器被用于食品、饮料以及其他用于与人体接触或洗涤等用品的包装。所有这些塑料容器生产中被使用的原材料，包括颜料都必须符合相关的化学品安全规定和使用许可。

② 耐化学药品性　凡用于工农业生产中原材料和制成品尤其是化学制剂类产品包装的塑料容器，必须确保容器本身所含有的物质不能与被包装物质发生化学反应。因此，应针对所包装的物品关注颜料的耐受性能，如耐酸/碱性、耐溶剂性、耐水性、耐油脂性等。

③ 耐热性　颜料必须在不同树脂中空吹塑成型的工艺温度条件下保持颜色的稳定性和应有的使用性能。

④ 耐光/候性　中空吹塑产品很多用于室外，所以注意颜料耐光/候性。

9.2.2 圆孔口模

圆孔口模适用于熔融纺丝加工以及塑料棒材的制造。鉴于塑料棒材的挤出成型工艺相对比较简单，仅需在挤出管线上改环形口模为圆孔口模即可。因此不再论述了。本节只讨论目前色母粒应用量最大的熔融纺丝工艺。

熔融纺丝又称熔体纺丝，它是指将高分子聚合物加热熔融至具有特定黏度的纺丝熔体后，经纺丝泵连续均匀地泵送到喷丝头，通过喷丝孔压出成为熔体细丝流，然后在空气或水中降温并凝固，再通过牵伸而成丝的加工过程。该工艺流程短、无化学反应、设备简单、生产能耗低，可实现高速生产。

与其他纺丝工艺比较，熔融纺丝的纺丝原液为成纤高聚物本身的熔融液体，没有溶剂的参与；纤维的成型和收取过程仅有能量的转移，根本不存在排除和回收溶剂，因此完全可以采用高速卷取以获得最佳的生产效率。

通常，熔点低于分解温度且可以被熔融而形成稳定熔体的成纤高分子聚合物（简称高聚物），都能够通过熔融纺丝成型加工为纺丝制品。为了确保纺丝过程的稳定性以及保持制品应有的理化性能，所采用的树脂熔点温度与分解温度的差值最好能大于 30℃。常见成纤高聚物的热性能见表 9-8。

表 9-8　常见成纤高聚物的热性能　　单位:℃

成纤高聚物		熔点	热分解温度	常用纺丝温度
聚对苯二甲酸乙二醇酯	PET	265	300～350	285～295
聚酰胺 6	PA6	215	300～350	265～285
聚酰胺 66	PA66	245	300～350	265～285
聚丙烯	PP	176	350～380	235～275
聚丙烯腈	PAN	320	200～250	—
聚乙烯醇	PVA	225～230	200～230	—
聚氯乙烯	PVC	170～220	150～200	—
纤维素	Cell.	—	180～220	—
乙酸纤维素	Cell-Ac	—	200～230	—

由表 9-8 可知，能够被用于熔融纺丝的树脂有聚丙烯（丙纶）、聚对苯二甲酸乙二醇酯（涤纶）和聚酰胺（尼龙）。

熔融纺丝的主要工艺步骤包括：纺丝熔体制备、熔体经喷丝孔压出成细丝流、熔体细丝流牵伸变细同时被冷却凝固、丝条上油及卷绕等。

细丝流牵伸拉长变细操作的主要作用有：改变初生纤维的内部结构，提高纤维的断裂强度和耐磨性，降低纤维产品的伸长率。

丝条上油可以增加丝的集束性（抱团性），保持丝束不散乱；赋予丝束顺滑性，降低对丝的损伤，减少毛丝、断头的发生，保证后续卷绕、拉伸、干燥等工序顺畅；消除因摩擦而产生的静电电荷的积聚，稳定产品质量，确保安全生产等。

根据最终产品的不同应用，熔融纺丝产品也分为长丝和短纤，它们的加工工艺也存在着一定的差异。图 9-12 和图 9-13 分别是涤纶长丝和短纤的生产设备配置示意图。

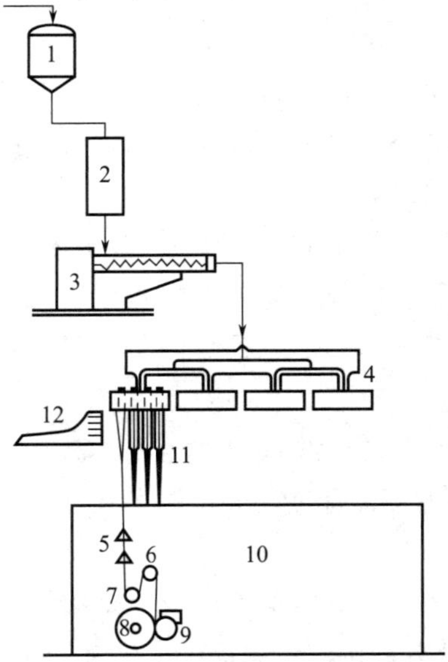

图 9-12　常规涤纶长丝熔融纺丝工艺配置图

1—切片料仓；2—切片干燥机；3—螺杆挤出机；4—箱体；5—上油轮；6—上导丝盘；7—下导丝盘；8—卷绕筒子；9—摩擦辊；10—卷绕机；11—纺丝甬道；12—冷却吹风

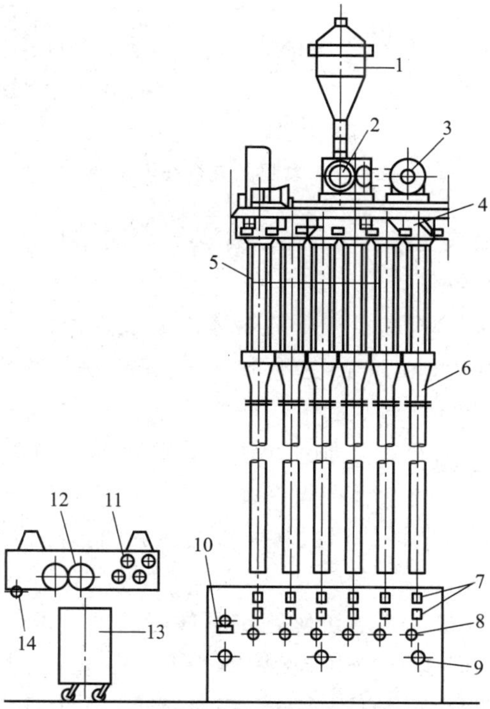

图 9-13　常规涤纶短纤熔融纺丝工艺配置图

1—切片料斗；2—螺杆挤出机；3—计量传动装置；4—纺丝箱体；5—吹风窗；
6—甬道；7—上油轮；8—导丝器；9—绕丝辊；10—总上油轮；
11—牵引辊；12—喂入轮；13—盛丝桶；14—总绕丝辊

把合成纤维熔融纺丝归于圆孔口模成型的工艺类别是基于工艺发展之初的纤维喷丝孔的形状。随着行业不断发展和应用领域的拓展，当今纤维的截面形状已经不再只是圆形一种了，异形纤维应运而生。在纤维成型过程中，采用异形喷丝孔纺制的具有非圆形横截面的纤维或中空纤维，称为异形截面纤维，简称异形纤维。常见的异形孔和异形纤维横截面见图 9-14。

图 9-14　常见的异形孔和异形纤维横截面

异形纤维能够呈现出特殊的光泽，具有蓬松、耐污和抗起球等性能；此外，纤维的回弹性和覆盖性也得到很大的改善。

复合纤维的面世使化纤的应用进入了一个更高更新的境界。复合纤维是指在纤维横截面上存在两种或两种以上不相混合的聚合物，也称为双组分纤维。多组分的结合使得纤维产生许多特有的性能：或能具有类似羊毛的弹性和蓬松性；或能提升染色性；或能获得特别的手感和柔韧性；或能作为超细纤维和光导纤维等。常见的复合纤维类型见图 9-15。

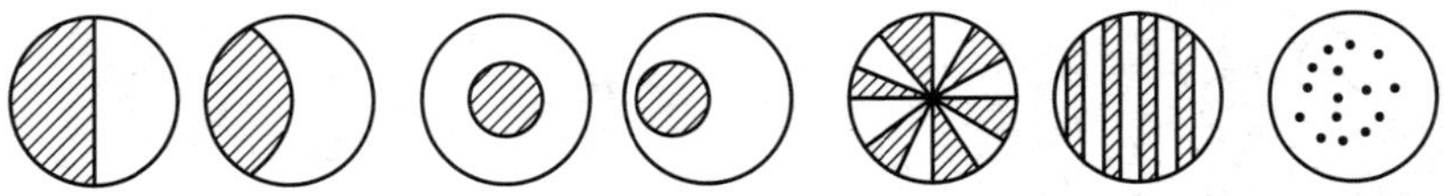

图 9-15　常见的复合纤维类型

颜料应用于熔融纺丝时应注意：分散性、耐热性、耐水性、耐光/候性、耐油性、耐化学稳定性、耐迁移性和安全性等。

① 分散性　喷丝过程中含有颜料粒子的熔体需通过直径为 0.1～0.4mm 的喷丝孔，如有粗大颗粒存在，必会堵塞喷丝孔。初生纤维要经过牵伸拉长变细，常规的拉伸长度为初生纤维的百倍，而单丝直径也相应地变小为原来的十分之一。一般普通丝的细度在 20～30μm，异形丝乃至超细丝的直径就更加细小了。在纤维丝中颜料的理想颗粒粒径为纤维丝直径的 10%以保证制品的物理力学性能。为此，行业对颜料的分散性一直采取最为严格的管控要求，化纤行业对颜料分散性的测试标准依循通用的国际标准：BS EN 13900-5：2005《过滤压力升值测试》。

② 耐热性　由表 9-8 可知，熔融纺丝是在非常高的加工温度条件下进行的，因此，所选择使用的颜料产品也必须能够承受相应的耐热要求。在织物后整理加工以及日常使用过程中，不可避免地会经历高温水洗、蒸汽或熨烫等的处理，作为日常应用的耐温需求也是应该加以考虑的因素。

③ 耐水性　织物在后整理和日常洗涤时都不可避免地与水接触，所用的着色剂应当确保具有耐水稳定性。

④ 耐光/候性　织物制品在日常使用时都不同程度地会受到阳光的辐射，尤其像窗帘、篷布、遮阳伞等制品更需要具有良好的耐光/候性能。因此，应该根据不同的应用要求选择所使用的着色剂，确保制品的色牢度。

⑤ 耐油性　熔融纺丝过程中必不可少的一个步骤是在纺出的丝上加入纺丝油剂。这些油剂将伴随后续加工的整个过程。如果着色用的着色剂的耐油性能不符合要求，那么很有可能着色剂会被油所抽提而形成对油、设备以及制品的沾污。

⑥ 耐化学稳定性　PA 等树脂具有一定的反应特性或还原性，在高温下极易与体系中的其他化学组成发生反应，所以有必要研判颜料在这些应用中反应的可能性。织物在后整理过程中会接触相关的化学制剂，在使用过程中也会接触各类洗涤机、干洗剂等。因此，必须保证所使用的着色剂不会与这些化学物质产生反应或被溶解抽出等。

⑦ 耐迁移性　必须确保织物在使用中不因着色剂选择不当而造成对其他织物或接触物体的沾污。

⑧ 安全性　根据国际纺织品生态学研究和检测协会（Oeko-Tex）制定的《Oeko-Tex Standard 100 通用及特别技术条件》以及我国 GB/T 18885—2020《生态纺织品技术要求》的规定，合成纤维不能含有对人体有致癌性或对人体可能有致癌性的 24 种芳香胺物质。

9.2.3 扁平口模（T 型口模）

流延膜、片材、板材等扁平片状塑料制品的成型工艺具有一个共同的特点：挤出后的熔体都经由一个 T 型扁平口模机头成型，见图 9-16，只是根据 T 型口模的开合度（厚度）以及制品软硬度的不同而被划分成膜、片、板等制品类型。

（1）挤出流延成型

流延膜是由熔体流延骤冷而生产的一种无拉伸、非定向的平挤薄膜。膜的流延和定型过程是一个连续的过程：热塑性树脂熔融并通过狭缝 T 型口模机头挤出在骤冷却辊上，急速冷却固化成膜，最后流延膜从辊上分离，经卷取装置成卷。

流延膜的生产有单层流延和多层共挤流延两种方式。与吹塑薄膜相比，其特点是生产速度快，产量高，薄膜的透明性、光泽性、厚度均匀性等都极为出色。

单层流延膜生产装置包含一台挤出机、一个平膜机头、骤冷却辊、牵引装置、修边切割装置和卷取装置等。聚合物熔体流出成膜后紧压在第一冷却辊上，通过空气冷却；冷却膜经切边处理后，进行卷取。其工艺流程如图 9-17 所示。

图 9-16　T 型口模机头示例

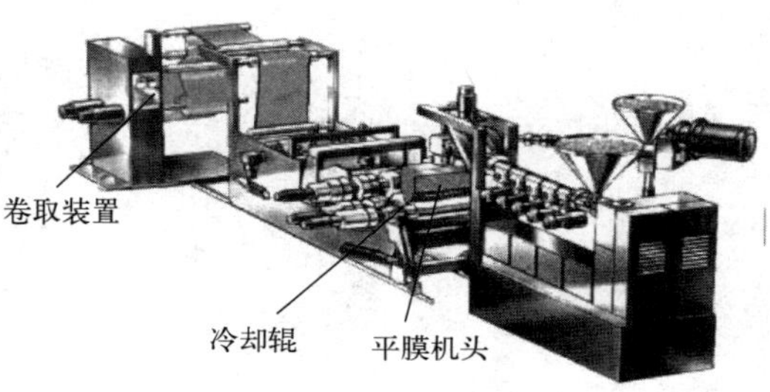

图 9-17　单层流延膜工艺流程示意图

多层共挤流延复合膜生产需要配置多台挤出机共同挤出。对于两功能层材料间结合性能不够的，则需在其间加一层黏合材料。黏合材料应选择对两层需黏合的材料都具有良好相容性的热熔性聚合物。高阻隔多层共挤流延复合膜的工艺流程见图 9-18。

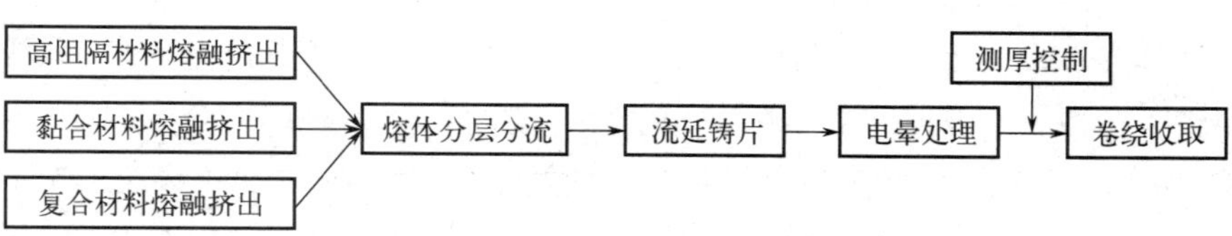

图 9-18　高阻隔多层共挤流延复合膜工艺流程示意图

流延薄膜具有许多应用方面的优越特性，广泛应用于包装材料，尤其是多层共挤流延复合膜，依托其不同材料的组合而体现出的特殊性能，已经成为软包装领域不可替代的主要材料，见表 9-9。

表 9-9　部分多层共挤流延复合膜组合、特性及主要应用

多层共挤流延复合膜组合	膜的特性	主要应用
LDPE/LLDPE/LDPE	低温强度高，视觉外观佳	肉类和蔬菜的深冷包装
PP/EVA、PP/PP 共聚	膜面坚挺，热封性能优异	可蒸煮食品包装袋，自动包装机用膜，纺织品包装膜，以及食品复合软包装基材
PP/HDPE/PP	膜面坚挺，扭结性强	糖果包装

续表

多层共挤流延复合膜组合	膜的特性	主要应用
PP 共聚Ⅰ/PP/PP 共聚Ⅱ	金属蒸镀性好	金属镀膜基材
LDPE/黏结剂/EVOH/黏结剂/LDPE	抗湿、抗潮，气体阻隔性高	食品、粉状化学品包装
PP/黏结剂/EVOH/黏结剂/PP 共聚	阻气、抗潮、热封性好，可消毒	熟食、果汁等食品包装

除了多层共挤流延工艺外还有流延膜异材基底复合（淋膜）工艺：以流延膜工艺为基础，将成膜与其他衬底材料在线复合以获得制成品的工艺，在业内称为“淋膜”，见图 9-19。淋膜的衬底材料多种多样，如纸、无纺布、纺织品、塑料编织布等。

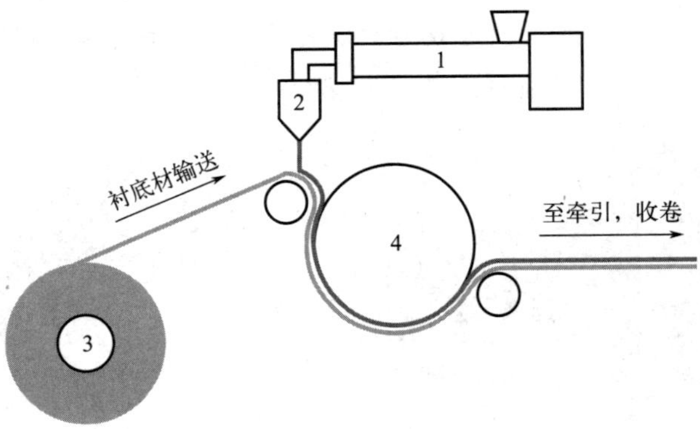

图 9-19 淋膜工艺复合示意图

1—挤出机；2—扁平模头；3—衬底材；4—骤冷却辊

经淋膜工艺复合后的材料防水、防潮，被广泛用作一次性水杯、快餐盒、利乐包、食品包装袋、化工粉料包装、篷布和其他包装材料。

就市场应用而言，彩色流延膜的生产和应用并不是很多。然而，从应用要求的角度来说，无论是从技术难度和安全性级别都是非常高的。因此，颜料应用流延膜必须要注意的性能有：耐热性、分散性、耐迁移性、耐光/候性、安全性等。

① 耐热性　流延工艺需要树脂熔体具有良好的流动性，通常加工温度比较高，根据挤出树脂和设备大小，尤其是流延幅宽的不同，最高的温度点可高达 300℃左右。如果是淋膜工艺与棉布复合，则操作温度将更高。由此可见，颜料用于流延工艺必须具备极好的耐热性能，否则将会带来颜色变化、应用性能下降的严重后果。也需特别注意颜料表面处理物质耐热性，否则会高温分解造成流延膜裂空产生。

② 分散性　一般流延膜的厚度都比较薄，尤其对于多层共挤流延膜的着色层就更薄。在如此薄的着色层要体现一定的色泽深度和鲜艳度，就只有增加颜料添加量。这就一定要确保颜料具有良好的分散性，从而保证加工的顺畅和良好的产品质量。

③ 耐迁移性　从生产的角度要求颜料无迁移是为了确保产品间以及制品与设备间没有相互的污染；从产品应用角度讲，作为一般包装材料，没有对被包装物污染的可能是基本的要求；对于食品包装而言，迁移就代表了不安全。

④ 耐光/候性　如果流延膜/淋膜制品是户外使用的（篷布，遮阳伞，围栏彩条布等），颜料的耐光/候性必须要根据制品的实际使用要求而选择。

⑤ 安全性　多层复合流延膜被用于食品、饮料、乳制品的包装，必须符合 GB 9685—2016 的规定；用于出口的食品包装制品需遵循美国 FDA 相关法规，欧盟 AP(89)-1 的要求。

(2) 塑料片(板)材成型和吸塑

塑料片材是指将塑料原料在挤出机加热熔化后通过 T 型模头挤压出厚度在 0.2～2mm 的软质平面材料，或厚度在 0.5mm 以下的硬质平面材料。

塑料板材是指厚度大于 1mm（最厚可达 40mm）的硬质平面材料。塑料片材耐热性、耐化学腐蚀性能好，机械强度高，电绝缘性能可靠，卫生性好，具有优良的化学稳定性。用于挤出塑料片（板）材的主要树脂有 PVC、PE、PP、PS、HIPS、ABS、PC 等。

塑料片（板）材挤出成型工艺相对简单：从排气式单螺杆挤出机挤出，经扁平口模成型，三辊压光机组压光，由牵引辊过渡至冷却定型，成为片（板）材，最后被两辊牵引机引至卷筒包装或切割堆叠装置。板材挤出装置见图 9-20。

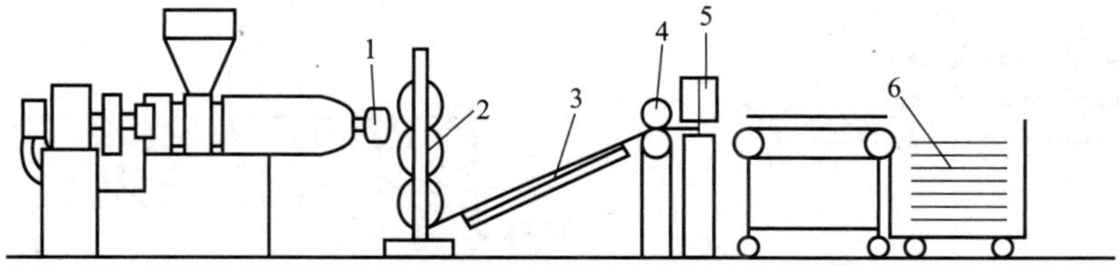

图 9-20　板材挤出装置

1—机头；2—定型；3—冷却；4—牵引；5—切割；6—卷取/堆叠

塑料板材挤出加工温度见表 9-10。

表 9-10　几种塑料板材生产挤出加工温度　　单位：℃

项目		硬 PVC	软 PVC	LDPE	PP	ABS
挤出机身	1 区	120～130	100～120	150～160	150～170	40～60
	2 区	135～145	135～145	160～170	180～190	100～130
	3 区	145～155	145～155	170～180	190～200	130～140
	4 区	150～160	150～160	180～190	200～205	140～150
连接模头		150～160	140～150	160～170	180～200	140～150
挤出机头	1 区	175～180	165～170	190～200	200～210	160～170
	2 区	170～175	160～165	180～190	200～210	150～160
	3 区	155～165	145～155	170～180	190～200	150～155
	4 区	170～175	160～190	180～190	200～210	150～160
	5 区	175～180	190～200	190～200	200～210	160～170

要使片材、板材发挥更大的作用，拓展更多的应用领域，就需要对它们进行二次加工，也就是热成型加工。

所谓热成型就是将一定尺寸和形状的热塑性塑料片/板材夹持在框架上，加热到 T_g（玻璃化转变温度）和 T_f（高弹态温度）之间（见表 9-11），并对片材施加压力（气动或机械力），使其贴合在模具型面上，取得与模具型面相仿的形状，经冷却定型和修整最终得到制品的工艺过程。常见的热成型分为：气动方式，包括真空吸塑成型（图 9-21）和压缩空气加压成型（图 9-22）；以及机械力方式，如对模成型等。

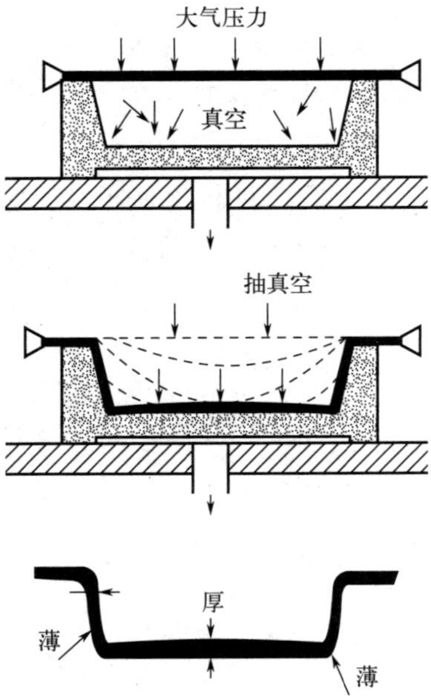

图 9-21　真空吸塑成型

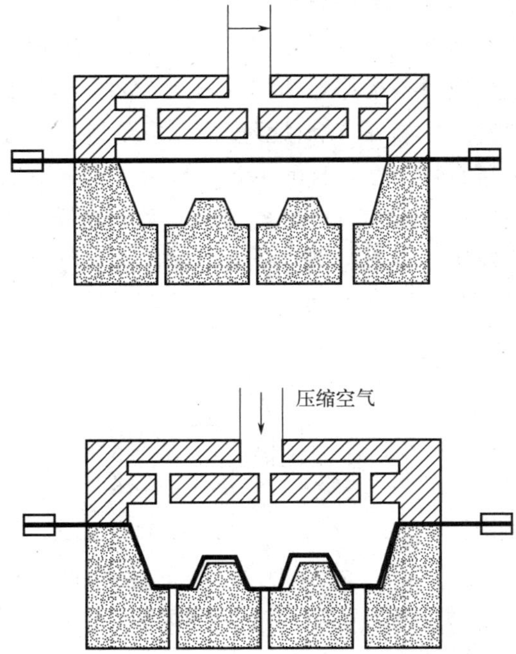

图 9-22　压缩空气加压成型

塑料片材、板材中使用的颜料产品应关注：分散性、耐光/候性、耐迁移性、安全性等。

① 分散性　用于文具、装饰材料、广告材料的片材和板材等需要很好的色彩展现、光亮度和透明性，不能有色点的瑕疵，因而分散性直接会影响这些特性的体现。

② 耐光/候性　对于灯箱广告、装饰材料，以及建筑材料如塑料瓦、外墙挂板等所选用的颜料，色彩的耐光、耐候稳定性是非常重要的指标之一，应严格筛选，不容忽视。

③ 耐迁移性　迁移会导致颜色的沾污，如用于装饰制品则严重影响美观，有碍形象；如用于食品接触或玩具等，则对产品安全构成威胁。

表 9-11　常见树脂热成型温度控制　　单位：℃

塑料树脂	模具温度	热成型温度	
		可操作范围	理想温度
HDPE	82	126～182	146
ABS	85	126～182	146
PS	85	126～182	146
PVC	66	93～149	118
PC	137	168～204	191
Cell-Ac(CA)	71	126～182	154
PMMA	85	149～193	177

④ 安全性　片材经二次加工后的大多数应用与食品包装、餐饮等有关，因而必须严格遵循 GB 9685—2016、FDA 等国内国际的指令法规的要求。

9.2.4 异形口模

塑料异型材是指具有复杂截面形状和构造的塑料挤出制品。异型材的主要应用领域为建筑材料，如塑料门窗的框架、雨水槽、走线槽、装饰压条、栅栏等；此外，异型材的其他用途还有画框、办公家具封边条、电冰箱门边封等。

用作塑料异型材生产的主要塑料原料有 PVC，其次为 PMMA、ASA、PE、PP、ABS 等。

塑料异型材挤出成型的主要设备是锥形双螺杆挤出机或异向旋转的平行双螺杆挤出机；挤出的机头模具是制品成型的主要部件，它的作用是将挤出机提供的熔体以稳定的压力连续、均匀地塑形为塑化良好、与通道截面几何尺寸相似的型坯，型坯随即经过冷却定型等工序最终得到性能良好的异型材制品。

以 PVC 门窗异型材的生产流程为例，主要的工艺过程为：混合料由挤出机通过型材口模挤出，进入衔接挤出机和冷却槽的定型装置定型，之后的冷却水槽将型材完全凝固定型，再由牵引装置送至计量切割成为定长的成品，见图 9-23。

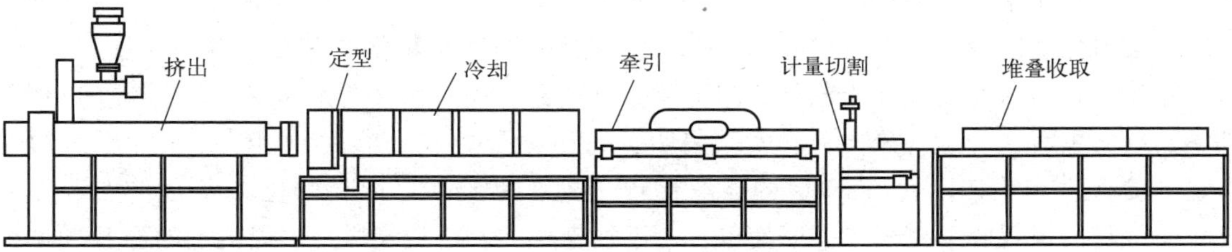

图 9-23　PVC 门窗异型材生产流程示意图

作为型材的特定配方，PVC 混合料中添加了较高含量填料（碳酸钙）以及二氧化钛。而这些成分的加入，给型材着色带来了极大的限制，这也就是为什么 PVC 型材没有鲜艳色彩的主要原因。这一现状在共挤型材技术面世后得以改观。

共挤型材是以 PVC 作为型材的主体结构，以另一种耐光、耐候性能更优而且材料表面性能更好的树脂作为表面共挤层，一般只对表面共挤层进行着色，见图 9-24。目前比较常用的共挤组合是：PVC/PMMA 和 PVC/ASA。共挤工艺的运用使得型材色彩更丰富、颜色更鲜艳成为可能，同时也使颜料的选择变得更加灵活和多样化，所要特别关注的仅为耐光、耐候性能。

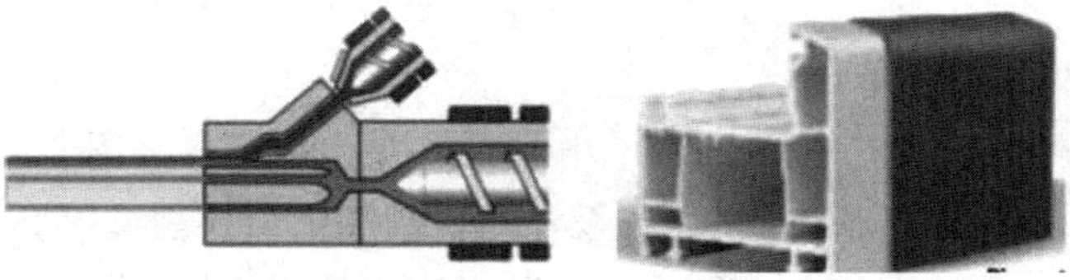

(a) 共挤模头结构示意图　　(b) 共挤异型材结构示意图

图 9-24　共挤模头结构与共挤异型材结构示意图

颜料用于异型材着色，尤其对于建筑用异型材需要特别关注其耐光、耐候性；此外，耐热性能和遮盖力等也是非常重要的指标。

① 耐光、耐候性　用于建筑的异型材是户外使用的塑料制件，必须承受长时间的紫外辐射和雨水、湿度等侵蚀，因而使用的颜料需要具有极高的耐光、耐候特性。

② 分散性　对于直接使用颜料进行混配再挤出成型的工艺来说，整个工艺过程并没有十分强有力的润湿分散步骤，即使有挤出程序，为了确保持续稳定的挤出压力，一般都会采用异向旋转的锥形双螺杆，这种螺杆挤出机对颜料的分散作用十分有限。因此，分散性好的颜料有助于保证产品的质量；共挤复合型材的彩色复合层通常都非常薄（0.2～0.3mm），装饰用型材因其应用的特殊性，比较重视颜色的准确性、良好的分散性、颜色的重现性。

③ 遮盖力　共挤复合型材的彩色复合层通常都非常薄（0.2～0.3mm），像 PMMA 这样透明的树脂，如果着色配方不能体现足够的遮盖力，那么就会产生透底现象；另外，共挤层的厚度均匀性因型材结构的原因不可能做到均匀一致，这也会导致着色层颜色的深浅不一，影响型材的整体质量。

④ 耐热性　异型材的生产与其他挤出成型加工一样，都是在高温条件下进行的，共挤层的挤出温度更高。所以，颜料的耐热性能也是需要考虑的因素。

对于颜料用于建筑型材的选择，有一个问题需要着重说明。我们都知道：不同的颜色对于阳光辐射能量的吸收是不一样的，越是深色调吸收辐射能转化成温度上升的程度就越大，从而致使随辐射时间的增加着色材料的温度上升越高。黑色是辐射致温升最为明显的颜色，其中又以炭黑着色的温升最高，有实验表明：当环境温度为 27℃时，因阳光辐射所致的最终温升可高达 85℃以上，而 PVC 的玻璃化转变温度为 87℃，维卡软化温度为 85℃，可见此时的材料已经很容易变形了。即使以较低添加量作为调色的炭黑，它能达到的温升也是十分明显的。其次，高温也容易加速树脂材料的热氧化降解。因此，要想制品具有真正意义上的“长久抗老化”功能，对于彩色型材来说，避免用炭黑作为调色剂是必须认真考虑的。解决的方法之一是选用对红外线具有反射功能的黑色颜料；其次是选用耐候性能优异的其他彩色颜料进行配色。

9.3 注射成型

塑料注射成型包含了注射和模塑两种手段，因而也被称为注塑成型。所谓注射成型就是将配方物料由注射机的料斗送入料筒内，加热熔融塑化后，在柱塞或螺杆的加压作用下，物料被压缩并向前移动，通过机筒前的喷嘴，以很快的速度注入较低温度的闭合模具型腔内充实并保持压力，经一定时间冷却定型后，开启模具取出制品的加工过程。该方法适用于全部热塑性树脂和部分热固性树脂。

注射机或称注塑机是注射成型加工的专用设备。一台完整的注射机除了作为塑形必需的模具外，还包含注射装置，开/合模装置以及液压传动和电器控制系统等，它们既自成体系，又相互协调有序，高度配合，共同完成成型加工过程。注射机的结构见图 9-25。

注射机完成一次注射成型操作的时间被称为注射成型周期。一个成型周期包括：加料、预塑、充模、保压、冷却以及开模、脱模，闭模及辅助作业等时间。连续的注射操作就是一个循环过程，如图 9-26 所示。

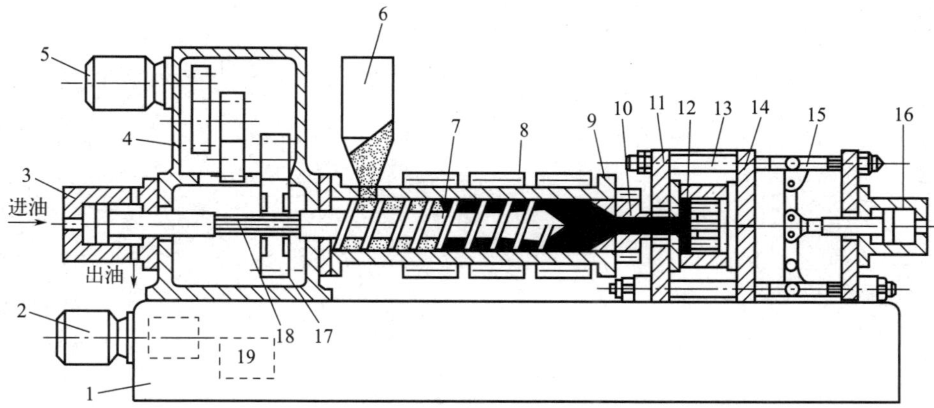

图 9-25 注射机结构图

1—机身；2—电动机及液压泵；3—注射液压缸；4—齿轮箱；5—齿轮传动电动机；6—料斗；7—螺杆；8—加热器；9—机筒；10—喷嘴；11—定模安装板；12—注射模；13—拉杆；14—动模安装板；15—合模机构；16—合模油缸；17—螺杆传动齿轮；18—螺杆花链；19—油箱

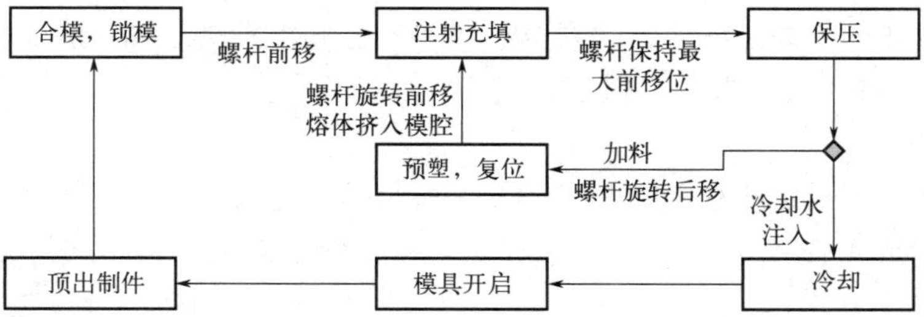

图 9-26 注射成型过程示意图

注射成型工艺的优点如下。

① 高效率 生产自动化，周期短，制件无需进一步修饰或加工，同一制品可大批量重复生产。

② 适应性强 几乎所有的热塑性树脂都可以采用注射成型工艺加工。

③ 质量稳定 产品形状、尺寸一致性强；可以适应复杂外形结构制品的一次成型；改变制品颜色无需更换模具。

④ 灵活性强 仅需更换模具就可适应不同形状、尺寸的制件。

注射成型工艺的不足：设备昂贵，初期投资相对较大；模具结构复杂，制作成本高，不适宜一次性小批量生产。

与其他塑料成型工艺一样，注射成型也是在树脂熔融状态条件下进行的，因此，设定理想的操作温度是保证注射成型工艺正常进行的重要前提。温度的设置依据因树脂类型、制件大小和结构等条件而异，见表 9-12。

表 9-12　不同树脂注射成型加工温度设定范围　　单位：℃

塑料	机筒温度			喷嘴温度
	后段	中段	前段	
LDPE	160～170	180～190	200～220	220～240
HDPE	200～220	220～240	240～280	240～280
PP	150～210	170～230	190～250	240～250
PS、ABS、SAN	150～180	180～230	210～240	220～240
PVC（硬）	125～150	140～170	160～180	150～180
PVC（软）	140～160	160～180	180～200	180～200
PMMA	150～180	170～200	190～220	200～220
POM	150～180	180～205	195～215	190～215
PC	220～230	240～250	260～270	260～270
PA6	210	220	230	230
PA66	220	240	250	240
PUR	175～200	180～210	205～240	205～240
PPO	260～280	300～310	320～340	320～340

随着注塑技术的发展，许多新的注塑技术和工艺不断涌现，如微量注塑技术、共注塑（双色/多色注射）技术、气辅/水辅注射工艺等。

（1）共注塑

共注塑就是注射机组拥有两套或两套以上注射系统，分别塑化不同种类的树脂或不同色泽的塑料，同时或先后将熔体注射入一套模具内完成组合成型的工艺方法。共注塑成型最常见的工艺是双色（多色）注塑和夹心注塑。采用这种成型工艺可以生产包含多种色彩或多种树脂的复合制件，如计算机及通信业设备中的字母按键、汽车和摩托车灯罩、双色塑料凉鞋、机械手柄、电器外壳等。

双色注塑的实现是借助两种设备形式的两种不同操作模式完成的。一种是：两个注射系统和两副模具共用一个合模系统完成的，其程序是：动模固定在一个模具回转板上，当 B 组分完成注射（未充满型腔）后，旋转模具再注射 A 组分树脂，然后保压冷却，完成程序［见图 9-27（a）］；另一种方式是采用一组启闭阀，调节不同物料的注射顺序，通过一个注射喷嘴完成共注塑程序［见图 9-27（b）］。

双色注塑的制品可以是不同颜色的组合，也可以是不同材质的结合。这项技术大大丰富了制品的表现形式，同时更加优化了制成工艺，体现出良好的制成效益。双色只是最简单的组合形式，目前，世界上已经出现了高达 8 色的共注塑制品。

此外，采用两种材质的夹心注塑技术，可以制成具有外表皮层和内部芯层结构的制件，它们的特性体现为：既具有刚性又能使表皮柔软、外部绝缘内芯导电、内部使用再生料而外部为新料、外皮着色内心无色等形式，广泛应用在汽车，电子和其他工业领域。

（2）气辅/水辅注射成型

① 气体辅助注射成型（GAIM）　气体辅助注射成型简称气辅成型：在模具型腔中先注

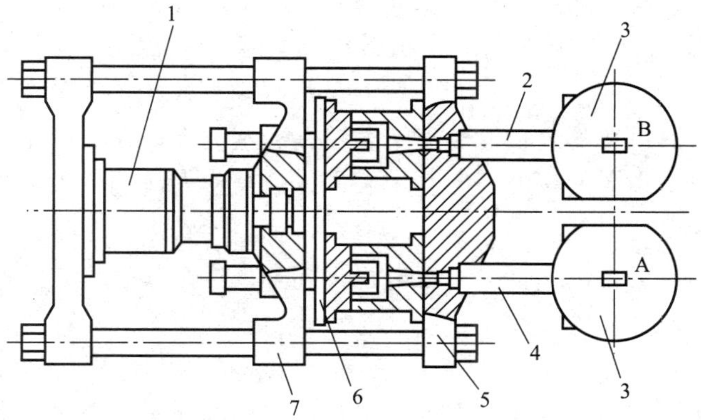

(a)

1—合模液压缸；2—注射系统B；3—料斗；4—注射系统A；5—定模固定板；6—模具回转板；7—动模固定板

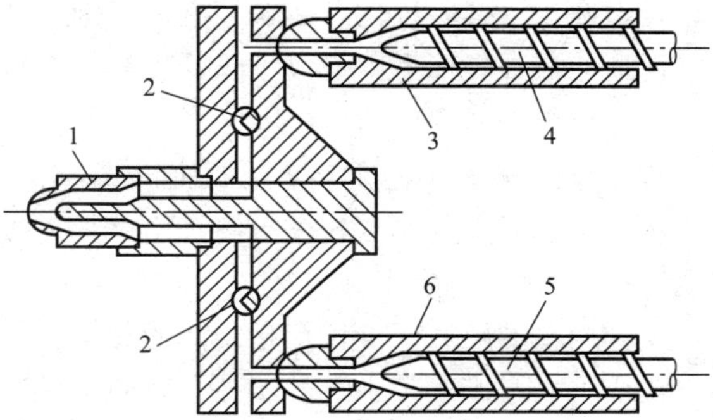

(b)

1—喷嘴；2—启闭阀；3—注射系统A；4—螺杆A；5—螺杆B；6—注射系统B

图 9-27　双色注塑示意图

射入不满型腔容积的树脂（业内俗称“欠料注射”或“短射”）或者注满整个型腔的树脂熔体，然后再注入经压缩后的惰性气体，利用气体推动熔体完成充模或填补因塑料收缩后留下的空隙，保持压缩空气的压力直至制件冷却，最终减至常压状态后制件出模（过程示意见图9-28）。

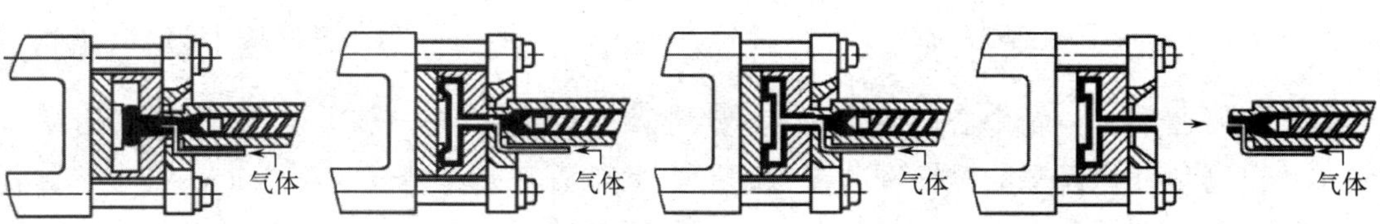

(a) 注射树脂　(b) 压入气体　(c) 充实，保压　(d) 冷却成型

图 9-28　气体辅助注射成型过程示意图

压缩空气的注入可以用气针在注塑件特定位置直接注入；也可以经由注塑主流道注入。注入气体一般选择使用惰性的氮气（N_2）。

气辅注射工艺可以给制品的设计和制造带来许多灵活性，主要可以归纳为：能减少制件的残余应力，降低翘曲现象；提高大厚度比差异制件的成型稳定性；消除收缩痕，提高制件表面质量；加速制件冷却速度，缩短成型周期，提高生产效率；局部中空结构，保持或增强制件原有的机械强度，节省材料；降低注射压力，延长模具寿命，降低注塑系统的机械损耗。

气辅注射工艺因其设备的复杂性和对工艺控制的精确性，故从产品和程序设计之初到加工制作的整个过程中对设备的精度、工艺控制、设计操作人员的技术素质都提出了非常高的要求。

气辅注射工艺的主要应用包括大屏幕电视机外壳、汽车仪表盘、内饰件、保险杠、塑料家具等。

② 水辅助注射成型工艺（WAIM） 水辅助注射成型工艺也称水辅成型。从加工原理上来说，水辅成型工艺与气辅成型相差不大，只是将辅助媒介由气体改换成水。

然而，正是与气体相比，水的黏度和不可压缩性，能够帮助提升水在熔体中的穿透性，制造出更大直径、更长距离的中空制件，同时可以使制件中空部分的壁厚更薄，内壁光滑；此外，水的热导率和热容量远高于气体，因此，水辅工艺比气辅工艺具有更快的冷却速度，且冷却均匀，收缩一致，保证产品外表面无收缩痕，降低翘曲，缩短成型周期。采用水作为辅助媒介要比氮气更易获得，也更加便宜。

水辅注射后制件必须排出水，根据不同复杂程度的制成品，可以采用自然排出水的方法，也可以利用压缩空气排出水。后者的排空程度更高，当然设备的复杂程度也随之提高。

③ 微注塑（射）成型工艺 微注塑成型又名微成型，该工艺主要应用于生产尺寸以毫米甚至微米计量的制品，这样微小的尺寸不仅仅特指制品的总体量，对于那些制品中某些特征功能区尺寸或者部件公差要求以毫米或微米计的制品，也归于微注塑成型制品的范畴，见图 9-29 和图 9-30。

图 9-29 微注塑制品（一）

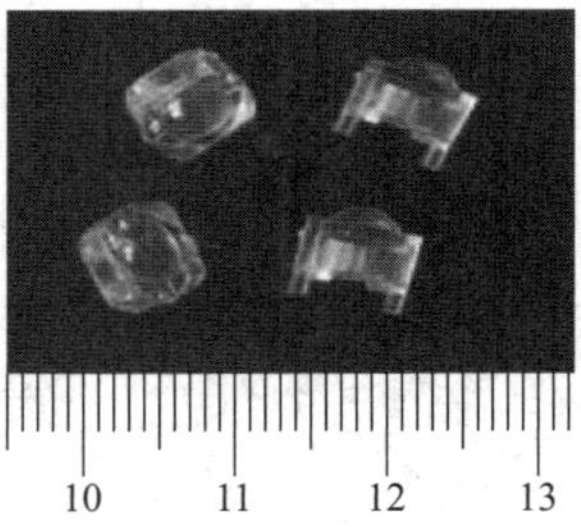

图 9-30 微注塑制品（二）

上两幅照片中，齿轮中心的轴孔和齿宽/齿深都小于 1mm；图 9-30 中聚碳酸酯注塑件整体尺寸以毫米计，其中的透镜部分更为细微。此外有些产品整体并不太小，然而它含有一些共注塑的微尺寸部分，因而这样的制品也归于微注塑。

（3）注塑加工中的制品翘曲变形

所谓翘曲变形是指注塑制品的形状偏离了模具型腔固有的形状，它是塑料制品比较常见的缺陷之一。形成翘曲变形的成因多种多样，既有材料先天因素，也有因工艺参数设置失当而造成的，还可能由于配方中添加组分的影响而引起的。因此，有必要针对不同的成因加以分析，方能对症下药，真正解决问题。

注塑制品翘曲变形的因素有很多，在本书第 2 章做了详细阐述，本节重点分析因工艺参数设置失当而造成的原因。

① 浇注系统设置不当　模具的浇口位置、浇口形式和数量都会直接影响熔体在模具型腔内的流动速度、方向、距离以及注射压力等的综合填充参数和状态。熔体流动距离长，则由冻结层和中心流动层之间的流动和补缩所引起的内应力就大，翘曲变形也就大，反之则小；熔体流速的快慢、压力的大小等也会影响树脂取向程度；再如，单一浇口对应较大平面的注射就有可能致使径向收缩率大于其他方向的收缩率从而产生翘曲。

② 冷却，顶出不当　制件冷却不足，加剧抵抗分子取向的收缩程度；或是制件各部位冷却速度不等，造成收缩不均；冷却速度过快且树脂导热差，制件芯部热量外传变软，造成翘曲变形，这些都是因冷却不当所致；深腔腔壁坡度不足致使顶出阻力过大、顶出温度过高、制件太软、制件壁厚过薄强度不够、顶杆接触截面太小或顶杆数量不足或位置不当等因素都有可能导致制品变形。

③ 其他因素　例如嵌件注塑时，嵌件（尤其是金属嵌件）与主体树脂温度差异过大，收缩速度和程度不均等，导致变形乃至开裂。

综上所述，注塑制品的翘曲变形的成因多种多样，因此，当翘曲变形发生时，应该综合分析各种可能性并逐一加以甄别，找出真正的原因，方能有的放矢，切实解决问题。万不可用固定的思维只归咎于一种可能性。

注塑制品的应用非常广泛，制品的性能、质量要求各不相同。因此，着色剂的使用应根据特定产品的要求而定。颜料在注塑加工和应用时要关注的特性指标有：耐热性、翘曲变形、分散性、耐迁移性、耐化学品性、安全性等。

① 耐热性　注射加工时熔体的温度都比较高，且滞留在高温料筒中的时间也比较长，这就需要所使用的着色剂要有较高的耐热性能以抵御高温的破坏作用。尤其是那些大型制件、复杂结构的制件以及具有热流道的型腔，其温度设置都比一般注射设置要高。所以需充分考虑每一个制品不同的要求，选择具有相当耐热性能的着色剂产品。

此外，为了体现生产的高效益，许多大宗制品一般都会采用一模多腔的形式，有些产品一模可出上百个制品。为了确保熔体能够充盈整个模腔，操作温度的设置会比常规设置高出10℃以上。这对着色剂的耐热性提出了更高的要求。

还有一点也应该考虑，那就是注射加工中的边角余料，这些一般都会破碎后回用，这就会形成反复多次成型的热加工过程。着色剂如果没有足够的耐热性就会有产生色变的可能。

② 翘曲变形　关于翘曲变形已经讨论了它的成因，颜料对它的影响只是众多原因之一，也并非所有颜料品种都会导致注塑件的翘曲变形。易导致结晶型树脂在注射加工时产生翘曲变形的有机颜料主要有：普通型的酞菁系列颜料，部分杂环类结构对称高性能有机红/黄颜料，如异吲哚啉/异吲哚啉酮、苝系，DPP 系以及部分缩合类颜料等品种。针对上述有机颜料大类，目前也研发和生产出了对应的不翘曲酞菁蓝/绿，不翘曲 DPP 红等特殊规格的品种。

③ 分散性　塑料注塑件对制品外观的基本要求是色彩鲜艳、光泽度高，没有色点。对于光泽度而言，除了模具本身的因素之外，制品配方中所含有的固体物质的分散程度也是一个重要的因素，这也包括颜料。此外，在目前的注塑工艺中，并非所有的着色制件都是通过

色母粒方式实现的，相当部分的着色是采用所谓干粉混合料进行的，而注射机本身对颜料颗粒的分散作用又十分有限，如果所使用的颜料分散性较差的话，制品表面就会产生很多色点，影响制品质量。

④ 耐迁移性　注塑制件材质多样且应用面十分广泛，许多应用涉及食品接触、儿童玩具、包装材料、多色拼装或与其他制品的直接接触等，一旦发生迁移问题，轻则造成颜色的交叉污染，重则引发制品使用安全问题，千万不可掉以轻心。应该依据制品实际应用需要，针对敏感性产品避免使用有潜在迁移可能的颜料产品。

⑤ 耐化学品性　对于生产容器类注塑件，使用过程中需要洗涤、消毒等处理的制品或需要与其他化学品接触的制品等，必须事先了解今后制品可能接触的具体化学品，并进行测试或判断所选择的颜料对它们的耐受程度，以避免潜在的威胁。

⑥ 安全性　注塑制品适用面广，不同的产品中使用的原材料包括颜料都必须符合相应的产品安全规范和指令。食品接触有：FDA 法规（美国），AP(89)-1（欧盟），GB 9685—2016（中国）等法规；针对儿童玩具有：EN-71-3（欧洲玩具指令），EN 2009-48（欧盟新规）等；而对于电子电气，更有 RoHS（电子电气设备中限制使用某些有害物质指令）和其他行业或国家的限制规定等。

9.4 压延成型

压延成型工艺是生产塑料薄膜和片材的基本工艺方法之一。

压延成型工艺是将已经塑化好的，接近黏流态的塑料，通过一系列相向旋转着的水平辊筒的间隙，利用四辊（或三辊）压延机辊筒之间挤压力作用，并配以相应的温度，使物料承受挤压而产生延展，最终制成具有一定尺寸的片状或薄膜状的制品。

压延成型工艺是一种连续化的生产方式，具有生产速度快、生产能力大、自动化程度高等特点。以一台 ϕ700mm×1800mm 的四辊压延机自动化生产线为例，它的年加工能力可达万吨级，且仅需 1～2 个操作工人。

压延成型工艺还具有产品厚薄均匀、压延厚度公差小（可控度在 10%以内）等优点，因此，压延成型制品的质量好。在压延成型生产线上辅以花辊还可以制作出具有不同表面花纹的薄膜制品。

用作压延成型的塑料大多数是热塑性非结晶型树脂，其中以聚氯乙烯为最多，另外还有聚乙烯、ABS、聚乙烯醇、TPU 等。

压延成型工艺分为前后两个阶段：前段为压延前的备料阶段，主要作用为配方处理、混料及炼塑；工艺后段包括压延机组压制（三辊或四辊）、牵引、轧花、冷却、卷取、切割等辅助工序。以软质聚氯乙烯压延膜为例，其生产流程如图 9-31 所示。

颜料应用于塑料压延成型制品中应注意的一些特性有：分散性、耐迁移性、耐热性、耐光/候性、安全性等。

① 分散性　由压延设备配置可知，在压延成型中，主要混炼设备对颜料颗粒的分散作用并不算强，因而对于所选用颜料的分散性也是有要求的。如果分散性不佳，则极有可能产生色点，尤其对于较大面积的压延制品来说，制品外观受到的影响更大。

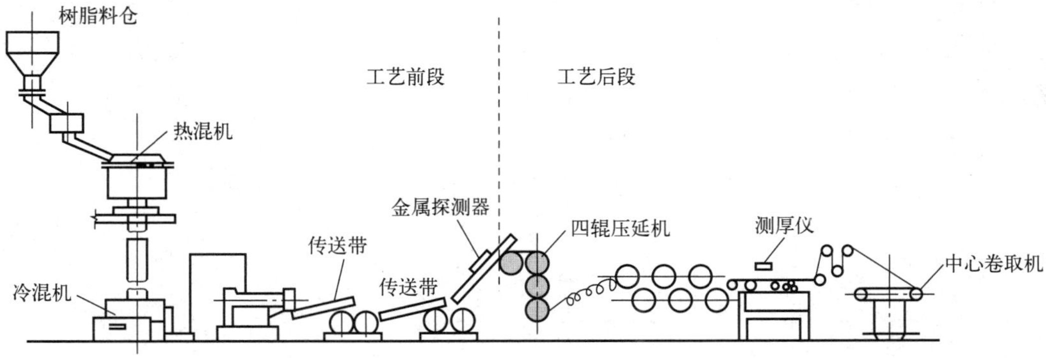

图 9-31　软质聚氯乙烯压延膜生产流程示意图

② 耐迁移性　压延制品中以 PVC 膜为多，而其中的绝大部分是经增塑的软膜制品。大量增塑剂的使用对颜料的迁移起着推波助澜的作用：首先，部分颜料在增塑剂中有微溶的趋势，而随低熔点的增塑剂的挥发，可溶部分的颜料也随之运动至制品表面积聚从而造成迁移；其次，增塑剂在体系中加入而形成占位作用，使得树脂的分子距离加大，结构更为松散，足够细微的颜料粒子不能被很好束缚而自由移动至表面，这也是迁移的成因之一。因此，针对这些制品所选用的颜料应该注意其迁移的可能性。

③ 耐热性　压延工艺中的温度设置依据材料、制品规格、增塑剂添加与否以及添加量的多少等因素而定。与其他的塑料加工工艺相比较，压延工艺的操作温度并非最高，然而，它的特殊性在于，压延过程中的许多热加工环节都是开放式的，也就是完全暴露于空气中的，这就不得不考虑在与氧气直接接触条件下的热加工氧化作用。因此，有必要关注颜料在压延制品加工中的耐热性结果，帮助选择合适的颜料产品以保证制品质量。注意颜料耐热性指标测试方法应选用两辊机法（HG/T 4767.4—2014，EN BS 12877-4）。

④ 耐光/候性　对于户外应用制品，尤其是广告膜，保持色彩的鲜艳是十分重要的指标。因此，用于这类压延膜中的颜料必须具有最好的耐光/候性。

⑤ 安全性　压延制品的应用范围比较广，对于一些相对敏感的应用，如儿童吹气玩具、文具等制品来说，安全性的要求不可忽视。

9.5　模压成型

模压成型是塑料成型基本工艺之一，是热固性塑料的主要成型方法。模压成型又可分为压缩成型工艺和压注成型工艺。

(1) 压缩成型

压缩成型又称为压塑成型或压制成型。以热固性塑料制品压缩成型工艺为例，其主要的操作步骤和原理如下。

① 将配方组分（树脂、固化剂、添加剂、填料等）混合均匀并加入敞开的模具加料室（下模）中。

② 快速合模，加热加压至制品成型；加热使树脂熔化，具有一定的流动能力；合模压

力使熔融物料充满模具型腔，确立制品的基本形状；适宜的温度促使树脂与固化剂完成交联固化反应，使物料成为具有特定形状、不再复熔的塑料制品。合模后注意及时进行排气操作。

③ 开启模具，脱模取出制品。

压缩成型原理示意图见图 9-32。热固性塑料压缩成型的工艺温度和压力见表 9-13。

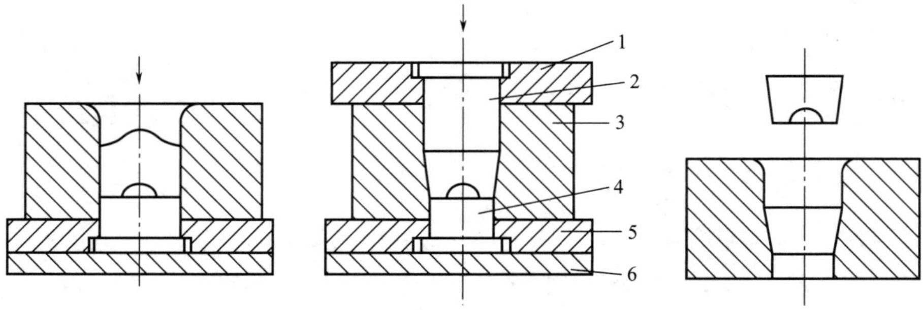

图 9-32　压缩成型原理示意图

1—凸模固定板；2—上凸模；3—凹模；4—下凸模；5—凸模固定板；6—下模座板

表 9-13　热固性塑料压缩成型的工艺温度和压力

塑料种类	压缩成型温度/℃	压缩成型压力/MPa
酚醛	146～180	7～42
三聚氰胺甲醛	140～180	14～56
脲甲醛	135～155	14～56
聚酯	85～150	0.35～3.5
邻苯二甲酸二丙烯酯	120～160	3.5～14
环氧(EP)	145～200	0.7～14
有机硅	150～190	7.56

压缩成型工艺的特点如下。

① 压缩模没有浇注系统，材料浪费比较少。

② 适用于流动性差的塑料，比较容易成型大型塑料制件；成品收缩率小、变形小，各项性能比较均匀。

③ 制件常带有溢料飞边，尺寸精度难以控制。

④ 设备和模具结构简单，造价低廉。

⑤ 模具易磨损，使用寿命较短。

⑥ 生产周期长，生产效率低，手工操作为主，自动化程度低，劳动强度大。

压缩成型制品主要用于机械零部件、电器绝缘件和日常生活用品等。

(2) 压注成型

压注成型工艺又称传递成型、挤胶成型，是在压缩成型基础上发展起来的一种新的成型方法。其工艺原理为：压注成型模具设置加料腔和成型的型腔，先把预热的配方原料加入加料腔内，树脂经加热熔化，在压力作用下，通过模具的浇注系统被挤入型腔，型腔内的树脂在一定压力和温度条件下保持一定时间，完成交联反应而固化成型，得到最终所需的制品，见图 9-33。

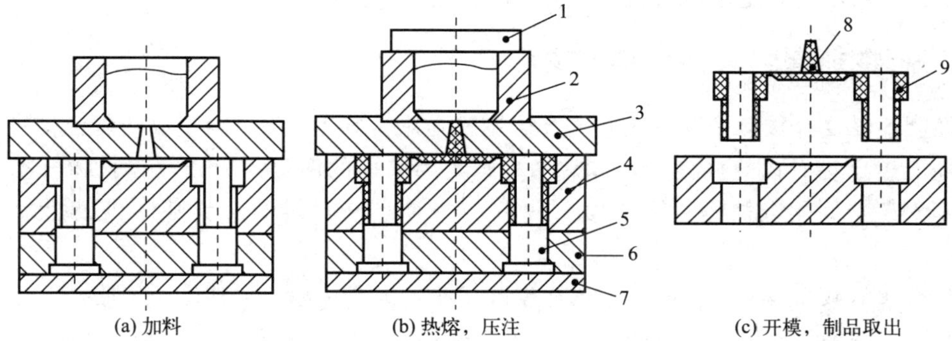

图 9-33　压注成型过程示意图

1—柱塞；2—加料腔；3—上模板；4—凹模；5—型芯；6—型芯固定板；7—下模座；8—浇注系统；9—塑件

压注成型工艺特点如下。

① 压注成型克服了压缩成型对制品设计的限制，可制造形状复杂、尺寸精度高、带嵌件、有侧孔和深孔的模塑制品。

② 制件飞边薄、尺寸精度高、性能均衡、质量较高。

③ 模具结构相对复杂、成本高、成型压力较大、操作复杂；耗料比压缩模略多。

④ 模具有浇注系统，压注时该部位物料流速较大，填充料有定向排列趋势。

⑤ 注料前模具处于闭合状态，操作磨损小；排气较难，模具需设置排气槽。

颜料应用在塑料模压成型工艺时需要特别关注的性能指标有分散性、安全性等。

① 分散性　热固性树脂无论是用于压缩成型或是压注成型，从这两种工艺的过程来看，颜料从加入直至制成成品，除了在干混合阶段对颜料大颗粒有一点破碎作用外，基本没有对颜料明显的润湿和分散作用，这就比较容易造成色点的产生。因此，对颜料的分散性还是应当有要求的。

② 安全性　模压成型制品的主要应用领域为电子电气和日用制品。对电子电气而言，所选用的颜料应符合欧盟《电子电气设备中限制使用某些有害物质指令》（RoHS）要求。日用制品中，尤其是餐具类制品，应符合美国 FDA 要求以及欧盟 AP(89)-1 号决议的规范，以及国标 GB 9685—2016 的要求。

9.6　高性能塑料复合材料成型

复合材料是指由两种或两种以上不同物理特性或不同化学物质通过复合，组成多相、三维结合且各相之间有明显界面的、具有特殊性能的材料；其主要是由增强材料和基体材料组成。它最大的特点是复合后材料的性能优于构成该复合材料的单一材料性能。

高性能塑料复合材料是复合材料中的一类，是以纤维增强树脂为基础材料，其比强度和比模量均比钢和铝合金大数倍，还具有优良的化学稳定性、减摩耐磨、自润滑、耐热、耐疲劳、耐蠕变、消声、电绝缘等性能，已经得到了市场认可，成为国防与国民经济建设不可或缺的战略性关键材料。

虽然复合材料某些重要成型工艺始于模压成型，但复合材料应用广、用量大，近年来相关成型工艺层出不穷，鉴于该材料重要性，故特列一节介绍。

9.6.1 高性能塑料复合材料定义和分类

高性能塑料复合材料是以高性能聚合物为基体，纤维为增强材料制成的复合材料。

高性能聚合物有以热固性塑料和热塑性塑料为基体的两类。所以按聚合物分类可分为热固性塑料复合材料和热塑性塑料复合材料。当今复合材料的塑料基体仍以热固性塑料为主。

热固性塑料基体有环氧树脂、不饱和聚酯树脂、酚醛树脂、三聚氰胺树脂等，双马来酰亚胺树脂、氰酸酯树脂、苯并噁嗪树脂等的一类热固性塑料基体树脂，具有良好的耐热性、阻燃性、耐辐射、透波性、电绝缘性和力学性能，有望成为环氧树脂的继任者。

热塑性塑料在复合材料中有两大优势。与类似的热固性塑料相比，许多热塑性塑料具有更高的抗冲击性，在某些情况下，差异高达 10 倍。热塑性塑料复合材料的另一个主要优点是重整能力。当热和压力用热塑性树脂浸渍增强纤维时，发生的是物理变化而不是化学变化。这使得热塑性塑料复合材料能够被重整和再成型。因此，热塑性塑料复合材料可以在其使用寿命结束时进行回收利用。高性能塑料复合材料常用的原料不仅有常用的聚烯烃树脂，还有通用工程塑料，如 PBT、PET、PA、PPS，以及高性能工程塑料 PEI、PEKK、PEEK。这些材料都为最终所得的热塑性塑料复合材料带来了某些优势和局限性。

增强纤维有玻璃纤维（GF）、碳纤维（CF）、芳纶纤维（AF）及其他纤维材料，其中玻璃纤维用量最大。纤维又有长纤维和短纤维两种，所以如按纤维长度分类有短纤维增强复合材料和长纤维增强复合材料。

高性能塑料复合材料如按分散相的相畴尺寸划分：分散相 1nm 以下为分子塑料复合材料，分散相 1～100nm 为纳米级塑料复合材料，分散相 100～1000nm 为微观分离聚合物塑料复合材料。

9.6.2 高性能塑料复合材料的成型工艺

高性能塑料复合材料自 1932 年在美国诞生之后，至今已有近 90 多年的发展历史。20 世纪 40 年代首次以手糊工艺制造军用雷达罩和飞机油箱。玻璃纤维预混料研制成功后，利用传统的对模法压制出表面光洁的塑料复合材料零件。50 年代真空袋和压力袋成型工艺研究成功。60 年代纤维缠绕工艺研制成功，喷射成型工艺得到了发展和应用，使手糊成型工艺的生产效率提高了 2～4 倍。片状模塑料（SMC）研发成功，使模压成型工艺达到新水平（中压、中温、大台面制品）；复合板材材料开始工业化生产。70 年代，拉挤技术有了重大突破，树脂反应注射成型（RRIM）研究成功，热塑性复合材料得到发展，其生产工艺主要是注射成型和挤出成型。到目前为止，塑料复合材料的生产工艺已有近 20 种之多，而且新的生产工艺还在不断地出现。

在纤维与树脂体系确定后，高性能塑料复合材料性能主要取决于成型工艺。成型工艺主要包括以下两个方面：一是成型，即将预浸料按产品的要求，铺设成一定的形状，一般就是产品的形状；二是固化，即把已铺设成一定形状的叠层预浸料，在一定温度、时间和压力条件下使形状固定下来，并能达到预期的性能要求。

成型工艺可以分为三大类：

① 接触成型：手糊成型、喷射成型、真空成型、压力袋成型、高压釜成型。

② 对模成型：树脂传递模塑成型、片状模塑料模压成型、层压成型、纤维缠绕成型、注射成型等。

③ 其他成型方法：热压罐成型、拉挤成型等。

不同的生产工艺，适应不同的制品和生产规模，除手糊、喷射、缠绕三种工艺为开模成型外，其余均为闭模成型工艺。下面对常用的几种复合材料成型及应用进行介绍。

9.6.2.1 高性能塑料复合材料的成型工艺——接触成型

接触成型中常见的工艺有手糊成型、喷射成型、真空成型三种。

(1) 手糊成型工艺

手糊成型工艺指在涂好脱模剂的模具上，采用手工作业，即一边铺设增强材料，一边涂刷树脂，直到达到所需制品厚度为止，然后通过固化和脱模而得塑料制品的成型工艺。它也是最早使用和应用普遍的一种成型方法。手糊成型工艺是以手工操作为主，机械设备使用较少，以不饱和聚酯树脂或环氧树脂等为基体材料将增强材料黏结在一起的一种成型方法（见图 9-34）。手糊成型操作虽然简单，但对操作人员的操作技能要求较高。它要求操作者要有认真的工作态度、熟练的操作技巧和丰富的实操经验。主要生产汽车车体、内饰件等。

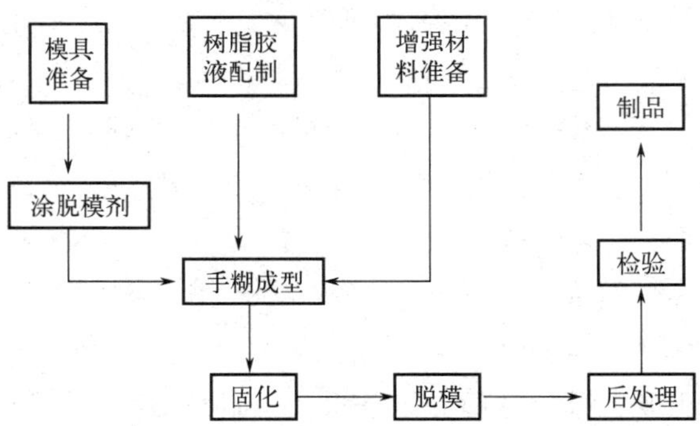

图 9-34　手糊成型工艺流程图

手糊成型工艺所需原材料包括：增强材料（玻璃纤维粗纱、玻璃纤维织物、粗纱织物、玻璃纤维毡等）、树脂（环氧树脂、聚酯树脂、酚醛树脂等）和辅助材料（催化剂、脱模剂、填料等）。

手糊成型生产设备与技术简单但效率低下，尺寸形状不受限制但稳定性差。

(2) 喷射成型工艺

喷射成型工艺是将混有引发剂的树脂体系或含有促进剂的树脂体系分别从不同的树脂罐中吸入并在喷射枪中混合或喷出后混合，且通过喷枪上的切割器将连续纤维切成短纤维后与树脂混合，再喷到模具上，待喷涂到规定的厚度后，用辊筒压实再固化成型的一种方法，见图 9-35 和图 9-36。

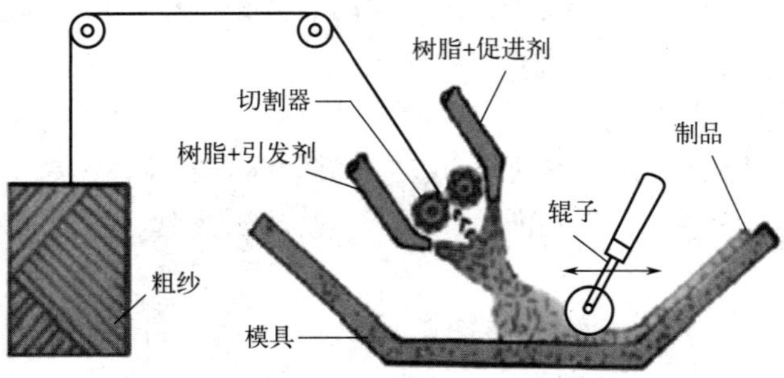

图 9-35 喷射成型工艺示意图

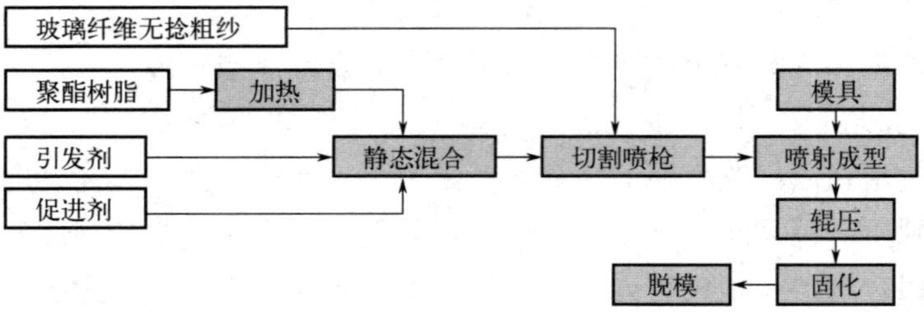

图 9-36 喷射成型流程图

喷射成型常用的树脂是 30～40min 贮存期的热固性树脂，常用增强材料为玻璃纤维。喷射成型效率较手糊成型提高 2～4 倍，生产投资少但光洁度差、工作环境恶劣。

（3）真空成型工艺

真空辅助成型工艺（vacuum assisted resin infusion，VARI）或真空辅助树脂转移成型（VARTM），是一种制造大型复合材料零件的低成本成型技术。

VARI 是一种利用树脂的流动和渗透，在真空压力下浸渍纤维和织物，并在真空压力和一定温度下完成固化的成型方法。如图 9-37 所示，树脂管与树脂桶和模具连接，真空管与模具和真空泵连接。真空泵使真空压力作用在铺设于模具中的干燥纤维织物上，然后将树脂注入树脂管，进入增强纤维之间相对真空的空间。树脂管道和真空管道的铺设，以及增强材料的渗透性和树脂黏度将决定纤维织物的渗透速度。在纤维织物上铺设导流网可以有效地促进树脂流动。导流网通常由任意方向的增强材料或塑料组成，在纤维织物上提供额外的空间，以便树脂更快更好地进入和渗透织物。

与传统工艺相比，VARI 技术不用热压罐，只需要单面刚性模具（上模为柔性真空袋膜），并在模具内铺设纤维增强材料。该模具只是为了保证结构要求，简化模具制造工艺，节约成本。此外，只在真空压力下成型，没有额外的压力，有助于降低成本。因此，该方法具有成本低、孔隙率低、性能接近热压罐工艺、适合制造大型零件等特点。鉴于该法的局限性，VARI 法只能在真空条件下通过适当的工艺措施将树脂转移到包裹在真空袋中的增强纤维预制件上，并在真空压力下完成结构的固化。VARI 技术作为一种高性能、低成本的非热压罐成型技术，在航空航天领域受到越来越多的关注，被视为一项关键的低成本制造技术。

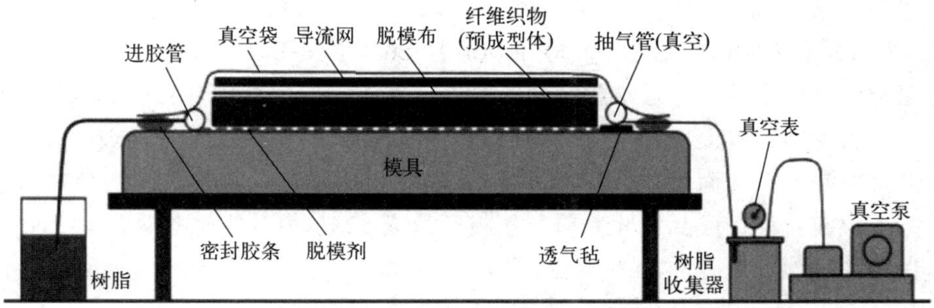

图 9-37　真空成型技术示意图

9.6.2.2　高性能塑料复合材料的成型工艺——对模成型

对模成型工艺是将树脂与短纤维的混合物放入模具中，并在温度和压力下使树脂充满模腔，获得所需形状的坯料；再升温使树脂发生交联反应（热固性基体）或冷却硬化（热塑性基体），脱模后得到复合材料制品。

（1）树脂传递模塑（resin transfer molding,RTM）成型工艺

RTM 是一种闭模低压成型方法，将纤维增强材料预先放在模腔内，合模后注入聚合物，再经固化成型，又称树脂转移成型，流程图见图 9-38。纤维增强材料有时可预先在一个模具内预成型大致形状（带黏结剂），再在第二个模具内注射成型。树脂传递模塑成型工艺示意图见图 9-39。

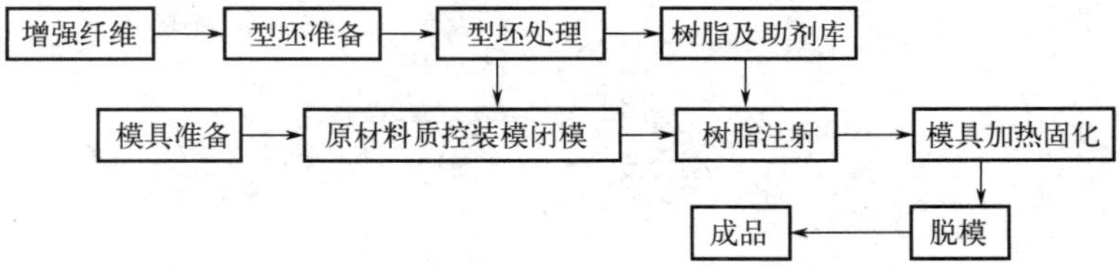

图 9-38　树脂传递模塑成型工艺流程图

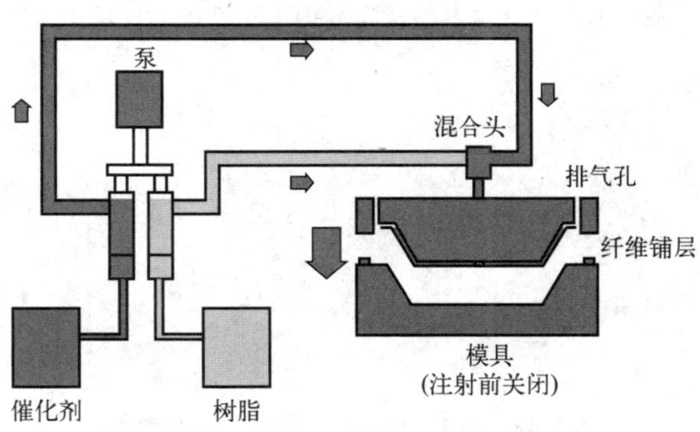

图 9-39　树脂传递模塑成型工艺示意图

适用于 RTM 工艺的高性能树脂有：乙烯基树脂、环氧树脂、双马来酰亚胺树脂（BMI）和热塑性树脂。增强材料有玻璃纤维、碳纤维、碳化硅纤维和芳纶纤维等。

树脂传递模塑成型工艺可满足精确、大尺寸、外形复杂的制品要求，但模具造价高、设计复杂。典型产品有小型飞机与汽车零部件、客车座椅、仪表壳。

（2）片状模塑料（sheet molding compound，SMC）模压成型工艺

片状模塑料模压成型工艺通常包括两个阶段。首先，在不饱和树脂中加入增稠剂、低收缩剂、填料、引发剂、脱模剂、着色剂等成分，混合制成树脂糊。将短切玻璃纤维毡等片状材料在成型机中浸渍（两面覆盖聚乙烯薄膜），然后用压辊压延压实，干燥后制成毡片。然后使用时撕下薄膜，根据成品尺寸裁剪层压板，放入 SMC 模具中加热加压，经过一定时间后即得到最终的零件，见图 9-40～图 9-42。

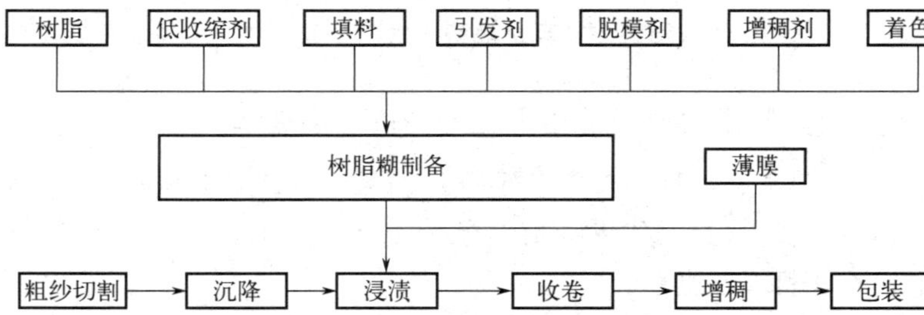

图 9-40　片状模塑料模压成型工艺流程图

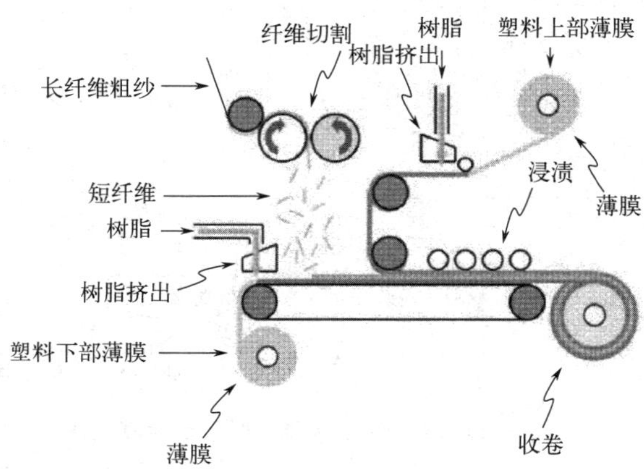

图 9-41　片状模塑料模压成型工艺设备运行示意图

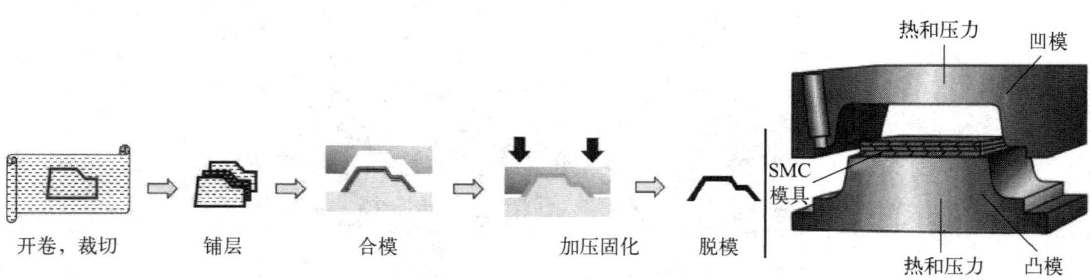

图 9-42　片状模塑料模压成型工艺简图

片状模塑料（SMC）根据具体用途和要求的不同又开发出一系列品种，如 BMC（块状模塑料）、TMC（厚片状模塑料）等。

模压成型生产效率高、产品尺寸稳定、耐冲击、防碰撞、可批量生产，但设备投资大、模具制造复杂。主要用于生产汽车车门、仪表盘、前端框架、汽车内板等。在汽车轻量化设

计中，越来越多的零部件将考虑使用热塑性塑料复合材料。

（3）层压成型

层压成型工艺，是把一定层数的浸胶布（纸）叠在一起，送入多层液压机，在一定的温度和压力下压制成板材，流程见图 9-43。

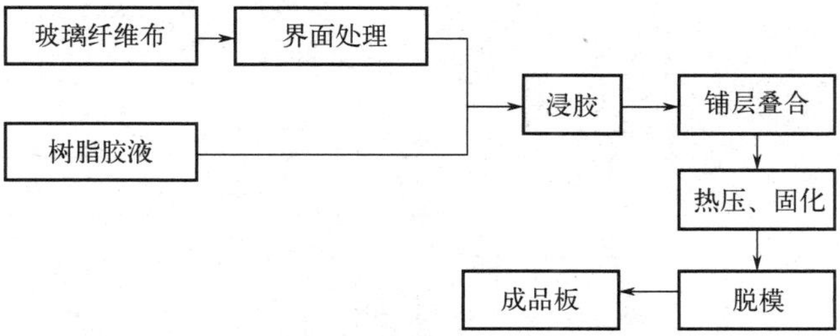

图 9-43 复合板材层压成型工艺流程图

层压成型是复合板材材料的一种主要成型工艺，所使用的多层液压机见图 9-44。

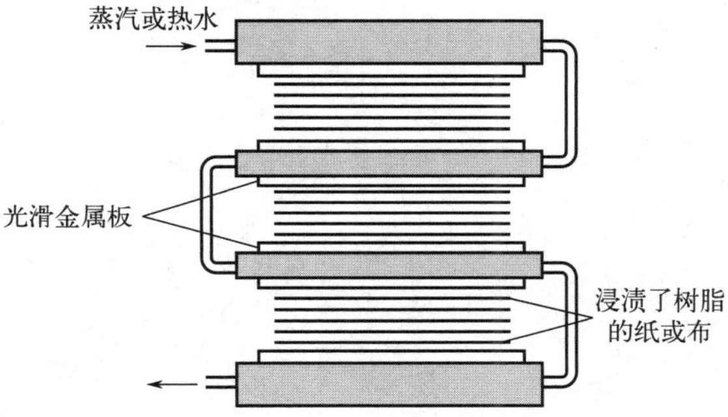

图 9-44 复合板材层压多层液压机

层压成型工艺生产的制品包括各种绝缘材料板、人造木板、塑料贴面板、覆铜箔层压板等。

层压成型工艺的优点是制品表面光洁，生产的机械化、自动化程度较高，产品质量稳定，生产效率较高。但一次性投资较大，适合于批量生产。

（4）纤维缠绕成型法

纤维缠绕成型工艺是一种在控制张力和预定线型的条件下，应用专门的缠绕设备将连续纤维或布带浸渍树脂胶液后连续、均匀且有规律地缠绕在芯模或内衬上，然后在一定温度条件下使之固化，成为一定形状制品的复合材料成型方法。其是高性能塑料复合材料的主要制造工艺之一，见图 9-45。

利用连续纤维缠绕技术制作复合材料制品时，有三种不同的方式可供选择：

- 湿法缠绕：将无捻粗纱（或布带）浸渍树脂胶液后直接缠到芯模上，见图 9-46（a）。
- 干法缠绕：选用预浸纱带（或布带），在缠绕机上经加热软化至黏流后缠绕到芯模上，见图 9-46（b）。
- 半干法缠绕：将无捻粗纱（或布带）浸渍树脂胶液，预烘后随即缠绕到芯模上。

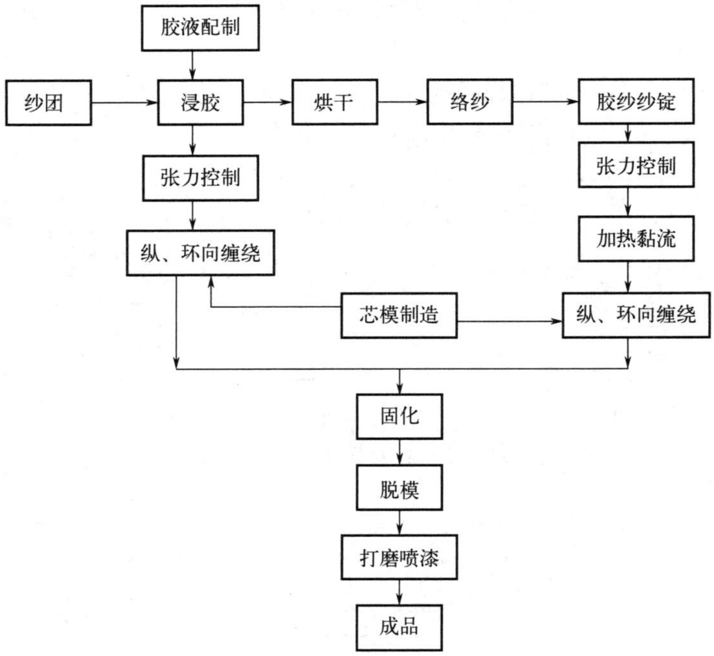

图 9-45　纤维缠绕成型工艺流程图

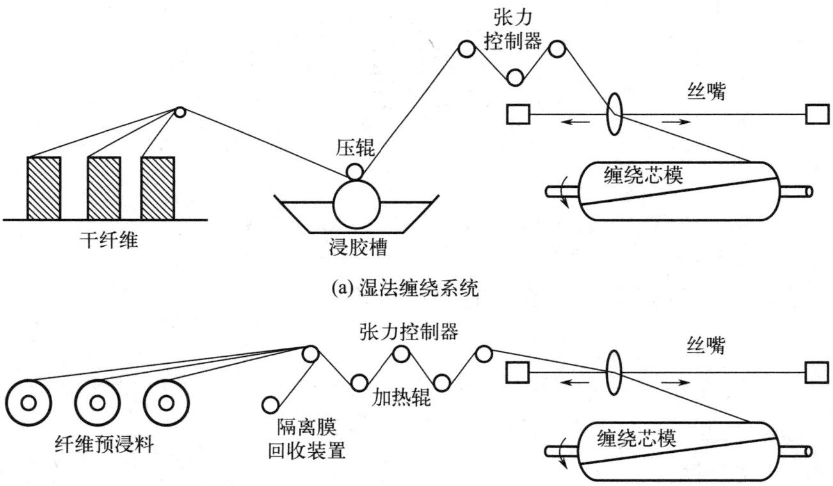

图 9-46　纤维缠绕成型工艺示意图

纤维缠绕成型需要缠绕机、浸胶装置、张力装置、加热装置和纱架装置等设备，目前已能实现自动化控制；运动参数得到持续完善和优化。但工艺所得复合材料制品力学性能取向性明显、层间性能差；此外，所需设备具有投资大、制品形状单一等不足，只能批量生产时才能降低产品成本。

(5) 注射成型

注射成型是在一定压力下通过升温将高聚物由玻璃态变为黏流态，并以较高压力迅速注入闭合模具内，经冷却定型后得到所需制品。工艺过程中由于熔体聚合物在较高压力下流动，会导致纤维在树脂基体中的分布呈现出取向性，这易造成纤维分布不均匀而影响制品的性能。该问题是由于要保证树脂充分浸润纤维预制体，纤维含量通常不高（纤维体积分数在30％～40％）而导致。

注射成型是高性能塑料复合材料生产中的一种重要成型方法，它适用于热塑性和热固性塑料复合材料，但以热塑性塑料复合材料应用最广，主要用于生产汽车车壳、机器盖、保险杠等。

9.6.2.3 高性能塑料复合材料的成型工艺——其他重要成型方法

其他重要成型方法有热压罐成型工艺、拉挤成型工艺、连续板材成型工艺、离心铸型工艺等。

(1) 热压罐成型工艺

热压罐成型工艺是指由预浸渍材料铺叠成复合材料坯料之后，在一定温度和压力下实现固化成型的工艺。热压罐可准确控制树脂固化温度、成型所需压力，如图 9-47 和图 9-48 所示。

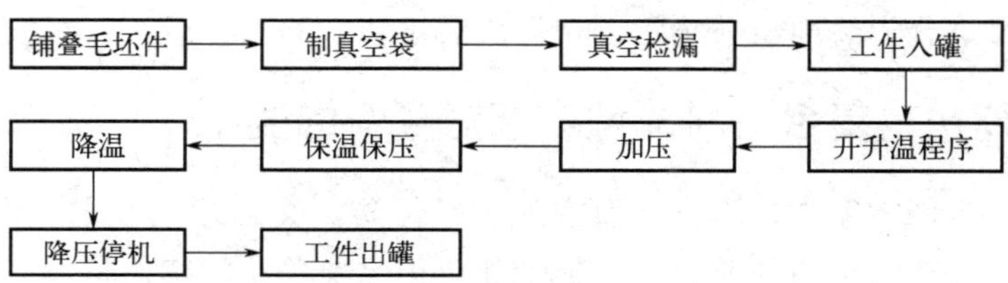

图 9-47　热压罐成型工艺流程图

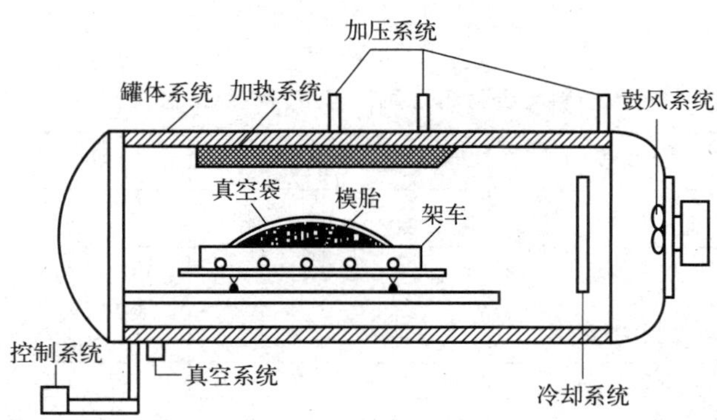

图 9-48　热压罐成型工艺示意图

热压罐成型的原理是通过罐内的高温使气体压缩，形成高压氛围，对预先铺放好的预浸料同时加热加压，使材料固化成型。目前该工艺在工业生产中占据主要地位，尤其是在航空领域，已被大量应用于飞机的机身、方向舵、尾翼、升降舵、机翼蒙皮等结构部位。

(2) 拉挤成型工艺

拉挤成型工艺是连续生产线型复合材料制品的一种工艺方法，以树脂作为基体材料，以纤维、织物作为增强材料，在外力的牵引下，经过浸渍、预成型、热压固化，最后形成连续规整截面制品的工艺过程。使用该技术生产的复合材料型材广泛应用于各个行业，例如桥梁支撑、飞机结构梁、体育行业等。

拉挤成型技术的工艺流程可以简要分为三个步骤：浸润、成型、固化/冷却，见图 9-49。

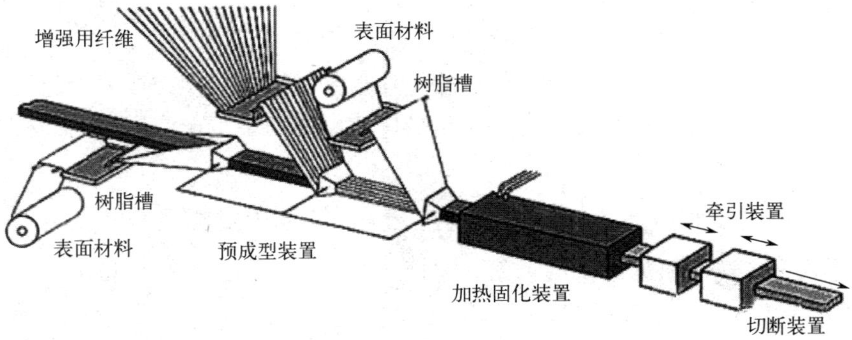

图 9-49　拉挤成型工艺示意图

按设备可分为卧式和立式两类；按牵引方式可分为履带式牵引、往复式牵引和环形式牵引；按树脂基体又可分为热固型与热塑型拉挤成型工艺。

9.6.3　高性能塑料复合材料成型工艺对颜料的要求

复合材料广泛应用于家电、汽车、航空航天、国防、交通运输和电气电子行业，因此，着色剂的使用应满足特定产品的要求。在加工和应用时要关注的特性指标有：耐热性、分散性、耐迁移性、耐光/候性、耐化学品性、安全性等。

① 耐热性　颜料必须在不同工艺温度条件下保持颜色的稳定性和应有的使用性能，相关数据参见表 9-14。

表 9-14　热塑性塑料复合材料常用工程塑料结晶形态及其相关温度数据　　单位：℃

常用工程塑料	结晶形态	玻璃化转变温度(T_g)	熔点(T_m)	加工温度
PBT	半结晶	36	223	250
PA6	半结晶	48	219	245
PA12	半结晶	52	176	224
PP	半结晶	−20	176	190
PEEK	半结晶	143	343	390
PEI	无定形	217	—	330
PPS	半结晶	89	307	325
PEKK	半结晶	156	306	340

② 分散性　在目前的成型工艺中，并非所有的着色制件都通过色母粒方式实现的，相当部分的着色采用所谓干粉混合料进行的，如果所使用的颜料分散性较差的话，制品表面就会产生很多色点，影响制品质量。

③ 耐迁移性　必须确保产品在使用中不会因着色剂选择不当而造成对接触物体的沾污。

④ 耐光/候性　高性能塑料复合材料主要应用于汽车、机械、航空航天等室外场景，所

以应注意颜料耐光性和耐候性。

⑤ 耐化学品性　高性能塑料复合材料成型工艺，特别片状模塑料模压工艺需加很多助剂，所选择的颜料应考虑对它们的耐受程度，以避免潜在的威胁。

⑥ 安全性　高性能塑料复合材料制品应适用面广，应用于家电需满足 RoHS（电子电气设备中限制使用某些有害物质指令）和其他行业或国家的限制规定等。应用于汽车交通运输需满足相应的产品国外安全规范和指令。

9.7 发泡成型

泡沫塑料是一种含有大量气体微孔并均匀分散在固体塑料中形成的一类高分子材料。它具有质量轻、隔热、吸音、减震等特性，用途十分广泛。几乎各种树脂都能被制成泡沫塑料。泡沫塑料的制造工艺被称为发泡成型工艺，也叫作泡沫塑料成型。

(1) 泡沫塑料制品分类

① 按发泡气孔结构分　有开孔和闭孔泡沫塑料之分。开孔泡沫塑料是指泡孔与泡孔之间是相互连通的，因此，它具有很高的吸水能力，常被用作吸音和缓冲减震材料；闭孔泡沫塑料因其每一个孔都是独立的，互不连通，故吸水性极低，具有极佳的保温性能。

② 按软硬程度分　制品的弹性模量小于 70MPa，压缩硬度很小，富有柔韧性，当应力解除后能恢复原状，残余变形很小的称为软质泡沫塑料；同样条件下弹性模量高于 700MPa，无柔韧性，压缩硬度大，应力必须达到一定值方产生变形，而应力解除后不能恢复原状的叫作硬质泡沫塑料；弹性模量在 70～700MPa，性质也处于上述两者之间的是半硬质泡沫塑料。

③ 按制品密度分　密度＞0.4g/cm^3，低发泡；密度＝0.1～0.4g/cm^3，中发泡；密度＜0.1g/cm^3，高发泡。

④ 也可按发泡倍率（发泡后比发泡前体积增大的倍数）分　发泡倍率大于 5，则为高发泡；小于 5 就属于中/低发泡。

(2) 泡沫塑料的发泡方法

有机械发泡法、物理发泡法以及化学发泡法等。

① 机械发泡法（又称气体混入法）　用强烈的机械搅拌将空气卷入树脂的乳液、悬浮液或溶液中，使其成为均匀的泡沫物，而后再经过物理或化学变化使之稳定成为泡沫塑料。脲甲醛、聚乙烯醇缩甲醛、聚乙酸乙烯等树脂常被用于机械发泡工艺。

② 物理发泡法　利用物理学原理而实施的一种发泡手段。其基本方法是把惰性气体/或低沸点液体压入聚合物熔体或糊状料中，通过加温、减压等方式使气体在熔体中析出并长大形成气泡，或低熔点液体被蒸发汽化形成气泡的方法。

③ 化学发泡法　化学发泡法是在发泡过程中伴随着化学反应产生气体而发泡的方法，包括两种类型的机理。其一，采用热分解型发泡剂受热分解产生气体而发泡；其二，利用发泡体系中的两个或多个组分之间发生的化学反应，生成惰性气体（如二氧化碳或氮气等）致使聚合物膨胀而发泡。

在实际应用中，化学发泡工艺是目前行业中使用频率较多的方法。以下篇幅主要针对化学发泡法，通过示例来了解发泡工艺的实际应用以及与颜料有关的问题。

9.7.1 聚乙烯泡沫塑料

① 一步法发泡工艺　在室温下将物料混合，然后在两辊开炼机上进行混炼，控制混炼温度处于树脂熔点温度与交联剂及发泡剂的分解温度之间（110～120℃），混炼完成后按照模具大小出片，出片厚度约1mm，片材称量裁切后放入模具，加热至160℃以上（发泡剂分解温度），在7.12～10.78MPa压力下保持6～8min，确保交联反应完成，发泡剂分解完全后快速解除压力开模，使物料瞬间膨胀弹出，完成发泡。加工工艺见图9-50。

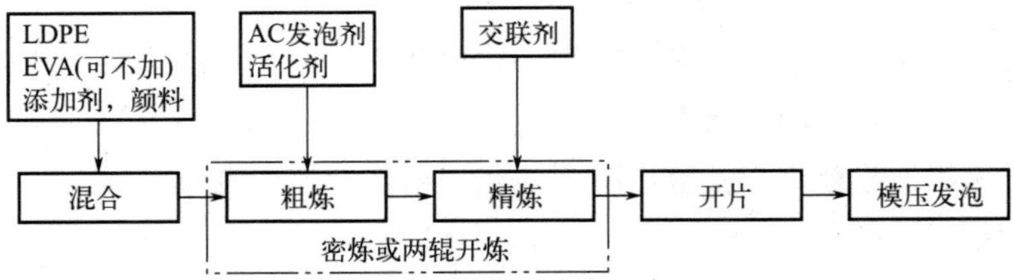

图9-50　一步模压法PE泡沫塑料加工工艺（一步法发泡）

一步法发泡工艺制成的泡沫塑料制品发泡倍率不高，一般在3～15倍。

② 两步法发泡工艺　在一步法发泡开炼完成的基础上，将塑炼好的片材在模具内进行模压，控制温度在150℃，依据片材厚度设置发泡时间，通常为30min左右，去除压力开模，完成初发泡，此时材料密度约为0.098g/cm^3，且尚有70%的发泡剂未分解；即刻趁热将初发泡料置于165℃的油浴中加热并保持20min，经二次发泡后，材料的密度进一步降低，不过仍有约7%的发泡剂还未分解，将发泡料从油浴中取出，在室温下慢慢冷却，余下的发泡剂会继续分解，10min后发泡完成。最终制品的泡孔细密均匀，制品密度约为0.027g/cm^3。

两步法发泡可得到发泡倍率为30倍的PE泡沫塑料。

③ 注射发泡工艺　运动鞋底的制作就是典型的注射发泡工艺示例。一步发泡成型，简化加工操作，杜绝边角产生；同时运用自动化多模旋转机械，大大提高生产效率。

9.7.2 聚氨酯泡沫塑料

聚氨酯泡沫塑料加工工艺是以多元醇（聚醚或聚酯型）和二异氰酸酯为原料，加入催化剂（包括交联催化剂、发泡催化剂等）、发泡剂（化学发泡剂、外发泡剂）、泡沫稳定剂等，经过混合搅拌发泡后熟化而成。主要发泡气体为二异氰酸酯与水反应形成二氧化碳。

根据原料和配方的不同分为软质、半硬质和硬质泡沫塑料制品。

软质泡沫塑料所用的聚醚或聚酯都是线型或稍带支链的长链分子，每个大分子带有2～3个羟基，分子量为2000～4000。软质聚氨酯泡沫塑料的主要用途有家具衬垫、车用垫材、地毯底衬、吸声材料、运动地垫/护垫、床垫和仪器仪表的包装材料。

硬质泡沫塑料的聚醚或聚酯分子量较小，具有支链结构，官能度3～8。硬质泡沫塑料制品常用作冰箱、冷库、石油管道、建筑等的隔热保温材料。

按发泡方法分类有：块状、模塑和喷涂聚氨酯泡沫塑料。

聚酯型聚氨酯泡沫塑料制品各项性能优良，价格偏高；聚醚型价格相对低些，市场应用较普遍。

颜料应用于发泡成型工艺时需要注意分散性、耐热性、着色力、耐迁移性、耐化学品性、安全性等。

① 分散性　发泡塑料泡孔细密均匀，尤其是闭孔泡沫制品。配方中的固体颗粒物质如果分散效果不佳，有较粗大颗粒存在的话，就会引发产生异常大泡孔而影响制品的质量。因此，用于泡沫塑料制品的颜料需要具有良好的分散性。

② 耐热性　就发泡温度而言，在所有的塑料加工相关温度中并不算很高，但是，发泡环节耗时较长（高发泡需 150℃、30min），所以，颜料所需要承受的高温时间也相应比较长，没有一定的耐热性能就不能完全符合加工工艺的要求。

③ 着色力　泡沫塑料由于有细密气泡的存在而具有极强的消色作用，这就是泡沫塑料制品尤其是高倍率发泡制品中鲜见具有鲜艳色泽的深色制品的主要原因。因此，着色力高的颜料产品能够很好地帮助提升发泡制品的色彩性能。

④ 耐迁移性　泡沫塑料被广泛用于运动地垫、护垫、运动鞋以及沙滩拖鞋等具有鲜艳色彩需求的领域，而这些制品往往都有拼色。因此，必须保持各个颜色的界限清晰，没有串色和相互沾污的现象。这就要求所用的颜料必须具有良好的耐迁移性能。

⑤ 耐化学品性　发泡工艺中使用许多化学添加剂，因此，需要保证颜料与这些添加剂不会发生反应；有些泡沫片材需要多层黏合，首先，黏合前需用溶剂清洁黏合面；其次，还需要接触黏合剂，颜料也必须能够确保不与这些化学制剂发生反应。当然制品在应用中可能使用化学品清洗等也是应该考虑的因素。

⑥ 安全性　泡沫塑料制品中那些与人体接触的产品如鞋，运动地垫/护垫，以及玩具等，所有相关的原材料都应遵守各自相应的产品安全法规和指令。

9.8 3D 打印成型

所谓 3D（三维）打印，就是由计算机辅助设计（简称 CAD）模型直接驱动，能够完成任意复杂结构的一类制造方法的总称。它的核心是数字化、智能化制造与材料科学的结合。

9.8.1 3D 打印成型原理

3D 打印成型原理是数字驱动制造和增材制造。

3D 打印机在设计文件指令的引导下，先喷出固体粉末或熔融的液态材料，使其固化为一体的特殊平面薄层。第一层固化后，3D 打印机打印头返回，在第一层外部形成另一薄层。第二层固化后，打印头再次返回，并在第二层外部形成另一薄层。如此往复，最终薄层累积成为三维物体。“这就像盖房子，一层层往上垒砖砌墙，只不过用的不是方砖水泥，而是工程塑料、粉末、尼龙、光敏树脂甚至是金属、陶瓷等不同的材料。”

“增材制造”，是与传统制造业的“减材制造”对应的，3D 打印机通过层层堆积形成实体物品的方法从物理的角度扩大了数字概念的范围。通过成型设备以材料累加的方式，制成实物模型。

9.8.2 3D打印成型技术

目前国际上最成熟的6种3D打印技术分别是：熔融沉积成型技术（FDM）、光固化立体成型技术（SLA）、选择性激光烧结（SLS）三种主流工艺，还有选择性激光熔化（SLM）、叠层实体制造（LOM）、三维打印黏结成型（3DP）。上述六种打印工艺在原理上相似，但使用的范围和所使用的材料属性不一样，导致3D打印技术的应用存在一定的局限性和发展的迟滞性。现简要将三种主流工艺介绍如下。

（1）熔融沉积成型（fused deposition modeling，FDM）

FDM通俗来讲就是利用高温将材料熔化成液态，通过打印头挤出后固化，最后在立体空间上排列形成立体实物，见图9-51。

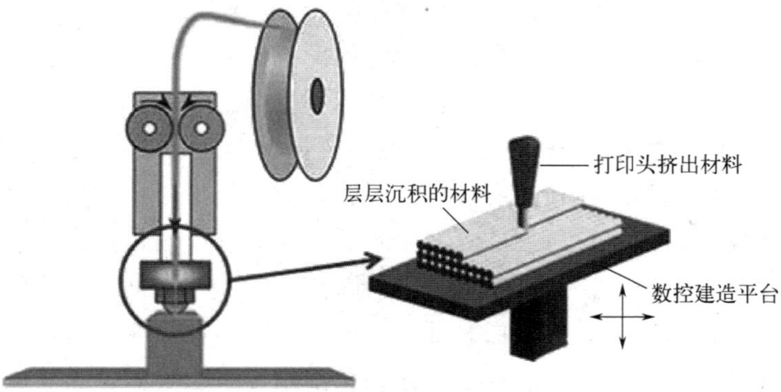

图9-51 熔融沉积成型工艺的基本原理

（2）光固化立体成型（stereo lithography apparatus，SLA）

SLA是在料槽中盛满液态光敏树脂，树脂在紫外激光束的照射下快速固化。当一层固化完毕，升降工作台移动一个层片厚度的距离，在上一层已经固化的树脂表面再覆盖一层新的液态树脂，用以进行再一次的扫描固化。新固化的一层牢固地黏合在前一层上，如此循环往复，直到整个零件原型制造完毕，见图9-52。

（3）选择性激光烧结（selective laser sintering，SLS）

选择性激光烧结法（SLS）：此方法采用金属粉末和陶瓷粉末作为打印材料，在计算机的控制下通过激光选择性一层层烧结来黏结，反复操作直到成型，见图9-53。

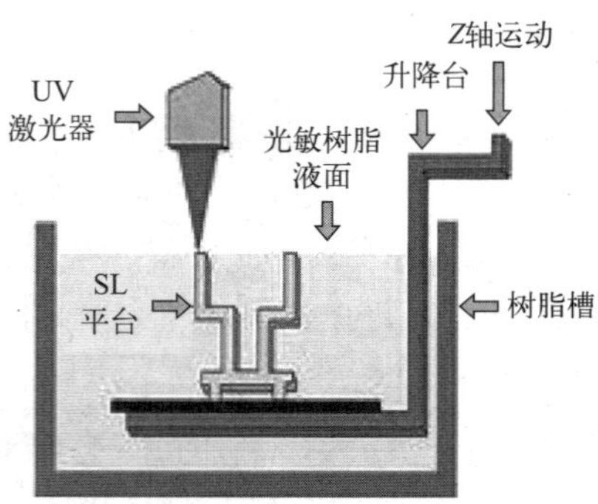

图9-52 光固化立体成型的基本原理

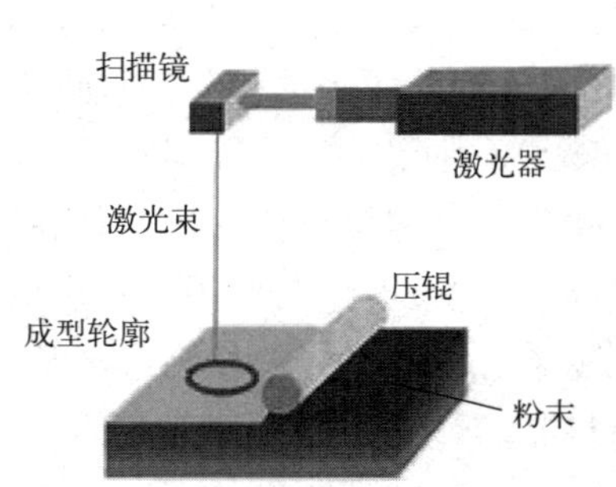

图9-53 选择性激光烧结（SLS）基本原理

三种 3D 打印技术优缺点也不同，SLA 的优点是精度高和较好的表面质量，并能制造形状特别复杂（如空心零件）和特别精细（如工艺品、首饰等）的零件。SLS 的特点是比 SLA 要结实得多，通常可以用来制作结构功能件；材料多样且性能接近普通工程塑料材料。FDM 的特点是成型实物强度更高、可以彩色成型，但是成型后表面粗糙。三种工艺优缺点比较可从表 9-15 中一目了然。

表 9-15　三种 3D 打印技术的优缺点

指标	FDM	SLA	SLS
成型速度	较慢	较快	较慢
精度	较低	高	较低
表面质量	较差	优	一般
运营成本	一般	较高	较高
生产成本	较低	高	一般
零件大小	中小件	中小件	中大件
常用材料	ABS，PLA，尼龙	光敏树脂	塑料，石蜡，金属
材料利用率	接近 100%	接近 100%	接近 100%
市场占有率	低	高	中

目前 3D 打印塑料材料主要采用熔融沉积成型技术（FDM）。所以将作进一步详细介绍。

9.8.3　熔融沉积成型

熔融沉积成型（FDM）工艺属于线材挤出热熔成型一类，是目前市场上最为常见的 3D 打印成型方法。FDM 材料一般是热塑性材料，以丝状供料。很多消费级的 3D 打印机都是采用的这种工艺，因为它实现起来相对容易。FDM 工艺干净，易于操作，不产生垃圾，并可安全地用于办公环境，没有产生毒气和化学污染的风险。

9.8.3.1　熔融沉积成型工艺原理

FDM 的成型过程与 2D（二维）打印机的打印过程很相似，只不过从打印头出来的不是油墨，而是树脂等材料的熔融物，同时由于 3D 打印机的打印头或底座能够在垂直方向移动，所以它能让材料逐层进行快速堆积，且每层都是按照 CAD 模型确定的轨迹打印出形状，最终打印出设计好的三维物体。

9.8.3.2　熔融沉积成型工艺流程

FDM 工艺由美国学者 Scott 于 1988 年研制成功。工艺的机械系统主要包括喷头、送丝机构（丝盘）、运动机构（泡沫板）、加热工作室（加热熔化腔）、工作台 5 个部分（见图 9-54）。

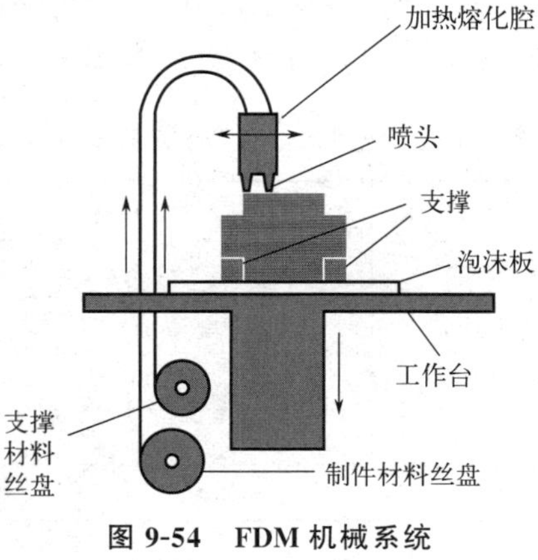

图 9-54　FDM 机械系统

FDM 加热头把热熔性材料（ABS，PA，POM）加热到临界状态，使其呈现半流体状态，然后加热头会在软件控制下沿 CAD 确认的二维几何轨迹运动，同时喷头将半流动状态的材料挤压出来，材料瞬时凝固形成有轮廓形状的薄层。FDM 成型过程中，每一个层片都是在上一层上堆积而成，上一层对当前层起到定位和支撑的作用。随着高度的增加，层片轮廓的面积和形状都会发生变化，当形状发生较大的变化时，上层轮廓就不能再给当前层提供充分的定位和支撑作用，这就需要设计一些辅助结构——“支撑”，以保证成型过程的顺利实现。支撑可以用同一种材料建造，现在一般都采用双喷头独立加热，一个用来喷模型材料制造零件，另一个用来喷支撑材料做支撑，双喷头 FDM 工艺流程见图 9-55，制作完毕后去除支撑相当容易。

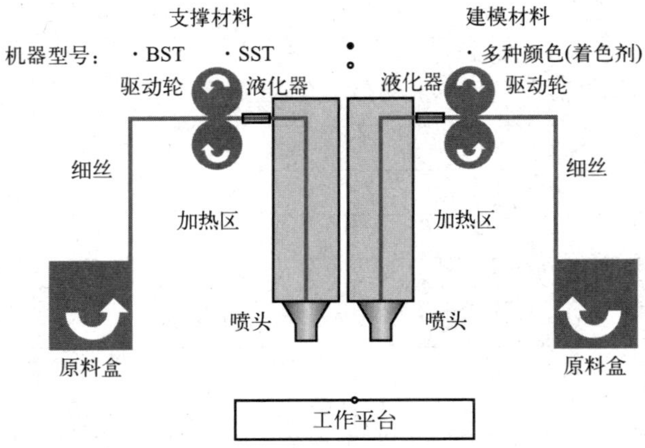

图 9-55　双喷头 FDM 工艺流程图

9.8.3.3　熔融沉积成型工艺用塑料材料

用于 FDM 工艺的丝状塑料材料除了必需的强度之外，还需满足以下要求。

① 塑料材料应熔融温度低　可以使材料在较低的温度下挤出，有利于延长喷头和整个机械系统的寿命；可以减少材料在挤出前后的温差，减少热应力，从而提高成型的精度。

② 塑料材料应流动性好　若流动性差，则需要很大的送丝压力才能挤出，会增加喷头的启停响应时间，从而影响成型精度。

③ 塑料材料应黏结性好　黏结性好坏决定了零件成型以后的强度。层与层之间往往是零件强度最薄弱的地方，黏结性过低，有时在成型过程中会因热应力造成层与层之间的开裂。

④ 塑料材料应收缩率小　收缩率在很多方面影响着零件的成型精度。

此外，3D 打印用塑料材料的相关技术指标见表 9-16。

表 9-16　3D 打印用塑料材料的相关技术指标

材料	熔融温度/℃	拉伸强度/MPa	冲击强度(悬臂梁缺口)/(J/m²)
ABS	190～240	33	106
Nylon	230～280	48	200
PLA	170	50	80
PC	215～225	68	53
PEI	340～425	81	41

9.8.3.4 熔融沉积成型工艺着色要求

FDM工艺常用塑料的种类有ABS、聚乳酸（PLA）、尼龙、PC、玻璃纤维填充尼龙等，通过不同比例的材料混合，还可以生产出将近120种软硬不同的新材料。颜料应用在FDM工艺用塑料材料时应注意安全性、耐热性、分散性、耐光/候性等主要性能。

① 安全性 FDM工艺塑料材料可以用于制造儿童玩具等会与人体接触的产品，所用颜料必须符合相关的化学品安全规定和使用许可。

② 耐热性 常用打印塑料材料有PLA、ABS、尼龙、PC等，颜料必须在以上不同材料工艺温度条件下保持颜色的稳定性和应有的使用性能。

③ 分散性 PLA的加工温度为170～230℃，所以能选择的颜料很多，无论是经典颜料，还是酞菁颜料和高性能颜料都可选择，但需注意颜料分散性。由于PLA结构上有酯基、羟基、羧基，应选择相对应的表面性能颜料。

④ 耐光/候性 FDM 3D打印产品应用于汽车、机械、航空航天等室外场合，所以应注意颜料耐光/候性。

9.9 其他成型

9.9.1 滚塑成型

滚塑成型是一种热塑性塑料中空成型方法。其原理是：把树脂加入模具内，闭合模具，通过对模具的加热，并同时利用两直角相交的转轴不间断转动，使模具做三维转动/滚动，树脂借助自身的重力作用均匀地布满模具内腔并且逐步熔融，直至树脂完全熔融并均匀黏附于模腔内壁，然后停止加热转入冷却过程，待制品冷却固结后脱模来得到所需的无缝中空制品。

滚塑加工时模具的转速不高，制品成型全靠树脂的自然流动，所以产品几乎无内应力，不易发生变形、凹陷等问题。

根据所用树脂的形态不同，滚塑成型可以分为三类。

① 以聚乙烯树脂为代表的干粉滚塑成型 这是滚塑工艺中运用最多、最广的一类。由于树脂经粉状变为熔融状且无外力的强制挤压，原先粉体颗粒间的空气在熔体中形成气泡只能靠自身聚集长大，然后脱离熔体排除，故气泡能否完全排尽直接影响制品的物理力学性能。

② PVC糊状树脂的滚塑成型 业内俗称搪塑。主要制作软质PVC中空制品。

③ 单体聚合成型的滚塑 树脂单体进入模腔，在适宜的温度条件及助剂作用下完成聚合并流动成型。比较而言，该工艺目前实际应用相对较少。

滚塑成型工艺适用性广，可以成型小如乒乓球，大到游艇或冲锋艇，或上百立方米容积的化工储罐等无缝中空制品；无需改变模具即可调节制品壁厚从不足2毫米至数厘米不等；可以一步完成复杂结构制品的制造；还可根据设计需要在制品中加入嵌件或其他组合件等。

滚塑模具制作简单，造价低廉，一般仅为同等尺寸其他模具造价的1/4～1/3；滚塑模具尤其适合于大型制品的制作，可以实现边缘增厚以保证大口径制品的边缘强度；此外，滚塑制件无飞边，材料浪费少。滚塑工艺的不足之处在于：生产周期比较长，物料需预先磨粉加工，人工操作步骤多，劳动强度大等。

以聚乙烯粉料滚塑加工为例，整个工艺过程可分为四个部分。

① 加料工序　清洁模具内壁，按要求剂量加入物料，然后闭合模具，准备后续滚塑操作。

② 成型工序　模具和旋转系统进入指定热成型工位，开启垂直旋转使模具做三维旋转滚动，由模具外部对其进行加热（可采用热风循环，电热辐射，或明火炙烤等方式）直至工艺设定温度（260～320℃），保持该温度一定时间，确保熔体在模具腔壁黏附完全，厚度均匀，且排尽气泡。

③ 冷却工序　保持模具的三维旋转滚动状态，转入冷却工位，采用冷风、喷雾/喷淋等方式对模具和制品进行冷却，最终使制品完全固结定型。

④ 脱模工序　停止模具旋转，转入上/下料工位，开启模具，取出制品。清洁模具内壁，准备下一个循环制作。

聚乙烯滚塑成型工艺流程如图 9-56 所示。

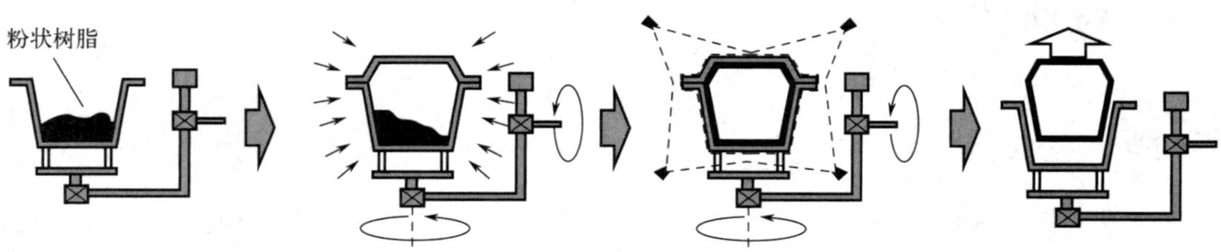

(a) 加料　(b) 旋转，加热熔融　(c) 旋转，冷却固结　(d) 开模，取件

图 9-56　聚乙烯滚塑成型工艺流程

应用于滚塑成型制品中的颜料产品，应高度关注耐热性、分散性、耐光/候性、安全性等特性指标。

① 耐热性　滚塑成型是一个非外力强制的成型工艺，需要熔体具有非常好的流动性能；热传导形式对树脂来说是单方向自然传递的方式，不存在摩擦和剪切生热；熔体中含有的气泡需要足够的时间自然积聚破泡。因此，加工温度远高于同类树脂其他的成型工艺，同样地，在此高温下的操作时间也比其他工艺长得多。滚塑时模具腔体内如果不用氮气作保护的话，还必须考虑高温下的氧化作用。因此，需要所选用的颜料必须具有优异的耐热性能，否则不能保证产品的质量。

② 分散性　由滚塑加工工艺可知，如果不对树脂体系进行预先的混合料加工处理，而只是作简单的干粉混合加工（目前有相当多的生产商采用此法）。那么，颜料粉体颗粒在整个工艺过程中并没有经过有效的分散作用。对于粉体颗粒较粗大且不易分散的颜料，就会造成色点等瑕疵，影响产品质量。

③ 耐光/候性　滚塑成型制品被大量在户外使用，尤其像游艇、防冲墩、大型玩具等都需要鲜明的色彩。因此用于这些制品的颜料必须具有优异的耐光/候性能。

④ 安全性　滚塑制品中大量的民用制品和玩具等会直接与人体接触，尤其是儿童玩具。所以，必须关注颜料产品的安全性。

9.9.2 浸塑

浸塑加工可以分成两大类，即浸塑成型工艺和浸塑涂覆工艺。前者作为一种产品直接的制造工艺，生产诸如PVC浸塑手套或丁腈乳胶手套，以及有衬底浸渍产品等；而后者则以涂覆层形式起装饰或保护被涂覆制品的作用，主要用于金属制品的涂覆。

(1) 浸塑成型工艺

以PVC浸塑手套生产工艺为例，讨论浸塑成型的加工过程。

PVC配方料（包括增塑剂、添加剂、颜料制剂等）搅拌均匀后，经过滤、脱泡、检验合格后放入浸渍槽，浸入清洁干净的手模进行浸渍黏附，出槽后经垂滴、定型烘干、塑化成型等工序后进行上粉（有粉手套）或浸渍PU（无粉手套），最终经卷唇、脱模而得到PVC手套成品，生产工序见图9-57。

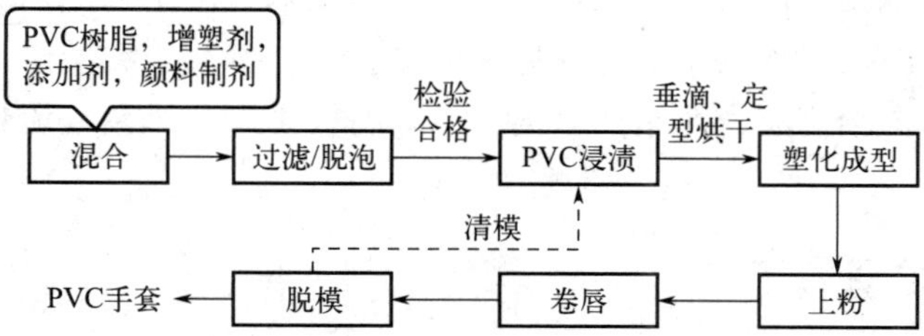

图 9-57 有粉PVC浸塑手套主要生产工序示意图

彩色PVC浸塑手套中的颜料是以色浆状态的预制剂形式加入的，色浆的制备以及浸塑加工的前半段都与液体涂料的加工和涂装方式相似。因此，颜料性能除了常规的分散性、耐热性、耐迁移性外，还应该考虑抗絮凝性、耐化学品性等与涂料应用相关的特性。

(2) 浸塑涂覆工艺

浸塑涂覆可以分成熔（液）体浸塑和粉体浸塑两种形式。

熔（液）体浸塑是将涂覆树脂和添加组分加热成为熔体，经过表面清洁处理并加热至一定温度的金属制件浸没在熔体中，表面附着一层均匀的熔体层，再经冷却固化而形成涂覆层；或是以溶剂将树脂组分溶解，金属制件预热经浸涂后转入烘箱进行烘干固化的涂装工艺。

粉体浸塑工艺的不同之处在于：把作为涂覆层的热塑性树脂和添加组分按塑料混合料的方式加工并磨成粉状，粉料置于流化床内做“竖式流态化”运动，金属制件经表面处理后预热至粉体树脂的熔点温度以上，制件置于流化床中，流态化粉体均匀地附着于金属制件表面并被热熔，待制件黏附一定厚度的树脂粉末后，移除并加热进一步熔化、流平，最终冷却固结成为涂覆层。

粉体浸塑工艺也是粉末涂料涂装的一种形式，它是基于传统流化床演变而来的一种古老的加工工艺。当今比较普遍的是以静电喷涂的方式进行涂装，它的优点是金属制件无需预热；采用静电电泳方式对制件进行喷涂，涂层厚度均匀；一步加热熔融、流平，然后冷却固化，生产过程更加节能，可实现全线自动化流水作业。

从颜料自身的角度来看，了解粉末涂料的涂装，只是明确了后续应用的要求，然而，更应该关心的问题是颜料是如何参与并最终成为粉末涂料的一部分的。

说到粉末涂料的制造，其实是一个塑料着色加工的过程，它的主要工艺见图 9-58。

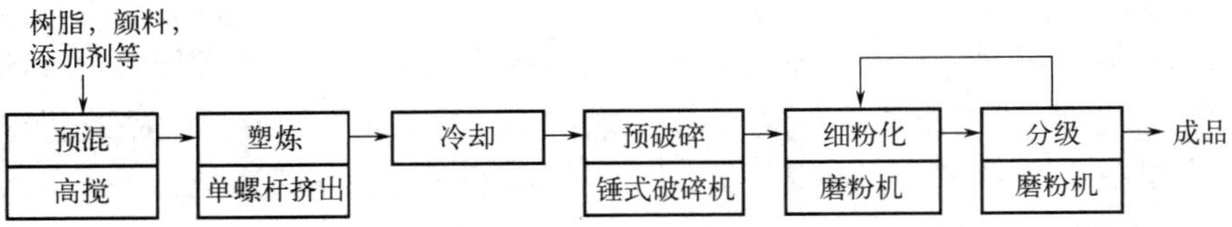

图 9-58　粉末涂料生产工艺示意图

由工艺示意图可知，颜料在粉末涂料加工过程中的润湿和分散仅依靠预混和单螺杆的作用，但从分散的角度看这种作用是不足以完成较有难度的分散任务的，这就需要选择分散性比较良好的颜料品种以达到质量要求。此外，有很多的涂装件会用于户外，如围栏、公路分割栏等。这些应用也必须考虑颜料的耐光/候性能。

激光打印机用彩色墨粉的制造和应用与粉末涂料相似。除了细节的配方有所不同，它的生产过程也是以螺杆挤出机作为主要的混炼和分散设备。其次，源于激光打印机的精确性要求，它对于粉体的粉碎细度有着非常严格的要求，行业中一般采用气流粉碎工艺来实施精细粉碎。

9.9.3　人造革成型加工

离型纸又称为转移纸，是一种带有阴模花纹的专业用纸。它作为转移涂层加工不可缺少的载体材料，能够赋予制品美观逼真的花纹。离型纸主要用于人造革表面的成型加工。

以干法 PU 人造革（简称 PU 革）生产为例（见图 9-59），与离型纸直接贴合的涂层作为人造革最外表的一层材料，充分展示了离型纸所给予的花纹图案，尤其是仿真革的纹理与真皮应有的纹理可谓惟妙惟肖，这是采用花辊压制所不能企及的。

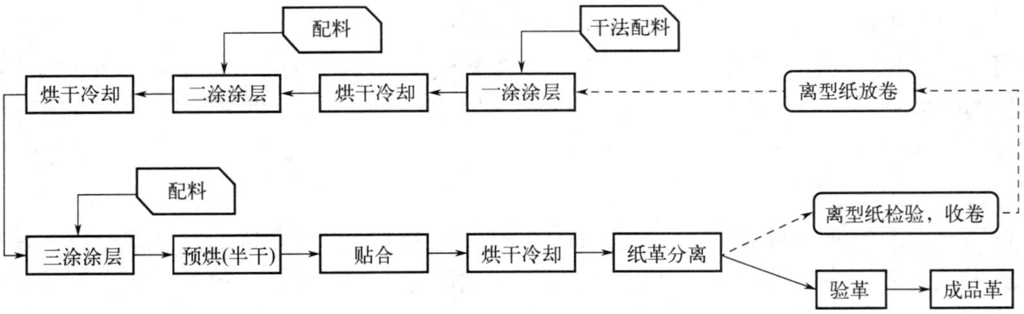

图 9-59　干法 PU 革加工工艺流程

颜料用于人造革通常被放置在中涂层，以预分散的色浆形式加入。因此，除了对颜料的耐热性、耐迁移性、耐光/候性等常规塑料制品应考虑的特性进行关注外，还需注意耐化学品稳定性、抗絮凝性等。

第10章
塑料着色剂安全性国际法规标准要求

塑料成为目前世界上使用范围最为广泛的材料之一，特别是在消费产品领域，各种不同种类、不同颜色、不同性能的塑料都发挥着重要的作用。为了满足产品安全、环保和健康的要求，塑料材料及其制品必须满足世界各国、各地区的法规要求，其中最为重要而且特别受人关注的是化学物质控制的要求，特别是对于作为塑料材料中重要的添加剂——着色剂的化学要求。

由于各国家、地区的差异和产品类型的不同，目前对于塑料着色剂的化学要求，有的是针对着色剂本身的，有的是针对塑料材料的，而有的则是针对产品的通用要求，但无论如何，这些法规要求都是针对产品本身的实际使用特点。涉及具体的消费产品非常广泛，主要有玩具、纺织材料如一些聚合物化学纤维和辅料（拉链和纽扣等）、电子电气产品、食品容器和食品接触性材料（或产品）、汽车等。以下所提及的产品安全质量法规标准均涉及塑料用着色剂，不再反复强调。

欧美发达国家的产品法规和标准体系比较健全，世界其他国家的产品法规、标准制定和实施体系也往往是参考欧美等发达国家的体系和机制，日本、东盟、大洋洲（包括澳大利亚和新西兰）、中东、中欧和巴西等南美各国基本参考上述两个地区的体系。

我们经常可以看到一些国际知名的塑料着色剂生产企业在其产品介绍中会涉及一些符合性的标准，如美国的FDA、德国的BfR、法国的FPL、日本的JHPA和JHOSPA、欧洲的AP(89)-1、欧洲的EN71和中国的国家标准（GB）等要求。那么这些代号代表什么？国际上还有哪些与塑料着色剂有直接或者间接关系的重要要求呢？本章将对世界各国、各地区相关的法律、法规、立法和执法情况以及涉及塑料用着色剂有害化学物质法规限制情况以及国外一些重要的标准进行介绍。

10.1 塑料着色剂的国际要求介绍

10.1.1 总体要求

(1) 质量要求

塑料着色剂质量要求已在第 2 章作了详细介绍，主要包括耐热性、分散性、迁移性、耐光候性等，具体内容这里不再赘述。

(2) 通用安全要求

塑料制品的通用安全要求如图 10-1 所示。

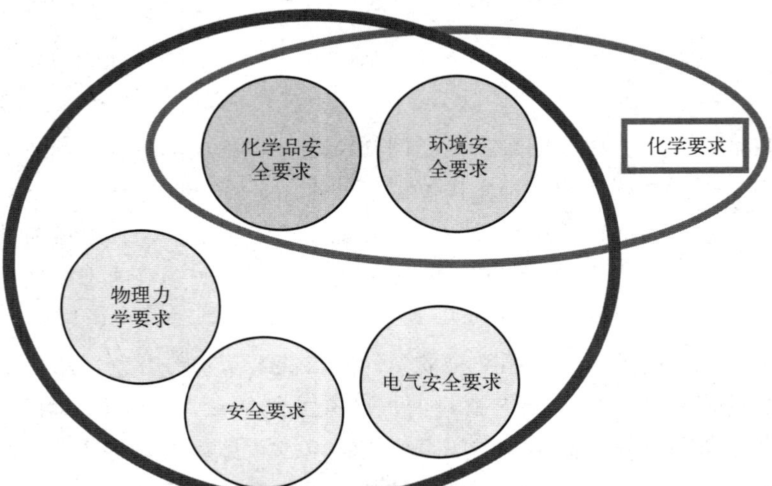

图 10-1 塑料制品的通用安全要求

这里和塑料着色剂紧密相关的安全要求主要是化学方面的要求，涉及化学物质控制要求、环境保护相关的要求和对人体健康有直接危害的物质的控制要求，见表 10-1。

表 10-1 化学物质控制要求分类

环境保护与化学有害物质	
环境保护 废水、废泥渣和废气的控制 关于塑料使用、循环利用和再利用的控制 -是关于有害物质的控制和有效成分利用的要求 -限制的物质往往不会对人类造成直接的伤害	化学有害物质 -对人体健康造成直接的伤害，如致癌、致敏、致死等  CORROSIVE 腐蚀性  TOXIC/VERY TOXIC 有毒/非常毒  HARMFUL/IRRITANT 有害/刺激性

欧盟相关要求	
-欧盟 RoHS，关于电子电气设备中限制使用某些有害物质指令 -欧盟报废汽车指令（ELV），关于报废车辆的欧盟指令，针对车辆材料中铅、镉、汞、六价铬的限制要求	对于下列有害物质控制的国际要求： 欧盟《化学品注册、评估、许可和限制条例》（REACH）和 76/769/EC 中的限制物质，多环芳烃化合物（PAHs），邻苯二甲酸盐（邻苯二甲酸酯）类，甲醛等

10.1.2 化学品着色剂通用要求

（1）化学物质的管理要求

目前，正在使用或者曾经使用的化学物质超过十万种。1981 年 9 月之前投放市场的大概有 100106 种现有化学物质，1981 年 9 月以后的有大约 4300 种新化学物质，而其中，大部分化学物质没有进行有效的、切合实际的管理。2006 年欧盟颁布了《化学品注册、评估、授权和限制条例》，简称 REACH 法规。

REACH 包括以下四个部分：注册（registration）、评估（evaluation）、授权（authorization）和限制（limitation）。

对于塑料着色剂企业，针对 REACH 的责任义务和所需要做的工作汇总如下：

① 如果是着色剂或者是制剂混合物（如色母粒）出口到欧盟，每年的出货量超过 1 吨的话，则必须进行注册工作。

② 如果是以塑料制品（物品）方式出口，着色剂只是其中的配方物质的话，则必须做好以下工作：

a. 注册工作：如果涉及释放物质，如带有香味的物质，生产/进口超过 1 吨/年，则需要注册。

b. 限制物质符合性要求：保证成品中的限制物质含量不超过标准要求，即 REACH 附件 XVII 中涉及的限制物质，如镉、偶氮化合物等。

c. 高度关注物质（SVHC）的通知和通报：配合成品企业进行高度关注物质的调查和计算工作。如果成品中含有 SVHC，且超过 0.1%，则需要配合履行 45 天通知职责；如果出口量超过 1 吨/年，则还要配合做好通报工作。最好是产品中不含有高度关注物质。

（2）化学品着色剂的安全数据表

为了能够正确说明和标注着色剂对人类健康和环境的危害性，并提供如何安全搬运、贮存和使用该着色剂的信息，着色剂生产企业应提供相应的材料安全数据表（material safety data sheet，MSDS），使用户及相关的化学品管理机构了解该化学品的相关潜在危害，使用时能主动进行防护，起到减少职业危害和预防化学事故的作用。

MSDS 是化学品生产商和进口商用来阐明化学品的理化特性（如 pH 值、闪点、易燃度、反应活性等）以及对使用者的健康（如致癌，致畸等）可能产生的危害的一份文件，也是一份关于危险化学品的燃、爆性能，毒性和环境危害，以及安全使用、泄漏应急救护处置、主要理化参数、法律法规等方面信息的综合性文件，更是传递化学品危害信息的重要文件。它提供了有关化学品的危害信息，保护化学产品使用者；它确保安全操作，为制订危险化学品安全操作规程提供技术信息；它提供了有助于紧急救助和事故应急处理的技术信息；

它指导化学品的安全生产、安全流通和安全使用；它是化学品登记管理的重要基础和信息来源（如欧盟的 REACH 等）。目前美国、日本、欧盟等发达国家和地区已经普遍建立并实行了安全数据表（safety data sheet，SDS）制度，要求危险化学品的生产厂家在销售、运输或出口其产品时，同时提供一份该产品的安全说明书。世界各国无论是本国国内贸易还是国际贸易，卖方都必须提供产品说明性的法律文件。

每个化学物质都有对应的 SDS，并且需要随着人们对其的深入研究发现而对其 SDS 进行相应的修订升级。需要牢记的是，SDS 上所提供的信息对于使用者来说也许是唯一的信息来源，所以，提供规范、正确而且全面的产品安全说明书十分重要。相应的化学品相关企业都应承担有相应的责任。

10.1.3 与着色剂相关的化学物质禁用要求

① 全氟辛烷磺酰基化合物（PFOS）和全氟辛酸化合物（PFOA）的限制要求。需要注意这类物质是目前世界上发现的具有很高的生物蓄积性和多种毒性的最难降解的有机污染物。

② 烷基酚及乙氧烷基酚（AP&APEO）。其中的壬基酚（NP）和乙氧壬基酚（NPEO）需符合 REACH Annex ⅩⅦ（2003/53/EC）的限制要求。这类物质会导致癌症、激素分泌失调和降低人的生育能力。

③ 多环芳香烃化合物（PAHs）。德国 LFGB，2005/69/EC，REACH 对于某些多环芳烃化合物的限制要求。限制具有致癌危害、并可能影响免疫能力和内分泌系统的 18 种多环芳烃化合物。

④ 富马酸二甲酯（DMF）的限制要求。根据指令 2009/251/EC，富马酸二甲酯由于高致敏性而被禁止使用。

⑤ 禁用偶氮染料指令。依据 REACH Annex ⅩⅦ（2002/61/EC 和 2003/3/EC），某些带偶氮基的染料和颜料在还原条件下分解出高致癌物的 24 种芳香胺物质。

⑥ 短链氯化石蜡（SCCP）。作为 REACH 的高度关注物质（SVHC），符合欧盟指令 2002/45/EC，2003/549/EC 的限制。

⑦ 五氯苯酚（PCP）和相关苯酚类物质。根据 REACH Annex ⅩⅦ 对于 PCP 的限制要求，其致癌且在燃烧或氧化时会释放出被全世界公认的最毒物质之一的二噁英，因此苯酚被禁止使用。

⑧ 石棉。根据 REACH Annex ⅩⅦ 对于石棉的限制和标签要求。禁止青石棉、铁石棉、直闪石、透闪石、阳起石等石棉纤维的制造、投放市场和使用。

⑨ 有机锡化合物。符合 REACH Annex ⅩⅦ 对于三丁基锡、二丁基锡、三苯基锡等有机锡化合物的限制和 REACH 的高度关注物质（SVHC）对于氧化三丁基锡的要求，还有日本《关于对化学物质的审查和制造等限制的法律》的要求。

⑩ 消耗臭氧层物质。符合欧盟法规 EC regulation No 2037/2000 和 EC regulation No. 1497/2007，还有日本臭氧保护法、维也纳公约和蒙特利尔议定书的规定。

⑪ 邻苯二甲酸盐类（phthalates）。其属于 REACH 高度关注物质中现有的 4 个限制物质，美国 CPSIA 和美国加州 65 号提案（CP65）也对其设置了相关要求，主要用于塑料增

塑剂和涂料均匀剂的邻苯二甲酸盐类物质被限制使用。

10.1.4 塑料着色剂的化学安全性

塑料着色大量选用化学合成的有机颜料和无机颜料，其化学安全性越来越引起人们关注。

10.1.4.1 化学品毒物学和毒理学

化学品毒性的研究涉及许多领域，主要包括以下几个方面。

(1) 急性毒性

急性毒性指经短期的接触后的危害作用。这种接触可能是口腔接触、皮肤接触或呼吸系统接触后的毒性。

最常用衡量急性毒性的数值是 LD_{50}。LD_{50} 是指半数致死量，较为简单的定义是指引起一群实验动物如大鼠 50%个体死亡所需的剂量。精确的定义指统计学上获得的，预计引起实验动物半数死亡的单一剂量。LD_{50} 的单位为 mg/kg（实验体体重），LD_{50} 的数值越小，表示毒物的毒性越强；反之，LD_{50} 数值越大，毒物的毒性越低，如欧盟对于物质的三个急性毒性类别（大鼠经口）给出了定义：

$LD_{50}\leqslant 25$mg/kg　　极毒

$25<LD_{50}\leqslant 200$mg/kg　　有毒

$200<LD_{50}\leqslant 2000$mg/kg　　有害

(2) 皮肤和黏膜的刺激

化学品对皮肤、眼睛和其他黏膜的作用是在实验室中于受控暴露接触后测试其受影响组织的状况。依照暴露接触点受伤害的程度，可分为无刺激性、有刺激性或腐蚀性。

刺激是指由于皮肤或眼睛单纯暴露接触化学品而导致的限于局部的反应，其特征为出现红斑和水肿和是否可能导致细胞死亡，应详细观察并需要有记录。

腐蚀是指能使有生命组织在接触部位受化学作用而产生可见的破坏或不可恢复的改变；例如一化学品在兔子完整的皮肤按规定方法试验。暴露接触周期为四小时，在接触部位使它破坏或不可恢复地改变组织结构，就认为该化学品是具有腐蚀性的。

(3) 反复应用后的毒性

亚急性毒性研究要求将供试物质反复施用于动物，其周期为 28 天；亚慢性毒性研究的整个周期为 90 天。

(4) 突变

能够使有生命细胞中遗传物质（基因、染色体）发生变异的化学品称为致突变物。可通过在有生命的生物体上进行基因突变筛选试验来检测，同时还有许多化学方法可测试化学品是否有突变效应，即对遗传物质的影响情况。其中，有一种细菌测试法称为埃姆斯试验（Ames test），该法快速而且经济。

(5) 慢性毒性和致癌性

慢性毒性是以被测动物终身重复暴露接触在一个化学品中致使产生可逆的健康影响为特征的。延迟的影响也被认为是慢性影响。

对动物作慢性毒性试验的意图是检验化学品对动物致恶性肿瘤潜力的可能性。致癌性是指化学品在人体内致恶性肿瘤的能力。

10.1.4.2 有机颜料的化学安全性

在塑料着色中有机颜料色泽鲜艳、着色力高、品种多，有其他颜料不能替代的优越性，在塑料着色中的重要性是显而易见的。

(1) 急性毒性

关于有机颜料的急性毒性，有专题论文综述了194种着色剂的口服LD_{50}值，其中大多数大于5000mg/kg，没有LD_{50}值低于2000mg/kg的报告。考虑到食盐（NaCl）口服LD_{50}值为3000mg/kg，一个人的LD_{50}值如为5000mg/kg，相当于让平均体重的人一次性摄入350g着色剂，所以得到的结论是有机颜料一般说来是急性毒性低的。通常，着色剂一般通过胃肠排出，而不经尿液排出。

(2) 皮肤和黏膜的刺激

有人对192种常用的商品化的有机颜料对小白兔皮肤及黏膜的影响进行了研究，同时也包括着色剂生产时添加的助剂的作用。只有极少数有机颜料及相关助剂能对小白兔的皮肤及黏膜产生刺激，见表10-2。

表10-2 常用的192种有机着色剂对于小白兔皮肤和黏膜刺激影响 单位：种

刺激程度	皮肤	黏膜	刺激程度	皮肤	黏膜
没有刺激	186	168	中等程度刺激	1	1
轻微刺激	5	20	强刺激	0	3

(3) 反复应用后的毒性

从大量有机颜料的测试结果来看。没有一种显示毒性作用。

C.I.颜料黄1或C.I.颜料红57：1在喂养大鼠30天的观察中没有毒性反应。C.I.颜料黄12、17和127（经30天调研）和C.I.颜料黄142（经42天调研）也是类似结论。

欧盟规定凡是反复施用或延迟暴露接触导致严重伤害的物质需要贴R48标志标明。有机颜料则不需要贴R类词句标志。

(4) 有机着色剂突变

用埃姆斯法测试25种有机颜料的突变性，只有个别品种有轻微的突变效应，见表10-3。

表10-3 有机着色剂突变性埃姆斯法测试结果

颜料名称	索引结构号	结果	颜料名称	索引结构号	结果
C.I.颜料黄1	11680	阴性	C.I.颜料红49:2	15630:2	阴性
C.I.颜料黄12	21090	阴性	C.I.颜料红53:1	15585:1	阴性
C.I.颜料黄74	11741	阴性	C.I.颜料红57:1	15850:1	阴性
C.I.颜料橙5	12075	弱阳性	C.I.颜料红63:1	15880:1	阴性
C.I.颜料橙13	21110	阴性	C.I.颜料蓝15	74160	阴性
C.I.颜料红1	12070	弱阳性	C.I.颜料蓝15:1	74160:1	阴性

续表

颜料名称	索引结构号	结果	颜料名称	索引结构号	结果
C. I. 颜料红 4	12085	阴性	C. I. 颜料蓝 15:2	74160:2	阴性
C. I. 颜料红 22	12315	阴性	C. I. 颜料蓝 15:3	74160:3	阴性
C. I. 颜料红 23	12355	阴性	C. I. 颜料蓝 15:4	74160:4	阴性
C. I. 颜料红 48:1	15865:1	阴性	C. I. 颜料绿 7	74260	阴性
C. I. 颜料红 48:2	15865:2	阴性	C. I. 颜料绿 36	74265	阴性
C. I. 颜料红 49	15630	阴性	C. I. 颜料紫 19	73900	阴性
C. I. 颜料红 49:1	15630:1	阴性			

（5）有机颜料慢性毒性与致癌性

有机颜料是否会引起慢性毒性已引起了广泛关注，特别是致癌性问题。许多有机颜料由于不溶于水而不能被人体新陈代谢，但可被吸附。例如铜钛菁可被血清中的蛋白质吸附，吸附积聚物质在生物体内无法被消除。这种吸附积聚可导致血纤维蛋白结构破坏，进而引起血液凝结能力的改变。

针对有机颜料的致癌性问题一直存在不同的看法。1994 年 7 月 15 日德国政府在其《食品、日用品法》（LMBG）中限制了某些致癌芳香胺物质；欧盟在其指令 76/769/EC 以及其后的修订版 2002/61/EC、2003/3/EC 的附录中对偶氮类着色剂的使用也进行了规定，一共限制了 24 种致癌芳香胺物质和一种染料（海军蓝）。在 24 种致癌芳香胺物质中，能用作重氮组分生产偶氮类有机颜料的芳香胺只有 8 种，按照这个草案的内容，涉及“染料索引号”的有机颜料共有 47 种，其中有 C. I. 颜料黄 12、14、17、63、83，C. I. 颜料橙 3、13、16，德国政府把能分解产生有害芳香胺的有机颜料划入禁用行列，然而德国的许多大化工公司和欧洲染料和有机着色剂制造工业的生态学和毒理学协会（Ecological and Toxicological Association of the Dyestuffs Manufacturing Industry，ETAD）对此有不同的看法。ETAD 从 20 世纪 70 年代起，有组织地开展了一系列有机着色剂毒理学与生态学的研究工作，没有发现由这些致癌芳香胺制成的偶氮类着色剂会引发致癌性的问题。尤其是采用动物长期接触的方法对十多种有机着色剂进行致癌性测试，没有发现因内源代谢使有机着色剂的偶氮键断裂而产生游离的 3,3-双氯联苯胺和 2-甲基-5-硝基苯胺等致癌芳香胺，也没有发现它们有引起肿瘤的活性，这些都佐证了有机着色剂应该没有致癌性的猜想。

德国 Eco-Tex 公司指出，由于使偶氮类着色剂中的偶氮键断裂的条件非常苛刻，迄今还没有一个合适的、定量的方法能用来检测偶氮颜料的偶氮键断裂，因此德国政府法令中提到的禁用有机着色剂很难实施。

（6）有机颜料中的杂质

有机颜料已广泛用作塑料消费品、玩具，食品包装材料的着色剂。

因此除了纯着色剂的毒物毒理学和生态学性质及上述材料转移而来的性质外，还必须考虑有机颜料在生产中产生的某些痕量杂质，可能影响着色剂在上述消费品领域的使用。

可能出现的痕量杂质为：

◆ 某些重金属化合物：有些以重金属盐（钡）为色淀化有机颜料（C. I. 颜料红 48：1），

所以不推荐用于食品包装材料和玩具。

◆ 芳烃胺类：在有机着色剂中芳烃胺类作为着色剂合成的成分只允许出现极低微的量。应用于食品接触包装材料，已明确规定其上限：

芳烃伯胺类：<500mg/kg（总量）

4-氨基联苯、联苯胺、2-萘胺、2-甲基-4 氯苯胺：<10mg/kg（总量）

◆ 多氯联苯类：多氯联苯类（PCBs）主要由于它们在环境中残留持久性的危害比对人类危害还大。以二氯联苯胺、四氯联苯胺作为重氮组分合成的两类红黄系列有机颜料，在某些副反应中可能形成微量的多氯联苯类。在酞菁蓝绿颜料合成中使用二氯化苯或三氯化苯作为溶剂时，则可能由于基团的反应而形成多氯联苯类。

在欧盟，化学品如含有 50mg/kg 或大于 50mg/kg 的 PCBs（多氯联苯）或 PCTs（多氯三苯）则不准出售。

◆ 二噁英：颜料紫 23 是采用四氯苯醌与 *N*-乙基咔唑缩合而成，四氯苯醌在合成过程中不可避免形成少量二噁英。

10.1.4.3 无机颜料的化学安全性

除了二氧化钛、炭黑和群青外。所有无机颜料都含有重金属成分。重金属是以密度大于 4.5g/mL 的物质来定义的。

重金属是环境的一个自然组成部分，大量存在于岩石和土壤中。植物在土壤中的吸收也会使其在食物中出现。我们的生命是在含有天然重金属的环境中发展形成的，并且它们已经存在我们的身体的组织中。许多重金属（铁、锌、锰、钼、铬和钴）是维持生命所必需的微量元素，没有了它们人类和动物就不能生存。动物试验已经表明缺少铬会导致糖尿病、动脉硬化和生长失调。因而在全部生活领域内极端要求无重金属存在是没有科学依据的。

如同其他物质一样。当重金属超过特定浓度时，会被认为对人类和环境有危害。其范围依重金属的种类和出现的形式而定。例如铬化合物含有三价的或六价的铬。它们的影响有着很大的不同。六价铬化合物（铬酸盐类）具有强烈转变为三价铬化合物的趋势而放出氧，因而对生物有强烈的氧化作用和毒性影响。对于人类、动物以及植物它们具有比三价铬化合物高 1000 倍的毒性。在着色剂中，铬可以是三价的也可能是六价的，结果导致它们在毒物学与毒理学上的性质是大不相同的。

（1）二氧化钛颜料

二氧化钛由于其良好的分散性、化学稳定性、生物惰性和无毒性而作为塑料着色最重要的白色颜料。该颜料通常以无色低溶解度的有机或无机化合物进行包膜以增进其耐气候性、耐光性和分散性。

◆ 急性毒性：此类颜料被认为无毒，大鼠口服 LD_{50} 值>5000mg/kg，接触皮肤无刺激性，对眼睛和呼吸气管可能因机械摩擦而引起轻微刺激。

◆ 慢性毒性：对长期饲喂二氧化钛的动物进行观察，没有摄入钛的征兆。多年处于制造和使用二氧化钛的环境中没有慢性毒性影响的报告。

由于二氧化钛卓越的生物相容性，美国和欧联核准具有特定纯度的二氧化钛可作为着色剂用于食品、化妆品和医药产品。

（2）炭黑颜料

炭黑颜料是用热氧化分解芳烃油而制得。制造工艺主要有炉黑工艺、气黑工艺和灯黑工艺。

炭黑主要用于塑料、合成纤维着色。由于它们具有导电性能，特种工艺炭黑用于抗静电和导电塑料。

◆ 急性毒性：大鼠口服 LD_{50} 值>5000mg/kg。用炭黑对兔完整的皮肤和眼睛进行试验并未产生任何刺激。

◆ 慢性毒性：长期调研表明工业炭黑没有任何有害作用，这已被数十年的经验所证实。于 20 世纪 90 年代初期发表的长期吸入研究表明肺部过量能致使慢性发炎、肺纤维性变和形成肿瘤，但只有大鼠显示阳性结果，小鼠和大颊鼠类显示没有形成肿瘤。按照“国际癌症研究机构”“毒物与毒理规划”（NTP/USA）的研究报告，以及欧盟和美国相关的对于危险化学品的管控法规，都显示和表明橡胶黑和颜料黑都没有任何致突变、致畸和致癌的潜力。

商品炭黑中会有痕量杂质多环芳香烃（PAHs），炭黑中杂质多环芳香烃只能在非常严格实验室分析手段下才能抽取出来，多环芳香烃显示致畸和致癌的活性。但炭黑在实验室短时间内萃取量仅仅为极小量。目前没有科学依据证实，正常接触炭黑，会对人体产生潜在有害作用，即致畸和致癌。

（3）铬酸铅颜料

铬黄颜料是纯铬酸铅或铬酸铅与硫酸铅混合相颜料。其通式为 $Pb(Cr,S)O_4$。

钼铬红颜料是铬酸铅、硫酸铅和钼酸铅的混合相颜料。其通式为 $Pb(Cr,S,Mo)O_4$。

◆ 急性毒性：大鼠经口 LD_{50} 值>5000mg/kg。对于皮肤刺激（兔的表皮）和黏膜刺激（兔的眼睛）方面，此类颜料显示无刺激性。

◆ 慢性毒性：铬酸铅颜料含有铅和六价铬，两种金属都有慢性危害。铬酸铅是低溶解度的铅化合物。在盐酸中以及胃酸浓度中会发现溶解的铅并导致有机体内的铅累积。摄食高含量铅会扰乱血红蛋白的合成。此外。欧盟已把所有铅化合物分类为 1 级，对生殖有毒害（胚胎致毒）。铅化合物和配制品如果含有 0.5%的铅，则必须标注骷髅头和交叉腿骨图符和标写“对胎儿有害”的词句。铬酸铅颜料不能用于 36 个月以下儿童产品的涂布着色，避免在幼儿对玩具嘴啃或吸吮过程中的伤害。不能用于与食品接触的物品、盛装食品容器内壁或玩具着色。对大鼠在实验室使用内支气管药丸灌输技术经过两年观察未发现统计上值得注意的潜伏致癌证据。多方面的流行病学调研已得知铬酸铅颜料不显示致癌性质。但是六价铬化合物被认为是致癌物。欧盟已把铬酸铅列为 3 类致癌物（怀疑有致癌潜力），作为一项预防措施。

◆ 物理危险：铬酸盐不可燃。但由于它们的氧化性质能使可燃性物质的燃点降低。使用此类颜料和有机物的混合物时，特别是铁蓝及单偶氮颜料的混合物时，由于有着火的可能性，必须加以注意。

氧化铬绿颜料：氧化铬绿颜料以金刚石晶格结晶形成氧化铬颜料基本部分，具有相对的热稳定性（高达 1000℃）和固有的高硬度。氧化铬颜料绿只含有三价铬，在自然条件下不会从氧化铬绿颜料中游离铬离子。甚至在强酸性条件下（pH 为 1～2）也只有少量（10^{-6}

级）的铬（Ⅲ）释出。氧化铬（Ⅲ）只有在加热的情况下特别是碱性条件下才有可能氧化为铬（Ⅵ）。

◆ 急性毒性：大鼠经口 LD_{50} 值＞10000mg/kg。氧化铬（Ⅲ）对皮肤既无敏感性又无刺激性。以高浓度粉尘形式出现时可引起眼睛黏膜刺激。在评价铬的毒性时，三价铬和六价铬化合物必须加以区别。三价铬是人类机体主要的微量元素。对动物研究表明缺少三价铬会导致糖尿病、动脉硬化和眼睛水晶体浑浊。

◆ 慢性毒性：在大鼠饲料中加入高至 5% 的该颜料尚未察觉毒性作用。在生产氧化铬（Ⅲ）的化工厂作药物研究也未察觉毒性作用。

（4）镉系颜料

所有镉颜料都以硫化镉为基础成分，且以高稳定性的六方晶体存在。含锌的颜料呈现带绿色的黄色，含硒的色彩则向橙红和酱红色转变。

◆ 急性毒性：镉颜料没有急性毒性作用（大鼠经口 LD_{50}＞5000mg/kg）。此类颜料对皮肤、黏膜无任何有害作用。大鼠暴露于镉颜料浓度为 $100mg/m^3$（以 Cd 计）的空气中，呼吸 2 小时无死亡。大鼠连续暴露于含有镉颜料浓度 $1mg/m^3$（以 Cd 计）的空气中一个月，也无死亡率报告。

◆ 慢性毒性：镉颜料是一种具有低溶解度的化合物，但少量镉溶于稀酸（其浓度相当于胃酸浓度）。长期经口摄食镉颜料会在人体内累积镉元素，特别是在肾脏内。吸入亚慢性量的镉颜料，只有少量镉是生物可利用的。尽管如此，镉颜料的毒性还是比其他镉化合物低得多（几个数量级）。用各种镉化合物长期饲喂动物研究表明无致癌潜力。但是用大鼠、小鼠和大颊鼠类，使用镉化合物包括硫化镉作吸入研究显示大鼠每四只中有一只的肺癌发病率有较明显升高。小鼠无确定性结果。大颊鼠则未观察到致癌性。欧洲议会已把硫化镉列为 3 类致癌物质，但是镉颜料未被列入。

（5）氧化铁颜料

自然界存在的氧化铁和氢氧化铁早已被人们用作颜料了。现今氧化铁颜料有相当一部分是用合成方法生产的。合成氧化铁比自然存在的氧化铁化学纯度更高，并且由于铁含量高，比自然存在的氧化物呈现出更亮的色泽。氧化铁颜料与日俱增的重要性是基于其无毒性、化学稳定性。

◆ 急性毒性：大鼠经口 LD_{50}＞5000mg/kg。氧化铁对皮肤既不敏感又无刺激。在以高浓度粉尘形式出现时可引起眼睛黏膜刺激。大量毒物与毒理学试验没有显示氧化铁对人体组织有危害。鉴于自然氧化铁颜料可能会有晶体硅石，合成氧化铁含有该物质的量通常低于相关测试的检出限。

◆ 物理危害：氧化铁黑因含有二价铁而具有可氧化性，氧化过程是放热的。不过，该反应受动力学因素制约，只有在较高温度时才会引发。因此，黑色和棕色颜料的储存温度不宜高于 80℃。只要遵守这些规定，氧化铁类颜料产品还是安全的。

用纯净原料生产的氧化铁颜料，可用于食品和医药产品的着色。

（6）复合无机颜料/金属氧化物混相（CICP 或 MMO）高性能无机颜料

复合无机颜料/CICP 无机颜料中，镍、铬、锰等元素的加入，替代了极少部分的钛元素而赋予整体化合物不同的色彩，同时这些元素对原有二氧化钛金红石晶型也起到了显著的

“掺杂增强”作用。这类无机颜料经过高温烧结和湿法研磨处理后，颜料分子组成合理、性能稳定、不会分解，以其无比稳定的共融结晶形态和化学组成确保颜料产品具备优异的特性。颜料中所含的各元素都以化合物整体形态呈现，不再单独表现出各自原有的化学、物理和生理性质。所以这类颜料不能简单等同于各金属元素的氧化物。

CICP 或 MMO 颜料的惰性很高，其热水渗出量在 2×10^{-8} 以下，人体的胃酸根本无法使其溶解，因此即使进入胃肠内，也对人体无害；人身接触它，也是绝对安全的。因此，人们不把它们列入危害类物质。按制造商就相容性、纯度和安全处理的说明，大部分此类颜料被视为无毒，并且符合接触食品的要求以及玩具的安全规则。

◆ 急性毒性：典型的大鼠经口 LD_{50} 值>5000mg/kg。试验表明此类颜料对皮肤或黏膜无刺激性。

◆ 慢性毒性：这类无机颜料可能含有一至二种重金属，其对应的氧化物可能具有潜在毒性。但是，即使将这类金属的化合物作为原料用于颜料生产，在无机混相颜料中，这些重金属的表现与单独作为化合物存在有显著差异。

对镍和铬钛黄的毒物与毒理学调研表明，即使对大鼠以高剂量饲喂（在动物饲料中高达1%），这类颜料未表现出毒性和生物危害性。虽然镍有时可能引起过敏症，但是也有报告显示表明多年暴露于此类颜料并未显示任何过敏反应。

(7) 钴蓝（绿）

钴蓝颜料是 $MgAl_2O_4$ 尖晶石中的金属离子被钴或铬部分或全部置换而制得的具有尖晶石结构的颜料。在反向尖晶 $MgTiO_4$ 和 $ZnTiO_4$ 中，通过结合钴和镍可产生钴绿颜料。

所有这类颜料均采用1000℃以上高温煅烧工艺生产。因此，化学稳定性和热稳定性极为优异。

此类颜料的重要意义在于它们具有显著的耐光性、耐候性、耐热性、耐化学品性。

按制造商就相容性、纯度和安全处理的说明，大部分此类颜料被视为无毒，并且符合接触食品的要求以及玩具的安全规则。

◆ 急性毒性：此类产品的慢性毒性微不足道。典型的大鼠经口 LD_{50} 值>5000mg/kg。试验表明此类颜料对皮肤或黏膜无刺激性。

◆ 慢性毒性：这类无机颜料含有一至二种重金属，其对应的氧化物可能具有潜在毒性。但是，即使将这类金属化合物作为原料用于颜料生产，在无机混相颜料中，这些重金属的表现与单独作为化合物存在显著差异。

已获知钴蓝（绿）颜料未表明有统计意义的致癌作用，在欧盟准则中未被列为危险品。

(8) 群青蓝

群青蓝的独特蓝色源于钠铝晶格中捕获并稳定多硫化物的自由基而形成的钠盐，群青蓝是在800℃左右煅烧制成的。群青紫和群青粉红衍生于群青蓝，通过进一步氧化和离子交换制得，它们具有很相似的结构。

群青具有卓越的耐光性和热稳定性。除了对酸敏感外，耐化学性很好。

◆ 急性毒性：这类颜料不被认为是有毒的。大鼠经口 LD_{50} 值>5000mg/kg。此类颜料对皮肤和眼睛的刺激性研究报告是阴性的。

◆ 慢性毒性：在超过百年生产和使用中无有害的慢性作用报告。广泛用于纺织品增白，曾用作糖的增白剂，无致病作用的报道。在大鼠 90 天饲喂试验中，即便食物中添加高至 10％的剂量，群青的作用类似惰性黏土；无毒性及致畸活性。对细菌既无毒性也无致突变性。

◆ 物理危险：群青不可混合储存或处置在有被酸污染风险的地方。因为它们会发生作用产生硫化氢。群青不能燃烧。但如果卷入火灾则可生成刺激性气体二氧化硫。

(9) 锰紫颜料

锰紫颜料于 1900 年左右开始应用，无毒，使用安全，可以用于唇膏等化妆品及塑料着色。锰紫具有卓越的耐光性，优良的热稳定性。除了对碱敏感外，耐化学性也良好。它们不溶于水和有机溶剂，具有耐迁移和耐渗色性。

◆ 急性毒性：这类颜料无毒。大鼠经口 LD_{50} 值＞5000mg/kg。

◆ 慢性毒性：经过百年的生产应用，包括在唇膏着色等敏感领域的应用，目前尚无明确危害健康的报道，也没有关于经呼吸道吸入产生不良影响的记录。

◆ 物理危险：锰紫颜料不可与强碱混合，因为它们发生作用会产生氨气。

(10) 钒酸铋颜料

典型颜料为 C. I. 颜料黄 184，为了改进产品的性质（如减轻变色现象），可加入若干稳定剂，因此适用于塑料着色的钒酸铋含有相当高比例的稳定剂（例如硅酸盐）。

钒酸铋颜料是带绿的黄色，它们具有高的明度和遮盖力。

◆ 急性毒性：对动物进行的口服或吸入试验表明没有急性毒性。大鼠经口 LD_{50}＞5000mg/kg，对皮肤和眼睛刺激性研究结果均为阴性。

◆ 慢性毒性：动物试验结果显示，存在吸入毒性，这可能是含有钒酸盐的缘故。对大鼠进行的三个月吸入研究发现其肺增重和肺组织发生变化，且在极高浓度时才转变为不可恢复损伤。毒性作用只有当肺中某些浓度超量时才能观察到。如果达到工业卫生标准就不会出现这类问题。为了进一步降低风险，钒酸铋颜料应制成高流动性、细颗粒无粉型产品，且颗粒的大小应不在可吸入细尘范围之内。

(11) 珠光颜料

云母基珠光颜料由云母片与一种或多种金属氧化物，例如：TiO_2、Fe_2O_3 或其他颜料组成，通过形成层状结构实现珠光色彩效应。最重要的应用领域是塑料化妆品容器。

◆ 急性毒性：至今已完成的所有急性毒性试验表明大鼠经口 LD_{50}＞5000mg/kg。珠光颜料对皮肤或黏膜不显示任何刺激或敏感作用。在正常职业接触珠光颜料的情况下评价对人类健康的影响，也无有害作用显示。

◆ 慢性毒性：尚未确认接触珠光颜料对健康存在慢性毒性作用。

(12) 金属颜料

金属颜料是指以铝薄片或铜或铜合金为主要成分的颜料。

◆ 急性毒性：铝粉无急性毒性。如以铝银浆形式使用应考虑溶剂的毒性。金属铜和黄铜也无毒性。

◆ 慢性毒性：正常长期接触铜粉的慢性作用尚不明了。金属颜料色浆可能含有溶剂及其他有害掺和物，吸入后可能引发毒性作用。不过，因接触铜或黄铜而导致的慢性染毒尚属未知。

◆ 物理危险：铝颜料，特别是粉状的，是易燃固体。铝粉与水作用能游离出氢气；它也可与氯烃发生作用。铝粉着火灭火最为安全迅速的方法是盖以干沙。在这种情况下，必须避免引起铝尘云，它能导致突爆，绝对禁止吸烟，必须严禁火种和静电火花。

10.1.5 通用产品安全指令 2001/95/EC

通用产品安全指令（general product safety directive，GPSD）2001/95/EC 即一般产品安全指令，是欧盟为了确保消费品的安全，针对消费者投放市场或可能被消费者使用的各类产品（包括所有产品）而提出的。该指令规定了一般使用安全要求以及所需提供的服务，适用于该地区所有新的和二手货物。

GPSD 公布的标准覆盖下列产品：户外家具（供露营）、家居使用及租用的桌椅、滚轴溜冰运动设备、健身设备、固定训练设备、城市及旅行自行车、登山自行车、竞赛自行车、自行车（含自行车配件、行李架）、家具（折叠床、家用童床及摇篮）、儿童服装（儿童服装绳索及束带）、儿童专用护理用品（婴儿及幼童用奶嘴、婴儿车、自行车儿童座椅、饮用设备）、儿童护理用品（手提式婴儿床及支架、奶嘴挂带）、打火机、装饰油灯等。

10.2 塑料制品及所用着色剂主要涉及的国际地区和国家法规标准

塑料制品应用广泛，针对塑料制品及所用着色剂可能涉及的质量和安全风险，相关国际地区和国家会出台相应的法律法规进行管理；相应地，各标准化组织也会出台相关的技术标准、管理标准和工作标准以形成统一规定，作为市场共同遵守的准则和依据。下面就对主要国际地区和国家的法规，以及标准、标准化组织和认证机构进行介绍。

为了满足产品安全、环保的要求，塑料材料及其制品必须符合世界各国、各地区的法规要求。其中主要有：

◆ 玩具和儿童用品

◆ 纺织材料（如一些化学纤维）和辅料（如拉链和纽扣等）

◆ 电子电气产品

◆ 食品容器和食品接触性材料

◆ 汽车产品

◆ 船舶产品

10.2.1 玩具和儿童产品

目前国际市场对于玩具和儿童用品的要求，基本遵循美国和欧盟的法规标准，而我国也有自己的标准。美国，欧盟，中国针对玩具和儿童用品的相关法规标准见表 10-4～表 10-6。

美国、欧盟、中国玩具和儿童用品的相关标准中关于特定元素的限量要求见表 10-7 和表 10-8。

表 10-4　美国玩具和儿童用品的相关法规标准

国家	举例	主要有害化学物质限制内容
美国	联邦级法规，消费产品安全改进法规，CPSIA	2008 年 8 月 14 日生效，相关要求如下： （1）儿童产品中的铅含量 ① 涂层中铅的限制，限量要求为 90mg/kg，并要求第三方报告； ② 本体含铅限制，限量要求为 300mg/kg；2011 年 8 月 14 日后，限制指标为 100mg/kg。针对儿童珠宝的含铅金属配件，更多产品开始需要第三方报告。此外，该要求不适用于无法接触的配件 （2）邻苯二甲酸盐的要求 ① 对于儿童玩具和儿童护理保育物品，DEHP、DBP、BBP[1] 含量不可大于千分之一（0.1%） ② 对于可放进口中或者有任何部分可放入口中的玩具和儿童护理产品（一个玩具或者玩具的任何一个部分的单面直径小于 5cm 被认为可以放入儿童口中），DINP、DIDP、DnOP[2] 含量不可大于千分之一（0.1%） （3）部分儿童产品进入美国市场被强制性要求提供由美国消费产品安全委员会（CPSC）认可的第三方实验室经过测试出具的第三方测试报告；要求所有产品在进入美国必须附带基本通用符合性证书（GCC），也就是自我符合性声明
	州级法规： （1）伊利诺斯州-铅中毒防治法（公众法 095-1019） （2）加利福尼亚州的加州 65 号提案 加州健康和安全法规第 25214.10	儿童产品有特定的铅含量，必须附有有关铅含量的警告字句的要求；出售含铅物品给普通公众，要求标注警告字句。限量指标为 40mg/kg；其涉及的产品范围为：儿童产品，被定义为儿童首饰，育儿用品或含油漆玩具 儿童用品和玩具的要求 产品范围：设计给 6 岁以下儿童玩耍的，给 3 岁以下睡眠、放松、卫生、喂养、吮吸和磨牙用的产品，产品包括但不限于体育玩具球、球棒、手套、瓶、手表、小围巾、假牙齿、浴室玩具以及儿童艺术衫等 主要要求：邻苯二甲酸盐、DEHP、BBP、DBP、DIDP 和 DnHP，不能超过 0.1%；铅的要求为，任何 PVC 塑料材料的部件：＜200mg/kg；任何非 PVC 塑料材料的部件：＜600mg/kg；婴儿围裙，无论材料是否为 PVC，都要求：＜200mg/kg 绘画颜料，包括丙烯酸树脂、醇酸类、水粉颜料、油画颜料、色素颜料、液体状、粉状、黏胶状、块状、喷雾，要求：总铅＜12.5mg/kg；总镉＜12.5mg/kg 橡皮泥模，这类产品不能含有 DnHP
	联邦法案： —H. R. 4428，美国联邦众议院法案，引用为《儿童有毒金属法》 —S. 2975，美国联邦参议院法案，儿童首饰安全法 州法案： —加利福尼亚州（S. B. 929）、康涅狄格州（H. B. 5314）、佛罗里达州（H. B. 1285 & SB 2120）、伊利诺伊州（H. B. 5040）、明尼苏达州（H. B. 3339 & S. B. 2385）、新泽西州（A. B. 2259 & S. B. 1636）、纽约（A. B. 9755，A. B. 9771 & S. B. 6446）	2010 年 1 月 13 日，在美国国会众议院提出一个联邦法案，禁止儿童首饰中含有镉、钡、锑，由美国消费品安全委员负责执行 2010 年 2 月 2 日，禁止镉、钡和锑用于儿童首饰，即设计用途或打算供 12 岁或以下的儿童佩戴或使用的小饰物、手镯、吊坠、项链、耳环或指环 此外，禁用镉的范围还包括儿童产品、玩具、儿童护理用品等

续表

国家	举例	主要有害化学物质限制内容
美国	美国危险艺术材料标签法（LHAMA），是一项对输美艺术材料影响非常大的重要法令	1999年生效，根据美国消费品安全委员会（CPSC）法规16 CFR 1500.14B8的规定，艺术材料应按照ASTM D4236标准进行“艺术材料毒性标识法案（LHAMA）”的认证，艺术材料包括了儿童使用的颜料、蜡笔、画笔、铅笔、粉笔、胶水、墨水、画布等。此项认证需要由美国毒理学家协会认可的毒理学家进行。毒理学家将评估产品对健康的潜在慢性危害
	ASTM F963，美国材料与试验协会制定，玩具安全的消费者安全规范	对于化学物质管制的要求和测试方法是标准的第3部分，关于相关玩具涂层中八大金属元素，即锑、钡、镉、铬、铅、汞、硒和砷在人造唾液中的迁移量的要求，以及总铅含量的要求，见表10-7

① 邻苯二甲酸二(2-乙基)己酯、邻苯二甲酸二正丁酯、邻苯二甲酸丁基苄基酯。

② 邻苯二甲酸二异壬酯、邻苯二甲酸二异癸酯、邻苯二甲酸二正辛酯。

表 10-5 欧盟玩具和儿童用品的相关法规标准

项目	举例	主要有害化学物质限制内容
欧盟	欧盟指令2009/48/EC（替代88/378/EC）	2009年6月30日，欧盟官方公报（OJ）刊登了玩具安全新指令2009/48/EC，并于20天后实施。相对于旧指令88/378/EEC的16个条款，新指令的条款增加到了57个 化学要求条款于2013年7月20日实施。相关玩具协调标准EN 71系列和EN 62115也于2011～2013年进行修订 首次引入针对玩具中CMR（致癌、致基因突变或致生殖毒性）物质的特别条款，增加禁止使用某些易引起过敏的芳香剂。明确提出玩具材料中的化学成分必须与欧盟关于危险物质分类、包装和标签法规（67/548/EEC、1999/45/EC以及条例No 1272/2008）相一致的要求。玩具化学安全性要求的加强是新指令最主要的变化，相应标准EN71-3的更新带来技术上的巨大挑战，相应规定的实验过程中模拟了小孩唾液（0.07mol/L盐酸）对相应材料浸泡后重金属的迁移情况，迁移元素限制种类大幅增加、限量大幅降低。新指令对玩具材料按类别Ⅰ（干燥、易碎、粉状或易弯的玩具材料）、类别Ⅱ（液态或黏性玩具材料）以及类别Ⅲ（刮漆玩具材料）分别设定限量要求，具体要求见表10-8
	欧盟成员国根据欧盟指令制定的国家法律	
	其他要求	有害化学物质的要求，还包括了非协调标准和其他材料要求 —REACH，对其附件ⅩⅦ中的限制物质进行限制，如偶氮化合物（AZO），即可分解出致癌芳香胺物质的颜料等 —EN71-9，有机化合物限量要求

表 10-6 中国玩具和儿童用品的相关法规标准

国家	举例	主要有害化学物质限制内容
中国	GB 6675—2014	对于化学物质管制的要求是对于八大金属元素，即锑、钡、镉、铬、铅、汞、硒和砷在人造唾液（0.07mol/L盐酸）中的迁移量的要求，见表10-8

表 10-7 美国 ASTM F963 标准关于特定元素的限量要求

项目	总铅含量	元素							
		铅(Pb)	砷(As)	锑(Sb)	钡(Ba)	镉(Cd)	铬(Cr)	汞(Hg)	硒(Se)
限量/(mg/kg)	参考CPSIA要求	90	25	60	1000	75	60	60	500

表 10-8 欧盟、中国玩具和儿童用品相关标准中关于特定元素的迁移限量要求

元素/物质	限量要求/(mg/kg)				
	2009/84/EC 和对应新 EN71-3 要求			88/378/EC 和对应老 EN71-3 要求，以及中国玩具 GB6675 国家标准要求	
	类别Ⅰ	类别Ⅱ	类别Ⅲ	除可塑性橡皮泥（造型黏土）之外	可塑性橡皮泥（造型黏土）
铝 Al	5625	1406	70000		
锑 Sb	45	10.3	560	60	60
砷 As	3.8	0.9	47	25	25
钡 Ba	4500	1125	56000	1000	250
硼 B	1200	300	15000		
镉 Cd	1.3	0.3	17	75	50
三价铬 Cr^{3+}	37.5	9.4	460	总铬 60	总铬 25
六价铬 Cr^{6+}	0.02	0.005	0.2		
钴 Co	10.5	2.6	130		
铜 Cu	622.5	156	7700		
铅 Pb	13.5	3.4	160	90	90
锰 Mn	1200	300	15000		
汞 Hg	7.5	1.9	94	60	25
镍 Ni	75	18.8	930		
硒 Se	37.5	9.4	460	500	500
锶 Sr	4500	1125	56000		
锌 Zn	15000	3750	180000		
有机锡	0.9	0.2	12		
锡 Sn	3750	938	46000		

10.2.2 电子电气产品

电子电气产品的相关法规（美国、欧盟和中国）见表 10-9。

表 10-9 电子电气产品相关法规

国家（地区）或组织	法规列举	内容和限制简介
美国	联邦级：H.R.2420 电气设备环保设计法案，简称 EDEE 法案	2010 年 7 月 1 日以后生产的电子电气产品中铅、汞、六价铬、多溴联苯、多溴联苯醚：<0.1%；镉：<0.01% 涉及 16 个豁免产品，以及针对限用物质的豁免材料和部件
	州级：加州健康和安全法规第 25214.10	规定了铅、镉、汞、六价铬的要求，范围仅针对照明光源和阴极射线管显示器和液晶显示器

续表

国家（地区）或组织	法规列举	内容和限制简介
欧盟	欧盟指令：2011/65/EU（原 2002/95/EC），即 RoHS 指令	对于2006年7月1日以后投放市场的电子电气产品；2014年7月22日以前投放市场的医疗、监测和控制设备；2016年7月22日以后投放市场的外部诊断医疗设备；2017年7月22日以后投放市场的工业监视和控制设备中铅、汞、六价铬、多溴联苯、多溴联苯醚：<0.1%；镉：<0.01%
	欧盟成员国根据欧盟指令制定国家法律	
中国	电子信息产品污染控制管理办法	2007年3月1日开始，对于相关电子电气产品（适用范围类别为雷达设备产品、通信设备产品、广播电视设备行业产品、计算机行业产品、家用电子产品、电子测量仪器产品、电子工业专用设备产品、电子元件产品、电子应用产品、电子专用材料产品）中铅、汞、六价铬、多溴联苯、多溴联苯醚：<0.1%；镉：<0.01% 没有豁免条款，有标识要求： 绿色标签，产品可以回收利用，也符合有毒有害物质限量要求 橙色标签，产品中含有某些有毒有害物质超出限量要求，在数字表示的环保使用年限内对人体和环境无害，超出期限后应该回收再利用

10.2.3 食品接触性产品

美国对于食品接触性产品的管理分为免于法规管理、食品添加剂审批、食品接触物质通报三种情况，为确保食品添加剂的绝对安全使用，确认指标为食品添加剂安全性指标，有致死量（LD）、每日摄入可接受量（ADI）、公认安全物质（GRAS）。

欧盟对食品包装产品的管理包括框架法规、特殊法规和单独法规3种。框架法规规定了对食品包装材料管理的一般原则，特殊法规规定了框架法规中列举的每一类物质的特殊要求，单独法规是针对单独的某一种物质所作的特殊规定。

中国则依据《中华人民共和国食品卫生法》的相关规定，即食品容器、包装材料和食品用工具、设备必须符合卫生标准和卫生管理办法的规定。

食品接触性产品相关法规和标准见表10-10。

表10-10　食品接触性产品相关法规和标准

国家（地区）或组织	相关法规标准	涉及内容介绍
美国	美国联邦食品、药品和化妆品法（FFDCA）的第201（s）和409章以及美国联邦法规 21CFR 170.3 和 21CFR 170.30 中，都明确规定GRAS的范围	塑料着色剂未被列入公认安全物质（GRAS）和免于法规管理的目录范围内，所以监管必须以确保符合性为宗旨。其监管机构为美国食品和药品监督管理局（FDA），所以通常把食品材料的认证和检测，称为FDA要求

续表

<table>
<tr><th>国家（地区）或组织</th><th>相关法规标准</th><th>涉及内容介绍</th></tr>
<tr><td rowspan="2">美国</td><td>21CFR 178.3297《与食品接触的聚合物材料中着色剂的要求》</td><td>该法规中对着色剂进行了定义，并规定着色剂不能迁移到食品中去或者迁移到食品中去的量应少到通过裸眼观察不到，且不会使食品有任何颜色的沾污。该法规还指出，着色剂的生产必须根据“良好操作规范”进行
法规列举了可以安全用于食品接触性塑料材料部分着色剂的清单，并且规定了它们的使用条件、使用限量和符合性条件等</td></tr>
<tr><td>21CFR 中的第 73、74、81 和 82 部分</td><td>列出了免认证的食品着色剂清单，同时也规定了这些物质的使用条件和限量等。对于食品接触性的塑胶产品或材料，FDA 规定了相应的测试要求和限量指标，主要是一些物理指标如熔点以及总迁移量测试（在不同食品模拟介质、在一定使用温度和时间下的溶出或析出物质）等要求</td></tr>
<tr><td rowspan="3">欧盟</td><td>欧盟法规第 1935/2004 号，欧盟对于食品接触性产品的一个框架性指令</td><td>规定食品包装材料必须安全，迁移到食品的量不得危害人体健康，不会对食品造成不可接受的改变，不改变食物的感官和品质
法规要求在食品接触性材料上必须有显著的、清晰的和不能拭除的标识显示：
在法规的附录中列举了 17 类材料及制品，法规要求应该对 17 类材料、制品以及复合物允许使用的物质名单、质量规格标准、暴露量资料、迁移量资料、检验和分析方法等进行规定；也规定了新物质增加到允许使用目录中的批准程序</td></tr>
<tr><td>2007/19/EC</td><td>2007 年 3 月 30 日发布。对于塑料材料的要求：一般塑料材料中的成分迁移到食品中的量不得超过 10mg/dm^3；容量超过 500mL 的容器、食品接触表面积不易估算的容器、盖子、垫片、塞子等物品，迁移到食品中的物质不得超过 60mg/kg，主要模拟不同食品物质，如水、酸性物质、油性物质和酒精，在使用温度下塑料材料的释出物（溶出物）总量，以及相应限制物质的限量要求。建立经过欧盟食品安全局评估的添加剂的列表，塑料的生产不得使用附录中列出的单体和原料名单以及添加剂名单之外的物质</td></tr>
<tr><td>欧盟 AP(89)-1 号决议</td><td>欧盟对于塑料着色剂的标准要求，于 1989 年 9 月 13 日被欧盟委员会采纳。
① 溶出和析出测试。最终产品中和食品接触的塑料材料，或者相应材料中的颜料或染料没有明显的溶出物或析出物；
② 食品接触性塑料用着色剂中特定重金属和非金属的限量要求
<table><tr><td>元素</td><td>锑</td><td>砷</td><td>钡</td><td>镉</td><td>铬</td><td>铅</td><td>汞</td><td>硒</td></tr><tr><td>限量/%</td><td>0.05</td><td>0.01</td><td>0.01</td><td>0.01</td><td>0.1</td><td>0.01</td><td>0.005</td><td>0.01</td></tr></table>特定芳香胺的要求：在 1mol/L 盐酸，以苯胺计的初级非硫化芳香胺的含量不得大于 500mg/kg；联苯胺、β-萘胺和 4-氨基联苯（单独或总量）的含量不得大于 10mg/kg
芳烃胺：通过适宜溶剂处理和适当测试方法测定的芳烃胺的含量不得大于 500mg/kg
炭黑的要求：炭黑的甲苯可萃取量在任何形式下不得大于 0.15%
多氯联苯（PCBs）的限量要求：不得大于 25mg/kg，无机镉颜料不得使用</td></tr>
</table>

续表

国家（地区）或组织	相关法规标准	涉及内容介绍
德国	BGVO 消费品法规	基于1935/2004号欧盟法令，框架性法规。其中章节§5/§8/§10的内容涉及食品接触性材料及其添加剂的规定
	LFGB 德国食品、日用品和饲料法	2005年12月7日实施，其中章节§4/§5/§6/§7/§30/§31§33/§64中的内容涉及食品接触性材料及其添加剂的规定
	德意志联邦共和国联邦风险评估研究院（BfR）的推荐标准	有一种方法可以帮助制造商以确保其产品符合LFGB的通用安全要求，那就是考虑和接受BfR的指导建议和推荐标准
法国	法国法令 French Decree 2007-766	基于1935/2004号欧盟法令，框架性法规
	DGCCRF 2004-64 和 French Arrete 2005 Aug. 9	针对大部分材料均有特殊迁移的要求
意大利	Decreto Ministerianle del 21/3/1973，Capo Ⅰ-Oggetti di materie plastiche	对塑料的要求
	Decreto Ministerianle del 21/3/1973，Capo Ⅱ-Oggetti di gomma	对于橡胶的要求
中国	GB 9685—2016《食品安全国家标准 食品接触材料及制品用添加剂使用标准》	2016年发布。2017年实施，标准中允许用于食品接触材料及制品的添加剂增加到1294种。标准规定了食品接触性材料涉及的添加剂的使用原则、允许使用的添加剂品种、使用范围、最大使用量、特定迁移量或最大残留量及其他限制性要求。 ① 杂质检出量占着色剂的质量分数应符合：锑≤0.05%；砷≤0.01%；钡≤0.01%；镉≤0.01%；六价铬≤0.1%；铅≤0.01%；汞≤0.005%；硒≤0.01% ② 其他杂质占着色剂的质量分数应符合：多氯联苯≤0.0025%；芳香胺≤0.05%，其中对二氨基联苯，β-萘胺和4-氨基联苯三种物质各自或总和≤0.001%

10.2.4 纺织品

关于纺织品生态性的概念，各有说法。以欧盟生态标签“Eco-Label”为代表的纺织品生态性是指涵盖了纺织品从种植到纺纱、织造、前处理、染整、成衣制作乃至废弃处理的整个生命周期可能对生态环境和人类健康产生危害的影响。而以国际环保纺织协会推行的Oeko-Tex标准100为代表的纺织品生态性是指最终产品对人身健康无害。

纺织品相关的材料非常广泛，除了纺织品本身所涉及的棉、麻以及各种化学纤维以外，还有大量纺织品辅料，如塑料拉链和纽扣等。因此涉及的化学物质种类繁多，生态纺织品相关法规和标准要求见表10-11。

表 10-11 生态纺织品相关法规和标准

国家(地区)或组织	标准
欧盟	生态标签"Eco-Label"标准
国际环保纺织协会	Oeko-Tex 标准 100
中国	GB/T 18885—2020《生态纺织技术要求》 GB 18401—2010《国家纺织产品基本安全技术规范》

(1) 欧盟纺织品生态标签"Eco-Label"标准

生态标签"Eco-Label"是欧盟针对生态纺织品的技术要求中迄今为止知名度最高、要求最高的标签和最严格的纺织品生态标准。该标准是以法律形式推出的，使欧盟各国必须执行而且形成本国的法令，在全欧盟具有法律地位，而且其影响力还将进一步扩大。Oeko-Tex 标准 100 每年的修订都受此影响。

生态纺织品指令对禁用和限制使用的纺织化学品作出了明确的新规定，主要是对织物和纤维染色的染料，或是对聚合物（塑料等）着色的颜料中重金属杂质的要求，见表 10-12。

表 10-12 纺织品颜料中重金属杂质的限量要求

限制元素	砷	钡	钙	铬	铅	硒	锑	锡	汞
限量指标/(mg/kg)	50	100	50	100	100	100	250	1000	25

(2) 欧盟纺织品 Oeko-Tex 标准 100

1992 年 4 月 7 日正式公布的第一版 Oeko-Tex 标准 100，就成为国际上判定纺织品生态性能的基准，具有广泛性和权威性。其标准几经修改，不断地增加新的技术限量，标准愈加严格，同时兼顾 REACH 法规的要求。

现行的 Oeko-Tex 标准 100 将纺织品划为四类，即婴儿用品、直接接触皮肤、非直接接触皮肤、装饰类织物，其对可萃取重金属的要求见表 10-13。

表 10-13 Oeko-Tex 标准 100 规定可萃取重金属限值 单位：mg/kg

	Ⅰ类：婴儿用品	Ⅱ类：直接接触皮肤类产品	Ⅲ类：非直接接触皮肤类产品	Ⅳ类：装饰类织物
锑	30.0	30.0	30.0	
砷(砒霜)	0.2	1.0	1.0	1.0
铅	0.2	1.0	1.0	1.0
镉	0.1	0.1	0.1	0.1
铬	1.0	2.0	2.0	2.0
六价铬	低于检测限			
钴	1.0	4.0	4.0	4.0
铜	25.0	50.0	50.0	50.0
镍	1.0	4.0	4.0	4.0
汞	0.02	0.02	0.02	0.02

该标准规定了24种芳香胺用量不得超过≤20mg/kg，见表10-14。3,3-二氯联苯胺（简称DCB）也列于其中，列于第二类的是对动物有致癌性、对人体可能有致癌性的芳香胺。

表10-14　Oeko-Tex标准100列出的24种芳香胺

序号	名称	CAS登记号	序号	名称	CAS登记号
1	4-氨基联苯	92-67-1	13	3,3′-二甲基4,4′-二氨基二苯甲烷	838-88-0
2	联苯胺	92-87-5	14	2-甲氧基-5-甲基苯胺	120-71-8
3	2-甲基-4-氯苯胺	95-69-2	15	4,4′-亚甲基-双-(邻氯苯胺)	101-14-4
4	2-萘胺	91-59-8	16	4,4′-二氨基二苯醚	101-80-4
5	邻氨基偶氮甲苯	97-56-3	17	4,4′-二氨基二苯硫醚	139-65-1
6	2-氨基-4-硝基甲苯胺	99-55-8	18	邻苯甲胺	95-53-4
7	对氯苯胺	106-47-8	19	2,4-二氨基甲苯	95-80-7
8	2,4-二氨基苯甲醚	615-05-4	20	2,4,5-三甲基苯胺	137-17-7
9	4,4′-二氨基二苯甲烷	101-77-9	21	邻氨基苯甲醚	90-04-0
10	3,3′-二氯联苯胺	91-94-1	22	2,4-二甲基苯胺	95-68-1
11	3,3′-二甲氧基联苯胺	119-90-4	23	2,6-二甲基苯胺	87-62-7
12	3,3′-二甲基联苯胺	119-93-7	24	对氨基偶氮苯	1960-9-3

用DCB合成的偶氮黄系列颜料由于在法定分析条件下结构稳定，通常条件下难以检出DCB，因此理论上，其在油墨、涂料中应用很安全。但塑料和化纤，如在200℃以上会因高温成型而导致颜料分解产生DCB，所以以DCB合成的偶氮颜料（颜料黄13，颜料黄14，颜料黄17，颜料黄83）在生态纺织品上是不能使用的。

Oeko-Tex标准100 2010年版标准检测项目有所变化。

◆ 多环芳烃　对四个产品类别的合成纤维，纱线、塑料部件等进行多环芳烃（PAHs）检测，规定物质的总量限量为10mg/kg，化学物质苯并[*a*]芘的限量为1mg/kg。

◆ 鉴于邻苯二甲酸二异丁酯（DIBP）被列入REACH高度关注物（SVHC）清单，在环保纺织品认证（作为对邻苯二甲酸盐检测的补充）的框架中，也将排除使用这种添加剂。

◆ 欧盟法规2009/425/EC对印花纺织品、手套和地毯纺织物等产品做出了明确说明，国际环保纺织协会将二辛锡化合物（DOT）补充列入被禁止的有机锡化合物清单。在婴儿用品（产品类别Ⅰ）中适用的限量为1.0mg/kg，其他产品类别适用的限量为2.0mg/kg。

Oeko-Tex标准100 2014年版与前几年相比，新增纺织品有害物质品种数更多、检测项目更全、有害物质限量要求更高。Oeko-Tex标准100，在欧洲乃至国际市场上的知名度越来越高。已有遍布世界各地700家公司的1400种产品获得了该标志，它的动向直接影响到全球纺织品的生产、贸易及最终的使用。

(3) 中国纺织品安全要求

GB/T 18885—2020《生态纺织品技术要求》是以最新版Oeko-Tex标准100为蓝本，其要求也与 Oeko-Tex 标准 100 相近。

GB 18401—2010 于 2011 年 8 月 1 日起实施。新版本相对于 GB 18401—2003 来说，覆盖面更广，相关有毒有害物质的控制更加严格，比如在可分解致癌芳香胺清单中首次将 4-氨基偶氮苯列入其中，增加了可分解致癌芳香胺的限量值（≤20mg/kg）。

GB 18401—2010 的执行将更有效地保护我国消费者健康，引导纺织品生产销售企业逐步以产品质量为主，提升我国企业市场竞争力，以便从容应对国际贸易保护主义。

GB 18401—2010 按 3 个等级（婴幼儿用品/直接接触皮肤的产品/非直接接触皮肤的产品）规定了要求。该标准为强制性标准。

10.2.5 运输包装与车辆

运输包装的化学要求，包括了美国东北州长联盟（CONEG）的 CONEG RTM008 包装规定和欧盟的 94/62/EC 指令的要求，对于每一个最小包装材料，都要求铅、镉、汞和六价铬总含量不得超过 100mg/kg。

欧盟和中国对于车辆产品与着色剂相关的法规见表 10-15。

表 10-15 车辆产品与着色剂相关的法规

项目	中国	欧盟
法规	汽车产品回收利用技术政策	报废汽车指令，2000/53/EC，及其一系列修订指令，2010/115/EU 为修订版
基本涉及有害物质控制的内容	2006 年 2 月 6 日发布。规定汽车及其零部件产品中每一均质材料中的铅、汞、六价铬、多溴联苯（PBB）、多溴联苯醚（PBDE）的含量不得超过 0.1%，镉的含量不超过 0.01%，也规定了相关材料的豁免	2000 年 10 月 21 日发布。规定汽车及其零部件产品中每一均质材料中的铅、汞、六价铬的含量不得超过 0.1%，镉的含量不超过 0.01%，也规定了相关材料的豁免

10.2.6 船舶

随着国际社会对拆船与废船回收领域的安全健康及环境影响的关注度不断提升，国际海事组织（IMO）于 2009 年 5 月 11 日至 5 月 19 日在香港召开大会，通过了《2009 年香港国际安全与无害环境拆船公约》（简称《香港公约》），15 个签约国在本国批准了《香港公约》。作为《香港公约》的配套文件，国际海事组织在 2011 年 7 月以决议形式通过了《2011 年有害物质清单编制指南》《拆船计划制定导则》。《香港公约》全球生效后，船舶需备有建造时所用有害材料的清单，需遵守拆船作业的发证和报告要求。拆船厂需按船舶的实际情况和有害材料清单（IHM）制订拆船计划，标明每艘船的处理方法。这将对全球所有 500 吨及以上的新造船和现有船舶产生影响，届时这些船舶必须随船携带 IHM。有害物质包括：石棉、臭氧消耗层物质、多氯联苯、抗污化合物、镉、六价铬、铅、汞、多溴联苯、多溴联苯醚、多氯化萘、放射性物质、短链氯化石蜡。所涉及的塑料、橡胶和涂料等都必须加以监控，见表 10-16。

欧盟船舶回收法规与《香港公约》条款对有害物质控制主要差异：新增“全氟辛烷磺酸（PFOS）”“溴化阻燃剂（HBCDD）”。

中国通过绿色拆船实践建立了自己的法规框架，包括《防止拆船污染环境管理条例》《拆船业安全生产与环境保护工作暂行规定》《防止拆船污染环境技术导则》等。

表 10-16　船舶产品相关法规要求

国家(地区)或组织	相关法规标准
国际海事组织	《2009 年香港国际安全与无害环境拆船公约》 《2011 年有害物质清单编制指南》 《2012 年船舶检验和发证导则》
欧盟	(EU)1257/2013《船舶回收法规》
中国	《防止拆船污染环境管理条例》 《拆船业安全生产与环境保护工作暂行规定》 《防止拆船污染环境技术导则》 《绿色拆船通用规范》 《船舶有害物质清单编制及检验指南》

中国船级社（CCS）公布了最新 2024 年版《船舶有害物质清单编制及检验指南》，并于 2024 年 10 月 1 日生效，指南制定了相关要求和标准。

10.3　社会责任和产品认证审核要求

我国作为着色剂出口大国，与各国贸易往来密切，而产品出口，通常要符合当国/当地的安全认证标准，才可以在所在区域销售，而不同的国家/地区有不同的认证标准，需要在产品出口之前做好相关产品认证，以免被海关扣货、罚款，甚至拒绝入境等，给企业带来损失。

10.3.1　企业社会责任审核

企业社会责任是指企业在创造利润、对股东承担责任的同时，还要承担对员工、消费者、社区和环境的责任。

企业社会责任审核是买家或其委托的第三方独立机构，依照社会责任标准，通过对供应商的健康安全、童工、工时、工资支付、劳动保护、惩戒措施、环境影响等情况进行的现场审核。

社会责任审核的标准主要包括：SA8000，BSCI，SMETA 和 SLCP 等，也有一些国际零售商自行制定了符合其自身要求的审核标准。

① 社会责任国际标准（Social Accountability 8000 Standard，SA8000）是一套由社会国际组织（Social Accountability International，SAI）发起、联合欧美跨国公司及其他国际组织共同制定与推广，基于联合国人权宣言、国际劳工组织公约、国际人权规范和国家劳动法律的规定，且透明、可衡量、可鉴定的企业社会国际标准，涵盖了权利、环境、安全、管理体系、待遇等方面，可用于不同国家和地区及各行各业不同规模的企业。

② 商业社会标准认证（Business Social Compliance Initiative，BSCI）是由倡议商界遵守社会责任组织（BSCI）发起的一项社会责任管理体系。旨在执行一套统一的程序，通过

不断完善发展政策，来监控和促进生产相关产品的企业提升社会责任表现。BSCI 验厂是倡议商界遵循社会责任组织对 BSCI 组织成员的全球供应商进行的社会责任审核，BSCI 验厂主要包括：遵守法律、结社自由和集体谈判权利、禁止歧视、补偿、工作时间、工作场所安全、禁止使用童工、禁止强迫劳工、环境和安全等问题。

③ SMETA 是由供货商道德数据交换 VIP 会员组织（Supplier Ethical Data Exchange，SEDEX）发起的一种负责任的供应链审计方法/项目。组织总部位于英国伦敦，属于非营利性组织，其标准在行业中广泛使用。任何企业或机构都可以使用这种方法/项目来评估和衡量其工作场所、供应商和其他供应链合作伙伴的社会或环境合规绩效。SMETA 以国际标准和地方法律法规作为评估标准，目前被 180 多个国家和地区超过 35 个行业使用。SMETA 有两个版本，一个是以劳动权益和工作场所健康安全为重点的两模块评估，另一个是结合劳动权益、健康安全、环境管理和商业道德的四模块评估。企业或机构也可以在上述审计范围的框架内增加自己的具体标准，使 SMETA 能够满足自己的个性化需求。

④ 社会劳工整合项目（Social& Labor Convergence Project，SLCP）是由可持续服装联盟（SAC）促成，并得到了运动用品行业主要组织和公司的大力支持。项目的目标是为社会劳工数据收集创建一个整合评估框架（CAF），建立一套用来收集全球服装和鞋类供应链中相关必要数据的描述性的（标准中立的）工具和验证方法，客观地评估社会和劳工条件，同时替换当前专有的评估工具，汇集一切努力支持利益相关方改善全球服装和鞋类供应链的工作条件。其中，整体评估框架涵盖了经验证的有关童工和强迫劳工、职业健康和安全以及工资等问题的数据，并包含三个要素：a. 数据收集和验证工具，用于收集和验证工厂在社会劳工条件方面的数据；b. 验证协议，用以说明如何理解并回答工具中的问题；c. 验证员指南，用以在验证过程中为验证员提供支持。这些数据可以帮助各品牌或标准组织对现状是否可合规做出自己的判断。

10.3.2 产品认证制度

产品要出口到国际市场，各种质量认证是重要的“通行证”。许多工业发达国家在长期的国际贸易实践中深切体会到，产品想要在全球市场具备竞争力，关键之一是能否取得国际权威认证机构的认证合格标志。

认证标志作为一种质量标志，其根本作用在于向产品购买者传递正确可靠的质量与安全信息。

(1) 美国认证

◆ 美国艺术与创造性材料学会（The Art & Creative Materials Institute，ACMI），是艺术、手工，以及其他创造性材料生产商组成的非营利性协会组织。自 1940 年以来，ACMI 发起了对儿童美术用品的认证项目，认证产品是无毒的，并满足质量和性能标准的要求。ACMI 的认证项目得到了毒物学领域专家的认可，是该行业现有的受推崇的标准之一。该学会不断修改标准，使其接受新的挑战并覆盖更多产品。1982 年 ACMI 扩大了认证范围，更广泛地覆盖了艺术及手工材料产品，包括成人用材料产品及其所用着色剂，认证标准要求产品要在适当的位置标注健康警告标签。目前 ACMI 拥有 220 多家会员，认证了 60000 多种艺术、手工，以及其他创造性材料。ACMI 致力于创造和保持艺术、手工，以及其他创造性材料的健康使用环境；促进材料安全；宣传产品及服务信息。ACMI 的认证标签除 AP（Approved Product）认证外，还包括 CP（Certified Product）认证、HL（Health Label，又称 Non-Toxic）认证和 CL 认证等。目前流行和广泛使用的是 AP 标签，认证标准参照的是 ASTM D4236。

◆ 美国艺术材料标签法（Labeling of Hazardous Art Materials Act，LHAMA），于 1999 年生效，规定在美国市场上销售的艺术类材料（包括所用着色剂）都必须按照法案规定做慢性毒理评估，这些艺术材料包括陶瓷、黏土、蜡笔、铅笔、粉笔、墨水、胶水、颜料、画布等常见的文具用品和艺术材料。相关艺术材料需要提交材料和配方物质清单，并由认可的专家进行评估，证明产品不带有慢性毒性。评估所参照的是 ASTM D4236，评估结束并证明其符合相关标准后，需要在产品标签注明：符合 ASTM D4236 的标志。

◆ 国家职业安全和健康学会标准（National Institute for Occupational Safety and Health，NIOSH）是由美国卫生、教育和福利部根据美国职业安全法于 1971 年组建的。NIOSH 的工作是修订和制订新的职业安全卫生标准，培训职业安全卫生专业人员。NIOSH 的研究范围为：有毒有害物质（如着色剂中的）。粉尘，工业产物，生物（动物与植物）等。NIOSH 是一个由多个专业组成的机构，包括流行病学、医学、工业卫生、安全、心理学、工程学、化学和统计学。其中著名的一项标准就是 NIOSH N95 口罩标准，通过该标准并且通过 NIOSH 审查的口罩产品就可以称为 N95 型口罩；还有就是 NIOSH9100 标准，规定了采用 Ghost Wipe 擦拭实验进行外部装饰物的铅的测试。

◆ 美国国家卫生基金会（National Sanitation Foundation，NSF）于 1944 年成立，是一家独立的、非营利性的机构。NSF 的工作是制定公共卫生、涉水产品、环境保护领域的标准，同时提供产品测试和认证服务。NSF 的标准、认证和认证资格得到包括美国国家标准研究院（ANSI）、美国职业安全与健康行署、加拿大国家标准委员会等 13 个国家或行业权威组织的批准与认证。NSF 是世界卫生组织（WHO）在食品安全、饮用水安全与处理方面的指定合作中心。经过 NSF 的检测并达到 NSF 标准的产品，可以被授权使用 NSF 标志。

◆ 美国国际管道和暖通协会（International Association Plumbing and Mechanical Officials，IAPMO）是一个非营利性质的机构，1926 年成立。IAPMO 一直从事建筑给排水以及建筑通风系统的安全使用规范和标准的制定，并对有关产品进行检测、认证。IAPMO 的主要服务内容包括制定、出版、发行各种安全使用规范，其中包括 UPC、UMC 等美国建筑业权威性的安全规范；发展会员，举办各类技术研讨会，颁发检验人员资格证书；进行产品检验和认证。

(2) 欧盟 CE 认证

欧盟 CE 认证是确保进入欧洲经济区（EEA）的产品符合欧盟相关产品安全法规（regulation）和指令（directive）要求的评估和验证过程。与 CE 认证对应的是 CE 标志（图 10-2），CE 标志意味着在欧洲经济区市场内售卖的产品已经通过评估并证实符合较高的安全性、健康和环保要求。

图 10-2 CE 认证标志

CE 认证模式可分为以下 9 种：

模式 A：内部生产控制（自我声明）（Module A：Internal Production Control）

模式 Aa：内部生产控制，加第三方检测（Module Aa：Intervention of a Notified Body）

模式 B：EC 型式试验（Module B：EC Type-examination）

模式 C：符合型式（Module C：Conformity to Type）

模式 D：生产质量保证（Module D：Production Quality Assurance）

模式 E：产品质量保证（Module E：Product Quality Assurance）

模式 F：产品验证（Module F：Product Verification）

模式 G：单元验证（Module G：Unit Verification）

模式 H：全面质量保证（Module H：Full Quality Assurance）

以上模式从操作层面来理解就是两种模式，即自我声明（模式 A）、第三方检测认证机构验证（除了模式 A 以外的模式）。

对于风险小的产品，产品制造商可以选择自我声明模式。对于风险较大的产品，需要引入第三方认证机构的验证服务。这里的第三方机构不是普通的检验认证机构，而是 Notified body，NB 机构，即俗称的标准通报机构。目前已经有 1200 多家机构获得了欧盟的认可，但并没有一家机构获得所有产品和认证类别的认可，一般一家机构只被获准认可几个大类的产品。在做正式 CE 认证时，需要到欧盟网站确认其被认可的范围。

（3）德国 GS 认证

GS 的含义是德语“Geprüfte Sicherheit”（安全性已认证），也有“Germany Safety”（德国安全）的意思。GS 认证以德国产品安全法（GPGS）为依据，是按照欧盟统一标准 EN 或德国工业标准 DIN 进行检测的一种自愿性认证。通过 GS 认证的产品可以加盖 GS 认证标志（图 10-3）。

图 10-3　GS 认证标志

（4）中国 3C 认证

3C 认证的全称为中国强制性产品认证（China Compulsory Certification，CCC），见图 10-4。它是中国政府为保护消费者人身安全和国家安全、加强产品质量管理、依照法律法规实施的一种产品合格评定制度，是强制性认证制度，列入强制性认证目录范围内的产品必须通过该认证，否则不得出厂、销售、进口，或者在其他经营活动中使用，目录范围逐步增加。

图 10-4　CCC 认证标志

2002 年 5 月 1 日第一批列入强制性认证目录的产品包括电线电缆、开关、低压电器、电动工具、家用电器、轿车轮胎、汽车载重轮胎、音视频设备、信息设备、电信终端、机动车辆、医疗器械、安全防范设备等。截至 2023 年还增加了涂料、陶瓷、汽车产品、玩具、锂离子电池和电池组、移动电源等产品（包括所用着色剂）。

10.3.3　生态标签

生态标签作为一种新型的环境管理手段，对引导和促进各产业向有利于环境和人类健康的方向发展起着积极的作用，是实现可持续发展战略的必经之路。同时，生态标签制度也有助于提高产品档次，提升企业形象，为消费者提供清晰、可靠的产品环境性能信息，在一定程度上也影响了市场的发展方向。

(1) 欧盟生态标签 (Eco-Label)

又名“花朵标志”“欧洲之花”。为鼓励在欧洲地区生产及消费“绿色产品”，欧盟于1992年出台了生态标签体系，作为权威性认证标准。

生态标签制度面向所有日常消费产品，但不包括食品、饮料、药品及医疗器械。目前，欧盟在选择可授予生态标签的产品类别时，主要授予以下21类产品：各种用途的去污剂、灯泡、床垫、个人电脑、复印及画图用纸、手提电脑、洗碗机用洗涤剂、手用餐具洗涤剂、冰箱、洗碗机、土壤改良剂、鞋类、电视机、纺织品、棉纸、硬地板、室内用涂料、旅游住宿服务、衣物清洁产品、真空吸尘器、洗衣机。授予生态标签的欧盟成员国机构有权抽查生产商的生产车间及产品，来保证产品的环保真实性。一般而言，生态标签授予机构都有帮助生产商向消费者宣传其产品环保特点的义务，一旦产品贴有生态标签，生产商可以与标签授予机构联系，向其寻求市场宣传的帮助。

(2) 欧盟成员国生态标签

2000年，欧盟在生态标签补充条例中规定，各成员国可以制定本国生态标签体系，但产品的选择标准、生态标准应与欧盟生态标签体系保持一致。但德国的“蓝色天使”标签所涵盖的产品种类要远远多于欧盟生态标签所涵盖的产品。这里欧盟成员国自己的生态标签主要有：

① 德国蓝色天使 (Blue Angel)　德国是第一个发起环境标志计划的国家，早在1971年，德国就提出了对消费者使用的产品实行环境标志计划的构想。蓝色天使标志于1977年由联邦内政部发起创立，并于1978年由环保标志评审委员会批准授予了首批6个标志。目前蓝色天使标志已成为世界上涉及产品种类最多的生态标签。已为80多类产品制定了认证标准，其中包括木材及木制品（室内），为4000多种产品颁发了环境标志。

② 北欧白天鹅标签 (Nordic Swan)　白天鹅标签是世界上第一个多国合作式的环境标志计划，其目的是向消费者提供消费指南，以便消费者从市场上挑选那些对环境危害最小的产品和服务；在考虑质量问题时，还要考虑环境问题，从而促进产品的改进。在产品从原材料生产到废弃的整个生命周期内，要对产品进行环境影响评估。例如，对以下方面规定了要求：能源和资源消耗，工厂的废气、污水和废物排放，以及产品本身固有的危害环境的成分。另外，还对产品质量和功能提出了要求。白天鹅标签涵盖了60多类产品，共签发了600多个标签使用许可证。

③ 荷兰生态标签 (The Netherlands Stichting Milieukeur)　荷兰住宅、自然规划和环境部及经济事务部于1992年创立了环境检查基金会，并由其创建了荷兰生态标签。1995年环境检查基金会开始制定食品生态标签标准，随后农业、自然管理及食品质量部介入生态标签管理，并在环境检查基金会中占有一席之地。基金会由来自政府、消费者、生产商、零售商、贸易及环境组织的代表组成。尽管欧盟已有生态标签，但作为欧盟成员国之一的荷兰，仍然设有自己的生态标签项目，旨在向本国市场提供更好的产品和服务。在业务上，环境检查基金会与欧盟保持联系。

④ 法国NF环境标志 (Norme Francaise Environnement Mark)　法国NF环境标志是一个得到法国公众认可的生态项目。它具有两个功能：第一，向社会提供可靠的产品环保信息；第二，识别和奖励那些在生产过程中考虑环保因素的公司。标签计划启动于1989年，

但由于遭到行业的反对，直到1992年才得以实施。NF环境标志的管理机构是法国标准化协会（AFNOR）。目前，有六大类300多种产品可以被授予NF环境标志，其中包括家具。

⑤ 瑞典TCO′04环境标志　“TCO”一词源于瑞典语，英文则译作“The Swedish Confederation of Professional Employees”，简称瑞典劳工联盟。1991年，TCO就开始关心本国民众的电脑应用环境。从1995年开始，TCO′95这个行业标准就在全球蔓延开来。虽然TCO认证在显示器行业最为普及，但事实上，TCO认证是一整套非常庞大的质检体系，涉及计算机、移动电话、办公家具3大类产品。2004年TCO启动的TCO′04办公家具认证，适用于各种传统办公桌椅和电控办公桌椅。在人类功效学（尺寸及功能，安全、稳定及力度，使用便利性，材料性能）、辐射（电磁辐射，化学放射）、生态环境（有损环境的物质，生产及维护，回收）等方面对办公家具提出了严格的要求。

（3）中国环境标志（China Environmental Labelling）

中国环境标志是一种官方的产品证明性商标，图形的中心结构表示人类赖以生存的环境，外围的10个环紧密结合、环环相扣。中国环境标志计划诞生于1993年。1994年5月17日中国环境标志产品认证委员会成立，与国际生态标签计划对接的中国环境标志计划开始实施。2003年9月成立了国家环境保护总局环境认证中心［中环联合（北京）认证中心有限公司］，承接了中国环境标志产品认证委员会秘书处的职能，成为国家授权的唯一环境认证机构。目前，共有900多家企业18000多种产品通过了中国环境标志产品认证，认证产品的绿色产值近700亿元。我国优先开展的环境标志认证产品包括可再生回收利用类、改善区域环境质量类、改善居室环境质量类、保护人体健康类、节约能源资源类等。

香港环保标志（Hong Kong Eco-Label）计划是一个独立的自愿参与计划，由香港环境保护总会（HKFEP）主办。香港环保标志是一种附在产品或其包装上的标签，是产品的“证明性商标”。为避免形成地区性贸易壁垒，并尽量与国际接轨，香港特别行政区政府及各行业一直避免制定本地标准。香港环保标志同样遵循这一精神，尽量等效采用国际标准，如无国际标准，则采用中国国家标准或其他具有国际水平的标准。这是香港环保标志的一大亮点。目前，香港环保标志适用的优先产品有16种，其中包括家具产品。

台湾环保标章（Taiwan Green Mark）计划是1992年发起的自愿性环境标签计划，其主要目的是减少污染以保护自然资源，加强资源的循环利用；指导消费者购买绿色产品，鼓励制造商设计和提供有益于环境的产品。环保标章中绿色代表绿色消费，绿色球体代表一个清洁无污染的地球。整个图案是模仿台湾省地形图设计的，象征着其为保护环境而做出的承诺。

（4）加拿大环境选择计划（Environmental Choice Program，ECP）标签

加拿大环境选择计划（ECP）始创于1988年，目的是帮助消费者鉴别那些有助于减轻环境负荷的产品和服务。ECP是一个非官方的环境计划，属加拿大环境部所有，环境选择计划的生态标志（Eco Logo）是由3只盘旋飞翔的鸽子构成一片枫叶的图案。为了提高环境选择标准，产品或服务必须做到：提高效能；减少有害物的产生；使用可回收利用的原材料；可以重复使用或具有其他环境优势；认证产品或服务还应符合或超过相关行业的特定安全和性能标准。

（5）澳大利亚良好环境选择标签（Good Environmental Choice）

澳大利亚良好环境选择标签由澳大利亚环境标签协会（AELA）负责管理，始于2001年11月，专门授予那些符合或超过环保性能标准的产品。由于良好环境选择标签在成本和科学技术上更胜一筹，深受消费者喜爱，在市场环境上更有优势。这项计划的根本目的在于向消费者提供清晰、可靠的产品和服务环境性能信息，以影响市场的发展方向。

（6）日本生态标志（Japan Eco Mark）

日本生态标志代表着人类用自己的双手保护地球的渴望。生态标号的设计是1988年由日本环境协会（JEA）生态标志局倡议，通过公开征集而入选的。标记的上半部有一行短语“与地球亲密无间”，下半部表示的是产品的环境保护绩效。日本的生态标准较为完备，且会定期进行复审和更新。其中使用废木、薄木片和小直径原木制成的木质产品、家具可申请生态标志。

（7）韩国生态标签（Korea Eco-label）

韩国生态标签计划始于1992年，以ISO 14024生态标签和声明为基础，目的在于鼓励企业和消费者参与环境计划，从而实现可持续的生产与消费。

（8）泰国绿色标签（Thailand Green Label）

泰国绿色标签计划由泰国可持续发展商业委员会（TBCSD）于1993年10月发起，并于次年8月由泰国环境协会（TEI）联合工业部正式实施。使用绿色标签的产品与类似产品相比，不仅具有同样的特性，而且对环境具有最少的负面影响。小鸟和树叶代表着地球上的生命，笑脸代表着给予子孙后代的希望，在与地球千丝万缕的联系中，应该以生命活动不影响环境为准则。泰国绿色标签认证是自愿性的，适用于产品和服务领域，授予绿色标签的目的是向消费者提供可靠的信息，以帮助其选购环保产品；产品生产、使用、消费和处理过程中减少对环境的影响。

10.4 塑料着色剂企业如何应对国际法规和标准要求的建议和实施措施

近年来，国际上掀起了一股环保风潮，更像是席卷全球的环保战争，势头非常猛烈，特别是在电子电气产品、食品和食品接触性材料、玩具和纺织品领域。

当然，目前人类的生存环境已逐渐趋于恶化了，如果人类不采取行动保护我们的地球，那么我们的子孙后代将会面临何其可怕的景象；而且很多有害物质已经影响到我们现在的健康和生存。因此在世界范围内加大对有害物质的监管力度势在必行。

目前国际技术性贸易壁垒（TBT）甚嚣尘上，欧盟碳关税等已经开始实施。作为一种更为有效的、更有说服力的贸易限制手段，其将成为现在乃至今后最重要的、最有分量的壁垒形式。而“绿色制造”的要求将成为TBT一个非常重要的实施方式。中国企业所承担的风险是巨大的，找到一条适合的应对之道是十分重要而迫切的。

面对塑料着色剂安全性的现状，如何应对越来越多的国际化学品要求是摆在企业面前的一道难题，合理的应对方案可能成为企业胜出的筹码；如果企业应对不慎，将面临产品召回的巨大风险。

产品召回制度，是指产品的生产商、进口商或者经销商在得知其生产、进口或经销的产品可能危害消费者健康安全时，依法向政府部门报告，及时通知消费者，并从市场和消费者手中收回有问题产品，予以更换、赔偿的积极有效的补救措施，有助于消除缺陷产品的危害风险。召回除了产品不能再进行销售外，会涉及很多其他工作的费用，因此涉及的损失是很大的。召回制度是针对已经流入市场的缺陷产品而建立的。所谓缺陷产品，是指因产品设计上的失误或生产线某环节上出现的错误而产生的，大批量危及消费者人身、财产安全或危害环境的产品。由于缺陷产品往往具有批量性的特点，因此，当这些产品投放到市场后，如不加以干预，其潜在的危害是巨大的，有可能对消费者的生命、财产安全或环境造成损害。缺陷产品召回制度，最早出现在美国，目前实行召回制度的国家还有日本、韩国、加拿大、英国、澳大利亚等，中国目前也在积极开展这方面的工作。

故为解决包含塑料着色剂安全性在内的产品困境，可采取以下三条应对措施。

10.4.1 控制供应链

控制供应链，从源头控制化学有害物质。

产品出现的所有问题，往往都和材料选择有关；任何有害物质进入材料中，都有配方设计层面的原因，因此原料选择和配方设计是控制有害物质的基础。

塑料在产品中的应用是非常广泛的，由于塑料成型工艺和配方成分复杂，再加上经常使用回收塑料作为产品的添加成分，又增加了其复杂性，但是这都是可以控制的。了解各种法规要求，以及相对应的材料和物质的情况将直接有助于我们找到合理的配方而使产品符合要求。由于塑料材料所涉及的产品类别非常多，所以涉及的监管范围是非常广泛的，作为基础原料的着色剂往往随着制成品而被施加了多种安全监管要求。

首先，企业及塑料着色剂配方设计人员需充分了解各个产品在不同国家的各种法规要求，确保在配方中没有禁用的化学物质，使产品符合各种法规的要求；可以看到，各国的法规要求都是非常复杂的，需要不断跟进，找到材料配方中可能引发问题的化学物质，对症下药才能保证产品的质量和安全性符合要求。例如：

① 一些重金属含量的限制要求，如欧盟 RoHS 指令（2002/95/EC）、报废汽车指令（2000/53/EC）、玩具中 8 大重金属在模拟小孩唾液浸泡中溶出量的要求（欧盟标准 EN71-3 和美国标准 ASTM F963）等。因此避免在塑料配方包括着色剂中使用或含有受控物质是十分重要的，控制和关注重点包括：

a. 铅和镉系热稳定剂，按其化学组成，热稳定剂主要分为铅盐类、金属皂类、有机锡类、有机锑、液体复合热稳定剂及辅助热稳定剂等。铅盐热稳定剂和金属皂类稳定剂中的硬脂酸镉是最典型的配方成分，其价格低廉、性能优良，广泛用在 PVC 制品中。

b. 无机颜料中含有禁用重金属，例如 C. I. PY34 及 C. I. PR104 铬系无机颜料不仅含有禁用的六价铬还含有铅；C. I. PY35 及 C. I. PO20、C. I. PR108 镉系无机颜料含有重金属镉。

② 对于使用在玩具中的塑料产品以及相应的着色剂，还需要注意禁用着色剂、初级芳香胺、溶剂和防腐剂、限用的邻苯二甲酸酯等的要求。

③ 随着无卤素标准的推行，对于无卤素有机颜料的研究势在必行；需要明确的是，无卤素化并不是完全不含卤素，而是不超过一个限量值（如 900mg/kg），因此减少一些卤素

颜料在材料中的加入量，同时通过加入其他无机颜料或者无卤素有机颜料进行调色来满足限量指标。

④ 对于食品接触性产品，必须选择符合食品接触安全的着色剂。

除了要注意禁用物质以外，企业及塑料着色配方设计人员还需充分了解塑料配方中每一项原料（特别是塑料着色剂）的性能指标。对于食品接触性材料，则必须保证在塑料材料中的着色剂在不同食品介质中以及不同使用温度下的稳定性和牢度等。

我们应该把化学有害物质控制的要求细化到工艺文件中，把哪些材料应该用哪种配方、不应该用哪种配方、在生产过程中应该注意哪些问题等都加入工艺文件和设计中，那才是“一劳永逸”的工作。如有条件，企业可以建立内部数据采集和管理系统，不断更新，以快速应对国际各项法规的变更。如有可能将企业内部数据系统与行业组织数据系统进行有机联系，这样可以充分降低成本，增加竞争优势。

10.4.2 加强管理

加强管理，避免在生产过程中产生有害物质的污染。

(1) 严格控制原料的纯度

当我们已选择合理的配方，就认为万事大吉了，这是错误的，我们需对采购的原料进行严密的监管，以防因原料中带有杂质而导致产品不符合要求，因此对于单一化学物质的生产者，其应严格控制物质的纯度、杂质浓度和副产物含量等，这些对最终产品是否符合要求至关重要。

(2) 严格控制生产全过程以防交叉感染

生产全过程严格控制是很重要的，需注意换品种设备清洗，以及回收料的合理使用等。

10.4.3 建立相应的质量控制体系

建立相应的质量控制体系，以应对日渐复杂的化学要求。

企业为保证其生产的产品符合有害物质和环保的要求，日常的监管十分重要，每一个企业都必须建立相应的质量控制体系来对原材料和产品、对供应链和生产工程进行全程监控。这样会涉及大量的确认测试工作。除此之外，企业还需要出具相应的测试报告或证书向客户、国家出口监管机构或者出口国市场的监管机构证明其产品符合相关要求。因此，报告或证书的模板、类型和受认可程度，以及测试机构的权威性和受认可程度等也都是十分重要的。

企业要通过什么方式来保证自己生产的产品能够持久稳定地符合各种有害化学物质的要求呢？其中最直接有效的方法就是建立一套有效的体系去进行保证，同时在产品符合各类要求的同时，还能够使成本受到控制、避免供应链遭受到很大的冲击等，因此，适当的产品质量保证体系、环境指令保证体系、物流和采购系统、财务系统、法律保证体统、公共关系系统等都必须得到加强，甚至是更新。由于我们面对的化学物质控制法规要么是环保法规，要么是有害物质控制法规，因此，根本基础是有害物质过程管理体系和环境管理体系的建立。

(1) 有害物质过程管理（HSPM）体系——IECQ QC080000

IECQ QC080000（Hazardous Substances Process Management，HSPM）是以美国

EIA/ECCB 954 标准（即“电子电气元件和产品有害物质减免标准和要求”）为基础，由 IEC 引用的国际公认的有害物质过程管理体系认证要求。IECQ，即国际电工技术委员会（International Electrotechnical Commission，IEC）下的国际电工委员会电子元器件质量评定体系（IEC Quality Assessment System for Electronic Components，IECQ）。IECQ 于 2005 年 10 月颁布了有害物质过程管理（HSPM）的要求，这个要求是通过过程管理的体系来管理和控制电子产品零部件中被国家（地区）和国际机构的法律、法规、指令等禁止或者限制的有害物质。因为该体系是建立在 ISO 9001 质量管理体系认证标准之上的，所以执行起来也较为顺利。核心概念是维持现有质量体系，避免有害物质侵入；对体系持续改进；进行计划、执行、检查、处理（PDCA）循环和目标管理模式，要求对生产的整个过程实施管理，确定有害物质清单和明确改进目标，对风险进行有效控制，对供应链和供应商实施有效管理。IECQ QC080000 证书由 IECQ 以及 ECCB 认可的监督审核机构（SIs）颁发。这些 SIs 的运作是在 IECQ 体系成员中的国家认可机构（NAIs）的监督下进行。符合 ISO 9001 质量管理体系认证标准，是满足 IECQ QC080000 认证的前提条件，IECQ QC080000 并不是强制性规范，它是自愿性的认证。

申请 IECQ QC 080000 有助于企业降低测试费用以及供应商管理费用，降低违反法律法规的风险，证明企业对有毒有害物质管理体系的有效性，向客户及股东表明企业对有害物质控制的能力和对环境保护的重视，体现可持续发展的能力，提高客户满意度，通过持续改进提升企业形象以增强企业竞争优势等。

（2）环境管理体系——ISO 14000

ISO 14000 环境管理系列标准是国际标准化组织（ISO）继 ISO 9000 标准之后推出的又一个管理标准。该标准是由 ISO/TC207 的环境管理技术委员会制定，有 14001 到 14100 共 100 个号，统称为 ISO 14000 系列标准。该系列标准融合了世界上许多国家在环境管理方面的经验，是一套完整的、操作性很强的体系标准，包括为制定、实施、实现、评审和保持环境方针提供所需的组织结构、策划活动、职责、惯例、程序过程和资源等。由于环境管理体系具有节能降耗、增强企业竞争力、赢得客户、取信于政府和公众等诸多优点，所以自发布之日起即得到了广大企业的积极响应，被视为进入国际市场的“绿色通行证”，对消除非关税贸易壁垒（“绿色壁垒”），促进世界贸易具有重大意义。

（3）社会责任体系

作为目前最热门的认证要求，其体现了企业对社会、对人的尊重和履行的承诺，驱逐“血汗工厂”。所有的这些标准和行为准则都是非强制性的，最开始主要是品牌厂商提出这一要求，后来零售巨头也加入其中，这对国内出口加工企业的影响就更加显著。涉及所有劳动密集型行业如纺织业、制鞋业、玩具业等，检查童工、强制雇佣、健康安全、差别待遇、惩罚措施、工作时间、报酬、劳资谈判、生产条件、住宿条件等。涉及的认证和验厂标准有：SA8000、国际玩具工业协会（ICTI）验厂等。

（4）低碳减排目标和供应链碳排放跟踪体系

在“双碳”背景下，标准化认证体系不断完善，涵盖了产品碳和组织碳等多方面标准，最为典型的认证需求是《PAS 2050：商品和服务在生命周期内的温室气体排放评价规范》，它是全球首个产品碳足迹标准，也是目前唯一确定的，具有公开具体的计算方法的评价产品碳足迹标准。《PAS 2060：碳中和论证规范》是唯一一项国际公认的碳中和认证标准，可适用于各种类型的组织及各种主题。《PAS 2080：建筑和基础设施的碳排放管理》有助于减少全生命周期碳排放，降低全生命周期的运营成本。此外，涉及的国际化标准还包括：ISO 14064 组织温室气体清单核查业务；ISO 14067 温室气体产品碳足迹量化要求和指南；ISO 14068-1 气候变化管理-向净零过渡-第 1 部分：碳中和。此部分内容在第 11 章有详细的介绍。

第 11 章

“双碳”目标下塑料着色剂行业的绿色可持续发展路径

随着世界范围内对塑料的大量使用，全球塑料年产量已从 1950 年的 200 万吨增加到 2020 年的 3.67 亿吨，预计到 2050 年将超过 10 亿吨。作为重要的石化产品，塑料的碳排放跨越其全部生命周期。数据显示，每千克塑料从原材料生产到聚合形成树脂颗粒，共释放 2.3 千克的二氧化碳。根据中国石油消费总量控制和政策研究项目初步统计，“如果按照目前的模式发展，到 2050 年，仅塑料产生的二氧化碳排放就将达约 13 亿～14 亿吨，约占全球总排放量的 3.8%，加速了全球变暖进程。

为实现碳达峰、碳中和目标，塑料着色行业可以借此大势，把握机会，实现围绕双碳工作的产业转型升级，充分利用能源结构转型、节能技术改造、碳抵消和碳捕获等技术推进、充分开发可交易碳资产实现额外价值链和利益链，利用碳金融给企业带来更多发展机会。

11.1 “双碳”目标

双碳，即碳达峰和碳中和，是一个全新的主题，是当前，也是未来几十年全人类的重要工作内容。

11.1.1 “双碳”目标的背景

从 18 世纪 60 年代第一次工业革命开始，“人为”因素，特别是工业活动急剧增加了温室气体排放量，加速了全球气温升高。全球变暖会导致冰川和冻土融化、海平面上升、洋流和气候变化异常等，不仅危害自然生态系统的平衡，而且影响人类健康，甚至威胁人类生存。

温室气体（GHG）是指能够吸收并重新辐射地球表面向外发射的长波红外辐射（热辐射）的气体。它们通过“温室效应”使地球大气和地表保持适宜的温度，但人类活动导致其浓度异常升高，加剧了全球变暖。温室效应的原理是太阳短波辐射（可见光、紫外线等）可穿透大气到达地面，地面吸收后反射为长波红外辐射（热辐射）。温室气体能吸收这部分长波辐射，并将其部分能量重新辐射回地面，从而减少热量散失，维持地球温度平衡（自然温室效应）。若温室气体浓度过高（如人类活动导致），则会过度捕获热量，引发全球气候变暖。温室气体包括：二氧化碳（CO_2）、甲烷（CH_4）、氧化二氮（N_2O）、全氟化碳（PFCs）、氢氟化碳（HFCs）、六氟化硫（SF_6）和三氟化氮（NF_3）。这 7 种温室气体的排放以二氧化碳当量计，俗称二氧化碳排放或者碳排放，二氧化碳起到了标准物质的作用。温室气体的排放特别指的是“人为”直接或者间接使用化石能源导致的温室气体排放。

11.1.2 “双碳”目标的概念和来源

2015 年 12 月 12 日，气候变化协定，即《巴黎协定》在第 21 届联合国气候变化大会上通过；2016 年 4 月 22 日在纽约联合国大厦，178 个国家共同缔约签署《巴黎协定》，对 2020 年后全球应对气候变化的行动作出统一安排，设定长期目标是将全球平均气温较前工业化时期上升幅度控制在 2℃以内，并努力将温度上升幅度限制在 1.5℃以内，2021 年 11 月 13 日，联合国气候变化大会（COP26）在英国格拉斯哥闭幕。经过两周的谈判，各缔约方最终完成了《巴黎协定》实施细则。

碳排放达峰（简称碳达峰），是指一个经济体（地区）温室气体的最大年排放值，而碳排放达峰就是温室气体排放量在某一个时间点达到峰值不再超过。碳排放中和（简称碳中和），是指在一定时间内直接或间接产生的温室气体排放总量，通过一系列减少碳排放行动，如植树造林、节能减排、可再生能源、碳抵消、碳捕获等以抵消自身产生的温室气体排放量，实现温室气体的“净零排放”。

中国的碳达峰目标与碳中和愿景是二氧化碳排放力争于 2030 年前达到峰值，努力争取 2060 年前实现碳中和。这就是中国的“双碳”目标。

11.1.3 中国要实现“双碳”目标任重道远

中国要实现“双碳”目标任重道远，根据中国碳核算数据库（CEADs）有效数据显示，截至 2024 年 6 月底，全国碳市场碳排放配额（CEA）累计成交量 4.64 亿吨，累计成交金额 268.41 亿元。据世界银行数据统计，自 1960 年以来，我国二氧化碳排放量增长了近 20 倍，位居全球第一。因此，中国必须在政府的引导下、行业的推动下、企业的努力下尽快落实分解“双碳”目标、加快各项减碳排放工作的规划，尽早落实相关工作。

“双碳”目标对于中国的总体战略意义重大，既是中国践行人类命运共同体理念的承诺，也是负责任大国的使命担当；碳资产所推动的碳交易和碳金融的国际化与人民币国际化的深度交融；中国逐步构建的低碳甚至零碳供应链将使中国继续成为全球供应链的必要组成部分，是中国制造全球化的保证。

目前，相关工作推进正在加速，“双碳”目标的实现是中国经济发展的需要，产业的低碳化关乎着企业的生存权和发展权。为实现 2030 年的碳达峰战略规划，从 2024 年至 2030 年，中国每年需要至少 6 万亿人民币的专项投资，形成超过 1 万亿的服务市场。

11.1.4 “双碳”目标的重要内容

对于“双碳”目标的实现，需要系统考虑的因素很多。实现“双碳”终极目标，也就是碳中和的战略路径，主要集中在三个字：控、和、易。

控=存量控制，实施以强度控制为主、总量控制为辅的碳排放双控制度。

和=各类碳中和项目的实施，更多减碳项目的推进，实现应减尽减。

易=碳交易，在应减尽减战略的实施下仍旧还是无法实现零碳目标，则可通过交易各类碳资产来实现碳中和。

11.1.5 “双碳”目标的意义和价值

“双碳”目标的战略意义是非常重大的，主要表现在：

① 碳的道德制高点属性：人类命运共同体，保卫人类生存的定义已经被全球接受。

② 碳的国际货币属性：碳资产的国际货币锚定物的价值已经形成，各国都在布局。

③ 碳的国际贸易属性：碳作为国际贸易的技术性贸易壁垒已经开始形成，欧盟的碳边境调节机制（CBAM）已经开始实施；碳标签和碳披露要求正在逐步成为国际绿色贸易规则，是不可逆的趋势。

④ 碳的企业价值评价属性：国际证券机构对碳披露的新要求，即碳披露以及可持续发展领域的ESG披露和评级将成为决定企业上市市值评估的重要内容。

⑤ 碳资产的金融属性：国际碳交易市场火爆，欧盟的“碳价”已经超过平均80欧元每吨。预计中国将成为全球最大的碳交易市场以匹配中国作为全球最大的碳排放国的地位。与此同时，碳的各类金融和金融衍生产品正在形成庞大的市场。

⑥ 产品生命周期碳足迹计算和标签要求：这是对人为活动直接或者间接产生的温室气体进行量化及评估，并以标签的形式告知消费者产品的碳信息，形成集数据与管理于一体的综合指标评价体系，包括国际品牌的自愿性要求，也包括政府的强制性法规要求。2023年12月底，欧洲议会和理事会就可持续产品生态设计指令（ESPR）达成了临时协议，产品碳足迹和环境足迹要求被列入了ESPR中，而纺织品（特别是鞋服）将成为优先考虑执行的产品。

“双碳”目标的实现是对于人类具有巨大意义的工程。全球范围针对“双碳”目标实现的工作已经在深入推进；中国，作为世界上碳排放总量最大的国家，对于塑料（及所用着色剂）这一高能耗、高排放行业将面对空前的压力。压力必然带来新的机会，这也是“双碳”对塑料着色工业的价值所在。

11.2 碳排放的来源和核算

碳达峰和碳中和的目标确认需要有非常清晰的碳核算方法和准确的碳核算结果。碳的准确核算是实现“双碳”目标的基础和前提。

11.2.1 碳排放的来源和分类

碳排放的产生和来源非常广泛，人类的任何活动都有可能造成碳排放，人的生命是吸入氧气呼出二氧化碳的维系过程，各种燃油、燃气、石蜡、煤炭、天然气在使用过程中也会产生大量二氧化碳，城市运转、人们日常生活、交通运输（飞机、火车、汽车等）也会排放大量二氧化碳；买一件衣服，消费一瓶水，就连叫个外卖都会在生产和运输过程中产生排放。

所有的燃烧过程（人为的、自然的）都会产生二氧化碳，比如普通百姓简单的烧火做饭；有机物在分解、发酵、腐烂、变质的过程中也会产生二氧化碳。事实上，碳排放和我们每天的衣食住行息息相关。

根据联合国、国际各相关科研机构、全球各地区和各国对于碳排放源取得的共识，温室气体排放的来源和分类总结如表 11-1 所示。

表 11-1　温室气体的主要排放来源和分类

范围	涉及领域	碳排放源头	碳排放案例	涉及的温室气体
范围 1 直接排放	工业生产领域	化石燃料燃烧	燃煤发电或者蒸汽	CO_2
		工业生产过程的物理化学工艺路线导致的直接排放	水泥生产中碳酸钙的分解	CO_2
			金属冶炼中以碳作为还原剂	CO_2
			化石原料生产过程	CO_2
			用碳酸氢钠进行的酸碱中和反应	CO_2
			碳酸饮料制造中的二氧化碳泄漏	CO_2
			含氮化合物生产过程的副产物，如硝酸等	N_2O
		逸散直接排放	采矿过程逸散	CH_4
			制冷剂逸散	HFCs
			干冰灭火器逸散	CO_2
			刻蚀气体逸散	PFCs
			保护气逸散	PFCs/HFCs
			高压绝缘气体逸散	SF_6
	交通物流排放	化石燃料燃烧	汽油、柴油等化石燃料燃烧的尾气	CO_2/N_2O
	农业和畜牧业	农作物种植	水稻种植过程的厌氧发酵	CH_4
			秸秆燃烧	CO_2/N_2O
		畜牧业的动物产生	动物肠道的厌氧发酵	CH_4
			动物粪便的厌氧发酵	CH_4
	工商业和服务领域，居民社会生活领域	垃圾处理	垃圾处理的厌氧发酵	CH_4
			垃圾焚烧处理	CO_2/N_2O
		化石燃料燃烧	烧柴、烧煤取暖等	CO_2/N_2O
范围 2 间接排放	能源领域，覆盖所有产业范围和居民社会生活	外购电力	向电网购电	CO_2
		外购热力和冷气	向外部能源公司采购热力和冷气	CO_2
		外购蒸汽	向外部能源公司采购蒸汽	CO_2
		外购天然气和煤气	向外部燃气公司购买天然气或煤气	CO_2

续表

范围	涉及领域	碳排放源头	碳排放案例	涉及的温室气体
范围3上游间接排放	购买产品/服务时的隐含碳排放	产业链上游产品生产过程	产品制造、运输等过程	$CO_2/CH_4/N_2O/$ $PFCs/HFCs/SF_6/NF_3$
	燃料和能源相关活动	涉及的化石能源生产和活动	燃煤发电或产生蒸汽过程	CO_2
	购买/租赁生产资料/原材料	产业链上游制造产品过程中的碳排放	产业链上游生产产品过程	$CO_2/CH_4/N_2O/$ $PFCs/HFCs/SF_6/NF_3$
	运输和物流	化石燃料燃烧	汽油、柴油等化石燃料燃烧的尾气	CO_2/N_2O
	经营产生的废弃物	垃圾处理	垃圾处理的厌氧发酵	CH_4
			垃圾焚烧处理	CO_2/N_2O
	办公	涉及的化石能源的使用	燃煤发电或产生蒸汽过程	CO_2
	商业出行和员工通勤	化石燃料燃烧	汽油、柴油等化石燃料燃烧的尾气	CO_2/N_2O
范围4下游间接排放	运输和配送	化石燃料燃烧	汽油、柴油等化石燃料燃烧的尾气	CO_2/N_2O
	出售产品的后续加工	产品加工过程的碳排放	产业链上游生产产品的过程	$CO_2/CH_4/N_2O/$ $PFCs/HFCs/SF_6/NF_3$
	出售产品的消费和使用	产品使用过程使用的能源的碳排放	产品使用过程中在生命周期范围内使用的天然气	CO_2
			产品使用过程中在生命周期范围内使用的电力	CO_2
		产品使用过程中导致的碳排放	制冷剂逸散	HFCs
	出售产品的寿命终止的后续处理	填埋处理	垃圾处理的厌氧发酵	CH_4
		焚烧处理	垃圾焚烧处理	CO_2/N_2O
		回收再利用处理	产品回收、循环和再利用在回收和生产过程中产生的温室气体	$CO_2/CH_4/N_2O/$ $PFCs/HFCs/SF_6/NF_3$
	对外投资（金融和非金融）	投资对象产品的碳排放	涉及产品的生命周期碳排放	$CO_2/CH_4/N_2O/$ $PFCs/HFCs/SF_6/NF_3$
	对外租赁实物资产	租赁对象产品的碳排放	涉及产品的生命周期碳排放	$CO_2/CH_4/N_2O/$ $PFCs/HFCs/SF_6/NF_3$
	特许经营	特许经营产品的碳排放	涉及产品的生命周期碳排放	$CO_2/CH_4/N_2O/$ $PFCs/HFCs/SF_6/NF_3$
	办公	涉及的化石能源的使用	煤发电过程中产生的温室气体	CO_2

一般在实际的碳核算过程中会将一些无法确认的碳排放活动因素排除掉，有些则必须纳入，有些则可以根据具体要求和具体情况进行取舍，见表 11-2。

表 11-2　碳核算过程中相关活动的取舍

纳入活动	排除活动	可选活动
与生产有关的原材料（包括所有催化剂和辅助材料）	服务，如工程和基础建设服务，研发活动	包装，取决于具体的产品和满足排除在外的要求
基础设施资源消耗	商务旅行或者员工通勤	出场运输（如果包括在系统边界内，必须单独说明）
能源消耗	投资所需物质及设备的生产	进场运输（如果不相关）
生产过程和相关的现场基础设施运行/生产直接排放	满足排除要求的活动	
原材料的运输和场地之间的运输		
处理或者丢弃过程中废弃物以及水处理		

11.2.2　碳排放的核算方法

碳排放的核算是非常重要的，碳核算的方法主要有三种方式：排放因子法、质量平衡法、实测法。

（1）排放因子法

排放因子法是目前适用范围最广、应用最为普遍的一种碳核算办法。

根据联合国政府间气候变化专门委员会（Intergovernmental Panel on Climate Change，IPCC）提供的碳核算基本方程：温室气体（GHG）排放量=活动数据(AD)×排放因子（EF）

AD：是导致温室气体排放的生产或消费活动的活动量，如每种化石燃料的消耗量、石灰石原料的消耗量、净购入的电量、净购入的蒸汽量等；

EF：是与活动水平数据对应的系数，包括单位热值含碳量或元素碳含量、氧化率等，表征单位生产或消费活动量的温室气体排放系数。在中国，国家发展和改革委员会和联合国 IPCC 制定了针对不同能源的碳排放因子。不同的用能种类会涉及不同的碳排放。

（2）质量平衡法（基于计算）

对于二氧化碳而言，在碳质量平衡法下，碳排放量由输入碳含量减去非二氧化碳的碳输出量得到：

二氧化碳(CO_2)排放=(原料投入量×原料含碳量－产品产出量×产品含碳量－废物输出量×废物含碳量)×44/12

其中，“44/12”是碳转换成 CO_2 的转换系数。

（3）实测法（基于测量）

实测法基于排放源实测基础数据，汇总得到相关碳排放量。有两种实测方法，即现场测量和非现场测量。

现场测量一般是在烟气排放连续监测系统（CEMS）中搭载碳排放监测模块，通过连续监测浓度和流速直接测量其排放量；非现场测量是采集样品送到有关监测部门，利用专门的检测设备和技术进行定量分析。二者相比，由于非现场实测时采样气体会发生吸附反应、解离等问题，现场测量的准确性要明显高于非现场测量。

11.2.3 碳排放核算的目标和层面

要实现“双碳”目标，首先要明确相关工作的评价目标，而评价工作的基础就是核算，由于碳核算的目标和边界不一样，因此核算的路径和方法也不一样，针对每个层面的核算都有固定的核算指南和标准。目前国际通行的碳核算的评价主要针对三个层面：区域层面、组织层面和产品层面。

（1）区域碳排放

区域层面的碳排放计算是以地理范围划分的，该区域内各种方式直接产生或者吸收的温室气体排放总和。其目的就是尽可能反映真实的温室气体排放，最为广阔的区域就是整个地球了，其次就是国家的温室气体排放核算方案，再往下就是省级温室气体清单指南；最后就是城市温室气体核算工具指南和区县一级的温室气体核算方案。

（2）组织碳排放

组织层面的碳排放计算，就是在一定边界范围内的碳排放。组织层面的碳排放计算方法最早源于世界资源研究院（WRI）发布的《温室气体议定书》及随后的 ISO 14064，当然后来就转化为生态环境部颁布的《企业温室气体排放核算与报告指南》。

（3）产品碳排放

产品层面的碳排放核算就是产品的碳足迹的计算，产品碳排放主要是基于产品从摇篮到坟墓全生命周期的总排放进行核算。

产品生命周期碳足迹价值链见图 11-1。

图 11-1 产品生命周期碳足迹的价值链

产品碳足迹的要求源自产品环境足迹（product environmental footprint，PEF）的要求。2013 年，欧盟委员会发布《产品环境足迹指南》（PEF Guide），该指南被写入欧盟第 2013/179/EU 号建议中。2021 年 12 月，欧盟委员会发布关于在核算产品和组织全生命周期环境表现时采用环境足迹指南的规定 EU regulation 2021/2279。PEF 有 16 个指标，碳是其中一个气候变化指标的关键要素。产品生命周期碳足迹的标准见表 11-3。

表 11-3 产品生命周期碳足迹的标准

标准	制定机构	标准名称
PAS 2050:2011	BSI(英国标准协会)	商品和服务在生命周期内的温室气体排放评价规范
GHG protocol	世界资源研究院和世界可持续发展工商理事会(WRI & WBCSD)	产品生命周期的核算和报告标准
ISO 14067:2018	ISO/TC207	温室气体-产品碳足迹-量化要求和指南
GB/T 32150—2015	国家发展和改革委员会应对气候变化司	工业企业温室气体排放核算和报告通则

对于产品碳的计算涉及一系列的技术争议和难题。目前，主要采用的方式是借助生命周期评价（life cycle assessment，LCA）软件，结合产品类别规则（product category rule，PCR）数据库进行推算。

但是由于产品生产工厂的所在地域、生产工艺、加工设备、生产流程、生产环境、能源结构、用能和节能技术、淡旺季以及产品批次间的单位能耗等差异都会导致碳排放数据的巨大差异，因此，LCA 推算法是一种定性的方法，是对产品间进行比较的评价方法，评价产品的设计，给设计研发人员一个低碳产品设计的指引。而需要半定量或者定量数据的场合，如产品碳标签、碳关税、碳金融等用途，则需要精准、可靠、安全和可追溯的产品碳数据，其基本原则如下：

准确性来自数字化的精准数据采集、边缘计算的排放因子的国际公认性，整体核算路径的清晰、完整、国际通用。

可靠性来自数字化装备的实时校准和定期计量，设备的质量和稳定性、安装的质量和到位，计算系统的稳定性。

可溯源来自所有数据的有效传输和留存，以及稳定运行国家级的超算中心和标识解析二级节点的技术加持。

安全性来自所用数字化装备配套的系统和软件的具备可靠的安全加密能力，同时相关设备需符合产品质量和安全要求，并通过权威产品认证。

在产品碳排放核算过程中，生产工厂需要对自身及其供应链上游的所有材料和配方物质进行碳强度的核算。借助制造执行系统（MES）、企业资源计划（ErP）系统等整合数据并进行计算，通过区块链实现所有材料和最终产品碳强度的一一对应，再依据每种材料的重量比，得出生产阶段的碳足迹；对运输、仓储和销售、使用和维护、废弃处理和再利用各步骤的碳强度进行测量，并且通过建立特定的模型构建可靠数据库，以此计算出非生产环节的碳足迹。生产阶段和非生产阶段的碳足迹数据相加，就是该产品全生命周期碳足迹。

11.3 碳排放的相关法律法规

目前国际国内与碳排放相关的目标和要求有强制性的法规要求，如碳关税相关的法规、碳强制性标签的法规、碳披露和可持续发展披露的要求；也有自愿性的要求，如和产品碳相关的产品碳标签要求，还有和组织碳相关的如零碳工厂、零碳园区、零碳数据中心、零碳展会、零碳社区和零碳城市等。

11.3.1 碳关税

一些发达国家和地区为了平抑由于碳成本的提升而导致的产业转移和产业空心化推出了相关的法规，如欧盟已经实施的 CBAM，即碳关税机制；与此同时，英国、美国、日本等都在加紧法规的落地和实施。碳关税是一个新的贸易壁垒，从一部分产品目录开始并会持续性推进，预计在 2035 年前所有产品都会被碳关税波及。

（1）欧盟碳关税

2022 年 12 月 13 日欧洲议会与欧洲理事会达成临时协议，正式确定建立欧盟碳边境调节机制，并于 2023 年正式生效，这意味着全球首个“碳关税”机制即将进入实施阶段，标志着新的一个贸易壁垒的形成。2023～2025 年是 CBAM 的过渡期，过渡期内申报企业只需要履行报告义务。2026 年之后，欧盟将正式征收“碳关税”，将作为面向所有进口欧盟产品征收碳关税的有效尝试。

欧盟逐步加快减少免费碳排放配额（EUA），直至 2034 年前完全取消，由于受到免费碳排放配额取消的影响，欧盟碳价将大幅升高，可能从目前的平均 80 欧元每吨涨价到 200 欧元以上每吨。欧盟急需解决“碳泄漏”和“碳倾销”的问题，即指欧盟企业为了避开欧盟碳市场的高碳价而将生产迁出欧盟 ，或者欧盟市场受到碳排放成本较低的进口产品的冲击。为受“碳定价和碳成本”影响的欧盟公司提供公平的竞争环境，并鼓励欧盟以外的行业减少排放，并平衡碳价对欧盟产业的影响，避免市场供需关系差异的扩大，欧盟将在 2030 年之前将碳市场涵盖的所有商品囊括进征税范围。

CBAM 的算法思路，见图 11-2。

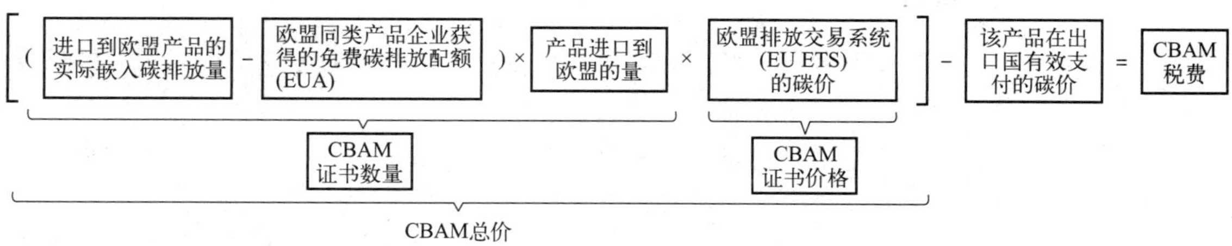

图 11-2　CBAM 税费的算法思路

结合实际，进一步可得：

CBAM 税费＝(EU ETS 碳价－出口国已支付碳价)×(产品碳排放量－欧盟同类别产品获得的免费排放额度)×出口产品总量

（2）英国的 CBAM

英国已经不是欧盟成员国，但英国 2023 年 12 月 18 日也启动了类似欧盟的碳关税机制，采用的算法思路也和欧盟一样，即 CBAM。英国计划在 2027 年前实施新的进口碳定价机制，其动机与欧盟 CBAM 类似：保障“应对气候变化成本的公平性”；阻止“碳泄漏”，保障本国制造商不将高碳排企业迁出本国；推动还未开始碳定价的国家早日采取市场化的模式，推动全球应对气候变化；促进主要经济体的去碳化进程，以引导全球碳市场的标准制定。

英国 CBAM 的征费原则和欧盟 CBAM 一致。

（3）美国碳关税

2022 年 6 月，美国《清洁竞争法案》（以下简称 CCA）草案公布，展示了美国“碳关税”的雏形。CCA，以美国产品的平均碳排放水平为基准，对碳排放水平高于基准的进口产品和本国产品征收碳税。

CCA 从 2024 年开始，对碳排放水平高于基准线值的部分征收 55 美元/吨的碳税。之后每年在上年碳税价格基础上按照通货膨胀率叠加 5%进行上浮。

11.3.2　碳标签

碳标签是把一个产品从原料采购、运输、生产到销售过程中所消耗的二氧化碳量，在产品包装上用量化的指数标示出来，以标签的形式告知消费者产品的碳信息，有助于推广低碳排放技术。也就是说，利用在商品上加注碳足迹标签的方式引导购买者和消费者选择更低碳排放的商品，从而达到减少温室气体的排放、缓解气候变化的目的。

碳标签也包括自愿性和强制性两种，见图 11-3。

（1）自愿性碳标签

自愿性碳标签是由非政府组织、行业协会、科研机构等发布的产品碳足迹评价标准和认证流程，并以标签形式展示给市场和消费者。

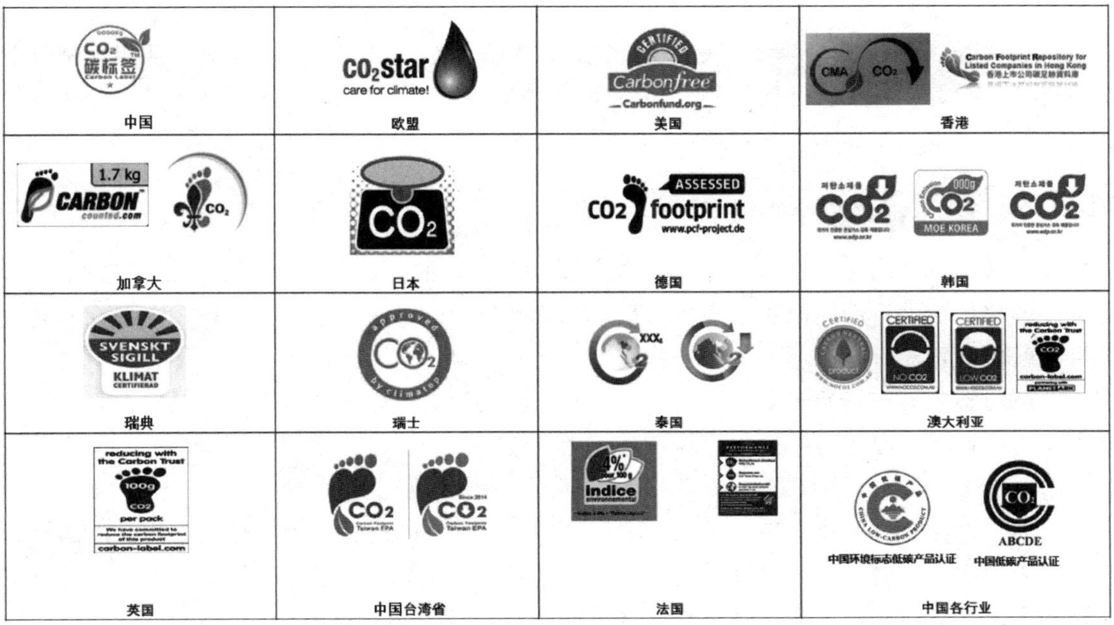

图 11-3　碳标签案例

（2）强制性碳标签

强制性碳标签是由地区和国家政府机构发布的，以法律法规形式按强制性要求实施的。

2023 年 12 月底，欧洲议会和理事会就可持续产品生态设计指令（ESPR）达成了临时协议，产品碳足迹和环境足迹要求被列入了 ESPR 中，而纺织品（特别是鞋服）将成为优先考虑执行的产品。可以预见，欧盟的强制性碳足迹要求的产品范围将逐步而持续扩大，而塑料（及所用着色剂）作为基础性的原材料将成为产品生命周期碳足迹核算和标识强制性要求实现的重要环节。

11.3.3　碳披露

可持续发展是指既满足当代人的需要，又不对后代人满足其需要的能力构成危害的发展，以公平性、持续性、共同性为三大基本原则。可持续发展理论的最终目的是达到共同、协调、公平、高效、多维的发展。

可持续发展的 ESG 要求，即环境、社会责任和治理，对于企业的生存和发展将起到至关重要的作用。

2009 年，由联合国贸易和发展会议（UNCTAD）、联合国全球契约组织（UN Global Compact）、联合国环境署金融倡议组织（UNEP FI）及联合国责任投资原则组织（UN PRI）共同发起的联合国可持续证券交易所倡议（SSE）正式提出了 ESG 披露计划，后续，一连串对于 ESG 和气候披露的标准要求持续被推出。

中国上海证券交易所和深圳证券交易所，2017 年加入 SSE，开启了 ESG 披露制度研究工作。中国证监会和证券交易所主要对上市公司披露社会责任报告、ESG 报告提出了相关要求，包括港股上市公司、A 股纳入 MSCI 的上市公司、科创板公司以及其他符合条件的沪市及深市上市公司。

碳披露是可持续发展领域 ESG 披露的核心内容，同时，企业碳披露也日渐成为衡量企业环境保护行为、社会责任履行和公司治理责任和效能的重要标志，更是市场判断企业发展能力、管理水平和生命力的关键依据。

11.3.4 碳交易

碳交易，看似是对一个虚拟的、计算出来的碳数字进行交易，但其背后的数字源于全球各类碳排放的各种行动，对于这些行动带来的碳排放减少量或者抵消量，通过市场交易转化为可流通的碳资产。

全球的碳交易市场始于 2005 年的欧洲，碳交易已成为碳减排的核心政策工具之一，同时可交易碳资产已经成为国际货币和金融的创新资本工具。

（1）欧洲

欧洲是世界碳排放权交易市场的先驱和领导，其发展的历程成为全球碳市场发展的标杆和经验积累池。欧盟发展碳排放权交易市场，主要目的是鼓励各类减排行动，与此同时欧洲强化碳概念和碳交易，也为了强化欧元的全球化地位，作为国际碳交易的结算货币—— 欧元的市场价值将通过碳市场的发展而振兴，欧盟设想用国际碳定价打破美元绑定石油的垄断。而欧盟的碳市场和碳价也经历了历史性的变迁。2009 年高盛收购了美国芝加哥交易所，并控制了欧洲气候交易所（ECX），成为全球最大的碳交易集团，美国资本势力的强势介入和逐步发展也是全球碳交易市场发展的重要因素。欧洲碳价的变迁见图 11-4。

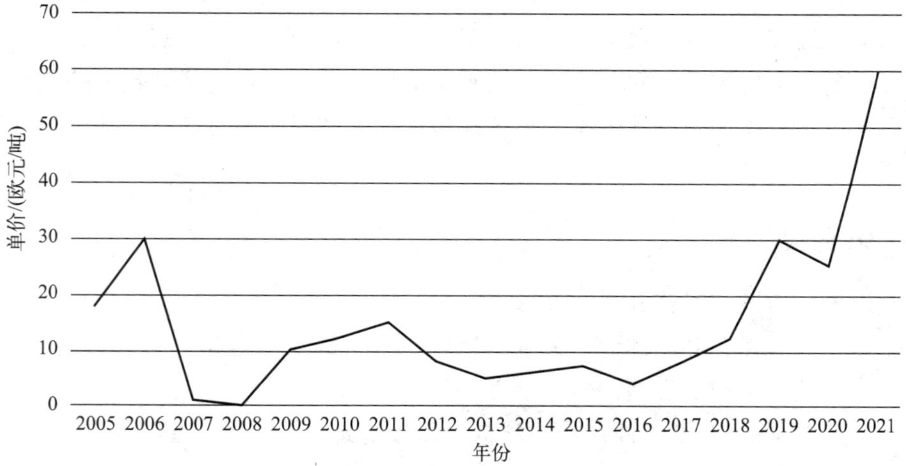

图 11-4 欧洲碳价的变迁

此前，欧洲议会和欧洲理事会就改革欧盟排放交易体系（ETS）达成了临时协议，欧盟逐步加快免费碳排放配额 EUA 的缩减步伐，在 2034 年前完全取消。欧洲 ETS 对其他碳交易机制持排斥态度，这一举措推动欧洲的碳价逐步提升，预计 2030 年前欧洲碳价甚至将达到 200～300 欧元/吨。

（2）中国

中国碳排放权交易市场（简称碳市场）是实现碳达峰与碳中和目标的核心政策工具之一。2011 年，中国在北京、天津、上海、重庆、湖北、广东及深圳 7 地启动了碳排放权交易试点工作。2016 年 12 月，福建启动了第 8 个试点碳市场。

2021 年 7 月 16 日，上海环境能源交易所作为全国碳排放权交易所正式运营，正式开启发电行业的碳排放权配额工作，打开了交易市场的大门。2023 年北京绿色交易所被指定为国家核证自愿减排（CCER）的交易所，于 2024 年正式启动 CCER 交易。国家将按照计划逐步统一碳交易规则，并逐步取消各试点地方的碳交易规则和市场，将碳交易全部纳入全国碳交易规则和市场中，各试点城市的碳交易所逐步转变为全国交易所的分支机构。

11.3.5 碳金融

“碳金融”的兴起源于国际气候政策的变化，准确地说是涉及两个具有重大意义的国际公约——《联合国气候变化框架公约》和《京都议定书》。

碳金融泛指所有服务于限制温室气体排放的金融活动，具体来说是指运用金融资本去驱动环境权益的改良，以法律法规作支撑，利用金融手段和方式在市场化的平台上促进相关碳金融产品及其衍生品的交易或者流通，最终实现低碳发展、绿色发展、可持续发展的目的。碳金融包括直接投融资、碳指标交易和银行贷款等。

11.3.6 碳资产

各类温室气体排放均以碳当量进行换算以便于统一计量；而各类减排行为所产生的减碳量经量化后可转化为可交易资产化。原则上，一切减少碳排放的行为都可以用减碳量来衡量，减碳量通过交易及金融化运作，形成碳资产。减碳量的计算需要进行审核和认定，通过公认的国际、国家、机构组织审核和认可形成可交易的减碳量证书，通过这些证书在指定的碳市场进行交易。碳资产主要包含开发和管理两部分。

（1）碳资产的开发

碳资产主要包括：碳排放权配额（CEA）和核证自愿减排额度（CCER）两个部分。碳排放权配额是国家给予的，因此碳资产的开发最主要就是指 CCER 项目的碳资产开发。

可开发的 CCER 项目包括了所有可以降低二氧化碳排放的技术和行动。

（2）碳资产的管理

碳资产是在强制碳排放权交易机制或者自愿碳排放权交易机制下，由可直接或间接影响组织温室气体排放的碳排放权配额、自愿减排信用额度、金融活动、交易活动等相关活动等产生的收入和成本，通过有效的财务管理体系使企业形成新的利益增长点。碳资产包括了正资产和负资产。

① 碳正资产包括：

在碳交易体系下，企业由政府分配的碳排放量配额；

通过交易购买的配额；

通过交易购买的CCER、清洁发展机制（CDM）和核证碳标准（VCS）等；

通过节能技改活动减少企业的碳排放量，既可依托现有方法论开发核证自愿减排项目（CCER/VCS等）产生的碳资产，也可通过创新减排新方法论而产生新的碳资产；

通过碳金融活动，如信贷、抵押、质押等金融行为及其杠杆效应，对资产负债、流量和利润产生资产层面的贡献。

通过建设可再生能源，绿电、储能、生物质发电和微电网等产生相应的碳资产。

② 碳负资产包括：

能源消耗所产生的温室气体排放；

生产和使用过程中所产生的逸散型和反应型温室气体的释放；

购买配额和交易产生的成本；

购买CCER、CDM和VCS的成本；

节能技改活动的建设成本。

碳金融活动的成本，如信贷、抵押、质押等金融活动所产生的费用。

投资建设可再生能源，绿电、储能、生物质发电等所产生的成本。

③ 将碳正资产和碳负资产进行分类、整合、维护、更新、预警、统计和分析，并且按照财务管理的方法对碳资产进行管理。

11.4 “双碳”目标下，塑料着色工业实现转型升级的应对策略

降低塑料着色相关企业自身生产过程的碳排放、加强供应链管理以减少整体碳排放、降低产品生命周期碳排放数值、优化低碳生态产品设计和工艺流程设计，最终实现零碳的目标。

11.4.1 能碳双控数字化的促进方案

目前相关企业存在几个问题：能碳数据缺失，能碳数据采集点有遗漏，能源管理体系不完善，能碳管理系统不高效，碳实时计算、解析、预警、运维和核查系统缺失，基于此现状有以下几种解决方案：

① 安装、更新能源计量仪表：对那些没有安装足够计量仪表的企业进行仪表安装，对那些安装过但是计量仪表老化、损坏、功能落后的进行升级改造，提高数据信息化程度，实现7×24小时的能源数据在线监控。同时，对于所有计量表具做好国际计量表具二级节点标识解析的备案以及数据溯源工作。

② 安装碳边缘计算设备：增加新的碳边缘计算设备，使得各种能源数据可以实时转化为碳数据，并与能源数据一起呈现在能管平台上。实现能碳双控的目的。

③ 建设能碳双控数据管理平台：将企业能源和碳数据进行统一计算、存储、解析、运维、预警和呈现，建立数据库，提高数据的质量和准确性。平台能够实现包括预警、综合性呈现、数据预测、实时监测预警、数据解析和分析等在内的功能。能碳双控架构和应用方案见图11-5。

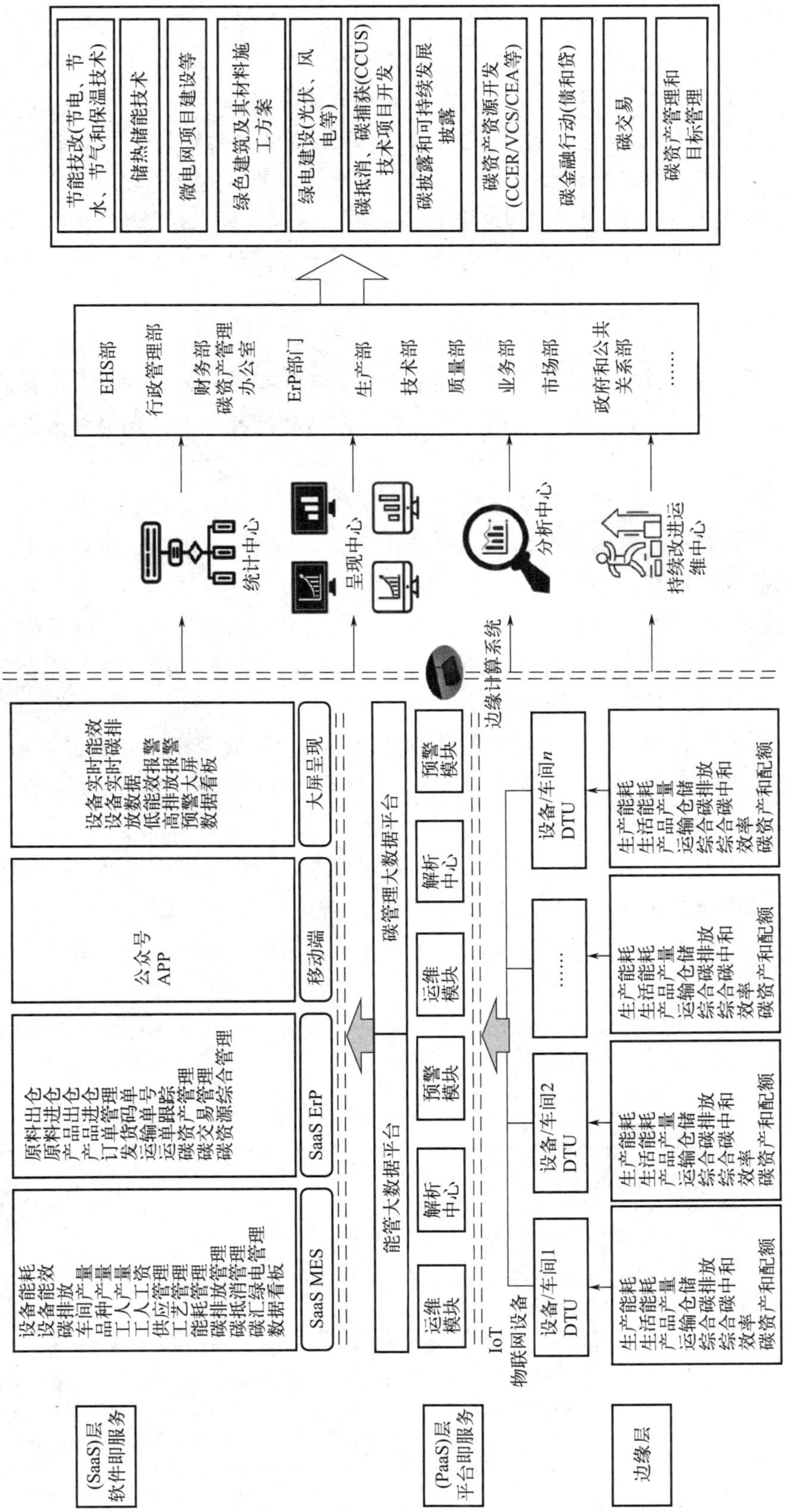

图 11-5 能碳双控架构和应用方案

④ 安装碳资产管理系统和软件：能源数据转换为碳数据后可以清晰地了解企业自身的碳资产情况，对自身的碳正资产和负资产都有清晰的了解，并能预测全年的碳资产情况，方便企业未来进入碳交易市场，赋予企业自身的碳资产最大的价值。

⑤ 建立能源和碳管理制度：建立健全的能源管理制度，明确能源管理职责、制定能源目标和计划、开展能源管理评估和监督等，提高能源管理的规范化程度。

⑥ 加强能源管理人员培训：加强能源管理人员的培训，提高能源管理专业知识和技能，加强对能源政策和技术的了解和研究，为企业的能源管理提供有力支撑。

11.4.2 开发和管理碳资产

为了实现“双碳”目标，节能减排已经是各行各业势在必行的行动。节能技改和减排措施只是为企业节省了成本，但是开发碳资产不仅可以节省能耗成本，还能帮助企业获得更多的额外碳收益。

符合法律法规和行业标准：企业需要遵守国家和地区的环保法规和行业标准，以确保其在业务运营中不会对环境造成负面影响。通过开发新型的碳资产，企业可以减少温室气体排放并符合相关法规和标准。

赢得社会信任和认可：随着人们对气候变化的担忧不断加剧，企业需要承担更多的社会责任，满足社会对环境和可持续发展的期望。通过开发新型的碳资产，企业可以获得社会的信任和认可，提升其品牌形象和市场竞争力。

降低成本和增加收益：一些碳资产项目可以通过增加能源效率、降低能源消耗等方式，帮助企业降低成本和提高利润。此外，一些碳资产项目还可以通过销售碳资产获得额外的收益。

获得新的商业机会：随着碳市场的不断发展和扩大，企业可以通过开发新型的碳资产来获得新的商业机会和竞争优势，例如参与碳排放市场、开发可再生能源和清洁技术等。因此，企业开发新型的碳资产不仅可以实现减排目标和社会责任，还可以为企业带来多方面的经济利益。

企业需要对碳资产进行财务化的管理，形成表格（分为 4 部分），并对表格内容进行监管（表 11-4）。

表 11-4 碳资产财务管理表格

财务表格类别	碳资产管理内容
碳资产流量表	反映一定时间内（日/周/月/年）碳排放、碳抵消/中和对应的资产变化，以及相关碳资产经营活动、投资活动和筹资活动对其碳资产及等价物所产生影响的财务报表
碳资产配置表	将企业和碳资产相关的内容和活动进行分类呈现，将碳正资产、碳负资产、碳资产经营活动、碳交易活动、碳金融活动等进行分类
碳资产负债表	反映企业在某一特定日期（如月末、季末、年末）全部碳正资产、碳负资产、碳资产负债和碳资产经营活动权益情况的报表。是企业碳资产管理和经营活动的静态体现，根据“碳资产＝碳正资产＋碳负资产＋碳资产经营活动权益”这一平衡公式，依照一定的分类标准和一定的次序，将某一特定日期的资产、负债、所有者权益的具体项目予以适当的排列编制而成。它表明企业在某一特定日期所拥有或控制的碳资产资源、所承担的现有义务和所有者对碳净资产的要求权。它是一张企业在一定时间碳资产状况的静态报表

续表

财务表格类别	碳资产管理内容
碳资产负债表	碳资产负债表利用平衡原则，将碳正资产、碳负资产、碳资产经营活动权益和负债的科目分别经过分录、转账、分类账、试算、调整程序后，以特定日期的静态企业情况为基准，浓缩成一张报表。碳资产负债表可体现企业整体的碳资产经营状况
碳资产利润表（损益表）	反映企业在一定期间（如周/月/年）的碳资产和碳资产经营成果的报表；是当期碳正资产、碳交易买进的碳资产、通过碳中和项目建设创造的自主碳资产（如林业碳汇、新能源建设、储能技术建设等）的总和，然后将碳负资产，各类建设、投资和交易所产生的费用、折旧和摊派的总额相加，一次计算出碳净资产的方式 利润表是反映一定期间内碳资产经营成果的报表。它反映的是某一期间的情况，所以，又被称为动态报表。有时也叫碳资产损益表

11.4.3 打造低碳产品

低碳产品甚至零碳产品的打造和认证已经初步成为企业品牌的竞争力的重要一环。随着欧盟碳关税的落地，各国各地区的低碳贸易壁垒成为趋势，低碳产品将提升进出口贸易商品的竞争力；同时，随着碳披露和可持续发展 ESG 披露与“双碳”要求进一步结合，相关品牌企业对于低碳供应链的打造和实施持续升温，这将直接影响品牌企业的发展和市值，低碳将成为进入国际品牌企业供应链的最基本要求。

对于低碳甚至零碳产品的评价采用产品生命周期评价的方法。低碳产品认证是由认证机构证明产品温室气体排放量符合相应低碳产品评价标准或技术规范要求的合格评定活动。

11.4.4 碳披露和可持续发展披露工作

企业需要做好各项“双碳”认证工作以及各种报告的披露工作。

绿色认证可以证明企业在环保方面的努力和成果，提升企业在社会上的形象和声誉，增强消费者和投资者对企业的信任和好感。许多国家和地区都出台了相关的环境保护法律法规和行业标准，企业取得绿色认证可以证明其符合这些要求，避免因环保问题而面临罚款和批评等风险。许多国家和地区都出台了相关的环境保护法律法规和行业标准，企业取得绿色认证可以证明其符合这些要求，避免因环保问题而面临罚款和批评等风险。所以，企业取得绿色认证可以带来多重好处，不仅可以帮助企业提升形象和市场竞争力，还可以帮助企业降低成本和遵守法规。

现在市场也要求企业尽快出具相关的报告，如国际可持续发展标准理事会（ISSB）认证、气候披露计划（CDP）、全球披露计划（TCDF）和环境、社会责任和治理（ESG）报告，主要是因为越来越多的投资者、消费者和其他利益相关者对企业在可持续性和社会责任方面的表现越来越关注。

这些报告提供了企业在环境、社会和公司治理等方面的数据和信息，帮助利益相关者了解企业的可持续性绩效和影响，以及企业在可持续性方面的战略和计划。投资者和消费者可以利用这些信息来评估企业的风险和机会，并决定是否投资或购买产品。

此外，越来越多的监管机构也要求企业披露这些报告，以确保企业在环境、社会和公司治理方面的合规性。这些要求通常涵盖了可持续性报告的范围、格式和披露标准等方面的要求。披露可持续性报告已经成为现代企业社会责任的重要组成部分，也是企业获得社会认可和投资者信任的关键因素之一。

11.5 应对策略总结

现将“双碳”目标下塑料着色剂企业的应对策略作汇总，见表 11-5。

表 11-5 “双碳”目标下塑料着色剂企业的相关工作应对策略汇总

企业工作项目	工作模块	应对策略
数字化建设	能碳双控数字化建设	工业互联网、边缘计算和 SaaS 配合推进的能碳双控，推进碳资产管理
能源领域的绿色转型升级	用能结构的调整 统计碳资产的存量和增量	提升绿色能源的比例，包括： 清洁能源：水电、天然气、核裂变反应电力等 可再生能源：光伏、风电、地热、循环空气泵等。加快核聚变反应电力的应用研究 储能：电化学储能、盐穴压缩空气储能、熔盐热力储能、氢能储能等 新能源充电桩建设的普及 可再生能源和储能联用，如光储充一体化等 微电网和虚拟电厂的建设
	节能战略统筹布局	节能：节能技术改造的推进，特别是引入合同能源管理模式，加强余热余压余能的综合利用等
打造低碳产品	产品生命周期碳足迹核算和降低整体碳排放并最终形成零碳产品	① 低碳/零碳的产品设计和生产流程设计； ② 打造低碳/零碳供应链体系； ③ 产品废弃后的高效循环再利用； ④ 产品低碳生产过程； ⑤ 循环利用和可再生技术的使用
碳中和技术创新应用	减碳战略统筹布局	① 各类碳抵消、碳捕获、碳吸收技术和碳转化等技术的利用，以及各类碳汇资源开发的补充（如林业碳汇、海洋碳汇等）。补贴相关工作获取利益的措施是：碳资产开发、碳交易和碳金融等 ② 高能效生产工艺流程的升级 ③ 低碳配方设计
“双碳”目标确认	科学碳目标的制定	①设定企业碳达峰与碳中和战略路径图； ②将“零碳”目标加入采购、生产、仓储、运输等关键绩效指标(KPI)； ③把设备采购、工程等碳排放指标纳入评估元素
碳资产管理	碳资产管理和碳交易	对内盘查碳资产，对外采购绿电、碳汇，争取碳中和和免费碳排放配额最大化 参与投资自然资源碳汇的开发和交易，如林业碳汇、海洋碳汇等 对可再生能源项目、节能项目、自然资源碳汇开发项目等进行 CCER，甚至海外 VCS 的开发，形成可交易碳资产，并参与碳金融工作
碳披露和 ESG 披露推进	企业做好碳披露、零碳产品认证工作，加强相关工作宣传	企业确定“双碳”目标，做好各项低碳/零碳认证及披露工作，以及相关工作宣传 零碳承诺或者达成情况的宣传，零碳产品的认证实现等
标准化发展	标准制定	积极参与行业零碳标准的开发制定等

对于塑料着色工业制造领域，“双碳”目标可以有助于其实现产业转型升级与自我突破。通过能碳双控数字化建设推动能碳管理的升级；通过数字化用能诊断，实现节能技改推广、新能源和储能开发推进、碳捕获和碳吸收技术跟进、甲烷利用推动等，实现企业的降本增效；同时，通过开发以上项目形成的碳资产推进碳交易和碳金融工作，进而获取收益。此外，对于上市公司和品牌企业，碳披露也将成为主流企业及其供应链的必修课。

参考文献

［1］ 周春隆．有机颜料技术．北京：中国染料工业协会有机颜料专业委员会，2010.
［2］ 周春隆．有机颜料化学及进展．北京：全国有机颜料协作组，1991.
［3］ 周春隆．有机颜料——结构、特性及应用．北京：化学工业出版社，2001.
［4］ 周春隆．有机颜料百题百答．台湾福记管理顾问有限公司，2008.
［5］ 沈永嘉．有机颜料——品种与应用．北京：化学工业出版社，2007.
［6］ 莫述诚．有机颜料．北京：化学工业出版社，1991.
［7］ 冈特·布克斯鲍姆．工业无机颜料．朱传棨，等译．北京：化学工业出版社，2007.
［8］ 朱骥良．颜料工艺学．北京：化学工业出版社，2001.
［9］ 阿尔布雷希特．塑料着色．乔辉，等译．北京：化学工业出版社，2004.
［10］ 吴立峰，等．塑料着色和色母粒．北京：化学工业出版社，1998.
［11］ 吴立峰，等．色母粒应用技术问答．北京：化学工业出版社，2000.
［12］ 吴立峰，等．塑料着色配方设计．北京：化学工业出版社，2002.
［13］ 宋波．荧光增白剂及其应用．广州：华东理工大学出版社，1995.
［14］ 刘瑞霞．塑料挤出成型．北京：化学工业出版社，2005.
［15］ 张京珍．泡沫塑料成型加工．北京：化学工业出版社，2005.
［16］ 胡浚．塑料压制成型．北京：化学工业出版社，2005.
［17］ 赵俊会．塑料压延成型．北京：化学工业出版社，2005.
［18］ 汉斯·茨魏费尔．塑料添加剂手册．欧育湘，等译．北京：化学工业出版社，2005.
［19］ Roys Berns．颜色技术原理．李小梅，等译．北京：化学工业出版社，2002.
［20］ 周春隆，穆振义．有机颜料索引卡．北京：中国石化出版社，2004.
［21］ 周春隆．塑料着色剂（有机颜料与溶剂染料）的特性与进展．上海染料．2002（6）：26-30.
［22］ 周春隆．有机颜料工业技术进展．精细与专用化学品，2007（7）：4-6.
［23］ 周春隆．有机颜料制备物（预分散技术）及其应用．上海染料，2013（3）：38-58.
［24］ 张合杰．有机颜料的晶型特性——塑胶应用．上海染料，2012（4）：31-38.
［25］ 宋秀山．苯并咪唑酮颜料回顾．上海染料，2012（4）：30-32.
［26］ 章杰．塑料着色用新型有机颜料．上海化工，1994（5）：13-19.
［27］ 章杰．高性能颜料的技术现状和创新动向．上海染料，2012（5）：2-20.
［28］ 杨新纬，等．国内外溶剂染料的进展．上海染料，2001（1）：38-53.
［29］ 高本春，等．蒽醌型溶剂染料．染料工业，2012（4）：13-15.
［30］ 张慧，等．铜酞菁型溶剂染料的合成及性能测试．青岛大学学报，1998（4）：19-23.
［31］ 陈荣圻．有机颜料的助剂应用评述．上海染料 2011（4）：77-95.
［32］ 乔辉，等．中国色母粒行业调查与分析．塑料，2012（2）：1-7.
［33］ 孙贵生，等．粘胶纤维原液着色超细紫色色浆分散性及纤维性能．人造纤维，2010（5）：2-4.
［34］ 黄海．尼龙用着色剂．染料与染色，2009（5）：32-36.
［35］ 刘晓梅，等．汽车内饰涤纶织物着色剂．染料与染色，2010（5）：22-24.
［36］ 杨蕴敏．聚酯纤维纺前着色技术的进展．合成纤维工业，2008（6）：53-56.
［37］ Vaman G Kullkarni．化纤用色母粒和功能母粒最新进展．合成纤维工业，2006（5）：48-50.
［38］ 张恒，等．户外测试检验加速测试．装备环境工程，2010（4）：105-109.
［39］ 张正潮．浅谈耐日晒色牢度的测试标准．印染，2005（3）：41-42.

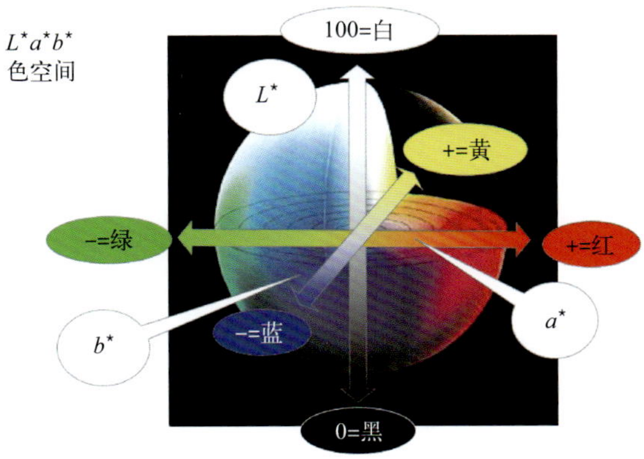

图 2-1　着色剂的颜色坐标和色相图

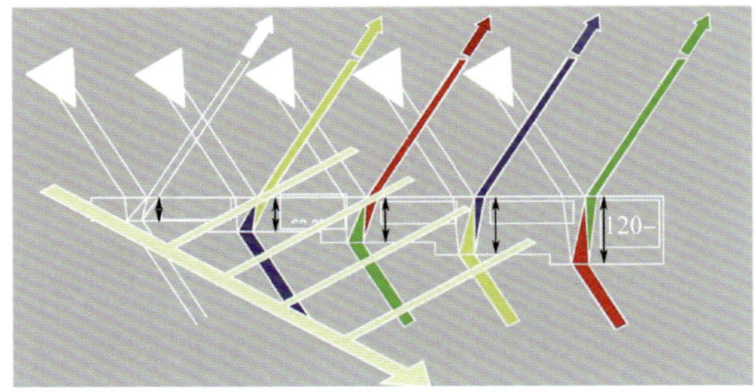

图 3-20　干涉色（幻彩色）产生机理

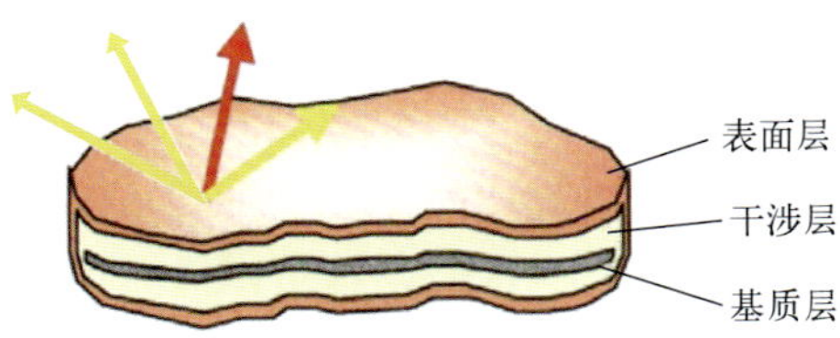

图 3-21　夹层结构颜料颗粒示意

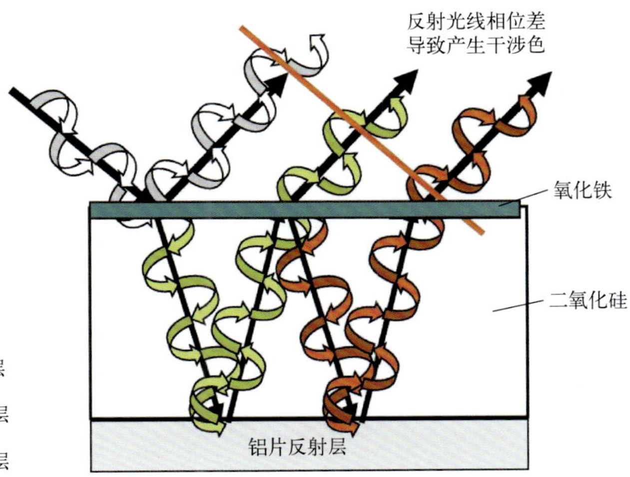

图 3-22　三层幻彩颜显色原理

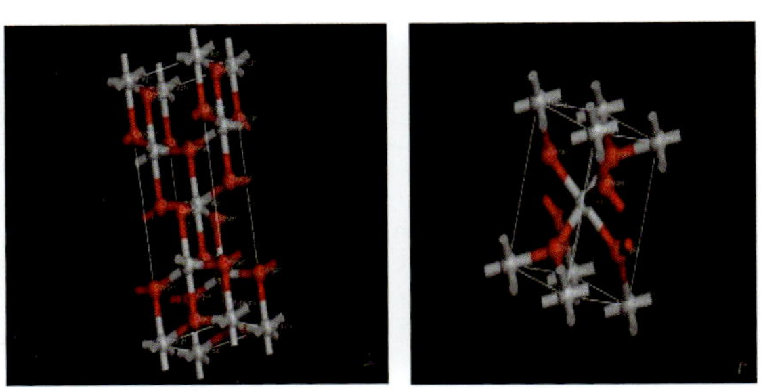

钛白(A 型，衍射角位于 25.5°)　钛白(R 型，衍射角位于 27.5°)

图 8-7　金红石型和锐钛型晶型

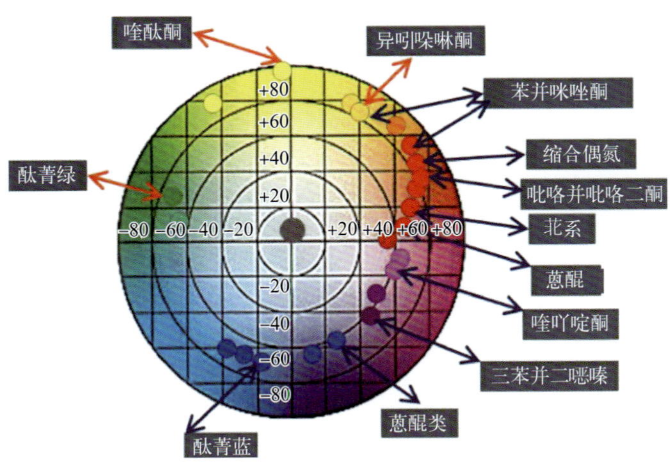

图 8-22　有机颜料各大系列品种的色度图

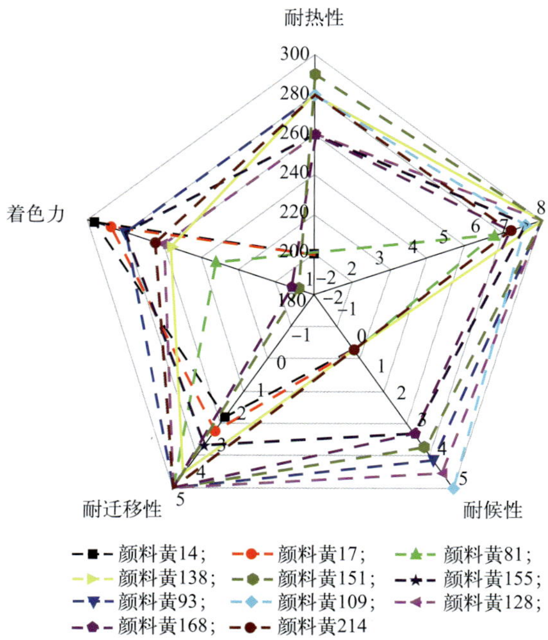

图 8-28 绿光黄色区有机颜料定位图

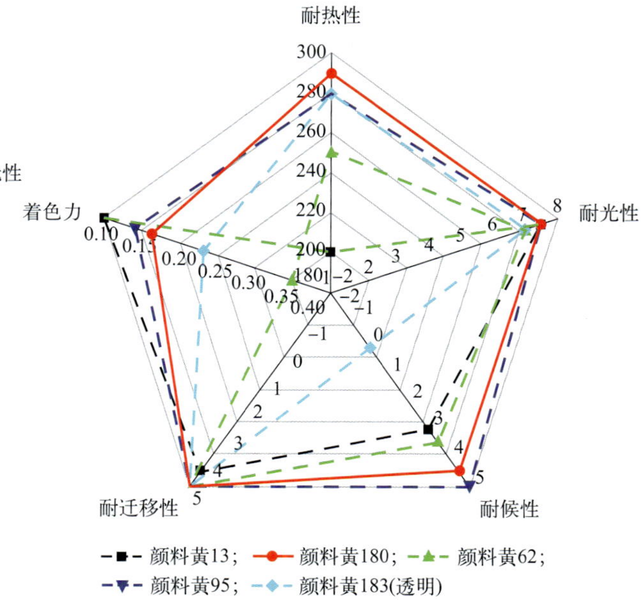

图 8-30 中黄色区有机颜料定位图

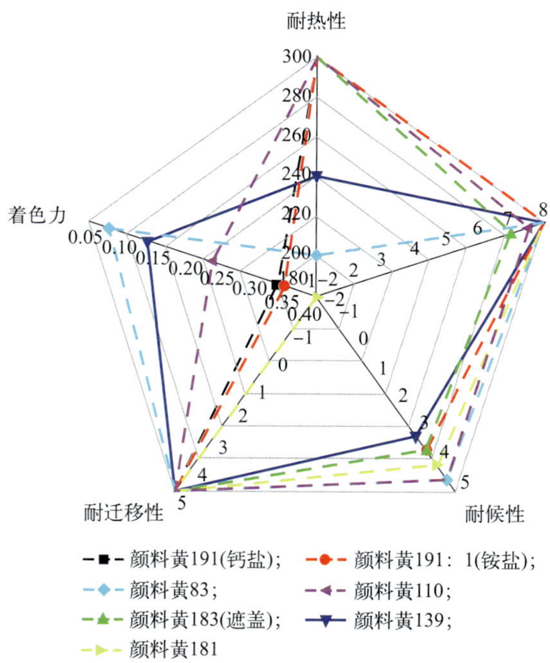

图 8-32 红光黄色区有机颜料定位图

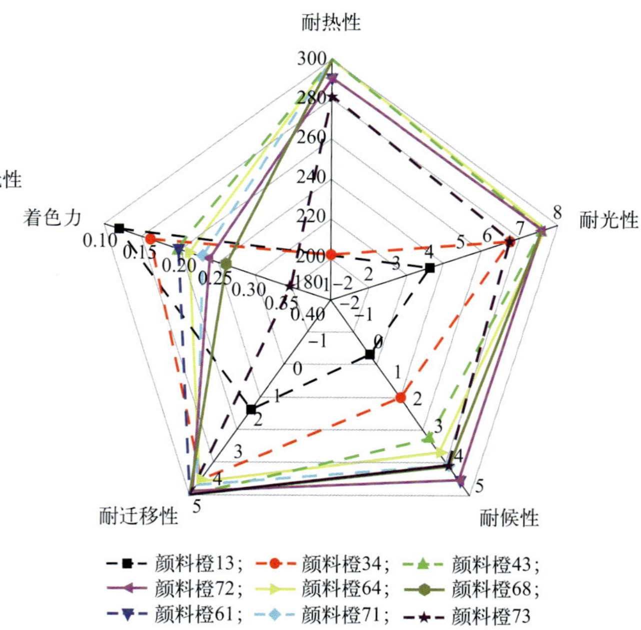

图 8-34 橙色区有机颜料定位图

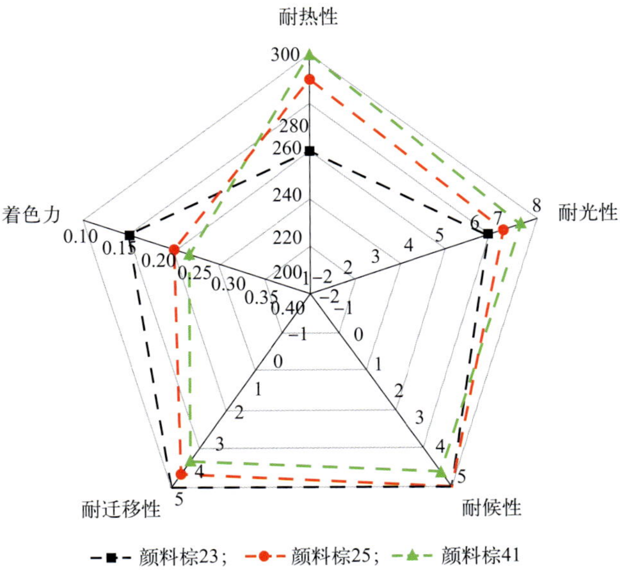

图 8-36　棕色区有机颜料定位图

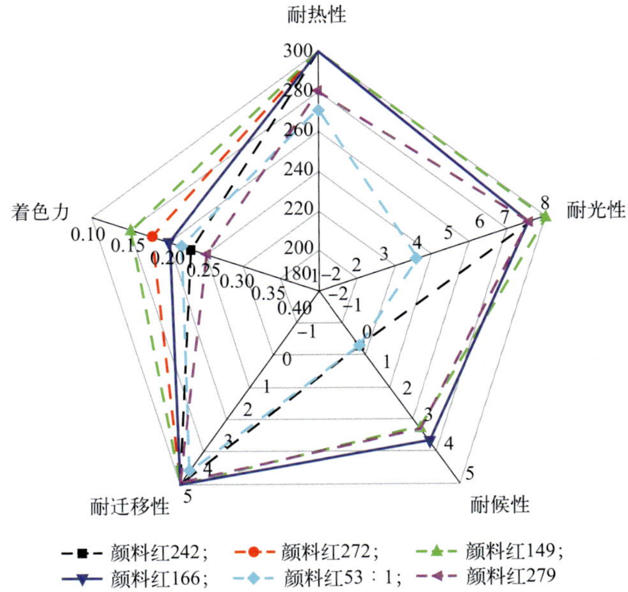

图 8-39　黄光红色区有机颜料定位图

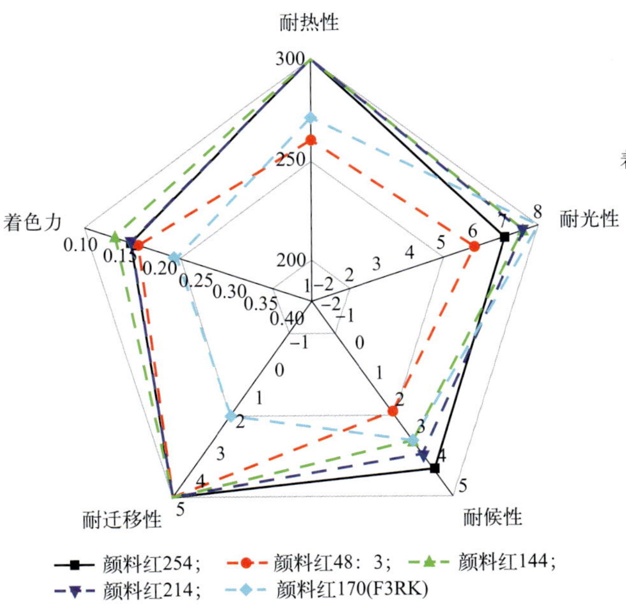

图 8-41　中红色区有机颜料定位图

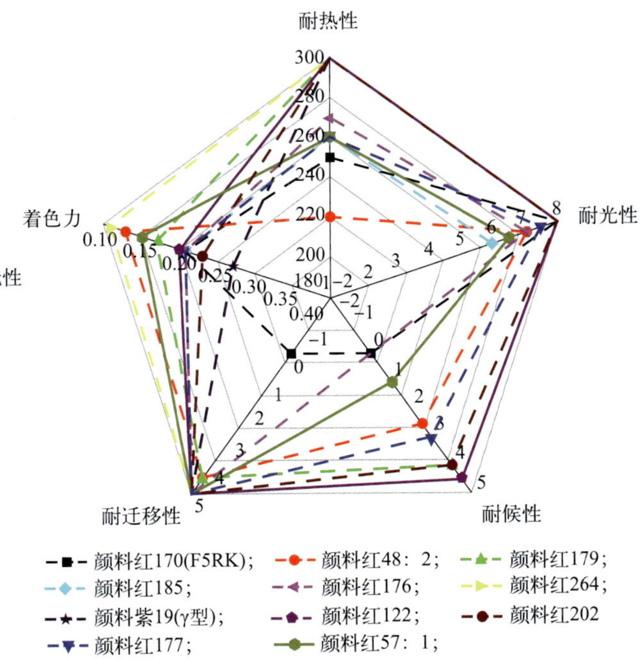

图 8-43　蓝光红色区有机颜料定位图

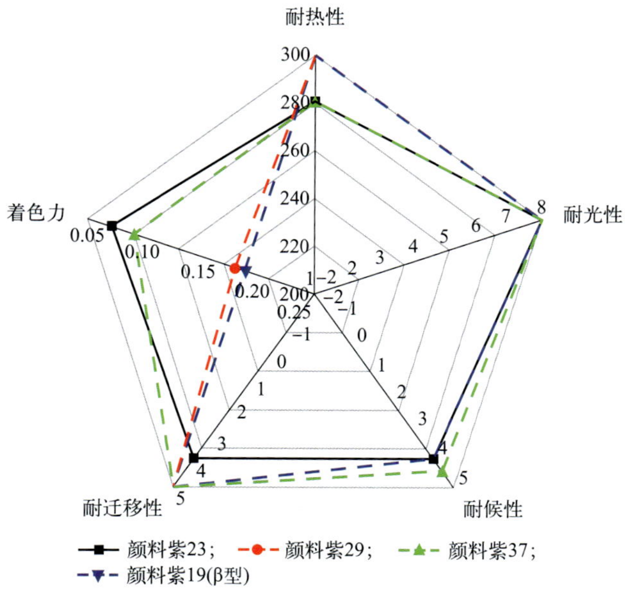

图 8-45 紫色区有机颜料定位图

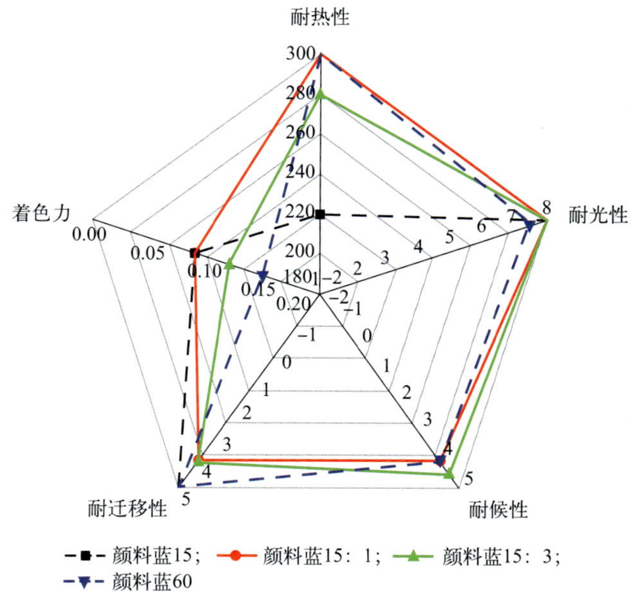

图 8-47 蓝色区有机颜料定位图

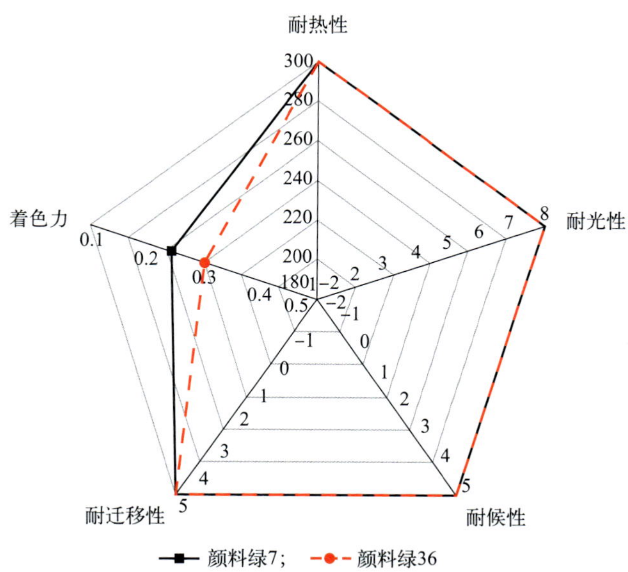

图 8-49 绿色区有机颜料定位图